Das Militär und der Aufbruch in die Moderne

Beiträge zur Militärgeschichte

Herausgegeben vom
Militärgeschichtlichen Forschungsamt

Band 60

R. Oldenbourg Verlag München 2003

Das Militär und der Aufbruch in die Moderne 1860 bis 1890

Armeen, Marinen und der Wandel von Politik, Gesellschaft und Wirtschaft in Europa, den USA sowie Japan

Im Auftrag des
Militärgeschichtlichen Forschungsamtes
und der Otto-von-Bismarck-Stiftung
herausgegeben von

Michael Epkenhans
und Gerhard P. Groß

R. Oldenbourg Verlag München 2003

Die Deutsche Bibliothek - CIP-Einheitsaufnahme

Ein Titeldatensatz für diese Publikation ist bei der
Deutschen Bibliothek erhältlich

Rosenheimer Str. 145, D-81671 München
Internet: http://www.oldenbourg-verlag.de

Gedruckt auf säurefreiem, alterungsbeständigen Papier (chlorfrei gebleicht).

Satz: Militärgeschichtliches Forschungsamt, Potsdam
Druck und Bindung: R. Oldenbourg Graphische Betriebe Druckerei GmbH, München
Vordere Umschlagbilder:
Erste Krupp Gußstahlkanone von 1849/50 im Berliner Zeughaus (Historisches Archiv Krupp, Essen, WA 16f 1.3)
Royal Oak Ironclad (© National Maritime Museum, London, C 5531-18)
Hinteres Umschlagbild:
Barrow In Furness (© National Maritime Museum, London, PY 2063 DF)

ISBN 3-486-56760-8

Inhalt

Einführung

I. Militär und Politik

II. Militär und gesellschaftlicher Wandel

III. Militär und technologischer Wandel

IV. Das Militärmuseum als moderner Lernort: Visualisierung von Militärgeschichte

Vorwort

Das Zeitalter zwischen 1850 und 1890 ist eine Epoche des Übergangs: Anknüpfend an die Ideen der Aufklärung und der Französischen Revolution sowie in Folge des endgültigen Durchbruchs der Industriellen Revolution machen Staat und Staatensystem, Gesellschaft und Wirtschaft, Kultur und Religion einen revolutionären Wandlungsprozeß durch, der in das Zeitalter der Moderne mündet. In der materiellen Zivilisation wie in der Organisation von Gesellschaft und Staat, in den Strukturen des wirtschaftlichen Lebens wie in den Kategorien und Bestimmungsgründen von Kultur und Wissenschaft, in Weltansicht und Lebensgefühl (Lothar Gall) bildet dieses Zeitalter die Grundlagen für das Europa des ausgehenden 20. Jahrhunderts.

Das Charakteristische dieser von dynamischem säkularem Wandel geprägten Epoche ist freilich das Spannungsverhältnis von Tradition und Moderne. In den unterschiedlichsten Bereichen haben sich hochmoderne und althergebrachte Formen vereinigt und die weitere Entwicklung in den europäischen Staaten geprägt.

Auch das Militär ist von diesem Prozeß in vielfältiger Weise und in unterschiedlicher Geschwindigkeit erfaßt worden: Als stehendes, nur dem Monarchen verantwortliches Heer im Staat des Ancien régime fest verankert, sah es sich nun gezwungen, seine Rolle in Staat und Gesellschaft neu zu definieren und in zunehmenden Maße – zu legitimieren. Gleichermaßen stellten die industrielle Entwicklung und der technologische Fortschritt die bisherigen Formen der Kriegführung zu Land und zur See in taktischer, operativer, strategischer und ökonomischer Hinsicht in geradezu atemberaubendem Tempo in Frage.

Der vorliegende Band ist das Ergebnis der 44. Internationalen Tagung für Militärgeschichte (ITMG). Diese Veranstaltungen des Militärgeschichtlichen Forschungsamtes (MGFA) behandeln im jährlichen Wechsel sowohl Themen der Grundlagenforschung als auch der historischen Bildung. So standen in den letzten Jahren die Entwicklung des Führungsdenkens in nordamerikanischen und europäischen Streitkräften im 19. und 20. Jahrhundert ebenso wie eine Bestandsaufnahme der Weltkriegsforschung zur Entwicklung weiterführender forschungsleitender Fragestellungen im Mittelpunkt der Betrachtungen.

Mit der 44. ITMG wandten sich das MGFA und die Otto-von-Bismarck-Stiftung der Frage zu, wie das Militär im europäischen/internationalen Vergleich diesen Herausforderungen begegnete.

Die seit Jahren enge und intensive Zusammenarbeit beider Institute ermöglichte während dieser Tagung die erfolgreiche Verknüpfung von internationaler Grundlagenforschung und historischer Bildung mit der musealen Darstellung von Militärgeschichte. Diesen Weg wird das Militärgeschichtliche Forschungsamt gemeinsam mit anderen der historischen Bildung verpflichteten Instituten in Zukunft weiter verfolgen.

Zum Gelingen der Tagung haben viele Personen beigetragen. Mein Dank gilt in erster Linie den in- und ausländischen Fachkollegen, die als Referenten und Diskussionsteilnehmer ihre Forschungsergebnisse vorgetragen und umgehend zur Veröffentlichung vorgelegt haben.

Dem Geschäftsführer der Otto-von-Bismarck-Stiftung, Herrn Dr. Michael Epkenhans, und Herrn Oberstleutnant i.G. Dr. Gerhard P. Groß vom MGFA danke ich für die thematische Gestaltung der Tagung und die Fertigstellung des Tagungsbandes. In diesen Dank beziehe ich alle Mitarbeiterinnen und Mitarbeiter des Militärgeschichtlichen Forschungsamtes und der Otto-von-Bismarck-Stiftung, insbesondere die Lektoren Margrit Kambach und Wilfried Rädisch sowie Antje Lorenz und Carola Klinke, die für die Textgestaltung zuständig waren, mit ein.

Dr. Jörg Duppler
Kapitän zur See und Amtschef des
Militärgeschichtlichen Forschungsamtes

Geleitwort

Diese Tagung, die die Otto-von-Bismarck-Stiftung gemeinsam mit dem Militärgeschichtlichen Forschungsamt veranstaltet hat, war ein weiterer Beweis dafür, wie wichtig unserer Stiftung die Zusammenarbeit mit möglichst vielen Partnern im Bereich der historischen Grundlagenforschung und der historisch-politischen Bildung ist. Durch diese inzwischen mehrfach bewährte intensive Kooperation tragen beide Institutionen dazu bei, die Forschung in wichtigen Bereichen der deutschen und der internationalen Geschichte voranzutreiben. Diese Zusammenarbeit ist um so mehr geboten, wenn es sich um eine große internationale Tagung handelt, an der Historiker aus der Bundesrepublik, den Vereinigten Staaten, Großbritannien, Frankreich, Österreich, Bulgarien und selbst dem fernen Japan teilnehmen.

Viele Teilnehmer haben einen teilweise sehr weiten Weg auf sich genommen, um über ein Thema zu diskutieren, das mit zu den spannendsten der Geschichtsforschung überhaupt gehört: Den Aufbruch in die Moderne im 19. Jahrhundert.

Es gibt wohl kaum eine Epoche in der Geschichte, in der Deutschland, Europa und schließlich die gesamte Welt sich in immer höherem Tempo gewandelt haben, wie im Laufe des 19. Jahrhunderts. Ausgangspunkt dieses Wandels waren die revolutionären Umwälzungen im politischen, sozialen und wirtschaftlichen Bereich.

Die französische Revolution von 1789 und die ihr zugrundeliegenden Ideen von Freiheit, Gleichheit und Brüderlichkeit waren ein Signal, das schließlich alle Länder erfaßte, so sehr sich die Vertreter der alten Kräfte auch dagegen zu wehren versuchten.

Dieser Weg in die Moderne verlief jedoch keineswegs geradlinig: Die französischen Revolutionskriege und die vielen revolutionären Unruhen in Europa zeigen, wie groß die Widerstände waren.

Zugleich sollte aber nicht vergessen werden, daß Fortschritt – damals wie heute – eine ambivalente Erscheinung ist: »Gewinnen« stehen auch immer »Verluste« gegenüber.

Dennoch: unterm Strich war die Bilanz positiv. Der historische Fortschritt war nicht aufzuhalten. Zudem wurde sich unter dem Druck von unten auch der Staat seiner Verantwortung bei der Lösung sozialer Probleme bewußt. Die Bismarckschen Sozialversicherungsgesetze sind dafür nur ein Beispiel

Diese Aspekte des Weges in die Moderne bildeten den Hintergrund für das Thema der Tagung, die sich in international vergleichender Weise mit der Haltung des Militärs zu diesem revolutionären Wandel beschäftigte.

Die hier nun vorgelegten Beiträge dokumentieren die Ergebnisse der Tagung, die zweifelsohne anregend auf die weitere Forschung wirken werden.

Allen Beteiligten sowie dem Amtschef des Militärgeschichtlichen Forschungsamtes, Kapitän zur See Dr. Jörg Duppler, und seinen Mitarbeitern danke ich an dieser Stelle zugleich für die gute Zusammenarbeit.

Hans Matthöfer
Bundesminister a.D.
Vorsitzender des Kuratoriums
der Otto-von-Bismarck-Stiftung

Einführung

Michael Epkenhans und Gerhard P. Groß

Das Militär und der Aufbruch in die Moderne

I.

Wie weitreichend und wie schnell sich im Laufe des 19. Jahrhunderts das Leben der Menschen veränderte, zeigt eine Reaktion Otto von Bismarcks, der dieses Jahrhundert nahezu vollständig erlebt und mitgestaltet hat, auf einen Besuch des Hamburger Hafens wenige Jahre vor seinem Tod. Eingeladen von Albert Ballin, einem der erfolgreichsten Reeder des Kaiserreichs, besichtigte er 1895 einen der neuen großen Dampfer der Hamburg-Amerika-Linie. Als er diesen nach einer Rundfahrt durch den geschäftigen Hafen betrat, war er nach Augenzeugenberichten zutiefst ergriffen und bekannte offen: »Ja, das ist eine neue Zeit –, *eine ganz neue Welt*[1].«

Für einen Politiker, den bereits Zeitgenossen wie der spätere Gründer der Deutschen Bank und führende Nationalliberale Ludwig Bamberger als »weißen Revolutionär« bezeichneten und der 1866 dem erzreaktionären ehemaligen Generaladjutanten des preußischen Königs, Generalfeldmarschall Edwin v. Manteuffel, ins Stammbuch geschrieben hatte, daß er lieber eine Revolution mache als eine erleide[2], war diese Erkenntnis, von der historischen Entwicklung überholt worden zu sein und sich selbst überlebt zu haben, zweifellos bemerkenswert, letztlich aber auch einfach zu erklären:

Als Bismarck am 1. April 1815 in Schönhausen geboren wurde, waren die wichtigsten europäischen Staatsmänner in Wien versammelt, um Deutschland und Europa im Stile klassischer Kabinettspolitik neu zu ordnen und die Kräfte gesellschaftlicher Veränderung unter konservativem Vorzeichen einzuhegen.

Wirklich gelingen konnte dieses ehrgeizige, rückwärtsgewandte Unterfangen nicht: Nationalismus, Liberalismus und Industrialisierung entwickelten innerhalb weniger Jahre eine Kraft, die die Fundamente einer vermeintlich gottgewollten Ordnung unaufhaltsam unterspülte:

---

1 Zit. nach: Max Klemm, Was sagt Bismarck dazu? Ein Wegweiser durch Bismarcks Geistes- und Gedankenwelt, Berlin 1924, Bd 2, S. 419. Hervorhebung im Original.

2 Otto v. Bismarck an Generalleutnant Edwin v. Manteuffel, 1.8.1866: »Soll Revolution sein, so wollen wir sie lieber machen als erleiden«. Zit. nach: Otto v. Bismarck, Die gesammelten Werke, Bd 6: Politische Schriften, Juni 1866 bis Juli 1867. Bearb. von Friedrich Thimme, Berlin 1929, S. 120.

1. Was Metternich im Interesse Österreichs wie auch des europäischen Gleichgewichts hatte verhindern wollen, war 1866/1871 mit der Gründung eines einheitlichen und zugleich starken Nationalstaates unter preußischer Führung doch Wirklichkeit geworden.
2. Parlamente und Parteien beanspruchten und erhielten zunehmend ein Mitspracherecht bei politischen Entscheidungen trotz teilweise massiver staatlicher Unterdrückungsmaßnahmen.
3. Die Bevölkerung war von 23 Millionen im Jahre 1800 auf mehr als das Doppelte, 52 Millionen Menschen im Jahre 1895, gewachsen.
4. Aus einem Agrarland war im Laufe des Jahrhunderts einer der modernsten und zugleich weltweit führenden Industriestaaten geworden, und
5. noch unter Bismarck hatte das Deutsche Reich vorsichtig, aber doch selbstbewußt die Grenzen des Kontinents gesprengt und sich zu einer imperialistischen Macht mit Kolonien in Afrika, Asien und Ozeanien entwickelt.

II.

Der Hamburger Hafen bündelte diesen »Fortschritt« wie in einem Brennglas: Schiffe und Werften waren unverkennbare Symbole für wirtschaftlichen Aufschwung, technischen Fortschritt und Handelsbeziehungen in alle Welt; die Speicherstadt, die repräsentativen Bauten an der Alster und in der Innenstadt wie auch die Arbeitersiedlungen in den Außenbezirken spiegelten Urbanisierung, Industrialisierung und Bevölkerungswachstum, und die im Hafen arbeitenden Menschen verkörperten den gesellschaftlichen Wandel in seiner ganzen Tiefe: Albert Ballin den Aufstieg des Bürgertums, die vielen namenlosen Arbeiter und Angestellten das Entstehen neuer Schichten. Trotz aller Bruchlinien, die diese Schichten gesellschaftlich voneinander trennten, hatten sie doch ein gemeinsames Ziel: sie strebten alle nach mehr politischem Einfluß, größerer gesellschaftlicher Anerkennung sowie besserer und gerechterer Entlohnung ihrer Arbeit.

Dies war in der Tat nicht mehr Bismarcks Welt. So sehr der »Reichsgründer« sich auch auf dem Höhepunkt seines Schaffens in den 1860/1870er Jahren für das Neue aufgeschlossen gezeigt und, wie Lothar Gall zutreffend bemerkt hat, damit der Moderne in Deutschland den Weg geebnet hatte, so sehr hatte er sich doch bemüht, das Alte zu bewahren, und je länger er regierte, um so stärker war der Wille, den Fortschritt aufzuhalten, anstatt ihm weiterhin geordnete Bahnen zu bereiten. Mit Zuversicht, erstaunlicher Gelassenheit und großen Zukunftserwartungen hatten daher viele Zeitgenossen 1890 den Übergang von dem doch einer anderen Zeit entstammenden Reichsgründer zum jungen Kaiser Wilhelm II. betrachtet, der ein neues Zeitalter voller Dynamik und Fortschritt und, vor allem, ein größeres Deutschland zu versprechen schien.

III.

Doch warum sollte es dem alternden Staatsmann anders ergehen als dem maßgeblichen Repräsentanten der »Kriegskunst« im Deutschen Reich und Bismarcks langjährigem Weggefährten, dem greisen Feldmarschall Helmuth Graf v. Moltke. Auch dieser hatte das ›lange 19. Jahrhundert‹ durchlebt. Als er im Jahre 1800 geboren wurde, bestand sogar das Heilige Römische Reich Deutscher Nation noch, und Napoleons Stern, der bei Bismarcks Geburt ein letztes Mal aufgeflackert war, hatte gerade erst aufzusteigen begonnen.

In gleicher Weise wie Bismarck diagnostizierte am Ende seines Lebens auch der Sieger von Königgrätz und Sedan den tiefgreifenden politischen, gesellschaftlichen und ökonomischen Wandel, der sich seit seiner Jugend vollzogen hatte. In einer bemerkenswerten, zugleich auch seiner letzten Rede im Deutschen Reichstag, die seither immer wieder zitiert worden ist, beschrieb Moltke diesen Wandel und dessen Auswirkungen auf die »Kriegskunst«: »Die Zeit der Kabinettskriege«, so mahnte er, »liegt hinter uns, – wir haben jetzt nur noch den Volkskrieg, und einen solchen mit allen seinen unabsehbaren Folgen heraufzubeschwören, dazu wird eine irgend besonnene Regierung sich sehr schwer entschließen. Nein, meine Herren, die Elemente, welche den Frieden bedrohen, liegen bei den Völkern. Das sind im Innern die Begehrlichkeit der vom Schicksal minder begünstigten Klassen und ihre zeitweisen Versuche, durch gewaltsame Maßregeln schnell eine Besserung ihrer Lage zu erreichen, [....]. Von außerhalb sind es gewisse Nationalitäts- und Rassenbestrebungen, überall die Unzufriedenheit mit dem Bestehenden. Das kann jederzeit den Ausbruch eines Krieges herbeiführen, ohne den Willen der Regierungen und auch *gegen* ihren Willen.« Dieser Krieg, so warnte er, »kann ein siebenjähriger, es kann ein dreißigjähriger Krieg werden, – und wehe dem, der Europa in Brand steckt, der zuerst die Lunte in das Pulverfaß schleudert[3]!«

Dies waren bemerkenswerte Äußerungen und prophetische Warnungen, die – interessanterweise – mit jener Analyse übereinstimmten, die einer der beiden ideologischen Gründerväter der revolutionären Sozialdemokratie, Friedrich Engels, nur wenige Jahre zuvor vorgelegt hatte.

IV.

Welches waren nun die wesentlichen Merkmale dieses Wandels aus der Sicht eines Militärs, dessen Folgen Moltke hier so dramatisch und warnend betonte. Zunächst war es der tiefgreifende Wandel vom Kabinetts- zum Volkskrieg. Im 18. und auch noch weit bis ins 19. Jahrhundert hinein waren es allein die Monarchen und die ihnen verantwortlichen Regierungen und Militärs, die über Krieg und Frieden ent-

---

[3] Zit. nach: Helmuth v. Moltke, Gesammelte Schriften und Denkwürdigkeiten des General-Feldmarschalls Grafen Helmuth von Moltke, Bd 7: Reden, Berlin 1892, S. 138 f. Hervorhebung im Original.

schieden. Sie entschieden, wann, und gegen welchen Gegner Krieg geführt und zu welchen Bedingungen er beendet wurde. Der Krieg Preußens gegen Napoleon, der mit der traumatischen Niederlage von Jena und Auerstädt endete, war ein solcher klassischer Kabinettskrieg, und nichts konnte dessen »Natur« besser beschreiben als der Maueranschlag des Berliner Stadtkommandanten: »Der König hat eine Bataille verloren. Ruhe ist die erste Bürgerpflicht.«

Daß diese Auffassung von der alleinigen Verfügungsgewalt des Monarchen über den Staat und die vollständige Trennung von Staat und Gesellschaft überholt war, haben jedoch bereits viele klar sehende Zeitgenossen verspürt. Mit der Proklamation »An mein Volk« im März 1813 machte König Friedrich Wilhelm III. dann auch deutlich, daß er diesem Wandel Rechnung zu tragen gewillt war, denn nur so war unter den veränderten Verhältnissen die eigene Bevölkerung für den Krieg zu mobilisieren und die Entscheidung für den Krieg zu legitimieren.

Aus Sicht der Monarchen wie auch der militärischen Führung hatte die Überwindung der Dichotomie von Staat und Gesellschaft allerdings auch eine gefährliche Kehrseite. Bereits Friedrich Wilhelm III. hatte auf Drängen seiner Berater »seinem« Volk eine Verfassung versprochen, die diesem das Recht auf Mitwirkung bei der politischen Willensbildung in Aussicht stellte. In der Folgezeit entwickelte sich diese Frage der Mitwirkung und letztlich auch der Mitentscheidung zu einem Kernproblem der Auseinandersetzung zwischen Regierung und Militär einer-, der liberalen Bewegung andererseits. Und je mehr diese auf Kontrolle und Einflußnahme in militärischen Angelegenheiten, Vereidigung der bewaffneten Macht auf die Verfassung an Stelle des Monarchen und Mitsprache bei der Entscheidung über Krieg und Frieden drängte, um so mehr versuchten König und Militär unter Berufung auf spitzfindige rechtliche Unterscheidungen, deren Zugriff auf überlieferte königliche Reservatrechte zu verhindern. Der preußische Heereskonflikt entwikkelte sich daher innerhalb kurzer Zeit zu einem grundlegenden Verfassungsstreit, den die Indemnitätsvorlage allenfalls vordergründig beendete. Bei jeder Heeresvorlage, später jeder Flottenvorlage flammten die Auseinandersetzungen über dieses leidige Thema von neuem auf.

Die Mobilisierung der Gesellschaft im Zeichen der allgemeinen Wehrpflicht für den Sieg im Krieg bedeutete zugleich, daß dieser theoretisch entgrenzt wurde, wie Moltke richtig erkannt hatte. In den später bis zur mythischen Verklärung gefeierten Befreiungskriegen hatte sich diese Entwicklung angedeutet, die Begeisterung der Nationalbewegung in den Schleswig-Holstein-Krisen 1848 und 1863 wie auch während des Deutsch-Französischen Krieges von 1870/71 hatten dann endgültig deutlich gemacht, welche Folgen es hatte, die Leidenschaften der Völker zu wekken, stereotype Vorurteile durch »neue Medien« schnell und weit zu verbreiten sowie und vor allem die eigene Nation gegenüber der des Gegners als von Natur aus überlegen zu überhöhen. »Vermeidung«, »Zähmung« und »Beendigung« des Krieges wurden damit um ein Vielfaches komplizierter.

Begeisterung für den Krieg im Zeichen allgemeiner Wehrpflicht und die Erfolge einer siegreichen Armee werteten deren Stellung in Staat und Gesellschaft nahezu zwangsläufig auf. Der Generalstab drohte unter Berufung auf seine Erfolge wie auch seine fachliche Kompetenz bei der Beurteilung außen- und innenpolitischer Entwicklungen zur Nebenregierung zu werden. Bismarck hat diese Versuche der Einmischung mehrfach erfahren und – wie während der Krisen der Jahre 1887/88 – nur mit Mühe zurückweisen können. Diese Versuche der Einflußnahme hinderten ihn jedoch nicht, den Nimbus der Uniform zu politischen Zwecken zu nutzen: Obwohl er seinen Militärdienst nur widerwillig abgeleistet hatte, erschien Bismarck ab 1870 bei offiziellen Anlässen kühl berechnend nur noch in der Uniform eines Generals. Viele einfache Bürger eiferten ihm nach, einerseits um ihre Identifikation mit dem neuen Nationalstaat auszudrücken, andererseits weil sie den Rock eines Leutnants oder eines Vizefeldwebels der Reserve als Schlüssel für weiteren gesellschaftlichen Aufstieg betrachteten. Die Folgen dieser Durchdringung des Zivillebens durch militärische Verhaltensweisen, dieser Idealisierung des Krieges und nicht des Friedens, für die Herausbildung einer zivilen bürgerlichen Gesellschaft waren fatal.

Viel unmittelbarer aus der Sicht eines führenden Militärs waren der Wandel des Kriegsbildes und des Berufs des Offiziers durch Industrialisierung und Entwicklung moderner Technologien. Bis 1839 schossen preußische Füsiliere noch mit Steinschloßgewehren aus dem Jahre 1782, deren Treffsicherheit relativ gering und die bei Nässe unbrauchbar waren. Die Ausrüstung mit dem 1827 vorgestellten »berühmten« Zündnadelgewehr, das den preußischen Truppen bei Königgrätz die entscheidende Überlegenheit auf dem Schlachtfeld verlieh, zog sich dann aus fiskalischen und politischen Gründen über Jahrzehnte hin. Parallel dazu beschleunigte sich die Entwicklung moderner Gewehre in ungeahnter Weise: Aus Vorder- wurden Hinterlader, gezogene Läufe erhöhten die Präzision, ebenso die Metallpatrone. Das Magazin schließlich ermöglichte eine höhere Feuergeschwindigkeit. All dies' zusammen wiederum konfrontierte die militärische Führung – und in der Verlängerung die Politiker, die die Mittel zu beschaffen hatten – mit neuen, ungeahnten taktischen, politischen und finanziellen Probleme, die es in immer kürzeren Zeiträumen zu lösen galt.

Je komplexer Waffen und Waffensysteme wurden, um so bedeutsamer wurde die Suche nach »Partnern« bei deren Herstellung. Die klassische Beschaffung aus staatlichen Arsenalen entsprach zunehmend weniger den quantitativen und qualitativen Anforderungen, die ein modern bewaffnetes Heer im Zeichen des industrialisierten Krieges an diese im Zeitalter des Merkantilismus errichteten Institutionen stellte. Für die Ausrüstung der Infanterie, mehr noch der Artillerie, vor allem aber der Marine war es bald unabdingbar, auf eine leistungsfähige, moderne und innovative Rüstungsindustrie zurückzugreifen, um als Großmacht im industriellen Zeitalter überhaupt bestehen zu können. Die Auseinandersetzungen mit Krupp seit den 1860er Jahren und die Reaktionen der Öffentlichkeit auf das Geschäftsgebaren der »Händler des Todes« ließen erkennen, auf welch schwierigem Terrain Armee und Marine sich diesbezüglich bewegten.

Industrialisierung und technologischer Wandel hatten jedoch nicht nur eine höhere Präzision, größere Reichweite oder stärkere Zerstörungskraft von Waffen zur Folge. Sie ermöglichten es den Generalstäben auch, Kriege von Grund auf operativ und strategisch anders zu planen: hier ist vor allem die Eisenbahn zu nennen, die die Mobilmachungszeiten erheblich verkürzte, vorher undenkbare Rochaden zwischen Ost und West erlaubte, und den Nachschub von Menschen und Material an die Front vom Umfang wie auch von der Zeit her betrachtet beschleunigte. Gleiches galt für die Marine: stählerne Schiffe waren nun unabhängig vom Wind und konnten in immer kürzeren Zeiten die entferntesten Winkel erreichen um Flagge zu zeigen oder Armeen zu landen. Daß Technik wiederum eigene Probleme mit sich brachte – beispielsweise die Bedeutung von Stützpunkten zur Kohleversorgung – sei hier nur am Rande erwähnt.

Dieser durch Industrialisierung und technologischen Fortschritt ausgelöste Wandel hatte zwangsläufig auch tiefgreifende Auswirkungen auf das soziale Gefüge der Offizierkorps von Armee und Marine: bürgerliche Spezialisten, die Karten lesen, Entfernungen berechnen und Dampfkessel reparieren konnten waren bald unabdingbar für das Funktionieren dieser modernen Maschinerie des Krieges. Sie, so hatte es den Anschein, und weniger der schneidige General der Kavallerie, der mit gezogenem Säbel die Attacke anführte oder der alte Haudegen zur See, der auf dem Achterdeck stehend den Befehl zum Entern gab, entschieden über Sieg oder Niederlage.

Die gemeinsam von der Otto-von-Bismarck-Stiftung und dem Militärgeschichtlichen Forschungsamt durchgeführte 44. Internationale Tagung für Militärgeschichte hatte zum Ziel, die hier am Beispiel Preußen-Deutschlands mit wenigen Strichen skizzierten Veränderungen, den Wandel traditioneller Vorstellungen über das Wesen von Staaten und das innere Gefüge überlieferter gesellschaftlicher Ordnungen, das radikale Infragestellen altbewährter militärischer Doktrinen und festgefügter sozialer Einheiten wie dem adligen Offizierkorps zu untersuchen, »hausgemachte« Entwicklungsprobleme nachzuzeichnen, Kräfte der »Bewegung« und des »Beharrens« sowie die Entstehung des »militärisch-industriellen Komplexes« näher in den Blick zu nehmen. Die wissenschaftlichen Ergebnisse werden in diesem Tagungsband – z.T. unter Beibehaltung ihrer Vortragsform – vorgelegt.

Die folgenden Beiträge arbeiten vom kleinen Preußen ausgehend über die Groß- und Weltmächte Rußland, England, Frankreich und Österreich-Ungarn bis hin zu einem kraftvoll nach vorne drängenden »Newcomer« auf internationalem Parkett, Japan, nationale Besonderheiten heraus oder identifizieren allgemein gültige Entwicklungstendenzen auf dem Weg in die Moderne. Damit wird zugleich der »uralten«, immer wieder erhobenen, aber viel zu selten eingelösten Forderung, historische Prozesse international vergleichend zu betrachten, soweit als möglich Rechnung getragen. So zeigt dann auch die Visualisierung von Militärgeschichte am Beispiel des Aufbruchs in die Moderne in europäischen und amerikanischen Museen höchst unterschiedliche didaktische Konzeption auf, die in besonderen mentalitätsbedingten Präsentationsformen ihren Niederschlag finden.

Die 44. Internationale Tagung für Militärgeschichte erbrachte eine Fülle wissenschaftlicher Erkenntnisse über das Militär und den Aufbruch in die Moderne. Dies ist das Verdienst der Sektionsleiter und Referenten sowie der zahlreichen Fachhistoriker, welche die Tagung bestritten und mit qualifizierten Beiträgen bereichert haben. Ihnen allen gilt der Dank der Herausgeber.

Hans-Ulrich Wehler

Der Aufbruch in die Moderne 1860 bis 1890. Armee, Marine und Politik in Europa, den USA und Japan

Vom »Aufbruch in die Moderne« zu sprechen, verlangt, streng genommen, den schillernden Begriff der Moderne ganz so zu klären wie die unterstellte Beschleunigung des Entwicklungstempos, das in einen »Aufbruch« übergeht. Für beides braucht man eigentlich eine leistungsfähige und erklärungskräftige Modernisierungstheorie. Nun sind aber alle einflußreichen Modernisierungstheorien – keineswegs nur die meist ziemlich naiven amerikanischen Varianten der 1950/60er Jahre – auf die Identifizierung, die Analyse und die Erklärung jenes langlebigen Transformationsprozesses hin angelegt, der den einzigartigen Weg des Okzidents in die moderne Welt ermöglicht hat. Über lange Zeiträume hinweg wirksame, hochspezifische Bedingungen stehen im Mittelpunkt der Überlegungen von profilierten Repräsentanten dieser Theorie wie Adam Smith, Karl Marx und insbesondere Max Weber.

Alle diese Evolutionstheorien dessen, was man früher Europäisierung, Verwestlichung oder gar Zivilisierung genannt hat, sind daher ausdrücklich nicht dafür geeignet, mit den Begriffen ihrer Kategorienwelt eine kurze Zeitspanne zu erfassen, geht es ihnen doch um lang anhaltende Einflüsse und langlebige Konstellationen. Das erschwert die Beschäftigung mit den drei Jahrzehnten von 1860 bis 1890, wie es etwa auch – eine noch längst nicht abgeschlossene Debatte – schwierig ist, die zwölf Jahre des »Dritten Reiches« unter modernisierungstheoretischen Gesichtspunkten überzeugend zu charakterisieren.

Man kann deshalb auch nicht, wie es der historischen Modernisierungstheorie entspräche, die lange Reihe der Schlüsselphänomene, die auf die Erfassung dieser westlichen Dynamik ausgerichtet sind, jeweils durchgehen. Zum Beispiel den Wandel der Wirtschaftsverfassung: von der Agrar- zur Industrie- und dann zur Konsumgesellschaft; die Verkehrsrevolution von der Eisenbahn bis zum Jet; den Wandel der Sozialstruktur: von den Ständen zu marktbedingten Klassen; die Urbanisierung und Entagrarisierung; die Bildungsexpansion; die Kommunikationsverdichtung; die Wissenschaftsrevolution; die Säkularisierung der Weltbilder und des Alltags; die Emanzipationsbewegungen der Arbeiter, Frauen, Minderheiten; der Wandel der politischen Systeme im Staatsbildungsprozeß usw.

Trotz der methodischen Schwierigkeiten ist es aber nicht illegitim, selbst einen schmalen Ausschnitt aus dem Transformationsprozeß, den wir Modernisierung nennen, herauszugreifen, um den sich verändernden Stellenwert etwa der Landstreitkräfte, der Marine, der Natur des Krieges und der ideellen Entwürfe künftiger

Konflikte im Kontext eines in vielen Dimensionen tatsächlich beschleunigten Modernisierungsprozesses zu bestimmen. Dabei kann es hier nur um die Entwicklung in einigen fortgeschrittenen westlichen Gesellschaften gehen, die vom sozialökonomischen Evolutionsstand her vergleichbar sind, sich aber im Hinblick auf ihre politischen Systeme und kulturellen Traditionen, ihre Weltbilder und Mentalitäten unterscheiden.

So setzt etwa die Industrialisierung und Technifizierung des Krieges mit dem amerikanischen Bürgerkrieg ein, nicht früher und nicht später. Die neuenglischen Waffenfabriken arbeiten bereits mit normierter Massenfertigung, fast fließbandartig. Der Nachschub für die riesigen Armeen der Nordstaaten wird wegen des Vorsprungs im Eisenbahnbau mit Zügen, die im Durchschnitt schon 90 bis 100 Stundenkilometer fahren, an die Front gebracht, während die Südstaaten auf wenige überlastete Strecken, daher überwiegend auf altertümliche Planwagen angewiesen bleiben. Helmuth von Moltkes Ausnutzung des mitteleuropäischen Eisenbahnnetzes schließt, diese Erfahrungen verarbeitend, unmittelbar daran an; in Alfred von Schlieffens Aufmarschplänen wird dieser Umgang mit dem Transportwesen perfektioniert.

Der Übergang zum modernen Schlachtflottenbau wird innerhalb ein und desselben Jahrzehnts von so unterschiedlichen Staaten wie zuerst England und den USA, dann Deutschland und Japan vollzogen – von Staaten also mit unterschiedlicher politischer Verfassung und unterschiedlichem sozialökonomischen Entwicklungsniveau.

Häufiger aber trifft man auf länderspezifische, traditionsabhängige, wandlungsresistente Zustände und Entwicklungen der Streitkräfte: in Preußen-Deutschland etwa auf die Privilegierung des Heeres, in den USA auf die einseitige Bevorzugung der Kavallerie zur Eroberung und Pazifizierung des Westens, in England auf den absoluten Vorrang der Flotte und die Delegierung aller Landoperationen an das Söldnerheer der hochmobilen »Indian Army«, deren Sikh- und Gurkha-Einheiten Kolonialkriege in aller Welt ausfechten – von Abessinien und Südafrika bis China.

Auch die Entwicklung der preußisch-deutschen Streitkräfte bestätigt zunächst einmal den Primat machtpolitischer Entscheidungen im verschärften Konkurrenzkampf des europäischen Staatensystems, nicht aber eine irgendwie geartete Priorität der Industrialisierung oder des Konjunkturverlaufs. Der altpreußische Militarismus hatte auf einer eigentümlichen Sozialordnung beruht, in welcher der Landjunker gleichzeitig als Gutsbesitzer, Gerichtsherr und Offizier seinen Gutsbauern als abhängigen Arbeitskräften und Rekruten oder Soldaten gegenüberstand. Dieser Nexus wurde durch die Reformära nur kurz unterbrochen, denn nach 1815 wurden Tausende von bürgerlichen Offizieren sogleich wieder geschaßt, ostelbische Adlige im Offizierkorps und, ungeachtet der allgemeinen Wehrpflicht, auch die ostelbischen Insten mit einer spezifischen Subordinationsmentalität im Heer bevorzugt. Ein halbes Jahrhundert lang, von 1815 bis 1861 – ein merkwürdig unerforschter Zeitraum –, wurde der Heeresetat im preußischen Militärstaat strikt auf Sparflamme gehalten, da die Berliner Politik die Schuldentilgung, sogar auf Kosten der militärischen Stärke und Effizienz, ernst nahm.

Erst der Bürgerkrieg des Revolutionsjahres hat das Heer als entscheidungsbringenden Retter des Ancien Régime über Nacht wieder aufgewertet. Vollends mit der folgenreichen Heeresreform seit Beginn der 1860er Jahre konnte dann jene Expansion eingeleitet werden, ohne welche die drei Einigungskriege dieses Jahrzehnts schwerlich hätten gewonnen werden können.

Moltke war zwar 1858 Chef des preußischen Generalstabs geworden, erhielt aber wegen des eifersüchtigen Widerstands des Kriegsministeriums und des Militärkabinetts erst im Sommer 1866 die Erlaubnis, im Kriegsfall die Truppen ohne Mitwirkung des Kriegsministers direkt instruieren und dirigieren zu dürfen. Trotz seiner exakten Planung des Feldzugs gegen Österreich, welche die neuen Eisenbahnverbindungen souverän ausnutzte, stand die Konfrontation bei Königgrätz am Spätnachmittag auf des Messers Schneide, da die II. Armee unter Kronprinz Friedrich Wilhelm verspätet eintraf, dann aber, auch für den österreichischen Bedenkenträger Ludwig v. Benedek, den Ausschlag gab. Bis dahin war die Schlacht durchaus offen, in mancher Hinsicht für die Preußen eher ungünstig verlaufen, da die österreichische Artillerie, angeblich auch das österreichische Infanteriegewehr überlegen waren. Wäre die verspätete preußische Armee völlig steckengeblieben – dies als nützliche kontrafaktische Überlegung – hätte Moltke die Schlacht durchaus verlieren können. Bismarck hätte, wie er selber sagte, zurücktreten oder sogar, so sein melodramatischer Kommentar, den Weg zum Schafott antreten müssen. Österreich hätte dann in seinem Sinn die deutsche Frage lösen können, unstreitig anders, als Preußen das 1871 tat. Das deutschsprachige Mitteleuropa wäre jedenfalls politisch völlig anders organisiert worden. Sein enormer Industrialisierungsvorsprung hätte Preußen genauso wenig genutzt wie sein riesiger Vorsprung in der Verkehrsrevolution, in allen Wissenschaftsdisziplinen, im Bildungs- und Universitätssystem, in der rationellen Landwirtschaft. Seine sozialökonomische Modernität auf vielen Gebieten bot keineswegs die sichere Gewähr für den Schlachtsieg unter, wie Karl von Clausewitz wieder bestätigt wurde, den kontingenten Bedingungen von unerwarteten »Friktionen«. Doch Moltkes Eisenbahnkalkül ging auf. Hellsichtig prognostizierte er sofort, daß Deutschland künftig nur »durch Gewalt gegen Frankreich zu einigen« sei.

Als es, von Bismarck außerordentlich zielstrebig – wie in Josef Beckers dreibändiger Quellendokumentation endlich geklärt worden ist – über die spanische Thronkanditatur eines Hohenzollernprinzen vorbereitet, zum Krieg gegen die größte europäische Militärmacht kam, bewährte sich Moltkes Planungsbesessenheit erneut; die blutigen Verluste in den erfolgreich bestandenen Anfangsschlachten entschwanden bald aus dem historischen Gedächtnis. Mit dem Partisanenkrieg im Winter 1870/71 kündigte sich jedoch eine neuartige, durchaus moderne Kriegsform an, welche die preußischen Berufsmilitärs ebenso ratlos machte wie Napoleons Kommandeure im spanischen Guerillakrieg 60 Jahre zuvor. Zum Erschrecken, ja manchmal zum Entsetzen der preußischen Stabsoffiziere im Hauptquartier vor Paris befürwortete der amerikanische Militärattaché, der Bürgerkriegsgeneral Philip Henry Sheridan, eine erbarmungslose Methode: Man solle doch, empfahl er, das nächste Dorf, in dessen Nähe Partisanen operiert hätten, vor ein Peloton stellen, das bringe die Freischärler zur Räson. Dem Ratschlag wollte damals noch keiner folgen. Erst im Sommer 1914 wurde gegen belgische Franctireurs mit einer Härte vorgegangen, wie John Horne soeben exakt gezeigt hat, welche die Partisanenbekämpfung im Krieg gegen die Sowjetunion in der Befehlssprache und Ausführung vorwegnahm.

Moltke zog freilich eine denkwürdige Konsequenz aus den Erfahrungen des erfolglosen Winterkriegs und des Frankreichfeldzugs überhaupt. Beim nächsten Duell zwischen Deutschland und Frankreich – wie jedermann rechnete er geradezu selbstverständlich mit dem Anlauf zur Revision des letzten verlorenen Krieges – müsse man einen »Exterminationskrieg« führen. Das war Moltkes frühe Vision des totalen Krieges, in ihrer Radikalität vielleicht doch schon von Charles Darwins Bestseller, der neuen Bibel des europäischen und amerikanischen Bürgertums, beeinflußt. Bis zum totalen Krieg sollte es in Europa aber noch exakt 45 Jahre dauern.

Zwei Entwicklungen nur sind hier aus der Folgezeit noch hervorzuheben. In einem intrigenreichen Dschungelkrieg zwischen Generalstab, Kriegsministerium und Militärkabinett setzte Moltke 1883 endlich das begehrte Recht des Immediatvortrags beim Monarchen ohne Anwesenheit des Kriegsministers durch. Damit gewann der Generalstabschef mit seinen Experten ein Maß der Verselbständigung, dessen fatale Folgen zutage traten, als der Schlieffenplan, fern von allen politischen Entscheidungsgremien, die Gesamtpolitik des Reiches in verhängnisvoller Weise festlegte.

Selbst der abwägende Moltke befürwortete 1887 angesichts der Unvermeidbarkeit des Zweifrontenkrieges den Präventivkrieg gegen Rußland, um das Reich durch die Ausschaltung eines mächtigen Gegners von diesem Doppeldruck zu entlasten. Wegen des innerrussischen Schwächezustands sei, so glaubte er, der »Augenblick zum Losschlagen ein günstiger«. Bismarck widersetzte sich mit Erfolg dem Abenteuer dieses Winterfeldzugs, vor allem aber der krassen Mißachtung der Clausewitzschen Leitvorstellung vom Primat der Politik. Doch seit 1890 dominierte dann das rein militärische Effizienzdenken über jede politische Planung.

Schlieffens Ziel war es, den künftigen Krieg – von dem jedermann wie von einem Naturereignis fest ausging – durch optimale technokratische Vorausplanung zu einem klar überschaubaren Unternehmen mit sicheren Siegeschancen zu machen. Das lag durchaus auf der Linie des modernen technischen Denkens, die Beherrschung komplexer Prozesse zu optimieren. Dennoch blieb Schlieffens Plan, auch in der letzten Variante, mit dem rechten Flügel, der sieben- bis achtmal so stark wie der linke sein sollte, innerhalb von sechs Wochen durch das neutrale Belgien nach Nordfrankreich vorzustoßen, das französische Heer einzukesseln und ihm ein neues Cannae zu bereiten, ein unseriöses Wunderrezept. Drei mißachtete Probleme stellten das vermeintliche Erfolgspatent von vornherein in Frage.

1. Das deutsche Heer und sein legendärer rechter Flügel waren für die effektive Ausführung des Planes nie stark genug. Mindestens zwei volle Armeekorps fehlten, die wegen der innenpolitischen Blockade einer nochmals gesteigerten Heeresrüstung nie aufgestellt wurden. Der Schlieffenplan basierte daher auf ei-

nem utopischen Wunderglauben; Moltke hatte bei all seinen Feldzügen stets für quantitative Überlegenheit gesorgt.

2. Der Irrglaube an eine einzige Entscheidungsschlacht im Westen ignorierte die Ressourcen der französischen Großmacht, den Partisanenkrieg des Winters 1870/71 und die Bedrohlichkeit des gewaltigen russischen Militärpotentials.
3. Die eklatante Verletzung der belgischen Neutralität erzwang den englischen Kriegseintritt, die Intervention eines britischen Expeditionskorps und die Eröffnung einer dritten Front zur See.

Im Kern ist die Institutionalisierung einer Planungseinheit in Gestalt des Generalstabs eine durchaus moderne Ausdifferenzierung von Funktionen im Zeitalter der Massenheere von Großstaaten. Die dadurch gesteigerten Kriegsrisiken sollten durch Vorausplanung möglichst entschärft werden. Insofern hat der preußisch-deutsche Generalstab nicht zufällig weltweit als Vorbild gedient. Auch wo er es zunächst nicht tat, wie in den USA, gab es doch eine streng geheimgehaltene Planungsabteilung im Marineministerium, die z.B. seit 1895 den Krieg gegen Spanien exakt vorbereitet hat.

Dennoch bleibt die unleugbare und keineswegs eindeutig moderne Prävalenz des militärischen Effizienzdenkens in Berlin erklärungsbedürftig, da sie damals in derart reiner Form anderswo nicht zu finden ist. Sie läßt sich nicht aus der ominösen Mittellage oder aus anderen geopolitischen Sachzwängen ableiten. Vielmehr entsprang sie einer spezifischen Traditionsbildung, die ein handlungsleitendes Weltbild stützte.

Nach einer jahrzehntelangen Abschwungphase des Militärs und der das Offizierkorps tragenden Sozialformation, des ostelbischen Adels, kam es wider Erwarten zu einer starken Aufwertung des Militärs. Den Auftakt bildete die Revolutionsbekämpfung, dann folgten die drei erfolgreichen Einigungskriege der 1860er Jahre. Das adlige Offizierkorps stieg sprungartig an die Spitze der Prestigepyramide empor, militärische Titel und Kleidungsstücke, militärische Werte und Normen, militärische Verhaltensweisen und Denkgewohnheiten gewannen eine erstaunliche Dominanz als Vorbild der zivilen Gesellschaft. Dieser Respektvorschuß, kein immanenter Sachzwang, ebnete die Bahn für den Sieg des militärischen Ressortdenkens, dessen Experten sich siegessicher als Meisterdenker empfanden. Seit 1890 kapitulierte die Reichspolitik vor den vermeintlich vorrangigen militärischen Imperativen. Sie verriet die Priorität politischer Entscheidungen. Der Schlieffenplan wurde, wie gesagt, kein einziges Mal in der Reichsleitung diskutiert, obwohl er über das Schicksal von 60 Millionen Reichsdeutschen entschied. Bethmann Hollwegs Rechtfertigung fiel durchaus typisch aus: »Unmöglich konnte sich der militärische Laie anmaßen«, verteidigte er sich, »militärische Notwendigkeiten zu beurteilen.«

Die Entscheidungskompetenz der Militärexperten wurde durch die soziale Homogenität des Offizierkorps zementiert, da sie einen gemeinsamen Denkhabitus erzeugte und auf Dauer gewährleistete. Die Erhaltung des Adelsmonopols wurde zielstrebig verfolgt. Moltke verwarf 1861 eine flexiblere Personalpolitik mit dem schneidenden Urteil, bürgerlichen Offizieraspiranten fehle die rechte Gesinnung. General Hans Lothar v. Schweinitz sah 1870 die Grenze preußischer Macht dort, wo »das Junkermaterial zur Besetzung der Offizierstellen aufhört«. Otto von Bismarck stimmte zu: »Das darf ich nicht sagen, aber ich habe danach gehandelt.« Alfred Graf von Waldersee forderte 1877, den »Kastengeist« des adligen »Offizierstandes« zu verstärken, da der Kampf der »Besitzlosen« gegen die »Besitzenden« herannahe. Schlieffen verteidigte 1900 die aristokratische Exklusivität ganz so wie 1903 Kriegsminister Karl von Einem, der »demokratische« Elemente, sprich ein wenig liberal angehauchte Bürgerliche, aus dem Offizierkorps partout fernhalten wollte. Und Kriegsminister Josias von Heeringen opponierte während der großen Aufrüstungsdebatte von 1913 nicht minder pointiert gegen eine weitere Heeresexpansion, da sie wegen der Aufnahme von Bürgerlichen notwendig mit der »Demokratisierung« des Offizierkorps verbunden sei. Auch wegen dieser rigorosen Personalpolitik kam es nicht zu den neuen Armeekorps, die der Schlieffenplan zwingend voraussetzte.

Wenn man zur spezifisch modernen Veränderung der Sozialstruktur auch die soziale Aufstiegsmobilität ungeachtet der individuellen Herkunft zählt, gab es im äußerlich durchaus modern wirkenden Militärapparat des preußisch-deutschen Staates eine traditionalistische Besitzstandwahrung und Exklusivitätsverteidigung, die interessenpolitisch verständlich, aber rückwärts gewandt und effizienzmindernd war. Der Typus des bürgerlichen Militärtechnokraten á la Erich Ludendorff und Wilhelm Groener, dem die Zukunft gehören sollte, wirkte da als exotischer Außenseiter. Modernisierungstheoretisch trifft man hier auf ein nachgerade klassisches Spannungsverhältnis, das die deutsche Geschichte spätestens seit den 1840er Jahren durchzieht: Das ist die Spannung zwischen einer überaus modernen industriellen, technischen, teilweise auch sozialstrukturellen Entwicklung und den Beharrungskräften im politischen System sowie in der Phalanx der sozialen Privilegienbesitzer. An der gescheiterten Spannungsmeisterung ist das Kaiserreich schließlich 1918 zerbrochen. Am Militär kann man seit der Heeresreform der 1860er Jahre die tiefe Ambivalenz und ungelöste Dichotomie von Modernität und Traditionsverteidigung vorzüglich verfolgen.

Übrigens tauchte auch die schwarze Seite der Moderne, wie sie im totalen Krieg zutage treten sollte, bereits vor der zweiten Hälfte des Ersten Weltkriegs auf. Wie Hannah Arendt frühzeitig und scharfsichtig erkannt hat: in den erbarmungslos geführten Kolonialkriegen der westlichen Imperialmächte. Diese neue Natur des Krieges wurde enthüllt in General Robert Napiers Maschinengewehrkrieg gegen abessinische Speerwerfer, in den jeden Unterschied zwischen Kombattanten und Zivilbevölkerung mißachtenden spanischen, dann englischen Konzentrationslagern für Zivilisten, aber auch 1904/07 im deutschen Kolonialkrieg gegen die aufbegehrenden Hereros in Südwestafrika. Indem er sich über jede völker- und kriegsrechtliche Einhegung militärischer Gewalt hinwegsetzte, befahl der Oberkommandierende der deutschen Schutztruppe einen »Kampf ohne Friedensmöglichkeit« bis hin zur »Vernichtung« der Aufständischen zu führen. Mehr als die Hälfte des Hererostammes wurde getötet, zum Teil durch die Vertreibung in die wasserlose Omaheke-Wüste, zum Teil durch die Deportation und anschließende Dezimierung in Gefangenenlagern. Danach herrschte, mit mehr als 50 000 Toten und 600 Millionen Goldmark erkauft, die »Ruhe und Ordnung« des Friedhofs. Dreieinhalb Jahrzehnte später regierte dieselbe Maxime im Vernichtungskrieg gegen die Sowjetunion.

Die moderne Flottenpolitik hat zur ersten voll ausgebildeten Rüstungsspirale des 20. Jahrhunderts geführt, und wenn sie auch erst in den 1890er Jahren einsetzte, ist doch ein kurzer Ausblick geboten. Eine Schlüsselerfahrung hat offenbar der von Marineexperten sorgfältig beobachtete Japanisch-Chinesische Krieg von 1894/95 gespielt. Panzerschiffen, wie sie die weit überlegene Flotte des seit den Meji-Reformen der 1860er Jahre rapide modernisierenden Inselreichs besaß, gehörte, wie es schien, die Zukunft im Seegefecht und bei der Bombardierung von Häfen und Küstenstädten. Alfred von Tirpitz hat als Beobachter vor Ort das Vordringen des westlichen und japanischen Imperialismus in Ostasien genau beobachtet und aus dieser Erfahrung seine Konsequenzen gezogen. Die amerikanische Marineleitung fühlte sich sogar rundum bestätigt, da sie bereits früh die Weichen umgestellt und einen mehrjährigen Vorsprung gewonnen hatte. Aus dem unzweideutig ausgesprochenen Doppelmotiv der Abwehr bedrohlicher europäischer Konkurrenten in der Westlichen Hemisphäre und der Abschirmung des eigenen Überseeimperialismus hatte 1890, dem Annus mirabilis des amerikanischen Flottenbaus, der »Naval Policy Board« den Bau einer großen Schlachtflotte gefordert. Der Kongreß bewilligte sogleich zwei Panzerkreuzer. Kapitän Alfred Thayer Mahan vom »Naval War College«, der unumstrittene Prophet des neuen Navalismus und einflußreiche Berater der neuenglisch-republikanischen Politikerelite, lieferte mit seiner programmatischen Schrift »The Influence of Sea Power upon History« die legitimierende Deutung der historischen Notwendigkeit dieses Bauprogramms der künftigen Weltmacht. Tirpitz verehrte diese »Marinebibel«, nach Wilhelms II. Urteil die »Pflichtlektüre« jedes deutschen Seeoffiziers.

Der effektivste Marineminister in der Epoche zwischen Bürgerkriegsende und Weltkriegsausbruch, Benjamin Tracy, unterstützte ebenfalls 1890 in seinem ersten Jahresbericht den Bau einer Schlachtflotte anstelle der veralteten Kreuzer. Die Panzerschiffe wurden seither zügig gebaut, so daß sie die imperialistische Intervention in Chile, Brasilien, Venezuela und der Karibik unterstützen konnten, ehe Admiral George Deweys Pazifikgeschwader unmittelbar nach dem Beginn des Spanisch-Amerikanischen Krieges die aus Holzschiffen bestehende spanische Schwadron bei Manila zusammenschoß. Nur wenige nahmen in Europa zur Kenntnis, daß die »White Fleet«, die schneeweiß gestrichene Schlachtflotte Theodor Roosevelts, bereits zur zweitstärksten Panzerschiffarmada der Welt aufgestiegen war.

Tirpitz wurde 1897 zum Staatssekretär des Reichsmarineamts, also zum Reichsmarineminister, ernannt. Er vollzog ebenfalls unverzüglich den Übergang von der Kreuzer- zur Schlachtschiffflotte, denn das 1. Flottengesetz von 1898 sah bereits zwei Geschwader mit je acht Schlachtschiffen vor. Diese Flotte sollte zwei Funktionen erfüllen:

1. den Kampfauftrag gegen England; zuerst ging es um Abschreckung, deretwegen sie so stark werden sollte, daß die »Home Fleet« sie nicht überwinden

konnte; alsbald aber ging es um den Vorstoß zur maritimen Spitzenstellung und die Herausforderung der englischen Flotte zum entscheidenden Duell.

2. Innenpolitisch sollte die Flotte zur Identifikation mit der deutschen Weltmacht führen und das innere Machtgefüge stabilisieren. Tirpitz ging 1895 explizit davon aus, daß der integrierende Prestigefundus von 1870/71 aufgezehrt sei und eine »vaterländische Sammlungsparole« ein neues Ziel aufpflanzen müsse. Das Reich brauche ein Gegengewicht gegen »unfruchtbare sozialpolitische Utopien«, wie sie von der Linken propagiert würden. Der Flottenbau biete daher ein »starkes Palliativ gegen gebildete und ungebildete Sozialdemokraten«.

Tirpitz verschärfte das Bautempo – die 1. Novelle von 1900 sah bereits vier Geschwader mit 32 Schlachtschiffen, die 2. Novelle von 1906 den Bau von sechs großen Kreuzern, die 3. Novelle von 1908 den Übergang zum Bau von jährlich vier »Dreadnoughts« innerhalb der nächsten vier Jahre vor, einer Imitation der englischen Antwort auf die deutsche Seerüstung. Das waren neue Superpanzerschiffe mit 25 000 BRT, einem Fahrttempo von 28 Seemeilen und 38-cm-Geschützen. Obwohl bis 1913 nur 14 von ihnen gebaut wurden, verschlangen sie 60 Prozent des deutschen Rüstungsetats. Mit erhöhtem Tempo zog England dennoch auf ein Verhältnis von 3:2 davon.

Mit der modernsten Waffengattung ist die deutsche Rüstungspolitik in jeder Hinsicht gescheitert. Ihre Schlachtflotte trieb England unwiderruflich auf die Gegenseite, mit dem britischen Bautempo konnte die Kaiserliche Marine nicht mithalten, im Krieg vermochte sie die englische Blockade nicht aufzubrechen und den einzigen Schlagabtausch nicht zu gewinnen. Innenpolitisch vertiefte sie trotz des bizarren bürgerlichen Flottenenthusiasmus die Spaltung der Nation und entzog aberwitzige Summen der Förderung produktiver Aufgaben im Bildungssystem, in der Infrastruktur und in der Sozialpolitik. Für die von Tirpitz und der Reichsleitung erhoffte Integration mit dem modernsten aller Mittel erwies sie sich als rundum kontraproduktiv.

An das Ende unserer Zeitspanne fällt die überzeugende Kritik an der Illusion, künftig gebe es nur noch kurze Kriege, die man daher den Militärs völlig überlassen solle; die modische Offensiv-Doktrin hat diese Vorstellung unterstützt. Kurz vor seinem Tod, 1890, hat der ältere Moltke als 90jähriger Reichstagsabgeordneter auf dem Forum des Parlaments diesem Irrglauben mit großem Ernst und zum Erstaunen der anwesenden Militärs und der Honoratioren auf der Regierungsbank widersprochen. Wegen des riesigen Potentials und der Millionenheere, die in einem künftigen Krieg zwischen den Großmächten in Bewegung gesetzt würden, könne es »jetzt nur noch den Volkskrieg« geben, prophezeite er, »seine Dauer und sein Ende sind nicht abzusehen, es kann ein Siebenjähriger, es kann ein Dreißigjähriger werden«.

Noch drastischer hatte ein Militärexperte wie Friedrich Engels schon 1887 seine klarsichtige Prognose gestellt, daß »kein anderer Krieg für Preußen-Deutschland mehr möglich« sei, »als ein Weltkrieg [...] von einer bisher nie gekannten Ausdehnung und Heftigkeit. Acht bis zehn Millionen Soldaten werden sich untereinander abwürgen«. Und die absehbaren Folgen:

> »Die Verwüstungen des Dreißigjährigen Krieges zusammengedrängt in drei bis vier Jahre und über den ganzen Kontinent verbreitet; Hungersnot, Seuchen, allgemeine [...] Verwilderung der Heere wie der Volksmassen; rettungslose Verwirrung unseres künstlichen Getriebes in Handel, Industrie und Kredit, endend im allgemeinen Bankrott; Zusammenbruch der alten Staaten [...] derart, dass die Kronen zu Dutzenden über das Straßenpflaster rollen und niemand sich findet, der sie aufhebt; also absolute Unmöglichkeit, vorherzusagen, wie das alles enden und wer als Sieger aus dem Kampf hervorgehen wird.«

Im Grunde hatte Moltke mit seiner Skepsis Recht, was die Dauer dieses künftigen Weltkrieges angeht. Begann nicht 1914, wie Raymond Aron als Erster die inzwischen geläufige Formel gebracht hat, der neue, der »zweite Dreißigjährige Krieg«, der erst 1945 enden sollte?

Die gewaltigen Heere und Flotten wirkten auf viele Zeitgenossen in Europa und jenseits des Atlantiks bis 1914 als das Nonplusultra waffentechnischer Modernität. Die Spannung dagegen zwischen Tradition und Moderne, die innerhalb dieser Waffengattungen anhielt und ihre stromlinienförmige Modernität von innen her in Frage stellte, sahen nur wenige wache Kritiker. Und noch weniger Beobachter sprachen die Konsequenz dieser modernen Aufrüstung warnend aus: den im Prinzip unkalkulierbaren, langjährigen, verlustreichen Weltkrieg von hochbewaffneten Großmächten, die sich auf dem Gipfel der westlichen Zivilisation wähnten. Modernisierungstheoretisch lehrt daher die Rüstungspolitik seit den 1860er Jahren auch den offenbar unauflöslichen Nexus zwischen technischer Moderne und dem Absturz in die Barbarei.

I.

Militär und Politik

Winfried Baumgart

Einführende Bemerkungen

Im 19. Jahrhundert hat sich das Kriegswesen in vielerlei Hinsicht revolutionär verändert, und zwar grundlegender und umstürzender als in jedem Jahrhundert davor. Zum einen haben die Folgen der Französischen Revolution und der napoleonischen Herrschaft die Kriegführung in Europa und in Nordamerika in ihrem Wesen umgestaltet. Zum anderen hat ihr die Industrialisierung ganz neue Dimensionen der Vernichtung eröffnet und damit einen verschärften Zwangscharakter in die internationalen Beziehungen gebracht, die dann das 20. Jahrhundert zur höchsten (und grauenvollsten) Form der Kriegführung in der bisherigen Geschichte fortgebildet hat. Vergleicht man allerdings die Spanne zwischen den Napoleonischen Kriegen und dem Ersten Weltkrieg, scheinen die Kriege dieses Jahrhunderts, da sie kurz sind und relativ wenige Opfer erfordern, eher dem Typus des Kabinettskriegs des 18. Jahrhunderts zu entsprechen. Aber bereits der Krimkrieg hat die Bedeutung der industriellen Überlegenheit der einen Seite gegenüber der rückständigen anderen Seite offenkundig gemacht. In allen folgenden Kriegen hat dann dieser Faktor den Ausgang jedesmal weitgehend vorausbestimmt. Der Amerikanische Bürgerkrieg hat – was in Europa damals merkwürdigerweise kaum wahrgenommen wurde – über den industriellen Maßstab hinaus die Totalität moderner Kriegführung, in der das gesamte Machtpotential der Kriegführenden eingesetzt wird, offenbart.

Ähnlich wie in der Kriegstheorie hat sich auch der Charakter des Krieges im 19. Jahrhundert verändert. Im 18. Jahrhundert war Kriegführung in Europa bis zu den Revolutionskriegen eine begrenzte Methode und berechenbare Einrichtung in der Hand der Regierung, also des Monarchen. Sie war ein Mittel, um bestimmte politische Ziele zu erreichen. Der Krieg wurde vom Monarchen und seinem engen Beraterkreis geplant und geführt. Das dafür zur Verfügung stehende Instrument war ein Berufsheer, das unter hohen Kosten angeworben und gedrillt wurde. Im Krieg durfte es nicht unmäßigen Verlusten preisgegeben werden, weil ein Berufsheer schwer zu ersetzen war. Das Volk – die Untertanen – war vom Krieg nur insofern betroffen, als es die Kosten dafür aufzubringen und unter ihm lokal zu leiden hatte, ansonsten ging es das Kriegführen nichts an. Deshalb war es dafür auch nicht zu begeistern, zu mobilisieren.

Das wurde nun durch die französischen Revolutionsheere wesentlich anders. Durch die Levée en masse wurde zum erstenmal in der Geschichte das Volk in Waffen gebildet, mit dem Napoleon seine schnellen und raumgreifenden Siege errungen hat. Die französische Nation zog in den Krieg, um Ideen und Ideale zu verwirklichen und damit andere Nationen zu beglücken. Diese Einrichtung vom Volk in Waffen, einmal in die Welt gesetzt, konnte von da ab nicht mehr rückgängig gemacht werden.

Die Idee des Volkskriegs und der Nation in Waffen setzte sich im 19. Jahrhundert aber erst allmählich durch. In den Jahren und Jahrzehnten nach dem Wiener Kongreß ist sogar allenthalben in Europa eine deutliche Rückkehr zum System des früheren Berufsheeres festzustellen, vor allem in Frankreich, wo ja die Idee der Nation in Waffen geboren worden war.

Das einzige Land, in dem die Wehrpflicht nicht nur auf dem Papier, sondern auch in der Wirklichkeit bestehen blieb, war Preußen.

So wie die allgemeine Wehrpflicht, in der Französischen Revolution geboren, im 19. Jahrhundert am wirksamsten von der preußischen Armee durchgeführt worden ist, so wurde auch eine für die Kriegführung folgenreiche Einrichtung in Preußen zur höchsten Perfektion getrieben: der (Große) Generalstab. Er war das Gehirn des Heeres, seine Planungsbehörde. Dem Namen nach hatte es den Generalstab schon im 18. Jahrhundert gegeben, aber dabei handelte es sich mehr um eine Ansammlung von Adjutanten und Verbindungsoffizieren, die vornehmlich der Nachrichtenübermittlung dienten. Die Stunde des eigentlichen Generalstabs, der sich mit operativen Planungen schon während des Friedens beschäftigte, schlug erst im 19. Jahrhundert. Seine Geburt in Preußen erfolgte 1803.

Moltke hat den Generalstab zu einem Instrument von höchster Effizienz geschmiedet. Er hat die Kriegsplanung und -vorbereitung von 1866 und 1870/71 und darüber hinaus im Frieden ganz entscheidend geprägt. Die wichtigsten Kennzeichen des Moltkeschen Generalstabs sind: 1. die Unabhängigkeit gegenüber dem Kriegsministerium (formal seit 1872), das jetzt zur obersten Verwaltungsbehörde des Heerwesens wurde; 2. die wissenschaftliche Vorbereitung für den Kriegsfall durch Studium der Kriegsgeschichte, Sammeln und Ordnen von Nachrichten der potentiellen Gegner, besonders ihrer Armeen, das Anlegen von Karten, die Ausarbeitung von Mobilmachungs-, Aufmarsch- und Kriegsplänen; 3. die Schulung von Generalstabsoffizieren und deren rotierende Versetzung vom Großen Generalstab zu den Truppengeneralstäben. Die Auslese dieser Offiziere wurde nach strengsten Maßstäben vorgenommen, und zwar auf der Kriegsakademie (bis 1858 hieß sie Allgemeine Kriegsschule). In dem dreijährigen Lehrplan spielten neben den eigentlichen kriegswissenschaftlichen Disziplinen die Fächer Mathematik und allgemeine Geschichte (neben der Kriegsgeschichte) sowie Französisch oder Russisch eine prominente Rolle.

In den Armeen der anderen europäischen Großmächte wurden in den 1870er Jahren Generalstäbe nach dem preußischen Vorbild aufgebaut, obwohl es die Einrichtung, aber mit anderer Struktur und ohne Ausleseverfahren, vorher schon gegeben hatte. In Frankreich trat ein Generalstab 1872 ins Leben; die entsprechende Kriegsschule war die Ecole supérieure de guerre in Paris. Der österreichisch-ungarische Generalstab entstand 1875 nach preußischem Vorbild. Rußland formte seinen schon zu Beginn des 19. Jahrhunderts entstandenen Generalstab in den 1860er Jahren um; die Offiziere absolvierten ihre Schulung in der Nikolaj-Generalstabs-

Akademie in St. Petersburg. Großbritannien hatte im 19. Jahrhundert keinen Generalstab.

Die Qualität der Armeen ist durch die Möglichkeiten, welche die Industrialisierung für die Produktion der Waffen und die Mobilität der Truppen eröffnet hat, ganz entscheidend verändert, ja revolutioniert worden. Die Fortentwicklung der Feuerkraft sowie die industrielle Massenfertigung von Handfeuerwaffen und Artilleriegeschützen haben die Kriegführung taktisch, der militärische Einsatz von Eisenbahn und Telegraphie hat sie strategisch umgestaltet. Die von der Industrialisierung gebotenen Möglichkeiten zeichneten sich etwa 1840 ab. Sie wurden zehn bis fünfzehn Jahre später, dann aufgrund der Erfahrungen des Krimkriegs, schneller und massiver umgesetzt und führten wiederum zehn Jahre später zu einem internationalen Wettrüsten. Das Bemerkenswerte an dieser technischen Entwicklung ist, daß sie gar nicht von der militärischen Führung forciert wurde. Die hohen Militärs waren grundsätzlich konservativ eingestellt und ließen ungern von liebgewordenen Gewohnheiten ab. Ein wesentlicher Fortschritt in der Waffenentwicklung bedeutete ja in der Regel, daß die Ausrüstung mit der alten, jetzt veralteten Waffe diese mit einem Schlage überflüssig machen konnte. Hier stieß man auch an finanzielle Grenzen, die das Wettrüsten dann unübersehbar aufbaute. Der Anstoß zur Erfindung neuer Waffen kam zumeist von der privaten Industrie, und ihre Einführung mußte der Politik – den Finanzministern und dem Parlament zumal – und den Militärs häufig mühsam aufgezwungen werden.

Haben die technischen Umwälzungen bei der Herstellung von Handfeuerwaffen und Geschützen die Kriegführung in taktischer Hinsicht beeinflußt, so hat die Eisenbahn sie in strategischer Hinsicht verändert. Sie hat die Mobilmachung und den Aufmarsch um ein Vielfaches beschleunigt, Truppenverschiebungen während des Krieges in vorher unbekanntem Maße ermöglicht und den Nachschub entscheidend verbessert.

Neben den Eisenbahnen hat auch das neue Kommunikationsmittel der Telegraphie die Beweglichkeit der Truppen entscheidend vorangetrieben. Der erste militärische Einsatz des Telegraphen erfolgte wiederum im Krimkrieg, als seit Februar 1855 die Verbindung von London und Paris nach Balaklava hergestellt war und militärische Befehle von der politischen Führung – sehr zum Leidwesen der Kommandeure vor Ort – in wenigen Stunden übermittelt werden konnten. Von Balaklava wurde eine Telegraphenlinie auch direkt an die Front von Sevastopol' verlegt, so daß auch hier eine Koordinierung stattfinden konnte. In den folgenden Kriegen spielte der Telegraph eine unentbehrliche Rolle.

Die Ausführungen der folgenden sechs Referate gehen der Frage nach dem Verhältnis zwischen Regierung und Militärführung bei den fünf europäischen Großmächten und bei den USA in den Jahrzehnten zwischen 1860 und 1890 nach. Dieses Verhältnis war jeweils sehr unterschiedlich gestaltet und läßt sich daher auf keinen gemeinsamen Nenner bringen, entsprach aber durchaus den jeweiligen spezifischen nationalgeschichtlichen Voraussetzungen und den zentralen zeitgeschichtlichen Ereignissen.

Im Falle Deutschlands bestand, wie Konrad Canis verdeutlicht, ein Spannungsverhältnis zwischen Politik und Militärführung, in dem aber Bismarck durchweg die Oberhand behielt. Moltke war mit der kleindeutschen Lösung des Einigungswerkes Bismarcks nicht zufrieden und hätte ein mitteleuropäisch-großdeutsches Ergebnis vorgezogen. Viel schärfer als Bismarck betrachtete er das Zarenreich als Deutschlands unversöhnlichen Zukunftsgegner und rechnete daher mit einem Zweifrontenkrieg. Bismarcks Bestreben war es dagegen, den deutsch-russischen Krieg zu verhindern. Moltkes Nachfolger als Generalstabschef, Waldersee, verschob zwar den Schwerpunkt seiner Kriegsplanungen wieder auf Frankreich, traf sich aber mit Moltke in der Forderung, Prävenire zu spielen. Bismarck konnte indes in allen entsprechenden Auseinandersetzungen den Primat der Politik sichern, obwohl auch er für die Argumente der Militärs nicht ganz unempfänglich war.

In England war, wie William Philpott klarmacht, das Verhältnis zwischen Politik und Militär verfassungsmäßig klar geregelt und führte zu keinem Zeitpunkt zwischen 1860 und 1890 zu irgendwelchen scharfen Spannungen. Es war stets Sache der Regierung (und des Parlaments), den Umfang und den eventuellen Einsatz der beiden Teilstreitkräfte zu bestimmen. Diese begnügten sich mit der Rolle des bloßen Instruments in den Händen der Politik. Das zeigte sich auch in dem seit Beginn der 1880er Jahre anhebenden Zeitalter des Imperialismus, in dem es zunächst um die Konsolidierung des bestehenden Empires ging. Politik und Militär zogen dabei an einem Strang.

Im Frankreich des 19. Jahrhunderts, das durch häufige Regimewechsel gekennzeichnet ist, vermochte sich die Militärführung neuen Regierungsformen stets ohne Umstände anzupassen. Für die Dritte Republik weist Frédéric Guelton unmißverständlich darauf hin, daß das Militär stärker als im Zweiten Kaiserreich von der Politik ausgeschlossen wurde. Der von der Politik beschlossene Umbau des Heerwesens (Wiedereinführung der Wehrpflicht und deren strikte Anwendung) wurde von der Militärspitze klaglos mitgetragen. Der Ausschluß der Soldaten aus der Politik wird durch die Gesetze von 1872 und 1875/84 dokumentiert, nach denen sie sowohl das aktive wie auch das passive Wahlrecht verloren.

In Rußland kam es, wie Nikolaus Katzer ausführt, früher zu Reformen im Heerwesen als in Frankreich. Der Impuls dafür war aber in beiden Fällen der nämliche: dort der verlorene Krieg gegen Preußen-Deutschland, hier der verlorene Krimkrieg. Dieser gab den Anstoß zu grundlegenden Reformen: zunächst zur Abschaffung der Leibeigenschaft (1861), welche dann die notwendige Voraussetzung für die Einführung der Wehrpflicht (durch Kriegsminister Miljutin 1874) lieferte. Miljutin verstand es, Gesinnungsgenossen für seine Vorstellungen einer aktiven und expansiven Außenpolitik an entsprechende Schalthebel zu setzen. Generäle wie Kaufmann und Skobelev entfalteten im Sinne Miljutins in Zentralasien eine rührige Expansion. Insofern kann Katzer resümieren, daß unter Alexander II. die Führung der reformierten Armee sich stärker in die Politik einmischte.

Auch in Österreich(-Ungarn) kam es infolge des verlorenen Krieges von 1866 zu Reformen im Heerwesen. Lothar Höbelt erläutert im Einklang mit der bisherigen Forschung, daß sich das Habsburgerreich mit der Machtstellung des neuen

Deutschen Reiches allmählich abfand und auch bald das Bündnis mit ihm suchte, das 1879 Wirklichkeit wurde. Einen Kriegsplan gegen Deutschland gab es seitdem nicht mehr. Anders verhielt es sich mit Italien und Rußland. Gegenüber Italien lassen sich im Wiener Generalstab (unter Schönfeldt) mehrfach Präventivkriegsideen ausfindig machen. Kaiser Franz Joseph gab ihnen indes keinen Raum, und nach Abschluß des Dreibundes (1881) waren sie ohnehin illusorisch. Ein Aufmarschplan gegen Rußland wurde zwar ebenfalls routinemäßig ausgearbeitet; der (Präventiv-) Krieg gegen den großen Nachbarn wurde aber nie als erfolgversprechend angesehen.

Für die USA macht Dirk Bönker deutlich, daß mit dem Ende des Bürgerkriegs 1865 die amerikanische Armee und die Marine im Vergleich zu Europa in wenigen Jahren bedeutungslos wurden und daher in der Politik eine sehr geringe Rolle spielten. Die verfassungsmäßigen Voraussetzungen zogen wie in Europa eine klare Grenze zwischen Militär und Politik: Die Militärführung war der Politik stets untergeordnet. In der Anfangsphase des neuen imperialistischen Zeitalters wurde die Marine den Zielen der Expansion, zunächst der handelspolitischen (später dann der territorialen), dienstbar gemacht. Der Begriff »Kanonenbootdiplomatie« verdeutlicht wie im Falle Englands dieses Rollenspiel.

Zieht man das Fazit unter die sechs Referate, so läßt sich in den Fällen England, Frankreich und den USA eine klare Unterstellung der Militärführung unter die Politik feststellen. Im Falle Rußlands ist die Grenzziehung längst nicht einwandfrei zu treffen. In Deutschland vermochte sich die Politik trotz vielfacher Spannungen mit der Militärführung durchzusetzen. In Österreich-Ungarn blieben die Versuche der Generalstabschefs, den Präventivkrieg zu führen, auf dem Papier stehen.

Konrad Canis

Militärführung und Grundfragen der Außenpolitik in Deutschland 1860 bis 1890

Außenpolitik und Krieg haben den Weg für die Gründung des Deutschen Reiches freigelegt, Außenpolitik und Frieden haben seine neue, durch die labile geostrategische Lage jedoch niemals ungefährdete halbhegemoniale Stellung auf dem Kontinent gesichert. Beiden dafür hauptverantwortlichen Instanzen, Otto von Bismarck, dem Leiter der Außenpolitik, und der Militärführung unter dem Chef des Generalstabes Helmuth von Moltke fielen folglich eine exzeptionelle Stellung in diesem Reiche zu. Denn auch in beiden Friedensjahrzehnten stellte das Militär einen wichtigen Garanten der Sicherheit des Reiches dar. Der Frieden als das adäquate Mittel für diese Sicherheit war zwischen Bismarck und dem Generalstab oft umstritten, in der außenpolitischen Krise nach 1885 zeigte sich die Militärführung gewiß, daß die Sicherheit einen neuen Krieg erfordern würde. Die gegensätzliche Sicht resultierte sowohl aus unterschiedlichen Bewertungen militärischer Faktoren als auch aus Differenzen in den außenpolitischen Urteilen. Bei den Militärs blieben die Vorstellungen zur Außenpolitik mit denen zur Kriegsfrage direkt verknüpft.

Im ersten Teil soll von den übergreifenden außenpolitischen Grundpositionen der Militärs die Rede sein. Danach werden im zweiten Teil das Verhältnis zwischen Militärführung und Kanzler zu Grundfragen der Außenpolitik und des Kriegs in den 70er Jahren und im dritten die Gegensätze während der außenpolitischen Krise der 80er Jahre dargelegt. Abschließend folgen einige Bemerkungen zum Charakter des Streits zwischen beiden Instanzen.

Bereits vor 1870 war das Verhältnis der Generalität zu Frankreich konstant von Feindschaft bestimmt. Das nimmt nicht wunder bei dem im Jahre 1800 geborenen Helmuth von Moltke, der ganz in der Tradition der Befreiungskriege stand. Frankreich galt ihm als permanenter Feind, der unberechenbar Europa und zuerst Deutschland bedrohte, mit dem der Krieg unausweichlich sei. Aus der revolutionären Tradition Frankreichs erklärte sich für die preußisch-deutschen Militärs sein Kriegswillen, und diese Tradition gebar auch das negative Urteil über dessen Gesellschaft und über die republikanische Staatsform ebenso wie über das napoleonische Kaisertum. Von Verfall und Verdorbenheit fanden sie Frankreich geprägt. Die »verkörperte Revolution« nannte es der hochkonservative General Leopold von

Gerlach 1859[1]. Lange vor 1870 sprach sich Moltke dafür aus, Elsaß und Lothringen zu annektieren, um mehr Sicherheit gegen den Nachbarn zu gewinnen. In der Krise von 1859, als Bismarck zuerst auf die Rivalität mit Österreich blickte, votierte Moltke für den Frankreichkrieg[2]. Das wiederholte er in den 60er Jahren. 1867 etwa verlangte er die Luxemburgkrise zum Krieg zu nutzen, wieder im Gegensatz zu Bismarck, der weder die inneren noch die äußeren politischen Voraussetzungen dafür gegeben fand[3].

Zwei weitere Motive tauchen in Moltkes Argumenten auf, die charakteristisch bleiben. Einmal das nationale Moment: er hielt den Krieg gegen Frankreich für notwendig, um »Deutschland durch Gewalt gegen Frankreich zu einigen« oder zu sichern, wie später. Und zweitens das aus der militärischen Kräftelage abgeleitete präventive militärische Motiv. Doch er ordnete sich Bismarcks außenpolitischen Argumenten gegen den Krieg unter, wenn er sie, wie 1867, als »unanfechtbar« erkannte[4].

Das nationale Moment bestimmte noch stärker das Verhältnis der Militärführung zu Österreich. Moltke war in der Rivalität um die Vormacht in Deutschland ganz preußisch, im Verhältnis zum übrigen Europa aber im Grunde großdeutsch, und somit für die enge Verbindung mit Österreich, nachdem der Vormachtkampf 1866 entschieden war. Diesen Kampf, der Preußen an die Spitze von Deutschland bringen sollte, hat er schon während der Tage von Olmütz 1850 für notwendig erachtet. Er sah ihn gerichtet auf »ein ideales Gut, für Machtstellung«, nicht auf Ländererwerb, nicht gegen das Volk, wie im Falle Frankreichs, sondern gegen die Wiener Regierung, die nach seinem Urteil nicht deutsche Politik, sondern »Hauspolitik« betrieb. Den Krieg von 1866 führte die preußische Armee als ein militärisches Duell, als einen Kabinettskrieg im wahren Sinne, der sich ihr politisch als unvermeidlich erwies, allerdings niemals so populär war wie 1870 der Krieg gegen Frankreich[5].

Im Vormachtziel des Krieges von 1866 stimmten Moltke und Bismarck überein, doch in ihrem deutschnationalen Standpunkt unterschieden sie sich beträchtlich. Bei Bismarck war der von Preußen ausgehende primär machtstaatlich motivierte kleindeutsche Standort viel stärker ausgeprägt, während bei Moltke fast eine Verwandtschaft mit großdeutschen Vorstellungen der Oktoberdebatte in der Frankfurter Nationalversammlung von 1848 erkennbar ist. Sein Ideal stellte ein germanischer Machtblock in Mitteleuropa dar, in dem Preußen und Österreich in natürlicher Harmonie, das eine im Westen gegen Frankreich und das andere im

1 Vgl. Alfred von Waldersee, Denkwürdigkeiten des General-Feldmarschalls Alfred Grafen von Waldersee. Hrsg. von Heinrich Otto Meisner, Bd 1: 1832-1888, Stuttgart [u.a.] 1922, S. 60; Gerhard Ritter, Die preußischen Konservativen und Bismarcks deutsche Politik 1858-1876, Heidelberg 1913, S. 49.

2 Vgl. Eberhard Kessel, Moltke, Stuttgart 1957, S. 10; Rudolf Stadelmann, Moltke und der Staat, Krefeld 1950, S. 131 ff.

3 Vgl. Helmuth von Moltke, Gespräche. Hrsg. von Eberhard Kessel, Hamburg 1942, S. 104 ff.

4 Vgl. ebd., S. 105; Moltkes Militärische Werke. Hrsg. vom Großen Generalstabe, Bd 1/2, Berlin 1896, S. 18 f.

5 Vgl. Michael Salewski, Krieg und Frieden im Denken Bismarcks und Moltkes, in: Generalfeldmarschall von Moltke. Hrsg. von Roland G. Foerster, München 1991, S. 67 ff.

Südosten gegen Rußland, den deutschen Raum vor Fremdherrschaft behaupten. Der Nationalismus des Generals war völkischen, modernen, bürgerlichen, nationalliberalen Standpunkten ziemlich nahe. Bismarck stand der nationalen Idee ferner. Ihn bestimmte die Erkenntnis, sie für die politische Zukunft aufgreifen zu müssen und im Nutzen zähmen zu können, in bezug auf ihre innere wie auf ihre äußere Durchschlagskraft[6].

Moltkes außenpolitische Vorstellungen nach 1871 knüpften organisch an seine traditionellen Grundsätze an. Er bewertete das Resultat des deutsch-französischen Krieges von 1870/71 nicht als eine Lösung auf Dauer, sondern sah einen neuen Waffengang als unvermeidlich an. Bismarck hat das gewöhnlich nicht anders gesehen. Beide gingen sie von einem permanenten französischen Kriegsverlangen aus, das sie von der neuen Mächtekonstellation und der Annexion Elsaß-Lothringens nur zusätzlich motiviert fanden. Doch Moltke betrachtete nun auch das Zarenreich als einen unversöhnlichen Gegner: als den Nationalfeind im Osten ebenso wie Frankreich als den Nationalfeind im Westen[7]. Drei deutsch-russische Spannungsphasen – 1874/75, 1876/77 und 1878/79 – bildeten den geschichtlichen Hintergrund für seinen Standpunkt.

Militärstrategisch ergab sich daraus für Moltke die Konsequenz, mit dem Zweifrontenkrieg rechnen zu müssen. Er bezweifelte, in einem solchen Krieg die Kräfte und die Zeit für einen totalen Sieg zur Verfügung zu haben[8]. Deshalb suchte er nach Auswegen, dem gleichzeitigen Krieg an zwei Fronten und seiner längeren Dauer zu entgehen. Seine strategische Planung stellte ein System von Aushilfen dar. Er setzte auf den kurzen Krieg an einer Front, um sich danach mit überlegenen Kräften der zweiten zu widmen, die anfangs mit geringem Potential lediglich gehalten werden sollte. In der Planung der ersten Jahre sollte zuerst die Entscheidung im Westen, später ab Ende der siebziger Jahre zuerst im Osten fallen. Kurzer Krieg mit rascher Entscheidung aber hieß, gegen die Erfahrung von 1870/71, gegen den Trend zum nationalen Volkskrieg, zu handeln. Je mehr dieser Zwang die Militärs beherrschte, desto mehr suchten sie die Politik der Kriegschance und sich die Politiker in der Kriegsfrage unterzuordnen.

Moltke bestritt bereits in seiner Arbeit »Über Strategie« 1871, abweichend von Carl von Clausewitz, das Primat der Politik im Kriegsfall. Doch noch gestand er ihr zu, »entscheidend auf den Beginn und das Ende« eines Krieges einzuwirken[9]. Nach den deutsch-russischen Krisen der 70er Jahre hieß es in der Aufmarschdenkschrift von 1879: »In letzter Instanz läßt sich das militärische Gebiet vom politischen nicht

---

6 Vgl. Stadelmann, Moltke (wie Anm. 2), S. XIII; Gerhard Ritter, Staatskunst und Kriegshandwerk, Bd 1, München 1965, S. 270 ff.; Konrad Canis, Die politische Taktik führender preußischer Militärs 1858 bis 1866, in: Die großpreußisch-militaristische Reichsgründung 1871. Hrsg. von Horst Bartel [u.a.], Bd 1, Berlin 1971, S. 135 ff.

7 Vgl. Stadelmann, Moltke (wie Anm. 2), S. 297 ff.

8 Vgl. Ritter, Staatskunst (wie Anm. 6), S. 293 ff.

9 Vgl. Moltke, Über Strategie (1871). Wiederabgedruckt in: Moltke. Vom Kabinettskrieg zum Volkskrieg. Hrsg. von Stig Förster, Bonn [u.a.] 1992, S. 630-632.

mehr trennen[10].« Weil die Dimension des Krieges wuchs, stieg das Bedürfnis, die Entscheidung für eine Kriegsalternative stärker an sich zu ziehen, die Grenzen zwischen beiden Instanzen zu verwischen, der Praxis gegenüber der Theorie und somit der Autorität der Militärs größeren Raum zu geben.

So bildete die komplizierte Lage den Ausgangspunkt für das weitere: das Verlangen nach dem Präventivkrieg und die Differenzen mit Bismarck in den Kriegsfragen. Um im Zweifrontenkrieg die Entscheidung phasenverschoben erst im Osten, dann im Westen zu suchen, hatte Moltke auf die Überlegenheit gegenüber den Russen im Aufmarsch gesetzt[11]. Doch sie drohte verlorenzugehen, als seit 1882 immer mehr russische Einheiten an die Grenze verlegt wurden. Gleichzeitig nahmen die Erwartungen auf eine anhaltende Stabilität des Bündnispartners Österreich-Ungarn fortwährend ab. Nunmehr sah sich die Militärführung geradezu fixiert auf die Vorstellung, die bislang errechnete Überlegenheit nicht mehr lange aufrechterhalten zu können. Man darf nicht übersehen: am Anfang stand die Vorstellung eines fortwährend wachsenden gravierenden Nachteils und das Suchen nach Auswegen, ihm im letzten Augenblick zu entkommen. Der Kommandierende General Walther von Loe, kein Scharfmacher und politisch dem Kronprinzen nahe, hat in diesen Jahren gebetsmühlenartig die Forderung nach dem Präventivkrieg mit der akuten »Zwickmühle« begründet, in der das Reich existenzgefährdend gefangen sei[12].

Nicht eine »Illusion des kurzen Krieges«[13] beherrschte das Denken der Militärs, sondern der Zwang zu ihm, die Sorge vor dem nicht mehr beherrschbaren »langen Krieg«. Sie rechneten damit, den kurzen Krieg gegen allen Trend erzwingen zu müssen, um die einzige Siegeschance festzuhalten. Daraus folgte der Druck auf die Politiker und der Versuch, sie unterzuordnen. Diese Vorstellung war so dominant, so beherrschend, daß andere Auffassungen gar nicht zur Geltung kommen konnten. Jüngst ist Moltkes Zweifel, »ob ein Präventivkrieg tatsächlich die Lösung der sicherheitspolitischen Probleme des Reiches bringen würde«, erwähnt worden[14]. Doch alle waren sie beherrscht von solchen Zweifeln, auch, was oft übersehen wird, Moltkes Mitstreiter. Im übrigen schwebte ihnen nicht zuerst der ordinäre Präventivkrieg vor, sondern eine neue Art solchen Krieges: »nicht zur Abwehr einer unmittelbar zwingenden Bedrohung, sondern zur Vorbeugung künftiger Ge-

---

10 Graf Moltke, Die deutschen Aufmarschpläne 1871-1890. Hrsg. von Ferdinand von Schmerfeld, Berlin 1929, S. 83.

11 Vgl. ebd., S. 4-117; Peter Rassow, Der Plan Moltkes für den Zweifrontenkrieg, in: Ders., Die geschichtliche Einheit des Abendlandes. Reden und Aufsätze, Köln [u.a.] 1960, S. 199 ff.; Konrad Canis, Bismarck und Waldersee. Die außenpolitischen Krisenerscheinungen und das Verhalten des Generalstabes 1882 bis 1890, Berlin 1980, S. 75 ff.

12 Vgl. Alfred von Waldersee, Briefwechsel. Hrsg. von Heinrich Otto Meisner, Bd 1, Stuttgart [u.a.] 1928, S. 35 ff., 56 ff., 75 ff.

13 Vgl. Stig Förster, Der deutsche Generalstab und die Illusion des kurzen Krieges 1871-1914. Metakritik eines Mythos, in: Militärgeschichtliche Mitteilungen (MGM), 54 (1995), S. 61-95.

14 Vgl. Stig Förster, Optionen der Kriegführung im Zeitalter des »Volkskriegs«, in: Militärische Verantwortung in Staat und Gesellschaft. Hrsg. von Detlef Bald, Koblenz 1986, S. 96; Eberhard Kolb, Gezähmte Halbgötter? Bismarck und die militärische Führung 1871-1890, in: Otto von Bismarck und Wilhelm II. Hrsg. von Lothar Gall, Paderborn [u.a.] 2000, S. 51.

fahren«, wie Moltke bereits vor Jahrzehnten formuliert hatte[15]. Damit ergab sich ein viel weiter gefaßter Rahmen für einen solchen Krieg, auch für die Kooperation von Militär und Politik, freilich mit absehbaren Widersprüchen und Unsicherheiten. Fixiert auf möglichst genaue Prognosen, gab es auch eine Tendenz, schon im Zweifelsfall, wenn sich ein Wachstum der gegnerischen Kräfte abzuzeichnen schien, auf das Ganze zu gehen.

Das Ziel des Krieges blieb begrenzt, schon wegen der anvisierten raschen Entscheidung. Über den territorialen Status quo meinte man nicht hinausgehen zu dürfen und zu können. Vielleicht blieb das unausgesprochen die Lehre von 1870: das Annexionsziel Elsaß-Lothringen hatte unvermeidlich den Volkskrieg hervorgerufen. Eine Ausnahme allerdings gab es. Moltke sowie sein Stellvertreter Alfred von Waldersee erörterten die Wiederherstellung Polens als Puffer zwischen den Mächten des Zweibundes und Rußland[16]. Nicht für extreme Expansionslust spricht ein solches Ziel, sondern für ein Streben nach mehr Sicherheit nach dem Krieg.

Für Bismarck galt eine andere Lösung: er suchte den Zweifrontenkrieg auszuschließen. Das bedeutete für ihn, im Osten den deutsch-russischen Krieg zu verhindern, denn dieser Krieg ließ den gegen Frankreich unvermeidlich folgen. So standen sich Bismarck und der Generalstab gegenüber: sie suchten das Geheimnis, besser: nach Aushilfen, der eine, den Rußlandkrieg zu vermeiden, der andere, ihn zu gewinnen. Beide Seiten scheuten sich nicht, für das jedenfalls komplizierte Verlangen gefährliche Wege zu gehen und die Gegenseite massiv unter Druck zu setzen. Übereinstimmung gab es in einem: beide setzten sie auf das Bündnis mit Österreich-Ungarn. Doch für Bismarck stellte es zuerst einen Friedensgaranten dar, für die Militärs dagegen primär ein Kriegsbündnis.

Drei Fehleinschätzungen lagen den Vorstellungen der Militärführung zu Grunde: erstens war sie in ihren Berechnungen aktueller und zukünftiger Chancen zu starr auf die numerische Stärke, die Truppenzahl, fixiert, zweitens unterschätzte sie flagrant, welche erheblichen Möglichkeiten der Steigerung der Truppenzahl auch in Deutschland fortwährend bestanden, drittens bedeutete es ein Fehlurteil, von den Truppenverlegungen auf eine Angriffsabsicht des Zarenreiches zu schließen. Sie dienten den Zwecken der Verteidigung. Der Gegenseite sollte der Vorteil der Anfangsüberlegenheit entwunden werden.

Doch der springende Punkt war: die Truppenverlegungen mußten einen deutschen Angriff immer mehr erschweren und die beabsichtigte rasche Kriegsentscheidung illusorisch werden lassen. Angesichts der labilen politischen Systeme in Petersburg und Paris konnten Kriegsalternativen von dort aber auch plötzlich kommen. Beides motivierte die deutschen Präventivkriegsforderungen zusätzlich.

Nach dem Ausbruch der internationalen Krise 1885 stieg die Kriegsgefahr im Westen wie im Osten. Sie ist allerdings in Petersburg und Paris nicht so sehr von den Regierungen, sondern von starken Strömungen in der Gesellschaft ausgegangen, die die Regierungen mitzureißen drohten. Vor dieser Zweifrontenkriegsgefahr

---

15 Darauf hat Andreas Hillgruber verwiesen: Ders., Bismarcks Außenpolitik, Freiburg 1972, S. 31.

16 Vgl. Moltke, Gespräche (wie Anm. 3), S. 185 f.; Waldersee, Denkwürdigkeiten (wie Anm. 1), Bd 1, S. 301; Stadelmann, Moltke (wie Anm. 2), S. 331 ff.

standen sich die Standpunkte des Generalstabes und Bismarcks diametral entgegen: dieser verlangte den Krieg zu führen, jener suchte ihn mit diplomatischen Mitteln zu vermeiden und den Frieden zu erhalten. Das blieb Bismarcks Hauptweg. Doch auch er fand die Unwägbarkeiten zu groß, um dabei stehenbleiben zu können. Damit er militärisch vorbereitet war, wenn der Krieg doch ausbrach, setzte er eine neue Aufrüstung in Gang. Und gleichzeitig suchte er nach Alternativen, im unvermeidlichen Kriegsfall dem gleichzeitigen Zweifrontenkrieg zu entgehen, in einem noch erheblich weiter greifenden Ausmaß als es der Generalstab allein phasenverschoben plante. Bismarcks Ausgangspunkt blieb, die Lage im Westen und im Osten unterschiedlich zu gewichten. Da er den Krieg mit Frankreich auf Dauer für unvermeidbar hielt, konzentrierte er sich um so mehr auf den Frieden mit Rußland.

Bismarck suchte deshalb Ende 1886 auch die öffentliche Kampagne von Rußland weg und stärker gegen Frankreich zu lenken. Es ging ihm freilich nicht nur um Frieden, Außenpolitik und Aufrüstung, sondern nicht zuletzt um Machterhalt, wenn er Kriegsgefahr, Heeresvorlage und Reichstagswahl miteinander verknüpfte. Emmerich Széchényi, der österreichische Botschafter, war sich sicher: Krieg und Frieden dienten Bismarck dazu, hochgespielt zu werden, um den Reichstag vor dem zu erwartenden Kaiserwechsel zu entmachten[17].

In der Konzentration auf den Westkriegsfall befand sich Bismarck mit dem Generalstab 1886 in Übereinstimmung. Alfred von Waldersee, der ihn inzwischen faktisch leitete, hatte im Frühjahr die Planung korrigiert und den ersten Schwerpunkt der Operationen im Kriegsfall wieder gegen Frankreich verlagert, weil er die militärischen Voraussetzungen für eine rasche Entscheidung dort derzeit gegeben fand. Er hielt den sofortigen Eintritt Rußlands in einen deutsch-französischen Krieg nicht für wahrscheinlich: »Schnelle Siege im Westen würden der sicherste Schutz für uns gegen Osten sein«. Die Entscheidung im Westen sollte in einer Schlacht nach drei Wochen fallen. Doch falls Frankreich nicht die Offensive suchte, konnte sie sich verzögern. Das war das Risiko. Waldersee hätte es in Kauf genommen, weil sich noch einmal die Chance zu eröffnen schien, einem Zweifrontenkrieg wenigstens vorübergehend auszuweichen. Moltke hat die Korrektur gebilligt[18]. Enttäuscht mußten die Militärs in Wien erkennen, auf Zusagen für den Rußlandkrieg in Berlin derzeit nicht sicher rechnen zu können[19]. Auch als später der gemeinsame Operationsplan wiederbelebt wurde, setzte Waldersee auf die Erwartung, der Ostkrieg möge erst Wochen nach dem Krieg im Westen beginnen.

Der General forcierte den Druck auf Bismarck, den Krieg präventiv aufzunehmen. Er versuchte sogar ihn, übereinstimmend mit Moltke, mit dem Angebot zu ködern, auf den Krieg gegen Rußland verzichten zu wollen, wenn er Frankreich angriff. Der Kanzler folgte ihm nicht. Noch war es ihm nicht gelungen, Rußland

---

17 Vgl. Haus-, Hof- und Staatsarchiv (HHStA), Wien, Ministerium des Äußeren, PA III, Nr. 130, Bl. 212 ff.: Bericht aus Berlin 29.1.1887.

18 Generalfeldmarschall Alfred Graf von Waldersee in seinem militärischen Wirken. Hrsg. von Hans Mohs, Bd 2, Berlin 1929, S. 288 ff.; Michael Schmid, Der »Eiserne Kanzler« und die Generäle. Deutsche Rüstungspolitik in der Ära Bismarck 1871 - 1890, Paderborn [u.a.] 2003, S. 278 ff., hält Waldersees Aufmarschkorrektur für »extremes Vabanquespiel«.

19 Vgl. Canis, Bismarck und Waldersee (wie Anm. 11), S. 156 ff., 188 ff.;

anderweitig zu binden. Die Stimmung in der Armee stützte jedoch den General. Je eher, desto besser – das war die verbreitete Formel, ohne Rücksicht darauf, ob dem Krieg gegen Frankreich der gegen Rußland folgte[20].

In welchem Zusammenhang stand diese Vorstellung in der Armee mit den vorherrschenden Stimmungen im Lande? Der nationalliberale Fraktionsführer Rudolf von Bennigsen erklärte im Reichstag:

> »Dieser zweite Krieg mit Frankreich über Elsaß-Lothringen ist und bleibt eine geschichtliche Notwendigkeit. Nur nachdem derselbe siegreich durchgeführt ist, wird der deutsche Nationalstaat dauernd gesichert sein[21].«

Das waren fast die gleichen Worte, die Moltke, Loe oder auch Bismarck nach 1871 gebraucht hatten. Karl-Heinz Jeismann bewertete die Liberalen von 1886/87 als ähnlich kriegerisch wie später die Alldeutschen[22]. Doch begrenzen gegen Frankreich, wie Bismarck wollte, ließ sich die öffentliche Stimmung nicht. Sie hatte das Zarenreich noch mehr im Visier als Frankreich. In allen Parteien herrschte traditionell Rußlandfeindschaft, inzwischen selbst bei Konservativen. »Schon fast im Anmarsch« fanden die »Preußischen Jahrbücher« nicht allein die Franzosen, sondern auch die Russen[23]. Diese Sentenz verdeutlicht, daß die Stimmung von einer existentiellen Bedrohung ausging, die nicht auf Eroberung fixiert war, sondern auf den Verteidigungskrieg. Nur für einen solchen, das stellten Bismarck wie die Militärs in Rechnung, ließ sich das Volk gewinnen, dann vielleicht selbst für den Präventivkrieg. Das Bündnis mit Österreich verstand man in einem nationaldeutschen Sinne unter solchen Vorzeichen, als viel fester als eine ordinäre Allianz zweier Staaten.

Knapp ein Jahr später, Ende 1887, schien der Ostkrieg vor dem Westkrieg zu drohen. Es war eine Situation entstanden, in welcher der eigentlich nicht begründete Verdacht, der Gegner reflektiere auf den Krieg und zwinge zum Handeln, in einem besonderen Ausmaß herrschte. In Deutschland mündete die Auseinandersetzung um die Kriegsfrage in einen Machtkampf zwischen Bismarck und der Militärführung unter Waldersee, erst recht, da seit November die Krankheit des Kronprinzen als unheilbar galt und der mit Waldersee eng verbundene Prinz Wilhelm demnächst den Thron besteigen mußte.

Am Anfang stand viel Verwirrung. Berliner Militärs und Diplomaten verdächtigten Bismarck, die Österreicher zum Angriff zu reizen, wenn die Russen beispielsweise in Bulgarien zur Okkupation schritten, der Krieg in einer Konstellation also zum Ausbruch kam, die Deutschland unbeteiligt lassen könnte. Beweisen läßt sich das nicht, erst recht nicht im Lichte neu ausgewerteter Quellen[24]. Doch Bis-

---

20 Vgl. Geheimes Staatsarchiv (GStA), Berlin, Rep. 92, NL Waldersee, A I Nr. 13, Bl. 25: Tagebuch 8.5.1886, Nr. 14, Bl. 9: Tagebuch 21.2.1887, B I Nr. 21, Bd 2, Bl. 56 f.: Goltz an Waldersee 10.7.1886; BA Koblenz, NL Bülow, Nr. 100, Bl. 327 ff.: Loe an Frau von Bülow 29.8.1886; Waldersee, Denkwürdigkeiten (wie Anm. 1), Bd 1, S. 301 ff.

21 Zit. nach: Klaus Hildebrand, Das vergangene Reich. Deutsche Außenpolitik von Bismarck bis Hitler, Stuttgart 1995, S. 109.

22 Vgl. Karl-Heinz Jeismann, Das Problem des Präventivkrieges, Freiburg [u.a.] 1957, S. 131 ff.

23 Vgl. Preußische Jahrbücher, Bd 59, Berlin 1887, S. 181 ff.

24 Das habe ich früher anders gesehen. Vgl. Canis, Bismarck, Waldersee und die Kriegsgefahr Ende 1887, in: Die großpreußisch-militaristische Reichsgründung 1871 (wie Anm. 6), Bd 2, S. 397 ff.

marck führte seit Anfang 1887 an, Österreich für den Orientkrieg andere Bundesgenossen als Deutschland besorgt zu haben, das allein im Verteidigungsfall den Partner unterstützen müßte. Zugleich hatte er dem Zarenreich vertraglich zugesagt, seine Orientinteressen nicht zu behindern. Diese Linie bedeutete ihm zuerst Mittel der Friedenserhaltung, doch nicht allein. Bismarck fand Deutschland nicht im Orient von Rußland bedroht, sondern in »seinen französischen Demonstrationen«, wenn es Frankreich im Krieg gegen Deutschland zu Hilfe kam. Über die Konsequenzen war er nicht im Zweifel:

> »Daß wir mit Frankreich in einigen Jahren, früher oder später, zum Kriege kommen, ist vorauszusehen und unvermeidlich, die Parteinahme Rußlands für Frankreich also eine direkte Bedrohung für uns.«

Kam der russisch-österreichische Krieg im Orient durch einen österreichischen Angriff auf Rußland, so daß Deutschland nicht sofort eingreifen mußte, und griff Frankreich nicht umgehend Deutschland an, scheint Bismarck entschlossen gewesen sein, Frankreich selbst anzugreifen.

> »Es wird für uns notwendig sein, in dem Falle des russisch-österreichischen Krieges unsererseits Frankreich anzugreifen, so daß dann ein orientalischer Krieg von Österreich, Italien, wahrscheinlich England und den Balkanstaaten verbündet gegen Rußland und in Westeuropa ein deutsch-französischer Krieg gleichzeitig geführt werden würde [...] Wir werden den französischen Krieg aufzunehmen uns nicht scheuen, da wir voraussehen, daß wir ihn nicht vermeiden können. Einen russischen Krieg würden wir ohne Not nicht führen[25].«

Nach einem Erfolg im Westen konnte sich Deutschland dem Osten zuwenden, militärisch oder politisch. Den Angriff auf Frankreich schloß Bismarck also allein in dem Falle nicht aus, wenn im Osten der Krieg ohne Deutschland bereits im Gange war, dort sein Eingreifen auf die Dauer unvermeidlich werden konnte und es sonst später in einer viel schwierigeren Lage dem Angriff Frankreichs, also dem vollständigen Zweifrontenkrieg, sicher ausgesetzt sein würde.

Doch es sei wiederholt: er hat diese Kriegskonstellation im Osten nicht absichtsvoll herbeizuführen gesucht. Wäre sie ohne sein Zutun eingetreten, hätte er sie in der von ihm angegebenen Weise wohl genutzt. Sie versprach langfristig unvergleichlich mehr Sicherheit als der andernfalls unvermeidliche Zweifrontenkrieg. Wenn die Militärführung Bismarck vorhielt, Österreich im Stich lassen zu wollen, trifft der Vorwurf die Sache nicht. Niemals hätte er es aus deutschem Sicherheitsinteresse zugelassen, Österreich, wenn es sich etwa nach einer Niederlage in existentieller Gefahr befunden hätte, nicht militärisch beizustehen. Bismarck reflektierte auf die separate Entscheidung im Westen, um danach, auch zu Österreichs

---

Ich habe meine Bewertung später relativiert. Vgl. Canis, Bismarck und Waldersee (wie Anm. 11), S. 227 ff.; ders., Der Zweibund in der Bismarckschen Außenpolitik, in: Der »Zweibund« 1879. Hrsg. von Helmut Rumpler [u.a.], Wien 1996, S. 62 ff. Kritisch zu meiner Auffassung vgl. Kolb, Halbgötter (wie Anm. 14), S. 54 ff. Ich bereite eine größere Arbeit vor, die sich dieser Fragen noch einmal annimmt.

25 Politisches Archiv (PA), Berlin, R 2213, Aufz. Rantzau 19.10.1887. Diese Aufzeichnung gibt, anders als Kolb, Halbgötter (wie Anm. 14) meint, ausdrücklich Bismarcks Standpunkt wieder und ist sehr wohl die Grundlage für Instruktionen gewesen, so die H. v. Bismarcks an Radowitz 26.10.1887, vgl. ebd.

Vorteil, volle Bewegungsfreiheit für den Osten zu haben, mit oder ohne Kriegsteilnahme. Bestärkt sah er sich, weil die Militärs Frankreich derzeit wegen seiner Infanterieumrüstung als militärisch sehr schwach einschätzten. »Ganz wehrlos« fand es Waldersee im Oktober für die nächste Zeit[26]. Für ihn und Moltke mag das ein Grund gewesen sein, noch für den Winter den mit Österreich gemeinsam zu führenden Präventivkrieg im Osten zu verlangen, um dort die, wie sie meinten, vielleicht letzte einigermaßen sichere Siegeschance zu nutzen. Gleichzeitig wollten sie Bismarck ausspielen. Er konnte beide Absichten durchkreuzen. Deshalb hat er seine Frankreichkriegsvorstellung wohl am Ende allein zu dem Zwecke ins Feld geführt, seinen Kritikern die Dimension des großen Krieges klarzustellen, der aus ihrem Ostkriegsvorhaben in jedem Fall hervorgehen mußte, um seinen Friedenswillen zu begründen:

> »Unsere Politik aber hält fest am Frieden, bis ein feindlicher Angriff vorliegt. Das ist und bleibt für mich Kabinettfrage Rußland gegenüber. Frankreich können wir vielleicht angreifen müssen, wenn russisch-österreichischer Krieg ausbricht[27].«

Der Kern der vielfältigen Differenzen zwischen Bismarck und der Militärführung lag folglich in den neuen, kaum noch zu bewältigenden Anforderungen, die der nächste Krieg zu stellen drohte. Sie motivierten den Drang der Militärs nach mehr Entscheidungsgewalt, seit sie wußten, daß Bismarck ihnen in den Fragen des Krieges nicht zu folgen bereit war. Durch die Vorstellung der »Zwickmühle« setzte die Militärführung sich selbst immer mehr unter Druck und Bismarck ebenfalls. Mit ihrem Verlangen nach dem Präventivkrieg suchten die Militärs nun gerade in der Entscheidung über den Ausbruch des Krieges die zögernden Politiker zu übertrumpfen, derer sie für die zeitliche Begrenzung und den Friedensschluß jedoch um so mehr bedurften. Sie suchten sich die Politik unterzuordnen und jedenfalls immer weniger abhängig von ihr zu operieren, und stellten an sie gleichzeitig höhere Anforderungen. Das konnte nicht aufgehen. Dennoch wiederholte sich dieser Druck in späteren Krisen, unter Ludendorff schließlich in extremer Ausprägung[28].

Man würde indes fehlgehen, alle Rivalitäten zwischen Militär- und Zivilbehörden generell allein von sachlichen Prinzipien geprägt zu sehen. In den bekannten Rivalitäten während des Krieges 1870 in Paris fochten Bismarck und die Generäle

---

26 Vgl. Otto-von-Bismarck-Stiftung, D 31, H. v. Bismarck an Rantzau 9.10.1887. Schmids (Kanzler – wie Anm. 18 –, S. 425 ff.) Kritik an meiner Interpretation von Bismarcks Frankreichkriegsvorstellung, es habe für einen solchen Fall keine Planungen gegeben und es fehle auch an Belegen für »eine konkrete Vorbereitung eines Separatkriegs-Szenarios durch den Kanzler« geht an der Sache vorbei. Mit den 1887 gegebenen militärischen Voraussetzungen und Planungen stand Bismarcks Vorstellung jedenfalls nicht im Widerspruch.

27 PA, Berlin, R 2400, Rbm. Bismarcks auf dem Telegramm von Reuß vom 13.12.1887. Solche Formulierungen mit ausführlichen Begründungen finden sich die nächsten Tage in Bismarcks Instruktionen an Reuß wieder. Vgl. Die Große Politik der Europäischen Kabinette 1871 bis 1914. Sammlung der Diplomatischen Akten des Auswärtigen Amtes. Im Auftr. des Auswärtigen Amtes hrsg. von Johannes Lepsius [u.a.]. Bd 6: Kriegsgefahr in Ost und West. Ausklang der Bismarckzeit, Berlin 1926, S. 24 ff., 66 ff.

28 Vgl. Erich Ludendorff, Der totale Krieg, München 1935.

vielleicht sogar in erster Instanz einen ordinären Kampf um Macht, Einfluß und Unabhängigkeit aus[29].

Es war freilich bereits in diesem Streit von Belang und mußte überhaupt gefährliche Folgen zeitigen, daß die Militärinstanzen über die monarchische Kommandogewalt in wichtigen Bereichen allein dem Monarchen untergeordnet blieben[30]. Die Kriegsentscheidung oblag ohnehin verfassungsgemäß dem Kaiser. Die Kommandogewalt stand nicht allein mit einem modernen politischen System total im Widerspruch, sondern barg existentielle Gefahr in sich. Diese war vielfältiger und widersprüchlicher Natur. Bismarck selbst scheute sich nicht, die Sonderstellung der Militärs gegen Ansprüche des Parlaments in der inneren Politik noch zu stützen. In Streitfragen mit den politischen Behörden mußten die Militärs nicht zuerst die Verständigung mit ihnen suchen, sondern konnten in Konkurrenz mit ihnen den Monarchen für ihre Position gewinnen und selbst den Kanzler an den Rand drängen. Es kam in Krisenzeiten zu ominösen Kriegsräten der Militärführung mit dem Monarchen, an denen der Regierungschef nicht einmal mehr teilnahm. Während vor dem Krieg 1866 Bismarck zu einem solchen noch eingeladen war[31], fand dieser Ende 1887 ohne ihn statt, so wie 1912 Wilhelm II. Bethmann Hollweg ebenfalls nicht mehr hinzuzog.

Die wenigen Zeugnisse des sogenannten Kriegsrats von 1887 lassen noch heute beim Lesen erschauern. War es ein Glück, daß der 90jährige Kaiser, wie mit letzter Kraft, dem Krieg gegen Rußland widersprach, mit Argumenten jedoch, die ganz unzeitgemäß dem ideologischen Umfeld der Heiligen Allianz entsprungen scheinen[32]? Doch der erste Eindruck täuscht. Auch bei Moltke war das Bewußtsein von der komplizierten militärischen Lage so dominant, daß er seiner Sache nicht gewiß war. Erstens schien ihm das Ausmaß eines großen Krieges fortwährend bedrohlich unberechenbar. Seine später wiederholte Vermutung, es könne ein dreißigjähriger Krieg werden, äußerte er in diesen Tagen erstmals. Zweitens gewannen in diesem Moment sogar die Prinzipien der monarchischen Kommandogewalt friedensfördernde Funktion angesichts der katastrophalen personellen Lage, wie sie Moltke freimütig gegenüber Herbert von Bismarck charakterisierte: der Kaiser ein Greis, der Kronprinz todkrank, der nächste in der Rangfolge ein »Husarenoffizier«. Beides motivierte den Generalstabschef, die Prämissen der Außenpolitik Bismarcks ernst zu nehmen[33]. Vollkommen überzeugt war er, als Bismarck ihn nach dem

---

[29] Wie kleinlich die Gegenstände dieses Streits oft anmuten, zeigt eine maßgebliche Quelle: Paul Bronsart von Schellendorff, Geheimes Kriegstagebuch 1870-1871. Hrsg. von Peter Rassow, Bonn 1954, S. 120 ff., 139 ff., 185 ff., 200 ff., 212 f., 233 ff., 264 ff., 275 ff., 303 ff., 360 ff., 390 f. Vgl. ausführlich zu dieser Rivalität: Eberhard Kolb, Kriegführung und Politik 1870/71, in: Umbrüche deutscher Geschichte: 1866/71 – 1918/19 – 1929/33. Hrsg. von Dieter Langewiesche, München 1993, S. 139 ff.

[30] Vgl. Ernst Rudolf Huber, Deutsche Verfassungsgeschichte nach 1789, Bd 4, Stuttgart [u.a.] 1969, Kap. VIII.

[31] Vgl. Moltke, Gespräche (wie Anm. 3), S. 61 ff.

[32] Vgl. Waldersee, Denkwürdigkeiten (wie Anm. 1), Bd 1, S. 344 f.; vgl. auch: John C.G. Röhl, Wilhelm II. Die Jugend des Kaisers, München 1993, S. 742 ff.

[33] Vgl. Herbert von Bismarck, Aus seiner politischen Privatkorrespondenz. Hrsg. von Walter Bußmann, Göttingen 1964, S. 492.

»Kriegsrat« von dem deutsch-russischen Rückversicherungsvertrag informierte. Nun kam auch ihm der Krieg gegen Rußland politisch noch vermeidbar vor. Er bestätigte, daß es Sache der Politik sei festzuhalten, ob der Bündnisfall vorliege oder nicht[34].

Die Erosion der Macht Bismarcks ließ sich dennoch nicht mehr aufhalten. 1889 umgingen Wilhelm II. und Waldersee den Kanzler und gaben der Wiener Führung wahrscheinlich eine Bündniszusage für den Rußlandkrieg ohne die vertragsgemäße Einschränkung, allein bei russischem Angriff auf Österreich-Ungarn in den Krieg einzutreten[35]. Die Zusage blieb für die nächsten zwei Jahrzehnte ohne Belang, denn die Kriegsgefahr ging zurück. Später kam die Frage auf, ob man die letzte Chance nicht bereits versäumt habe. Ulrich Noack hat 1928, unter dem Eindruck der Niederlage von 1918, seine Antwort gegeben: Bismarck hätte 1886/87 den Krieg in einer noch günstigen Lage führen sollen[36]. Zu entkräften vermochte er dessen Argumente gegen den Zweifrontenkrieg freilich nicht. Schlagkräftige Beweggründe hatten jedoch die Kriegsbefürworter seinerzeit auch ins Feld geführt. Ganz sicher ihrer Sache waren sie sich nicht. Vielleicht war es nicht zuletzt diese über Deutschland hinaus verbreitete Unsicherheit, in diesen letzten Fragen stichhaltig und erfolgssicher entscheiden zu können, die in jenen Jahren den Frieden erhalten hat.

---

34 Vgl. ebd., S. 492 ff.; Moltke, Gespräche (wie Anm. 3), S. 207 ff.; Die große Politik (wie Anm. 27), Bd 6, S. 61 ff.

35 Vgl. Canis, Bismarck und Waldersee (wie Anm. 11), S. 277 f.

36 Vgl. Ulrich Noack, Bismarcks Friedenspolitik und das Problem des deutschen Machtverfalls, Leipzig 1928.

William Philpott

Großbritannien: Regierung, Militär und Empire von 1860 bis 1890

Sowohl auf internationalem Parkett als auch innenpolitisch erlebte Großbritannien zwischen 1860 und 1890 eine Zeit der Veränderung, nachdem es in den 1850er Jahren in diesen Bereichen zu einem selbstgefälligen Stillstand gekommen war. Das Empire, das größte der Welt, mit dem stabilsten liberalen politischen System, lieferte britischen Regierungskreisen dafür genügend Gründe. Seit 1815 hatte Großbritannien die Meere beherrscht; da es zugleich auf Distanz zu den Umwälzungen auf dem Kontinent blieb, gab es außerhalb von Europa den Ton an. Dieses brachte ihm ohne größere Bemühungen einen beträchtlichen Nutzen. Frankreich, der einzige Rivale um die weltweite Vorherrschaft, hatte vielfach mit politischen Krisen zu kämpfen, während es sich auf dem Gebiet des Empires, in Lateinamerika und im Fernen Osten nicht selten an den britischen »Rockzipfel« hängte. Für Großbritannien bestand keine große Notwendigkeit zu umfangreichen Überwachungsaktivitäten: ein Kanonenboot hier, eine Strafexpedition dort ließen den Union Jack stetig entlang der Handelsrouten rund um den Globus wehen, wobei Soldaten aus allen Teilen des Mutterlandes in immer entlegenere Außenposten entsandt wurden. Als sich die 1850er Jahre jedoch dem Ende zuneigten, fügten der Aufstand in Indien sowie Flottenrüstungen in Frankreich und den Vereinigten Staaten John Bulls mächtigem und unverwundbarem Körper die ersten ernsthaften Wunden zu und deuteten damit weniger kraftvolle Jahre in der Zukunft an. Die Sicherheit der mittelviktorianischen Zeit gehörte in den 1880er Jahren der Vergangenheit an, und die »fortwährende Selbsttäuschung« der britischen Weltmacht mußte angesichts neuer und konkreter Gefahren für die britische Hegemonie überdacht werden[1]. Frankreich, anfangs in der Rolle des relativ bescheidenen Komplizen, wurde mutiger und zu einem direkten Konkurrenten in Afrika und Asien. Auch hatte sich der »gallische Hahn« immer mehr dem »russischen Bären« angenähert, der rastlos an der langen indischen Nordwestgrenze patrouillierte. Im Fahrwasser dieser potentiellen Gefahr, ausgehend von zwei Mächten, schwammen modernisierte ehrgeizige Weltmächte – Deutschland, Italien, die Vereinigten Staaten und Japan – die ihren Profit aus einem Untergang oder einer Niederlage Großbritanniens ziehen wollten.

---

1 Vgl. Edgar Feuchtwanger and William J. Philpott, Civil-Military Relation in a Period Without Major Wars, 1855-1885, in: Government and the Armed Force in Britain, 1856-1990. Ed. by Paul Smith, London 1996, S. 1-19, hier: S. 19.

Dieser Wechsel in der globalen Machtstellung Großbritanniens ging Hand in Hand mit einer Veränderung der zivil-militärischen Beziehungen und der Verteidigungsausrichtung im Land weg vom Inoffiziellen, hin zu einer offiziellen Art. Auch die Streitkräfte reagierten auf die Modernisierung der Gesellschaft und die sich wandelnde Kriegführung mit Veränderung. Die Reform des Heeres, später auch die Expansion der Marine und die technologischen Entwicklungen, rückten in den Mittelpunkt der britischen Gesellschaft, da die stetig wachsenden Massenmedien die Themen Empire und Streitkräfte popularisierten. W.S. Hamer untersuchte das britische Militär am Ende des 19. Jahrhunderts und bemerkte, daß »die Realität, das Empire gegen den europäischen Imperialismus verteidigen zu müssen«, Katalysator dieser Veränderung war[2]. Diese Veränderung erfolgte zeitgleich mit der Verschiebung vom inoffiziellen zum offiziellen Weltreich und wurde von den daraus entstehenden Bedürfnissen geformt. Aber auch die wirtschaftlichen, politischen und strategischen Konsequenzen aus der Veränderung hin zu einer kohärenten »Verteidigung des Empires« spielten eine Rolle. Sie entstand, da man sich erst jetzt der direkten Herausforderung für die britische Machtstellung bewußt wurde[3].

Der politische Kontext: Zivil-militärische Beziehungen und Verteidigungspolitik

»Ab 1859«, stellt Michael Partridge fest, »war nationale Verteidigung sowohl eine politische als auch eine militärische Angelegenheit geworden.« Im Jahr 1859 bedeutete Verteidigung »Heimatverteidigung« und eine Königliche Kommission erhielt den Auftrag, die britischen Befestigungen auf der Insel zu überprüfen. 1890 jedoch, als die Hartington-Kommission den Zustand der Verwaltung der Streitkräfte überprüfte, hatten sich die Koordination zwischen den Teilstreitkräften, die strategische Planung und die Verteidigungsausgaben dahingehend entwickelt, daß ein klar umrissenes Programm zur »Verteidigung des Empires« entstanden war. Überdies stellte die Professionalität, wie nachstehend erörtert wird, in puncto strategischem Denken und militärischer Beratungen eine der bedeutendsten Entwicklungen dieser Zeit dar und veränderte das Gleichgewicht der Kräfte zwischen politischen Amateuren und professionellen Militärs bei der Lenkung des Schicksals der Nation hinsichtlich ihrer Stellung als Weltreich.

Zwischen 1860 und 1890 wechselten sich die Regierungen dreier konservativer Imperialisten mit Regierungen ab, die von dem moralisierendsten und knausrigsten liberalen Premierminister des viktorianischen Zeitalters geführt wurden. Zu Beginn und am Ende dieses Zeitabschnitts wurde die britische Außenpolitik von zwei der eindrucksvollsten Staatsmänner des Jahrhunderts dominiert: Lord Henry John Palmerston, Premierminister von 1859 bis zu seinem Tode im Jahr 1865, und Lord

---

2 W.S. Hamer, The British Army: Civil-Military Relations, 1885–1905. Oxford 1970, S. 83.

3 Die annähernd definitive Untersuchung dieses Phänomens, auf die sich der vorliegende Essay schwerpunktmäßig bezieht, ist Donald M. Schurman, Imperial Defence, 1868–1887. Ed. by John Beeler, London 2000.

Robert Cecil Salisbury, Premierminister seit 1886. In der Zwischenzeit konkurrierten zwei hartnäckige Gegner viktorianischer Politik, William Gladstone und Benjamin Disraeli, um die Gunst der Wähler. Anfangs wurde auf den Wahlkampfveranstaltungen über nationale Belange debattiert; »Sparsamkeit und Effizienz« waren die Schlagwörter der Politik in der Mitte der viktorianischen Ära, insbesondere bei der Verwaltung des größten Verbrauchers von Staatseinnahmen, dem Militär.

Im britischen Parlament, dem primären politischen Forum für Militärangelegenheiten, hatte sich eine allgemeine Gleichgültigkeit gegenüber Fragen höherer Militärpolitik breitgemacht. 1858 klagte der Abgeordnete F. Bentinck, daß zu Beginn einer Diskussion im britischen Unterhaus über die personelle Ausstattung der Marine, »bei der es nicht bloß um Ehre und Ruf, sondern um die schiere Existenz dieses Landes ging«, lediglich 15 Parlamentsmitglieder anwesend waren, »ein reichlich seltsames Spektakel, welches das Parlament der führenden Seemacht der Welt da bot«[4]. Während die Regierung durch die Parlamentsdebatten wenigstens mit der breiteren politischen Meinung in bezug auf Militärangelegenheiten übereinstimmte, beeinflußte die Geisteshaltung des Parlaments die Militärpolitik stärker als sein Handeln. Den politischen Grundgedanken »Sparsamkeit und Effizienz« hatten sich sowohl Regierung als auch Opposition zu eigen gemacht; beide Parteien konkurrierten vor der Wählerschaft darum, die sparsamste bzw. effizienteste Partei zu sein. Daher war die Militärverwaltung in den 1860er und frühen 1870er Jahren kein Thema, politische Kontroversen auszulösen. Sofern der Spaltenumfang in den britischen Parlamentsberichten, dem Hansard, als zuverlässiger Indikator für die Wichtigkeit der jeweiligen Aspekte herangezogen werden kann, waren die Themen Irland, Wahlreform und Verbesserung der Lebensbedingungen dringlicher.

Ende der 1870er Jahre standen indes neue Punkte auf dem Wahlprogramm, zogen doch internationale Fragen sowie das Empire betreffende Aspekte im öffentlichen und politischen Leben einen höheren Grad an Aufmerksamkeit auf sich. Der letzte Wahlkampf zwischen Disraeli und Gladstone in den Jahren 1879-1880 war der Inbegriff dieser Veränderung. Gladstone erklomm die politische Bühne in seinem neuen Wahlkreis Midlothian und stellte den Wählermassen eine neue moralisierende Außen- und Innenpolitik zu einem Zeitpunkt vor, als der von Disraeli verkörperte populistische Nationalismus unter dem Gewicht der politischen Demütigung in Afghanistan und der militärischen Niederlage in Zululand litt[5]. Gladstone selbst wies auf das hohe Tempo hin, mit dem die Veränderungen in den 1880 Jahren voranschritten, indem er bei seinen moralistischen und wirtschaftlichen Prinzipien Abstriche machte, drängte sich doch die Verteidigung des Empires in die Köpfe der Menschen. Unter Gladstones Führung stürzte sich das Empire in das größte Abenteuer dieser Zeit, die Besetzung Ägyptens; er trieb Mittel für die Expansion der Royal Navy auf, die in ihrem Umfang beispiellos war; er reagierte auf den Druck der Öffentlichkeit und entsandte eine längst überfällige und erfolglose Expedition zur Rettung General Gordons in Khartum, und es war ausgerech-

[4] Hansard (150), 18.5.1858.

[5] Vgl. Edgar J. Feuchtwanger, Democracy and Empire: Britain, 1865-1914, London 1985, S. 110 f.

net Gladstone, der nach Auseinandersetzungen über die weitere Vergrößerung der Royal Navy zurücktreten und sich aus der Politik zurückziehen mußte.

Zu einer Zeit, als Landbesitz und Erziehung noch von großer Bedeutung waren, hielten »gentlemen amateurs«, die eher auf Grund ihrer Herkunft denn durch Berufung an die Führungsspitze gelangt waren, das Schicksal der Nation in ihren Händen und führten die britischen Streitkräfte. Zu Zeiten Palmerstons oblag die Außen- und Innenpolitik des Empires einem kleinen engen Kreis von Ministern, der vom Premierminister und dem Außenminister beherrscht wurde[6]. Palmerston selbst konnte auf Grund einer längeren Ausbildung im Kriegsministerium Kenntnisse in der militärischen Verwaltung für sich beanspruchen[7]. Von der praktischen Seite aus betrachtet konzentrierte sich die Verteidigungspolitik in der Jahrhundertmitte eher auf »Verwaltung« als auf »Strategie«. Daß dieser Ansatz unzureichend war, sollte die Ineffizienz der britischen Streitkräfte im Krimkrieg zeigen. Es folgte eine grundlegende Reform[8]. Eine Konsequenz war, daß sich erstmals eine rudimentäre Struktur zur Koordinierung der Militärpolitik herausbildete. Zwei Ausschüsse, zum einen das »War Committee« des Kabinetts Palmerston, zum anderen der Verteidigungsausschuß des Kriegsministeriums unter Vorsitz des Oberbefehlshabers, mit Mitgliedern beider Teilstreitkräfte, ließen darauf schließen, daß man sich endlich mit der Organisation der Verteidigung der Nation auseinandersetzte. Diese Ausschüsse hatten jedoch weder ein klares Aufgabengebiet, noch traten sie regelmäßig zusammen[9]. Ratschläge von professioneller militärischer Seite wurden lediglich im konkreten Bedarfsfall ad hoc eingeholt. General Sir John Burgoyne, Generalinspekteur des Festungswesens von 1845-1868 und wahrscheinlich der einflußreichste Verteidigungsexperte der Jahrhundertmitte, sowie sein Stellvertreter, Colonel William Jervois, befanden sich mitten in der Verteidigungsplanung, als sich die Regierung in den 1860er Jahren mit der Verstärkung der Befestigungsanlagen entlang der Küste beschäftigte[10]. Es war prinzipiell ein Charakteristikum der Verteidigungspolitik dieser Zeit, daß sie eher reagierte als vorausschauend zu planen. Besondere Probleme wurden erst »in Angriff« genommen, wenn sie tatsächlich auftraten, anstatt zu versuchen, ein vorausblickendes und integriertes System zur Verteidigung des Empires zu entwickeln.

Dies lag größtenteils an der Art der damaligen Beziehungen zwischen Politik und Militär. Das Verteidigungsmanagement innerhalb und außerhalb von Whitehall hatte in erster Linie einen informellen Charakter[11]. In der viktorianischen Gesellschaft war ein Offizier entweder auf Grund seiner Herkunft oder seiner Stellung, oft erst durch beides in höchsten gesellschaftlichen Kreisen willkommen. Die höheren Dienstgrade der Streitkräfte wurden von den Nachfahren des Hochadels und

6 Vgl. Feuchtwanger/Philpott, Civil-Military Relation (wie Anm. 1), S. 7 f.

7 Vgl. Michael S. Partridge, Military Planning for the Defence of the United Kingdom, Westport, Conn. 1989, S. 41.

8 Vgl. Ebd., S. 56-60. John Sweetman, War and Administration: The Significance of the Crimean War for the British Army, Edinburgh 1984.

9 Vgl. Partridge, Military Planning (wie Anm. 7), S. 62-64.

10 Vgl. ebd., passim.

11 Vgl. Hamer, The British Army (wie Anm. 2), S. 49.

des niederen Adels beherrscht, die sich denselben Werten wie ihre politischen Freunde verschrieben hatten. Alle führenden Politiker hatten Freunde oder Bekannte bei den Streitkräften, die bei ihnen wohnten und mit ihnen auf die Jagd gingen, während sie auf halben Sold gesetzt waren. Zweifellos beeinflußten die gesellschaftlichen Kontakte die Einstellung eines Politikers in Verteidigungsfragen und die Führungskräfte beim Militär leisteten ihren Beitrag zum Entscheidungsfindungsprozeß eher durch gesellschaftliche Netzwerke vom Klub und ihr Landgut. Solch zwanglose Kontakte und Netzwerke ersetzten den offiziellen Weg der Bürokratie. Als junger Mann zählte Captain Lord Charles Beresford, der später zum Admiral aufstieg, beispielsweise viele einflußreiche Politiker zu seinem Freundeskreis, insbesondere Disraeli und Randolph Churchill. Beresfords Memoiren lassen vermuten, daß Disraeli den jungen Marineangehörigen unter seine Fittiche nahm, als er 1874 in das Unterhaus gewählt wurde[12]. Disraeli erkannte den Nutzen von Beresfords Fachkenntnissen. Während der internationalen Krise 1878 beauftragte ihn der Premierminister mit der Aufgabe, in britischen Werften für das Ausland gebaute Kriegsschiffe im Hinblick auf einen Kauf durch die Regierung zu inspizieren. Disraeli, erinnert sich Beresford, »zog mich der Admiralität vor, da ich gegebenenfalls vor dem Parlament zur Sache sprechen konnte«[13]. Diese Methode war zweifelsohne schneller und billiger als eine formelle Untersuchung durch die Admiralität, aber auch weniger offiziell. Derartige private Kommunikationswege zwischen der Regierung und den Streitkräften waren weit verbreitet, variierten jedoch. General Jonathan Peel, Bruder des Premierministers Sir Robert Peel, hatte, auf halben Sold gesetzt, während dessen Amtszeit die Funktion der Generalüberwachung von Rüstungsgütern inne, und fungierte später unter Lord Derby in den 1850er und 1860er Jahren zwei Amtszeiten als Kriegsminister. Gladstones älterer Bruder John hingegen diente als Marineoffizier, wenngleich die Vermutung, Gladstone hätte sein Wissen über die Royal Navy auf diesem Wege erworben, weithergeholt sein dürfte. Zweifelsfrei war dieser »kleine Dienstweg« bei Verteidigungsangelegenheiten wichtig; das Ausmaß seiner Bedeutung und ob er die relativ schwachen und falsch definierten offiziellen Kommunikationswege, welche für die die 1860er und 1870er Jahre charakteristisch waren, zu ersetzen vermochte, entzieht sich jeglicher Bewertungsmöglichkeit.

Die Streitkräfte folgten gemäß Verfassung dem Regierungsbefehl. Führungskräfte der Teilstreitkräfte wurden nur selten bei der Formulierung der Politik zu Rate gezogen; auch zur Vorgehensweise für deren Durchsetzung wurden sie nicht immer befragt. Diese Führungskräfte waren eher Verwalter als Strategen; dies galt insbesondere für den Oberbefehlshaber des Heeres, den Cousin der Königin Victoria und Duke of Cambridge, der die britische Armee in diesen Jahren befehligte. Wie Helmuth Graf von Moltke auf der anderen Seite des Ärmelkanals unter Be-

12 Weniger wegen seines Einblickes in Marineangelegenheiten, denn in einem erfolglosen Versuch, den Einzelgänger in einen verantwortungsbewußten konservativen Politiker zu verwandeln: Charles Beresford, The Memoirs of Admiral Lord Charles Beresford. 2 vols, London 1914, Bd 1, S. 138-141.

13 Ebd., S. 145.

weis stellte, besaßen moderne Streitkräfte ein »Gehirn« und durchdachten die Angelegenheiten innerhalb eines Generalstabs. Der Duke of Cambridge, dessen gesunder Menschenverstand von seinen Kritikern immer mehr in Frage gestellt wurde, stand einer weitreichenden Modernisierung des britischen Heeres im Wege. Die Ursache dafür ist weniger darin zu sehen, daß er die bisherige Heeresstruktur für perfekt hielt, vielmehr betrachtete er die Reformvorschläge, insbesondere die des Reformers und Gladstone-Anhängers Edward Cardwell, seines Zeichens Kriegsminister, bei dessen Doppelaufgabe, Verteidigung Großbritanniens und Verteidigung des Empires, für die Leistungsfähigkeit und den Nutzen des Heeres als verfehlt[14]. Einige der schwerwiegendsten gesellschaftlichen und organisatorischen Altlasten wurden von Cardwell »in Angriff« genommen. Ihm ist es zu verdanken, daß der Kauf von Offizierspatenten abgeschafft, die verkürzte Dienstzeit eingeführt und die Regimentsstruktur reorganisiert wurde, um die Garnisonen der britischen Überseegebiete effizienter zu gestalten. Cardwells Reformen berücksichtigten jedoch nicht die Bedürfnisse der Soldaten in weit entlegenen Außenposten des Empires, ebensowenig die mögliche Ausweitung des britischen Engagements in Übersee. Auf Grund des angeborenen Konservatismus' der Führungsspitze und der gleichzeitig wachsenden Belastungen der Armee blieb die Frage der Heeresreform bis Anfang des 20. Jahrhunderts auf der politischen Tagesordnung[15].

Wurden eine effektive Verwaltung und die Reform des Heeres von persönlichen Feindseligkeiten gebremst und durch die Obstruktionspolitik des Duke of Cambridge ausgehöhlt, so befand sich die Admiralität in einem noch schlechteren Zustand. Möglicherweise hatte Großbritannien zu lang die Meere beherrscht, ohne sich Herausforderungen stellen zu müssen. Die im Dienst stehenden Offiziere verhielten sich nach Meinung von Captain Lord Clarence Paget in puncto Temperament und Professionalität distanziert zur Admiralität, denn »kein Angehöriger der Marine betrat je die Admiralität ohne einen Kloß im Hals«[16]. Die Admiralität selbst war relativ schwach, was die Leitung der Marinepolitik anbetraf. »Ganz allgemein betrachtet«, stellt Admiral Sir Charles Napier 1858 im britischen Unterhaus fest, zurückblickend auf eine 40jährige Erfahrung, »gelang es der Admiralität nicht, etwas Positives zu den Streitkräften beizusteuern: In der Regel kam das Gute von außen«[17]. In diesen Jahren war die Admiralität unprofessionell, institutionell schwach und politisch unbedeutend. Vor 1869 war die Verwaltung der Admiralität stets Ziel parlamentarischer Kritik. Obschon Hugh Childers' Reformen in jenem Jahr umgesetzt wurden, brach für die Admiralität das von Nicholas A.M. Rodger beschriebene »Dunkle Zeitalter« an. Die Verwaltung blieb Thema in den Anfragen im Parlament. Die Admiralität war eine rückständige Dienststelle, deren Repräsentanten, die »naval lords«, mit der täglichen Kleinarbeit der Marineverwaltung zu überlastet waren, als daß sie den umfangreicheren Aspekten der Marinepolitik hätten Beachtung schenken können. Hätte deren amateurhafte politische Führung,

---

14 Vgl. Hew Strachan, The Politics of the British Army, Oxford 1997, S. 37-39.
15 Vgl. Hamer, The British Army (wie Anm. 2), passim.
16 Hansard (149), 12.4.1858.
17 Hansard (150), 18.5.1858.

laut Rodger »ideenloses Mittelmaß, einer nach dem anderen«[18], in Fragen der Marinepolitik Rat gesucht, wäre man nicht in der Lage gewesen, ihn ihr zu erteilen. Tatsache ist, daß der Erste Lord der Admiralität nur wenig oder gar keine professionelle Hilfe bei politischen Entscheidungen suchte und die Ratschläge, die er annahm, kamen meistens von jüngeren Offizieren der Admiralität und von Zivilbediensteten, insbesondere den Privatsekretären des Ersten Lords, dem Leiter des Finanzwesens der Marine und dem Direktor für Schiffsbau, sowie von Marineoffizieren, die Mitglied im Führungsgremium der Admiralität waren. Die Aufsicht oblag dem Ersten Lord der Admiralität selbst, der seine eigene politische Tagesordnung in puncto Verteidigungsfragen aufstellen konnte[19]. Der Erste Lord unter Gladstone, Hugh Childers, setzte die Umverteilung der Flotte sowie die Schaffung eines Einsatzgeschwaders durch; das brachte das Jahresbudget der Marine unter die psychologisch wichtige Schwelle von 10 Millionen £[20]. Ursache der institutionellen Schwäche der Admiralität war die fehlende Professionalität der Marineangehörigen; erst die Einrichtung der Abteilung Marinenachrichtendienst in den frühen 1880er Jahren konnte dem Abhilfe verschaffen[21].

Der Mangel im Management der Streitkräfte war nicht der einzige Stolperstein auf dem Weg zu einer effizienteren Militärführung. Die Abneigung der Zivilbediensteten, Verantwortung mit rein ausführenden Personen zu teilen, ganz gleich, welche Position oder Stellung diese bekleideten, stand einer effektiven nationalen Verteidigung ebenfalls im Weg. Da keine offiziellen institutionellen Strukturen vorhanden waren, die man in Frage stellen konnten, ließ sich so etwas leicht durchsetzen. Die Entsendung und Verwendung britischer Schiffe lag beispielsweise im Verantwortungsbereich des Kabinetts bzw. einer kleinen Ministerclique, jedoch nicht bei den Streitkräften[22]. Einer der Ersten Lords der Admiralität, Henry Lowry Corry, gab im April 1867 im Unterhaus an, daß die Dislozierung der Schiffe von Überlegungen abhinge, die sogar den Lords der Admiralität selbst nicht vertraut seien, und die in den Tiefen des Kabinetts verborgen blieben. Die Admiralität hielte sich stillschweigend an die Kabinettsanweisungen zu diesem Thema[23].

Zu Palmerstons Zeiten bestimmten der Premierminister, der Erste Lord und der Außenminister die »Dislozierung der Marineschiffe in ausländischen Gewässern«[24]. Als Somerset 1859 darüber entscheiden mußte, ob ein neues Schiff, H.M.S. Agamemnon, der Flotte im Ärmelkanal oder der Mittelmeerflotte zugeordnet wer-

18 N.A.M. Rodger, The Admiralty, Suffolk 1979, S. 94.

19 Vgl. C.I. Hamilton, Anglo-French Naval Rivalry, 1840-1870, Oxford 1993, S. 255 f.

20 Vgl. P. Burroughs, Defence and Imperial Disunity, in: The Oxford History of the British Empire, vol. 3: The nineteenth century, ed. by Andrew Porter, Oxford 1999, S. 320-345, hier: S. 333.

21 Vgl. N.A.M. Rodger, The Dark Ages of the Admiralty. P. 1-3, in: Mariner's Mirror, 61 (1975), S. 331-344 und 62 (1976), S. 33-46 und 121-128.

22 Als sich die Frage nach der Entsendung einer Marineexpedition gegen Vera Cruz stellte, erkundigte sich der Erste Lord der Admiralität, der Duke of Somerset, höflich bei Palmerston: »Haben Sie die Absicht, das Kabinett einzuberufen, bevor wir diesen kleinen Krieg anfangen?« Somerset an Palmerston, 6.10.1861, Viscount Palmerston papers (VPP), Hartley Archives Centre, University of Southampton, GC/SO/63.

23 Vgl. Hansard (186), 1.4.1867.

24 Russel an Somerset, 7.7.1862 zusammen mit Somerset an Palmerston, 30.7.1862, VPP, GC/SO/93.

den sollte, wandte er sich an den Premierminister und schlug diesem vor, sich mit Außenminister Russell zu beraten. Anschließend sollten sie ihn wissen lassen, welche Lösung sie für die beste hielten[25]. Im Sommer des Jahres 1861 überlegten dieselben drei Politiker, ob sie die Anzahl der Schiffe auf der nordamerikanischen Station nach zunehmenden Spannungen mit den Vereinigten Staaten erhöhen sollten[26]. Professioneller Rat wurde lediglich bei Fragen in Anspruch genommen, denen sich die Politiker selbst nicht gewachsen fühlten, so beispielsweise bei der Seeverteidigung der Großen Seen[27]. Bei der jährlichen Kostenüberprüfung der Marine war professionelle Beratung ebenfalls sehr wichtig. 1863 versprach Somerset Palmerston, daß er »mit den Mitgliedern des Führungsgremiums die Stärke aller Stützpunkte genau durchgehen würde«, bevor er dem Kabinett das Budget zur Verabschiedung vorlegte. Professionelle Unterstützung stärkte die Position des Ersten Lords gegenüber denjenigen im Kabinett, die eine Reduzierung der Marineausgaben erzwingen wollten[28]. Diese Veränderungen machten sich nur langsam bemerkbar. Noch 1896 mahnte Salisbury seinen Kriegsminister, Lord Landsdowne, »seinen Militärberatern nicht zu viel Beachtung zu schenken«, was die Planung und Durchführung der Dongola-Expedition anbetraf[29].

Niemand beim Militär stellte das Recht der Regierung in Frage, Umfang und Entsendung oder gar den Einsatz der Streitkräfte zu bestimmen, wenn nationale Interessen Großbritanniens gefährdet waren[30]. Palmerston nutzte die Marine regelmäßig als politisches Instrument: Gegen China von 1858 bis 1860, in Italien 1859 und beinahe gegen die Vereinigten Staaten 1861 sowie Österreich und Preußen im Jahre 1864. Nach 1865 gab es nur wenige Gelegenheiten, die Marine als offensives Mittel der Außenpolitik einzusetzen, aber 1870 und 1878 bestand Kriegsgefahr mit einer größeren europäischen Macht, und im Jahr 1882 war die Marine bei der britischen Intervention in Ägypten beteiligt. Die Entscheidung zur Intervention war in diesem Fall einzig und allein politisch motiviert. In der Zwischenzeit war die aktive Rolle der Marine auf Strafexpeditionen sowie die Unterstützung der Armee in Kolonialkriegen beschränkt[31]. Wenngleich Marine und Armee Werkzeuge der Politik waren, ging einige Zeit ins Land, bis man erkannte, daß das Empire eine klare »Verteidigungspolitik« brauchte, um diese Werkzeuge den Verantwortungsbereichen im Ausland und in den Kolonien gemäß den zu erwartenden Aufträgen anzupassen.

In den zivil-militärischen Beziehungen gab es in dieser Zeit jedoch einschneidende Veränderungen, da man die Notwendigkeit professioneller Expertise über das rein technische Verständnis hinaus erkannte. Teils lag dies daran, daß die Verteidigungsproblematik komplizierter wurde, teils zeichneten die Streitkräfte dafür

25 Vgl. Somerset an Palmerston, 2.7.1859, VPP, GC/SO/2.

26 Vgl. Somerset an Palmerston, 23. und 25.6., 19.8. und 6.12.1861, VPP, GC/SO/53, 54, 58 und 69.

27 Vgl. Somerset an Palmerston, 17.12.1862, VPP, GC/SO/73.

28 Vgl. Somerset an Palmerston, 11.1.1863, VPP, GC/SO/100.

29 Zit. in Hamer, The British Army (wie Anm. 2), S. 41.

30 Vgl. Stansfield und Corry, Hansard (186), 1.4.1867.

31 Vgl. Stanley Bonnett, The Price of Admiralty: An Indictment of the Royal Navy, 1805-1966, London 1968, S. 130.

verantwortlich, da sie professioneller wurden und im britischen Alltag stärker in den Vordergrund traten. Das Empire, argumentierte Hew Strachan, »war die treibende Kraft bei der Professionalisierung des Heeres«[32]. Das Empire wirkte sich auch auf das Bild der Armee in der Öffentlichkeit und seine politische Einflußnahme aus. In den späten 1870er Jahren kam diese Entwicklung in einer neuen Generation junger, erfolgreicher und ranghoher profilierter Militärführer zum Ausdruck. Zu den prominentesten unter ihnen zählten Sir Garnet Wolseley und Sir Frederick Roberts, Berühmtheiten ihrer Zeit. Diese siegreichen Generäle (und später auch Admiräle wie Lord Charles Beresford und Jackie Fisher) konnten die Bevölkerung für sich einnehmen und erregten das Interesse zukunftsorientierter Politiker. Militärische Erfolge in weit entlegenen Welten waren ein Grund für das zunehmende Interesse an militärischen Fragen. Dies paßte zum politischen Auf und Ab im Wettstreit der zwei Parteien, der die spätviktorianische Parteipolitik beherrschte. Gerade Benjamin Disraeli wußte den Einfluß militärischer Erfolge und nationalen Ruhmes auf den Wahlausgang zu schätzen. Im Gegensatz dazu nutzten Wolseley, Roberts und andere ihre Bekanntheit und den damit verbundenen Einfluß, um Regierung, Parlament und Öffentlichkeit Verteidigungsfragen vorzulegen, da sie die Streitkräfte auf die Wahrnehmung ihrer Verantwortung im Empire besser vorbereiten und ausrüsten wollten. Gleichzeitig sollten die Verantwortungsbereiche deutlicher herausgestellt werden. Ab den 1890er Jahren nahm das Militär seine neue Rolle als professionelles Beratungsinstrument in den Bereichen Strategie, Technik, Operationen, Logistik und Verwaltung an. Diese Bereiche wurden insgesamt in das Konzept der Verteidigung des Empires integriert.

Britischer Imperialismus: Die zunehmende Bedrohung

Das britische Empire des 19. Jahrhunderts war sowohl das Ergebnis unkontrollierter ökonomischer Unternehmungen als auch politischen Ehrgeizes. Als das Empire dann expandierte, fehlten formelle Strukturen und Zielvorstellungen. Untermauert wurde der »schleichende« Imperialismus der ersten 75 Jahre des Jahrhunderts durch eine Kombination aus wirtschaftlichen Initiativen und strategischer Notwendigkeit. Beides war miteinander verwoben und auf gewisse Weise auch symbiotisch zu sehen. Mit dem Ausbau des britischen Handels und der dafür notwendigen überseeischen Handelsrouten, vergrößerte sich das Netzwerk britischer strategischer Stützpunkte, um den Schutz des Territoriums sicherzustellen und gegnerische Ansprüche unter Kontrolle zu halten. Die Kolonisation Indiens im 18. Jahrhundert diente als Modell. Nach dem Vorstoß der Händler – »gentleman capitalists«, so die jüngst von Cain und Hopkins[33] geprägte Bezeichnung – sicherte die Marine die Küste, um die Handelsinteressen zu unterstützen; die Armee eroberte und kontrollierte das Landesinnere, um lokale politische Bedrohungen aus-

32 Strachan, The Politics of the British Army (wie Anm. 14), S. 74.
33 Vgl. Peter J. Cain and Antony G. Hopkins, British Imperialism, 2 vols., London 1993.

zuräumen und die britische Regierung übernahm schließlich offiziell die politische Kontrolle. Diese offizielle Kontrolle zog die Verantwortung für Sicherheit und Verteidigung nach sich. Daher waren die britischen Streitkräfte, Marine und Armee, Schlüsselfaktoren bei dieser Expansion; beide waren sie Werkzeuge des Empires und bildeten die Brücke zwischen dem Handel, der sich inoffiziell Zutritt verschaffte und offizieller politischer Kontrolle[34]. Durch diese Entwicklung vermochte Großbritannien relativ unangefochten sein »inoffizielles« Weltreich in Südamerika und den Küstengebieten Chinas, Südostasien und Westafrika zu etablieren, welches von den britischen Streitkräften unter dem Deckmantel der »Pax Britannica« überwacht wurde.

Seit der Niederlage Napoleon I. hatte sich Großbritannien in selbstverständlicher Überlegenheit und Sicherheit gesonnt; dies fand jedoch durch das Auftauchen eines zweiten Napoleons (III.) ein jähes Ende. Dessen maritime und imperialistische Expansionspolitik versetzte der britischen Selbstgefälligkeit zu Beginn dieser Ära einen herben Schlag. Traditionell galt es, sich bei einer Bedrohung durch Frankreich eher auf die Verteidigung Großbritanniens denn auf die des Empires zu konzentrieren, würde doch ein Krieg mit Frankreich in den Meerengen rund um die Britischen Inseln ausgefochten und entschieden werden. Frankreichs Aufbau einer Flotte von dampfbetriebenen Panzerschiffen ließ überängstliche politische Kreise in Großbritannien fürchten, die Franzosen könnten diese Entwicklung zur Invasion nutzen. Um die Sicherheit Großbritanniens zu erhöhen, reagierte Palmerston mit einer kostspieligen, politisch umstrittenen Maßnahme zur Verstärkung der Verteidigungsanlagen. Dadurch sollte eine überlastete Marine unterstützt werden, die sich inmitten einer technologischen Revolution befand und sich ihrer strategischen Rolle zunehmend unsicherer wurde. Die »Königliche Kommission zur Untersuchung der Verteidigungslage des Vereinigten Königreiches« war bezeichnend für die Art und Weise, wie Verteidigungsfragen in jener Zeit behandelt wurden. Eine Reihe von Experten wurde zusammengerufen, um nach einer Überprüfung Empfehlungen bezüglich eines bestimmten militärischen Problems abzugeben. Empfohlen wurden höhere Ausgaben; bei wirtschaftlich denkenden Mitgliedern des Kabinetts und des Parlaments stieß dies auf wenig Gegenliebe, was zu Verzögerungen und zur Verwässerung der Absichten der Experten führte[35]. Auch wenn das von Palmerston verfolgte Programm zum Bau von Verteidigungsanlagen vermutlich reiner Wahnsinn war, waren Küstenverteidigung und Befestigungsanlagen beherrschende Merkmale der Verteidigungsstrategie jener Jahre und sollten als Grundstein der späteren Strategien zur Verteidigung des Empires erneut zum Tragen kommen.

Eine weitere isolierte Bedrohung kam in den 1860er Jahren in Nordamerika auf; dort erreichten die Spannungen mit den Nordstaaten während des Bürgerkriegs ihren Höhepunkt. Die Verteidigung Kanadas wurde infolgedessen zu einem dring-

[34] Eine Untersuchung zur politischen Rolle der Armee in der Verwaltung des Empires findet sich in Strachan, The Politics of the British Army (wie Anm. 14), S. 74-117.

[35] Vgl. Hamilton, Anglo-French Naval Rivalry (wie Anm. 19), S. 85-105; Partridge, Military Planning (wie Anm. 7), S. 107, 119.

lichen Politikum. Die langanhaltende Diskussion, die sich durch dieses Jahrzehnt zog, entzweite Politiker und Soldaten und führte unvermeidlich zu Spannungen mit den Kolonialbehörden. Es kam jedoch zu keiner effektiven Lösung der Situation; nicht durch Befestigungsanlagen entlang der Küste auf Grund der langen Grenze zwischen den USA und Kanada und auch nicht durch die offensichtliche Alternative, eine große Garnison, hätte das Schatzamt hierzu doch kontinuierlich in die Tasche greifen müssen. Palmerston bevorzugte die Anlage von Garnisonen in Kanada, ein Standpunkt, der vom Duke of Cambridge unterstützt wurde; Palmerstons Schatzkanzler, Gladstone, zog es vor, die Garnisonen abzuziehen und die Kanadier ihrem eigenen Schicksal zu überlassen. Die Marine wiederum wollte die Küste der Vereinigten Staaten angreifen, um die Amerikaner abzuschrecken und den amerikanischen Aggressionen entgegenzutreten. Ende der 1860er Jahre, als Gladstone das Amt des Premierministers bekleidete, schien das Prinzip der kolonialen Selbstverteidigung jedoch gesiegt zu haben. In Gladstones erster Regierungszeit konnten der »Grand Old Man« und seine Gefolgsleute ihre liberalen Prinzipien in die Tat umsetzen. Großbritannien würde zum Rückzug blasen, um die Belastungen auf das Schatzamt zu senken und den Siedlern in den Kolonien so weit wie möglich Eigenverantwortung in Verteidigungsfragen zu übertragen[36]. Das Budget wurde reduziert, Garnisonen wurden abgezogen und Schiffe verlegt. Diese Maßnahmen kurbelten sicherlich die Konjunktur an; ob sie auch Effizienz und später Sicherheit förderten, ist indes fraglich; damit jedoch beschäftigte sich Gladstone nicht sehr intensiv[37].

Gerade als Gladstone auf dem Höhepunkt seiner Karriere war, gab es Anzeichen dafür, daß sich der Ansatz bei Verteidigungsfragen änderte und ihre politische Bedeutung zunahm. In den 1870er Jahren nahm die Bedrohung eine diffusere Gestalt an aber die Reaktionen fielen konzentrierter aus. Die britische Hegemonie sollte im letzten Vierteljahrhundert größeren Herausforderungen gegenüberstehen und zwar Kräften, die das Empire nicht als privates Handelsunternehmen betrachteten, sondern als ein nationales Unterfangen. Staatlicher Kapitalismus übertrug sich in nationales Prestige und nationale Macht. Dementsprechend änderte sich auch der Charakter des Empires, erkannten doch britische Soldaten und Staatsmänner die Notwendigkeit, Gleiches mit Gleichem zu bekämpfen. Gegen Ende dieses Zeitalters wurde das Grundmuster der indischen Kolonisation des späten 18. Jahrhunderts erneut belebt, das, als die britische Vormachtstellung kaum angefochten wurde, unwichtig geworden war. Als die Europäer verstärkt Anspruch auf ihren Anteil an der Welt geltend machten und das Empire einen offizielleren Rahmen erhielt, wurden zunächst Südostasien (Malaya und Burma) und später Afrika (Ägypten, Sudan, Westafrika und das südliche Afrika) offiziell der Krone unterstellt[38].

---

36 Vgl. Burroughs, Defence and Imperial Disunity (wie Anm. 20), S. 325-332; Feuchtwanger/Philpott, Civil-Military Relations (wie Anm. 1), S. 17-19.

37 Vgl. Schurman, Imperial Defence (wie Anm. 3), S. 6 f.

38 Für eine vollständige Übersicht über die Ausweitung des britischen Empires siehe The Oxford History of the British Empire (wie Anm. 20).

Mit den Eroberungen kamen die Eroberer. Wolseley in Ashanti und später in Ägypten und Roberts in Kandahar repräsentierten das neue professionelle britische Militär. Diese »modernen Generalmajore« erzielten ihre Erfolge sowohl durch nüchterne Organisation und Verwaltung der Logistik in einem schwierigen Kampfgebiet als auch durch taktische Überlegenheit auf dem Gefechtsfeld. Diese Expansion in Etappen hatte jedoch chronische Probleme zur Folge. Wie auch die heutigen Erfahrungen der Vereinigten Staaten in Afghanistan gezeigt haben, zeitigte die überlegene Technologie gegenüber kriegerischen indigenen Stammesgesellschaften kurzfristige Erfolge; die inhärente Instabilität der Nordwestgrenze Indiens blieb nach wie vor bestehen. Es waren jedoch nicht nur die laufenden Verpflichtungen zur Gewährleistung der inneren Sicherheit, denen Großbritannien seine Aufmerksamkeit widmen mußte; es mußte sich auch Gedanken über langfristige Maßnahmen zur Sicherung der verwundbaren Grenzen seines Empires machen und nicht nur im Bedarfsfall auf eine unmittelbare Bedrohung reagieren. Erfolge in Ägypten und Afghanistan führten unvermeidlich zu höheren Spannungen mit den europäischen Gegnern Großbritanniens, deren eigene imperialistischen Machtansprüche unterdrückt worden waren. Rußland bot einen neuen Grund zur Sorge, bedrohte doch die expansive Politik des Landes im Mittelmeerraum, im Nahen Osten und in Zentralasien die Hauptschlagader des britischen Empires und die lange Nordwestgrenze Indiens. Während britische und russische Diplomaten und Verwaltungsbeamte den Rest des Jahrhunderts damit beschäftigt waren, in Zentralasien das »Große Spiel« zu spielen, ergaben sich kleinere, aber besorgniserregende Bedrohungen. Unruhe machte sich unter burischen Siedlern und lokalen Königreichen entlang der britischen Grenze im Süden Afrikas breit. Die Ambitionen der Franzosen, die angesichts der siegreichen deutschen Waffen zeitweilig geruht hatten, erstarkten, als republikanische Nationalisten ihre Niederlage wettzumachen und ihre wacklige Machtstellung durch imperialistische Vorstöße zu festigen versuchten, die freilich britischen Interessen zuwiderliefen. Zankapfel britischer und französischer Rivalität waren Zentralafrika und Südostasien, bis die Entente Cordiale von 1904 die jeweiligen Einflußgebiete festlegte und eine neue freundschaftliche Phase in den britisch-französischen Beziehungen einläutete, indem beide ihre Kräfte gegen die aufstrebende Großmacht Deutschland bündelten.

Im 20. Jahrhundert erkannte die britische Regierung, daß eine weltweite Kriegführung die Fähigkeiten der Briten übersteigen würde und die Anzahl ihrer Gegner durch diplomatische Bemühungen verringert werden müßte. Im letzten Viertel des 19. Jahrhunderts war Großbritannien unvermindert davon ausgegangen, daß man mit einer vernünftigen Organisation die ganze Welt regieren könnte. Vor dem Hintergrund der brodelnden internationalen Krise im Mittelmeergebiet bemühte sich die Regierung von Disraeli 1874–1880, die eine aktivere imperialistische Politik verfolgte, zögerlich um eine systematischere Analyse der Verteidigungsbedürfnisse des Empires. Obwohl ein letztes Mißtrauen gegenüber professioneller Beratung weiterhin bestand[39], waren die Streitkräfte nun eingeladen, eine offiziellere und zentralere Rolle bei der Formulierung der Verteidigungspolitik zu übernehmen.

---

[39] Vgl. Schurman, Imperial Defence (wie Anm. 3), S. 62.

Die neue Verteidigungsagenda

Die Reformen Gladstones zu Beginn der 1870er Jahre hinterließen eine Reihe von Problemen, und dies zu einer Zeit, als »das Empire die Fähigkeiten des Militärs überstiegen hatte«[40], um mit Hamers Worten zu sprechen. Der zunehmende Eindruck, daß sich das Empire Ende der 1870er und Anfang der 1880er übernommen hatte, gaben den Ausschlag dafür, die Verteidigungsstrategien des Empires zu überdenken. Dies geschah, als sich im britischen Alltag politisches Interesse und öffentliche Meinung der Bedeutung des Empires und dessen Verteidigung zuwandten.

Die Öffentlichkeit hatte sich auf Grund der Kriegsberichterstattung von der Krim und der Chronik der Times über die Mißwirtschaft, welche das von Lord Aberdeen geleitete Ministerium aushöhlte sowie über das Engagement seines Nachfolgers Palmerston, mit dem die Reform der Streitkräfte gerechtfertigt wurde, für militärische Aspekte zu interessieren begonnen[41]. Ein weiteres Jahrzehnt sollte vergehen, bis das erste einflußreiche Dokument zu den Problemen der Verteidigung des Empires erschien. Das Pamphlet John Colombs »The Protection of our Commerce and the Distribution of our Naval Forces considered« war der erste Versuch, eine kohärente Struktur für die Verteidigung des Empires zu entwickeln. Colomb, seines Zeichens Offizier bei den Royal Marines und daher eher der Marine zugeneigt, favorisierte ein integriertes System bei der Verteidigung des Empires, wobei »die Marine das Schutzschild und das Heer die Speerspitze des Angriffs sein sollte«[42]. Während sich Gladstone im Aufwind befand, hatten Colombs Ideen nur wenig Einfluß auf die Politik oder die öffentliche Meinung. Sensationslüsterne Literatur zum Thema Invasion wie z.B. »The Battle of Dorking« (1871) von George T. Chesney, welche nationale Leidenschaft und populistische Ängste schürte, ließ indes darauf schließen, daß Veränderungen anstanden[43]. Es brauchte ein weiteres Jahrzehnt und stärkere Kriegsangst, bis die Briten sich ihrer Mission im Empire bewußt wurden. Wie immer, wenn ein neuer Zeitgeist die Gesellschaft erfaßt, verlagerte sich die Diskussion in den späten 1870er und frühen 1880er Jahren von Akademikerkreisen in breitere Schichten der Bevölkerung, als selbsternannte Kommentatoren zur Feder griffen. Die berühmten Artikel W.T. Steads von 1884 »The Truth about the Navy«, erschienen in der Pall Mall Gazette, bewegte die Gemüter der Bevölkerung und zwang die Regierung zu Schritten, wie es Colomb nicht vermocht hatte[44]. Die veränderte Haltung der Regierung in Fragen der Verteidigung spiegelte eindeutig das neue gesellschaftliche Bedürfnis nach Sicherheit wider.

40 Hamer, The British Army (wie Anm. 2), S. 87.
41 Vgl. Sweetman, War and Administration (wie Anm. 8), S. 1-7.
42 Vgl. Burroughs, Defence and Imperial Disunity (wie Anm. 20), S. 333 f.; Schurman, Imperial Defence (wie Anm. 3), S. 26 f.
43 Vgl. Paul Kennedy, The Realities Behind Diplomacy: Background Influences on British External Policy, 1865-1980, London 1985, S. 79 f.
44 Vgl. Paul Smith, Ruling the Waves: Government, the Service and the Cost of Naval Supremacy, in: Government and the Armed Forces in Britain (wie Anm. 1), S. 21-52, hier: S. 24 f.

Bevor der öffentliche Aufschrei seinen Höhepunkt erreichte, war ein zusammenhängendes Konzept zur Verteidigung des Empires von den Verteidigungsbehörden selbst entworfen worden. Dieses Konzept ging weniger auf eine Initiative der Regierung zurück, als auf die Anregung durch besorgte Einzelpersonen, welche die Auswirkungen neuer Militärtechnologien und überseeische Verpflichtungen in den Griff zu bekommen versuchten. Bei der Admiralität führte der Wechsel vom Segel- zum Dampfschiff zu Problemen bei der Kohleversorgung in den Außenposten des Empires. Die Notwendigkeit, gesicherte Kohlelager anzulegen, und die Pflicht, den Handel zu schützen, konfrontierten die Admiralität mit den Feinheiten der Verteidigung des Empires, womit der Erste Seelord, Sir Alexander Milne, Mitte der 1870er Jahre kämpfte. Unabhängig davon widmete sich Colonel Jervois im Kriegsministerium den Problemen der Befestigung dieser Kohlelager und der Anlage von Garnisonen[45]. Zunehmende Spannungen mit Rußland erhöhten die Dringlichkeit, und der für die Kolonien zuständige Minister unter Disraeli, Lord Carnarvon, nahm sich der Angelegenheit an. Die Presse griff diesen Fall auf und das Kriegsministerium schaltete sich ein, wobei der Verteidigungsausschuß unter dem Duke of Cambridge die Verteidigungsbereitschaft der Stützpunkte des Empires im Kriegsfall untersuchte[46]. Schließlich reagierte die Regierung mit der Einberufung der »Königlichen Kommission zur Verteidigung der britischen Besitztümer und des britischen Außenhandels«, deren Vorsitz Lord Carnarvon übernahm. Dies stellte einen Wendepunkt in der britischen Verteidigungspolitik und Verteidigungsstrategie dar.

In den 1880er Jahren, als die Verpflichtungen gegenüber dem Empire zunahmen, wurde die Problematik der Verteidigung des Empires akut. Wenngleich dem Duke of Cambridge der Ruf eines konservativen Politikers möglicherweise zu Recht anhing, ist es ihm gegenüber nicht gerecht zu behaupten, er wäre sich der Verteidigung des Empires nicht bewußt bzw. sie sei ihm gleichgültig gewesen. Seine umfangreiche Korrespondenz mit Garnisonskommandanten im Empire belegen das Gegenteil. Wenn es um die Sicherheit des Empires ging, hielt er Konservatismus eher für eine Tugend. Er war der festen Überzeugung, daß das Militär in der Mitte der viktorianischen Ära bestens für seine Aufgabe gerüstet war und lehnte politisch motivierte Militärreformen ab, welche die militärische Effizienz aushöhlen würden. Insbesondere in den 1870er und den frühen 1880er Jahren führte er einen zermürbenden Kampf gegen die von Cardwell eingeführte verkürzte Dienstzeit und das System der verbundenen Bataillone, die bei zunehmenden Verpflichtungen im Empire die Armee in besorgniserregender Weise überforderten[47]. Er zeigte sein Mißfallen deutlich, als der Umfang der Regimentskader und damit auch die zunehmend wichtig gewordene Reserve der Briten im Fernen Osten mit der Reorganisation der in Indien stationierten Armee in den frühen 1880er Jahren von einer Reduzierung bedroht war:

---

45 Vgl. Schurman, Imperial Defence (wie Anm. 3), S. 29-35.
46 Vgl. ebd., S. 49-51.
47 Vgl. Hamer, The British Army (wie Anm. 2), S. 76-89.

»Ich bedauere,« schrieb er im Mai 1882 an General Wilson, »daß Sie einer Reduzierung der Kader der einheimischen Armeekräfte zugestimmt haben. [...]

Sie sagen selbst, daß diese Veränderungen die einheimische Armee derart reduzieren werden, daß keine einheimischen Truppen außerhalb Indiens dienen können. Denken Sie, daß dieser Schritt weise oder vernünftig war? Offen gestanden, ich denke das nicht, denn wer weiß, wie bald sie benötigt werden. Schauen Sie sich nur an, in welchem Zustand sich Ägypten gerade befindet. Womöglich werden dort Truppen aus Indien gebraucht und wenn dieser Fall eintritt, woher sollen sie dann kommen[48]?«

Wenigstens hier traf der Duke of Cambridge auf die Zustimmung Wolseleys. Beide mögen in bezug auf Organisation und Führung der Armee unterschiedlicher Meinung gewesen sein, einig waren sie sich indes darüber, daß die Armee für ihre Aufgaben im Empire nur ungenügend und schlecht organisiert war[49]. Roberts ging in Indien in gleicher Weise vor und überhäufte den Vizekönig mit strategischen Papieren, in denen er die Verwundbarkeit der Nordwestgrenze und die Notwendigkeit der Reorganisation der Armee in Indien hin zu einer leistungsfähigeren Kraft für die innere und äußere Sicherheit hervorhob[50].

Auch die Marine schien in den 1880er Jahren zunehmend überlastet zu sein. Seit den 1860er Jahren kam es zu Interessenkonflikten zwischen der zunehmenden Verantwortung der Marine weltweit, der Notwendigkeit des Heimatschutzes und finanziellen Einsparungen[51]. Die Anhänger des freien Marktes der Manchester-Schule hegten die Hoffnung, daß sich der Rückgang internationaler Spannungen und in der Folge rückläufige Verteidigungshaushalte als ein zusätzlicher Vorteil bei der Entwicklung der Handelsbeziehungen zwischen den Nationen herauskristallisieren würde. Realistischere Strategen wie Colomb sahen lediglich, daß dies ein höheres Handelsvolumen zur Folge hätte, auf Grund dessen sich die Anzahl der benötigten Schiffe zum Schutz des Handels erhöhen würde[52]. Ein Großteil der Debatten um die Marine- oder Seestrategie fand außerhalb des Wirkungskreises der Admiralität statt; ihr fehlten jegliche Fähigkeiten zur Formulierung einer umfassenden Verteidigungspolitik. Der Zweite Seelord, Admiral Hornby, beklagte sich 1876, daß »wir weder Zeit noch Personal haben, um die für einen Kriegseinsatz notwendigen Vorbereitungen zu treffen, und daher wird der Ausbruch eines Krieges unseren Ruf als Seemacht mehr als ruinieren[53].« Hatte die Marine überhaupt eine Strategie, so war es die bewährte der Abschreckung und Gegenoffensive. Da Großbritannien über die größte Flotte der Welt verfügte und damit über die Fähigkeit, gegenüber allen Heimathäfen und Küstenarsenalen der europäischen Gegner ihre

48 Cambridge an Sir D. Stewart, 19.5.1882. Vgl. auch Cambridge an General Wilson, 5.5.1882. Field Marshal Duke of Cambridge papers, Royal Archives, Windsor (Kopien auf Mikrofilm), Rolle 42, 10011 und 9997.

49 Vgl. Halik Kochanski, Sir Garnet Wolseley: Victorian Hero, London 1999, S. 128 f.

50 Vgl. Roberts in India: The Military Papers of Field Marshal Lord Roberts, 1876-1893. Ed. by Brian Robson, Stroud 1993, S. XVI-XIX.

51 Vgl. Somerset an Palmerston, 5.10.1859 und 28.12.1860, VPP, GC/SO/7 und 43.

52 Vgl. Bernhard Semmel, Liberalism and Naval Strategy: Ideology, Interest and Sea Power during the Pax Britannica, Boston, Mass., London 1986, S. 84-92.

53 Zit. in Rodger, The Dark Ages of the Admiralty (wie Anm. 21), p. 2, S. 35.

Macht spürbar einzusetzen, hielten es die Seelords für unnötig, überhaupt Fragen der Verteidigung des Empires zu diskutieren[54].

Die theoretische Debatte zwischen den Anhängern des Freihandels und den frühen »Blue Water«-Strategen hielt bis in die 1870er Jahre, als die Verkettung einer Reihe von Entwicklungen diese Frage in den Vordergrund des nationalen Interesses rückte. Ein möglicher Krieg gegen Rußland wegen der Situation im Fernen Osten lenkte das Augenmerk der Politiker und Marineangehörigen auf den wahren Zustand der Marine und ihre Tauglichkeit für die Kriege, die sie womöglich auszufechten haben würde. Die steigende Abhängigkeit Großbritanniens von importierten Lebensmitteln, der Aufstieg der »Jeune Ecole« und deren Strategie des Handelskrieges sowie die Tatsache, daß auch andere Seemächte vermehrt Großkampfschiffe bauten, mußten in der britischen Marinepolitik berücksichtigt werden. Ebenso wie beim Heer war es eine Generation von jungen und populären Offizieren – von denen Captain Beresford und Captain Fisher die bekanntesten waren – die das Bindeglied zwischen der veralteten Admiralität und der neuen Denkweise bildete. In den späten 1880er Jahren belebte ein neuer Geist von Wachsamkeit und Bereitschaft die Admiralität und die Nation. Angeregt durch Steads Artikel und die weitverbreiteten Forderungen, welche dieser hervorrief, war Gladstone gezwungen, die Royal Navy zu vergrößern, um der so empfundenen Bedrohung durch zwei Mächte zu begegnen. Widerwillig stimmte er dem Aufbauprogramm der Marine von 1885 zu. In den darauffolgenden zehn Jahren wurden zwei weitere umfangreiche Bauprogramme initiiert. Großbritannien hielt seine relative Vormachtstellung auf See aufrecht, zahlte dafür jedoch einen hohen Preis. Diese materielle Expansion ging einher mit systematischeren Überlegungen über das Wesen von Seemacht und über strategische Fragen, denen britische Marineangehörige sowohl innerhalb als auch außerhalb der Admiralität gegenüberstanden. Von wesentlicher Bedeutung war die Einrichtung des Marinenachrichtendienstes durch die Admiralität im Jahre 1882 als Kern einer Stabsorganisation, die weitreichendere Fragen zu Politik, Strategie und Planung behandeln sollte. Die französisch-russische Herausforderung, wenn auch nur verschwommen sichtbar, war der Anstoß zur Modernisierung der britischen Marineeinrichtungen und -institutionen. Damit würde Großbritannien für die massive Herausforderung durch Deutschland im neuen Jahrhundert gerüstet sein[55].

Die Entwicklung der »Verteidigung des Empires«

Vor diesem Hintergrund entstanden neue Vorstellungen von der »Verteidigung des Empires«, bei denen die Stimme der Militärs größeres Gewicht hatte, als die von

54 Vgl. A. Lambert, The Royal Navy, 1856-1914: Deterrence and the Strategy of World Power, in: Navies and Global Defence: Theories and Strategy. Ed. by Keith Neilson and Elizabeth J. Errington, Westport, Conn., London 1995, S. 69-92.

55 Vgl. Paul Kennedy, The Rise and Fall of British Naval Mastery, London 1983, S. 177-180; Smith, Ruling the Waves (wie Anm. 44), S. 21-52.

Amateurpolitikern und der schreibenden Zunft. Bezogen auf die Expansion bedurfte es keiner professionellen Expertise oder Beratung, in bezug auf den Schutz des Empires indes schon. Es bestand nicht nur die Notwendigkeit der Reorganisation und Erweiterung der beiden Teilstreitkräfte zur besseren Aufgabenerfüllung; diese Aufgabe mußte auch deutlich skizziert werden. Gleichzeitig war sicherzustellen, daß beide Teilstreitkräfte bei ihren gemeinsamen Verteidigungsproblemen effektiv zusammenarbeiten werden. In der ersten Hälfte dieses Zeitabschnitts arbeiteten Marine und Heer unabhängig voneinander und manchmal aneinander vorbei. Man war sich bei der wenig systematischen Problembehandlung von Fragen der Verteidigung der Notwendigkeit für eine gemeinsame Analyse der Teilstreitkräfte nicht bewußt, und Politik sowie Planung blieben den Politikern vorbehalten. Seit den 1880er Jahren gab es jedoch einen neuen institutionellen Rahmen, der es Militärangehörigen erlaubte, ihre eigenen Ideen politischen Entscheidungsträgern vorzulegen. Vor diesem Hintergrund begann die Carnarvon-Kommission 1879 mit der Überprüfung der Verteidigung britischer Überseestützpunkte; dies »läutete eine Trendwende in der offiziellen Politik ein«[56].

Vor der Einführung einer Überprüfung durch Carnarvon waren die Macher der Verteidigungspolitik vornehmlich Zivilisten. Da die Streitkräfte von Verwaltern geführt wurde, spiegelte die Verteidigungspolitik Interessen der Parteien oder der Öffentlichkeit wider. Die bedeutendste Überprüfung kolonialer Verteidigungsfragen vor den 1870er Jahren, die Untersuchung der Militärausgaben in den Kolonien von 1859-1861, zunächst durch eine interministerielle Überprüfung und anschließend durch einen vom Parlament ausgewählten Ausschuß, war »angeblich eine Verwaltungsaufgabe«[57]. Die interministerielle Überprüfung wurde von jüngeren Zivilbeamten des Kolonialministeriums, des Kriegsministeriums und des Schatzamtes mit der eindeutigen Absicht vorgenommen, Militär und Kolonien einen Sparzwang aufzuerlegen.

Als 1878 unter Milne der »Ausschuß zur Verteidigung der Kolonien«, der Vorläufer der Carnarvon-Kommission, gegründet wurde, um den Zustand der britischen Kolonialverteidigung auf dem Höhepunkt der Krise im Fernen Osten zu überprüfen, lagen die Dinge anders. Die Einrichtung dieses interministeriellen Ausschusses »deutete auf die Erkenntnis hin, daß für die Umsetzung der Verteidigung des Empires die Zusammenarbeit der Ministerien entscheidend war«[58]. Zudem zeigte es, daß die Ansichten der Militärs wichtig waren. Den Vorsitz führte ein früherer Erster Lord der Admiralität, Milne, und zu den weiteren Mitgliedern gehörten der Generalinspekteur des Festungswesens, Sir John Lintorn Simmons, sowie ein vom Kolonialministerium ernannter ziviler Beamter. Carnarvons Untersuchung erweiterte das Prinzip der Konsultation der Streitkräfte. Milnes Ausschuß hatte bei seiner Untersuchung herausgefunden, daß der bestehende Schutz der

---

56 Burroughs, Defence and Imperial Disunity (wie Anm. 20), S. 335.

57 B. Knox, The Concept of Empire in the Mid-Nineteenth Century: Ideas in the Colonial Defence Inquiries of 1859-1861, in: Journal of Imperial and Commonwealth History, 15 (1986/87), S. 242-263, hier: S. 244.

58 Schurman, Imperial Defence (wie Anm. 3), S. 63.

Stützpunkte in den Kolonien unzureichend war und daß es keine methodischen Vorstellungen gab über die Anforderungen an den Schutz der Kolonien und des Empires[59].

Die von Carnarvon über drei Jahre geführte Königliche Kommission wurde ins Leben gerufen, um sich dieser Defizite anzunehmen. Die Mitglieder stammten aus verschiedenen Ministerien und Parteien und umfaßten sowohl Experten aus dem Militär- als auch aus dem Zivilbereich. Milne und Simmons wurden durch Childers und einen Vertreter des Schatzamtes, Robert Hamilton, unterstützt. Thomas Brassey, ein liberales Parlamentsmitglied und Experte in Marineangelegenheiten, wurde ebenfalls berufen; für den »penetranten Unruhestifter« Colomb war trotz seiner Fachkenntnisse bezeichnenderweise kein Platz[60]. Die Untersuchung brachte die Grundlagen für eine neue Verteidigungsorganisation hervor sowie den Anfang eines einheitlichen Verteidigungsprogramms. Beiden Teilstreitkräften wurde ihre Verantwortung hinsichtlich des Schutzes der Kolonien vermittelt, anschließend machte man sich Gedanken über deren Organisation, Ausrüstung und Dislozierung zur Wahrnehmung dieser Verantwortung. Gladstone, erneut im Amt, ließ die Ergebnisse des Ausschusses nie veröffentlichen; ihre Auswirkungen auf die Militärverwaltung und die Staatsfinanzen wurden so lange heruntergespielt, bis internationale Entwicklungen und die öffentliche Meinung den Premierminister zum Handeln zwangen[61]. Als die Angst vor einem Krieg mit Rußland nicht enden wollte, wurde schließlich der »Ausschuß zur Verteidigung der Kolonien« dauerhaft eingerichtet, so wie es ursprünglich von Milne vorgeschlagen worden war, um die Aktivitäten seitens der Ministerien, des Militärs und der zivilen Seite bei Verteidigungsfragen des Empires zu koordinieren[62].

Das neue System war nicht perfekt. Der neue »Ausschuß zur Verteidigung der Kolonien« hatte eher eine beratende denn eine ausführende Funktion und die Verteidigungspolitik hing daher unvermindert von den Interessen und Launen der zivilen Minister ab[63]. Innerhalb der Organisation der Streitkräftebehörden selbst waren nach wie vor Schwächen vorhanden, die gegen eine effektive Koordination der Streitkräfte bzw. eine zukunftsorientierte Planung sprachen. Dies war Thema einer weiteren, tiefergehenden Untersuchung, nämlich die der Hartington-Kommission Ende der 1880er Jahre, wenngleich deren Empfehlung zur Einrichtung eines Generalstabes im Kriegsministerium zur Ablösung des überalterten und Widerstand leistenden Oberbefehlshabers auf Grund der Verweigerung des Duke of Cambridge und von Königin Victoria nie umgesetzt wurde[64]. Hartington empfahl ebenfalls die Einrichtung eines teilstreitkraftübergreifenden, zivil-militärischen

59 Zu Überlegungen und Schlußfolgerungen des Milne-Ausschusses siehe ebd., S. 61-77.

60 Vgl. ebd., S. 85 f. Die Überlegungen und Schlußfolgerungen des Ausschusses werden in ebd., S. 86-119, beleuchtet.

61 Vgl. ebd., S. 88-90 und 126-136.

62 Vgl. ebd., S. 134.

63 Vgl. William Roberton, From Private to Field-Marshal, [London] 1921, S. 95.

64 Vgl. Strachan, The Politics of the British Army (wie Anm. 14), S. 63 f. Die Überlegungen der Hartington-Kommission und deren Auswirkungen finden eine detaillierte Analyse in: Hamer, The British Army (wie Anm. 2), S. 93-147.

Verteidigungsausschusses, um das Verteidigungsbudget im Ganzen zu durchdenken. Eine besondere Aufgabe sollte darin bestehen, das Budget in Beziehung zu einem Gesamtplan zur Verteidigung des Empires zu setzen. Diese ausgesprochen vernünftige Idee gründete sich auf die letzten Überbleibsel einer liberalen Gesinnung sowie die Abneigung auf Seiten der Zivilisten, Verantwortung an professionelle Berater abzugeben[65]. Es bedurfte eines langen Krieges und einer weiteren Untersuchung, bevor ein solches System von dem im Jahre 1904 eingerichteten »Ausschuß zur Verteidigung des Empires« in Angriff genommen wurde[66].

Das System der Verteidigungsorganisation und des Verteidigungsmanagements war zwar noch nicht perfekt, aber in 30 Jahren bereits weit vorangekommen. Professionelle Berater der Streitkräfte hatten eine Hauptrolle bei der erstmaligen Formulierung einer umfassenden »Verteidigungspolitik des Empires« gespielt. Die Nachrichtengewinnung wurde in den Ministerien der beiden Teilstreitkräfte systematisiert, und zum ersten Mal entstand eine offizielle Einrichtung, der »Ausschuß zur Verteidigung der Kolonien«, der bei der Behandlung von interministeriellen Verteidigungsfragen als Clearingstelle fungierte. Das Zeitalter der viktorianischen Selbstzufriedenheit war vorbei; Minister, Matrosen und Soldaten stellten sich gemeinsam der neuen Herausforderung eines Empires, dessen Status als »Insel der Glückseligen« zunehmend bedroht war. Ein modernes System imperialer Verteidigung und der zur Umsetzung notwendige institutionelle Rahmen waren entstanden.

Schlußbemerkungen

Vor den 1860er Jahren verfügte Großbritannien über Streitkräfte, die auf Geheiß einiger weniger interessierter Kabinettsmitglieder in den Krieg zogen, wenn es notwendig oder opportun war. Während der zwei nachfolgenden Jahrzehnte verlagerte sich der britische Imperialismus von gelegentlichen Expansionszügen hin zu einer zentralisierten Verwaltung und die Streitkräfte wurden Verteidiger eines Empires in einem neuen politischen Klima, in dem bewußte Konfrontationen stattfanden. Die Notwendigkeit der »Verteidigung des Empires«, ein Thema, bei dem Politiker und Öffentlichkeit in jener Zeit zunehmend laute Töne anschlugen, rückte Fragen des Streitkräftemanagements und der Streitkräfteverwaltung aus dem Abseits britischer Politik ins Rampenlicht nationaler Wahrnehmung. Verteidigung des Empires bedeutete um 1890 nichts weiter als die materielle Verteidigung der Kohlestationen und erst im neuen Jahrhundert sollten umfassendere Programme strategischer Koordination erarbeitet werden. Nichtsdestotrotz waren ein einfacher Verwaltungsapparat und die Grundlagen einer Verteidigungspolitik vorhanden. Minister und Streitkräfteführung hatten nun die Möglichkeit, Politik und Strategie zusammenzufassen, wenngleich es auf Grund des fortwährenden politischen Des-

65 Vgl. Hamer, The British Army (wie Anm. 2), S. 153.
66 Vgl. Strachan, The Politics of the British Army (wie Anm. 14), S. 121 f.

interesses noch ein langer Weg werden sollte, bis ein gut strukturiertes und dynamisches System der imperialen Verteidigung in Großbritannien und im Empire etabliert wurde[67]. Das Zeitalter der Modernisierung war eingeläutet worden, aber es bedurfte für Großbritannien erst noch weiterer Schockerlebnisse im Empire und rund um den Globus (Südafrika und Flandern), bis sich die Briten der Realität der Bedrohung des Empires nachhaltig bewußt wurden.

Andrew Lambert hat dahingehend argumentiert, daß in bezug auf die Marinestrategie »der willkürliche und überfällige Prozeß der Aufstellung einer nationalen Strategie zu einer Reihe von Fehlern und Rivalitäten zwischen den Teilstreitkräften führte, welche die Realität britischer Macht verhüllten[68].« Sicherlich blieb Großbritannien während dieser Zeit mächtig, obschon es deutliche Anzeichen dafür gab, daß andere Nationen und Reiche sich der Herausforderung stellten. Macht ermöglicht den Luxus langsamen Denkens und des Vorgehens nach dem Prinzip »Versuch und Irrtum«, und es gab beides in der strategischen Neuausrichtung Großbritanniens und der Modernisierung des Militärs als Reaktion auf den Aufschwung feindlicher Kolonial- und Industriemächte. Die Außenpolitik und Verteidigungsausgaben des Empires standen in den 1860er Jahren eindeutig nicht im Einklang[69]. Drei Jahrzehnte später hatten beide sichtlich den gleichen Weg eingeschlagen, wenn sie auch nicht Hand in Hand gingen. Zu diesem Zeitpunkt nahm eine integrierte Strategie imperialer Verteidigung mit Unterstützung militärischer und marinespezifischer Mittel zu deren Umsetzung Gestalt an. Angesichts der Vorgeschichte und des schwierigen Reifeprozesses blieb das System der Verteidigungspolitik, obschon spürbar verbessert, im Wesentlichen reaktiv, was als Erbe des langen Zeitalters britischer Vorherrschaft gewertet werden kann.

Daß sich dieses System überhaupt entwickeln konnte, läßt sich eher auf den Druck von ziviler Seite sowie die Besorgnisse der Militärs zurückführen als auf politische Initiativen. Zur Vergrößerung des Empires war nur wenig Planung und Organisation erforderlich gewesen; die Verteidigung des Empires hingegen erforderte Voraussicht und fundierte, vernünftige Entscheidungsfindung. Beides machte den Einsatz von Kräften notwendig. Die Royal Navy sowie das britische Heer stellten die Kräfte für Expansion und Schutz und nicht selten auch das Personal für die Verwaltung und interne Überwachung zur Verfügung und wurden somit integrale Bestandteile der imperialen Maschinerie. In dem Maße, wie sie diese zunehmend bedeutendere Rolle im Empire übernahmen, änderte sich auch ihre Beziehung zu der Regierung. Die Männer, die das Empire eroberten und für ihre Taten Lobeshymnen von der Öffentlichkeit ernteten, standen nun im Mittelpunkt des neuen Systems zur Verteidigung des Empires. Die pragmatische Professionalität von Roberts, Wolseley, Beresford und Fisher, und nicht der Idealismus oder

---

67 Vgl. Smith, Ruling the Waves (wie Anm. 44), passim; Schurman, Imperial Defence (wie Anm. 3), S. 152 f. Die nachfolgende Entwicklung der Verteidigung des Empires sowie die Institutionen des Verteidigungsmanagements sind dargestellt in: John Gooch, The Plans of War: The General Staff and British Military Strategy, 1900–1916, London 1974; Nicholas D'Ombrain, War Machinery and High Policy: Defence Administration in Peacetime Britain, 1902–1914, Oxford 1973.

68 Lambert, The Royal Navy, 1856–1914 (wie Anm. 54), S. 69.

69 Vgl. Feuchtwanger/Philpott, Civil-Military Relations (wie Anm. 1), S. 16.

Dilettantismus Gladstones bzw. seiner Nachfolger, sollten Ende des Jahrhunderts der Strategie und der Verteidigungspolitik der Nation zunehmend Gestalt verleihen. Politiker beider Parteien mit nur wenig Verständnis oder Interesse für Fragen imperialer Verteidigung und Strategie, hatten sich bis dahin als Bremsklotz für die Entwicklung enger zivil-militärischer Beziehungen erwiesen[70]. Jetzt waren sie jedoch gezwungen, die sich verändernden nationalen und internationalen Strömungen zur Kenntnis zu nehmen. War die Verteidigung der Kolonien in den 1860er und 1870er Jahren eine Angelegenheit der Parteien gewesen, so hatte die Verteidigung des Empires in den 1890er Jahren das nationale Bewußtsein erreicht; sie war nun politisch wichtiger geworden als finanzielle Einsparungen[71]. Als Großbritannien sich mehr und mehr in ein von Kriegen geprägtes Jahrhundert hineinbewegte, war die Nation im zunehmenden Maße dankbar, daß der Grundstein zu einem modernen System der Verteidigung des Empires bereits gelegt worden war.

70 Vgl. Schurman, Imperial Defence (wie Anm. 3), S. 9 f.

71 Eine Fallstudie ist dargestellt in: Rhodri Williams, Defending the Empire: The Conservative Party and British Defence Policy, 1899-1915, New Haven, Conn., London 1991.

Frédéric Guelton

Die politische Macht und die Armee zu Beginn der Dritten Republik 1871 bis 1881

Die Niederlage gegen Preußen erschütterte Frankreich wie ein Erdbeben. Standen hierfür nicht der Untergang eines politischen Regimes, des Zweiten Kaiserreichs, das nach außen hin in voller Pracht zu stehen schien, sowie der Zusammenbruch einer Armee und eines militärischen Systems, die in Europa noch Vorbild- und Modellcharakter[1] für die Macht hatten?

Mehr als für den Verlust des Elsaß und von Lothringen, mehr als für die finanzielle Bürde, die Bismarck Frankreich mit der Zahlung einer Kriegsentschädigung von fünf Milliarden Franken auferlegt hatte, gab es für das militärische Trauma der Niederlage eine Reihe deutlicher äußerer Anzeichen. So verzichtete die École militaire spéciale in Saint-Cyr auf ihr Motto »Ils s'instruisent pour vaincre« (Sie lernen, um zu siegen). Es wurde zu Recht davon ausgegangen, daß mit der Niederlage der Armee auch das Offizierkorps versagt hatte. Die Schule kehrte erst nach dem Ersten Weltkrieg zu ihrem Motto zurück[2].

Noch vor der Ausarbeitung der Verfassungsgesetze von 1875, welche die Dritte Republik begründeten, begann damit ein neues Zeitalter für die Beziehungen zwischen dem Staat und seiner Armee. Die vorherige Situation veränderte sich vollständig. Es entstand ein neues System, das nach Ansicht der einen in seinen Grundsätzen bis zum Ende des Zweiten Weltkriegs gültig blieb, nach Ansicht der anderen sogar bis zum Ende des Kalten Krieges und darüber hinaus.

Hier könnte man auf den ersten Blick annehmen, daß der Übergang vom Kaiserreich zur Republik geradlinig von einem imperialen System mit monarchischen Tendenzen zu einem republikanischen System mit demokratischen Werten verlief. Tatsächlich aber waren die sich neu herausbildenden Beziehungen von einer starken Ambivalenz, sogar einer gewissen Komplexität gekennzeichnet. Dabei wurden der Mythos der Revanche und das republikanische Mißtrauen so fein miteinander

---

1 Dieses Modell entstand in Frankreich während der Revolution unter dem Begriff »Nation en armes« (Nation in Waffen), der durch die Einführung der Wehrpflicht mit dem »Loi Jourdan« genannten Gesetz Wirklichkeit wurde. Es wurde nach der ersten und zweiten Restauration weitgehend aufgegeben, als Louis XVIII die Wehrpflicht, die zur »verhaßten Wehrpflicht« (»l'honnie conscription«) geworden war, abschaffte und durch ein Landwehrsystem ersetzte.

2 Während dieser Zeit wählte die Schule in Saint-Cyr ein bescheideneres Motto: »Ils s'instruisent pour défendre la Patrie« (Sie lernen, um das Vaterland zu verteidigen).

vermischt, daß diese Beziehungen in eine erzwungene politische Akkulturation der Armee und eine enge Begrenzung ihrer politischen Rechte mündeten. Beides wurde als notwendig erachtet.

Die Gleichgültigkeit der Armee und die politischen Rechte

Von 1815 bis 1852 waren die Beziehungen zwischen der Armee und den einzelnen aufeinander folgenden politischen Regimen in verschiedener Hinsicht bemerkenswert[3].

Die Armee, die faktisch zu einer Berufsarmee geworden war, schien dem öffentlichen und politischen Leben Frankreichs gleichgültig gegenüberzustehen. Begriffe wie »Vaterland« oder »Nation« waren ihr im wesentlichen fremd. Sie zog ihnen Begriffe wie »Tapferkeit« oder »Ehre« vor. Zahlreiche Offiziere betrachteten sich als »Kinder des Kaiserreichs und glaub[t]en bloß geboren zu sein, um getötet zu werden, und in dieser Erwartung ihre Zeit zwischen einigen dienstlichen Tätigkeiten und ihrem Vergnügen aufteilen zu müssen«[4].

Die Armee und ihre Männer gaben sich die meiste Zeit damit zufrieden, den sich ablösenden Regierungen und Regimen zu dienen. In den Träumen der Offiziere kamen häufig nur Verwundungen, Blessuren, Beförderungen, Auszeichnungen und unter Umständen ein heldenhafter Tod vor. »Ich war unaufhörlich darauf gefaßt, das Opfer einer Kugel oder Träger eines Schulterstücks mit Fransen zu werden«, schrieb Marschall Esprit Victor Castellane[5].

Deshalb zögerten die Soldaten nicht, Eide auf alle Regime von der Ersten Republik bis zum Zweiten Kaiserreich zu leisten, wie es ihnen das Gesetz regelmäßig vorschrieb, ohne jemals das Gefühl zu haben, einen Gesetzesverstoß zu begehen. So bemerkte General Brincourt damals: »Ich habe Louis-Philippe, der Republik von 1848 und dem Kaiserreich die Treue geschworen, und ich habe meinen Treueschwur immer gehalten[6].«

Zur selben Zeit zeigten sich die Monarchie und dann die Zweite Republik politisch großzügig gegenüber den Soldaten, besonders den Offizieren: Sie übertrugen ihnen immer mehr staatsbürgerliche Rechte. Nach 1849 waren die Soldaten somit allen anderen Franzosen staatsbürgerrechtlich gleichgestellt. Sie erhielten unter anderem das passive und das aktive Wahlrecht.

---

[3] Siehe u.a. William Serman et Jean-Paul Bertaud, Nouvelle histoire militaire de la France, 1789-1919, Paris 1998.

[4] [Adolphe Bourcier,] Essai sur l'esprit militaire et l'organisation de l'armée, Paris 1828.

[5] Trotzdem sind berühmte Ausnahmen zu verzeichnen wie zum Beispiel Ardant du Picq, von dem man aus seiner veröffentlichten Privatkorrespondenz weiß, daß er sich anläßlich einer der allerersten Einsätze mit »humanitärem« Charakter bei den kriegerischen Auseinandersetzungen und Massakern zwischen maronitischen Christen und Drusen im Libanon 1860 intensiv mit dem Sinn des Soldatenberufs auseinandersetzte.

[6] General Henri-Augustin Brincourt, Lettres, 1923, zit. nach William Serman, Les officiers français dans la nation, 1848-1914, Paris 1982, S. 25.

William Serman[7] weist in seinem Werk darauf hin, daß die aktiven Offiziere bei den Wahlen im Juni 1848 30 Sitze in der Nationalversammlung errangen. Er schätzte, daß in Anbetracht der Zusammensetzung der Wählerschaft diese Repräsentanz »beachtlich« war, noch bevor die Wahlen im folgenden Jahr »die Tendenz bestätig[t]en«.

Mit dem Zweiten Kaiserreich wurde dieser Situation ein Ende bereitet. Auch wenn das Gesetz Soldaten nicht ausdrücklich vom passiven und aktiven Wahlrecht ausschloß, so verwehrte es ihnen doch durch entsprechende Auslegung die Möglichkeit zu wählen oder gewählt zu werden[8]. Kein einziger aktiver Offizier nahm mehr bis 1870 einen Sitz in der Nationalversammlung ein.

Somit verhielt sich die Armee von 1815 bis 1852, so befremdlich dies auch scheinen mag, gleichgültig gegenüber der Politik des Staates, der ihr gleichwohl eine Existenz gab und politische Rechte zubilligte und sie damit vollständig in das Leben des Staates einband, bis ihnen dies im Zweiten Kaiserreich entzogen wurde.

Infolge der Niederlage und der anschließenden Ausrufung der Republik änderten sich die Verhältnisse grundlegend. Der Begriff des Vaterlands wurde bis zum Mythos übersteigert, aber nach einer vorübergehenden Besserung wurden die Soldaten stärker als bis dahin im Kaiserreich von der Politik ausgeschlossen.

Der Mythos des Vaterlands

Der Mythos des Vaterlands keimte bereits seit Ausrufung der Republik[9] am 4. September 1870, als die neue »Regierung der nationalen Verteidigung« verkündete: »Die ganze Nation nimmt ihre Rechte und ihre Waffen wieder auf[10].« Endgültig wurde er auf den Bänken der Nationalversammlung ins Leben gerufen, wo von 1871 bis 1873 die neuen Militärgesetze debattiert wurden. Gruppen und Parteien, von außergewöhnlichen Rednern dominiert, stritten heftigst über alle Themen, nur nicht über den Wiederaufbau einer starken Armee, das Fundament der »nationalen Regeneration« und künftiges Instrument der »Revanche«, wie es damals hieß.

Als die militärische Frage[11] und insbesondere die Rückkehr zur allgemeinen Wehrpflicht diskutiert wurden, wichen Beleidigungen und Hiebe dem nationalen

---

7 Vgl. ebd., S. 34.

8 Das Wahlrecht blieb erhalten, es mußte jedoch in der Kaserne ausgeübt werden. Dabei wurde die Stimmabgabe in einem öffentlich zugänglichen Register eingetragen, was die Wähler nicht gerade dazu trieb, sich in Opposition zur herrschenden Macht zu begeben. Siehe hierzu auch Histoire de l'officier français, Saint-Jean-d'Angély 1987, S. 248.

9 In diesem Augenblick kapitulierte Napoléon III mit 130 000 Mann in Sedan und General François Bazaine bemühte sich nach Kräften, aber vergeblich während mehrerer Wochen, mit seinen 120 000 Mann die preußische Umschließung von Metz aus zu durchbrechen.

10 Derselbe Gedanke wurde ein wenig später von Hippolyte Taine wieder aufgegriffen, als er schrieb: »Von nun an wird er [der Franzose], wenn er als Wähler geboren wird, auch als Bürger geboren.«

11 Siehe dazu André Corvisier, Histoire militaire de la France, 3, 1871-1940, Paris 1992.

Gemeinschaftsgefühl. Der Ton wurde feierlich und im Halbrund der Nationalversammlung applaudierten alle, auf der Linken wie auf der Rechten. Sie bekundeten einhellig Beifall, als beispielsweise Justin Chasseloup-Laubat am 19. August 1871 als Berichterstatter über das neue Streitkräftegesetz nachdrücklich erklärte:

> »Große Katastrophen sind der Schlüssel zu wichtigen Erkenntnissen. Klug ist, wer sie begreift, mutig, wer sie zu nutzen vermag. Eine Nation, die sich noch lange nicht von Rückschlägen überwältigen läßt und ihren Niedergang keineswegs hinzunehmen bereit ist, untersucht die Gründe hierfür, macht sich kühn ans Werk, reformiert alles, was sie schwächen konnte, und schafft es, manchmal auch gestärkt aus diesen Prüfungen hervorzugehen, die nach der Vorsehung den Völkern und einzelnen Menschen vielleicht auferlegt werden sollen, um ihnen ihre Pflichten deutlicher vor Augen zu führen und diejenigen zu stärken, welche die Last dieser Prüfungen tragen können. Das ist es, was sie wollen; das ist, was Frankreich hoffentlich tun wird[12].«

Es schien in der Tat so zu sein, daß nicht nur in der Nationalversammlung, sondern von allen Franzosen eine Erneuerung, eine moralische Reform der Nation über ihre Armee verlangt wurde. Die großen Maler dieser Zeit wie Ernest Meissonnier, Alphonse de Neuville und Edouard Detaille machten dies in ihren Werken deutlich. Sie verfolgten fortan einen patriotischen Stil, der sich zu einer Schule weiterentwickelte und heute wahrscheinlich als militaristische Propaganda abklassifiziert würde!

Dieser Ansatz, in dem nach den Worten des Historikers Raoul Girardet[13] ein regelrechter Mythos der Ordnung zum Ausdruck kommt, darf nicht getrennt von den Menschen gesehen werden, die rechts wie links dessen größte Anhänger waren.

Auf der Rechten erinnerten sich Bürgerliche, Monarchisten, Anhänger der moralischen Ordnung und Konservative jeglicher Couleur noch gut an die Pariser Kommune. Sie wünschten sich eine Betreuung der Jugend Frankreichs mit Erziehung zu Gehorsam und Unterordnung in den Kasernen.

Ihre Haltung war auch mit ehrenwerten Überzeugungen verbunden und nicht nur mit sozialer Angst. Sie war verbunden mit dem Wunsch nach einer neuen, stärker vom Gedanken der Brüderlichkeit geprägten Gesellschaft, in der für öffentliche Streitigkeiten kein Platz mehr ist, mit einem Wort eine Gesellschaft, die sich nach dem Drama von 1870/71 mit sich selbst versöhnt hat. Ihrer Meinung nach sollten Kasernen und Armee der Ort für diese gesellschaftliche und nationale Versöhnung sein. Nichts durfte außer acht gelassen werden, damit es dazu käme, damit aus der Armee das »Allerheiligste« (l'arche sainte) würde.

Auf der Linken wurden, bei aller Unterschiedlichkeit der Beweggründe, die Schlußfolgerungen wie auch die einzusetzenden Mittel häufig genauso gesehen. Der Gedanke an die Erneuerung der Nation durch die Republik kam bei jeder Gelegenheit auf, zum Beispiel als Léon Gambetta in seiner Rede in Bordeaux am 26. Juni 1871 ausrief:

---

12 Joseph Monteilhet, Les Institutions militaires de la France, 1814-1932, de la paix armée à la paix désarmée, Paris 1932, S. 109.

13 Vgl. Raoul Girardet, La Société militaire française de 1815 à nos jours, Paris 1998. Siehe insbesondere Kapitel V: »L'arche sainte« und Kapitel VI: »Le grand débat«.

»Überall müssen dem Lehrer Sportlehrer und Soldaten zur Seite stehen, damit unsere Kinder, unsere Soldaten und unsere Mitbürger in der Lage sind, ein Schwert zu halten, mit einem Gewehr umzugehen, längere Märsche durchzuhalten, Nächte unter freiem Himmel zuzubringen, alle Prüfungen für das Vaterland tapfer zu bestehen.«

Mit Gambetta und der »Regierung der nationalen Verteidigung«, aber auch mit Jules Ferry, Paul Bert oder auch Paul Déroulède setzte so die Wiedergeburt des republikanischen Jakobinismus und Patriotismus ein, ein Patriotismus, der den Krieg gegen den »Eindringling« als eine höchste Tugend pries, die schon den Kindern in »Schulbataillonen« vermittelt und beigebracht werden sollte, und der dann weiter das Leben in der Kaserne und später der Reservisten bestimmte und die Form einer neuen laizistischen Religion annahm.

Die Haltung und Entwicklung von Jules Ferry in dieser Hinsicht sind interessant. Nachdem er sich kurze Zeit zuvor an vorderster Front für die allgemeine Abrüstung eingesetzt hatte und zum Befürworter einer Art universeller Nationalgarde worden war, schrieb er an die Republikaner:

»Diese Gedanken hatten ihre Anhänger, mehrere von uns haben sich zu ihnen bekannt, standen ihnen nahe, ließen sich von ihnen ergreifen. Aber ich frage Sie, gibt es heute noch einen Einzigen, der von den Ereignissen nicht bekehrt worden wäre? Dieses Land hat den Krieg von 1870 erlebt, es hat diesen gefährlichen und enttäuschenden Utopien für immer den Rücken zugekehrt[14].«

Als die Republikaner die politische Nachfolge der Konservativen an der Spitze des Staates antraten, waren die Beziehungen zwischen dem Staat und einer allumfassend umsorgten Armee weiterhin vom Mythos des Vaterlands geprägt.

Für alle stand und fiel die nationale Erneuerung, der Wiederaufstieg oder, kurz gesagt, die Wiedergeburt Frankreichs mit der Armee.

Diese nationale Einmütigkeit schlug sich in den neuen Militärgesetzen nieder, mit denen die Wehrpflicht wieder eingeführt wurde und zur allgemeinen Wehrpflicht ausgebaut werden sollte[15].

Im Jahr 1872 war Adolphe Thiers nach wie vor einer der wenigen oder sogar der Einzige, der das Prinzip einer Berufsarmee verteidigte, für die im wesentlichen ein an ein Losverfahren gekoppelter, längerer Wehrdienst mit ungleichen Bedingungen galt. Die Nationalversammlung dagegen war einmütig für die Einführung eines allgemeinen Wehrdienstes, der kurz sein konnte, sich aber auf ein großes

---

14 Zitate nach Girardet, La Société militaire (wie Anm. 13), S. 125 und 127.

15 Chronologisch gesehen bestand nach dem Dekret vom 12.6.1790 zunächst für alle Bürger mit politischen Rechten (den sogenannten citoyens actifs – Aktivbürger) die Pflicht zum Dienst in der Nationalgarde. Von 1793 an gab es die Dienstverpflichtung und das Massenaufgebot. Sie betrafen nur Freiwillige und fünf Altersklassen, zu denen lediglich Unverheiratete gehörten. Schließlich wurde mit dem Loi Jourdan genannten Gesetz vom 19. Fructidor des Jahres VI (5.9.1798) die Wehrpflicht eingeführt, die aufgrund des Losverfahrens allerdings nicht allgemein war. Der Gesetzgeber legte jedes Jahr die Zahl der einzuberufenden Wehrpflichtigen fest. Zwar orientierte sich die Loi Jourdan grundsätzlich an der Gleichheit aller, doch enthielt sie insofern eine wesentliche Ungleichheit, als man sich vom Dienst für eine bestimmte Dauer (fünf Jahre im Frieden, unbegrenzt im Krieg) freikaufen konnte, so daß es zu Dienstpflichtentziehungen und Fahnenflucht kam, die während der napoleonischen Kriege regelmäßig zunahmen. In der französischen Gesellschaft entwickelte sich eine regelrechte Feindseligkeit gegenüber einem verabscheuten Militärdienst, den die wiedereingesetzte Monarchie umgehend abschaffte.

Reservistenpotential stützte. Mit dem Gesetz vom 27. Juli 1872 fiel zwar die Entscheidung für einen grundsätzlich allgemeinen Dienst, doch der Einfluß von Thiers und die finanzielle Lage zwangen zu großen Abstrichen am Universalitätsprinzip. Nach dieser sogenannten Loi Thiers wurden aus Gründen der Gleichheit alle Wehrpflichtigen einberufen, doch ihre tatsächliche Dienstzeit wurde durch ein Losverfahren bestimmt. Für die einen betrug sie fünf Jahre und für die anderen, die sich bald trotz patriotischer Reden als genauso benachteiligt betrachteten, weniger als ein Jahr, auch wenn sie danach in Bereitschaft blieben und jederzeit ohne Einschaltung oder Abstimmung des Parlaments einberufen werden konnten. Das Gesetz sah schließlich eine Reihe von Ausnahmen für Geistliche, Lehrer, Ernährer von Familien oder auch Waisen vor.

Dieser starke konzeptionelle Gegensatz zwischen grundsätzlicher Gleichheit und tatsächlicher Ungleichheit bei der Wehrpflicht war im Ergebnis sehr enttäuschend, wie dies Alexis Clérel, Graf von Tocqueville bereits 1835 klarsichtig angekündigt hatte:

> »Die Lasten der Wehrpflicht sind unterschiedslos und gleichermaßen von allen Bürgern zu tragen, was sich zwangsläufig aus der Lebensordnung der demokratischen Völker und ihrem Gedankengut ergibt. Die Regierung kann fast alles nach ihrem Willen tun, vorausgesetzt, daß sie sich an alle gleichzeitig wendet; es ist die Ungleichheit der Lasten und nicht die Last selber, die gewöhnlich den Widerstand herausfordert.«

Erst mit dem Loi Boulanger genannten Gesetz vom 15. Juli 1889 und dem Gesetz vom 21. März 1905 wurde die allgemeine Wehrpflicht zur spürbaren Realität für alle jungen Franzosen – und zwar ohne Ausnahme[16].

Seitdem waren für den zweijährigen Wehrdienst alle Formen der selektiven Einberufung durch Losverfahren, alle Ausnahmen und alle Arten der Wehrdienstbefreiung[17] ausgeschlossen. Der Wehrdienst wurde durch das Gesetz vom 7. August 1913 auf drei Jahre verlängert und blieb das gültige Modell bis zur Aufhebung der Wehrpflicht am Ende des Kalten Krieges, zu einer Zeit also, in der aufgrund der veränderten Rahmenbedingungen die von Tocqueville angemahnten negativen Folgen von der Jugend Frankreichs wieder nur schwer nachvollziehbar sind.

Der Mythos des Vaterlands erreichte 1880 bei der Parade zum 14. Juli in Longchamp ihren Höhepunkt. Zu diesem Anlaß verteilte der Präsident der Republik, Jules Grévy, etwa 400 neue Fahnen an alle Regimenter, nachdem gerade die Entscheidung getroffen worden war, diesen Tag zum Nationalfeiertag der französischen Republik auszurufen. In diesem Moment war die Gemeinschaft zwischen Armee und Nation auf ihrem Höhepunkt. In seinen Erinnerungen schreibt General Millet:

> »Wir hatten alle den Krieg von 1870 mitgemacht, und alle oder fast alle hatten unsere Adler oder Livreen dem Feind überlassen oder verbrannt oder unter uns aufgeteilt. Deshalb verursachte die Übergabe der Fahnen bei jedem Einzelnen eine so schmerzhafte wie tiefe, aber innerste persönliche Empfindung; [...] wenn sich eine Feuerwand

---

16 Siehe Jean-Charles Jauffret, Parlement, gouvernement et commandement, L'armée de métier sous la IIIe République, 1871–1914, 2 t., Phil. Diss. Paris 1987.

17 Lediglich körperliche Untauglichkeit zählte.

vor uns aufgetan hätte, hätte ich mich in sie hineingestürzt. Niemals war ich so außer mir, wie in jenem Augenblick[18].«

Der Chansonnier Paulus konnte, als er einige Jahre später an die Zeremonie von Longchamp mit mehr Verve und weniger Emotion erinnerte, bereits folgendes schreiben und singen: »Heiter und zufrieden marschieren wir triumphierend auf dem Weg nach Longchamp [...] denn wir feiern, sehen und bewundern dort die französische Armee [...]«.

Der Ausschluß aus der Politik

Bereits 1871 entstand ein ambivalentes Verhältnis zwischen der Republik und ihrer Armee, das fast ein Jahrhundert lang spürbar blieb: Die Republik verband sich mit der Armee, um – zumindest wurde es so gesagt – die Revanche vorzubereiten, aber sie mißtraute ihr auch oder vielmehr den Männern, denen sie die Waffen gab, welche immer noch gegen sie selbst gerichtet werden konnten.

Dieses Mißtrauen war allein schon aufgrund der beiden Staatsstreiche, an denen Soldaten aktiv oder passiv an der Seite von Napoléon Bonaparte am 18. Brumaire und später von Louis Napoléon am 2. Dezember 1851 beteiligt waren, gerechtfertigt. Es läßt sich ebenso als natürliche und logische Folge des Mythos des Vaterlands erklären. Im Namen des notwendigen Zusammenhalts der Truppe, das heißt letztendlich im Namen der nationalen Einheit, sollten die Soldaten den Debatten wie dem politischen Leben der Nation fern bleiben: Die Armee konnte und durfte keine politischen Entscheidungen treffen!

Anhand dieser beiden Argumente ist zumindest teilweise nachvollziehbar, warum die Republik sich mit ihrer Armee verband und ihre Soldaten aus der Politik ausschloß.

Demokratische Fortschritte, welche die »Regierung der nationalen Verteidigung« dazu veranlaßten, 1871 das aktive und passive Wahlrecht für Soldaten wiedereinzuführen, waren nur von kurzer Dauer, weil die Soldaten sich zu Wort meldeten. Als Besiegte wollten sie Revanche, ihre Revanche, und die Beteiligung an der geistigen Vorbereitung. Wie Jean-Charles Jauffret bemerkte, stammten 48 der 85 Gesetzesvorlagen von Regierung und Parlament an die Chasseloup-Laubat-Kommission zur Umstrukturierung der Armee direkt oder indirekt von Offizieren. Das war, so schreibt Jean-Charles Jauffret[19], »ein einzigartiges Phänomen in unserer Militärgeschichte«, zumal sich nicht Generale, sondern Subaltern- und Stabsoffiziere, größtenteils vom Hauptmann bis zum Oberstleutnant, äußerten.

Im Oktober 1871 machte der Kriegsminister diesem intellektuellen Aufruhr abrupt ein Ende. Im folgenden Jahr wurde mit dem Rekrutierungsgesetz vom 27. Juli allen aktiven Soldaten das aktive Wahlrecht entzogen, 1875 verloren sie das passive Wahlrecht für die Abgeordnetenkammer und 1884 für den Senat.

---

[18] General Millet, Souvenirs, 1884–1912, unveröffentl., Service Historique de l'Armée de Terre, 1 K mi 9.

[19] Histoire de l'officier français (wie Anm. 8), S. 262.

So stellte die Dritte Republik zwar aus anderen Gründen, jedoch mit absolut identischem Ergebnis in einem Zeitraum von etwa zehn Jahren die Verhältnisse des Zweiten Kaiserreichs auf dem Gebiet des aktiven und passiven Wahlrechts für Soldaten paradoxerweise wieder her und stärkte diese sogar.

Die Einschränkungen berührten ebenfalls das 1910 kaum gelockerte Recht auf schriftliche Äußerungen und Veröffentlichungen oder auch das Leserecht: Es wurden nur wenige Zeitungen und Zeitschriften in den Kasernen zugelassen, und dies auch nur nach strenger Prüfung. Hieran erinnert der Kriegsminister General de Galliffet mit seinem Verbot von »Zeitungen, Zeitschriften, Broschüren und anderen Schriften, in denen voreingenommen die nationalen Institutionen, der Präsident der Republik und die Regierung angegriffen werden«[20]. Und doch entstanden in genau dieser Zeit die Militärmuseen, die Garnisonsbibliotheken, die Ehrensäle der Regimenter oder Zeitschriften wie die Revue militaire de l'étranger. Letzten Endes entwickelten sich die Dinge im intellektuellen Bereich ähnlich wie auf dem Gebiet der politischen Rechte: Restriktionen und Großzügigkeit standen hier nicht im Gegensatz zueinander, sondern drückten den Willen zu intellektueller Erneuerung in einem allerdings festen Rahmen aus.

So stellte die Niederlage von 1870 bei der Neudefinition der Beziehungen zwischen der Republik und ihrer Armee allein deshalb schon einen in der französischen Militärgeschichte nur selten vorgekommenen Wendepunkt dar, weil er von der politischen Wiederbelebung eines Patriotismusbegriffs zeugte, welcher der »Soldaten des Jahres II, von 1793 und der Massenaushebung« würdig war und dem Verständnis von Tocqueville nahe kam, der ihn so definierte: »Der Patriotismus ist eine Art Religion, er argumentiert nicht, er glaubt, er fühlt, er handelt[21].«

Diese in der Dritten Republik entwickelten und erneuerten Grundlagen und Beziehungen, zu denen man auch die Gründung einer Kriegsakademie im Jahr 1876, die Einrichtung eines Obersten Kriegsrats am 27. Juli 1872 oder einer neuen »Militärgeschichtlichen Abteilung im Generalstab der französischen Streitkräfte« hinzurechnen sollte, standen auf einem so festen Fundament, daß sie das Ende dieser Dritten Republik im Jahr 1940 überstanden und zum integralen Bestandteil der heutigen Militärkultur Frankreichs geworden sind.

---

20 Zit. nach Serman, Les officiers français (wie Anm. 6), S. 30.

21 Monteilhet, Les Institutions militaires (wie Anm. 12), S. 119.

Nikolaus Katzer

Russische Regierung und Militär zwischen Krimkriegstrauma und imperialer Expansion

Einleitung

Die Niederlage im Krimkrieg hatte die zuvor gefürchtete, bisweilen dämonisierte Großmacht Rußland als strategisch unbeweglichen, technologisch veralteten und taktisch überholten Militärkoloß präsentiert. Die zutagegetretenen funktionalen Schwächen in der staatlichen Organisation verkehrten den Ruf der Autokratie als Hort der Stabilität gegen die Revolution in Europa in das Gegenteil. Rußland erweckte den Eindruck, wesentliche wirtschaftliche, soziale und gesellschaftliche Innovationen versäumt zu haben, die es vor den Gefahren anarchischer Zustände bewahren könnten. Der 1812 so nachdrücklich untermauerte Nimbus der Unbesiegbarkeit war mit einem Schlage zerstört. Das Zarenreich sah sich fürs erste auf den Rang einer Randmacht zurückgeworfen. Wenn der verlorene Orientalische Krieg (Vostočnaja vojna) also wenig Stoff für die patriotischen Geschichtsbücher bereithielt, eignete er sich gleichwohl, durch Umdeutungen positive Energien freizusetzen und die Folgen der Schmach zu minimieren. In Regierung, Bürokratie und Hofgesellschaft stand weniger die Frage nach der Schuld an dem Desaster zur Debatte, sondern vielmehr die nach jenen ungünstigen Umständen, die vermeintlich die militärische Niederlage begünstigt hatten. Die Koinzidenz von innenpolitischem Reformkurs und kolonialer Expansion in den nachfolgenden Jahrzehnten war Ausdruck dieser Uneindeutigkeit und zugleich Ursache für eine Doppelstrategie, die den notwendigen inneren Wandel nicht auf Kosten äußerer Stagnation vorantreiben wollte[1].

Die Lockerung der Zensur und eine Atmosphäre relativer Freizügigkeit unter dem neuen Zaren Alexander II. setzte diesen Kurs allerdings einer sich formierenden »Öffentlichkeit« (obščestvennost') aus, die in bislang unbekanntem Maße Rivalitäten und Gegensätze in Regierung und Bürokratie nach außen kehrte und zu einem Element der »Vergesellschaftung« politischer Willensbildung wurde[2]. Indivi-

1 Zum internationalen Kontext: Winfried Baumgart, Europäisches Konzert und nationale Bewegung. Internationale Beziehungen 1830-1878, Paderborn [u.a.] 1999.

2 Das semantische Feld obščestvennost' umfaßt neben »Öffentlichkeit« auch die Bedeutung von »Gemeinschaftlichkeit« und »Gesellschaftlichkeit«. Die spezifischen Probleme bei der Anwendung abstrakter bürgerlicher, zivilgesellschaftlicher Begriffsfelder (Öffentlichkeit, öffentlicher Raum,

duelle und Gruppeninteressen schlugen sich in noch rudimentären, aber erkennbaren Kommunikationsnetzwerken der öffentlichen Sphäre nieder und waren dort der Beurteilung ausgesetzt. »Interessengruppen« gesellschaftlicher Eliten komplizierten die Festlegung der autokratischen Politik. Allerdings lassen sie sich ebensowenig wie »Parteiungen« in der Bürokratie eindeutig nach politischen Orientierungen oder weltanschaulichen Mustern abgrenzen. Ein liberaler Reformer konnte zugleich ein eifernder Nationalist sein. Umgekehrt mußte ein Befürworter fortdauernder Adelsprivilegien kein Gegner der Bauernbefreiung oder der örtlichen Selbstverwaltung sein.

In den Organen der entstehenden Massenpresse und in den Genres der Populärkultur fanden die Veränderungen des dörflichen und städtischen Lebens, die Welt der Fabriken und der Eisenbahnen, aber auch ideologische Denkmuster und nationalistische Stimmungen ein Forum für Identitätsstiftung, Abgrenzung und Kontroverse[3]. Aus diesem Grund, vor allem aber infolge der Militärreformen der 1860er und 1870er Jahre, die selbst zu einem Objekt der öffentlichen Wahrnehmung wurden, rückten Armee und Gesellschaft näher zusammen. Vor der Aufhebung der Leibeigenschaft bedeutete der 25jährige Militärdienst für den Bauernsoldaten in der Regel einen Abschied für immer von seinem dörflichen Umfeld. Er wurde gleichsam in eine andere Welt entlassen. Durch die Einführung der allgemeinen Wehrpflicht erfolgte erstmals eine Rückbindung an die Gesellschaft. Die besonderen Umstände Mitte der 1850er Jahre, die sich aus dem Herrscherwechsel und aus der Niederlage ergaben, boten führenden Militärs die Möglichkeit, sich nicht nur als Reformer der Armee, sondern auch als politische Generalisten zu präsentieren, die das Land in zivilen, militärischen, imperialen und außenpolitischen Belangen zu erneuern in der Lage seien. Beim Entwurf der Visionen von einem Russischen Reich der Zukunft fiel den Generälen und den Feldherren eine führende Rolle zu.

Einige Aspekte des hier angedeuteten komplexen Verhältnisses zwischen staatlicher Politik, öffentlicher Repräsentation und Militär nach 1856 beschäftigen die jüngere Forschung. Andere sind Desiderata geblieben, wie etwa die Wechselbezie-

---

öffentliche Meinung) auf die heterogenen russischen Verhältnisse nach der Mitte des 19. Jahrhunderts sind noch unzureichend erforscht. Orientierung – mit unterschiedlicher Schwerpunktsetzung und Bewertung – bieten: Alfred Rieber, The Sedimentary Society, in: Between Tsar and People: Educated Society and the Quest for Public Identity in Late Imperial Russia. Ed. by Edith W. Clowes, Samuel D. Kassow and James L. West, Princeton 1991, S. 343-366; David Wartenweiler, Civil Society and Academic Debate in Russia 1905-1914, Oxford 1999, S. 1-10; Laura Engelstein, The Dream of Civil Society in Tsarist Russia: Law, State, and Religion, in: Civil Society before Democracy: Lessons from Nineteenth-Century Europe. Ed. by Nancy Bermeo and Philip Nord, Lanham, Md. 2000, S. 23-41; Joseph Bradley, Subjects into Citizens: Societies, Civil Society, and Autocracy in Tsarist Russia, in: American Historical Review, 107 (2002), S. 1094-1123; Christopher Read, In Search of Liberal Tsarism: The Historiography of Autocratic Decline, in: The Historical Journal, 45 (2002), No. 1, S. 195-210.

3 Vgl. Jeffrey Brooks, When Russia Learned to Read: Literacy and Popular Literature, 1861-1917, Princeton, NJ 1985; Louise McReynolds, The News under Russia's Old Regime: The Development of a Mass-Circulation Press, Princeton 1991; V.M. Chevrolina, Vlast' i obščestvo. Bor'ba v Rossii po voprosam vnešnej politiki, 1878-1894 [Macht und Gesellschaft. Der Kampf in Rußland in Fragen der Außenpolitik], Moskva 1999.

hungen zwischen Diplomatie und Armeeführung, der Einfluß der Generalität auf außenpolitische Entscheidungen oder der Zusammenhang von Rüstungspotential und imperialer Expansion. Der nachfolgende Beitrag untersucht exemplarisch einige Knotenpunkte des Reformprozesses, an denen die Allgegenwärtigkeit des Militärs in der Politik besonders augenfällig erscheint. Aufgrund einer schwierigen Quellenlage lassen sich allerdings insbesondere die personalen Netzwerke, die zwischen Führungsebenen und Mittelbau etwa im Kriegsministerium bestanden, nur schwer rekonstruieren. Doch bedarf das Klischee vom unpolitischen russischen Offizier bzw. von der Subordination des Militärs unter den Primat der Politik – ungeachtet seines ansonsten grundsätzlich richtigen Kerns – für die Reformära einer Überprüfung.

Nach einer Skizze der Militärreform werden exemplarisch zwei Formen von politischer Interessenvertretung vorgestellt, die in der Zeit nach dem Krimkrieg Gestalt gewannen, und zwar zunächst eine informelle, nämlich die »militärische Interessengruppe«, die unmittelbar Produkt des Reformzeitalters war, und dann eine institutionelle, nämlich die Kaiserliche Russische Geographische Gesellschaft (Imperatorskoe Russkoe Geografičeskoe Obščestvo, RGO), die bereits 1845 gegründet worden war, aber erst nach dem Krimkrieg zu voller Entfaltung kam und wissenschaftliche, geopolitische und militärische Intentionen bündelte. Letztere kann in gewisser Weise als Vorschule der Reformära gelten, da alle Leitfiguren des Wandels nach dem Krimkrieg Mitglieder der RGO gewesen waren[4]. Schließlich soll vor dem Hintergrund des dynamischen gesellschaftlichen Wandels seit den 1860er Jahren das Verhältnis zwischen Regierung (Kaiser und Ministerialbürokratie), veränderter Armee (Generalstab und Offizierkorps) und neuer imperialer Idee in der russischen Politik bestimmt werden.

Die Militärreform

Der Innovationsschub unter Alexander II. hatte die Niederlage im Krieg zur Voraussetzung. Die Militärreform leitete die größte Umformung der bewaffneten Streitkräfte seit Peter I. ein und fand bis zum Ende des Alten Regimes keine ebenbürtige Fortsetzung mehr[5]. Ihre Bedeutung wird auch dadurch unterstrichen, daß sie sich über einen Zeitraum von knapp 20 Jahren und damit nahezu über die gesamte Reformepoche erstreckte. Der Krimkrieg beendete ein Zeitalter russischer Erfolge, die sich maßgeblich einem international relativ statischen waffentechnologischen Standard und einem wenig veränderlichen Transportwesen verdankten. Als jedoch Reichweiten, Treffergenauigkeit, Feuergeschwindigkeit und Zerstörungskraft der Waffen sprunghaft stiegen und die Logistik der Truppenaushebung bzw.

[4] Vgl. W. Bruce Lincoln, In the Vanguard of Reform: Russia's Enlightened Bureaucrats, 1825-1861, DeKalb, Ill. 1982, S. 91-101.

[5] Die Kontinuität zur Vorkriegszeit betonend: Frederick W. Kagan, The Military Reforms of Nicholas I: The Origins of the Modern Russian Army, New York 1999. Vgl. John S. Curtiss, The Russian Army under Nicholas I, 1825-1855, Durham, N.C. 1965.

-verlegung durch die Eisenbahn revolutioniert wurde, sah sich das Zarenreich sowohl finanziell und infrastrukturell als auch wissenschaftlich-technisch in dramatischer Weise herausgefordert[6].

Politisches »Tauwetter« (ottepel') lag nach Ansicht des zeitgenössischen russischen Historikers S.M. Solov'ev in der Luft, als Alexander II. noch während des Krieges 1855 die Herrschaft antrat. Das »nikolaitische Gefängnis« habe langsam seine Türen geöffnet und die frische Luft von »Offenheit« (glasnost') ins Land strömen lassen. Eine düstere Epoche hatte demnach in einer demütigenden Niederlage ihr wohlverdientes Ende gefunden. In der aufgeklärten Hofgesellschaft und in der Bildungselite galt es als ausgemacht, daß das Imperium in der Nachkriegszeit zu neuen Ufern aufbrach[7]. Doch gingen die Meinungen darüber, ob überhaupt und wie das Land zu reformieren sei, ohne seine Stabilität zu gefährden, seine Traditionen zu verletzen und seine Möglichkeiten zu überdehnen, alsbald weit auseinander. Unter den Anhängern eines radikalen Wandels zweifelte indessen kaum jemand daran, daß die Reform der Armee Vorrang beanspruchte, weil davon der Bestand von Staat, Reich und »Nation« in einer Zeit beschleunigter Veränderung mehr denn je abhing.

Dennoch folgte eine neue Militärpolitik der ersten Euphorie keineswegs auf dem Fuß. Alexander II. zögerte, den weitreichenden Vorschlägen eines Sonderkomitees unter General Graf Fedor V. Ridiger [Friedrich Rüdiger], einem erklärten Gegner der Heeresverfassung unter Nikolaus I., zu folgen und ernannte zunächst den als Ignoranten verrufenen General Nikolaj O. Suchozanet zum Kriegsminister, der über 20 Jahre die 1832 gegründete Militärakademie mit harter Hand geführt hatte. Dieser verstand unter substantiellen Militärreformen nur das, was ihm durch kaiserliche Instruktion aufgetragen wurde[8]. Fünf Jahre verstrichen. Unter den Generälen, die eigenständig über die Konturen einer neuen Armee nachdachten, ihre Überlegungen in Memoranda niederlegten und sie dem Sonderkomitee vorlegten, war auch Dmitrij A. Miljutin. Bereits als junger Offizier des Generalstabs der Garde hatte er beklagt, daß Kommandeure die Armee »wie eine Maschine« benutzten, ohne von Menschenführung etwas zu verstehen[9]. In einer Denkschrift vom März 1856 machte Miljutin die Befreiung der Bauern zum Kernstück seiner Argumentation. Er schrieb: »Die Leibeigenschaft erlaubt uns weder, die Dienstfrist zu verkürzen noch die Anzahl der unbefristet Beurlaubten [d.h. der Reservisten] zur Senkung der Präsenzstärke der Truppen zu vermehren[10].« Mit anderen Worten, die Leibeigenschaft stand der Schaffung einer modernen Armee im Weg. Da eine Ent-

[6] Vgl. Walter M. Pintner, The Burden of Defense in Imperial Russia, 1725-1914, in: The Russian Review, 43 (1984), S. 231-259, hier S. 232.

[7] Vgl. S.M. Solov'ev, Zapiski [Aufzeichnungen], Petrograd [1915], S. 152 (zit. nach Peter Thiergen, »Tauwetter«. Zur politisch-literarischen Sprache Rußlands, in: Zeitschrift für Slawische Philologie, 40 (1978), Nr. 1, S. 129-133, hier S. 130 f.).

[8] Vgl. E. Willis Brooks, Reform in the Russian Army, 1856-1861, in: Slavic Review, 43 (1984), No. 1, S. 63-82, hier S. 67, 71.

[9] Vgl. Petr A. Zajončkovskij, Voennye reformy 1860-1870 godov v Rossii [Militärreformen 1860-1870 in Rußland], Moskva 1952, S. 50.

[10] Zit. nach Dietrich Beyrau, Militär und Gesellschaft im vorrevolutionären Rußland, Köln, Wien 1984, S. 221.

scheidung darüber noch nicht reif war, zog es Miljutin vor, in den aktiven Dienst als Stabschef zu Fürst Aleksandr I. Barjatinskij zu wechseln, der 1856 zum Kommandeur eines Teils der Truppen und zum Statthalter im Kaukasus ernannt worden war. Er stieg im Folgejahr zum Oberkommandierenden der 300 000 Mann zählenden Kaukasus-Armee auf. Unter dessen Führung gelangen die entscheidenden Erfolge im jahrzehntelangen Kampf gegen die Bergvölker, die sich um Imam Schamil geschart hatten, sowie gegen die aufständischen Schwarzmeerkosaken. An der fernen südlichen Peripherie erprobten Barjatinskij, Miljutin und einige Generalstabsoffiziere, die teilweise schon unter Nikolaus I. dorthin strafversetzt worden waren, organisatorische Neuerungen, um die Gefechtsbereitschaft der Truppen gegen die Rebellen zu erhöhen[11]. Mit solchen Erfahrungen kehrte Miljutin nach St. Petersburg zurück, wo ihn der Zar im August 1860 zum Stellvertreter Suchozanets und am 9. November 1861 zum Kriegsminister ernannte. Er blieb es 20 Jahre lang.

Zwei Monate nach seiner Ernennung legte Miljutin am 15. Januar 1862 noch einmal einen umfassenden Reformplan vor, der im wesentlichen zwei Ziele verfolgte: die Militärausgaben in Friedenszeiten zu senken und zugleich die Armeestärke in Kriegszeiten zu heben[12]. Dies sollten eine effektive, teils dezentrale Militärverwaltung, ein technologischer Sprung nach vorn und eine drastische Verkürzung der aktiven Dienstzeiten nach den Grundsätzen der westeuropäischen Rotationssysteme gewährleisten. Mit den freigesetzten Finanzmitteln würde die Armee mit den neuesten Waffen ausgestattet werden können[13].

Die Ergebnisse der schrittweise in den 60er und 70er Jahren eingeführten Militärreform waren indessen höchst zwiespältig, sowohl wenn man den Russisch-Türkischen Krieg von 1877/78 als Testfall nimmt, als auch im Blick auf die langfristigen Folgen[14]. Zwar trat nicht ein, was Kritiker dem Kriegsminister prophezeit hatten, daß nämlich die radikalen Eingriffe die Armee zersetzen würden. Dennoch mußte Miljutin rückblickend eingestehen, daß die Streitkräfte letztlich zwar durchaus zu mehr professioneller Eigenständigkeit fanden, ungeachtet dessen aber ein Spielball des Hofes und der Diplomatie blieben. So wählte beispielsweise der Zar die Kommandeure weiterhin nach eigenem Gutdünken aus, und zwar nicht selten aus der engeren Familie. Am Vorabend des Balkankrieges kannte der Kriegsmini-

---

11 Vgl. David Alan Rich, The Tsar's Colonels: Professionalism, Strategy, and Subversion in Late Imperial Russia, Cambridge, Mass., London 1998, S. 65; Forrestt A. Miller, Dmitrii Miliutin and the Reform Era in Russia. Knoxville 1968, S. 29-32; Petr A. Zajončkovskij, Dmitrij A. Miljutin. Biografičeskij očerk [Biographischer Abriß], in: Dnevnik D.A. Miljutina, 1873-1875 gg. [Das Tagebuch von D.A. Miljutin 1873-1875], t. 1-4, Moskva 1947-1950, t. 1, S. 5-72, hier S. 19.

12 Vgl. John S. Bushnell, Miliutin and the Balkan War: Military Reform vs. Military Performance, in: Russia's Great Reforms, 1855-1881. Ed. by Ben Eklof, John Bushnell and Larissa Zakharova, Bloomington, Indianapolis 1994, S. 139-158, hier S. 145 f.

13 Vgl. Joseph Bradley, Guns for the Tsar: American Technology and the Small Arms Industry in Nineteenth-Century Russia, DeKalb, Ill. 1990, S. 6; V.G. Fedorov, Vooruženie russkoj armii v Krymskuju kampaniju [Die Bewaffnung der russischen Armee im Krimkrieg], Sankt Peterburg 1904, S. 155 f.

14 Vgl. dazu Beyrau, Militär und Gesellschaft (wie Anm. 10), S. 377-432.

ster nicht die Namen jener Generäle, denen der Herrscher das Vertrauen schenken wollte[15].

Dennoch war unübersehbar: Am Ende der Amtszeit Miljutins war die russische Armee europäischen Standards leidlich angenähert worden: 1881 war über die Hälfte der Soldaten in Kasernen untergebracht[16]. Die lebenslangen Dienstzeiten wurden schrittweise gesenkt (1856 auf 15, 1859 auf zwölf und 1874 auf sechs Jahre – bei neun Jahren Reserve – mit zahlreichen Sonderregelungen zur weiteren Verkürzung) und die Gestellungsformen der Leibeigenschaftszeit[17] schließlich 1874 durch die allgemeine Wehrpflicht, das am heftigsten umstrittene Kernstück der Reform, ersetzt. »Thron und Vaterland« zu verteidigen, gehörte fortan zumindest nach dem Gesetz zur »heiligen Pflicht jedes russischen Untertanen«[18]. Die Stärke der aktiven Armee konnte in Friedenszeiten auf 742 000 Mann (Richtzahl von 1867) gesenkt werden, erreichte aber durch das neue Mobilisierungssystem auf dem Höhepunkt des Russisch-Türkischen Krieges Anfang 1878 etwas mehr als 1,5 Millionen[19]. Allerdings traf der Feldzug die Streitkräfte in einer kritischen Phase des Übergangs zur Massenarmee, in der die Reserve noch unzureichend ausgebildet und das Offizierkorps noch weit von seiner Sollstärke entfernt war[20]. Obwohl Finanzminister Graf Michail Ch. Rejtern [Michael Reutern] militärischen Belangen keine Priorität einräumte, entfielen zwischen 1865 und 1875 auf den Wehretat durchschnittlich 30 Prozent des Staatshaushalts. Darin waren Sonderaufwendungen während der Polenkrise, für die abschließenden Feldzüge im Kaukasus Anfang der 60er Jahre, für den Balkankrieg 1877/78 oder für den strategischen Eisenbahnbau nicht enthalten.

Nach den Vorstellungen der Militärreformer um Miljutin sollten die aus der Leibeigenschaft entlassenen Bauern wie alle unterschiedslos erfaßten Männer nicht nur im zivilen Leben patriotische Bürger, sondern vor allem im Waffendienst pflichtbewußte Soldaten werden. Frei waren sie nach 1861 nicht nur auf dem Feld oder in der Fabrik, sondern auch in der Armee, wenngleich die Abweichung vom

15 Vgl. Dnevnik D.A. Miljutina (wie Anm. 11), Bd 2, S. 65.

16 Vgl. Krahmer, [Gustav], Geschichte der Entwicklung des Russischen Heeres von der Thronbesteigung des Kaisers Nikolai I. Pawlowitsch bis auf die neueste Zeit. I. Abtheilung, Leipzig 1896, S. 126-128; Beyrau, Militär und Gesellschaft (wie Anm. 10), S. 333 f. Mitte des Jahrhunderts hatten noch drei Viertel der Soldaten bei der Bevölkerung einquartiert werden müssen. Sie stießen nur während der Feldlager im Sommer zu ihren Einheiten.

17 Vgl. Elise K. Wirtschafter, From Serf to Russian Soldier, Princeton, N.J. 1990, S. 3-25.

18 Vgl. Ustav o voinskoj povinnosti [Vorschrift über die Wehrpflicht], Sankt Peterburg 1874, zit. nach: Reformy Aleksandra II., Moskva 1998, S. 338.

19 Vgl. Bruce W. Menning, Bayonets before Bullets: The Imperial Russian Army, 1861-1914, Bloomington, Indianapolis 2000, S. 29. Der beachtliche Erfolg beim Aufbau einer kurzfristig abrufbaren Reserve wurde dadurch geschmälert, daß die Sollstärke der aktiven Armee für einen möglichen Krieg gegen ein deutsch-österreichisches Bündnis auf wenigstens 1,9 Millionen veranschlagt wurde.

20 Vgl. Ljubomir G. Beskrovnyj, Russkoe voennoe iskusstvo XIX v. [Die russische Kriegskunst des 19. Jahrhunderts], Moskva 1974, S. 351. Im Urteil positiver, betreffend etwa die Erfolge bei der »Intellektualisierung« der operativen Planung und beim Einsatz technischer Überlegenheit: Carl Van Dyke, Russian Imperial Military Doctrine and Education, 1832-1914, New York, Westport, CT, London 1990, S. 84.

Ideal beträchtlich blieb. Von einem modernen Soldaten mußten Elementarbildung und technische Grundfertigkeiten erwartet werden. In Alphabetisierungskursen sollte er sich allmählich vom unwissenden Rekruten zum Mitglied einer Armee von Staatsbürgern mit moderner Ausrüstung wandeln. Miljutin ließ spezielle Programme zum Erlernen der Grundfertigkeiten im Lesen, Schreiben und Rechnen entwerfen und an die untersten Befehlsinstanzen von Infanterie, Artillerie und Kavallerie verteilen. Gemessen an der hohen Analphabetenrate insbesondere auf dem Lande und an den Rändern des Reiches und im Vergleich mit den bescheidenen Fortschritten in der zivilen Bildungspolitik verbuchten die Reformer durchaus respektable Erfolge, deren Nachhaltigkeit allerdings gefährdet blieb[21]. Angesichts des notwendigen Umgangs mit neuen Feuerwaffen und im Blick auf die erforderliche größere taktische Beweglichkeit im Feld geriet die Tradition des dumpfen Exerzierens in die Kritik. Die nur halbherzig und nicht zuletzt aus Rücksichtnahme auf Vorlieben des Hofes beibehaltene »Paradomanie«, die unter Nikolaus I. geradezu sprichwörtlichen Charakter angenommen hatte, wurde immerhin durch eine Gefechtsausbildung im Feld ergänzt. Dadurch ließen sich die beklagenswerten Führungsqualitäten der Offiziere aber nicht beheben. Ihnen rückten die Reformer mit einer Umorganisation der Kadetten-Ausbildung, der Einrichtung von Militärgymnasien und obligatorischen regelmäßigen Schulungen zu Leibe. Eine von Miljutin eingesetzte Sonderkommission erarbeitete neue Richtlinien für die Kurse an der Militärakademie. Fragen der Strategie und Taktik standen fortan im Lehrplan ganz oben. Besonderer Wert wurde darauf gelegt, von den Hörern eigenständige Arbeiten zu diesen Bereichen sowie zur Militärgeschichte, Verwaltung und Statistik zu verlangen[22]. Wenn dabei auch kein aufeinander abgestimmtes und dauerhaft funktionsfähiges Bildungswesen für den Offiziernachwuchs entstand, profitierten doch mehrere Generationen von den hinzugewonnenen Angeboten[23].

Der technologischen Herausforderung durch die westlichen Rüstungsindustrien versuchten die russischen Militärreformer ebenfalls offensiv zu begegnen. Durch die Kooperation mit amerikanischen Herstellern erlebte die russische Waffenproduktion in kurzer Frist einen spürbaren Aufschwung. Angesichts der beschleunigten Ausrüstung der europäischen Armeen mit Schnellfeuerwaffen verstummten die

---

21 Schätzungsweise die Hälfte der erfaßten Männer konnte Ende der 1860er Jahre lesen, etwa ein Viertel auch schreiben (W. Bruce Lincoln, The Great Reforms: Autocracy, Bureaucracy, and the Politics of Change in Imperial Russia, DeKalb, Ill. 1990, S. 153. Vgl. die Anstrengungen des »Komitees für Alphabetisierung« der nichtstaatlichen »Freien Ökonomischen Gesellschaft« (Vol'noe ekonomičeskoe obščestvo), die befreiten Bauern zu gebildeten Landwirten zu erziehen (D.D. Protopopov, Istorija S.-Peterburgskogo Komiteta gramotnosti, 1861 - 1895 [Die Geschichte des St. Petersburger Alphabetisierungskomitees 1861 bis 1895], Sankt Peterburg 1897; K. Dikson, S.-Peterburgskij Komitet gramotnosti. Istoričeskij očerk [Das St. Petersburger Alphabetisierungskomitee. Historische Studie], 1861 - 1911, Sankt Peterburg 1911).

22 Vgl. N.P. Glinoeckij, Istoričeskij očerk Nikolaevskoj akademii General'nogo štaba [Historischer Abriß der Nikolaev-Akademie des Generalstabes], Sankt Peterburg 1882.

23 Vgl. John L.H. Keep, Soldiers of the Tsar: Army and Society in Russia, 1462 - 1874, Oxford 1985, S. 370 f.; S.V. Volkov, Russkij oficerskij korpus [Das russische Offizierkorps], Moskva 1993, S. 111 f.; Hans-Peter Stein, Der Offizier des russischen Heeres im Zeitabschnitt zwischen Reform und Revolution (1861 - 1905), in: Forschungen zur osteuropäischen Geschichte, 13 (1967), S. 346 - 507.

Stimmen in Rußland, die noch während des Krimkriegs den technologischen Rückstand mit dem Argument gerechtfertigt hatten, der russische Soldat werde gerade durch einen überlegenen Gegner zu besonderen Ruhmestaten angestachelt[24]. Miljutin hingegen gab sich 1862 überzeugt, daß letztlich die Technologie über Sieg oder Niederlage entscheiden werde[25]. Um den eigenen Nachschub zu regeln, gewährte der Kriegsminister den Regimentern mehr Freiraum. Ein neues System von Wehrbezirken (voennye okruga) trennte Nachschub- und Rückraumfunktionen von den operativen Befehlsstrukturen. Es verdankte seine Einrichtung allerdings nicht allein dem Wunsch nach verwaltungstechnischer Effizienz durch Bündelung personeller Ressourcen oder dezentraler Arbeitsteilung. Über der Militärreform schwebte unverkennbar die Furcht vor Aufständen der vormaligen Leibeigenen oder ethnischer Minoritäten. Revolutionäre Gruppen gaben durch Flugblätter in den 1860er Jahren ihren Willen zur Agitation unter Offizieren und Soldaten zu erkennen[26]. Insofern sollten die neuen Strukturen helfen, rascher militärisch auf Ausnahmezustände in der Provinz oder in den Randgebieten reagieren zu können. Miljutin rechnete erst dann damit, die Armee auf die Kernaufgabe der äußeren Verteidigung konzentrieren zu können, wenn sich die Bauern mit den Folgen der Emanzipation abgefunden haben würden[27].

Militär und politische Interessenvertretung

Bis zum Krimkrieg hatten vornehmlich aristokratische Kreise und mächtige Familien auf die Politik des Hofes Einfluß ausüben können. Im Ringen um Posten, Würden und die Gunst des Zaren stützten sie sich auf Patronage-Verhältnisse, denen Sachfragen oder weltanschauliche Überzeugungen untergeordnet waren. Die im Zuge der Reorganisation der Staatsverwaltung zu Beginn des 19. Jahrhunderts geschaffenen Ministerien verlangten jedoch zunehmend professionelle Beamte, deren Qualifikation ausschließlich spezialisierte höhere Bildungseinrichtungen gewährleisten konnten. Deren Absolventen wiederum unterhielten auch nach dem Abschluß lose Gruppenbeziehungen und leiteten wesentliche Elemente ihrer Identität aus dem gemeinsamen beruflichen Werdegang ab oder teilten die Orientierung an bestimmten ideellen Wertsystemen[28]. In der Reformära nach dem Krimkrieg beherrschten zwar noch immer kleine Eliten die Domänen der Politik, doch hatte

[24] Vgl. Bradley, Guns for the Tsar (wie Anm. 13), S. 100.

[25] Vgl. Zajončkovskij, Voennye reformy (wie Anm. 9), S. 56 f.

[26] Vgl. Revoljucionnyj radikalizm v Rossii: vek devjatnadcatyj. Dokumental'naja publikacija [Revolutionärer Radikalismus in Rußland: 19. Jahrhundert. Dokumentenpublikation]. Izd.: Evgenija L. Rudnickaja, Moskva 1997, S. 165–168.

[27] Vgl. Lincoln, Great Reforms (wie Anm. 21), S. 150.

[28] Vgl. Elise K. Wirtschafter, Social Identity in Imperial Russia, DeKalb, Ill. 1997; Lincoln, Vanguard of Reform (wie Anm. 4); Russian Officialdom: The Bureaucratization of Russian Society from the Seventeenth to the Twentieth Century. Ed. by Walter M. Pintner and Don K. Rowney, Chapel Hill, N.C. 1980; Hans-Joachim Torke, Das russische Beamtentum in der ersten Hälfte des 19. Jahrhunderts, Berlin 1967.

eine wachsende Zahl fachlich ausgebildeter Beamter den Aufstieg in die höhere Bürokratie geschafft. Sie empfahlen sich für spezielle Aufgaben in Politik und Verwaltung nicht mehr durch den Dienst in der Garde oder eine andere vorbildliche militärische Karriere. Wenn der schneidige Haudegen als idealer Administrator damit noch nicht ausgedient hatte, so bekam er doch gebildete Konkurrenz. Die Klientel-Beziehungen griffen nun vom Hof auf die Ministerien über, in denen eigene Netzwerke entstanden[29]. Da es kein Kabinett, sondern nur ein Ministerkomitee gab, und die wichtigsten Ressortleiter unmittelbares Vortragsrecht beim Zaren hatten, verfügten die Minister über beträchtliche Gestaltungsspielräume und konnten ebenso ergebene wie fachlich qualifizierte Gefolgsleute um sich scharen.

Auf diese Weise schuf sich auch Kriegsminister Miljutin eine militärische Interessengruppe, die – ebenso wie etwa die der Ökonomen oder der Ingenieure – informell agierte, weil das autokratische Regime Organisationen mit potentiell politischen Implikationen argwöhnisch verfolgte. Das lose personale Netzwerk bestand im Kern aus einer kleinen Schar von Offizieren, die meist die Kaiser-Nikolaus-Akademie des Generalstabs (Imperatorskaja Nikolaevskaja voennaja akademija), die erst 1855 gegründete Ingenieursakademie (Nikolaevskaja inženernaja akademija) oder die im selben Jahr eingerichtete Akademie der Artillerie (Michajlovskaja artillerijskaja akademija) absolviert oder dort gelehrt hatten. In diese militärischen Bildungsanstalten traten vorwiegend Abkömmlinge des niederen, oft landlosen Adels ein, die nicht wie die Abkömmlinge des Hochadels über das Pagenkorps in die Garderegimenter vorstießen. Darüber hinaus öffneten die Reformen mit der Einrichtung von Junkerschulen auch Personen nichtadeliger Herkunft den Weg über die Bildung in das Offizierkorps. Federführend dabei war Nikolaj V. Isakov, der die 1863 im Kriegsministerium geschaffene Hauptverwaltung für die Militärischen Lehranstalten leitete. Durch die Trennung von der Fachbildung geriet das allgemeine Militärschulwesen teilweise in Konkurrenz mit dem zivilen Bildungswesen und damit in Gegensatz zum Minister für Volksaufklärung Graf Dmitrij A. Tolstoj. Allein zwischen 1863 und 1866 wurde ein Dutzend Pagenkorps in allgemeinbildende Militärgymnasien umgewandelt, die nach dem Curriculum der aufstrebenden Realschulen unterrichteten, d.h. mit einer etwa gleichen Gewichtung von Natur- und Geisteswissenschaften und ohne Berücksichtigung der alten Sprachen[30].

---

29 Grundlegende Problemerörterung bei Alfred J. Rieber, Interest-Group Politics in the Era of the Great Reforms, in: Russia's Great Reforms (wie Anm. 12), S. 58–83. Der Autor unterscheidet um die Mitte der 1860er Jahre im wesentlichen vier größere Interessengruppen innerhalb der Bürokratie: die Ökonomen um Finanzminister Rejtern, die Ingenieure um den Minister für Verkehrswege Pavel P. Mel'nikov, die Militargruppe um Kriegsminister Miljutin und die Gruppe um Graf Petr A. Šuvalov, den Zar Alexander II. unter dem Eindruck des Karakozov-Attentats 1866 zum Gendarmeriechef und Leiter der III. Abteilung der Eigenen Kanzlei Seiner Kaiserlichen Majestät (Geheimpolizei) berufen hatte.

30 Vgl. M.S. Lalaev, Pamjati N.V. Isakova [Dem Gedenken von N.V. Isakov gewidmet], Sankt Peterburg 1891; I.S. Simonov, Graf D.A. Miljutin i voenno-učebnoe vedomstvo [Graf D.A. Miljutin und das Amt für militärische Ausbildung], Sankt Peterburg 1912; N.I. Alpatov, Učebno-vospitatel'naja rabota v dorevoljucionnoj škole internatnogo tipa. (Iz opyta kadetskich korpusov i voennych gimnazij v Rossii)[Die Ausbildungs- und Erziehungsarbeit in der vorrevolutionären Internatsschule. Aus den Erfahrungen mit den Kadettenkorps und Militärgymnasien in Rußland], Moskva 1958.

Mitte der 1830er Jahre hatte auch Miljutin eine der kleinen Abschlußklassen der Kaiser-Nikolaus-Akademie absolviert. Als Dozent gehörte er danach zu den schärfsten Kritikern des schematischen und pedantischen Unterweisungsprogramms[31]. Seinen weiteren Aufstieg protegierte der dem Zaren Alexander II. nahestehende Kommandeur der Kaukasusarmee, Fürst Barjatinskij, der seinen Schützling auch für das Amt des Kriegsministers empfohlen hatte. Schon bald allerdings gehörte der Fürst mit den konservativen Teilen der Generalität zu den schärfsten Kritikern des Reformprogramms. In der Presse tat sich insbesondere der Militärschriftsteller General Rostislav A. Fadeev mit Ausfällen gegen die vermeintliche Schwächung der Kommandoebene der Streitkräfte und gegen die Herabsetzung jahrhundertealter Stützpfeiler der Armee hervor[32].

Die Angehörigen der Militärgruppe fühlten sich gegenüber dem Kriegsminister, dem Ministerium insgesamt oder einer bestimmten Abteilung verpflichtet. Eine maßgebliche Rolle spielten neben Miljutin und Isakov Artilleriegeneral Aleksandr A. Barancov, der die Ausrüstung mit neuen Waffen vorantrieb, Infanteriegeneral Graf Fedor L. von Gejden [Friedrich Heyden], der federführend am Wehrpflichtgesetz mitwirkte, General Nikolaj N. Obručev und General Graf Eduard I. Totleben. Allerdings sorgte gerade die Loyalität des Mittelbaus der Behörde für die Nachhaltigkeit der Reformen, da er wegen seiner Sachkundigkeit bei einem Wechsel an der Spitze nicht ausgetauscht wurde. Voraussetzung für die Entstehung identitätsstiftender innerbehördlicher informeller Substrukturen war die grundlegende Umgestaltung des Kriegsministeriums im Zuge der Reformen. In den 60er Jahren wurde dem Wildwuchs der Abteilungen, der entsprechend hohen Personalstärke und der ausufernden Papierflut durch Straffung der Strukturen und des Instanzenweges ein vorläufiges Ende gesetzt. Alsbald war Miljutin Herr im Hause und besaß alleiniges Vortragsrecht beim Zaren[33]. Aus den Konflikten mit anderen Ministern lassen sich die Umrisse der weiteren Interessengruppen erkennen. Dabei treten sowohl sachlich begründete politische Ziele als auch ideologisch motivierte Konzepte hervor. Allerdings handelte es sich dabei keineswegs um homogene Verbindungen, denn die Führungspersönlichkeiten vertraten selbst oft höchst widersprüchliche Überzeugungen und konnten deshalb in unterschiedliche Netzwerke eingebunden sein, etwa in Meinungsgruppen, deren Mitglieder über die Grenzen einer Behörde oder eines Berufsfeldes hinaus eine bestimmte Politik favorisierten, um sie im Konfliktfall auch gegen eigene Berufsgenossen zu verfechten.

---

31 Vgl. Rieber, Interest-Group Politics (wie Anm. 29), S. 72; Zajončkovskij, Voennye reformy (wie Anm. 9), S. 213-236.

32 Vgl. Igor' A. Christoforov, »Aristokratičeskaja« oppozicija Velikim reformam (konec 1850 – seredina 1870-ch gg.) [Die »aristokratische« Opposition gegen die Großen Reformen. Ende 1850 bis Mitte der 1870 Jahre], Moskva 2002, S. 282-309.

33 Vgl. Menning, Bayonets (wie Anm. 19), S. 14; Stoletie Voennogo ministerstva [Das Jahrhundert des Kriegsministeriums]. Izd.: D.A. Skalon, t. 1, Sankt Peterburg 1902, S. 483-485; Istoričeskij očerk dejatel'nosti voennogo upravlenija v Rossii v pervoe 25-letie carstvovanija Imperatora Aleksandra Nikolaeviča (1855-1880 gg.) [Historischer Abriß über die Tätigkeit der Militärverwaltung in Rußland in den ersten 25 Jahren der Herrschaft unter Zar Aleksandr Nikolaevič, 1855-1880], t. 1-6, Sankt Peterburg 1879-1881.

Miljutins Gefolgsleute dachten in größeren, strategisch bedeutsamen Zusammenhängen und tangierten damit zwangsläufig Kompetenzen anderer Ressorts. Sie sahen in der Erneuerung der Armee keineswegs nur eine verdeckte Sparmaßnahme, sondern ein gesellschaftspolitisches Großprojekt, das einerseits Rußlands Großmachtstatus erhalten, andererseits der Wirtschaft frische Impulse verleihen und eine Sozialreform einleiten sollte. Beim Eisenbahnbau stieß die solchermaßen beanspruchte Schlüsselrolle der Armee auf erheblichen Widerspruch. Miljutin verlangte eine Konzentration auf strategisch unverzichtbare Linien, während Finanzminister Rejtern eine stabile Währung, den Ausbau der russischen Schwerindustrie und den Getreideexport in westliche Staaten favorisierte und deshalb die Konzessionen an private ausländische Investoren vergeben wollte, die vor allem den kommerziellen Erfolg im Sinn hatten. Miljutin machte kein Hehl daraus, daß er die kapitalistischen Unternehmer für Betrüger hielt, die sich auf Kosten Rußlands bereicherten. Er machte sie für die bestehenden schlechten und unprofitablen Linien verantwortlich, beklagte die fehlende Transportkapazität und die Unsummen, welche zur Instandsetzung erst jüngst gebauter Strecken notwendig seien. Überdies belastete die staatlich garantierte Rückzahlung privater Investitionen den Haushalt außerordentlich[34].

Zu ihren unmittelbaren Interessensphären rechnete die Militärgruppe auch die übergeordneten Belange der imperialen Politik. So betrachtete sie den polnischen Aufstand von 1863 und die Unruhen in den Ostseeprovinzen als Zeichen einer geschwächten Reichsverteidigung, der ohne Rücksicht auf außenpolitische Vorbehalte kompromißlos und offensiv zu begegnen sei. Gegen Finanzminister Rejtern und Außenminister Fürst Aleksandr M. Gorčakov verlangte sie darüber hinaus ein Ausgreifen nach Zentralasien, welches den Druck der europäischen Mächte auf Rußlands westliche Peripherie mäßigen sollte. Ein solcher Kurs gefährdete allerdings die dringend benötigten westlichen Investitionen und suchte die offene Konfrontation mit England. Doch um den »jämmerlichen Eindruck« vergessen zu machen, den das bisherige russische Vorgehen in Polen »gegen eine kaum bewaffnete Meute von Priestern, Kindern und jede Art von Gesindel« erzeugt hatte, so jedenfalls beurteilte es Nikolaj Miljutin, der Bruder des Kriegsministers und Spiritus rector des Reformprozesses in der Bauernfrage und bei der lokalen Selbstverwaltung im Frühjahr 1863[35], erschien ein nationalistisch aufgeladenes Ablenkungsmanöver als durchaus probates Mittel. Der Kriegsminister konnte den Zaren dafür gewinnen, zwei ihm verbundene Militärführer, General Konstantin P. von Kaufman, seit 1861 Direktor der Kanzlei im Kriegsministerium, und General Aleksandr P. Bezak [Alexander Besack], seit 1860 Generalgouverneur von Orenburg, auf

---

34 Vgl. Rieber, Interest-Group Politics (wie Anm. 29), S. 66, 74; A.P. Pogrebinskij, Stroitel'stvo železnych dorog v poreformennoj Rossii i finansovaja politika carizma (60-90-e gody XIX v.) [Der Bau von Eisenbahnen in Rußland in der Zeit der Reformen und die Finanzpolitik des Zarismus, 60-90er Jahre des 19. Jahrhunderts], in: Istoričeskie zapiski [Historische Aufzeichnungen], 47 (1954), S. 156-161, 173-175; J.N. Westwood, Geschichte der russischen Eisenbahnen, Zürich 1966, S. 45-48, 61-66; Steven G. Marks, Road to Power: The Trans-Siberian Railroad and the Colonization of Asian Russia 1850-1917, Ithaca, N.Y. 1991, S. 6, 57 f.

35 Vgl. Brief vom 23.4. (5.5.) 1863, zit. nach: Rieber, Interest-Group Politics (wie Anm. 29), S. 74.

exponierte Posten in den sicherheits-, verteidigungs-, reichs- und außenpolitisch bedeutsamen Zonen zu berufen. Kaufman wurde zunächst 1865 Generalgouverneur im Nordwestlichen Gebiet (Gouvernements von Wilna, Kovno, Grodno und Minsk) und Chef der Gouvernements Vitebsk und Mogilev sowie Kommandeur des Militärbezirks Wilna (Gouvernements von Wilna, Kovno, Grodno, Suwalki, Vitebsk, Minsk, Mogilev, Kurland und Livland). Da er die rigide Russifizierungspolitik seines Vorgängers Michail N. Murav'ev fortsetzte, wurde er im Folgejahr wieder abgelöst. 1867 wechselte er dann für 15 Jahre als Generalgouverneur bzw. Kommandeur in das neugeschaffene Gouvernement bzw. den Militärbezirk Turkestan, wo er eine zielstrebige Expansionspolitik gegen die benachbarten Emirate und Khanate betrieb[36]. Bezak wiederum übernahm von 1865 bis zu seinem Tod drei Jahre später das Amt des Generalgouverneurs im Südwestlichen Gebiet (Gouvernements Kiev, Podolien und Wolhynien) und das eines Kommandeurs im Militärbezirk Kiev (Gouvernements Kiev, Černigov, Poltava, Char'kov, Kursk, Podolien und Wolhynien)[37].

Auf diese Weise versuchte Miljutins Gruppe, in allen entscheidenden Regierungsfragen – in der Finanz-, Wirtschafts-, Innen- und Bildungspolitik, in der nationalen Frage und in der Außenpolitik – Einfluß zu gewinnen. Dazu diente ihr eine eigene Zeitung als Sprachrohr, das Sovremennoe slovo, ein Blatt, das aus einer Rubrik des offiziellen Organs des Kriegsministeriums, Russkij invalid, hervorgegangen war und nun separat erschien. Alle Losungen des reformerischen Zeitgeistes fanden sich in seinen Spalten – von der freien Entfaltung der Persönlichkeit, über die Vereinigungsfreiheit für Eigentümer, die Erweiterung der Frauenrechte und die Gleichheit aller Staatsbürger vor dem Gesetz bis hin zur lokalen Selbstverwaltung. Kein Disput mit den Organen anderer Ministerien oder mit der privaten Presse wurde gescheut. Der Russkij invalid kritisierte 1863 die amtliche Polenpolitik und stellte sich mit nationalistischer Polemik gegen die Mehrheit der Regierung[38]. 1864 wurde der Pedagogičeskij sbornik gegründet, der sich mit Fragen des militärischen Bildungswesens befaßte und auf das Personal und die Absolventen der Lehranstalten abgestimmt war. Erheblichen Zuwachs erhielt auch die Literatur für den einfachen Soldaten. An die Seite der seit 1847 erscheinenden Zeitschrift Čtenie dlja soldat traten 1858 die Soldatskaja beseda und 1867 Dosug i delo. Sie enthielten Erzählungen und Dialoge zu religiösen und moralischen Fragen, Beschreibungen von Heldentaten russischer Krieger und praktische Ratschläge zu Landwirtschaft, Handwerk und Medizin. Vergleichbare Periodika gab es auch für einzelne Kosakenheere. Diese Publizistik profitierte von der Lockerung der besonders strengen Militärzensur, die zahlreiche Bereiche des Soldatenlebens und der Politik tabuisiert hatte. Nun konnten auch Beiträge erscheinen, die sich mit den

[36] Vgl. John P. LeDonne, The Russian Empire and the World, 1700-1917: The Geopolitics of Expansion and Containment, New York, Oxford 1997, S. 185-192.

[37] Vgl. Erik Amburger, Geschichte der Behördenorganisation Rußlands von Peter dem Großen bis 1917, Leiden 1966, S. 327 f., 392, 399, 403, 410; B.I. Čižov, General-adjutant, inžener-general K.P. fon Kaufman. Biografičeskij očerk [General-Adjutant, Ingenieur-General K.P. von Kaufman. Biographische Studie], Petrograd 1915.

[38] Vgl. Miller, Dmitrii Miliutin (wie Anm. 11), S. 153-168.

Ereignissen auf einzelnen Kriegsschauplätzen befaßten. Auf Miljutins Initiative kam mit dem Jahr 1858 der Voennyj sbornik heraus, dem in der Folgezeit eine führende Rolle bei der Vorbereitung, Durchführung und Vermittlung der Militärreformen zufiel und der im Pflichtabonnement an alle Armeeteile ging[39]. Im Zuge der technischen Modernisierung der Streitkräfte kamen seit den 1880er Jahren Publikationen zur Luftschiffahrt und seit der Jahrhundertwende zum Automobil hinzu. Insgesamt stieg die Zahl der Titel von 15 (im Jahre 1861) auf 31 (1891)[40].

Der Zar war in diesem Ränkespiel der Minister und der Interessengruppen nicht mehr der Selbstherrscher alten Stils. Er zeigte dieselbe Vorliebe wie sein Vater für ein pompöses Hofzeremoniell und – entgegen mancher Legende – auch für das Paradieren[41]. Doch seine Macht hinter dieser inszenierten Fassade eines symbolischen Militarismus war geschmälert. Alexander II. wurde zum Moderator ministerieller Konflikte, was seinem Amtsverständnis entgegenkam. So hielt er es vorwiegend mit jenen beiden Interessengruppen, welche die Stützpfeiler der Autokratie repräsentierten: Die Ökonomengruppe stand für fiskalische Stabilität und Wirtschaftswachstum, die Militärgruppe für eine moderne Armee und die Verteidigung der Reichsinteressen. Gelegentlich mäßigte der Zar aber auch seine Favoriten, etwa wenn er die chauvinistischen Ausfälle Miljutins gegen Zeitungen der Deutschbalten zügelte, weil sie nach seiner Ansicht nicht die Vereinigung, sondern die Desintegration Rußlands förderten[42].

Geographie, Imperium und Armee

Ein wesentliches Element bei der Entstehung sozialer Identitäten und politischer Interessengruppen spielten nichtstaatliche, »freie« Vereinigungen. Sie erlebten nach dem Krimkrieg eine Blütezeit, entwickelten sich allmählich zu Foren politischer Willensbildung und boten Räume zur Entfaltung »öffentlicher Meinung«. So fanden sich beispielsweise in der 1866 in St. Petersburg gegründeten und alsbald sehr einflußreichen Kaiserlichen Russischen Technischen Gesellschaft (Imperatorskoe Russkoe techničeskoe obščestvo, RTO) neben Unternehmern, Beamten und Ausländern auch Offiziere zusammen, um technisches Wissen, praktische Fertigkeiten und den Ausbau der Ingenieurausbildung zu fördern[43]. In der 1845 gegründeten

---

39 Vgl. Gazeta »Russkij invalid« i žurnal »Voennyj sbornik«. (Istoričeskij očerk) [Die Zeitung »Russkij invalid« und die Zeitschrift »Voennyj sbornik«], Sankt Peterburg 1901.

40 Vgl. Russkaja voennaja periodičeskaja pečat' (1702–1916). Bibliografičeskij ukazatel' [Russische militärische Periodika, 1702–1916. Bibliographisches Verzeichnis], Moskva 1959. Zum Themen- und Motivbestand einer populären Publikationsreihe für Soldaten gegen Ende des 19. Jahrhunderts: Werner Benecke, Kopekenliteratur für Rußlands Wehrpflichtige. Die »Soldatskaja Biblioteka« 1896–1917, in: Jahrbücher für Geschichte Osteuropas, 20 (2002), H. 2, S. 246–275; zu Mittelasien, S. 262 f.

41 Vgl. Richard S. Wortman, Scenarios of Power: Myth and Ceremony in Russian Monarchy, vol. 2: From Alexander II to the Abdication of Nicholas II, Princeton, N.Y. 2000, S. 131.

42 Vgl. Rieber, Interest-Group Politics (wie Anm. 29), S. 73.

43 Vgl. Kratkij istoričeskij očerk dejatel'nosti Imperatorskogo Russkogo techničeskogo obščestva s ego osnovanija po pervoe janvarja 1893 g. [Kurzer historischer Abriß über die Tätigkeit der Kai-

und vier Jahre später mit dem Prädikat »Kaiserlich« ausgestatteten Russischen Geographischen Gesellschaft (RGO) – sie folgte dem französischen (1821), deutschen (1828) und englischen (1830) Beispiel – vermischten sich von Beginn an wissenschaftlich-geographische bzw. ethnographische Belange mit reichspolitischen, außenpolitischen, militärischen und weltanschaulichen Intentionen[44]. Der höhere Segen erlaubte eine gewisse Freizügigkeit im Vergleich mit dem übrigen Wissenschaftsbetrieb. Der Gendarmeriechef Leontij V. Dubel't [Dubbelt], ein Befürworter strengster Zensur, beobachtete 1848 mißtrauisch die zwanglosen Teegesellschaften und forderte eine Angliederung der RGO an die Petersburger Akademie der Wissenschaften, weil dort »alle Sitzungen und Reden ordentlich protokolliert werden, so daß die Mitglieder stets im Blickfeld der Regierung sind[45].« Im Bereich der Forschungs- und Entdeckungsreisen lief die RGO der Akademie allmählich den Rang ab. Unter den hochrangigen Gründervätern waren nicht zufällig Mitglieder der Akademie, Forschungsreisende, Staatsbeamte und Schriftsteller. Das herausragende gemeinsame Merkmal ihrer Karrieren war der unmittelbare Bezug zu den Streitkräften und zur Politik. Graf Fedor P. Litke [Friedrich Benjamin Lütke] (1797-1882) leitete als Vizepräsident nahezu 20 Jahre faktisch die Geschäfte der Gesellschaft. Obwohl er dies eher wie ein vorsichtiger Kapitän tat, der sein Schiff unbeschadet durch alle Fährnisse steuern will, hinderte niemand ernsthaft die freigeistigen Debatten der Mitglieder. Dies lag wohl daran, daß staatliches und sozietäres Interesse bei der Förderung von einheimischer Wissenschaft, imperialer Expansion und nationaler Integration nahe beieinanderlagen. Die Betätigung in der Studiengesellschaft wurde zum Dienst an der Nation, wie unscharf deren Konturen sich neben der Reichsideologie auch ausmachten[46]. Bei der Suche nach einer russischen Identität sollten empirische Kenntnisse aus der verschütteten Ethnographie des »einfachen Volkes« Orientierungsmuster liefern[47]. Litkes Zögling, Großfürst Konstantin, ein Sohn Zar Nikolaus I., übte als Präsident lediglich repräsentative Funktionen aus. Litke übernahm 1846 zusätzlich die Leitung des Wissenschaftlichen Instituts der Marine, wirkte zwischen 1850 und 1857 als Kommandant und Militärgouverneur des Hafens von Reval, später von Kronstadt, und wurde 1855 zum Admiral ernannt und in den Staatsrat berufen[48]. Admiral (seit 1856) war auch Baron Ferdinand P. von Vrangel' [Wrangell] (1796-1870). Er übernahm 1854 die

serlichen Russischen technischen Gesellschaft von ihrer Gründung bis zum 1. Januar 1893], in: Zapiski Russkogo techničeskogo obščestva 1897, t. 7-8, S. 1-20; Bradley, Subjects into Citizens (wie Anm. 2), S. 1117; N.G. Filippov, Naučno-techničeskie obščestva v Rossii, 1866-1917 [Wissenschaftlich-technische Gesellschaften in Rußland], Moskva 1976.

44 Claudia Weiss (Hamburg) bereitet eine größere Studie zur Russischen Geographischen Gesellschaft und ihren Einfluß auf die staatliche Sibirienpolitik vor. Ihr verdanke ich wertvolle Hinweise.

45 Zit. nach T.P. Matveeva und E.V. Soboleva, Die Russische Geographische Gesellschaft, in: Berliner Jahrbuch für osteuropäische Geschichte 1996, Bd 2, S. 179-187, hier S. 180.

46 Vgl. Bradley, Subjects into Citizens (wie Anm. 2), S. 1111.

47 Vgl. Nathaniel Knight, Science, Empire, and Nationality: Ethnography in the Russian Geographical Society, 1845-1855, in: Imperial Russia: New Histories for the Empire. Ed. by Jane Burbank and David L. Ransel, Bloomington 1998, S. 108-141; W. Bruce Lincoln, Petr Petrovich Semenov-Tian-Shanskii: The Life of a Russian Geographer, Newtonville, Mass. 1980.

48 Vgl. V.P. Bezobrazov, Graf F.P. Litke, Sankt Peterburg 1888; A.I. Alekseev, F.P. Litke, Moskva 1970.

Direktion des Hydrographischen Instituts im Marine-Ministerium und ein Jahr später den Vorsitz des Wissenschaftlichen Instituts der Marine. 1855 führte er für zwei Jahre die Geschäfte des Marine-Ministeriums und stieg dann in den Staatsrat auf[49]. Als Sohn eines Dorfgeistlichen und Absolvent des Petersburger Pädagogischen Instituts fiel der Geheimrat Konstantin I. Arsen'ev (1789-1865) von seiner Herkunft her aus dem Rahmen. Er hatte sich als Statistiker, Geograph und Historiker einen Namen gemacht und war 1841 in die Akademie berufen worden. Als Verfasser eines statistischen Werkes über Rußland (1848), in dem erstmals der Versuch einer Einteilung des Reiches in Rajone unternommen wurde, zählte er zu den Begründern der russischen Wirtschaftsgeographie. Seit 1832 gehörte er dem Rat des Innenministeriums an und leitete von 1835 bis 1853 das ebenfalls dort angesiedelte Statistische Komitee[50].

Die anfängliche Dominanz von Mitgliedern aus der Marine spiegelt noch den flottenpolitischen Optimismus am Vorabend des Krimkriegs und täuscht darüber hinweg, daß die Erkundung der Meere, Seen und Flüsse keineswegs zu den exklusiven Projekten der RGO in den folgenden Jahrzehnten gehörte. In der Militärreform Miljutins wurden die Gewichte wieder eindeutig zugunsten des Landheeres verschoben[51]. Zweifellos bedeutete die Erschließung des Amur im Fernen Osten zwischen den 1830er und 1850er Jahren einen ersten aufsehenerregenden Erfolg der RGO[52]. Weitere Expeditionen führten zu den großen Strömen Sibiriens. Berühmtheit erlangte ebenso die Erkundung des Kaspischen Meeres unter dem Zoologen Karl M. Ber [Karl Ernst Baer] (1792-1876) zwischen 1853 und 1857[53]. Doch wurde der Blick der russischen Bildungselite nach dem Krimkrieg nicht nur nach Sibirien, sondern mehr und mehr nach Zentralasien gelenkt. Dem schrittweisen Vormarsch russischer Truppen folgte nach 1870 eine wissenschaftliche Expedition, die sich über 15 Jahre erstrecken sollte. Sie verschaffte Nikolaj M. Prževal'skij (1839-1888) höchstes Ansehen als Asienforscher. Doch auch er hatte eine Armeekarriere durchlaufen und den Generalsrang erklommen. Beim Vorstoß mit seinem Trupp bis zum Quellgebiet des Hwangho und zum oberen Jangtsekiang verbanden sich wissenschaftliche und militärische Qualifikation[54].

---

49 Vgl. V.M. Paseckij, F.P. Vrangel', 1796-1870, Moskva 1975.

50 Vgl. P.P. Pekarskij, O žizni i trudach K.I. Arsen'eva [Über Leben und Werk von K.I. Arsen'ev], Sankt Peterburg 1871; E.N. Percik, K.I. Arsen'ev i ego rabota po rajonirovaniju Rossii [K.I. Arsen'ev und seine Arbeit über die Rayonisierung Rußlands], Moskva 1960.

51 Vgl. Jacob W. Kipp, Consequences of Defeat: Modernizing the Russian Navy, 1856-1863, in: Jahrbücher für Geschichte Osteuropas, 20 (1972), S. 210-225; ders., The Russian Navy and the Problem of Technological Transfer: Technological Backwardness and Military-industrial Development, 1853-1876, in: Russia's Great Reforms (wie Anm. 12), S. 115-138.

52 Vgl. Mark Bassin, Imperial Visions: Nationalist Imagination and Geographical Expansion in the Russian Far East, 1840-1865, Cambridge 1999, S. 69-101.

53 Vgl. B.E. Rajkov, Karl Ber, ego žizn' i trudy [Karl Baer, sein Leben und seine Werke], Moskva, Leningrad 1961; M.A. Mirzoev, Imena na karte Kaspija [Namen auf der Karte Kaspiens], Baku 1988, S. 112-124.

54 Vgl. D.M. Lebedev i V.A. Esakov, Russkie geografičeskie otkrytija i issledovanija s drevnejšich vremen do 1917 g. [Russische geographische Entdeckungen und Erforschungen seit dem Altertum bis 1917], Moskva 1971; Richard A. Pierce, Russian Central Asia 1867-1917: A Study in Colonial Rule, Berkeley, Los Angeles 1960.

Nach den Statuten verfolgte die RGO das Ziel, »geographische, ethnographische und statistische Kenntnisse generell und insonderheit solche über Rußland selbst zu erfassen, zu bearbeiten und zu verbreiten«[55]. Während darüber hinaus wirtschaftliche Aspekte ebenfalls erwähnt wurden, blieben die militärischen Bezüge unausgesprochen, wohl weil sie selbstredend waren. Denn seit Ende der 1840er Jahre gehörte es zu den Hauptaufgaben auch des Generalstabs, Rußland kartographisch und statistisch bzw. »militärgeographisch« zu erfassen[56]. Damit war ein Zusammenhang sowohl mit der Binnenerkundung des Reiches als auch mit den Expansionszielen hergestellt. Miljutins Militärreform zielte darauf ab, den Generalstab über diese Beschränkung auf militärwissenschaftliche Tätigkeiten hinaus in alle Bereiche des Stabsdienstes einzubinden und damit seine bisherige Stellung als Hilfsorgan der Truppenkommandeure aufzuwerten. 1866 wurde die Hauptverwaltung des Generalstabs mit der Militärtopographischen Abteilung und dem für die Innenverwaltung der Armee zuständigen Inspekteur-Departement vereinigt und zum neuen Hauptstab (Glavnyj štab) umgewandelt. Dieser wurde für die nachfolgenden Jahrzehnte zum Zentrum der Militärverwaltung im Kriegsministerium. Der Chef des Hauptstabs war zugleich Chef des Generalstabs. Zwischen 1866 und 1881 übte Gejden dieses Amt aus. Ihm folgte Obručev[57]. Bereits 1867 wurde eine Asiatische Abteilung eingerichtet, die mit den Angelegenheiten der Militärbezirke Kaukasus, Westliches und Östliches Sibirien, Orenburg und Turkestan befaßt war.

In der Kontroverse über das angemessene russische Vorgehen in Zentralasien, die in den Schlüsselministerien für Finanzen, Inneres, Äußeres und Krieg während der Polenkrise 1863 entbrannt war[58], schloß sich der Zar letztendlich Miljutins Rat an und befahl, »die Linien zu schließen«, d.h. die Lücken der russischen Befesti-

---

55 Zit. nach Matveeva/Soboleva, Russische Geographische Gesellschaft (wie Anm. 45), S. 180. Über die Tätigkeit der RGO berichteten eigene Periodika: die »Zapiski« (seit 1846), der »Vestnik« (seit 1851) und die »Izvestija« (seit 1865).

56 Vgl. Voenno-statističeskoe obozrenie Rossijskoj imperii [Militärstatistischer Überblick über das Russische Reich], t. 1-17, St. Peterburg 1848-1858; Materialy dlja geografii i statistiki Rossii [Materialien für Geographie und Statistik Rußlands], t. 1-25, St. Peterburg 1859-1868; Materialy dlja voennoj geografii i voennoj statistiki Rossii [Materialien für die Militärgeographie und -statistik Rußlands], t. 1-6, St. Peterburg 1863-1864; Rich, Tsar's Colonels (wie Anm. 11), S. 41-64.

57 Vgl. N.P. Glinoeckij, Istorija russkogo General'nogo štaba [Die Geschichte des russischen Generalstabes], t. 1-2, Sankt Peterburg 1883-1894; Amburger, Geschichte der Behördenorganisation (wie Anm. 37), S. 308-310.

58 Dazu ausführlich Andreas Renner, Russischer Nationalismus und Öffentlichkeit im Zarenreich 1855-1875, Köln, Weimar, Wien 2000, S. 185-273; N.S. Kinjapina, Srednjaja Azija vo vnešnej politike Rossii [Zentralasien in der russischen Außenpolitik], in: Istorija vnešnej politiki Rossii. Vtoraja polovina XIX veka [Die Geschichte der russischen Außenpolitik, 2. Hälfte des 19. Jahrhunderts], Moskva 1997, S. 85-130; dies., Diplomaty i voennye [Diplomaten und Militärs]. General D.A. Miljutin i prisoedinenie Srednej Azii [General D.A. Miljutin und die Einverleibung Zentralasiens], in: Rossijskaja diplomatija v portretach [Russische Diplomatie in Porträts], Moskva 1992, S. 221-238; Andreas Kappeler, Rußland als Vielvölkerreich. Entstehung, Geschichte, Zerfall, München 1992, S. 139-176; Dietrich Geyer, Der russische Imperialismus. Studien über den Zusammenhang von innerer und auswärtiger Politik 1860-1914, Göttingen 1977, S. 71-82.

gungen zwischen Sibirien und dem Aralsee zu überbrücken[59]. Die Vorposten tangierten bereits das Territorium des Khanats von Kokand. Aus dem begrenzten Auftrag, der dem ebenso ehrgeizigen wie eigenmächtigen General Michail G. Černjaev zufiel, wurde ein nahezu 20jähriger Feldzug, in dem bald auch die Khanate Buchara und Chiva unterworfen wurden. Mit der Einsetzung Kaufmans als Generalgouverneur Turkestans setzte Alexander II. ein unübersehbares Zeichen: Die Praxis, die zentralasiatische Peripherie von den entfernten Städten Omsk und Orenburg aus zu verwalten, gehörte der Vergangenheit an. Miljutins Gefolgsmann mochte an der Westgrenze unhaltbar sein; im Südosten des Reiches vertraute der Zar auf seine Methoden.

Diese Vorgänge fanden in der russischen Presse starken Widerhall. Černjaevs Draufgängertum beflügelte die russischen Nationalisten in doppelter Weise. Aus der augenscheinlich erfolgreichen Wendung nach Asien schöpften sie die Hoffnung, Rußland werde im Wettstreit mit England zu alter Größe zurückfinden. Darüber hinaus bediente der General mit einem weiteren »Abenteuer«, das ihn im Jahr 1876 auf dem serbischen Kriegsschauplatz zeigte, die panslawistischen Ressentiments gegen Österreich[60]. An der südlichen Peripherie des Russischen Reiches leitete die Gefangennahme des Imam Schamil im Jahre 1859 das vorläufige Ende des 30jährigen Konflikts mit den Bergvölkern des Kaukasus ein[61]. Einer Befriedung der fragilen Südgrenze war die Regierung damit einen Schritt näher gekommen. Seit Beginn des Jahrhunderts war Kaukasien sukzessive russischer Oberhoheit unterworfen und durch ein System indirekter Herrschaft unter der Leitung des vom Zaren eingesetzten Oberkommandierenden in Tiflis an das Imperium gebunden worden. Nach dem Sieg über Schamil beschwor allerdings die Zentralregierung in Petersburg mit ihren Plänen zur Remilitarisierung des Schwarzen Meeres, aber auch durch die Ausdehnung der Agrar-, Bildungs-, Rechts- und Selbstverwaltungsreformen auf die südlichen Randgebiete neue Turbulenzen herauf. Erst in den 1880er Jahren gingen die russischen Behörden jedoch zu Methoden einer erzwun-

---

59 Zit. David MacKenzie, Expansion in Central Asia: St. Petersburg vs. the Turkestan Generals (1863-1866), in: Canadian Slavic Studies, 3 (1969), S. 286-311, hier S. 289, Anm. 8.

60 Vgl. David MacKenzie, Panslavism in Practice: Cherniaev in Serbia (1876), in: Journal of Modern History, 36 (1964), S. 279-297; ders., The Serbs and Russian Pan-Slavism 1875-1878, Ithaca 1967; ders., Russia's Balkan policies under Alexander II, 1855-1881, in: Imperial Russian foreign policy. Ed. by Hugh Ragsdale, New York 1993, S. 219-246.

61 Vgl. Uwe Halbach, Die Bergvölker (gorcy) als Gegner und Opfer: Der Kaukasus in der Wahrnehmung Rußlands (Ende des 18. Jahrhunderts bis 1864), in: Kleine Völker in der Geschichte Osteuropas. Festschrift für Günther Stökl zum 75. Geburtstag. Hrsg. von Manfred Alexander, Frank Kämpfer und Andreas Kappeler, Stuttgart 1991, S. 52-65; Moshe Gammer, Muslim Resistance to the Tsar: Shamil and the Conquest of Chechnia and Daghestan, London 1994; D.I. Ismail-Zade, Die Entstehung des russischen Verwaltungssystems in Transkaukasien in der ersten Hälfte des 19. Jahrhunderts, in: Berliner Jahrbuch für osteuropäische Geschichte 1995, Bd 2, S. 107-122; Thomas M. Barrett, Lines of Uncertainty: The Frontiers of the Northern Caucasus, in: Imperial Russia (wie Anm. 47), S. 148-173; John P. LeDonne, Frontier Governors General 1772-1825. II: The Southern Frontier, in: Jahrbücher für Geschichte Osteuropas, 48 (2000), S. 161-183.

genen Modernisierung im Sinne von Assimilation und vollständiger Inkorporation über[62].

Im Osten und Südosten des Reiches verleiteten die von Geographen vorgeprägten Visionen von einem Gelobten Land in den unberührten Räumen Sibiriens, von einem »sibirischen Mississippi« im Fernen Osten (P.A. Kropotkin), der Rußland den Weg zum Pazifik wies, und von Zentralasien als einem Ebenbild des »unentdeckten Amerika« (F.M. Dostoevskij), in dem »geistig und materiell kaum entwickelte Nachbarn« (der Orientalist V.V. Grigor'ev) geradezu auf die Kolonisatoren zu warten schienen, energische und ambitionierte Generäle zu forschem Vordringen in die unentdeckten Räume. Sie konnten sich dabei in Übereinstimmung mit den Imaginationen wähnen, welche die Berichte der Entdeckungsreisenden in der hauptstädtischen Öffentlichkeit erzeugt hatten. Ihnen fiel die Aufgabe zu, ideelle Konzepte in die koloniale Praxis zu übertragen[63]. Wissenschaftler, bäuerliche Kolonisten, kosakische Grenztruppen und selbstherrliche Konquistadoren exekutierten eine Reichspolitik, die auf der Hut sein wollte, sich aber ständig in der Vorwärtsbewegung befand. Dabei verfestigte sich das populäre Bild, Rußland sei »Träger der Zivilisation« und habe gegenüber »Halb-Barbaren« eine Mission zu erfüllen[64]. In dieser Bestimmung, so glaubten russische Patrioten, werde Rußland auch zu sich selbst finden.

Forschungsexpeditionen und Feldzüge entsprangen einer kolonial verstandenen Reichspolitik. Diese fand auch im Zuschnitt des Außenministeriums ihren Niederschlag. Das Asiatische Departement war – vergleichbar dem Gegenstück im Kriegsministerium – mit dem Fernen Osten, Zentralasien, dem Nahen Osten und Afrika betraut, vereinigte also institutionell die Zuständigkeit für die Orientalische Frage und für die Expansion nach Osten[65]. Bei allen Kompetenzstreitigkeiten und

---

62 Vgl. Jörg Baberowski, Nationalismus aus dem Geist der Inferiorität. Autokratische Modernisierung und die Anfänge muslimischer Selbstvergewisserung im östlichen Transkaukasien 1828-1914, in: Geschichte und Gesellschaft, 26 (2000), H. 3, S. 371-406.

63 Dazu Bassin, Imperial Visions (wie Anm. 52), S. 143-173, 262 f. Zitate nach ebd. Vgl. Willard Sunderland, The ›Colonization Question‹: Visions of Colonization in Late Imperial Russia, in: Jahrbücher für Geschichte Osteuropas, 48 (2000), H. 2, S. 210-232.

64 Vgl. das Zirkular des Außenministers Gorčakov vom November 1864, mit dem Befürchtungen ausländischer Regierungen zerstreut werden sollten: S.S. Tatiščev, Imperator Aleksandr II, ego žizn' i carstvovanie [Zar Aleksandr II., sein Leben und seine Regierungszeit], t. 2, Sankt Peterburg 1903, S. 116; Seymour Becker, The Muslim East in Nineteenth-Century Russian Popular Historiography, in: Central Asian Survey, 5 (1986), Nr. 3/4, S. 25-47, hier S. 44. Zum kolonialen Diskurs in Rußland: Susan Layton, Russian Literature and Empire: Conquest of the Caucasus from Pushkin to Tolstoy, Cambridge 1994; Kalpana Sahni, Crucifying the Orient: Russian Orientalism and the Colonization of Caucasus and Central Asia, Bangkok 1997; Russia's Orient: Imperial Borderlands and Peoples, 1700-1917. Ed. by Daniel R. Brower and Edward Lazzerini, Bloomington, Indianapolis 1997; Susi Frank, Gefangen in der russischen Kultur: Zur Spezifik der Aneignung des Kaukasus in der russischen Literatur, in: Die Welt der Slawen, 43 (1998), S. 61-84.

65 Vgl. V.V. Pochlebkin, Vnešnjaja politika Rusi, Rossii i SSSR [Die Außenpolitik der Rus', Rußlands und der UdSSR], t. 1, Moskva 1992, S. 214-218; Ministerstvo inostrannych del [Ministerium für auswärtige Angelegenheiten], in: Ėnciklopedičeskij slovar' Brokgauz-Efron, t. 19 (37), Sankt Peterburg 1896, S. 361; G.B. Ritchie, The Asiatic Department during the Reign of Alexander II, 1855-1881, Ph. Diss. New York 1970.

persönlichen Rivalitäten im Außenministerium gab es demnach zwischen »asiatischer« und »europäischer« Orientierung durchaus einen inneren Zusammenhang. Als Bindemittel wirkte der Panslawismus, der gerade im Asiatischen Departement zum guten Ton gehörte[66]. Insofern bildet auch die Unterscheidung einer »russischen« Partei, deren Anhänger im Asiatischen Departement und im Kriegsministerium, unter Armeekommandeuren und Generalgouverneuren an den Rändern des Reiches sowie unter konservativen Publizisten[67] und Schriftstellern zu finden waren, von einer »deutschen« Partei, die einer europaorientierten Balancepolitik das Wort redete und von nahezu allen Außenministern des 19. Jahrhunderts sowie von allen Finanzministern unterstützt wurde, nur eine Variante eben dieser Interessenkonstellation. Daß die Russische Armee den Balkan von den Türken befreien, den Kaukasus erobern und in Zentralasien den Begriff der Grenzverteidigung immer weiter fassen sollte, stand für Graf Nikolaj P. Ignat'ev, bis 1864 Direktor der Asiatischen Abteilung im Außenministerium und danach russischer Botschafter in Konstantinopel, für Feldmarschall Barjatinskij, den Helden des Kaukasuskrieges, für General Fadeev, den radikalen Panslawisten, oder für General Kaufman, den Anhänger einer rigiden Russifizierungspolitik, gleichermaßen außer Frage[68]. Ihre Gegenspieler um Außenminister Gorčakov pflegten moderatere Töne, um Rußland mehr außenpolitische Optionen offenzuhalten. Im Kern stritten diese »Parteien« aber vor allem über Methoden, weniger über Ziele. Gleichwohl entstand dadurch der Eindruck, die russische Außenpolitik pendele zwischen West und Ost. Das letzte Wort mußte daher strukturbedingt dem Kaiser zufallen[69]. Doch verfolgte die Kaiserliche Familie keine kontinuierliche Politik im Sinne einer der »Parteien«. Insgesamt konservativ und deutschfreundlich orientiert, war sie für abweichenden Rat durchaus empfänglich. Der spätere Alexander III. nahm den Sieg Preußens über Frankreich von 1871 weit weniger begeistert auf als sein Vater – und ging später eine französisch-russische Militärallianz ein. Seit der Reichsgründung 1871 warnten russische Generäle vor einer zu starken deutschen Militärmacht. Damit fanden sie zunehmend auch im zunächst widerstrebenden Finanz- und im Außenministerium Gehör[70].

---

66 Vgl. J.T. Koot, The Asiatic Department of the Russian Foreign Ministry and the Formation of Policy toward the Non-Western World, 1881-1894, Ph. Diss. Cambridge, Mass. 1980, S. 26-28.

67 Vgl. ebd..

68 Vgl. Alfred J. Rieber, Persistent factors in Russian foreign policy: an interpretive essay, in: Imperial Russian foreign policy (wie Anm. 60), S. 315-359, hier 351 f.

69 Vgl. Theodore Taranovsky, Institutions, Political Culture, and Foreign Policy in Late Imperial Russia, in: Kazan, Moscow, St. Petersburg: Multiple Faces of the Russian Empire. Ed. by Catherine Evtuhov [et al.], Moskva 1997, S. 53-69, hier 60 f.

70 Vgl. William C. Fuller, Strategy and Power in Russia, 1600-1914, New York 1992, S. 295-303, 350-362; S.V. Obolenskaja, »Germanskij vopros« i russkoe obščestvo konca XIX v. [Die »deutsche Frage« und die russische Gesellschaft Ende des 19. Jahrhunderts], in: Rossija i Germanija, t. 1, Moskva 1998, S. 190-205.

Schlußbemerkung

Die Ausführungen über die Zusammenhänge zwischen Reform und Expansion, über die intensivierte Repräsentation des Militärs in der Politik, über die Ansätze interessengeleiteter Gruppenbildung sowie über die wechselseitige Bedingung von imperialen, militärischen und wissenschaftlichen Zielbestimmungen in Rußland nach dem Krimkrieg lassen sich in vier Punkten bilanzieren:

1. Die veränderte Armee: Rußland stürzte nach dem Krimkrieg in eine kriegerische Friedenszeit. Die Militärreform verschaffte den Streitkräften ein hohes Maß an staatlicher und gesellschaftlicher Aufmerksamkeit. Dennoch konnten wesentliche Ziele nicht erreicht werden. Die Armee entwickelte sich auch langfristig weder zu einer »Modernisierungsanstalt« noch zur »Schule der Nation« und erst recht nicht zum Schmelztiegel der Ethnien. Sie konnte daher den Liberalen nicht geben, was die Konservativen blockierten, den Patrioten nicht, was des Kaisers war, und dem Imperium nicht, was die Nationalisten beanspruchten. Letztlich gelang es nur rudimentär, aus dem »Bauern in Uniform« einen »Russen« und nationalbewußten Soldaten zu machen. Der freie Wehrpflichtige verhielt sich auch in der militärischen Hierarchie gemäß seinen dörflichen Gewohnheiten: Er war geduldig und tapfer, neigte aber zu Passivität und Hilflosigkeit, sobald sein vorgesetzter Offizier außer Gefecht war[71]. Ob der Zar mit der reformierten Armee tendenziell wirklich ein willfähriges Instrument der Außenpolitik verlor[72], ist eher fraglich. Die engere Bindung an die »Gesellschaft« brachte eine partielle Politisierung mit sich. Dies läßt sich etwa an der Differenzierung des Kriegsbildes in der Belletristik nach dem Russisch-Türkischen Krieg von 1877 ablesen. Hier deuteten sich bereits jene defätistischen und pazifistischen Züge an, die im Russisch-Japanischen Krieg von 1904/05 zur Entfaltung kommen sollten[73]. Ein erfolgversprechender Einsatz der Truppen war damit aber nicht unbedingt von der überzeugenden Vermittlung imperialer Ziele abhängig. Entgegen den Erwartungen russischer Militärberichterstatter vom

---

71 Vgl. John Bushnell, Peasants in Uniform: The Tsarist Army as a Peasant Society, in: The World of the Russian Peasant: Post-Emancipation Culture and Society. Ed. by Ben Eklof and Stephen P. Frank, Boston, London 1990, S. 101-114, hier: S. 110 f.; Evgenij Ju. Sergeev, »Inaja zemlja, inoe nebo ...« Zapad i voennaja elita Rossii, 1900—1914 [Ein »anderes Land, ein anderer Himmel ...«. Der Westen und die Militärelite Rußlands, 1900-1914], Moskva 2001, S. 244.

72 So Boris N. Mironov, Social'naja istorija Rossii perioda imperii (XVIIII-načalo XX v.) [Die Sozialgeschichte Rußlands zur Zeit des Kaiserreichs, 19. bis 20. Jahrhundert]. Genezis ličnosti, demokratičeskoj sem'i, graždanskogo obščestva i pravovogo gosudarstva [Entstehung der Persönlichkeit, der demokratischen Familie, der Zivilgesellschaft und des Rechtsstaats], t. 1-2, Sankt Peterburg 1999, t. 1, S. 208-210.

73 Vgl. David Wells, Paradigms of War in Russian Literature from the Twelfth to the Nineteenth Century, in: The Russo-Japanese War in Cultural Perspective, 1904/05. Ed. by David Wells and Sandra Wilson, London 1999, S. 86-107, bes. S. 99-105; ders., The Russo-Japanese War in Russian Literature, in: ebd., S. 108-133. Nur sehr skizzenhaft für die Zeit nach 1812: Miroslav Zahrádka, Die Überwindung der patriotischen Legenden und Schablonen in der russischen Kriegsliteratur des 19. Jahrhunderts als Äußerung des ewigen Kampfes der offiziellen Kriegspropaganda und des Humanismus (Kitsch und künstlerische Kriegsprosa), in: Kriegserlebnis und Legendenbildung. Das Bild des »modernen« Krieges in Literatur, Theater, Photographie und Film. Hrsg. von Thomas F. Schneider, Bd 1, Osnabrück 1999, S. 63-73.

preußisch-österreichischen Krieg 1866 ließ sich die Ethnisierung der Streitkräfte auch im Zarenreich nicht verhindern. Sie wurde wegen der Russifizierungstendenzen ebenso zum Problem wie die fortdauernde Kluft zwischen dem elitären Offizierkorps und den Mannschaften[74]. Auch der freie Bauer blieb als Rekrut ein »Bauer in Uniform«, dessen dörflich zentriertes Weltbild durch die Bildungsbemühungen nicht erschüttert wurde. Nation, Reich und Staat waren für ihn unfaßliche Abstraktionen. Als in der Revolution von 1905 Bauern und – noch stark dörflich geprägte – Arbeiter rebellierten, gerieten die gegen sie eingesetzten Soldaten in Gewissenskonflikte, welche dauerhaft die Disziplin untergruben[75]. Insofern führten die stark verkürzten Dienstzeiten die »veränderte Armee« teilweise aus ihrer gesellschaftlichen Isolation heraus, verursachten allerdings auch neuartige Loyalitätskonflikte. Die Inkongruenzen der Militärverfassung verhinderten wohl auch, daß die Armee zum »Staat im Staate« bzw. anfällig für den Bonapartismus wurde. Karrieren wie etwa die des späteren Bürgerkriegsgenerals Anton I. Denikin, des Abkömmlings eines Leibeigenen, zeigen vielmehr, daß – bei allen Demokratisierungstendenzen – Eigenverantwortlichkeit, Flexibilität und politische Phantasie keinen Eingang in den Kanon der Offiziertugenden fanden[76]. In der Epoche von Reform und Expansion gingen hohe Militärs selbstbewußt den Weg informeller Interessenvertretung und ressortübergreifender personaler Koalition. Sie wurden damit wichtiger Akteur im machtpolitischen Gefüge der nicht mehr ausschließlich zentralstaatlich gestützten Patronage-Beziehungen[77]. In bis dahin unbekanntem Maße nutzten sie darüber hinaus die Publizistik, um ihren Anliegen durch Positionierung in der öffentlichen Sphäre Nachdruck zu verleihen. Zum eigenständigen politischen Akteur vermochte sich das Offizierkorps indessen nicht aufzuschwingen.

2. Die bedrängte Autokratie: Die Niederlage im Krimkrieg zeigte nicht nur eine »Wachstumskrise« (D. Beyrau) der größten Militärmacht Europas an, deren Zahlenstärke die versäumte technologische Innovation nicht länger ausgleichen konnte. Vielmehr büßte die Autokratie selbst den Ruf eines Bollwerks der monarchischen Ordnung ein. Die Großen Reformen entfalteten zunächst eher eine nachholende, auswärtige Vorbilder nachahmende Wirkung. In der Innen- und Außenpolitik komplizierten Faktoren wie institutionelle Aufgabenteilung, rivalisierende Interessengruppen und eine sich allmählich emanzipierende »öffentliche Meinung« immer

---

74 Vgl. Petr A. Zajončkovskij, Russkij oficerskij korpus nakanune Pervoj mirovoj vojny [Das russische Offizierkorps am Vorabend des Ersten Weltkrieges], in: P.A. Zajončkovskij (1904-1983 gg.): Stat'i, publikacii i vospominanija o nem [Aufsätze, Publikationen und Erinnerungen an ihn], Moskva 1998, S. 24-69; ders., Samoderžavie i russkaja armija na rubeže XIX-XX stoletij, 1881-1903 [Autokratie und russische Armee an der Schwelle des 19. zum 20. Jahrhundert 1881-1902], Moskva 1973, S. 168-248. Pintner (Burden of Defense – wie Anm. 6 –, S. 259) wirft die Frage auf, ob der nur mäßige integrierende Einfluß der Wehrpflicht auf die Bauernschaft sowie der schleichende wirtschaftliche und soziale Statusverlust des einst gesellschaftlich dominanten adeligen Offizierkorps nicht sogar Anzeichen einer Demilitarisierung der russischen Gesellschaft gewesen sei.

75 Vgl. John S. Curtiss, The Peasant and the Army, in: The Peasant in Nineteenth-Century Russia. Ed. by Wayne S. Vucinich, Stanford, Cal. 1968, S. 108-132, hier S. 132.

76 Vgl. Anton I. Denikin, Put' russkogo oficera [Der Weg eines russischen Offiziers], New York 1953.

77 Vgl. Geoffrey Hosking, Patronage and the Russian State, in: Slavonic and East European Review, 78 (2000), No. 2, S. 301-320, hier S. 313.

stärker die politische Entscheidungsfindung. Behördenautonomie (vedomstvennost') und ressortspezifische Positionen erzeugten unterschiedliche Politikprofile, die zunehmend koordinierende interministerielle Komitees erforderlich machten[78]. Obwohl der Zar seine Herrschaft weiterhin als Schauspiel irdischer Allmächtigkeit und als unmittelbare persönliche Verbindung mit dem Volk inszenierte, verlangte die Regierungspraxis einen virtuosen Umgang mit Institutionen und personalen Konstellationen. Der beständige Zwang zur Improvisation und zum Ausgleich teils unvereinbarer Positionen bestärkten ihn eher in seinem paternalistischen Amtsverständnis, das er durch jede Form repräsentativer Interessenvertretung oder konstitutioneller Einhegung gefährdet sah, selbst wenn sie vom prinzipiell loyalen, grundbesitzenden Adel ausgingen[79]. Dies mußte Rückwirkungen auf die Reichweite autokratischer Macht und auf das Image des Herrschers in der Armee haben. Miljutin beklagte in seinem Tagebuch, daß der »Autokrat von achtzig Millionen Untertanen« sich mit den Belanglosigkeiten exakter Paradeaufstellung oder makelloser Marschhaltung abgab und damit die Bemühungen um eine neue Qualität der Truppenausbildung untergrub[80].

3. Geographie und Imperialismus: Moderne Wissenschaft, namentlich die »imperiale Wissenschaft« Geographie, und Imperialismus gingen in ihrem Bestreben, »alles zu wissen, alles zu verstehen und alles zu kontrollieren« Hand in Hand[81]. Die von Geographen entworfenen Raumkonzepte für die Peripherien des Imperiums und die popularisierten Visionen einer kolonialen »Mission« Rußlands verlangten nur dann eine moderne, nach den neuesten technologischen Standards ausgestattete und flexible Armee, wenn es zur bewaffneten Konfrontation mit dem großen Rivalen England um die Vorherrschaft in Zentralasien kam. Solange dies vermieden wurde bzw. der Gegner dem Konflikt auswich, waren auch eine unzureichend reformierte Truppe und selbstherrliche Kriegsherren in der Lage, gegen hoffnungslos unterlegene Nachbarn expansive Ziele zu erreichen. Dieser imperialistische Impuls ist ursächlich mit dem Krimkrieg verbunden gewesen, dessen ersten Nachklang die russische Eroberung des Kaukasus durch nicht demobilisierte Veteranen bildete[82]. Um die Kriegshelden, die wie Černjaev, Kaufman oder der »weiße General« Michail D. Skobelev[83] in den fernen Randzonen des Reiches Erfolg auf Erfolg türmten, rankten sich volkstümliche Mythen. Diese fanden in Liedern, Gedichten und Bilderbögen (lubki) weite Verbreitung und vertieften die Anfang des 19. Jahrhunderts in der Bildungselite begründeten Imaginationen des »Fremden« und des »Eigenen«, des »Feindlichen« und des »Unsrigen« zu einem Wesenselement der russischen Populärkultur des imperialistischen Zeitalters. Krieg und Eroberung traten in den Wahrnehmungshorizont eines Massenpublikums. Rußlands Aufstieg

[78] Vgl. Taranovsky, Institutions (wie Anm. 69), S. 59.
[79] Vgl. Wortman, Scenarios (wie Anm. 41), S. 77.
[80] Vgl. Dnevnik D.A. Miljutina (wie Anm. 11), Bd 1, S. 147.
[81] Vgl. Morag Bell, Robin Butlin and Michael Heffernan, Geography and Imperialism, 1820-1940, Manchester, New York 1995, S. 3.
[82] Vgl. David M. Goldfrank, The Origins of the Crimean War, London, New York 1994, S. 294.
[83] Dazu Hans Rogger, The Skobelev Phenomenon: The Hero and His Worship, in: Oxford Slavonic Papers, 9 (1979), S. 46-78.

zur Kolonialmacht in Asien in den 60er und 70er Jahren schwächte die Fixierung auf die europäische Politik nicht ernsthaft ab. In gewisser Weise blieb »Asien« eine Funktion der Westpolitik, wenngleich eine mit hohem kompensatorischen Gehalt[84]. Denn auf dem »Orient« ruhten die Hoffnungen der Nationalisten, an ihm sollte Rußland gesunden. Der Russisch-Japanische Krieg von 1904/05 wurde deshalb zum ersten wirklichen Gradmesser für die Konkurrenzfähigkeit der Kolonialmacht Rußland, deren Armee einen Dreifrontenkrieg zu bestehen hatte – gegen den mit moderner Technik ausgestatteten äußeren Feind, gegen die Revolutionäre in der Heimat und gegen die meuternden Kameraden in den eigenen Reihen[85].

4. Die Russische Idee: Die rapide Expansion in die Tiefen Sibiriens, in den Fernen Osten, in den Kaukasus und nach Zentralasien veränderte die Vorstellungen der Russen von »Rußland« und von sich selbst. Die durch die nachfolgende Besiedlung entstehende russische Ökumene nahm Züge einer Diaspora an, je weiter sie vom Reichszentrum entfernt war. Der Panslavismus erfüllte in der Außenpolitik nach Westen und Südwesten eine vergleichbare Funktion wie der Panrussismus gegenüber den Peripherien namentlich im Süden, Südosten und Osten des Imperiums. Rußland sollte sich nicht länger allein durch das europäische Kernland mit den beiden Metropolen Petersburg und Moskau definieren, sondern sich als autonome euro-asiatische Einheit konstituieren. Diese transkontinentale »Russische Idee« wurzelt in den Erfahrungen der wissenschaftlichen, militärisch-kolonialen und politisch-zivilisatorischen Durchdringung neuer Räume im Reformzeitalter. Sie sollte den erweiterten geographischen Raum des Reiches mit dem historisch-kulturellen Raum der russischen Nation versöhnen. Während die Zarenregierung seit jeher der ethnischen und regionalen Vielfalt durch eine pragmatische Politik Rechnung zu tragen versuchte, stand der von Publizisten und Schriftstellern auf Generäle, Minister und Bürokraten übergreifende russische Nationalismus vor dem Dilemma, die Spannung zwischen nationalen, allslawischen, asiatischen und universalistischen Ideologemen ausgleichen zu müssen. Im Vorfeld des Russisch-Türkischen Krieges von 1877 kam der Gegensatz zwischen dem Bestreben Alexanders II., nach einer Verhandlungslösung auf dem Balkan zu suchen, und den kriegswilligen Manifestationen in der Presse offen zum Ausdruck. Dennoch entsprachen die publizistischen Versuche, den Herrscher zum nationalen Heroen zu stilisieren, durchaus den Vorstellungen des Zaren selbst. In der öffentlichen Wahrnehmung dominierten daher nicht die in dessen Reden niedergelegten diplomatischen Friedensbemühungen, sondern die Kampfbereitschaft der zu Heerführern ernannten Großfürsten[86]. Schließlich fügte sich Alexander II. in die Inszenierung der Kaiserfamilie als Verkörperung der verteidigungsbereiten russischen Nation ein, ohne freilich die konservativen Schriftsteller, Journalisten und Bürokraten davon zu überzeugen, daß er die ihm zugedachte Rolle als unerschütterlicher, prinzipienfester »russischer« Monarch vollkommen ausfüllte.

---

84 Vgl. Kappeler, Vielvölkerreich (wie Anm. 58), S. 176.

85 Dazu Jan Kusber, Krieg und Revolution in Rußland 1904–1906. Das Militär im Verhältnis zu Wirtschaft, Autokratie und Gesellschaft, Stuttgart 1997.

86 Wortman, Scenarios (wie Anm. 41), S. 134–145.

Lothar Höbelt

Kein Bismarck und kein Moltke: Regierung, Militär und Außenpolitik in Österreich-Ungarn 1860 bis 1890

I. Voraussetzungen:

a) Verfassung

Preußen bzw. das Deutsche Reich und die Habsburgermonarchie waren konstitutionelle Monarchien mit »k.u.k.« (kaiserlichen und königlichen) Prärogativen im Bereich von Außenpolitik und Militär, mit strikter Trennung von Verwaltung und Führung im militärischen Bereich[1]. Eine reichsdeutsche Regierung gab es ebensowenig wie eine österreichisch-ungarische: Es gab einen Reichskanzler, allerdings benutzte der Minister des Äußeren und des kaiserlichen Hauses in Wien diesen Titel ab den 70er Jahren nicht mehr. Doch es gab in Österreich keinen Bismarck. Die Kompetenzen der »Gesamtmonarchie«, der »Monarchie auf Kündigung«, wie boshafte Beobachter sie wegen des alle zehn Jahre erneut auszuverhandelnden Zoll- und Handelsbündnisses zwischen den beiden »Reichshälften« nannten, waren geringer als im Reich. Vor allem aber: Der »Reichskanzler« nahm eine isolierte Stellung ein. Seine Position war nie so eng mit der Regierung »Österreichs« oder Ungarns verklammert wie die Bismarcks mit Preußen[2].

In einem für unser Thema sehr wesentlichen Bereich freilich gingen die Kompetenzen der »Gesamtmonarchie« weit über die Befugnisse des Deutschen Reichs hinaus. Zum Unterschied vom Deutschen Reich war das Heerwesen in der Habsburgermonarchie nicht »verländert«, das hieß zum einen: Dem Außenminister stand ein Reichskriegsminister zur Seite. Das hieß aber auch: Zum Unterschied von

1 Es war nicht untypisch, daß mit der völligen Etablierung des konstitutionellen Systems nach einer Reihe von politischen Generälen (wie Alexander Frhr. v. Koller 1874 bis 1876) und bewährten Feldherren (wie Franz Frhr. v. John 1867/68 und Kuhn 1868 bis 1874) mit Arthur Graf Bylandt-Rheidt von 1876 bis 1888 ein Artillerist, Präses des Technischen Militärkomitees und Spezialist für Beschaffungsfragen das Amt des Kriegsministers übernahm.

2 Zwei kleine Ausnahmen bestätigen diese Regel: Friedrich Ferdinand, Graf von Beust war 1867 Spiritus rector einer der liberalen Fraktionen im österreichischen Abgeordnetenhaus (und selbst Abgeordneter der Reichenberger Handelskammer), Gyula Andrassy d.Ä. als ehemaliger ungarischer Ministerpräsident hatte zwischen 1871 und 1875 zweifellos noch erheblichen Einfluß auf seine Partei, die »Deakisten«.

Preußen war in Österreich auch der Bereich der militärischen Verwaltung seit 1867 lediglich der Kontrolle der sogenannten »Delegationen« unterworfen, einem Ausschuß der Parlamente beider Reichshälften unter maßgeblicher Beteiligung der Herrenhäuser. Von den je 60 Mitgliedern der Delegation Ungarns bzw. »Cisleithaniens« (wie Österreich bis 1915 im informellen Bürokratenjargon genannt wurde) stellte das teils erbliche, teils vom Monarchen ernannte Oberhaus ein Drittel. Aus ihren Reihen war gegen Militärforderungen kaum nachhaltiger Widerstand zu erwarten. Rein rechnerisch betrachtet hieß das, der Kriegsminister mußte nur ein Viertel der Delegierten des Unterhauses für sich gewinnen, um für seine Voranschläge eine Mehrheit zu haben. In Ungarn mochten sich da auf Grund der straffen Parteidisziplin und des zentralistischen Charakters der ungarischen Vertretung immer noch Schwierigkeiten ergeben (weshalb der ungarische Ministerpräsident als politischer Faktor schwer zu umgehen war), doch in Österreich sorgte das ethnisch und weltanschaulich zersplitterte Parteienspektrum für einen reibungslosen Ablauf zumindest auf dieser Ebene der Beschlußfassung. Beschlüsse der Delegationen über diese österreichische Version der »Matrikularbeiträge«, der »gemeinsamen Ausgaben«, aber konnten von den Parlamenten bzw. den Regierungen der beiden Reichsteile nicht mehr rückgängig gemacht werden. Es ergibt sich somit das hübsche Paradoxon, daß es gerade der von den Militärs so argwöhnisch beäugte »Ausgleich« mit Ungarn war, der zwischen Kriegsminister und Volksvertretung eine weitere Ebene einzog und so die weitgehende Immunität der bewaffneten Macht vor parlamentarischer Einmischung sicherstellte.

Auch in finanzieller Hinsicht, das Drängen der deutsch-österreichischen Liberalen (und ihres berühmt-berüchtigten »Streichquartetts«) auf Einsparungen am Militäraufwand in den 1860- und 70er-Jahren verstummte nie, brachte der Ausgleich eine willkommene Entlastung, weil Ungarn in dieser Beziehung relativ großzügig war. Ungarn trug zu den gemeinsamen Ausgaben anfangs bloß 30 Prozent bei, beanspruchte aber Parität bei der Beschlußfassung. Wiener Finanzkreise stellten empört fest, die hinterwäldlerischen »interessanten Nationalitäten« seien allzu großzügig mit dem Steuergulden der Großstädter. Erst nach Ende unseres Berichtszeitraums führte die Blockade der Parlamente zu einer »Schubumkehr« im Verhältnis von Verfassung und Rüstungsausgaben. Ab 1897 wurde das österreichische Abgeordnetenhaus durch die Obstruktion der Deutschen, dann der Tschechen lahmgelegt; ab 1904 eskalierte auch das Verhältnis zwischen der langjährigen ungarischen Regierungspartei unter der Führung des Grafen Istvan Tisza und der Opposition der Unabhängigkeitspartei. Der Ausfall der Parlamente hatte seine Rückwirkung: Es gab keine lästige Kontrolle mehr, aber auch keine materiellen Rüstungsfortschritte (insbesondere keine Erhöhung des Rekrutenkontingents von 1889 bis 1912)[3].

---

[3] Als Grundlageninformation vgl. Bd 5: Die Bewaffnete Macht (Wien 1987) und Bd 7: Verfassung und Parlamentarismus (Wien 2000) der von Adam Wandruszka bzw. Helmut Rumpler und Peter Urbanitsch hrsg. Reihe: Die Habsburgermonarchie 1848 bis 1918. Das Rekrutenkontingent betrug bis 1889 95 500, dann 103 100 Mann für die gemeinsame Armee; dazu kamen 12 500 für die Honvéd und 10 000 für die Landwehr. Die Vergleichszahlen für die übrigen Mächte betrugen laut einer »Zusammenstellung« im Nachlaß des Erzherzogs Albrecht (HHStA, Filmrolle 6) aus

Notabene: Es gab in Österreich eine Landwehrdebatte, die Parallelen mit der preußischen Kontroverse in der Konfliktära aufweist, doch nur geringfügig, nicht zuletzt weil »cisleithanische« Liberale im Fall der Ungarn der »civil society« mißtrauten und der ungarischen Honvéd wenig Entfaltungsmöglichkeiten bieten wollten. Als Resultat wurden mit dem Wehrgesetz 1868 neben der k.(u.)k. Armee doch noch zwei kleine »Länderarmeen« bewilligt: Die ungarische Honvéd und die »cisleithanische« Landwehr. Sie kaschierten lediglich für den oberflächlichen Betrachter den Mangel einer Reserve-Armee, die Österreich-Ungarn bis zum Ersten Weltkrieg nicht haben würde. (Von den Rekruten, die laut Wehrgesetz zu den Waffen gerufen wurden, entfielen auf die beiden Landwehren zusammen nicht ganz ein Fünftel, ihre Dienstzeit war jedoch weit geringer als die drei Jahre in der »gemeinsamen« Armee.)

Das Wehrgesetz wurde – ähnlich wie das Septennat im Reichstag – auf zehn Jahre fixiert, wozu eine Zwei-Drittel-Mehrheit erforderlich war. Ende 1879 war dies in Österreich erst beim dritten Anlauf gelungen, weil die deutschen Liberalen – die wenige Monate zuvor erstmals in die Opposition geraten waren – der Regierung des Grafen Eduard Taaffe Schwierigkeiten bereiten wollten[4]. Zehn Jahre später, im Herbst 1888, nahm der gemäßigte Flügel der Liberalen die Hilfe der reichsdeutschen Botschaft in Anspruch, um ihre radikalen Kollegen von der Notwendigkeit einer staatserhaltenden Haltung zu überzeugen. »Mit peinlicher Vermeidung allen Scheines einer Einmischung in innere Fragen« und die Versammlung als »gesellschaftliche Zusammenkunft« deklarierend, vermochte ein Botschaftssekretär, Graf Anton Monts, in einer heiklen diplomatischen Gratwanderung gerade den national-fortschrittlichen deutschen Abgeordneten das Gefühl zu vermitteln, mit ihrem Votum dem großen Verbündeten und dem Zweibund, nicht aber dem ungeliebten slawisch-klerikalen Kabinett einen Gefallen zu erweisen[5].

In Ungarn peitschte die regierende Liberale Partei Istvan Tiszas das Wehrgesetz beide Male ohne Rücksicht auf Verluste durch. 1889 erfolgte als Konzession für Mehrbelastungen die offizielle Umbennung der »gemeinsamen« Armee von »k.k. Armee« auf »k.u.k. Armee«[6]. Der Stolz der Ungarn auf ihre eigene (nur »k.«) Armee wiederum, so sehr er traditionalistische Kräfte auch verstörte, die beim Namen »Honvéd« automatisch an die Rebellenarmee des Jahres 1848 dachten, konnte so-

dem Jahre 1883: Rußland 210 000, Deutsches Reich 158 000, Frankreich 122 000–147 000 und Italien 79 000. Während die Honvéd von Anfang an eigene Kader aufstellte, begnügte sich die Landwehr lange Zeit mit einer »Evidenthaltung« und ließ die Ausbildung von der gemeinsamen Armee durchführen.

4 Vgl. William A. Jenks, Austria under the Iron Ring, 1879–1893, Charlottesville 1965; Lothar Höbelt, Die Deutschliberalen Altösterreichs als Verfassungsbewegung 1848 bis 1914, in: Die parlamentarische Institution im 19. Jahrhundert. Eine Perspektive im Vergleich, hrsg. von Anna Gianna Manca und Wilhelm Brauneder, Bologna, Berlin 2000, S. 193–222.

5 Vgl. Mährisches Landesarchiv Brünn (ZMA Brno), Familienarchiv Chlumecky 16, Briefwechsel Johann v. Chlumeckys mit Monts, 29.10.1888. Eine Pikanterie am Rande war, daß die Zusammenkunft bei dem gebürtigen Sachsen Baron Ludwig Oppenheimer, einem Vertrauten von Bismarcks altem Gegner Beust, stattfand.

6 Vgl. Karin Olechowski-Hrdlicka, Die gemeinsamen Angelegenheiten der Österreichisch-Ungarischen Monarchie. Vorgeschichte – Ausgleich 1867 – Staatsrechtliche Kontroversen, Frankfurt a.M. 2001, S. 278 f.

gar im Sinne vermehrter Rüstungsanstrengungen für Gesamtstaatszwecke instrumentalisiert werden. Was den Ausrüstungs-, vor allem aber Ausbildungsstandard dieser Landwehren betrifft, hinkte die wohlhabendere »westliche« Reichshälfte zweifelsohne den »transleithanischen« Rivalen nach: Bis zum Jahre 1889 beschränkte sich die Dienstzeit in der Landwehr in der Praxis auf wenige Wochen und wurde erst dann auf ein Jahr erhöht, was in Ungarn schon seit jeher die Regel war[7].

Der Aufstieg des Generalstabs und der damit einhergehenden technokratischen Rationalität vollzog sich in Österreich-Ungarn mit einer beträchtlichen Phasenverschiebung. Es gab in Österreich nicht bloß keinen Bismarck, sondern auch keinen Moltke. Auf die Sachzwänge des Eisenbahnaufmarsches wurden im wesentlichen erst in den 80er Jahren, jetzt am Beispiel Galiziens, systematisch reagiert, unter anderem mit dem Übergang zum Territorialsystem, das im Ernstfall eine schnellere Mobilisierung erlaubte. Der Orientkrise 1875 bis 1878 kam hier zweifellos eine Katalysatorwirkung zu. Erst 1876 wurde das Mobilisierungswesen behördlich zentralisiert. 1881 hieß es rückblickend, bei den ersten Aufmarschelaboraten für den Fall R habe man den Bedarf an »Mob. Zügen« noch interpoliert, erst heute kenne man ihn genau[8]. Politisch scheinbar zwingende Schlußfolgerungen aus den militärischen Lagebeurteilungen, wie sie die Konfrontationen zwischen Militär und Politik prägten, wurden daraus vorerst nicht abgeleitet. Die oberste militärische Führung blieb mit dem gebürtigen Badener Friedrich Frhr. v. Beck (Chef des Generalstabs von 1881 bis 1906, davor Chef der kaiserlichen Militärkanzlei)[9] und Erzherzog Albrecht (dem designierten Armeekommandanten, der auch entscheidenden Einfluß auf die Ernennung des Generalstabschefs ausübte) dem Milieu des Hofes bzw. dem Kaiser persönlich eng verbunden und entwickelte kaum Eigendynamik. Beck entwickelte keine Feldherrenambitionen, sondern delegierte die Operationsplanungen an jüngere Kräfte (wie z.B. Oskar Potiorek)[10] bzw. beugte sich dem Urteil des Erzherzogs.

Auch der Kaiser selbst war als Feldherr keineswegs mit Fortune begabt, wie die Beispiele der Jahre 1859 und 1866 zeigten[11]. Doch drängt sich – selbst auf die Gefahr nostalgischer Verklärung hin – der Eindruck auf, daß die in einem derartigen konstitutionellen System anstehende Integrationsleistung von militärischem und

[7] Die Landwehrdienstzeit wurde in Ungarn 1890, in Österreich 1893 auf zwei Jahre verlängert.

[8] Vgl. Kriegsarchiv Wien (KA), Operationsbureau (OpB) 4, Konvolut 1881, Schönfeld 29.1.1881; Willibald Rosner, Feldmarschalleutnant Anton Freiherr von Schönfeld als Chef des Generalstabes (Hausarbeit des Instituts für Österreichische Geschichtsforschung), Wien 1986, S. 89 f.

[9] Vgl. Scott W. Lackey, The Rebirth of the Habsburg Army. Friedrich Beck and the Rise of the General Staff, Westport, Conn., London 1995; bzw. als Zeitgemälde ohne großen wissenschaftlichen Apparat: Edmund v. Glaise-Horstenau, Franz Josephs Weggefährte. Das Leben des Generalstabschefs Grafen Beck, Wien 1930.

[10] Vgl. Rudolf Jerabek, Potiorek. General im Schatten von Sarajevo, Graz 1991, S. 18–26.

[11] 1859 hatte Franz Joseph bei Solferino selbst das Kommando geführt, 1866 nicht – doch wurde ihm oft (wenn auch zu Unrecht) das berühmt-berüchtigte Telegramm an Ludwig v. Benedek vom 2. Juli zum Vorwurf gemacht: »Hat eine Schlacht stattgefunden?« Vgl. dazu Antonio Schmidt-Brentano, Die Armee in Österreich. Militär, Staat und Gesellschaft 1848–1867, Boppard 1975 (= Militärgeschichtliche Studien, 20), S. 271.

zivilem Bereich, die Wilhelm II. später so plastisch überforderte, von dem gekrönten Militärbürokraten Franz Joseph, zumindest in seinen reiferen Jahren[12], kompetent, ja kongenial ausgeführt wurde. Den Primat der Politik vermochte Franz Joseph nicht zuletzt deshalb viel besser und glaubwürdiger zu bewahren, weil ihm auf dem Feld der Politik – nach außen wie nach innen – viel mehr Handlungsspielräume verblieben waren als den Hohenzollern. Es waren nicht die Vorboten der Volkssouveränität, die in den entscheidenden Fragen von Krieg und Frieden gegen die von den Militärs ins Treffen geführten vermeintlichen Sachzwänge in die Waagschale geworfen wurden, sondern die zäh verteidigten Restbestände des Absolutismus bzw. Neo-Absolutismus und der monarchischen Solidarität.

b) Exkurs: Innenpolitik

Ab 1867/71 mußte Bismarck königlich preußische Offiziere in das größere Deutsche Reich überführen; Franz Joseph stand vor dem umgekehrten Problem: Er mußte einer »großösterreichischen« Armee den Dualismus – und damit eine de facto-Teilung des Reichs in allen zivilen Angelegenheiten – schmackhaft machen. Auch noch in einer anderen Beziehung waren die politischen Verhältnisse diesseits und jenseits des Riesengebirges gegenläufig: Der preußische Offizier – so zumindest lautet der Stereotyp – war adeliger Junker und politisch ein Konservativer (mit einem großen »K«). In Österreich war das Offizierkorps stärker »verbürgerlicht«[13]; diese Offiziere waren natürlich ebenfalls konservativ, aber mit einem kleinen »k«, denn es gab in Österreich keine Konservative Partei. Man hatte in Österreich bloß die Wahl zwischen zwei politischen »Lagern«, zwischen verschiedenen Schattierungen von Liberalen auf der einen Seite und dem politischen Katholizismus auf der anderen Seite. Dessen Vertreter mochten sich zwar Konservative nennen, aber sie waren Föderalisten, was vielen verdächtig nach Separatisten klang und hatten einen noch viel stärkeren slawischen Einschlag als es der Verbindung mit den Polen im Reich entsprach. Sie galten daher der josephinisch geprägten administrativen Elite Altösterreichs kaum weniger als »Reichsfeinde« als das Zentrum in Berlin. Fromme ultramontane Generäle waren ein Spezifikum des laizistischen Frankreich. In Österreich waren sie selten: Selbst die hochadeligen Offiziere (die in den 1860er Jahren noch die oberen Ränge dominierten) zählten als »Großösterreicher« nolens volens zu den »Verfassungstreuen«, d.h. bildeten trotz mancher struktureller Unverträglichkeiten den rechten (und das konnte sehr weit rechts sein!), wenn man so will: »freikonservativen« und gouvernmentalen Flügel der zentralistischen Deutsch-

12 Vgl. ebd., S. 209: »Die seit dem Tode des Fürsten Schwarzenberg bestehende Kluft zwischen militärischer und politischer Führung« – bezieht sich insbesondere auf die Vorgeschichte des Kriegs von 1859.

13 Vgl. die klassische Studie von Nikolaus v. Preradovich, Die Führungsschichten in Österreich und Preußen (1804 bis 1918), Wiesbaden 1955; eine einfache Zählung der Korpskommandanten laut Haus-, Hof- und Staatshandbuch ergibt für 1859 noch eine Zwei-Drittel-Mehrheit des Hochadels (9:4), für 1888 das gegenteilige Resultat (4:11). Anton Schönfeld als Freiherr, aber aus einer altadeligen Familie stammend, nahm hier eine Zwischenposition ein.

liberalen[14]. In einer bezeichnenden Episode stellte der kommandierende General von Böhmen, Graf Eduard Clam-Gallas, den Fürsten Karl Schwarzenberg, den Enkel des Siegers von Leipzig, 1862 vor die Wahl, seine Funktionen im Ausschuß des tschechischen Nationaltheaters niederzulegen oder seine Charge als Reserveoffizier zu quittieren[15].

Die Generalität war seit der »großösterreichisch-militaristischen« Reichsgründung von 1848/49 an eine innenpolitische Rolle gewöhnt, deren letzte Ausläufer mit Generälen als Statthalter in unruhigen Kronländern (Böhmen, Dalmatien) in die 1870er Jahre fallen. Paradoxerweise (oder auch nicht!) war mit dem Ende der liberalen Ministerien in Österreich 1878/79 (bis auf Ungarn 1905/06) diese Rolle vorbei.

In einem multinationalen Reich, in dem Deutsche nicht einmal ein Viertel der Bevölkerung ausmachten, gab man sich über die Sprengkraft konkurrierender nationaler Loyalitäten keinen Illusionen hin. Übertrieben zur Schau getragenes deutsches Nationalgefühl lief bei österreichischen Würdenträgern nach 1870/71 leicht Gefahr, als »Preußenseuchlerei« Verdacht zu erregen, auch wenn der Kaiser sich selbst gelegentlich (wie z.B. auf dem Frankfurter Fürstentag 1863) als »deutscher Fürst« bezeichnete. Keinen Illusionen hingeben sollte sich aber auch der Historiker: Bei aller Beschwörung übernationaler Ideale und dynastischer Treue, fast drei Viertel der aktiven Offiziere waren Deutsche – und wenn sie von sich glaubten, über diese Prägung erhaben zu sein, war das – zumindest aus der Sicht der Slawen – eben »falsches Bewußtsein« ...[16].

II. Außenpolitik

a) Preußen, die »dämonische Macht«

Widersprüchlich, oder besser gesagt: von einem Extrem zum anderen schwankend, war nicht zuletzt wegen dieses deutschen Hintergrunds die Einstellung zum potentiellen Partner und Gegner Preußen-Deutschland. Das latent vorhandene deutsche Nationalgefühl war hier ein zweischneidiges Schwert, ging es doch Hand in Hand mit dem selbstverständlichen Anspruch auf eine Führungsrolle in Deutschland, der

---

14 Die hocharistokratischen Korpskommandanten Eduard Graf Clam-Gallas und Carl Graf Thun-Hohenstein (vom Ungarn Tassilo Graf Festetics ganz zu schweigen), die 1866 so sehr ins Zentrum der Kritik rückten, galten dem Publikum als »Feudale«, waren aber persönlich alle »Verfassungstreue« – wenn auch alles andere als Liberale, so doch Zentralisten. Auch Anton Frhr. v. Schönfeld – mit Thun-Hohenstein befreundet – stammte aus einer deutschböhmischen Familie, die als Verleger deutlich dem verfassungstreuen Spektrum zuzurechnen war.

15 Vgl. Regionalarchiv Wittingau, Zweigstelle Neuhaus (SOA Trebon, pob. J. Hradec), Tb. Eugen Czernin, 3.6.1862; die Episode fand auch in diversen anderen Adels-Korrespondenzen ihren Niederschlag.

16 Diese Einwände verstehen sich als respektvolle Andeutung einer anderen Gewichtung als bei István Deák, Beyond Nationalism. A social and political history of the Habsburg officer corps 1848-1918, New York 1990 bzw. beim Beitrag meines Freundes Erwin Schmidl in diesem Band.

sich notwendigerweise gegen Preußen richten mußte, wenn z.B. Kriegsminister Kuhn schrieb: »Österreich kann nur bestehen, wenn es festen Fuß in Deutschland behält. Ist es aus Deutschland herausgeworfen, so wird es sich selbst auflösen[17].« Die zielbewußte Politik Bismarcks 1866 verstellt hier leicht den Blick auf die zum Krieg treibenden Kräfte auch in Österreich, unter denen die Militärs offenbar einen führenden Rang einnahmen. So schrieb z.B. der Bruder des österreichischen Ministerpräsidenten von 1866, Graf Egbert Belcredi, in sein Tagebuch:

> »In unserer merkwürdigen Zeit ist z.B. auch die verbürgte Tatsache merkwürdig, daß weder der Kaiser noch mein Bruder, Larisch, Esterhazy, Mensdorff, also mindestens die Majorität der Minister, den Krieg wollten. Dennoch brachten ihn die militärischen und Civil-Ministerial-Bureaus, die Liberalen, Freimaurer und wohl auch Kardinal Rauscher zuwege[18].«

Während die Slawen (und die Ungarn) einem »Kampf um die Vorherrschaft in Deutschland« wenig abzugewinnen vermochten und die Deutschnationalen einen »Bruderkrieg« verabscheuten, waren es gerade die »schwarz-gelben« konservativen Verfassungstreuen, mit ihrer starken Verankerung in den höheren Rängen von Bürokratie und Armee, die Österreichs Stellung mit Zähnen und Klauen verteidigen wollten.

Eine ähnliche Konstellation läßt sich auch noch konstatieren, sobald es um die Anhänger einer bewaffneten Intervention bzw. eines »Revanchekrieges« 1870 geht, der Befürworter fast ausschließlich unter den Militärs hatte, von allen wichtigeren politischen Strömungen hingegen – wenn auch aus unterschiedlichen Motiven – einhellig abgelehnt wurde. Es war Kriegsminister Kuhn, der 1870 mit einem ungeschminkt-utopischen Plan eines Weltkriegs gegen Preußen und Rußland hervortrat[19], der Marinekommandant Wilhelm von Tegetthoff, der ihm beipflichtete[20], Erzherzog Albrecht, der 1870 die Verhandlungen mit Frankreich führte. Nun war

---

17 Österreichisches Staatsarchiv, Nachlaß B:670, Kuhn-Tagebuch 10.9.1870.

18 Mährisches Landesmuseum Brünn, Tagebuch Graf Egbert Belcredi (vorbereitete Edition von Antonin Okac), 16.9.1866. Zur Frage der »Kriegspartei« vgl. Geoffrey Wawro, The Habsburg Flucht nach vorne in 1866: Domestic-Political Origins of the Austro-Prussian War, in: International History Review, 17 (1995), S. 221-248, der allerdings eine gegenteilige Hypothese entwirft; Klaus Koch, Franz Graf Crenneville – Generaladjutant Kaiser Franz Josephs, Wien 1984, S. 198 f. Auch Crenneville war zwar ein Feindbild der Liberalen, zählte aber im Zweifelsfall ganz eindeutig zu den großösterreichischen Verfassungstreuen, nicht zu den konservativen Föderalisten.

19 Kuhns Tagebuch enthält allerdings einige Tage vor Kriegsausbruch, am 8.7.1870, auch die Passage: »Gehen die Südstaaten mit Preußen, so müssen wir untätig zusehen, können keinen Krieg mit Deutschland beginnen, in welches wir wieder hineinwollen.« Vgl. dagegen den Text von Kuhns Memorandum im Anhang von Glaise-Horstenau, Weggefährte (wie Anm. 9), S. 457-460. Allerdings baten Kuhns Amtsvorgänger August Graf Degenfeld-Schomburg (1860 bis 1864) ihn, »ja nicht für Krieg zu plädieren.« (Kuhn-Tb. 28.7.1870) bzw. schrieben sich wie Franz Frhr. v. John (Kriegsminister 1866/67) das Verdienst zu, im Juli 1866 die Weiterführung, im Sommer 1870 den Beginn des Krieges gegen Preußen verhindert zu haben. Vgl. Heinrich v. Srbik, Erinnerungen des Generals Freiherrn von John 1866 und 1870, in: Mitteilungen des Instituts für Österreichische Geschichtsforschung, 50 (1936), S. 133-184.

20 Vgl. Lothar Höbelt, Kuhn und Tegetthoff: Zwei liberale Militärs, in: Etudes Danubiennes, 8 (1992), S. 169-176. Bei beiden finden sich in innenpolitischer Hinsicht vielleicht Parallelen zur Stellung von Albrecht v. Stosch oder Leo Graf von Caprivi in Preußen.

das Verhältnis zwischen Albrecht und Kuhn, der als dogmatischer Liberaler galt und mit Milizideen liebäugelte, ein äußerst schlechtes – der Kriegsminister wurde von Albrecht nicht einmal über die Ergebnisse seiner Besprechungen informiert, Kuhn wiederum unterstellte dem Erzherzog in seinem Tagebuch sogar Staatsstreichabsichten[21] – im Wunsch nach einer preußischen Niederlage trafen sich die beiden Rivalen jedoch. Für den Fall eines gemeinsamen Siegs über Preußen wollte Albrecht Preußen »auf seine slawischen Ursprünge« reduzieren und hinter die Elbe zurückwerfen[22]. Albrecht war sich allerdings über die militärischen Schwierigkeiten besser im klaren als Kuhn: Das Problem bestand – wie auch später immer wieder – im a-synchronen Aufmarsch der potentiellen Verbündeten: Die französische (Berufs-)Armee war der preußischen (Wehrpflichtigen-)Armee auf lange Sicht unterlegen; sie mußte ihre Überlegenheit ab dem 15. Mobilmachungstag zur Geltung bringen. Das war vier Wochen, bevor die Österreicher auch beim besten Willen nach irgendeiner Richtung aktiv werden konnten. Daraus ergab sich nahezu von selbst, daß Österreich ebenso politisch in der Hinterhand bleiben und die französischen Anfangserfolge abwarten würde – ganz abgesehen davon, daß Österreich-Ungarn 1870 gerade erst mit der Umsetzung des neuen Wehrgesetzes begonnen hatte und jede Konfrontation daher gerne hinausgeschoben hätte.

Aus der von Matthias Stickler ausgewerteten Korrespondenz Albrechts mit dem Feldzeugmeister Frhr. v. John, dem Generalstabschef 1866 bis 1868 bzw. 1874 bis 1876, läßt sich die Skepsis Albrechts gegenüber Bismarck und dem »Zweiten Reich« deutlich herauslesen. Noch Ende 1872 war für Albrecht – ganz im Gegensatz zu Außenminister Gyula Andrassy – ein Krieg mit Deutschland der wahrscheinlichste, eine Eventualität, für die wir »uns wenigstens geistig vorbereiten« sollten. Kuhn ging da noch viel weiter, verdächtigte Bismarck weitreichender Annexionsabsichten (unter anderem mit dem selbstgefälligen Argument: »Ohne Wien ist Deutschland nicht fertig, denn es besitzt keine Hauptstadt!«) und redete – ganz im Sinne von Bismarcks »cauchemar des coalitions« – offen einem Bündnis mit Frankreich und Rußland das Wort[23]. Albrechts Einschätzung Preußens als eine »dämonische Macht« hingegen ging nicht zuletzt auf eine innenpolitische Analyse zurück:

---

21 Vgl. Kuhn-Tb. 3.1.1870, 13.3.1870. Kuhns Verdächtigungen bezogen sich auf Truppenverschiebungen, die ohne sein Wissen durchgeführt wurden, um befürchteten Arbeiter-Demonstrationen entgegenzutreten, dabei aber mit einer Krise im liberalen »Bürger-Ministerium« zusammenfielen.

22 Vgl. Matthias Stickler, Erzherzog Albrecht von Österreich. Selbstverständnis und Politik eines konservativen Habsburgers im Zeitalter Kaiser Franz Josephs, Husum 1997, S. 358 f. Albrecht wollte im Idealfall Belgien den Franzosen überlassen und dafür das Elsaß eintauschen, das an Bayern fallen sollte, während Bayern Gebietsteile an Österreich abtrat. Vgl. zu Albrechts Rolle im Machtgefüge der Habsburgermonarchie auch Johann Christoph Allmayer-Beck, Der stumme Reiter. Erzherzog Albrecht, der Feldherr »Gesamtösterreichs«, Graz 1997 bzw. zum Kontext: Heinrich Lutz, Österreich-Ungarn und die Gründung des Deutschen Reiches. Europäische Entscheidungen 1867-1871, Frankfurt a.M. 1979, S. 150-152, 210-213.

23 Vgl. Kuhn-Tb. 12.11.1871, 2.1.1873, 21.3.1872; vgl. auch Heinrich Lutz, Politik und militärische Planung in Österreich-Ungarn zu Beginn der Ära Andrassy, in: Geschichte und Gesellschaft. Festschrift für Karl Stadler, Wien 1974, S. 23.

»Die herrschende nationalliberale Partei, der Bismarck, welcher sie ursprünglich zu seinen Zwecken gebrauchte, längst verfallen ist, kann ohne baldigen Krieg ihre Herrschaft nicht behaupten, gerade so wie die gleiche Partei in Italien bis 1870[24].«

Spätestens seit der Orientkrise 1875/78 wurde die Notwendigkeit des Bündnisses mit dem Deutschen Reich hingegen im militärischen Bereich niemals mehr in Frage gestellt (allenfalls gelegentlich Zweifel an der Verläßlichkeit Bismarcks geäußert). Eine Umkehr der »kleindeutschen« Einigung als Folge einer militärischen Niederlage des Bismarckreiches scheint als Zukunftsvorstellung nirgendwo mehr auf. Kuhn war – wenn auch aus anderen Gründen – bereits 1874 als Kriegsminister abgelöst worden. Johns Nachfolger als Generalstabschef ab 1876, Anton Frhr. v. Schönfeld, hatte seine Karriere oft in engem Zusammenwirken mit reichsdeutschen Militärs verbracht; seine Familie lebte während seiner Amtszeit zeitweise in München[25]. Zwar bemerkte Schönfeld 1876 bei den ersten Ausarbeitungen zum Fall R noch:

»Von einem anderen Nachbarn wurde hier nicht gesprochen, der nicht verfehlen dürfte, durch die Aufstellung eines Corps unsere Blicke auf das Allerentschiedenste nach Norden zu ziehen und jede andere Richtung vergessen zu machen[26].«

Gerade diese offene Flanke jedoch – eine offene Flanke auch in politischer Hinsicht, weil nie ganz klar war, ob allfällige »Anschluß«-Absichten Bismarcks nicht bei Teilen der deutsch-österreichischen Bevölkerung auf positives Echo stoßen könnten – ließ den Fall »D« aus allen Erwägungen ausscheiden, in einer ähnlichen Art und Weise, wie Großbritannien gegen Ende des neunzehnten Jahrhunderts aufhörte, die USA als potentiellen Gegner einzustufen.

Selbst für den Skeptiker Albrecht half die monarchische Solidarität diese Lücke zu füllen: Anti-preußische Politik ließ sich nur im Bündnis mit Frankreich machen und für eine solche Allianz, so Albrecht im Mai 1879, wenige Monate vor dem Abschluß des Zweibundes, biete »die jetzige Regierung wie die vorauszusehende Commune [...] viel weniger Aussichten als jene MacMahons«[27]. Die Schlußfolgerung lautete denn auch: »Wir sind daher heute noch weniger wie vor ein paar Jahren in der Lage, uns in Opposition gegen selbes [Deutsches Reich] zu setzen.« Der Krieg gegen Deutschland wie gegen Rußland sei für lange Zeit »weder unseren

24 Stickler, Albrecht (wie Anm. 22), S. 397, 403 (Briefe an seine Tochter vom Juni 1875). Interessant – und nicht ohne Ironie – ist auch das Mißtrauen Albrechts gegenüber dem Kronprinzen, der in den achtziger Jahren wegen seiner Battenberger Verwandtschaft wiederum Bismarck als zu österreich-freundlich galt (vgl. Axel T.G. Riehl, Der »Tanz um den Äquator«. Bismarcks antienglische Kolonialpolitik und die Erwartung des Thronwechsels in Deutschland 1883 bis 1885, Berlin 1993, S. 539 f.).

25 Vgl. Rosner, Schönfeld (wie Anm. 8), S. 57, 61. Er war 1864 Militärbevollmächtigter beim preußischen Oberkommando, 1866 beim VIII. Bundeskorps. In einer Audienz beim Kaiser nach seiner Rückkehr nahm er »Prinz Carl von Bayern in Schutz – nicht die bayerische Politik«. (KA, Nachlaß B:131 1/I: Tagebuch Schönfeld, 17.11.1866).

26 KA, OpB 1, Schönfeld 20.11.1876; noch im November 1875 hatte Franz Joseph Vorarbeiten für die Kriegsfälle Rußland und Deutschland angeordnet (ebd., Schönfeld, 12.10.1876); letztere kamen aber nicht mehr zur Durchführung.

27 Umgekehrt mußte der Bruch Bismarcks mit den Nationalliberalen 1878/79 dazu angetan sein, Albrecht über seine früheren Befürchtungen zu beruhigen, auch wenn sich darüber keine einschlägigen Kommentare finden.

Interessen noch unserer Macht entsprechend. Erst die Entzweiung dieser zwei Reiche mit ihren unabsehbaren Folgen kann uns zum Aufmarsche in unseren nördlichen Provinzen zwingen[28].«

b) Italien, die »Ehren-Republik«

Während die kleindeutsche Einigung 1871 als unumstößliche Tatsache hingenommen wurde, läßt sich dasselbe nicht von der italienischen Einigung behaupten: Schadenfreude, die bis zum »Wunschdenken« über einen möglichen Zerfall des von den Bandenkämpfen des »brigantaggio« geplagten, mit dem Problem des Kirchenstaats konfrontierten und von republikanischen Strömungen nicht freien »Regno d'Italia« reichte, läßt sich in den frühen 60er Jahren noch feststellen, wenn daraus auch vielleicht keine allzu weitreichenden Schlußfolgerungen abgeleitet werden sollten[29]. Das Jahr 1866 und der Verlust des Festungsvierecks (Verona, Peschiera, Mantua, Legnago) ließ alle derartigen Vorstellungen überholt erscheinen; 1869/70 war Italien erstmals bereits als potentieller Verbündeter in Aussicht genommen.

Dennoch finden sich – aus anderen Motiven oder zumindest mit anderer Begründung – gerade in der formativen Phase der österreichischen Planungen, im Gefolge der Orientkrise, mehrfach Präventivkriegsideen gegenüber Italien, Präventivkriegsideen zur Sicherung der Bündnisfähigkeit der Monarchie. Während auch Bismarck von irredentistischen Gelüsten nicht immer pauschal freigesprochen wurde, so konnte die Schlußfolgerung im Falle des Deutschen Reichs doch nur lauten, das Einvernehmen mit Berlin zu suchen, um jeder derartigen Bedrohung aus dem Weg zu gehen. Im Falle Italiens dürfte man nicht bloß die Stärke der irredentistischen Strömungen massiv überschätzt haben, sondern man ging auch davon aus, daß sie sich im Falle einer anderweitigen Verwicklung Österreich-Ungarns notfalls auch gegen den Willen des Königs bzw. der Regierung Bahn brechen würden: »Dieses Italien, in dessen Schoß es immer gährt wie in den Eingeweiden seiner Vulkane, soll ruhig bleiben, wenn sich Wolke um Wolke am politischen Horizont aufthürmt?« Jede italienische Regierung würde »der Selbsterhaltung willen, von den Partheien getrieben, das Rad ins Rollen kommen lassen und den Freischaren würden gar bald die Alpini« nachfolgen[30]. Italien galt in dieser Beziehung – auch wenn das keineswegs ehrenhaft gemeint war – als eine »Ehren-Republik«: »Die schwache Regierung, an deren Spitze sich seit zehn Jahren die Geheimbündler verschiedener Nuancen, aber derselben Grundanschauung in rascher Folge ablösen, treibt immer mehr der Republik zu«, hieß es 1879. Seine Gründungsgeschichte verfolge das Regno d'Italia da wie die Erbsünde: »Die Konservativen der grösseren Reichshälf-

---

[28] KA, OpB 177, Militär-Politische Betrachtungen über unsere Lage im Mai 1879.

[29] Vielleicht etwas zu pointiert, aber anregend in dieser Hinsicht: Geoffrey Wawro, Austria versus the Risorgimento: A New Look at Austria's Italian Strategy in the 1860s, in: European History Quarterly, 26 (1996), S. 7–29; als Einführung: Salvatore Scarpino, Il brigantaggio dopo l'unita d'Italia, Mailand 1993.

[30] KA, OpB 1, Memorandum Schönfelds Ende 1880 (jetzt: Generalstab 688, fol. 152 ff.).

te«, urteilte Erzherzog Albrecht im Herbst 1880, auf Neapel und den Kirchenstaat anspielend, würden »das illegitime Königthum u. dessen kirchenfeindliche Regierung weder stützen können noch wollen«[31]. Sein Fazit lautete daher: »Es ist sicher: Wer immer gegen uns Krieg im Sinne hat, kann auf die aufdringliche Allianz Italiens mit Sicherheit zählen.« Andererseits hielt man die österreichischen Kräfte für ausreichend, eine solche Bedrohung rasch auszuschalten, solange man an keiner anderen Front gebunden war. Geradezu nostalgisch formulierte der Sieger von Custozza: Es »[...] wird unter allen Eventualitäten der Kriegsfall mit Italien am liebsten ins Auge gefaßt.« Das sei kein Wunder, biete er doch »die Garantie zu jeder Zeit und unter relativ angenehmen Verhältnissen kämpfen zu können«[32].

Ihren ersten Höhepunkt erreichte diese Überlegung in dem Vorschlag Schönfelds im Herbst 1877, einen »Zwischenkrieg« gegen Italien im Herbst (August oder September) einzuschieben, falls man im nächsten Jahr mit der großen Auseinandersetzung im Osten zu rechnen habe – eine Überlegung, die eine hübsche Parallele zu Alfred Graf von Waldersees Initiativen zehn Jahre später darstellt[33]. Es gibt kein Indiz dafür, daß diese Variante von der politischen Führung ernsthaft erwogen wurde – das italienische Verhalten bot auch nicht den geringsten Anlaß dafür; Schönfeld scheint diese Forderung – im Unterschied zu seinem Nachfolger Franz Conrad v. Hötzendorf vor dem 1. Weltkrieg – auch nicht besonders insistent vorgetragen zu haben. Der Gedanke reichte jedoch über ein kurzfristiges Kalkül hinaus: Erst ein Österreich-Ungarn, das keinen Feind im Rücken zu fürchten habe, sei ein vollwertiger Bündnispartner, hatte Erzherzog Albrecht schon im Dezember 1876 argumentiert:

> »Die Militärmacht des heutigen Italien ist groß genug, einen großen Theil der unsrigen zu absorbieren. Wir können daher unseren Alliierten auf dem entscheidenden Kriegsschauplatze im Nordosten oder im Nordwesten nur relativ geringe Hilfe bieten. Damit wäre nicht nur der Werth unserer Allianz ein sehr geringer u. dadurch der daraus für uns zu erwartende Gewinn, sondern auch unsere Stellung als Großmacht überhaupt in Frage gestellt[34].«

Auf eine Überlegung, wie sie dem Kalkül des sogenannten Schlieffen-Plans zugrundeliegt, nämlich selbst im Falle des Zweifrontenkriegs zuerst den schwächeren Gegner im Westen auszuschalten, wollte Albrecht sich jedoch nicht einlassen: Galizien sei der Hauptkriegsschauplatz: »Der erste dort erfochtene Sieg lähmt die Operationen aller anderen Gegner, macht sie stutzig, zweifelhaft, vielleicht einige zum Frieden geneigt.« Alle Erfolge auf Nebenkriegsschauplätzen seien »ohne jeden politischen Wert, wenn wir im Norden geschlagen werden«. Das hätte nicht zuletzt selbst Custozza bewiesen ...[35].

Schönfeld griff die Frage einer prophylaktischen Abrechnung mit Italien in den Jahren zwischen dem Abschluß des Zweibundes und des Dreibundes neuerdings

31 Stickler, Albrecht (wie Anm. 22), S. 446.
32 KA, OpB 177, Mil.-Pol. Betrachtungen Mai 1879.
33 Vgl. Willibald Rosner, Die konkreten Kriegsplanungen des österreichisch-ungarischen Generalstabs gegen Rußland und Italien von 1876 bis 1881, Diplomarbeit, Wien 1987, S. 160 ff.
34 Stickler, Albrecht (wie Anm. 22), S. 422.
35 KA, OpB 1, Albrecht 21.11.1883, Bemerkungen zum Fall R + I.

massiv auf: Die Präventivkriegspläne fanden damit »erstmals gleichsam ›offiziell‹ Niederschlag in der militärischen Planung« des Generalstabs[36]. Deutschland müsse ein Interesse daran haben, im Kriegsfalle über einen einsatzfähigen Alliierten zu verfügen. Das sei geradezu der »Prüfstein« für die deutsche Allianz, hieß es in Schönfelds letzter Vorlage als Generalstabschef im Frühjahr 1881:

> »Soll unsere Allianz von Dauer sein und auch für schlimme Tage gelten, so müßte Italien auf was immer für eine Art aus der Kombination gebracht werden. Es ist vom militärischen Standpunkt nicht einzusehen, wie das anders als durch einen Krieg geschehen könne, wobei uns Deutschland den Rücken deckte[37].«

Interessant ist die Einschätzung der Westmächte für einen solchen Kriegsfall: Auch hier fällt auf, daß die österreichisch-ungarischen Militärs wohl das Ausmaß überschätzten, in dem parlamentarisch regierte Staaten von der Stimmung des Augenblicks mitgerissen würden, denn ihre Stellungnahme, so Schönfeld, werde von »ihren inneren Verhältnissen dictirt«: Immerhin fühlte er sich bemüßigt, Ende 1880 noch die Warnung auszusprechen: Von seiten Frankreichs auf mehr als strikte Neutralität, also z.B. auf »eine drohende Haltung oder gar eine Action gegenüber Italien zu zählen, wäre ein frommer Wunsch; das Gegenteil freilich eine nicht zu leugnende Calamität«. Anders England: Seine Haltung wurde überzeichnet, es würde je nach den Vorlieben der regierenden Partei agieren – mit dem bezeichnenden Zusatz, »ohne in einem Falle uns zu sehr zu nützen oder im zweiten uns anderswo gefährlich zu werden als wo wir eventuell schon Italien gegenüber schwächer sind – zur See«[38]. Auch Albrecht hielt England für »nützlich« gegenüber Italien, sein Vertrauen selbst in die Tories war jedoch geringer. Er schrieb noch zur Zeit Disraelis: »Es ist aber nach den bisherigen Erfahrungen sehr zweifelhaft, ob England gegen seine Lieblingsschöpfung – das geeinigte Italien – ob es überhaupt gegen eine Republik [sic !] etwas unternimmt[39].«

Schönfelds politisches Gewicht war auf Grund seiner Rivalität mit Erzherzog Albrecht keineswegs überragend: Er war von Albrecht immer nur als Verlegenheits- bzw. Übergangslösung betrachtet worden, der »wenigstens nichts von vornherein verschustern« wird. Im Frühjahr 1881 erfolgte die Ablösung des kränkelnden Generalstabschefs durch Beck, der Albrecht 1876, beim Tode Johns, für dieses Amt noch zu jung schien[40]. Gerade in der Beurteilung der italienischen Situation stimmten die beiden jedoch überein. Politische Speerspitze dieser Argumentation war damit von vornherein der Erzherzog, der seinen kaiserlichen Neffen regelmäßig vor Italien warnte, aber keine systematische Fronde in dieser Richtung aufbau-

---

36 Vgl. Stickler, Albrecht (wie Anm. 22), S. 443.

37 KA, OpB 2, Minimalfall I + R, 10.3.1881; vgl. auch Rosner, Schönfeld (wie Anm. 8), S. 218 ff.

38 Italien hatte eben 1880 mit der Indienststellung der großkalibrigen Schlachtschiffe der »Duilio«-Klasse seine seit Lissa in Frage gestellte Überlegenheit zur See eindeutig wiederhergestellt. Vgl. Lothar Höbelt, Von der »Jeune Ecole« zur »Flottenpolitik«. Die Rolle der österreichisch-ungarischen Kriegsmarine im letzten Viertel des neunzehnten Jahrhunderts, in: Etudes Danubiennes, 4 (1988), S. 147–156.

39 KA, OpB 1, Memorandum Schönfelds Ende 1880; OpB 177, Mil.-Pol. Betrachtungen Mai 1879.

40 Vgl. Lackey, Beck (wie Anm. 9), S. 77, 85; Rosner, Schönfeld (wie Anm. 8), S. 69. 1878 – als Schönfeld sich während der Vorbereitungen für die Okkupation Bosniens krankheitshalber hatte beurlauben lassen – wurde er offenbar noch von Beck in Schutz genommen.

te. Die Abklärung der Auffassungen – so dürfen wir wohl schließen – erfolgte hier auf einem Wege, der im Aktenlauf nicht notwendigerweise seinen Niederschlag gefunden hat. Schönfeld rieb sich vordergründig bloß an der Ansicht Haymerles, des Kurzzeit-Außenministers von 1879 bis 1881, daß selbst ein Einfall von Freischaren nach Tirol (»dessen Möglichkeit er durchaus nicht in Abrede stellte«) noch nicht als Kriegsfall zu gelten habe; von solchen Freischärlern, die schon bei bloßen österreichischen Drohgebärden nicht mehr zu halten wären, dürfte er sich den Anlaß zum Präventivkrieg erwartet haben, der Österreich vom Makel des Angreifers freisprach[41].

Beck als Chef des Militärkabinetts teilte zwar grundsätzlich die Logik seiner Kameraden (»Eine Besserung der Lage ließe sich nur erzielen, wenn es möglich wäre, die an der Südwest- und Südostgrenze zu gewärtigenden Gegner politisch zu isolieren, sie dann einzeln anzufallen und auf diese Weise noch vor dem allgemeinen, entscheidenden Kampfe zu schlagen«), hatte aber ganz offensichtlich größere Bedenken, ob ein solcher Krieg auch tatsächlich lokalisiert bleiben könnte und schloß:

> »Zudem wäre es heutzutage gefährlich, mit Italien einen Krieg selbst herbeizuführen, da man hiedurch nur zu leicht in den Ruf eines Friedensstörers in Europa gerathen könne und man sich überhaupt hüten muß, durch den ersten Schuß die allgemeine Explosion herbeizuführen[42].«

Seine ersten Ausarbeitungen zu diesem Thema als Generalstabschef 1882 – und hier wirkten veränderte Voraussetzungen und unterschiedliche Temperamente dann in dieselbe Richtung – waren dann bereits vom Geist des Dreibundes getragen: »Von Italien wäre gegenwärtig, solange der König auf dem Thron bleibt, wohl nichts zu besorgen[43].«

c) Rußland, der »aufstrebende Koloß«

Beck beherrschte die gängigen Leitartikel-Floskeln vom »Racenkampf« zwischen Slawen und Germanen im Bedarfsfall genauso wie die Beschwörung der weltanschaulichen Frontstellung zwischen Monarchien und Republiken[44]; doch bei allen Erwägungen über bevorstehende Auseinandersetzungen mit Rußland fungierten die Militärs in der Praxis durchgehend als Bremser. Albrecht formulierte es – in Opposition zu Andrassy – 1872 salopp: Bei der Bekämpfung Rußlands sei »nichts zu holen, als generationenlange Feindschaft dieses aufstrebenden Kolosses, wäh-

---

[41] Vgl. KA, OpB 1, Memorandum Schönfelds Ende 1880.

[42] Nachlaß Beck, VI/185, Die militär-politische Situation im Jahre 1880, 31.3.1880. Interessant der Vergleich mit 1859, als die österreichischen Planungen gerade auf Grund der Erwartung einer Eskalation (zu ihren Gunsten!) in die Irre gingen. Vgl. Schmidt-Brentano, Armee in Österreich (wie Anm. 11), S. 213 f.

[43] KA, OpB 1, Denkschrift über die militärischen Vorbereitungen für das Jahr 1883 als Grundlage für die Aufmarsch-Elaborate, 11.11.1882, vgl. dazu jüngst: Holger Afflerbach, Dreibund, Wien 2002. Schönfeld (siehe Anm. 39 und 41) hatte die Eventualität eines Bündnisses mit Italien auch erwogen, jedoch hinzugesetzt: »Aber um welchen Preis?« Die Feststellung Haymerles Anfang 1880, das Verhältnis zu Italien habe sich gebessert, versah er mit drei Fragezeichen.

[44] Vgl. Nl. Beck VI/185, Die militär-politische Situation im Jahre 1880, 31.3.1880.

rend Preußen allein im günstigsten Falle gewinnen könnte«[45], Beck ein Jahrzehnt später klassisch:

> »[...] daß der Verfasser selbst den glücklichsten Ausgang eines Krieges mit Rußland als mit so überaus großen Nachtheilen für Österreich-Ungarn verbunden betrachtet, um nicht wünschen zu müssen, die Zeit, wo es doch vielleicht zum Krieg kommen wird, möge in weite Ferne gerückt bleiben[46].«

Ein solcher Krieg hatte eine deutlich andere Dimension oder Zielsetzung als eine Auseinandersetzung mit Italien: im Falle Italiens hatte Schönfeld gehofft, ein geschlagenes Italien falle für 15 oder 20 Jahre als Gegner aus; im Falle Rußlands formulierte Beck 1882 einen ganz anderen Zeithorizont als Vorgabe:

> »Um einen solchen Kampf nicht allein mit Aussicht auf sicheren Erfolg zu begegnen, sondern auch Rußland auf sein eigenes Gebiet zurückweisend, die Wiederkehr ähnlicher Trübungen des europäischen Friedens und die Expansionsbestrebungen dieses Staates gegen Westen und Süden auf ein Jahrhundert unmöglich zu machen, müssen alle nur immer möglichen Factoren in Thätigkeit gesetzt werden.«

Zu diesen Faktoren zählten in erster Linie die Vereinbarungen mit Deutschland, die »Sicherung unseres Rückens« gegen Italien durch Vertragsabschluß, die Allianz mit der Türkei und der Versuch, »Rumänien für uns zu gewinnen«[47]. Diese Voraussetzungen konnten – mit Ausnahme der stets unklaren Situation in Konstantinopel[48] – binnen kurzem sogar als erfüllt gelten; die eigenen militärischen Vorbereitungen waren zum Unterschied von den diplomatischen in der ersten Hälfte der 80er Jahre noch keineswegs so weit gediehen. Das österreichisch-ungarische Eisenbahnnetz bot erst gegen Ende der achtziger Jahre einigermaßen Gewähr dafür, Rußland zumindest anfangs mit einer flüchtigen zahlenmäßigen Überlegenheit entgegentreten zu können – von der langfristigen Sorge um die Absorption des Gros der deutschen Kräfte durch Frankreich einmal abgesehen[49].

Ob die österreichischen Militärs 1877/78 entscheidend mithalfen, eine Weichenstellung gegen allfällige Kriegspläne Andrassys herbeizuführen oder ob sie bloß das ohnehin vorhandene Übergewicht der Argumente zugunsten einer den Frieden ermöglichenden Politik verstärkten, ist in der Literatur umstritten[50]. Die Inbesitznahme Bosnien-Herzegovinas als Hinterland des exponierten, durch die drohende italienische Überlegenheit in der Adria isolierten dalmatinischen Küstenstreifens, den Österreich von den Venezianern geerbt hatte, gehörte zweifelsohne zu ihren Desiderata. In der Öffentlichkeit, der ungarischen und eines Gros der deutschen Liberalen zumindest, war dieser Wunsch mit dem Odium einer Kompli-

---

45 Stickler, Albrecht (wie Anm. 22), S. 399 (Albrecht an John 2.11.1872).

46 KA, OpB 1, Beck 7.12.1880, Anträge zur Vorbereitung der Mobilmachung und des strategischen Aufmarsches der Armee.

47 KA, Militärkanzlei Sr. Majestät (MKSM) 74/16, Beck April 1882.

48 Vgl. Friedrich Scherer, Adler und Halbmond. Bismarck und der Orient 1878-1890, Paderborn 2001, S. 180-188.

49 Vgl. Lothar Höbelt, Schlieffen, Beck, Potiorek und das Ende der gemeinsamen deutsch-österreichisch-ungarischen Aufmarschpläne im Osten, in: Militärgeschichtliche Mitteilungen, 36 (1984), S. 7-30.

50 Zur Kontroverse um die Absichten Andrassys vgl. Rainer F. Schmidt, Die gescheiterte Allianz. Österreich-Ungarn, England und das Deutsche Reich in der Ära Andrassy (1867 bis 1878/79), Frankfurt a.M. 1992, S. 385, 497, Anm. 25.

zenschaft mit Rußland verbunden. Die Wiener »Neue Freie Presse« erwarb sich um diese Zeit einen Ruf als »Türkenblatt«. Die Heeresführung war da zweifellos anderer Meinung: Die von Metternich »neu erfundene Tradition« der unbedingten status quo-Politik auf dem Balkan habe sich schlecht bewährt, schrieben Albrecht und Beck im Dezember 1876 gemeinsam: Die »wirkliche« Tradition durch 250 Jahre sei die »Bekämpfung der Türken u. der Schutz der Christenheit gegen ihre Barbarei«, noch dazu »die einzig nützliche beim unaufhaltsamen Zerfall der Türkei«[51].

Gewisse schüchterne Sympathien mochten in diesem Zusammenhang selbst Rußland als »Ordnungsmacht« entgegenschlagen; eine gewisse Verstörung über die russischen Absichten wird sich dennoch spätestens Anfang 1878 niedergeschlagen haben. Freilich: Der Plan Andrassys, die Russen in der »Mausefalle« des Balkans durch einen Vorstoß aus Siebenbürgen abzuschneiden, wo es keine Aufmarschbahnen gab, war nach dem übereinstimmenden Urteil der militärischen Fachleute nicht operationalisierbar: Aufmarschbasis konnte und mußte allein Galizien sein: »Dort liegt die Entscheidung!« Allenfalls über die Bukowina und Bessarabien konnte ein Vorstoß gegen die russischen Verbindungslinien unternommen werden. Die im November 1876 gestellte prinzipielle Frage, ob sich Rußland mit drei Gegnern (den Osmanen, den Briten und Österreich) gleichzeitig schlagen könne, beantwortete Schönfeld mit einem: »Leider ja!«[52]

Albrecht und Beck waren prinzipielle Gegner jeder riskanten Strategie – und fanden dabei aus finanziellen Gründen sogar bei einem Teil der mißtrauischen Liberalen indirekten Rückhalt: Nur ein großzügiges britisches Subsidienangebot, kein verklausulierter Kredit hätte hier die Stimmung zu verändern vermocht. Die parlamentarischen Vertretungskörperschaften, ja selbst die Ministerpräsidenten beider Reichshälften, dann auch die Delegationen, die 1878 einen 60 Millionen-Kredit bewilligten, wurden aber weiter im unklaren gelassen, ob der Kredit zu Drohgebärden gegen Rußland oder – wie sich schließlich herausstellte – zur Dekkung der Kosten der Okkupation bestimmt war. Schönfelds Opposition gegen Andrassy war offenbar weniger prinzipiell motiviert: Er hielt lange Zeit eine Mobilmachung für ein erfolgversprechendes Druckmittel gegen Rußland, änderte seine Auffassung in diesem Punkt aber gerade vor den entscheidenden Beratungen im Februar 1878[53]. Der Wert einer britischen Allianz wurde äußerst gering veranschlagt; allenfalls war Schönfeld bereit, ihr eine gewisse dämpfende Wirkung auf Italien zuzugestehen. Einen Binnenstaat wie Rußland vermöge England bloß zu schädigen, aber »nicht in vitalen Interessen empfindlich zu verletzen«. Die Seeherrschaft im Schwarzen Meer – ein Faktor, der ins Gewicht fiel, wollte man die

---

51 Stickler, Albrecht (wie Anm. 22), S. 417; zur Russophilie insbesondere der hochadeligen Militärs vgl. auch Schmidt-Brentano, Armee in Österreich (wie Anm. 11), S. 183, 193; allgemein: Lothar Höbelt, »Kranke Männer« unter sich? Die Donaumonarchie zwischen Berlin und Istanbul, in: Festschrift für Harm-Hinrich Brandt, hrsg. von Rainer Schmidt, Würzburg 2003.

52 KA, OpB 1, Betrachtungen zum Kriegsfall gegen Rußland, 20.11.1876; Rosner, Schönfeld (wie Anm. 8), S. 100.

53 Vgl. Franz Josef Kos, Die Politik Österreich-Ungarns während der Orientkrise 1874/75–1879, Köln, Wien 1984 (= Dissertationen zur neueren Geschichte, 16), S. 267, 283, 289. Leider sind die Notizen Schönfelds über diese Wochen nur kursorisch und lückenhaft.

Russen auf dem Balkan »abschneiden« – hatte die Türkei 1877/78 überdies auch ohne britische Unterstützung zu bewahren vermocht. Die zusätzliche Gefährdung aus dem Süden, von der russischen Balkan-Armee, hielt Schönfeld nach der effektiven Niederlage der Türkei offenbar doch für größer als vorher – wenn er auch in seinem Tagebuch fein säuberlich alle Berichte über die russischen Rücktransporte an Kranken (und über ihre 10 000 »polizeilich gemeldeten Cocotten«) notierte[54].

Auch bei der nächsten großen Krise, die ihren Ausgang vom Balkan nahm, wirkte der Einfluß der österreichisch-ungarischen Militärs 1887/88 in eine allen Präventivschlagserwägungen abholde Richtung. Auch diesmal waren es Exponenten der ungarischen Reichshälfte, deren stets mit dem Schlagwort »Rache für Vilagos« identifizierte Antipathie gegen Rußland den innenpolitischen Widerpart zu ihrer Position darstellten. Andrassy, der 1886 stark für eine Änderung der österreichischen Politik auftrat bis zu Ministerpräsident Graf Istvan Tisza im Ministerrat um die Jahreswende 1887/1888 bedauerten, daß Österreich-Ungarn keinen Präventivkrieg führen wolle, unter anderem mit dem Argument, man könne »heute noch dafür eintreten, daß jede der verschiedenen Nationen, aus denen die Monarchie bestehe, voll und ganz ihre Pflicht tun werde, ob aber die fortdauernden russischen Machinazionen diese Situation in einigen Jahren nicht ändern werde, sei jedenfalls fraglich«[55]. Beck begegnete all diesen Aufforderungen, von Tisza bis Waldersee, mit seiner unerschütterlichen Ruhe und elastischem Pragmatismus. Interessanterweise war es gerade Erzherzog Albrecht, der im Gegensatz zu seinen früheren Stellungnahmen gegen Ende unseres Zeitraumes eine pessimistische Haltung einnahm und den Krieg mit Rußland immer weniger für vermeidbar hielt. Dabei spielten persönliche Faktoren eine Rolle: Schon in den 70er Jahren hatte Albrecht selbst in Rußland Anzeichen dafür verspürt, daß mit dem Kronprinzen, dem späteren Alexander III., die russisch-nationale Strömung sich Bahn brechen werde: Wenn der Zar sterbe, würde Rußland gegen das Deutsche Reich Krieg führen, sagte er im Dezember 1874 voraus[56]. In der Präventivkriegskrise 1887/88 redete er zwar nicht dem Losschlagen das Wort, und wollte – zum Unterschied von Waldersee – einen Winterfeldzug auf alle Fälle vermeiden, war aber der festen Meinung – so kolportierte es zumindest der Kronprinz – »es müsse jeden Tag losgehen«[57]. Franz Joseph allerdings resümierte, »unsere Stellung ist jetzt diplomatisch eine so ausgezeichnete wie lange nicht«, und hatte schon im Vorjahr bei der Ge-

54 Vgl. KA, B 131 1/I: Schönfeld Tb. 10.1.1878.

55 HHStA Wien, Gemeinsamer Ministerrat, Prot. Nr. 346, 18.12.1887. Kalnoky sprach damals von dem »vielfach in preußischen und hiesigen militärischen Kreisen erörterten Plan, Rußland durch einen Krieg sofort zuvorzukommen«, der »nicht in Betracht zu ziehen« sei.

56 Vgl. Stickler, Albrecht (wie Anm. 22), S. 381; Kuhn-Tb. 23.12.1874.

57 Kuhn-Tb. 24.5.1888; Stickler, Albrecht (wie Anm. 22), S. 476 f.; vgl. auch Albrechts – damals allerdings noch eher langfristig ausgerichtete – Ansicht von der Unvermeidlichkeit des russischen Krieges Ende 1885 (ebd., S. 463). In dieser Beziehung irreführend: Brigitte Hamann, Erzherzog Albrecht – die graue Eminenz des Habsburgerhofes. Hinweise auf einen unterschätzten Politiker, in: Politik und Gesellschaft im alten und neuen Österreich. Festschrift für Rudolf Neck zum 60. Geburtstag, Bd 1, Wien 1981, S. 62–77, hier: S. 68, wenn sie in diesem Zusammenhang von Albrecht als »dem Haupt der ›deutschfeindlichen‹ Gruppe« spricht.

wehrbestellung (Umrüstung auf Repetiergewehre) doppelte Vorsicht empfohlen, damit »es nicht heißt, wir fangen an zu rüsten«[58].

Die österreichischen Militärs erwiesen sich in der Krise der Jahre 1887/88 per saldo als kongeniale Verbündete Bismarcks. Diese Parallelität hatte freilich ihre Grenzen: Es dauerte noch geraume Zeit, bis sich auch Franz Joseph und seine militärischen Ratgeber mit der Theorie anzufreunden vermochten, daß man Rußland bloß in die »türkische Sackgasse« hineinlaufen lassen müßte, selbst aber vornehme Zurückhaltung zu praktizieren hätte[59]. Denn im Falle einer Besetzung Konstantinopels durch die Russen, so schrieb selbst Beck noch 1894, würde die »Aufrechterhaltung erträglicher Zustände« auf der Balkanhalbinsel unmöglich sein[60]. Die entscheidende Wende zur Politik des Kondominats auf dem Balkan – wie sie von Beck mitgetragen, vielleicht sogar vorsichtig initiiert wurde – fällt erst in die Zeit ab Mitte der 90er Jahre, nach dem Ende unseres Berichtszeitraums und nach dem Tod Erzherzog Albrechts.

Auch kostspielige Drohgebärden am Balkan, wie sie sich nach der Jahrhundertwende zum Standardrepertoire der österreichisch-ungarischen Diplomatie entwikkelten, fanden bei den Fachleuten keinen Gefallen. Der Sandschak von Novipazar, den Österreich-Ungarn 1879 besetzt hatte, um zwischen Serbien und Montenegro einen Keil zu schieben, schien dem Generalstab überdies ein besonders ungeeigneter Ausgangspunkt für jede weitere Aktion – jede solche wäre »militärisch genommen eine von Grund auf verfehlte, unweigerlich den Keim des Mißerfolgs in sich tragende Operation, von der nicht entschieden genug abgerathen werden könne«[61]. Mit der Vorstellung einer Teilung der Halbinsel in Interessensphären, eventuell auch Territorialbesitz vermochte man sich hingegen anzufreunden, wenn man letztlich auch die Politik des status quo vorzog – zumindest solange in den 80er Jahren die Balkanstaaten allesamt wenig Neigung zeigten, nach der Pfeife des Zar-Befreiers oder seiner Nachfolger zu tanzen[62].

58 KA, MKSM 20-1/10-2, Kommissionelle Beratung 8.12.1887; MKSM 20-1/12-2, Militärkonferenz 21.12.1886.

59 Vgl. Scherer, Adler und Halbmond (wie Anm. 48), S. 197, 245-255.

60 Vgl. KA, MKSM 25-1/1 ex 1895, Denkschrift Becks vom 18.12.1894.

61 KA, MKSM 25-1/2 ex 1896, Denkschrift Becks vom 17.12.1895; Schönfeld als Generalstabschef hatte 1879 der Okkupation des Sandschaks opponiert, Beck seine Bedenken damals noch diplomatisch verhüllt. (Rosner, Schönfeld – wie Anm. 8 –, S. 143 f.) Selbst die Okkupation Bosniens war Schönfeld privat offenbar kein besonderes Anliegen: So bezeichnete er die Rede seines ungeliebten Rivalen, des Kriegsministers Arthur Graf Bylandt-Rheidt, vor den Delegationen als »ein strategisch sein sollendes ola potrida« und kommentierte zustimmend einen kritischen Artikel der »Neuen freien Presse« über den »strategischen Wert des Hinterlandes«. (KA, B/131 1/II, Schönfeld Tb. 10.12.1878).

62 Albrecht hielt daher z.B. die Verkleinerung Bulgariens auf dem Berliner Kongreß für einen Fehler, weil ein größeres Bulgarien – wie sich das ab 1885 zu bestätigen schien – sich leichter von Rußland zu emanzipieren imstande sei.

III. Resümee

Von allen Großmächten, Rußland vielleicht ausgenommen, hatte Österreich-Ungarn bei seinen »Haupt- und Staatsaktionen« mit innenpolitischen Faktoren – bis auf den ungarischen Premier – am allerwenigsten zu rechnen. Auch das innenpolitische Spektrum der führenden Offiziere der k.u.k. Armee war auf einen relativ engen Zirkel beschränkt: Das schloß erbitterte Feindschaften und Kontroversen nicht aus[63], die jedoch ihrerseits fast nie auf das politisch-strategische Feld übergriffen. Nicht einmal dynastische Wechselfälle vermochten im Zeitalter Franz Josephs die Kontinuität zu trüben.

Die militärische und diplomatische Elite der Habsburgermonarchie sah sich deshalb als die letzten Verfechter souveräner Kabinettspolitik, die auf allen Seiten von unberechenbaren Volksbewegungen umgeben waren. Daraus resultierte eine ihrem Ideal von Staatsraison durchaus widersprechende »recht modern anmutende Vorstellung von der Determinierung außenpolitischer Entscheidungen durch innenpolitische Zwänge«[64], die ihrerseits nicht ganz frei von Elementen der Paranoia war bzw. analytisch wohl vielfach übers Ziel hinausschoß.

Aus der gefährdeten Lage einer Großmacht, die sich von nahezu allen Seiten irredentistischen Gefahren ausgesetzt sah und bei seinen »langen trockenen Grenzen« nach keiner Seite hin Anlehnung an schützende Küsten finden konnte, ergab sich sehr früh eine Beschäftigung mit dem radikalen Konzept eines Präventivkriegs als Ausweg aus der »Zwickmühle« – ein Konzept freilich, das von Franz Joseph und Beck nie ernsthaft in Erwägung gezogen wurde. Der Dreibund – verbunden mit personellen Weichenstellungen – dämpfte diesen Aktivismus für ein Vierteljahrhundert. Gegen Rußland aber war mit dem Rezept eines schnellen Schlags von vornherein nicht auszukommen, war das Mißverhältnis langfristig gesehen auf alle Fälle zu groß. Zwischen der militärischen Elite und dem tonangebenden Teil der politischen Öffentlichkeit entwickelte sich so – schematisch betrachtet – ein Patt: Der russische Krieg wäre zeitweise vielleicht populär gewesen, war aber nie wirklich erfolgversprechend; der »relativ angenehme« italienische Krieg war ein politisches Minderheitenprogramm, das nur bei religiösen Eiferern Anklang fand. Den deutschen Krieg wollten nach 1870/71 weder die einen noch die anderen. Daraus resultierte, daß eine von Überheblichkeit und Aggressivität keineswegs freie militärische Elite zunehmend in die Rolle der »Tauben« geriet, bis sich im neuen Jahrhundert die Gewichte dann wiederum sehr bedrohlich gegen die Überlebenschancen der Habsburgermonarchie zu verschieben begannen – und sich schließlich die Frage stellte, ob eine Macht, die Serbien ernst nahm oder ernst zu nehmen gezwungen war, überhaupt noch als Großmacht gelten konnte[65]?

---

63 Vgl. Kuhn-Tb. 11.1.1869 über Erzherzog Albrecht: »Der Mann hat mir persönlich nichts getan und doch hasse ich ihn wie die Sünde.«

64 Stickler, Albrecht (wie Anm. 22), S. 404.

65 Zu diesem Ausblick an anderer Stelle: Lothar Höbelt, Österreich-Ungarn und das Deutsche Reich als Zweibundpartner, in: Österreich und die deutsche Frage im 19. und 20. Jahrhundert, hrsg. von Heinrich Lutz und Helmut Rumpler, Wien 1982, S. 256–281; ders., Der Zweibund. Bündnis mit paradoxen Folgen, in: Ungleiche Partner? Österreich und Deutschland im 19. und 20. Jahrhundert, hrsg. von Michael Gehler und Rainer Schmidt, Wiesbaden 1996, S. 295–313.

Dirk Bönker

Zwischen Bürgerkrieg und Navalismus: Marinepolitik und Handelsimperialismus in den USA 1865 bis 1890

I.

Während des Amerikanischen Bürgerkriegs und in den Deutschen Einigungskriegen praktizierten die USA und Preußen-Deutschland neue Formen eines industriellen Nationalkrieges, die Kriegführung und Machtpolitik grundlegend veränderten. Am Ende der Kriege standen zwei neuformierte machtvolle Nationalstaaten, in deren Zukunft das Streben nach Weltmacht und direkte gegenseitige Konfrontation in interkontinentalen Großkriegen lagen[1]. Aber diese Zukunft deckte sich im Falle der USA kaum mit den Realitäten der Zeit unmittelbar nach dem Bürgerkrieg. So bereitete sich der amerikanische Staat des Gilded Age nicht auf eine geopolitische Konfrontation mit anderen Großmächten vor und schenkte der Außenpolitik wenig Interesse. Er konzentrierte sich zwischen 1865 und 1890 vor allem auf die nationale Absicherung industriellen Wachstums und innerer Ordnung[2].

Diese Prioritäten schlugen sich in einer Diplomatie nieder, die sich weitgehend von der Machtpolitik europäischen Zuschnitts fernhielt und eher sporadische Züge trug. Für die inhaltliche Ausrichtung dieser Diplomatie, die primär auf Ereignisse reagierte anstatt zusammenhängende Ziele systematisch zu verfolgen, waren die

---

1 Vgl. Michael Geyer and Charles Bright, Global Violence and Nationalizing Wars in Eurasia and America: The Geopolitics of War in the Mid-Nineteenth Century, in: Comparative Studies in Society and History, 38 (1996), S. 619-657; Paul Kennedy, The Rise and Fall of the Great Powers: Economic Change and Military Conflict from 1500 to 2000, London 1989; On the Road to Total War: The American Civil War and the German Wars of Unification, 1861-1871. Ed. by Stig Förster and Jörg Nagler, Cambridge 1997; Anticipating Total War: The German and American Experiences, 1871-1914. Ed. by Manfred F. Boemeke, Roger Chickering and Stig Förster, Cambridge 1999.

2 Vgl. Anders Stephanson, Manifest Destiny: American Expansion and the Empire of Right, New York 1995, S. 66-71; Stephen Skowronek, Building A New American State: The Expansion of National Administrative Capacities, 1877-1920, Cambridge 1982; Richard Franklin Bensel, Yankee Leviathan: The Origins of Central State Authority in America, 1859-1877, Cambridge 1990; Charles Bright, The State in the United States During the Nineteenth Century, in: Statemaking and Social Movements: Essays in History and Theory. Ed. by Charles Bright and Susan Harding, Ann Arbor 1984, S. 121-158.

Rhetorik der Monroe-Doktrin, das Fehlen einer direkten äußeren Bedrohung und das Ende der kontinentalen Expansion der USA maßgebend. Die Grundhaltung war anti-interventionistisch und isolationistisch[3]. Darüber hinaus fühlten sich die politischen Eliten der USA der Vision eines ozeanischen Informal Empire verpflichtet, die das Außenverhalten von Staat und Gesellschaft seit der Unabhängigkeit begleitet hatte. Getragen von der Erwartung zukünftiger ökonomischer Vorherrschaft, richtete sich diese Vision nach dem Bürgerkrieg auf die Entfaltung des amerikanischen Außenhandels mit den nicht oder wenig industrialisierten Regionen der Welt. Trotz der Vielzahl von imperialen Entwürfen kann von einer kraftvollen und zielgerichteten Politik in diesem Zusammenhang allerdings nur bedingt die Rede sein. Überseeische imperiale Expansion erfolgte tastend und sprunghaft und wurde von privaten sowie staatlichen Initiativen und Akteuren getragen[4].

Am Ende des Bürgerkriegs unterhielten die USA Streitkräfte, die unter den europäischen Großmächten kaum ein Pendant fanden. Dieser Herrlichkeit setzten Demobilisierung und die darauffolgende Militärpolitik ein abruptes Ende. Im Vergleich zu Europa versanken amerikanische Armee und Marine innerhalb weniger Jahre in die Bedeutungslosigkeit. Die amerikanische Armee hatte im Mai 1865 über eine Million Mann unter Waffen. Anfang der 1870er Jahre waren es dagegen nur mehr etwa 30 000 Mann, und an dieser Stärke änderte sich bis zum Spanisch-Amerikanischen Krieg 1898 wenig. Der Blick der Armee war nach innen gerichtet. Neben ihrer Rolle in der Reconstruction des amerikanischen Südens bestand die Hauptaufgabe der Armee in der endgültigen Niederwerfung der indianischen Bevölkerung und der Absicherung von Landnahme und ökonomischer Entwicklung im Westen der USA. Die Armee wurde auch in Arbeitskämpfen auf Seiten der Unternehmer eingesetzt[5].

Im Jahr 1865 zählte die amerikanische Kriegsmarine mehr als 700 Schiffe und stand an der Spitze technologischen Fortschritts. Zehn Jahre später hingegen verfügte sie lediglich über 150 Schiffe, deren Technologie obsolet geworden war. Ge-

---

3 Vgl. Robert L. Beisner, From the Old Diplomacy to the New, 1865-1900, 2. ed., Arlington Heights 1986; Charles S. Campbell, The Transformation of American Foreign Relations, 1865-1900, New York 1976. Siehe auch die wichtigen Ausführungen in Robert H. Wiebe, The Search for Order, 1877-1920, New York 1967, S. 224-228.

4 Dazu grundlegend die Überlegungen in Beisner, Old Diplomacy (wie Anm. 3); Joseph Fry, Phases of Empire: Late Nineteenth-Century U.S. Foreign Relations, in: The Gilded Age: Essays on the Origins of Modern America. Ed. by Charles W. Calhoun, Wilmington 1996, S. 261-288; siehe auch Edward P. Crapol, Coming to Terms with Empire: The Historiography of Late Nineteenth-Century American Foreign Relations, in: Paths to Powers: The Historiography of American Foreign Relations to 1941. Ed. by Michael J. Hogan, Cambridge 2000, S. 79-116; Milton Plesur, America's Outward Thurst: Approaches to Foreign Affairs, 1865-1890, DeKalb 1971. Zwei neuere umfassende Arbeiten über das imperiale Ausgreifen der USA nach dem Bürgerkrieg sind David Pletcher, The Diplomacy of Trade and Investment: American Economic Expansion in the Hemisphere, 1865-1900, Columbia 1998; ders., The Diplomacy of Involvement: American Economic Expansion Across the Pacific, 1784-1900, Columbia 2001.

5 Gute Überblicke geben: Allan R. Millett and Peter Maslowski, For the Common Defense: A Military History of the United States of America, New York 1984, S. 233-249; Jerry M. Cooper, The Army's Search for a Mission, 1865-1890, in: Against all Enemies. Interpretations of American Military History from Colonial Times to the Present. Ed. by Kenneth J. Hagan, New York 1986, S. 173-196.

gen Ende der 1870er Jahre verschwand die U.S. Navy sogar aus in Europa publizierten Überblicken über die wichtigsten Kriegsmarinen der Welt[6]. So schlecht war es um die amerikanischen Streitkräfte des Gilded Ages sowohl im Vergleich zu den zeitgenössischen Streitkräften Europas als auch zu denen der USA in früheren und späteren Zeiten bestellt, daß eine ältere Historiographie die Jahrzehnte nach dem Bürgerkrieg als »dark ages« der amerikanischen Militärgeschichte beschrieben hat[7].

Der folgende Überblick über Marinepolitik und Handelsimperialismus in den USA zwischen Bürgerkrieg und Navalismus ist einer solchen historiographischen Sichtweise nicht verpflichtet. Im Anschluß an die Arbeiten von Lance Buhl und Kenneth Hagan wird vielmehr betont, daß die amerikanische Marine nach 1865 klar definierten imperialen und militärischen Projekten unter handelsimperialistischen Vorzeichen diente, die vom Kongreß gesetzt wurden und dessen rüstungspolitische Entscheidungen bestimmten[8]. Marineoffiziere, politisch untergeordnet und institutionell fragmentiert, übten nur geringen direkten Einfluß auf die offizielle Bestimmung ihrer Aufgaben und die sie begleitende Baupolitik aus[9].

Über die der maritimen Streitkraft zugewiesenen imperialen und militärischen Aufgaben herrschte nichtsdestoweniger, so die These, weitestgehende Übereinstimmung zwischen Militär und Politik. Dieses Mandat ließ freilich keinen Platz für militärische Großmachtpolitik und das Streben nach maritimer Ebenbürtigkeit mit europäischen Militärstaaten. Trotz des heftigen Widerspruchs, auf den die eiserne Sparpolitik des Kongresses seitens des Offizierkorps stieß, entsprach das Mandat prinzipiell den Vorstellungen der Marine, und es ist ohne diese Kongruenz nicht zu denken. Überdies verlieh es der Marine einen erheblichen Einfluß über seine Ausgestaltung in der Praxis. Nach dem Bürgerkrieg fungierten die Offiziere der amerikanischen Marine als Vordenker und aktive Gestalter eines sich entfaltenden überseeischen handelsimperialistischen American Empire und einer es si-

---

6 Stephen Howarth, To Shining Sea: A History of the United States Navy, 1775-1991, New York 1991, S. 216. Für Einführungen in die Geschichte der amerikanischen Marine im 19. Jahrhundert siehe Robert W. Love, Jr., History of the U.S. Navy, 1775-1941, Harrisburg 1992; Kenneth J. Hagan, This People's Navy: The Making of American Sea Power, New York 1991; In Peace and War. Interpretations of American Naval History, 1775-1978. Ed. by Kenneth J. Hagan, Westport 1978; Millet/Maslowski, Common Defense (wie Anm. 5). Die einschlägige Literatur ist bibliographisch erfaßt in: A Guide to Sources of United States Military History. Ed. by Robin Higham, Hamden 1975; und den Supplements I-III, Hamden, 1981-1993.

7 Typisch sind William A. Ganoe, A History of the United States Army, New York 1936; Harold und Margaret Sprout, The Rise of American Naval Power, 1776-1918, Princeton 1939. Für die Zählebigkeit dieser Perspektive siehe Frederick C. Drake, Mahan in Dock: Reassessing the Navy and the Navalist, in: Canadian Review of American Studies, 15 (1984), S. 407-420.

8 Vgl. Lance C. Buhl, Maintaining »An American Navy«, 1865-1889, in: In Peace and War (wie Anm. 6), S. 145-173; Lance C. Buhl, The Smooth Water Navy: American Naval Policy and Politics, 1865-1876, Ph.D. Diss., Harvard 1968; Kenneth J. Hagan, American Gunboat Diplomacy and the Old Navy, 1877-1889, Westport 1973.

9 Zum Verhältnis von Marine, Rüstungspolitik und Wirtschaft, das im folgenden nicht thematisiert wird, siehe Kurt Hackemer, The U.S. Navy and the Origins of the Military-Industrial Complex, 1847-1883, Annapolis 2001; Benjamin Franklin Cooling, Gray Steel and Blue Water Navy: The Formative Years of America's Military-Industrial Complex, 1881-1917, Hamden 1979; Paul A.C. Koistinen, Mobilizing for Modern War: The Political Economy of American Warfare, 1865-1919, Lawrence 1997.

chernden Kanonenbootdiplomatie jenseits geopolitischer Konfrontation mit Großmächten.

II.

Das Verhältnis von Marine und Politik in den USA des 19. Jahrhunderts war auf der politisch-institutionellen Ebene klar geregelt. Anders als in Deutschland gab es hier keinen vom Parlament und der Zivilgesellschaft institutionell abgesonderten Militärstaat. Vielmehr unterlag im demokratischen Staatswesen der USA die Marine strikter ziviler Kontrolle auf verschiedenen Ebenen. Innerhalb der Exekutive unterstanden Marineoffiziere zivilen Vorgesetzten, dem Präsidenten als Oberbefehlshaber der Streitkräfte und dem Marineminister als verantwortlichem Leiter der Marine. Der Kongreß war verfassungsrechtlich mit der Aufstellung von Streitkräften beauftragt und bestimmte über die Marineausgaben. Die Zivilisten im Kongreß und in der Administration pochten auf ihre verfassungsrechtlich abgesicherten Kompetenzen und übten weitestgehende Kontrolle über die Marine und ihren Einsatz aus. Ziviler Macht und zivilem Zugriff auf das Militär waren im 19. Jahrhundert wenig Grenzen gesetzt.

Diese Unterordnung der Marine reflektierte eine politische Kultur, die durch Mißtrauen gegen ein starkes Militär und dessen Herrschaftsansprüche geprägt war. In den USA herrschte weitgehende Skepsis gegenüber den Versprechungen und Praktiken eines militärischen Professionalismus und der Idee einer arbeitsteiligen Organisation zwischen ziviler Gesellschaft und einer autonomen militärischen Herrschaftsanstalt. Diese Skepsis ruhte auf einer klassisch republikanischen Kritik von großen stehenden Armeen als freiheitsgefährdende Instrumente von Unterdrückung und Korruption. Sie ging mit einer Kritik an einem starken Zentralstaat einher und erhielt nach dem Bürgerkrieg durch den Einsatz der Armee im Süden im Rahmen der Reconstruction neue Nahrung. Die Abgrenzung von Kriegslust und Militärbegeisterung der Alten Welt und die Betonung ziviler Kontrolle des Militärs waren integrale Bestandteile des kollektiven Selbstverständnisses der amerikanischen Nation[10].

Nach dem Bürgerkrieg stand der Kongreß im Zentrum des amerikanischen Regierungssystems. Der »state of courts and parties« kannte im Gilded Age weder einen starken bürokratischen Staat noch eine machtvolle Präsidentschaft[11]. Die

10 Grundlegend dazu nach wie vor: Samuel P. Huntington, The Soldier and the State. The Theory and Politics of Civil-Military Relations, New York 1957, S. 143-288; Arthur A. Ekirch, Jr., The Civilian and the Military, New York 1956, S. 1-123; Walter Millis, Arms and Men: America's Military History and Military Policy from the Revolution to the Present, New York 1956, S. 13-210; Marcus Cunliffe, Soldiers and Civilians: The Martial Spirit in America, 1775-1865, Boston 1968.

11 Der Begriff »state of courts and parties« stammt von Skorownek, Building a New American State (wie Anm. 2), der grundlegenden Studie über die institutionellen Strukturen des amerikanischen Staates vor 1920. Vgl. auch Morton Keller, Affairs of State: Public Life in Late Nineteenth Century America, Cambridge 1977; Leonard D. White, The Republican Era: A Study in Administrative History, 1869-1901, New York 1958.

führende Stellung, die der Kongreß in der nationalen amerikanischen Politik nach der vorübergehenden kriegsbedingten Stärkung der Exekutive innehatte, erstreckte sich auch auf das Feld der Außenpolitik, wie etwa der Konflikt über die Kolonialpolitik der Regierung von Ulysses Grant in der Karibik demonstrierte. Congressional Government bedeutete, daß der Kongreß die Richtlinien der Marinepolitik bestimmte und auch direkten Zugriff auf Vorgänge innerhalb des Marineministeriums und der Marine selbst besaß[12]. Die politische Hegemonie des Kongresses wurde von Marineministern wohl verstanden. Jene verdankten ihre Position ohnehin nicht etwaiger besonderer Kompetenz in Marinefragen, sondern eher politischem Einfluß und sachfremdem parteipolitischen Kalkül. Marineminister und Marinepolitiker im Kongreß verstanden es gleichermaßen, die Interessen ziviler Klientels in ihrer Handhabung von Marineangelegenheiten zu bedienen. Besondere Objekte dieses Interesses waren Marinewerften und -stützpunkte[13].

Congressional Government und die politische Unterordnung der Marine schlugen sich innerhalb des Marineministeriums vor allem in institutioneller Fragmentierung und dem Fehlen starker professioneller Behörden nieder[14]. Das Ministerium war in eine Reihe von gesetzlich verankerten, prinzipiell gleichberechtigten und voneinander unabhängigen sogenannten Bureaus geteilt. Ihre Vorsteher waren in der Regel keine regulären Linienoffiziere, sondern Mitglieder des Staff Corps, das vor allem aus Ingenieuren, Konstrukteuren, Zahlmeistern und Ärzten bestand. Sie wurden vom Präsidenten mit Zustimmung des Senats auf jeweils vier Jahre ernannt und verfügten über erhebliche Macht, die unter anderem Ausdruck fand darin, daß sie in ihrem Bereich auch ohne vorherige Konsultation mit dem Marineminister Entscheidungen treffen konnten. Ein wichtiges Merkmal des Systems der Bureaus, das 1842 eingeführt worden war, bestand darin, daß diese Einheiten vorrangig für Verwaltungsangelegenheiten und Schiffbau zuständig waren, d.h. sich mit den sogenannten »civil affairs« der Marine befaßten. Militärische Angelegenheiten hingegen fielen in die Domäne des Marineministers, der direkt für alle wichtigen Entscheidungen in bezug auf Flotte, Personal und Marineeinsatz zuständig war. Nach dem Bürgerkrieg übernahm das 1862 gegründete Bureau of Navigation einen Teil dieser Aufgaben und wurde 1889 schließlich offiziell mit der Aufsicht über die Flotte und ihr Personal beauftragt.

---

12 »[...] unquestionably, the predominant and controlling force, the centre and source of all motive and of all regulative power, is Congress,« so faßte ein prominenter Beobachter des amerikanischen Regierungssystems 1885 zusammen. Woodrow Wilson, Congressional Government: A Study in American Politics, Repr., Baltimore 1981. Die Bedeutung von Congressional Government für das Verständnis von Marinepolitik hat mit Nachdruck Lance Buhl in seinen Arbeiten hervorgehoben.

13 Als Einführung vgl. American Secretaries of the Navy. Ed. by Paolo E. Coletta, vol. 1: 1775-1913, Annapolis 1980; Robert Greenhalgh Albion, Makers of Naval Policy, 1798-1947. Ed. by Rowena Reed, Annapolis 1980, bes. S. 38-40, 158-160.

14 Vgl. dazu Charles Oscar Paullin, Paullin's History of Naval Administration, 1775-1911, Annapolis 1968; Henry P. Beers, The Development of the Office of the Chief of Naval Operations, p. 1, in: Military Affairs, 10 (Spring 1946), S. 40-68; ders., The Bureau of Navigation, in: The American Archivist, 6 (1943), S. 212-252; Albion, Makers of Naval Policy (wie Anm. 13), bes. S. 68-70.

Nach dem Bürgerkrieg verfügte das Marineministerium über keine militärischen Zentralbehörden. Es fehlte eine übergeordnete Instanz unterhalb oder neben dem Marineminister, die sowohl die Arbeit der Bureaus, die verantwortlich für die Bereitstellung des Kriegsmaterials waren, hätte koordinieren als auch als oberster Sachwalter militärischer Interessen gegenüber dem Minister hätte fungieren können. Die Position des einzigen vollen Admirals der Marine, die 1866 eingerichtet wurde, war primär von nomineller Bedeutung und füllte diese Lücke nicht. Auch gab es keine besonderen, eigens mit dem Einsatz der Flotte und Fragen von Militärstrategie und Rüstungspolitik befaßten Stellen. Als Aushilfe dienten spezielle Offizierkommissionen, die der Marineminister oder der Kongreß bei gegebenem Anlaß ernannten und deren Mandate zeitlich und fachlich begrenzt blieben.

Durch die Fragmentierung der Marine wurde es den Vorstehern der Bureaus und kommandierenden Offizieren von Flotteneinheiten und Marineeinrichtungen überlassen, sich direkt Gehör bei den zivilen Entscheidungsträgern an der Spitze des Ministeriums und im Kongreß sowie in der Öffentlichkeit zu verschaffen. Eine Reihe von Offizieren war in dieser Hinsicht sehr aktiv und profilierte sich als Lobbyisten in eigener Sache; andere wiederum nahmen eine mehr passive Haltung ein und äußerten sich nur auf offizielle Anfrage hin. Insgesamt verhinderte dieser institutionelle Zustand, daß die Belange und Vorstellungen der Marineoffiziere in einer einheitlichen und institutionell konzentrierten Weise artikuliert wurden. Zugleich reflektierte dieser Umstand bestehende Konfliktlinien innerhalb der amerikanischen Kriegsmarine, die insbesondere im Bereich der Baupolitik sichtbar wurden. Linienoffiziere und Angehörige des Staff Corps, d.h. hier vor allem Marineingenieure und -konstrukteure, rangen um Macht und Status innerhalb einer Marine, die mit starkem technologischen Wandel (Übergang vom Segel- zum Dampfantrieb, von Holzschiffen zu gepanzerten Eisen- und Stahlschiffen etc.) konfrontiert war[15]. Unter diesen Offizieren, die verschiedene Bureaus kontrollierten, kam es zu heftigen Konflikten über Fragen von Schiffbau und -bewaffnung und der Abgrenzung der Kompetenzbereiche der einzelnen Bureaus.

Das Fehlen einer übergeordneten militärischen Instanz innerhalb des Marineministeriums wurde zum Objekt der Reforminteressen von Marineoffizieren. So begannen seit dem Ende des Bürgerkriegs höhere Offiziere, wie etwa die Admiräle Samuel DuPont, David Glasgow Farragut und David Dixon Porter, die Schaffung eines gesetzlich verankerten Zentralorgans, bestehend aus mehreren hochrangigen Linienoffizieren und einem Senior Admiral, zu fordern. Dieses Organ sollte sich mit Fragen von Militärstrategie, Baupolitik und Flotteneinsatz befassen und Überwachungs- und Weisungsbefugnisse gegenüber den Bureaus und dem Staff Corps ausüben. DuPont schlug sogar die Errichtung eines »Board of Admiralty« vor, der direkt und ausschließlich dem Präsidenten als Oberbefehlshaber aller Streitkräfte zu unterstehen hatte[16].

---

15 Grundlegend dazu: Lance Buhl, Mariners and Machines: Resistance to Technological Change in the American Navy, 1865-1869, in: Journal of American History, 61 (1974), S. 703-727.

16 Vgl. Samuel Francis DuPont: A Selection from his Civil War Letters. Ed. by John D. Hayes, Ithaca 1969, vol. 3, bes. S. 301-303, 308-312, 334-337, 343-346, 430-437, 441-443, 446-452;

Solche Vorstöße verkörperten nicht einfach nur den Machtwillen der Marineoffiziere; sie waren auch Antwort auf bestimmte Erfahrungen während des Bürgerkriegs und drückten den Unwillen über die Leitung des Ministeriums und des Seekriegs durch Marineminister Gideon Welles und seinen Stellvertreter Gustavus Fox aus[17]. Zusammen mit dem Präsidenten hatten jene alle wichtigen militärstrategischen und operativen Entscheidungen (angefangen bei der Erklärung der Seeblokkade) selbst getroffen und die befehlshabenden Offiziere für alle größeren Flotteneinsätze nach ihrem Gutdünken ernannt. Wiederholt hatten sie auch direkt in Operationen eingegriffen und deren taktische Einzelheiten bestimmt. Die meisten Offiziere waren auch darüber verbittert, daß sich ihrer Meinung nach Welles und Fox in baupolitischen Entscheidungen zu sehr von Marineingenieuren und -konstrukteuren hatten beeinflussen lassen. Das Vertrauen, das der Vorsteher des 1862 gegründeten Bureaus of Steam Engineering, Benjamin Franklin Isherwood, bei seinen zivilen Vorgesetzten erworben hatte, war der besondere Stein des Anstoßes. Während Welles und Fox unter großem Beifall der meisten Offiziere den Bau von Monitoren voll gefördert hatten, hatten sie ebenso Isherwoods Vision einer dampfgetriebenen Marine, die nur mit bestimmten Abstrichen von den meisten Offizieren geteilt wurde, unterstützt. Darüber hinaus zeigten sich die beiden bereit, den Status der Marineingenieure aufzuwerten und ihnen eine wichtige Rolle in Schiffskonstruktion und Baupolitik einzuräumen[18].

Das Streben nach einer institutionellen Reform des Marineministeriums scheiterte zunächst nach dem Bürgerkrieg. Aber das Reforminteresse in der Marine verstummte nicht und rückte in den 1880er Jahren wieder in den Vordergrund. Zu diesem Zeitpunkt war der Hang zur Stärkung der institutionellen Macht der Marine innerhalb des Ministeriums unauflöslich mit dem Interesse an der Entfaltung neuer professioneller Organisationen und Praktiken, mit besonderem Schwerpunkt auf der Schaffung generalstabsähnlicher Institutionen, verknüpft. Die Bemühungen von Offizieren, wie etwa Admiral Stephen B. Luce, die zur Gründung des Office of Naval Intelligence 1882 und des Naval War Colleges 1884 führten, waren wegweisend[19]. Auf institutioneller Ebene drückte sich das Interesse an Reform bereits

---

Diary of Gideon Welles, Secretary of the Navy under Lincoln and Johnson. Ed. by Howard K. Beale, New York 1960, vol. 2, bes. S. 233, 236 f., 240 f., vol. 3, bes. S. 247 f., 558-560, 570 f. Siehe auch Buhl, Smooth Water Navy (wie Anm. 8), S. 256-264; Paullin, Paullin's History (wie Anm. 14), S. 311 f., 330-332; Richard S. West, Jr., Mr. Lincoln's Navy, New York 1957, S. 50-52, 101-103.

17 Vgl. dazu etwa John Niven, Gidon Welles: Lincoln's Secretary of the Navy, New York 1973; Richard S. West, Jr., Gideon Welles: Lincoln's Navy Department, Indianapolis 1943; Love, History (wie Anm. 6), S. 244-321.

18 Vgl. Edward William Sloan, III, Benjamin Franklin Isherwood Naval Engineer: The Years as Engineer in Chief, 1861-1869, Annapolis 1965; Dean Allard, Benjamin Franklin Isherwood: Father of the Modern Steam Navy, in: Captains of the Old Steam Navy: Makers of the American Naval Tradition, 1840-1880. Ed. by James C. Bradford, Annapolis 1986, S. 301-322.

19 Vgl. Ronald Spector, Professors of War: The Naval War College and the Development of the Naval Profession, Newport 1977; John Hattendorf, B. Mitchell Simpson and John R. Wadleigh, Sailors and Scholars: The Centennial History of the U.S. Naval War College, Newport 1984; Jeffery M. Dorwart, The Office of Naval Intelligence: The Birth of America's First Intelligence Agency, 1865-1918, Annapolis 1979.

in der Gründung des U.S. Naval Institute 1873 aus, das als zentrales Organ für die professionelle Diskussion von Marinefragen außerhalb offizieller Hierarchien konzipiert war. Innerhalb weniger Jahre etablierte sich das Institut als zentrales »intellectual forum« der Marine, das eine mehrmals jährlich erscheinende Zeitschrift herausgab und einen alljährlichen Essaywettbewerb mit offizieller Preisausschreibung organisierte[20].

III.

Als die zentrale Institution im amerikanischen Regierungssystem bestimmte der Kongreß die Richtlinien von Marinepolitik und -strategie zwischen 1865 und 1890. Lance Buhl hat überzeugend dargestellt, wie der Kongreß in parteiübergreifender Weise die außenpolitischen und imperialen Aufgaben der Marine in kohärenter Weise definierte[21]. Dabei verband der Kongreß ein »kontinentalistisches« Verständnis nationaler Sicherheit mit einer »kommerzialistischen« imperialen Vision. Einerseits bestand darüber Konsens, daß die Vereinigten Staaten nicht von kriegslüsternen europäischen Großmächten bedroht seien, und daß die USA Distanz zur Macht- und Kolonialpolitik der Staaten der Alten Welt halten und sich vielmehr auf die Entwicklung des nordamerikanischen Kontinents konzentrieren sollten. Andererseits herrschte auch darüber Übereinstimmung, daß die USA kommerziell über ihre Grenzen hinaus zu expandieren und den Zugang zu neuen Märkten in Übersee zu sichern hätten. Die Suche nach Handels- und Absatzmöglichkeiten bedürfe weder größerer transatlantischer Interaktion mit europäischen Großmächten noch umfangreicher territorialer Ausdehnung in Übersee, doch eine gewisse Abstützung sei erforderlich. Maritime Machtmittel seien notwendig zum Zwecke des Handelschutzes und der Erschließung von Märkten. Die gebetsmühlenartig wiederholte Formel, daß der Handel der Flagge folge, unterstrich solche Überlegungen, die das Programm für eine überseeische Kanonenbootdiplomatie lieferten. Eine solche Diplomatie richtete sich gegen politische Herrscher, Staaten und Bevölkerungen an der nicht oder wenig industrialisierten Peripherie von Weltwirtschaft und Weltstaatensystem.

Dieser Entwurf einer Kanonenbootdiplomatie zu kommerziellen Zwecken bestimmte die außenpolitische Aufgabenstellung der amerikanischen Marine, und diese Streitkraft wurde das Instrument eines globalen Handelsimperialismus, der ohne eine geopolitische Konfrontation mit anderen Großmächten auszukommen hoffte. Solch eine Orientierung unterschied sich deutlich von den imperialen Aufgaben, die der Marine in der Dekade vor dem Bürgerkrieg zugewiesen worden waren. Maritime Aufrüstung wurde zu jenem Zeitpunkt von dem Streben nach

20 Vgl. Lawrence C. Allin, The United States Naval Institute: Intellectual Forum of the New Navy, 1873-1889, Manhattan 1978; ders., The Naval Institute, Mahan, and the Naval Profession, in: Naval War College Review, 31 (Summer 1978), S. 29-48.

21 Vgl. Buhl, Smooth Water Navy (wie Anm. 8), S. 45-146; ders., Maintaining an »American Navy« (wie Anm. 8), S. 151-161.

territorialer Ausdehnung in der Karibik und der Erwartung eines dadurch ausgelösten direkten Zusammenstoßes mit Spanien und England getragen[22]. Die kanonenbootdiplomatischen Aufgaben der Marine nach dem Bürgerkrieg ließen ebenso die Überlegungen über einen bevorstehenden Krieg mit England oder Frankreich, die während und unmittelbar nach dem Bürgerkrieg akuten Charakter angenommen hatten, hinter sich. Entzündet hatten sich solche Überlegungen an den Konflikten sowohl über Fragen einer möglichen Intervention der beiden europäischen Mächte in den Bürgerkrieg zugunsten der Südstaaten, als auch an der Handhabung des maritimen Blockadekrieges. Hinzu kam die französische Politik in Mexiko, die eine offene Verletzung einer wie auch immer definierten Monroe-Doktrin darstellte[23].

Insgesamt identifizierten sich amerikanische Marineoffiziere mit dem imperialen Mandat ihrer Streitkraft. Sie stilisierten sich zu zentralen Agenten eines amerikanischen Handelsimperiums und setzten das Konzept einer globalen Kanonenbootdiplomatie in die Praxis um. Diese Haltung war keineswegs überraschend, stellte das Mandat doch eine direkte Fortsetzung von tradierten Praktiken und Ideen dar. Vor dem Bürgerkrieg hatte die amerikanische Kriegsmarine »a positive and expansive role in the nation's burgeoining overseas commerce and in its emerging maritime enterprise« gespielt, wie John H. Schroeder sehr klar gezeigt hat[24]. Über die unmit-

22 Siehe John H. Schroeder, Shaping a Maritime Empire: The Commercial and Diplomatic Role of the American Navy, 1829-1861, Westport 1985, S. 117-138; Hackemer, U.S. Navy (wie Anm. 9), S. 10-66; Geoffrey S. Smith, An Uncertain Passage: The Bureaus Run the Navy, 1842-1861, in: In Peace and War (wie Anm. 6), S. 79-106; Love, History (wie Anm. 6), S. 221-243.

23 Vgl. Buhl, The Smooth Water Navy (wie Anm. 8), S. 52-77; David P. Crook, Diplomacy during the Civil War, New York 1975; Thomas David Schoonover, Dollars over Dominion; The Triumph of Liberalism in Mexican-United States Relations, 1861-1867, Baton Rouge 1978; Lynn M. Case and Warren F. Spencer, The United States and France: Civil War Diplomacy, Philadelphia 1970; Howard Jones, Union in Peril. The Crisis over British Intervention in the Civil War, Chapel Hill 1992; Stuart L. Bernath, Squall Across the Atlantic: American Civil War Prize Cases and Diplomacy, Berkely 1970; Adrian Cook, The Alabama Claims: American Politics and Anglo-American Relations, 1865-1872, Ithaca 1975; Norman B. Ferris, The Trent Affair: A Diplomatic Crisis, Knoxville 1977; Gordon H. Warren, Fountain of Discontent: The Trent Affair and Freedom of the Seas, Boston 1981.

24 Schroeder, Shaping a Maritime Empire (wie Anm. 22), S. 3. Zum folgenden siehe neben Schroeders grundlegender Arbeit auch Geoffrey Sutton Smith, The Navy Before Darwinism: Science, Exploration, and Diplomacy in Antebellum America, in: American Quarterly, 28 (1976), S. 41-55; ders., Charles Wilkes and the Growth of American Naval Diplomacy, in: Makers of American Diplomacy. From Benjamin Franklin to Henry Kissinger. Ed. by Frank J. Merli and Theodore A. Wilson, New York 1974, S. 135-164; Curtis T. Henson, Jr., Comissioners and Commodores. The East India Squadron and American Diplomacy in China, University, Ala. 1982; Robert Erwin Johnson, Thence Round Cape Horn: The Story of United States Naval Forces on Pacific Station, 1818-1923, Annapolis 1963; sowie Hagan, This People's Navy (wie Anm. 6), S. 91-160. Für die Nachbürgerkriegszeit siehe vor allem Hagan, American Gunboat Diplomacy (wie Anm. 8); Stephen S. Roberts, An Indicator of Informal Empire: Patterns of U.S. Navy Cruising on Overseas Stations, 1869-1897, in: New Aspects of Naval History. Ed. by Craig L. Symonds, Annapolis 1979, S. 253-267; William N. Still, Jr., American Sea Power in the Old World: The United States Navy in European and Near Eastern Waters, 1865-1917, Westport 1980. Vgl. allgemein auch Charles Oscar Paullin, Diplomatic Negotiations of American Naval Officers, 1778-1883, Baltimore 1912; sowie Love, History (wie Anm. 6), bes. S. 72-74, 130-132, 153-155, 171-173, 212-214, 221-223, 322-324.

telbaren Aufgaben des Schutzes von Handel und amerikanischen Staatsangehörigen in Übersee hinaus, hatte sich die amerikanische Marine intensiv bei der Suche nach neuen Märkten und der Erschließung von überseeischen Gewässern und Gebieten engagiert und bereits Kanonenbootdiplomatie betrieben. Zu diesem Zweck hatten amerikanische Kriegsschiffe die Meere der Welt durchpflügt und Marineoffiziere Expeditionen durchgeführt, die häufig wissenschaftliche, kommerzielle und marinediplomatische Zielsetzungen miteinander verbanden.

Der hervorstechende Theoretiker eines Handelsimperialismus und globaler Kanonenbootdiplomatie unter den Offizieren war ohne Zweifel Admiral Robert Shufeldt[25]. Der Admiral, der zwischenzeitlich auch als Handelsschiffskapitän und amerikanischer Konsul wirkte, wurde nicht müde, den Primat kommerzieller Expansion für sein Land zu postulieren, die Kriegsmarine als »pioneer of commerce« darzustellen und ihren Beitrag »for the aggrandizement of American commerce« in Vergangenheit und Zukunft herauszustellen[26]. Shufeldt porträtierte die Vereinigten Staaten als einen sich schnell entwickelnden Industrie- und Handelsstaat, der auf die Erschließung von ausländischen Absatzmärkten für überschüssige Industrie- und Agrarprodukte angewiesen war. In charakteristischer Weise betonte Shufeldt etwa 1878 die

> »absolute necessity for procuring a market for our surplus products. [...] At least one-third of our mechanical and agricultural products are now in excess of our own wants, and we must export these products or deport the people who are creating them.«

Diese Ausfuhr müsse in die nicht oder wenig industrialisierten Länder der Welt erfolgen, die laut Shufeldt von »semi-civilized« Völkern bewohnt seien. Zu ihrer Sicherstellung seien maritime Präsenz in Übersee und eine energische Marinediplomatie unabdingbar.

Shufeldt verortete die dringend erforderlichen »commercial outlets« auf der ganzen Welt, in Mittel- und Südamerika, in Afrika und in Asien. Sein ganz besonderes persönliches Interesse galt der Öffnung von Liberia und Korea für amerikanische Güter und Handel. Shufeldt (und seinen Kollegen) zufolge hielt der Pazifik den Schlüssel für die Zukunft[27]. Der Pazifik sei »the ocean bride of America« and the »field of our future commercial triumphs«. Dieser Ozean verbände nämlich die USA mit den noch nicht erschlossenen und unermeßlichen Märkten und Reichtümern des Fernen Ostens. Aus der Sicht Shufeldts war der Pazifik beides, die zu-

---

25 Grundlegend zu Shufeldt ist Frederick C. Drake, The Empire of the Seas: A Biography of Rear Admiral Robert Wilson Shufeldt, USN, Honolulu 1984. Vgl. auch ders., Robert Wilson Shufeldt: The Naval Officer as Commercial Expansionist and Diplomat, in: Captains of the Old Steam Navy (wie Anm. 18), S. 275-300; Hagan, American Gunboat Diplomacy (wie Anm. 8), bes. S. 35-37, 59-61.

26 Für diese und die folgenden Zitate siehe Robert W. Shufeldt, The Relation of the Navy to the Commerce of the United States. A Letter Written by Request to Hon. Leopold, M.C., Member of Naval Committee, House of Representatives, Washington 1878; ders., The U.S. Navy in Connection with the Foundation, Growth and Prosperity of the Republic of Liberia, Washington 1877.

27 Zum Pazifikbild der amerikanischen Marine im späten 19. Jahrhundert vgl. allgemein Mark Russell Shulman, Navalism and the Emergence of American Sea Power, 1882-1893, Annapolis 1995, S. 58-94.

künftige Haupthandelsstraße der Welt und »essentially American«, d.h. Teil eines amerikanischen »empire of the seas«. In diesem Zusammenhang verbanden sich in seinem Denken Visionen zukünftiger ökonomischer Vorherrschaft in der Welt mit Ideen einer besonderen zivilisatorischen Mission der USA. Shufeldts Sendungsbewußtsein kannte kaum Grenzen. Er betrachtete »commercial intercourse and intimate relations« zwischen den USA und den Ländern Asiens als zentrale Voraussetzungen für deren völlige Umgestaltung nach dem Vorbild der überlegenen angelsächsischen Zivilisation in ihrer amerikanischen Variante. »Through it & by us China and Japan must acquire a new civilization & adopt a new creed – for it is in this sense that ›Westward still, the Star of Empire takes its way‹[28].«

Shufeldts maritimer Handelsimperialismus war vielgestaltig. Als Korrelat zu einer globalen Kanonenbootdiplomatie schwebte ihm die Schaffung von Stützpunkten und Kohlenstationen entlang der Küsten Chinas, Koreas, Hawaiis und Afrikas vor. Zur Förderung des amerikanischen Handels propagierte Shufeldt die Errichtung eines globalen Netzwerks von staatlich subventionierten Dampfschifflinien, die amerikanische Produkte zu den Märkten der Welt transportieren sollten. Auch befürwortete er den Bau eines transisthmischen Kanals unter direkter amerikanischer Kontrolle. Ein solcher Kanal würde die Entwicklung des Pazifik zur Hauptverkehrsstraße der Welt dramatisch beschleunigen, die asiatischen Märkte den industriellen Zentren der USA direkt zugänglich machen und damit das Zeitalter ökonomischer Vorherrschaft der USA einläuten. Zur Sicherung des Kanals setzte sich Shufeldt nicht nur für eine direkte amerikanische Herrschaft über die Kanalzone selbst ein, sondern er befürwortete auch ganz offen die Annektion Kubas, und das trotz massiver rassistisch motivierter Bedenken über die zivilisatorischen Auswirkungen auf die USA selbst. Um den Kanal zu schützen, trat Shufeldt schließlich auch für den Erwerb von Hawaii in den 1880er Jahren ein. Territoriale Ausdehnung in Übersee war von Shufeldts imperialer Vision nicht wegzudenken.

Insgesamt fügten sich Shufeldts Ideen über ein »empire of the seas« in ein kohärentes Programm für einen amerikanischen Handelsimperialismus und eine ihn absichernde globale Kanonenbootdiplomatie ein. Dieses Programm knüpfte an das bisherige Denken von amerikanischen Marineoffizieren an, auch wenn letztere vor dem Bürgerkrieg direkt vergleichbare Visionen ähnlicher Potenz kaum zu Papier gebracht hatten. Eine wichtige Ausnahme bildete Kommodore Matthew C. Perry, der die amerikanische Marineexpedition nach Japan zwischen 1852 und 1854 kommandierte. Nach seiner Rückkehr entfaltete Perry in der Öffentlichkeit seine Vision zukünftiger kommerzieller und politischer Vorherrschaft der USA im Pazifik[29]. Perrys Zukunftsbild, das den Geist amerikanischen Sendungsbewußtseins

[28] Grundlegend zum amerikanischen Sendungsbewußtsein sind Stephanson, Manifest Destiny (wie Anm. 2); Ernest Lee Tuveson, Redeemer Nation: The Idea of America's Millenial Role, Chicago 1968; Albert K. Weinberg, Manifest Destiny: A Study of Nationalist Expansionism in American History, Gloucester 1958.

[29] Zu Perry vgl. zwei vorzügliche Arbeiten: John H. Schroeder, Matthew Calbraith Perry: Antebellum Sailor and Diplomat, Annapolis 2001; und Samuel Elting Morison, »Old Bruin«: Commodore Matthew C. Perry, 1794-1858, Boston 1967. Zu Perrys Vision siehe auch John Curtis Perry, Facing West: Americans and the Opening of the Pacific, Westport 1994, S. 82-87.

atmete, ähnelte auf vielfältige Weise der Vorstellung eines künftigen amerikanischen »commercial empire«, die William Seward, Außenminister der Regierungen Abraham Lincolns und Andrew Johnsons, zur gleichen Zeit entwarf[30]. Perrys pazifische Orientierung stand freilich in einem gewissen Gegensatz zu der Befürwortung territorialer Expansion in der Karibik und in Südamerika seitens einiger Marineoffiziere, die sich mit den Interessen der Sklavenhaltergesellschaft des amerikanischen Südens identifizierten. Matthew Fontaine Maury, der angesehenste Meereswissenschaftler der Marine, lange Zeit dem U.S. Naval Observatory vorstehend, trat sogar für die Kolonisierung des Amazonasbeckens durch Plantagenbesitzer und deren Sklaven ein, um die wachsende politische und ökonomische Stärke des industrialisierenden Nordens zu kompensieren[31].

Perrys zentraler Punkt war, daß die Vereinigten Staaten als angelsächsische »commercial nation« dazu auserkoren seien, sich über den Pazifik auszudehnen[32]. Sie seien

> »in some form or other to extend their dominion and their power until they have brought within their mighty embrace multitudes of the islands of the great Pacific and place the Saxon race upon the eastern shores of Asia.«

Diese Ausdehnung war nicht nur eine Sache des Handels, sondern vielmehr auch von zivilisatorischer Bedeutung, so argumentierte Perry, da sie die »peoples« of Asia mit den Errungenschaften und Institutionen angelsächsischer und christlicher Zivilisation vertraut machen und damit die Grundlagen für deren kulturelle Assimilation legen würden.

Als expandierende kommerzielle Nation benötigten die USA, so Perry, freien Zugang zu den Märkten und Ressourcen von Japan, China, Indochina, Siam, Borneo und Sumatra. Dazu seien Handelsabkommen und ständige diplomatische und

---

30 Vgl. Ernest N. Paolino, The Foundations of the American Empire: William Henry Seward and U.S. Foreign Policy, Ithaca 1973; Walter LaFeber, The New Empire: An Interpretation of American Expansion, 1860-1898, Ithaca, New York 1963, S. 24-32; Hans-Ulrich Wehler, Der Aufstieg des amerikanischen Imperialismus: Studien zur Entwicklung des Imperium Americanum, 1865-1900, Göttingen 1974, S. 14-16.

31 Siehe Schroeder, Shaping (wie Anm. 22), S. 105-112; Smith, Navy (wie Anm. 24), S. 49 f.; Donald M. Dozer, Matthew Fontaine Maury's Letter of Instruction to William Lewis Herndon, in: Hispanic American Historical Review, 28 (1948), S. 212-248; Whitfield J. Bell, Jr., The Relation of Herndon and Gibbon's Expedition of the Amazon to North American Slavery, 1850-1855, in: Hispanic American Historical Review, 19 (1939), S. 494-503. Eine umfangreiche Biographie von Maury ist Frances Leigh Williams, Matthew Fontaine Maury: Scientist of the Sea, New Brunswick 1963; vgl. auch Edward L. Towle, Science, Commerce and the Navy on the Seafaring Frontier (1842-1861): The Role of Lieutenant M.F. Maury and the U.S. Naval Hydrographic Office in Naval Exploration, Commercial Expansion and Oceanography before the Civil War, Ph.D. Diss. Rochester 1966.

32 Die folgende Darstellung von Perrys Gedankenwelt basiert auf »Remarks of Commodore Perry upon the Expediency of Extending Further Encouragement to American Commerce in the East«, und »Remarks of Commodore Perry upon the Probable Future Commercial Relations with Japan and Lew Chew«, in: Narrative of the Expedition of an American Squadron to the China Seas and Japan, Performed in the Years 1852, 1853, and 1854, under the Command of Commodore M.C. Perry, United States Navy, 3 vols. Ed. by Francis L. Hawks, Washington 1856-1857, vol. 2, S. 173-184, 185-190; und »A Paper by Commodore M.C. Perry, U.S.N., Read Before the American Geographical and Statistical Society [...] March 6th, 1856, New York 1856.

militärische Präsenz im Pazifik unabdingbar. Die Errichtung von staatlich subventionierten Dampfschiffslinien zwischen den USA einerseits und China und Japan andererseits vervollständigten Perrys Katalog für eine aktive Kanonenbootdiplomatie zu imperialen Zwecken.

Perry komplementierte seine handelsimperialistischen Vorstellungen mit der Forderung nach territorrialer Ausdehnung in Übersee. Zum einen schwebte Perry die Schaffung von Marinestützpunkten, Kohlenstationen, und Handelsposten auf Hawaii und im westlichen Pazifik vor. Zum anderen befürwortete er die Errichtung amerikanischer Siedlungskolonien auf verschiedenen Inseln im westlichen Pazifik, allen voran auf Formosa und der Bonin Inselgruppe. Perry bezeichnete solche Siedlungskolonien als »offshots from us, rather than, strictly speaking, colonies«. Sie sollten die Form von selbständigen politischen Einheiten mit eigener Verfassung und offenen Märkten annehmen. Insgesamt stellte sich Perry die Errichtung solcher Kolonien als transpazifische Fortsetzung der Besiedlung des amerikanischen Kontinents durch die »Anglo-Saxon race« vor.

Im Gegensatz zu Shufeldt beschwor Perry die Gefahr künftiger geopolitischer Konfrontation mit anderen Großmächten. So sah er eine verschärfte Handelskonkurrenz mit dem Britischen Empire voraus, die in offenem politischen Konflikt zu enden drohte. Vor allem aber prophezeite Perry einen massiven Zusammenstoß mit dem Russischen Reich, dessen Politik es sei, sich China und Japan untertan zu machen. Perry verlieh diesem russisch-amerikanischen Zusammenstoß rassische und ideologische Züge und schrieb ihm globale Bedeutung zu. Der Konflikt zwischen den »Saxons« und den »Cossacks« würde die Form einer »mighty battle« zwischen den Kräften der »freedom« und des »absolutism« annehmen, bei der es um »the freedom or the slavery of the world« ginge.

IV.

Amerikanische Marineoffiziere besaßen nach dem Bürgerkrieg nicht nur eine klare Vorstellung von der imperialen Rolle ihrer Streitkraft, die sich weitgehend mit den Vorstellungen des Kongresses deckte, sondern übten auch erheblichen Einfluß auf die konkrete Umsetzung des offiziellen imperialen Mandats aus. Im direkten Austausch mit Entscheidungsträgern in Washington und amerikanischen Gesandten, Konsuln, Geschäftsleuten und Missionaren in Übersee verliehen Admiral Shufeldt und andere Offiziere dem amerikanischen Handelsimperialismus spezifische Konturen. Die imperiale Aufgabenstellung verschaffte der Marine einen großen Spielraum für eigenständiges Handeln, den sie selbstbewußt ausfüllte. Sie konnte eine aktive und mitgestaltende Rolle übernehmen, was zu einem guten Teil daran lag, daß, wie eingangs erwähnt, in Washington Außenpolitik und Kanonenbootdiplomatie zu handelsimperialistischen Zwecken in einer eher unsystematischen, zögerlichen und primär reaktiven Weise betrieben wurden. Aber es gab durchaus auch andere Gründe für die Marine, eine aktive Rolle zu spielen.

Der Dienst in Übersee verlieh der Marine in der Praxis notwendigerweise große Autonomie[33]. Die Kommunikationsmöglichkeiten zwischen den Entscheidungszentren in Washington und den Kanonenbootdiplomaten der Marine in Übersee waren sehr begrenzt. Die kommandierenden Offiziere waren zudem entweder die einzigen verfügbaren Repräsentanten des amerikanischen Staates vor Ort, oder aber sie teilten sich diese Ehre mit mehr oder weniger hochrangigen Vertretern des Außenministeriums, denen es nur zu oft an Autorität und Kompetenz mangelte. Gegenüber diesen hatten Marineoffiziere den zusätzlichen Positionsvorteil der direkten Verfügungsgewalt über die Machtmittel, ohne die eine Diplomatie der Kanonenboote schlechterdings nicht betrieben werden konnte. Es war daher kein Zufall, daß das Verhältnis zwischen Offizieren einerseits und Gesandten andererseits durch eine offizielle Rhetorik der Zusammenarbeit und gegenseitigen Abhängigkeit, und nicht etwa der Unterordnung, geprägt wurde. So stellte Außenminister Seward 1867 eindeutig fest, »there is no subordination of the ministers to the commander of a squadron, and no subordination of the commander of a squadron to a minister«[34]. Dieser Sprachregelung gemäß war auch die enge Kooperation und der Informationsaustausch zwischen den Marine- und Außenministerien in Washington[35].

In Übersee war zivil-militärische Zusammenarbeit jedoch oft Mangelware. Wiederholt mißachteten Marineoffiziere die Kompetenzen der Vertreter des Außenministeriums und ignorierten deren offizielle Instruktionen. Auch versäumten sie es oft, die Entscheidungsträger in Washington zu konsultieren, selbst wenn es dafür eigentlich Gelegenheit gegeben hätte. So zögerte der spätere Admiral George Dewey nicht, sich in den 1870er Jahren offen in den Konflikt zwischen den amerikanischen Betreibern von Silberminen und ihren Arbeitern in Mexiko einzumischen und den lokalen mexikanischen Offiziellen mit militärischer Gewalt zu drohen, ohne daß er dies etwa vorher mit dem amerikanischen Konsul vor Ort oder gar mit Washington abgestimmt hätte[36]. Deweys Verhalten ähnelte dem des kommandierenden Admirals der amerikanischen Flotteneinheiten in Mittelamerika, der 1885 während der Intervention in Panama seine offiziellen Instruktionen in den Wind schlug und offen Partei für den kolumbianischen Staat ergriff[37]. Das vielleicht eklatanteste Beispiel für Konflikte zwischen Konsuln und kommandierenden Offizieren hatte sich 15 Jahre zuvor ereignet. 1870 konnten sich Commander William T. Truxtun und der amerikanische Konsul auf Hawaii nicht über die offizielle Behandlung des Todes der Witwe des Königs verständigen. Aufgebracht über die Entscheidung des Konsuls, die Flagge des Konsulats auf Halbmast setzen zu las-

---

33 Vgl. zum folgenden Peter Karsten, The Naval Aristocracy: The Golden Age of Annapolis and the Emergence of Modern American Navalism, New York 1972, S. 172-174; Buhl, Smooth Water Navy (wie Anm. 8), S. 149-151.

34 Zit. nach Karsten, Naval Aristocracy (wie Anm. 33), S. 172.

35 Vgl. Buhl, Smooth Water Navy (wie Anm. 8), S. 147-149; ders., Maintaining an »American Navy« (wie Anm. 8), S. 164.

36 Vgl. Ronald Spector, Admiral of the New Empire: The Life and Career of George Dewey, Baton Rouge 1974, S. 25 f.

37 Vgl. Hagan, American Gunboat Diplomacy (wie Anm. 8), S. 160-187.

sen, nahm Truxtun die Dinge einfach in seine eigenen Hände und befahl seinen Soldaten, das amerikanische Konsulat zu stürmen[38].

Die Vertreter der Marine übten großen Einfluß auf die Ausgestaltung ihrer imperialen Aufgaben auch auf höherer Ebene aus. So schlugen sie wiederholt größere imperiale Projekte vor und kontrollierten dann deren Durchführung. Die Marineexpedition nach Japan in den 1850er Jahren, deren Ziel die Eröffnung diplomatischer und kommerzieller Beziehungen war, stellt ein gutes Beispiel dafür dar. Verschiedene Marineoffiziere hatten eine solche Expedition schon seit geraumer Zeit befürwortet. Sobald Perry das Kommando über das Ostindische Geschwader zum Zwecke der Expedition erhielt, riß er die Vorbereitung der Reise weitgehend an sich bis zu dem Punkt, seine offiziellen diplomatischen Instruktionen selbst zu entwerfen. Perry führte die Marineexpedition eigenverantwortlich durch und besaß vollständige Kontrolle über die Verhandlungen mit japanischen Regierungsvertretern[39]. Admiral Shufeldt folgte in den Fußstapfen Perrys in den späten 1870er Jahren, als er in einer Zeit ökonomischer Depression den Gedanken einer weltumsegelnden Marinexpedition, die dem Zwecke der Handelsförderung dienen sollte, lancierte und mit aller Kraft propagierte. Shufeldts Initiative wurde im Okober 1878 von Erfolg gekrönt. Er wurde offiziell dazu abkommandiert, eine zweijährige Marineexpedition nach Afrika und Asien zu leiten, mit dem Ziel des »encouragement and extension of American commerce«. Für die nächsten zwei Jahre segelte Shufeldt um die Welt und agierte als eigenverantwortlicher Marinediplomat, der Handelsverträge abschloß und Informationen über Handelsmöglichkeiten und zukünftige Märkte für amerikanische Güter sammelte. Das wichtigste Ergebnis seiner Bemühungen war der Abschluß eines amerikanisch-koreanischen Handelsvertrages, den Shufeldt 1881/82 einer jahrzehntelangen Lieblingsidee folgend im direkten Anschluß an seine Marineexpedition aushandelte. Die »Öffnung« Koreas für amerikanischen Handel und Güterausfuhr, auch wenn sie zu Beginn der 1880er Jahre nur sehr begrenzten Charakter hatte und wenig ökonomische Bedeutung besaß, war im wesentlichen Resultat von Shufeldts Initiative und Tatkraft als Praktiker einer imperialen Kanonenbootdiplomatie[40].

In ähnlicher Weise ergriffen hochrangige Marineoffiziere die Initiative, um die materielle Infrastruktur für den globalen imperialen Einsatz der Marine zu schaffen[41]. Mit großer Beharrlichkeit propagierten sie die Errichtung von Marinestützpunkten und Kohlenstationen. Die Marine war aktiv an der Entscheidung beteiligt, die unbewohnten Midway Inseln 1867 zu annektieren und dort eine Kohlenstation zu errichten; sie hatte bei der Übernahme von Pago-Pago auf Samoa in den 1870er

38 Vgl. Buhl, Smooth Water Navy (wie Anm. 8), S. 150; ders., Maintaining an »American Navy« (wie Anm. 8), S. 164.

39 Dazu nun grundlegend Schroeder, Matthew Calbraith Perry (wie Anm. 29), S. 154-248.

40 Vgl. Drake, Empire of the Seas (wie Anm. 25), S. 163-304. Für die offiziellen Instruktionen siehe ebd., S. 177.

41 Zum folgenden siehe Karsten, Naval Aristocracy (wie Anm. 33), S. 145-148, 153-161, 170-172; Buhl, Smooth Water Navy (wie Anm. 8), S. 105 f., 148-156; Seward W. Livermore, American Naval-Base Policy in the Far East, 1850-1914, in: Pacific Historical Review, 13 (1944), S. 113-139.

Jahren und der formalen Aneignung von Pearl Harbor auf Hawaii 1887, dem jahrzehntelangen Objekt von Marinebegierden, ihre Finger im Spiel. Prominente Offiziere, wie die Admiräle Daniel Ammen und David Dixon Porter, spielten in den späten 1860er und frühen 1870er Jahren eine wichtige Rolle bei den Stützpunktbestrebungen der Regierungen von Johnson und Grant im karibischen Raum. Diese Bestrebungen richteten sich primär auf den Erwerb von Dänisch-Westindien und der Samanà-Bucht auf Hispaniola bzw. der gesamten Dominikanischen Republik[42].

Ebenso schrieben sich Marineoffiziere die Idee eines transisthmischen Kanals auf ihre Fahnen. Sie beteiligten sich an den verschiedenen Expeditionen, welche die geeignete Route für einen solchen Kanal finden sollten, und waren in vielfältiger Weise persönlich mit den entstehenden Kanalgesellschaften verbunden. Ganz anders als nach der Jahrhundertwende war das Marineinteresse am Kanal vorrangig noch durch kommerzielle Erwägungen bestimmt. Aus Sicht der Marine sollte er eine der wichtigsten Arterien des Welthandels werden und dem Pazifik in der Zukunft globale ökonomische Bedeutung verleihen. Ein transisthmischer Kanal sei von essentieller Bedeutung für die Zukunft der USA als prosperierender und die Märkte der Welt beherrschender Industriestaat[43].

Die amerikanische Kriegsmarine füllte das ihr zugewiesene imperiale Mandat mit konkretem Inhalt und gestaltete dessen Umsetzung aktiv mit; dabei waren ihrem imperialen Wollen freilich strukturelle Schranken gesetzt. Vor allem begrenzte die offizielle Aversion gegen Kolonialbesitz und eine aggressive, europäischen Mustern folgende Großmachtpolitik nach dem Bürgerkrieg das Streben nach Stützpunkten und Kohlenstationen. Marineoffiziere legten sich oft eine Zurückhaltung in diesen Fragen auf, auch wenn sie bei passender Gelegenheit ihre Forderungskataloge in der Öffentlichkeit entfalteten. In bestimmten Situationen sprachen sich einige Offiziere sogar direkt gegen den Erwerb von überseeischen Marinestationen aus. So riet Konter-Admiral George B. Balch im Winter 1881/82 ausdrücklich vom Erwerb einer Kohlenstation in Peru ab, als sich eine günstige Gelegenheit dafür bot[44]. Trotz ihres Plädoyers für Militärkolonien in Form von Stützpunkten, Kohlenstationen und dazugehörenden Inseln herrschte nach dem Bürgerkrieg eine antikolonialistische Grundhaltung unter den Offizieren vor. Ein prominentes Beispiel dafür ist Alfred Thayer Mahan, der in den 1870er und 1880er

---

[42] Dazu zusammenfassend: Campbell, Transformation (wie Anm. 3), S. 50-60; William S. McFeely, Grant: A Biography, New York, London 1981, S. 336-356; Pletcher, Diplomacy of Trade and Investment (wie Anm. 4), S. 159-169.

[43] Für das Interesse der Marine am Kanal siehe etwa die folgenden Publikationen von Offizieren: Daniel Ammen, The Interoceanic Ship Canal, in: Journal of the American Geographical Society of New York, 11 (1879), S. 113-130; ders., The American Inter-Oceanic Ship Canal Question, Philadelphia 1880; Henry C. Taylor, The Nicaragua Canal, in: Journal of the American Geographical Society of New York, 18 (1886), S. 95-126; ders., The Control of the Pacific, in: Forum, 3 (1887), S. 407-416; Charles H. Stockton, The Commercial Geography of the American Inter-Oceanic Canal, in: Journal of the American Geographical Society of New York, 20 (1888), S. 75-93. Daneben siehe Stephen Kenneth Stein, Washington Irving Chambers: Innovation: Professionalization, and the New Navy, 1872-1919, Ph.D. Diss., Ohio 1999, S. 95-112; Drake, Empire of the Seas (wie Anm. 25), S. 125-152, 259 f., 321-324, 338 f.; Hagan, American Gunboat Diplomacy (wie Anm. 8), S. 143-159.

[44] Vgl. Hagan, American Gunboat Diplomacy (wie Anm. 8), S. 135-137.

Jahren ein »anti-imperialist« in diesem Sinne war[45]. Es war daher kein Zufall, daß 1898 prominente Marineoffiziere, wie etwa Mahan und Dewey, die Idee der Übernahme der gesamten Philippinen zunächst nicht befürworteten[46].

Bis in die Mitte der 1880er Jahre hinein stimmten amerikanische Marineoffiziere den zentralen außenpolitischen Prämissen zu, die der imperialen Aufgabenstellung ihrer Streitkraft zugrundelagen. Im Gegensatz zu den 1850er und 1860er Jahren stand die Perspektive geopolitischer Konfrontation mit europäischen Goßmächten, wie etwa England und Frankreich, nicht im Vordergrund ihres Denkens. Interimperiale Kooperation prägte oft die konkrete Praxis von Kanonenbootdiplomatie in Übersee. Unterschiedliche imperiale Interessen wurden durch Einvernehmen über geteilte Interessen als angeblich zivilisierte Kulturnationen gegenüber den Völkern und Staaten an der Peripherie vermittelt. Das oft enge Zusammenwirken der britischen und amerikanischen Marinen in imperialen Räumen in Übersee erhielt durch die Vorstellung einer besonderen angelsächsischen Rassen- und Zivilisationsgemeinschaft zusätzliche Schubkraft[47].

V.

Die marinepolitischen Prioritäten des Kongresses waren im Bereich der Rüstungspolitik besonders sichtbar[48]. Das Interesse an einer kleineren Flotte, die ihre handelsimperialistischen Aufgaben gerade erfüllen konnte, bestimmte die rüstungspolitischen Entscheidungen im Kapitol. Geleitet von der Annahme, die nationale Sicherheit der USA auf dem nordamerikanischen Kontinent sei gewährleistet, schenkte der Kongreß der Bereitstellung einer Flotte für einen Seekrieg kaum Aufmerksamkeit. Vielmehr galt das Hauptaugenmerk einer kleinen Flotte von weltweit operierenden, ungepanzerten Kreuzern. Diese war die Grundlage für die avisierte globale Kanonenbootdiplomatie gegen Staaten und Potentaten in den unterentwickelten Regionen der Welt. Im übrigen, so wurde argumentiert, sei die USA auch für den unwahrscheinlichen Fall eines Krieges gegen europäische Großmächte gewappnet. Zum Zwecke von Invasionsabwehr und Küstenverteidi-

45 Vgl. Robert Seager II, Alfred Thayer Mahan: The Man and His Letters, Annapolis 1977, bes. S. 121 f., 132 f., 140 f.

46 Dewey befürwortete ursprünglich ausschließlich den Erwerb eines Stützpunktes auf den Philippinen und sprach sich im Sommer 1898 nicht für die Annektion der gesamten Inselgruppe oder einer einzelnen Insel aus. Vgl. Frederick Palmer, With My Own Eyes, New York 1934, S. 110; Spector, Admiral of the New Empire (wie Anm. 36), S. 83-100. Mahan sprach sich dagegen lediglich für die Übernahme von Luzon aus. Vgl. William E. Livezey, Mahan on Sea Power, 2. ed., Norman 1981, S. 193-205. Der Naval War Board, dessen Mitglied Mahan war, trat im August 1898 in einer offiziellen Stellungnahme nur für die Errichtung eines Stützpunktes auf Luzon ein und stellte keine weiterreichenden Annektionsforderungen. Diese Stellungnahme ist abgedruckt in Letters and Papers of Alfred Thayer Mahan. Ed. by Robert Seager II and Doris D. Maguire, Annapolis 1975, vol. 2, S. 581-591.

47 Vgl. Karsten, Naval Aristocracy (wie Anm. 33), S. 107-113.

48 Das folgende nach Buhl, Smooth Water Navy (wie Anm. 8), bes. S. 201-213; ders., Maintaining an »American Navy« (wie Anm. 8), S. 157-169.

gung könne man auf die als Bürgerkriegshinterlassenschaft noch vorhandene Flotte von Monitoren und andere kleinere Küstenverteidigungsschiffe sowie auf das ebenfalls existierende System von Landbefestigungen zurückgreifen. Zum anderen eigne sich die Flotte von ungepanzerten Kreuzer auch für einen großen Krieg. Diese Kreuzer wurden als Träger eines Handelskrieges auf offener See durch unabhängig voneinander operierende Schiffe angesehen, die direkten Kontakt mit überlegenen gegnerischen Kriegsschiffen vermieden. Einem solchen Handelskrieg wurde kriegsentscheidende Bedeutung zugemessen. Er entsprach der traditionellen Seekriegsstrategie der USA.

Der Kongreß betonte die handelsimperialistische Aufgabe der Marine in Friedenszeiten. Zu diesem Zweck mußte die Flotte denen europäischer Großmächte in keiner Hinsicht gewachsen sein. Das bedeutete konkret, daß es für die USA am Ende des Bürgerkrieges keinen Bedarf für die riesige Flotte mehr gab, die während des Krieges entstanden war. Demobilisierung, Abrüstung und Sparpolitik bestimmten daher nach 1865 die Rüstungspolitik. Innerhalb nur eines Jahrzehnts sank die Kriegsmarine auf den Status einer im internationalen Vergleich bedeutungslosen Institution herab, wie eingangs bereits hervorgehoben wurde. Knapp bemessene Marinehaushalte ließen keinen Platz für kostenintensive Experimente und Innovation. In einer Zeit dramatischer technischer Umwälzungen reichten die vorhandenen Mittel gerade dazu aus, die bestehende (schrumpfende) Flotte von hölzernen und ungepanzerten Schiffen instandzuhalten. 1875 besaßen etwa 20 Prozent der aktiven Flotte noch nicht einmal Dampfantrieb. Während der gesamten 1870er Jahre autorisierte der Kongreß lediglich den Neubau von insgesamt acht kleinen, ungepanzerten Holzkreuzern mit leichter Bewaffnung, während das Marineministerium dazu überging, faktische Neubauten als Reparatur existierender verrottender Holzschiffe zu tarnen[49].

Trotz ihres zum Teil desolaten Zustandes wurde die vom Kongreß unterhaltene Flotte dem ihr gestellten Auftrag der Absicherung des amerikanischen Außenhandels in den nicht oder wenig entwickelten Ländern nach 1865 durchaus gerecht[50]. Der Kongreß hielt an seinen strategischen Prioritäten auch in den 1880er Jahren fest, als er zu einer Politik der Marinemodernisierung und begrenzter maritimer Aufrüstung überging. Über die Notwendigkeit solcher Schritte hatte angesichts der Überalterung des bestehenden Schiffsbestandes unter Demokraten und Republikanern seit Mitte der 1870er Jahre eigentlich Einigkeit bestanden. Die Umsetzung dieses Konsens' in konkrete Politik war bis Anfang der 1880er Jahre aber parteipolitischem Kalkül zum Opfer gefallen, profitierte dann allerdings von einem Budgetüberschuß[51]. Die sogenannte »new navy« von Stahlschiffen entsprach der beste-

---

[49] Zusammenfassend: Buhl, Smooth Water Navy (wie Anm. 8), S. 185-197; ders., Maintaining an »American Navy« (wie Anm. 8), S. 146 f.

[50] So Buhl, Smooth Water Navy (wie Anm. 8), bes. S. 211-213, 334-341; ders., Maintaining an »American Navy« (wie Anm. 8), bes. S. 165-167, 170.

[51] Vgl. dazu William S. Peterson, Congressional Politics: Building the New Navy, 1876-86, in: Armed Forces and Society, 14 (1988), S. 489-509; ders., The Navy in the Doldrums: The Influence of Politics and Technology on the Decline and Rejuvenation of the American Fleet,

henden Marinekonzeption und stellte eine Anpassung an technische Fortschritte im Kriegsschiffbau dar. So wurden die drei Stahlkreuzer, deren Bau 1883 beschlossen wurde, als Instrumente einer handelsimperialistischen Kanonenbootdiplomatie in Friedenszeiten konzipiert. Daß sie daneben als mögliche Träger eines Handelskrieges gegen Großmächte dienen konnten, wurde auch betont, war aber von sekundärer Bedeutung[52].

Der relative Niedergang der amerikanischen Kriegsmarine löste natürlich heftigen Widerspruch seitens der Marineoffiziere aus[53]. Die begrenzte Aufrüstung der 1880er Jahre entsprach ebensowenig den sehr viel weiter reichenden Rüstungsforderungen der Marine. Ihre Klagen über die baupolitische Inaktivität des Kongresses verdichteten sich in den 1870er Jahren, als immer deutlicher wurde, daß die amerikanische Flotte es in einem Kriegsfall nur bedingt mit denen kleinerer europäischer Mächte und lateinamerikanischer Staaten würde aufnehmen können. Solche Befürchtungen waren zum ersten Mal 1873 in den Vordergrund gerückt, als ein Krieg mit Spanien im Rahmen der »Virginius-Affäre« möglich erschien. Es bestand kein Zweifel unter den Offizieren der zusammengezogenen Flotte, daß letztere kaum operativ verwendungsfähig sei[54]. Sechs Jahre später ergab sich eine ähnliche Situation. Die Vereinigten Staaten spielten zu diesem Zeitpunkt mit der Möglichkeit, offen in den gerade ausgebrochenen »Pazifik-Krieg« zwischen Chile und Peru-Bolivien einzugreifen. Die amerikanischen Marineexperten aber sahen sich mit der bitteren Erkenntnis konfrontiert, die vorhandenen chilenischen Eisenpanzerschiffe könnten die amerikanischen Flotteneinheiten vor Ort zusammenschießen[55].

Erwartungsgemäß wollten amerikanische Marineoffiziere zwischen 1865 und 1890 eine sehr viel größere Flotte als der Kongreß. Andererseits herrschte aber weitgehende Übereinstimmung in den zentralen Fragen von Marinestrategie und Rüstungspolitik. Die Rüstungspolitik des Kongresses beruhte genau auf dieser Konvergenz. So identifizierte sich die Marine mit ihrem imperialen Mandat. Auch sie betonte die Zentralität der Kanonenbootdiplomatie für Marinekonzeption und Baupolitik. Ebenso sah die Mehrheit des Offizierkorps, einschließlich seiner hochrangigen Vertreter, den Handelskrieg mit schnellen Kreuzern als eine überlegene

1866-1886, Ph.D. Diss., Illinois 1986. Zum Verhältnis von Partei- und Marinepolitik vor 1876 siehe Buhl, Smooth Water Navy (wie Anm. 8), S. 271-328.

52 So Buhl, Maintaining an »American Navy« (wie Anm. 8), S. 168 f. Zur »new navy« und der Marinerüstungspolitik des Kongresses siehe Peterson, Congressional Politics (wie Anm. 51); ders., Navy (wie Anm. 51); Donald James Sexton, Forging the Sword: Congress and the American Naval Renaissance, 1880-1890, Ph.D. Diss., Tennessee 1976; Dennis Alan Daellenbach, Senators, the Navy, and the Politics of American Expansionism, 1881-1890, Ph.D. Diss., Kansas 1982. Vgl. auch Shulman, Navalism (wie Anm. 27), S. 95-116; Sprout, Rise (wie Anm. 7), S. 214-216.

53 Siehe dazu Buhl, Smooth Water Navy (wie Anm. 8), S. 217-270; Benjamin L. Apt, Mahan's Forebears: The Debate over Maritime Strategy, 1868-1883, in: Naval War College Review, 50 (Summer 1997), S. 86-111; Karsten, Naval Aristocracy (wie Anm. 33), S. 277-279.

54 Vgl. Robley D. Evans, A Sailor's Log: Reflections of Forty Years of Naval Life, New York 1901, S. 171 f.; Seaton H. Schroeder, A Half Century of Naval Service, New York 1922, S. 74. Eine umfassende Darstellung der Virginius-Affäre ist Richard H. Bradford, The Virginius Affair, Boulder 1980.

55 Vgl. Albion, Makers (wie Anm. 13), S. 316-318; Dorwart, Office (wie Anm. 19), S. 9-12; Hagan, American Gunboat Diplomacy (wie Anm. 8), S. 130-142.

Kriegführungsstrategie an[56]. Die Orientierung auf einen solchen guerre de course hatte eine lange Tradition in der amerikanischen Kriegsmarine. Sie erhielt neue Schubkraft durch die Erfahrungen mit konföderierter Handelskriegführung während des Bürgerkriegs sowie die Lehren der Theoretiker der Jeune École, der französischen Seekriegsschule des späten neunzehnten Jahrhunderts[57]. Innerhalb der amerikanischen Kriegsmarine bestand nach dem Bürgerkrieg weitgehend Konsens darüber, daß der Seekrieg nicht durch die Operationen von schwer bewaffneten und gepanzerten Großkampfschiffen entschieden würde und daß die USA etwaige Seekriege mit Großmächten mit einen kreuzergestützten Handelskrieg entscheiden könnten. Admiral Porter, der ranghöchste Offizier der amerikanischen Marine in den 1870er und 1880er Jahre, hielt 1874 fest,

> »one vessel like the Alabama [so der Name des erfolgreichsten Handelskriegskreuzers der Südstaaten] roaming the ocean, sinking and destroying, would do more to bring about peace than a dozen unwieldy iron-clads cruising in search for an enemy of like character.«

Porter schwebte der Bau von vergleichsweise großen Kreuzern mit einer Tonnage von etwa 5000 tons vor, deren Aufgabe es sein sollte, »simply to destroy commerce and to avoid any action with superior or equal force«[58].

Auch lehnten sich die Küstenverteidigungsvorstellungen des Kongresses konzeptionell an die der Marine an. Zur Verteidigung der heimischen Gewässer und Küsten wollte sich die Marine auf eine Kombination von Monitoren, beweglichen wassergestützten Batterien, Kanonen- und Torpedobooten, anderen Kleinkriegsmitteln und Landbefestigungen verlassen. Als Küstenverteidigungsschiff nahm der Monitor eine herausgehobene Stellung ein. Er verdankte diese Position sowohl seinem militärischen Einsatz während des Bürgerkrieges als auch der Tatsache, daß er als ein in den USA entwickelter Kriegsschifftyp eine ideale Projektionsfläche für nationalen Stolz bot. Ausweislich seiner jährlichen Berichte über die Lage der Marine war etwa Admiral Porter ein fast fanatischer Anhänger des Monitors und forderte mit großer Beharrlichkeit die Indiensthaltung einer großen Monitorflotte[59]. Insgesamt konzipierte die Marine bis in die späten 1880er Jahre Küstenverteidigung entlang dieser Linien. So beteiligte sie sich aktiv an der Erstellung eines neuen umfassenden Konzepts, das 1886 von einer speziellen Kommission unter dem Vorsitz des damaligen Kriegsministers William C. Endicott der Öffentlichkeit vor-

---

56 Vgl. dazu Hagan, American Gunboat Diplomacy (wie Anm. 8), bes. S. 5-10, 18-21, 38-41; Buhl, Smooth Water Navy (wie Anm. 8), bes. S. 202-209; ders., Maintaining an »American Navy« (wie Anm. 8), S. 167 f.

57 Zur »Jungen Schule« der französischen Marine siehe Rolf Hobson, Imperialism at Sea: Naval Strategic Thought, the Ideology of Sea Power and the Tirpitz Plan, 1875-1914, Boston, Leiden 2002, S. 96-110; Volkmar Bueb, Die »Junge Schule« der französischen Marine. Strategie und Politik, 1875-1900, Boppard 1970; Theodore Ropp, The Development of a Modern Navy: French Naval Policy, 1871-1904, Annapolis 1987. Zur Kontinuität der Vorstellungen über einen kreuzergestützten Handelskrieg in der amerikanischen Marine seit der Entstehung der USA siehe insbesondere Hagan, This People's Navy (wie Anm. 6), S. 1-192.

58 Zit. nach Hagan, American Gunboat Diplomacy (wie Anm. 8), S. 20.

59 Vgl. etwa Porters Berichte aus den 1880er Jahren: Annual Report of the Secretary of the Navy, 1881, S. 95-118; 1882, S. 230-235; 1883, S. 383-411; 1884, S. 60-64; 1885, S. 272-290; 1886, S. 54-69; 1887, S. 27-70. Vgl. auch Hagan, American Gunboat Diplomacy (wie Anm. 8), S. 20 f.

gestellt wurde. Die Arbeit dieser Kommission stellte den Versuch dar, die existierenden und größtenteils veralteten Pläne und Vorrichtungen für Küstenverteidigung grundlegend zu modernisieren[60].

Die beiden Marinekommissionen, die Anfang der 1880er Jahre im Rahmen der angestrebten Modernisierung der Flotte eingesetzt wurden, brachten das Denken der Marine über Marinestrategie, Baupolitik und imperiale Mission nach dem Bürgerkrieg klar zum Ausdruck. Die erste dieser Kommissionen wurde 1881 durch den damaligen Marineminister William Hunt ernannt. Unter dem Vorsitz von Admiral John Rodgers erarbeitete dieser Naval Advisory Board ein massives Aufrüstungsprogramm, das erste dieser Art seit 1865. Dieser Kommission schwebte eine Flotte mit einem Kern von 70 auf den Ozeanen kreuzenden Kriegsschiffen vor. Zu diesem Zweck schlug sie den sofortigen Bau von 18 ungepanzerten Stahlkreuzern, 20 Holzkreuzern und einer Reihe von Torpedobooten und Rammen vor. Daneben beschwor sie den Kongreß, den alljährlichen Bau weiterer Kreuzer und Torpedoboote für die nächsten acht Jahre zu autorisieren. Der Kommission zufolge entsprachen diese Neubauten den imperialen Bedürfnissen der Marine in Friedenszeiten[61].

Der Second Naval Advisory Board, der im Winter 1882/83 ernannt und zunächst von Admiral Shufeldt geleitet wurde, hieb in die gleiche Kerbe[62]. Auch diese Kommission erklärte eine Flotte von 70, meist ungepanzerten Kreuzer zum Endziel maritimer Aufrüstung. Als erste Priorität bezeichnete sie die Schaffung einer Flotte, »with reference to the protection of our people and our commerce abroad, outside of Europe«.

Mit einem besseren Gespür für das politisch Mögliche als ihre Vorgänger aus dem Jahr zuvor, schlugen die Mitglieder dieses Advisory Boards im Frühjahr 1883 den sofortigen Neubau von lediglich vier ungepanzerten Stahlkreuzern und einem Aviso vor. Im darauffolgenden Herbst trat diese Kommission für den Bau von weiteren Stahlschiffen in der Form von jeweils zwei Kreuzern, Avisos und Kano-

60 U.S. House of Representatives, Report of the Board of Fortifications or Other Defenses Appointed by the President Under the Provisions of the Act of Congress Approved March 3, 1885, 49th Congress, 1st Session, Executive Document No. 49. Vgl. auch die folgenden drei Artikel, die von Marineoffizieren verfaßt wurden: W.T. Sampson, Outline of a Scheme for the Naval Defense of the Coast, in: Proceedings of the United States Naval Institute, 15 (1889), S. 169-232; Richard Wainwright, Our Coast Defenses from a Naval Stand-Point, in: United Service, 2 (July 1889), S. 46-50; Edward Simpson, The United States Navy in Transition, in: Harper's New Monthly Magazine, 73 (1886), S. 3-26. Grundlegend zu Küstenverteidigungskonzepten und ihrer Umsetzung im späten 19. Jahrhundert ist Robert S. Browning III, Two If By Sea: The Development of American Coastal Policy, Westport 1983.

61 Vgl. »Report of the Naval Advisory Board, 7 November 1881«, in: Annual Report of the Secretary of Navy, 1881, S. 27-46. Vgl. zu dieser Kommission auch Robert Erwin Johnson, Rear Admiral John Rodgers 1812-1882, Annapolis 1967, S. 365-367; Cooling, Gray Steel (wie Anm. 9), S. 27-31; James L. Abrahamson, America Arms for a New Century: The Making of a Great Military Power, New York 1981, S. 20-23; Buhl, Maintaining an »American Navy« (wie Anm. 8), S. 168 f.

62 Zum folgenden siehe die Berichte dieser Kommission in Annual Report of the Secretary of the Navy, 1882, S. 74-93, und in Annual Report of the Secretary of the Navy, 1 December 1883, S. 52-99. Vgl. auch Drake, Empire (wie Anm. 25), S. 311-319; Hagan, American Gunboat Diplomacy (wie Anm. 8), S. 39-41.

nenbooten ein. All diesen Schiffen fehlte die Panzerung und Bewaffnung, um sich Gefechte mit vergleichbaren Kriegsschiffen europäischer Flotten liefern zu können.

Beide Naval Advisory Boards betonten die handelsimperialistischen Aufgaben der vorgeschlagenen Kreuzer in Friedenszeiten. Ihr militärischer Wert für Handelskriegführung wurde dagegen nur in nachgeordneter Weise betont. Freilich wiesen beide Kommissionen auf die prinzipielle Bedeutung von schwer gepanzerten und bewaffneten Großkampfschiffen mit weitem Aktionsradius für einen Krieg mit großen Seemächten hin. Zugleich sprachen sie sich gegen den Bau solcher Schiffe für die absehbare Zukunft aus. Sie seien zur Zeit überflüssig, zu kostspielig und ohnehin zum Zeitpunkt ihrer Fertigstellung bereits veraltet. Eine Minderheit in der ersten Kommission schloß sich dieser Meinung nicht an. Sie trat für den Bau ozeantauglicher Ironclads, d.h. gepanzerter und schwerer bewaffneter Eisenschiffe ein, die vor allem den Zwecken der Küstenverteidigung dienen sollten.

Die Naval Advisory Boards nahmen in den frühen 1880er Jahren eine eindeutige Haltung ein. Zehn Jahre später sollten ihre Ansichten im Widerspruch zur dann herrschenden Meinung innerhalb des Offizierkorps stehen. Jene betonte nun die Zentralität von ozeantauglichen, gepanzerten Großkampfschiffen als Kern jeder Flotte und rückte den aggressiven Krieg der Schlachtflotten in das Zentrum von maritimer Kriegführung überhaupt. Gegen Ende der 1880er Jahre setzten sich prominente Marineoffiziere für einen rüstungspolitischen und militärstrategischen Neuanfang ein und propagierten den Bau einer Flotte von Schlachtschiffen[63]. Diese Neuorientierung hatte viele Gründe, unter denen eine bestimmte Analyse der sich wandelnden Technik der Seekriegführung eine wichtige Rolle spielte. Vor allem aber beruhte der neue Ansatz auf sich verändernden Erwartungshaltungen hinsichtlich möglicher geopolitischer Konfrontationen. Die Möglichkeit eines Seekrieges mit Großmächten stand von nun an im Vordergrund des Denkens von Marinestrategen.

VI.

In den 1880er und 1890er Jahren entwickelten amerikanische Marineoffiziere neue Ideen über das imperiale und militärische Mandat für ihre Streitkraft. Der entstehende moderne amerikanische Navalismus wies der Marine eine neue Aufgabe jenseits der bisherigen Kanonenbootdiplomatie zu und konzipierte sie als das entscheidende Instrument einer gegen andere Weltmächte gerichteten »Droh- und

[63] Vgl. Stephen B. Luce, Our Future Navy, in: North American Review, 149 (1889), S. 54-65; »Report of the Naval Policy Board, 20 January 1890«, in: Proceedings of the United States Naval Institute, 16 (1890), S. 201-277; Alfred Thayer Mahan, The Influence of Sea Power Upon History, 1660-1783, Boston 1890. Für den Umdenkungsprozeß in den 1880er Jahren siehe etwa Hagan, American Gunboat Diplomacy (wie Anm. 8), S. 13-56; Allin, The United States Naval Institute (wie Anm. 20), S. 170-217, 307-339; Abrahamson, America Arms (wie Anm. 61), S. 19-40; William H. Thiesen, Professionalization and American Naval Modernization in the 1880s, in: Naval War College Review, 49 (Spring 1996), S. 33-49.

Abschreckungspolitik« im Zeichen von imperialistischer Weltpolitik[64]. Der Navalismus redefinierte die militärische Konzeption der Marine in direkter Anlehnung an das Vorbild zeitgenössischer Landkriegführung. Das Ringen um Seeherrschaft durch Schlachtflotten und Entscheidungsschlachten löste den Handelskrieg mit Kreuzern als zentrale Kriegführungsstrategie ab. Zugleich formulierte der Navalismus weitreichende militärisch-technokratische Herrschaftsansprüche im Zeichen eines Expertenmilitarismus, dessen Ziel weitreichende politische und institutionelle Unabhängigkeit der Marine als Berufsmilitär und dessen Kontrolle über Militärstrategie und Rüstungspolitik war. Diese Ansprüche verdichteten sich in der sich auf deutsche Vorbilder berufenden Forderung nach der Schaffung eines Marinegeneralstabs mit weitreichenden Befugnissen, die ab Mitte der 1890er Jahre konkrete Gestalt annahm[65].

Der neue Navalismus brach in vielerlei Hinsicht mit der Vergangenheit, aber zugleich knüpfte er auch direkt an bisherige Ideen und Praktiken der Marine an. So goß er alte handelsimperialistische Weine in neue machtpolitische Schläuche. Auch fußte er direkt auf den Reform- und Professionalisierungsprojekten der Marine nach dem Bürgerkrieg. Schließlich läßt er sich auch als eine Strategie verstehen, mit der Offiziere ihre kollektiven Eigeninteressen an maritimer Aufrüstung in Reaktion auf den relativen Niedergang der Marine nach 1865 verfolgten. Die Formierung des Navalismus und die politischen Auseinandersetzungen, die von seiner Propagierung ausgelöst wurden, leiteten einen neuen Abschnitt in der Geschichte von Marine, Politik und Empire in den USA ein.

---

64 Vgl. Ragnhild Fiebig-von Hase, Lateinamerika als Konfliktherd der deutsch-amerikanischen Beziehungen 1890-1903: Vom Beginn der Panamerikapolitik bis zur Venezuela-Krise von 1902/03, Göttingen 1986, bes. S. 612-614, 632-634, 788-790, 839-841; dies., Die USA und Europa vor dem Ersten Weltkrieg, in: Amerikastudien, 39 (1994), S. 7-41.

65 Eine umfassende Analyse des amerikanischen Navalismus bietet Dirk Bönker, Militarizing the Western World: Navalism, Empire, and State Building in Germany and the United States Before the First World War, Ph.D. Diss., Johns Hopkins University 2002.

II.

Militär und gesellschaftlicher Wandel

Stig Förster

Einführende Bemerkungen

Daß das »lange 19. Jahrhundert«, welches sich von den Revolutionen im ausgehenden 18. Jahrhundert bis zum Beginn des Ersten Weltkrieges erstreckte, von welthistorischen Umwälzungen gekennzeichnet war, ist keine neue Erkenntnis. Und doch macht es Sinn, sich an dieser Stelle die größeren Zusammenhänge noch einmal zu vergegenwärtigen. Die Entwicklung begann mit folgenreichen politischen Revolutionen in Nordamerika und Europa. Gleichzeitig begann eine neue Phase der europäischen Expansion, die den Prozeß der Globalisierung derart vorantrieb, daß es schon um 1800 zu einem ersten Weltkrieg kommen konnte[1]. Je länger das Jahrhundert voranschritt, desto mehr Regionen des Planeten wurden Teil eines weltweit vernetzten Marktes. Der Austausch von Gütern und Ideen wurde durch ein sich stetig verbesserndes Kommunikationssystem intensiviert, wiederholt bislang verschlossene Märkte und Gesellschaften gewaltsam durch aggressiv expansionistische Mächte geöffnet. Die damit verbundenen Herausforderungen zwangen auch zahlreiche indigene Mächte außerhalb Europas, dem allgemeinen Modernisierungsdruck nachzugeben, wenn sie nicht von der Landkarte verschwinden wollten. Auf diese Weise verbreitete sich die zunächst von Großbritannien ausgehende industrielle Revolution nicht nur in Europa und Nordamerika, sondern griff allmählich auf andere Erdteile über. Die industrielle Revolution war zudem eng mit enormen sozialen Umwälzungen verbunden, die wiederum Rückwirkungen auf die politischen Systeme hatten. Der globale Wandel auf allen Ebenen wurde somit zum Kennzeichen des 19. Jahrhunderts[2].

Staaten, die in diesem Klima des Wandels und der internationalen Konkurrenz überleben wollten, mußten ihre Machtmittel den neuen Gegebenheiten anpassen. Das galt zunächst für Europa, wo der Wettstreit mehrerer größerer und kleinerer Mächte auf relativ engem Raum Rückständigkeit mit Machtverlust, wenn nicht gar mit dem Untergang zu bestrafen drohte. In dem Maße jedoch, in dem die Europä-

---

1 Vgl. Stig Förster, Der Weltkrieg 1792-1815. Bewaffnete Konflikte und Revolutionen in der Weltgesellschaft, in: Kriegsbereitschaft und Friedensordnung in Deutschland 1800-1814. Hrsg. von Jost Dülffer, Münster, Hamburg 1995 (= Jahrbuch für historische Friedensforschung, Bd 3), S. 17-38.

2 Tatsächlich kann der Prozeß der europäischen Expansion, der den Veränderungsdruck in die Welt trug, als Wurzel der sogenannten Globalisierung betrachtet werden. Siehe hierzu als ausgezeichnete Überblicksdarstellung Wolfgang Reinhard, Geschichte der europäischen Expansion, 4 Bde, Stuttgart 1983-1990.

er ihre neuen militärischen Kräfte in die Welt hinaustrugen, zwangen sie andere Staaten auch außerhalb ihres Kontinents nach adäquaten Antworten zu suchen.

Tatsächlich zeigten ja die großen Kriege des 19. Jahrhunderts, daß vormoderne Streitkräfte auf Dauer keine Überlebenschance besaßen. Analog zum allgemeinen Wandlungsprozeß brachte das 19. Jahrhundert nämlich mehrere militärische Revolutionen hervor. Da war, grob gesprochen, zunächst der Volkskrieg unter den Bedingungen der Protoindustrialisierung, der zwischen 1792 und 1815 vor allem Europa erschütterte. In den 1850er Jahren machten sich dann im Krimkrieg und im Norditalienischen Krieg zum ersten Mal die Auswirkungen der beginnenden Industrialisierung auf die Kriegführung bemerkbar[3]. Volkskrieg und die Anfänge industrialisierter Kriegführung verbanden sich dann im Amerikanischen Bürgerkrieg und im Deutsch-Französischen Krieg zu einer gefährlichen Mischung, die erste Ansätze in Richtung auf eine Totalisierung des Krieges erkennen ließen[4]. Allen Versuchen zur erneuten Einhegung des Krieges zum Trotz, ließen sich derartige Tendenzen in der Folgezeit nicht mehr aufhalten. Die immer schneller voranschreitende Industrialisierung und die Herausbildung von Massengesellschaften bei zunehmender staatsbürgerlicher Partizipation verstärkten den Veränderungsdruck auf die Streitkräfte und ließen neue Militärdoktrinen entstehen. Am Ende der Epoche stand schließlich der vollindustrialisierte Massenkrieg, in dessen Verlauf die Idee des totalen Krieges geboren wurde[5].

Gerade die zweite Hälfte des 19. Jahrhunderts, die im Mittelpunkt unserer Betrachtungen steht, stellte die Streitkräfte fast aller Mächte vor enorme Probleme. Dies galt besonders für kontinentaleuropäische Armeen, standen sie doch unter unmittelbarem Konkurrenzdruck. Nach den Siegen der preußisch-deutschen Armeen 1870/71 waren sie alle gezwungen, dem Institut der allgemeinen Wehrpflicht zu huldigen. Damit jedoch wurde das Heerwesen gewissermaßen vergesellschaftlicht, was tendenziell die Dominanz der alten Eliten im Offizierkorps in Frage stellte und die Loyalität der Truppe bei inneren Konflikten gefährden konnte[6]. Auf der anderen Seite aber eröffnete sich durch die Wehrpflicht, die die Volkskraft sozusagen von oben her militärisch kanalisierte, die Möglichkeit, disziplinierend in die Gesellschaft hineinzuwirken. Auf die Armeen kamen damit ganz neue Aufgaben und Schwierigkeiten zu. Obendrein mußte der zunehmenden Technisierung

3 Als Überblick siehe Geoffrey Best, War and Society in Revolutionary Europe, 1770-1870, Bungay 1982.

4 Vgl. On the Road to Total War. The American Civil War and the German Wars of Unification, 1861-1871. Ed. by Stig Förster and Jörg Nagler, Cambridge 1997.

5 Vgl. Anticipating Total War. The German and American Experiences, 1871-1914. Ed. by Manfred F. Boemeke, Roger Chickering and Stig Förster, Cambridge 1999 und Great War, Total War. Combat and Mobilization on the Western Front, 1914-1918. Ed. by Roger Chickering and Stig Förster, Cambridge 2000. Zur weiteren Entwicklung siehe auch The Shadows of Total War. Europe, East Asia, and the United States, 1919-1939. Ed. by Roger Chickering and Stig Förster, Cambridge 2003 und An der Schwelle zum Totalen Krieg. Die militärische Debatte über den Krieg der Zukunft 1919-1939. Hrsg. von Stig Förster, Paderborn 2002.

6 Derartige Probleme führten denn auch mitunter zu heftigen Konflikten um die weitere Ausgestaltung der Militärpolitik. Siehe zum Beispiel Stig Förster, Der doppelte Militarismus. Die deutsche Heeresrüstungspolitik zwischen Status-quo-Sicherung und Aggression 1890-1913, Stuttgart 1985.

bei der Modernisierung von Waffen und Gerät Rechnung getragen werden, wodurch die Militärbehörden in die Abhängigkeit von privaten Industrien gerieten[7]. Andere Armeen, die dem kontinentaleuropäischen Rüstungswettlauf nicht so sehr ausgesetzt waren, konnten diese Entwicklungstendenzen vielleicht etwas langsamer, oder auch nur unvollständig nachvollziehen. Auf Dauer aber mußten auch sie sich anpassen, wenn sie mit den Massenarmeen Europas Schritt halten wollten. So sahen sich Großbritannien und die USA im Jahre 1916, bzw. 1917 schließlich doch noch gezwungen, die allgemeine Wehrpflicht einzuführen, nachdem sich beide Länder jahrzehntelang dagegen gewehrt hatten.

Die mit der allgemeinen Wehrpflicht verbundenen Probleme und Chancen betrafen die Seestreitkräfte weniger. Dafür hatten Industrialisierung und Technisierung bei den Flotten der Mächte noch direktere Auswirkungen als bei den Armeen. Der Wettlauf von Panzerplatte und Kanone, bald auch von Wasserverdrängung und Geschwindigkeit und dann sogar die Erschließung neuer Dimensionen unter der Wasseroberfläche und in der Luft veränderten nicht nur die Seekriegsdoktrinen und die Taktik radikal. All dies sorgte vor allem auch dafür, daß nur noch Industrienationen große und moderne Flotten bauen konnten. Darüber hinaus war es gerade der Flottenbau, der die ersten Ansätze zur Bildung von militärisch-industriellen Komplexen animierte[8].

Grundsätzlich waren alle modernen Streitkräfte der Welt in der zweiten Hälfte des 19. Jahrhunderts mit den Problemen konfrontiert, die sich aus der Tendenz zur industriellen Massenkriegführung, bzw. zur technisierten Seekriegführung ergaben. Doch die Problemlösungsstrategien, derer sie sich bedienten, und die Wege, die sie in Richtung Modernisierung beschritten, konnten recht unterschiedlich ausfallen. Es hing von der geostrategischen Lage eines Staates ab, seinen wirtschaftlichen und finanziellen Möglichkeiten, seinen politischen Strukturen und seiner Wehrverfassung, wie die Antworten auf die Fragen der Zeit im einzelnen aussahen. Aber vielleicht am bedeutsamsten war die Beziehung zwischen Militär und Gesellschaft. Die sich im industriellen Zeitalter herausbildenden Massengesellschaften stellten gewissermaßen den Resonanzboden für die Modernisierung der Streitkräfte dar. Da sich aber in diesen Zeiten des Umbruchs die Entwicklungen ungleichmäßig und konfliktreich vollzogen, waren die jeweiligen Ergebnisse erst recht sehr unterschiedlich.

Es macht daher Sinn, die Dinge unter Heranziehung von Einzelstudien international vergleichend zu betrachten. Dabei werden Sonderentwicklungen ebenso erkennbar wie allgemeine Trends. Natürlich kann an dieser Stelle kein flächendeckender Generalvergleich vorgelegt werden. Die fünf Einzelfälle, die hier untersucht werden, sind jedoch repräsentativ genug, um ein brauchbares Gesamtbild zu erge-

---

7 Das deutete sich bereits in den 1860er Jahren an. Siehe hierzu Ulrich Wengenroth, Industry and Warfare in Prussia, in: On the Road (wie Anm. 4), S. 249-262.

8 Vgl. hierzu anhand des deutschen Beispiels Jörg Duppler, Der Juniorpartner. England und die Entwicklung der Deutschen Marine 1848-1890, Herford 1985; Rolf Hobson, Imperialism at Sea. Naval Strategic Thought, the Ideology of Sea Power, and the Tirpitz Plan, 1875-1914, Boston 2002; Michael Epkenhans, Die wilhelminische Flottenrüstung 1908-1914. Weltmachtstreben, industrieller Fortschritt, soziale Integration, München 1991.

ben. Es handelt sich um Studien zum Verhältnis von Militär und Gesellschaft im Deutschen Reich, in Österreich-Ungarn, in Rußland, in den USA und in Japan.

Das neugegründete Deutsche Reich zählte zu den großen Gewinnern der Umwälzungen in der zweiten Hälfte des 19. Jahrhunderts. Vor allem die preußische Armee hatte durch die Siege in den drei »Einigungskriegen« gewaltig an Prestige gewonnen. Hier setzt der Aufsatz von Frank Becker an, will er doch über die Deutungsgeschichte der »Einigungskriege« den gesellschaftlichen Mentalitäten im Hinblick auf das Militär nachspüren. Im Vergleich zu früheren historischen Studien, die oft von einem Versagen des Bürgertums, von seiner Feudalisierung und von seiner Unterwerfung unter die alte Ordnung sprachen, kommt er zu einem recht optimistischen Ergebnis. Im bürgerlichen Selbstverständnis der damaligen Zeit war nämlich eher von einer erfolgreichen Symbiose zwischen der Idee der nationalen Volksmobilisierung und der effizienten militärischen Organisation durch die traditionellen Behörden die Rede. Daraus entwickelte sich ein »synthetischer Militarismus«, der die alten Fronten aus dem Verfassungskonflikt teilweise überwinden konnte und zudem hohe Integrationskraft besaß. Bis auf die organisierte Arbeiterbewegung wurden so ziemlich alle wesentlichen Bevölkerungsgruppen und politischen Strömungen mit dieser Symbiose von starkem Staat und staatsbürgerlicher Partizipation versöhnt. Ob dieser »synthetische Militarismus« allerdings bis 1914 als Erfolgsmodell weiterwirkte, wie Becker meint, erscheint doch zweifelhaft. In jedem Falle war die Kluft zwischen Militär und Gesellschaft im Deutschen Reich wohl doch nicht ganz so groß, wie sie in der Karikatur gern gezeichnet wurde.

Die Streitkräfte in Österreich-Ungarn standen in vieler Hinsicht vor ganz anderen Problemen als ihre deutschen Verbündeten, denn sie repräsentierten keinen Nationalstaat. Tatsächlich ist ihr Staat trotz aller Bemühungen am Aufbruch in die Moderne gescheitert. Dabei gab es, wie Erwin A. Schmidl zeigt, auch in Österreich-Ungarn durchaus eine Aufbruchstimmung. Die Streitkräfte wirkten zudem als integrierendes Element innerhalb der Doppelmonarchie. Trotz Sprachenvielfalt und uneinheitlicher Organisation blieb die Truppe bis zum Untergang der Monarchie loyal. Dabei half sicherlich, daß sich das Offizierkorps als »supranational« empfand und sich ausschließlich der Monarchie und dem Staat verpflichtet fühlte. Gleichwohl litt insbesondere die Armee unter Klassenschranken, schlechter Führung, mangelnden Ressourcen und versäumten Reformen. Dennoch war sie im Endeffekt besser als ihr Ruf, hielt sie doch im Ersten Weltkrieg bis zum Ende durch.

Auch die russische Armee wurde aus einem Vielvölkerstaat heraus gebildet, wobei der russische Bevölkerungsteil klar dominierte. Jan Kusber geht der Frage nach, inwieweit diese Armee einen innenpolitischen Ordnungsfaktor beim Umbau von Staat und Gesellschaft ab 1856 darstellte. Die Ergebnisse seiner Studie sind ambivalent, wenn nicht eher negativ. So war die Armee zu vernachlässigt, zu sehr mit sich selbst und der inhärenten Korruption beschäftigt, war trotz der allgemeinen Wehrpflicht zu sehr durch brutale Klassenschranken gekennzeichnet, um wirklich innovativ zu wirken. Allenfalls war sie ein »Ort der teilweisen Modernisierung«, trug sie doch immerhin zu verbreiteter Alphabetisierung bei. Auch als innenpolitischer Ordnungsfaktor war die Armee nur bedingt tauglich, zumal manche Offiziere mit liberalen und sogar revolutionären Ideen spielten, während die aus dem Volk rekrutierten Mannschaften dazu neigten, bei Unruhen mit der Gegenseite zu sympathisieren. So zeigte diese Armee im Jahre 1905 nicht nur Schwäche nach außen sondern auch nach innen.

In der zweiten Hälfte des 19. Jahrhunderts hatten am ehesten die Streitkräfte der USA den modernen Krieg kennengelernt. Der Amerikanische Bürgerkrieg war schließlich der härteste industrialisierte Volkskrieg der Epoche. Doch die Lektionen dieses Krieges wurden gesamtgesellschaftlich schnell verdrängt, was den Streitkräften die Möglichkeiten raubte, ihr einmal erworbenes Potential weiterzuentwickeln. So stagnierten die Streitkräfte einstweilen, wie Jörg Nagler zeigt, während Wirtschaft und Gesellschaft einen rapiden Wandlungsprozeß durchmachten. Vor allem die Armee hatte unter dem traditionellen Mißtrauen der amerikanischen Zivilgesellschaft gegenüber einem starken Staat mit kräftigen Machtmitteln zu leiden. Aber auch die Marine wurde nach dem Bürgerkrieg vernachlässigt, meinte doch die Mehrheit der amerikanischen Wähler, daß angesichts der geostrategischen Insellage der USA starke Streitkräfte überflüssig seien. Dennoch, so Nagler, wäre es verfehlt, nur von Stagnation zu sprechen. Die Armee entwickelte vielmehr bis zur Jahrhundertwende Modernisierungsansätze, die zukunftsweisend waren. Die fortschreitende Professionalisierung des Offizierkorps war zudem nicht etwa ein Resultat gesellschaftlicher Isolation, sondern wurde vielmehr in enger Kooperation mit konservativen Eliten vorangetrieben, was der Adaption moderner Managementmethoden Vorschub leistete. Ab 1882 übernahm jedoch die Marine die innovative Vorreiterrolle. Nachdem sie im Zeichen eines allmählich einsetzenden neuen Expansionismus von den Politikern wiederentdeckt worden war, flossen reichlich Mittel zur Aufrüstung. Daraus resultierte die Entstehung erster militärisch-industrieller Komplexe. Auch auf militärischem Gebiet begann die Zukunft in den USA also letztlich frühzeitig.

Neben Preußen-Deutschland zählte auch Japan zu den Gewinnern der Umbruchsphase. Dabei hatte es zunächst gar nicht danach ausgesehen. Japan lief vielmehr Gefahr, ein weiteres Opfer des westlichen Imperialismus zu werden. Doch die Reformen im Gefolge der Meiji-Restauration setzten Japans erstaunliche Entwicklung zur Großmacht in Gang. Junichiro Shoji analysiert in seinem Beitrag die militärischen Aspekte dieses gesamtgesellschaftlichen Modernisierungsprozesses. Vor allem für die Armee wurde das preußische Modell zum Vorbild. So wurde ab 1873 die allgemeine Wehrpflicht eingeführt. Das ging allerdings nicht ohne erhebliche Spannungen vonstatten. Vor allem die Samurai wehrten sich gegen ihre Entmachtung, was 1877 zu einem regelrechten Bürgerkrieg führte. Dort siegte zwar die neue reguläre Armee, doch sie brauchte lange Zeit, um sich gesellschaftlich zu etablieren und um kohärente Strukturen zu entwickeln. Insbesondere die Bauernschaft, die seit Jahrhunderten vom Kriegsdienst ferngehalten wurde, lehnte sich gegen die als »harte Steuerlast« empfundene Wehrpflicht auf. Erst als 1889 alle Vergünstigungen für andere Sozialschichten fielen, fand die Wehrpflicht allmählich Akzeptanz. Nach preußischem Vorbild wurde dem Monarchen die oberste Kommandogewalt vorbehalten. Formal unterlagen die Streitkräfte somit keinerlei Kontrolle durch die politische Führung. Dies ging sogar noch weiter als im Deutschen Reich. Ähnlich wie dort entwickelten sich obendrein ein ausgesprochener Ressortpartikularismus und Behördenwirrwarr. Das System der Hanbatsu, welches die Elite des Landes dominierte, hielt jedoch militärische und politische Führung auf informellem Wege zusammen. Bis zum Russisch-Japanischen Krieg konnte somit eine einheitliche und einvernehmliche Leitung aufrechterhalten werden. Doch nach dem grandiosen Sieg zerbröckelte der Einfluß der Hanbatsu. Dies leistete gefährlichen Verselbständigungstendenzen des Militärs ebenso Vorschub, wie innermilitärischen Rivalitäten. Damit schlug Japan jenen Weg ein, der auf lange Sicht in die Katastrophe des Zweiten Weltkrieges mündete.

Letztlich stellen vier der fünf untersuchten Fälle Beispiele des Scheiterns im Umgang mit den Herausforderungen der Modernisierung dar. Die Gründe für das jeweilige Scheitern waren unterschiedlicher Natur. Österreich-Ungarn und Rußland konnten ihre relative Rückständigkeit nicht überwinden. Das Deutsche Reich und Japan machten zwar größere Modernisierungsfortschritte, doch in beiden Fällen wurde das Militär in Relation zur Zivilgesellschaft zu mächtig und ließ sich kaum noch kontrollieren, so daß sich ausgesprochene Militarismen entwickelten. Auf Dauer aber erwies sich Militarismus im Prozeß der Modernisierung als kontraproduktiv. Nur die USA waren unter den hier genannten Fällen langfristig erfolgreich. Dabei war das gewaltige wirtschaftliche und gesellschaftliche Innovationspotential zweifellos ein Vorteil. Besonders günstig aber war wohl der Umstand, daß die USA über weite Strecken keiner mächtigen Streitkräfte bedurften. So konnte sich die Zivilgesellschaft ungestört von militärischen Einflüssen entwickeln. Als dann doch ein stärkeres Militär gefragt war, profitierte dieses von den Errungenschaften einer fortgeschrittenen Zivilgesellschaft, die weiterhin Vorrang genoß.

Dieses Resultat unserer gemeinsamen Betrachtungen führt zu der wichtigen Einsicht, daß das Militär sich eben auf Dauer nicht als Agent des Modernisierungsprozesses eignet. Bleibt jedoch der Vorrang der Zivilgesellschaft bestehen, dann kann das Militär in Krisenzeiten um so eher auf ein intaktes gesellschaftliches Potential zurückgreifen. Nicht umsonst wurde daher das 20. Jahrhundert auch das »amerikanische Jahrhundert« genannt. Man wird sehen, ob die Führung der USA auch im 21. Jahrhundert diese Lehre beherzigt.

Frank Becker

Synthetischer Militarismus. Die Einigungskriege und der Stellenwert des Militärischen in der deutschen Gesellschaft

Militarismus ist nicht nur ein soziales, sondern auch ein mentales Phänomen. Schon die alten Militarismustheorien, die nach dem Zweiten Weltkrieg diskutiert wurden und in den 1970er Jahren wieder auflebten, Theorien, die den Militarismus im Deutschen Kaiserreich mit einem spezifischen Bild des deutschen Untertanen in Verbindung brachten[1], arbeiteten mit dieser Dopplung: einerseits zeigten sie in der Gesellschaft eine starke Verbreitung von Verhaltensweisen auf, die offenkundig an militärischen Vorgaben orientiert waren, andererseits prägte das Militär auch Denkmuster, Werte und Normen. Daß der Militarismus sich mit einer »Untertanengesinnung« verknüpfe, pointierte für diesen Ansatz den Zusammenhang von Militär und Mentalität[2]. Die Aussagen, die dabei über das Bewußtsein der historischen Akteure getroffen wurden, beruhten jedoch häufiger auf Unterstellungen als auf empirischen Untersuchungen. Wenn die Menschen sich an militärischen Werten und Normen orientierten, so schlußfolgerten viele Historiker, dann bedeutete dies, daß sie sich kritiklos jeder Autorität unterwarfen, daß sie dem Schema von Befehl und Gehorsam folgten, daß sie auf selbständiges Denken verzichteten. Hier liegt offensichtlich ein sehr einseitiges Verständnis des Militärischen zugrunde, ein Verständnis, von dem man mit einer gewissen polemischen Zuspitzung sogar sagen könnte, daß es eher dasjenige der kritischen Analytiker gewesen ist, die es dann ohne Scheu auf die Zeitgenossen Bismarcks zurückprojizierten.

---

1 Vgl. Wolfram Wette, Für eine Belebung der Militarismusforschung, in: Militarismus in Deutschland 1871 bis 1945. Zeitgenössische Analysen und Kritik. Hrsg. von Wolfram Wette, Münster 1999 (= Jahrbuch für Historische Friedensforschung, 8), S. 15-18; Volker R. Berghahn, Militarismus. Die Geschichte einer internationalen Debatte, Hamburg 1986, S. 61-70; Detlef Vogel, Militarismus – unzeitgemäßer Begriff oder modernes historisches Hilfsmittel? Zur Militarismuskritik im 19. und 20. Jahrhundert in Deutschland, in: Militärgeschichtliche Mitteilungen (MGM), 39 (1986), H. 1, S. 22-26.

2 In diesem Sinne auch noch Hartmut John, Das Reserveoffizierkorps im Deutschen Kaiserreich 1890-1914. Ein sozialgeschichtlicher Beitrag zur Untersuchung der gesellschaftlichen Militarisierung im Wilhelminischen Deutschland, Frankfurt a.M., New York 1981, bes. S. 52 und 113; Emilio Willems, Der preußisch-deutsche Militarismus. Ein Kulturkomplex im sozialen Wandel, Köln 1984, S. 91; Martin Doerry, Übergangsmenschen. Die Mentalität der Wilhelminer und die Krise des Kaiserreichs, Weinheim, München 1986, S. 29.

Größere Klarheit kann hier nur eine wirklich quellenorientierte Wahrnehmungs- und Deutungsgeschichte des Militärischen schaffen. Was brachten die Menschen der Reichsgründungsära mit dem Militär in Verbindung, wenn sie einen militärischen Habitus pflegten? Welche Einstellung, welche Vorstellungen wollten sie zum Ausdruck bringen, wenn sie sich soldatisch gaben? Selbstverständlich können solche Fragen nach der Wahrnehmung und Deutung des Militärischen nicht umfassend, sondern nur in thematischer Beschränkung beantwortet werden. Dabei liegt der Rekurs auf die Interpretation der Einigungskriege nahe. In den 1860er Jahren schlugen diese Konflikte mit ihrem gewaltigen Medienecho die Menschen in ihren Bann, und in der Zeit zwischen 1871 und 1890 sorgte eine umfangreiche Erinnerungskultur dafür, daß die Erfahrung der Bismarck-Kriege für jede Bewertung von Krieg und Militär maßgeblich mitbestimmend blieb. Die Rekonstruktion der Deutungsgeschichte der Einigungskriege verspricht also nicht der alleinige, aber ein wichtiger Schlüssel zum Verständnis der ›militärischen Mentalität‹ der Zeitgenossen zu sein[3].

Eine Deutungsgeschichte der Einigungskriege ist freilich nicht als klassische Ideengeschichte zu schreiben. Nur selten kleiden die Beobachter dieser Kriege ihre Einschätzung in die Form abstrakter Traktate, nur selten werden die Ideen, welche die Interpretation der militärischen Konflikte anleiten, wirklich explizit gemacht. Benötigt wird hier also das Instrumentarium einer ›Kulturgeschichte der Ideen‹, die all jene unterschiedlichen Gestalten in den Blick bekommt, welche die Ideen in den einzelnen Medien annehmen; die gleichzeitig die Topoi, Mythen und Narrationen entschlüsselt, in welche die textuellen Kriegsdarstellungen, vom Zeitungsbericht über das Kriegstagebuch bis zum Memoirenband, ihre Interpretationen fassen[4], wie auch die visuellen Zeichen, die von den Kriegsbildern, seien es Gemälde, Graphiken oder Panoramen, zum Transport ihrer Botschaften eingesetzt werden[5]. Bei dieser Arbeit des Herauspräparierens von Deutungsmustern aus den unterschiedlichsten Medien soll aber auch das Anliegen einer ›Sozialgeschichte der Ideen‹ nicht aus den Augen verloren werden: die Rezeption dieser Medien und damit die Verbreitung ihrer Kriegsdeutungen in den verschiedenen Gesellschaftsschichten zu erfragen[6].

---

3 Daß das Bild der Einigungskriege für den Militarismus des Kaiserreichs relevanter gewesen ist als deren Realität, stellt auch Michael Salewski fest. Siehe Michael Salewski, Preußischer Militarismus – Realität oder Mythos? Gedanken zu einem Phantom, in: Zeitschrift für Religions- und Geistesgeschichte, 53 (2001), H. 1, S. 29 f.

4 Hierzu Frank Becker, Bilder von Krieg und Nation. Die Einigungskriege in der bürgerlichen Öffentlichkeit Deutschlands 1864-1913, München 2001, S. 109-158 und 201-376.

5 Vgl. Frank Becker, Die Anfänge der deutschen Kriegsfotografie in der Ära der Reichseinigungskriege (1864-1871), in: Propaganda. Von der Macht des Wortes zur Macht der Bilder. Hrsg. von Thilo Eisermann [u.a.], Hamburg 1998, S. 69-102; Frank Becker, Bilder von Krieg und Nation. Der Frankreichfeldzug von 1870/71 in der deutschen Graphik und Malerei, in: Jahrbuch für Historische Bildungsforschung, Bd 5 (1999), S. 133-166.

6 Zu diesen Ansätzen siehe Günther Lottes, »The State of the Art«. Stand und Perspektiven der »intellectual history«, in: Neue Wege der Ideengeschichte. Festschrift für Kurt Kluxen zum 85. Geburtstag. Hrsg. von Frank-Lothar Kroll, Paderborn [u.a.] 1996, S. 27-46.

Blenden wir uns nun in die Deutungsgeschichte der Bismarck-Kriege ein, so fällt zunächst auf, daß die Konflikte von 1864 und 1866 noch sehr widersprüchlich kommentiert worden sind. Diese Uneinheitlichkeit erklärt sich aus den komplizierten politischen Rahmenbedingungen, worin diese Kriege eingebettet waren. Für das politische Bürgertum, also jene Gruppe, die den größten Anteil an der zeitgenössischen Öffentlichkeit hatte und folglich hier an erster Stelle behandelt werden soll, hatten die 1860er Jahre zunächst mit großen Hoffnungen begonnen: Bereits 1859 hatten das Risorgimento in Italien, die Gründung des Nationalvereins und die großen Feiern zu Schillers 100. Geburtstag eine nationale Aufbruchstimmung in Deutschland markiert; die durch die Regentschaft Wilhelms I. in Preußen vermeintlich eingeleitete »Neue Ära« hatte kurz zuvor schon große Hoffnungen auf ein Ende der Restaurationsphase genährt[7]. Jäh beendet wurden diese Träume durch den preußischen Heereskonflikt, der Regierung und bürgerliches Lager nachhaltig entzweite: Die Roonsche Neuorganisation des Heeres, welche die Landwehren, »das« bürgerliche Identifikationsobjekt in der Armee, so nachdrücklich herabstufte, wurde als ein Zeichen der Abkehr der Krone von jeder Kooperation mit den liberalen Parteien gewertet[8]. Als sich in den Folgejahren der Heeres- zum Verfassungskonflikt auswuchs, standen sich das Regierungslager und die Liberalen als erbitterte Feinde in einer allgemeinen Staatskrise gegenüber.

So verwundert es nicht, daß der Schleswig-Holstein-Konflikt der Jahre 1863 und 1864 von einer tief gespaltenen bürgerlichen Öffentlichkeit kommentiert wurde. Einerseits wurde das Pathos der Schleswig-Holstein-Bewegung von 1848 wieder zum Leben erweckt, wurde eine Nationalbewaffnung gefordert, wurde der Krieg gegen Dänemark zum möglichen Fanal der nationalen Einigung erklärt; andererseits blieb ein großes Mißtrauen gegenüber der Politik der Großmächte, insbesondere gegenüber der ›preußischen Junkerarmee‹ bestehen, der man jederzeit ein neues Malmö, einen Verrat an den Interessen der Nation zugunsten klassischer Macht- und Kabinettspolitik zutraute. 1866 lag eine strukturell ähnliche Situation vor. Teile des politischen Bürgertums beklagten den Bruderkrieg, der die Nation endgültig zerreiße. Eine andere Fraktion, die sich während der Kriegswochen zügig vergrößerte, erkannte in Bismarcks Vorgehen den einzig möglichen Weg zur Einheit. Die Gegnerschaft zwischen der protestantischen Vormacht Preußen und dem katholischen Österreich verlieh dem Konflikt zudem eine konfessionelle Dimension: Die deutschen Katholiken mußten in Nikolsburg und Prag ihre großdeutschen Pläne begraben, während die kleindeutsche Lösung, die sich nun abzeichnete, den Protestanten eine klare Dominanz im neuen Nationalstaat versprach.

Als dieser Nationalstaat im Krieg von 1870/71 tatsächlich geschaffen wurde, war die Situation von vornherein eindeutig. Der Krieg war ein nationaler Krieg, an seinem Ende sollte das einige Deutschland stehen. Auch für Deutschland sollte also zutreffen, was für das Verhältnis von Krieg und Nation so häufig galt: Der

---

7 Vgl. Andreas Biefang, Politisches Bürgertum in Deutschland 1857-1868. Nationale Organisationen und Eliten, Düsseldorf 1994, S. 15 und 36.

8 Vgl. Rolf Helfert, Der preußische Liberalismus und die Heeresreform von 1860, Bonn 1989, S. 68-70 und S. 111.

Krieg stand an der Wiege der Nationswerdung, die Nation ging aus einem militärischen Konflikt hervor. Für die Kriegsdeutung hatte dieser Umstand gravierende Konsequenzen. Sie verband sich unauflöslich mit der Konstruktion von nationaler Identität[9]. Da die Nation durch die Armee während der Kriegsmonate gleichsam vorweggenommen wurde, ließ sich an den Streitkräften ablesen, was auch die Nation insgesamt charakterisieren sollte: Im Krieg wurde das Wesen der Nation zum ersten Mal offenbar[10].

Dabei spielte auch die Heeresverfassung eine wichtige Rolle, die mit der politischen Verfassung des entstehenden Nationalstaats in vielfältiger Weise analogisiert wurde. Die Kritik an den Roonschen Reformen war praktisch vollständig verstummt. Seit auch die Länder des Dritten Deutschlands ihre Wehrsysteme an das preußische Modell angepaßt hatten, und seit dieses Modell in Frankreich einen überwältigenden Siegeszug ermöglicht hatte, gab auch die bürgerliche Öffentlichkeit ihren Widerstand gegen die Maßnahmen der Heeresreform endgültig auf. Dieser Gesinnungswandel ist aber nicht nur eine Verbeugung vor dem Erfolg gewesen, wie die ältere Forschung oft behauptet hat. In der neuen Heeresverfassung wurden vielmehr Qualitäten erkannt, die sie auch substantiell mit den Zielen und Forderungen des politischen Bürgertums in Einklang brachten. Dabei beschränkte sich die Euphorie keineswegs auf den neuformierten, bismarckfreundlichen Nationalliberalismus, sondern wurde auch vom Gros der Linksliberalen mitgetragen – nur an den schmalen Rändern zur Demokratie oder zu einem entschiedenen Ultramontanismus bröckelte die Zustimmung ab.

Vor allem war es die allgemeine Wehrpflicht, die zum neuen Identifikationsobjekt stilisiert wurde. Von den Landwehren, die zwar immer noch existierten, aber einen deutlichen Statusverlust erlitten hatten, war kaum noch die Rede. Ihre ursprüngliche Funktion, die Teilhabe der Nation an der bewaffneten Macht zu verkörpern, hatten sie weitgehend eingebüßt. Diese Teilhabe kam nun in der allgemeinen Wehrpflicht zum Ausdruck, einer Einrichtung, die mit dem Einjährig-Freiwilligen-Dienst und der möglichen Ernennung zum Reserveoffizier noch eine Sonderregelung für die Soldaten aus bürgerlichen Verhältnissen bereithielt. Ansonsten wurde aber Wert darauf gelegt, daß auch die Einjährigen eingezogen wurden, also gerade nicht »freiwillig« zu den Fahnen geeilt waren; das alte Ideal des Kriegsfreiwilligen, der aus persönlichem Pflichtgefühl und nationalem Enthusiasmus zu den Waffen greift, ein Leitbild, das etwa im Kontext der Befreiungskriege noch eine große Rolle gespielt hatte, trat 1870/71 deutlich in den Hintergrund. Gefeiert wurde nicht die Selbständigkeit des bürgerlichen Mittuns, wie es die Kriegsfreiwilli-

9 Daß Nationalidentitäten nicht naturwüchsig gegeben sind, sondern immer kulturell konstruiert werden müssen, betont neuerdings noch einmal Philipp Sarasin, Die Wirklichkeit der Fiktion. Zum Konzept der imagined communities, in: Politische Kollektive. Die Konstruktion nationaler, rassischer und ethnischer Gemeinschaften. Hrsg. von Ulrike Jureit, Münster 2001, S. 22-25.

10 Zur konstitutiven Bedeutung von Kriegen für die Nationalidentität grundsätzlich auch Michael Howard, War and the Nation State, in: Michael Howard, The Causes of Wars, and other Essays, 2. ed., Cambridge, Mass. 1983, S. 26 f., sowie Dieter Langewiesche, Nation, Nationalismus, Nationalstaat: Forschungsstand und Forschungsperspektiven, in: Neue Politische Literatur, 40 (1995), S. 192-195.

gen und die Landwehren immer symbolisiert hatten, sondern die Einordnung in ein großes Ganzes, das auch den Bürgerlichen ihren festen Platz zuwies.

Dieses neue Denken prägte bereits die Wahrnehmung der Mobilmachung im Juli 1870 und läßt sich hieran exemplarisch veranschaulichen. Als die französische Kriegserklärung in Berlin eingetroffen war und sich auch die Länder südlich der Mainlinie an die Seite Preußens gestellt hatten, setzten in ganz Deutschland die Militärverwaltungen alle Hebel in Gang, um die Wehrpflichtigen zu den Waffen zu rufen. In Marsch gesetzt wurden also nicht nur die aktuell Dienstpflichtigen, die kasernierten Soldaten, sondern auch die Reservisten und Landwehrmänner, die längst ins bürgerliche Leben zurückgekehrt waren. In jeder Stadt und in jedem Dorf erhielten die Männer Telegramme, die ihnen mitteilten, zu welcher Uhrzeit sie sich an welchem Ort einfinden sollten, um von dort aus ihrem Truppenteil zugeführt zu werden. Große Teile der männlichen Bevölkerung verließen also Heim und Herd, um in den Krieg zu ziehen. Die bürgerlichen Kommentatoren schilderten diese Szene wie eine nationale Erhebung, wie jene Form des Zu-den-Waffen-Eilens einer bedrohten Nation, die seit den stilisierten Ereignissen von 1793 zu den militärpolitischen Leitideen des liberalen Nationalismus gehört hatte[11]. Im Juli 1870 gab es allerdings einen entscheidenden Unterschied: Hier war die Nationalerhebung nicht einmal in Ansätzen spontan, sondern wurde durch Befehle der Militärbehörden ausgelöst. Diese Abweichung wurde aber nicht als ein Manko wahrgenommen und geflissentlich verschwiegen, sondern im Gegenteil zu einer besonderen Stärke der preußisch-deutschen Mobilmachung erklärt. Nationaler Enthusiasmus hatte sich mit straffer staatlicher Lenkung zu paaren, so das Credo, um ein Maximum an militärischer Schlagkraft zu erzeugen. Wenn nur die Massen mit heißem Herzen ›aufstanden‹, drohte sich ihr Kampfeswille in ziellosen Aktionen zu verzetteln; die kühle Rationalität der planenden Behörden mußte hinzutreten, um das Engagement der Bevölkerung zu kanalisieren und in jene Bahnen zu lenken, die den größten militärischen Nutzen versprachen. Sinnfällig wurde dieser Zusammenhang an der besonderen Rolle, die den Eisenbahnen bei der Mobilmachung zukam: Sie führten die Reservisten von den Sammelstellen zu den Kasernen, und sie brachten die fertig ausgerüsteten Truppen schließlich zu den Aufmarschlinien am Rhein. Dieses System setzte eine perfekte Organisation voraus, bis hin zu den Fahrplänen, die mit Akribie ausgeklügelt sein mußten. Im minutiösen Takt der Eisenbahnfahrten, der es ermöglichte, innerhalb weniger Tage rund 350 000 Soldaten ohne größere Komplikationen an den Rhein zu transportieren, offenbarte sich gleichsam jene übergeordnete Rationalität, die im Feldzugsverlauf dann vor

11 Vgl. Heinz Stübig, Die Wehrverfassung Preußens in der Reformzeit. Wehrpflicht im Spannungsfeld von Restauration und Revolution 1815–1860, in: Die Wehrpflicht. Entstehung, Erscheinungsformen und politisch-militärische Wirkung. Im Auftr. des MGFA hrsg. von Roland G. Foerster, München 1994 (= Beiträge zur Militärgeschichte, Bd 43), S. 48. Mythos und Realität der Levée en masse von 1793 werden gegenübergestellt von Gerd Krumeich, Zur Entwicklung der »nation armée« in Frankreich bis zum Ersten Weltkrieg, in: ebd., S. 137. Allgemein zur Militärpolitik in der Französischen Revolution neuerdings Wolfgang Kruse, Die Erfindung des modernen Militarismus. Krieg, Militär und bürgerliche Gesellschaft im politischen Diskurs der Französischen Revolution 1789–1799, München 2003.

allem mit dem Wirken Moltkes und des Generalstabs identifiziert wurde und ohne deren organisatorische Leistung der Krieg nicht hätte gewonnen werden können[12].

Bei der Mobilmachung zeigte sich also schon, was die preußisch-deutsche Heeresverfassung insgesamt kennzeichnete: eine gelungene Verknüpfung von traditionellen Führungsstrukturen, worunter vor allem die unbestrittene Autorität des im Schwerpunkt adeligen Offizierkorps und die anerkannte Sachkompetenz des Generalstabs zu verstehen sind, und bürgerlichen Ideen wie Milizsystem, Volks- und Nationalbewaffnung. ›Verknüpfung‹ meinte in diesem Zusammenhang aber viel mehr als eine Addition, also das schlichte Nebeneinander-Stellen der beiden Komponenten, oder gar als einen ›Kompromiß‹, die beidseitige Beschneidung, um fast gewaltsam eine gemeinsame Plattform zu gewinnen. Die Verknüpfung sollte vielmehr so aussehen, daß die Nationalbewaffnung in der preußisch-deutschen Heeresverfassung nicht nur berücksichtigt, nicht nur integriert, sondern in eine Struktur eingebettet war, die ihr Potential überhaupt erst zur vollen Entfaltung brachte. Die Nationalbewaffnung ging unter Anleitung der alten Obrigkeit besser und effektiver vonstatten, als sie jemals in Reinform und eigenständig hätte gelingen können. Die Verbindung mit der traditionellen Heeresleitung bedeutete keinen Verlust, keine Abstriche bei Qualität oder Quantität, sondern im Gegenteil sogar eine Steigerung des ursprünglichen Vorhabens. Wer also eine optimale Umsetzung der alten bürgerlichen Wehrideale wollte, mußte sie nicht gegen die angestammte Heeresverfassung durchsetzen, sondern mit eben dieser Verfassung zusammenführen. Damit ist eine Denkfigur beschrieben, die an die Begrifflichkeit von These, Antithese und Synthese bei Hegel erinnert. Das preußisch-deutsche Wehrsystem von 1870/71 bildet eine Synthese, in der das Konzept der Nationalbewaffnung als These »aufgehoben« ist, und zwar, wie bei Hegel, in der dreifachen Bedeutung dieses Begriffs: aufgehoben im Sinne von »überwunden«, aber gleichzeitig auch im Sinne von »bewahrt« und von »heraufgehoben«, das heißt in eine Existenzform gebracht, die der ursprünglichen Form zu einer neuen, gesteigerten und verbesserten Qualität verhilft.

Der Militarismus der Jahre bis 1890 hat sich zweifellos sehr weitgehend an dieser Konzeption orientiert. Vorstellungen von Krieg und Militär, dafür sorgte eine multimedial aufgezäumte Erinnerungskultur, blieben an die Erfahrungen des deutsch-französischen Krieges geknüpft, in dessen Schatten die beiden anderen Einigungskriege ihre Konturen verloren: Sie wurden zur schlichten Vorgeschichte des großen Krieges von 1870/71 reduziert[13]. Was immer sonst im Verlauf des 19. Jahrhunderts durch das politische Bürgertum mit Krieg und Wehrordnung in Verbindung gebracht worden war, hatte der Frankreichfeldzug ins Abseits gedrängt: Eine Berufsarmee, wie sie in England bestand, galt als »Söldnertruppe« ohne wirkliche Anbindung an die Nation, das Konskriptionssystem der süddeut-

[12] Zu diesem Abschnitt Becker, Bilder von Krieg und Nation (wie Anm. 4), S. 262-271.

[13] Dieser Konturverlust hatte freilich auch mit politischen Rücksichtnahmen zu tun. Gerade der Krieg von 1866 verband sich mit prekären Erinnerungen: Die Spaltung der Nation und der »Bruderkampf« sollten aus dem kollektiven Gedächtnis verschwinden. Lieber deckte man diese Aspekte mit der Feststellung zu, daß es sich hier eben um eine notwendige Vorstufe auf dem Weg zur Einheit gehandelt habe.

schen Länder war schon nach dem Krieg von 1866 über Bord geworfen worden und wurde in der Folgezeit auch in anderen europäischen Staaten durch die allgemeine Wehrpflicht abgelöst[14]. Der reine Milizgedanke war durch das Scheitern des französischen Volkskrieges nach dem Sturz Napoleons III. diskreditiert – für die bürgerliche Öffentlichkeit in Deutschland gab es praktisch keine Alternative zu einer Wehrpflichtigenarmee mehr, die von den Korsettstangen eines Korps von adeligen Führungsoffizieren auf der einen, langjährig dienenden Unteroffizieren auf der anderen Seite zusammengehalten wurde. Der Militarismus, der sich in den Folgejahren auf dieses System bezog, war also an einer charakteristischen Dopplung orientiert: Es ging ihm um Partizipation, um die selbstbewußte Teilhabe der Nation an der bewaffneten Macht, und gleichzeitig um die Akzeptanz von durch Leistung und Professionalität legitimierten Führungsansprüchen. Damit war der Gegensatz zwischen einem rechten Militarismus, der die Armee mit den traditionellen Obrigkeiten identifiziert, und einem linken Militarismus, der gegen diese Obrigkeiten seine Konzepte von Miliz und Nationalbewaffnung ins Feld führt, vollständig eingeebnet. Um die Überwindung dieses Gegensatzes begrifflich einzufangen, und um die hegelianische Dialektik in der Anlage dieses Modells zu würdigen, scheint es nicht unangebracht, hier von einem ›synthetischen Militarismus‹ zu sprechen.

Welchen Stellenwert hatte diese Form von Militarismus für das kaiserliche Deutschland? Von zentraler Bedeutung sind vor allem seine politischen Implikationen. Die Geburt des Nationalstaats aus dem Krieg legte es nahe, die gelungene Synthese von Partizipation und Führung, die den Erfolg der Armee ermöglicht hatte, auch auf den Aufbau des Staates zu übertragen – der Staat, der 1871 geschaffen wurde, vereinte in ähnlicher Weise wie das Heer autoritär-hierarchische Elemente mit dem Anspruch, auch »von unten« mitgetragen zu werden. Teilweise wurde die Analogie Armee-Staat sogar bis zu dem plakativen Vergleich getrieben, daß das allgemeine (Männer-)Wahlrecht der allgemeinen Wehrpflicht, die parlamentsunabhängige Exekutive hingegen der Führungsrolle der professionellen Generalität entspreche. Solche Vergleiche überraschen weniger, wenn man sich vor Augen führt, in welch hohem Maße im 19. Jahrhundert die verschiedenen politischen Strömungen mit bestimmten Wehrsystemen identifiziert wurden. Der Freischärlerhut gehörte zu den wichtigsten Symbolen der Demokraten, das liberalkonservative juste milieu bevorzugte die Konskription mit Stellvertretung, und der fürstliche Absolutismus bestand auf seiner uneingeschränkten Kommandogewalt

---

14 Als Konsequenz des verlorenen Krieges wurde in Frankreich die strukturelle Anpassung an das preußisch-deutsche Modell in mehreren Schritten vollzogen. 1872 wurde das Einjährig-Freiwilligen-Institut eingeführt, wobei die normale Dienstzeit allerdings noch fünf Jahre betrug (siehe Markus Ingenlath, Mentale Aufrüstung. Militarisierungstendenzen in Frankreich und Deutschland vor dem Ersten Weltkrieg, Frankfurt a.M., New York 1998, S. 72 f.); 1889 wurde dann auch die dreijährige Ausbildungsdauer übernommen (Gerd Krumeich, Zur Problematik des Konzepts der »nation armée« in Frankreich, in: MGM, 28/1980, H. 2, S. 38). Rußland führte die allgemeine Wehrpflicht 1874 ein. Siehe Dietrich Beyrau, Das Russische Imperium und seine Armee, in: Militär und Gesellschaft im 19. und 20. Jahrhundert. Hrsg. von Ute Frevert, Stuttgart 1997, S. 125.

über ein stehendes Heer. Das preußisch-deutsche Wehrpflichtsystem sollte nun ebenfalls für eine politische Option Pate stehen, nämlich für die Konstruktion eines Gemeinwesens, das bürgerliche Forderungen nach politischer Repräsentation, Rechtsstaatlichkeit und Wirtschaftsfreiheit ebenso berücksichtigte wie das Ziel der Aristokratie, die Exekutivgewalt nicht aus der Hand geben zu müssen. Da das Wehrsystem in den Einigungskriegen seine Überlegenheit sowohl gegenüber Konskriptionsarmeen wie auch gegenüber Nationalmilizen eindrucksvoll unter Beweis gestellt hatte, schien die Erwartung berechtigt zu sein, daß auch sein politisches Analogon, das 1871 gegründete Staatswesen, im internationalen Vergleich hervorragend würde bestehen können.

Diese Konkurrenzfähigkeit, und hier ist wieder das Wehrsystem genauso gemeint wie das politische System, leitete sich in der Wahrnehmung der Zeitgenossen in hohem Maße auch von Fortschrittlichkeit und Modernität ab. Weil die Heeresverfassung alle verfügbaren Kräfte an der richtigen Stelle einsetzte und folglich bestmöglich nutzte, war sie rational und effizient; das Konzept von Miliz und Volksbewaffnung hingegen stammte aus dem späten 18. Jahrhundert und war damit hoffnungslos veraltet – kurzgediente Soldaten waren den komplizierten Anforderungen moderner Logistik und Waffentechnik einfach nicht mehr gewachsen. Konskriptions- und Berufsarmee befanden sich ebenfalls nicht mehr auf der Höhe der Zeit, weil moderne Nationalkriege nur noch dann gewonnen werden konnten, wenn die Wehrpflicht wirklich allgemein war, wenn jeder Bürger Verantwortung für den Staat übernahm, also auch die sogenannten ›besseren Elemente‹ der Gesellschaft ihre Fähigkeiten einbrachten. Der Vergleich der Armee mit dem Staat übertrug also ein bestimmtes Konzept von Modernität auf das politische System; ein Konzept, das in einem höheren Staatsanteil, in einem höheren Anteil von ›Organisation von oben‹ die bessere politische Ordnung erkannte als in jenem Rekurs auf die selbständigen Kräfte von Gesellschaft und Markt, auf die der klassische Liberalismus und die Demokratie setzten: Was diese ›selbständigen Kräfte‹ zu leisten imstande waren, hatten Gambettas Volkskrieger nach dem 4. September 1870 in trauriger Deutlichkeit vor Augen geführt[15].

Ein solches Staatsverständnis, eine solche Abgrenzung von klassischem Liberalismus und Demokratie assoziiert sofort die These eines deutschen Sonderwegs – obwohl natürlich bekannt ist, daß jene vermeintlichen Indikatoren einer Sonderentwicklung in Deutschland wie der allgemeine Rückstand an Modernität oder das Defizit an Bürgerlichkeit durch viele empirische Untersuchungen längst widerlegt

---

[15] Zur negativen Bewertung Gambettas und seines ›Volkskrieges‹ in Deutschland siehe auch Gerd Krumeich, The Myth of Gambetta and the »People's War« in Germany and France, 1871-1914, in: On the Road to Total War. The American Civil War and the German Wars of Unification, 1861-1871. Ed. by Stig Förster and Jörg Nagler, Cambridge, New York 1997, S. 641-655, sowie Frank Becker, Kriegserfahrung in der Ära der Einigungskriege aus systemtheoretischer Perspektive, in: Die Erfahrung des Krieges. Erfahrungsgeschichtliche Perspektiven von der Französischen Revolution bis zum Zweiten Weltkrieg. Hrsg. von Nikolaus Buschmann und Horst Carl, Paderborn 2001, S. 147-172.

worden sind[16]. Brisant bleibt das Problem aber, wenn es von der realgeschichtlichen auf die Deutungsebene verlagert wird. Auch wenn sich die Entwicklung in Deutschland de facto nicht sehr von der anderer Staaten der westlichen Welt, die ebenfalls unterschiedliche Wege gingen[17], abhob, gab es doch das verbreitete Bewußtsein einer Sonderentwicklung, ein Bewußtsein, das in der politischen Kultur als Mittel der Selbstdefinition bei gleichzeitiger Abgrenzung von anderen eine wichtige Rolle spielte. Sicherlich läßt sich dieses Deutungsmuster in bestimmten Varianten schon seit der Reformation nachweisen und ist anschließend aus den Debatten um die Identität des Reiches, später der Nation, nicht mehr verschwunden; in der Ära der Einigungskriege wird es aber massiv vom politischen Bürgertum übernommen und gleichzeitig mit neuen Akzenten versehen. Die positiv begriffene Sonderentwicklung besteht nun darin, daß in Deutschland eine gelungene Synthese aus Führung und Partizipation für ein Höchstmaß an Leistungsfähigkeit und Effizienz sorgt. Diese Konstruktion wird als modern definiert und geradezu modellhaft mit der Armee identifiziert. Damit besteht auch die Möglichkeit, einen Widerspruch aufzulösen, der von der neueren Forschung zu Bürgertum und Bürgerlichkeit im Kaiserreich oft konstatiert worden ist: Wenn nun, ganz im Gegensatz zur alten Sonderwegsthese, bürgerliches Selbstbewußtsein und bürgerliche Teilhabe herausgestellt werden, dann scheint gerade der militärische Habitus nicht in dieses Bild zu passen, ja gleichsam quer zu ihm zu stehen[18]. Die Rekonstruktion der Ideen, die sich für das Bürgertum tatsächlich mit dem Militärischen verbanden, kann jedoch aufzeigen, daß dieser Habitus der Modernität des Bürgertums keineswegs widerspricht, sondern selbst zu deren Ausdrucksformen gehört.

Sicherlich ist es nicht unberechtigt gewesen, bei der Diskussion um den Militarismus der Reichsgründungsära zuerst die bürgerlichen Schichten in den Blick zu nehmen. Hier ist die Sachlage angesichts einer Vielzahl von tradierten – und damit denkbaren – militärpolitischen Optionen am schwierigsten, und hier ist der Dissens in der Forschung am größten. Zudem wurde die mediale Kriegsdeutung im Untersuchungszeitraum sehr stark von der bürgerlichen Öffentlichkeit getragen, so daß hier die Quellenlage besonders günstig ist. Neben der bürgerlichen, im Schwerpunkt in verschiedenen Spielarten liberalen Öffentlichkeit spielten aber auch konservative Medien eine wichtige Rolle. Ihre Kriegsdarstellung weicht von der bürgerlichen aber nicht fundamental, sondern nur in den Akzenten ab[19]. Da auch die bürgerliche Öffentlichkeit so dezidiert auf der Notwendigkeit von Autorität und

[16] Den Auftakt bildeten David Blackbourn und Geoff Eley, Mythen deutscher Geschichtsschreibung. Die gescheiterte burgerliche Revolution von 1848, Frankfurt a.M. [u.a.] 1980. Komprimiert noch einmal Randall Collins, German Bashing and the Theory of Democratic Modernization, in: Zeitschrift für Soziologie, 24 (1995), H. 1, S. 3-21.

[17] Siehe zuletzt die Beiträge in dem Sammelband Nationalismen in Europa. West- und Osteuropa im Vergleich. Hrsg. von Ulrike von Hirschhausen und Jörn Leonhard, Göttingen 2001.

[18] Diese Irritation in der Forschung bemerkt auch Benjamin Ziemann, Der »Hauptmann von Köpenick« – Symbol für den Sozialmilitarismus im wilhelminischen Deutschland?, in: Grenzüberschreitungen oder Der Vermittler Bedrich Loewenstein. Festschrift zum 70. Geburtstag eines europäischen Historikers. Hrsg. von Vilém Precan, Prag [u.a.] 1999, S. 253.

[19] Siehe hierzu exemplarisch die Inszenierung der Siegesfeier am 16.6.1871 in Berlin durch den preußischen Staat (Becker, Bilder von Krieg und Nation – wie Anm. 4 –, S. 483-487).

Führung bestand, kann dieser Befund nicht überraschen. Und die allgemeine Wehrpflicht, die für das bürgerliche Lager den eigenen Partizipationsanspruch verkörperte, wurde von den Konservativen als Ausdruck der Verbundenheit von Krone und Volk goutiert. Allein der Begriff der Nation fand in weiten Teilen dieses Milieus noch keinen Anklang. Der eigene Einsatz im Krieg galt immer noch mehr den Königen und Fürsten als dem werdenden Deutschland. Dennoch war wohl keine andere Institution besser geeignet, die Konservativen mit der Nation zu befreunden, als die Armee. Andere nationale Identifikationsobjekte wie Literatur und Wissenschaft, Technik und Industrie trugen viel zu eindeutig den Stempel des Bürgerlichen, als daß sie dazu hätten geeignet sein können. Die Armee hingegen gab allen Konservativen die Gewähr, daß die Fürsten das Kommando behielten und alte gesellschaftliche Hierarchien fortbestanden. Sie bot gerade dem Adel nach wie vor eine herausgehobene Stellung an: Die höheren Offiziersränge blieben auch in der Armee des Nationalstaats noch weitestgehend der Aristokratie vorbehalten[20]. So spricht vieles für die Vermutung, die Streitkräfte, mitsamt all den Stilisierungen, die von bürgerlicher und anderer Seite an sie geknüpft wurden, haben ganz wesentlich dazu beigetragen, daß die meisten Konservativen bis zum Ende der 1870er Jahre ihre Skepsis gegenüber der Reichsgründung aufgaben.

Damit wird schon deutlich, zu den besonderen Stärken des synthetischen Militarismus gehörte seine Polyvalenz, seine Fähigkeit, Identifikationsangebote für unterschiedliche soziale Gruppen bereitzustellen. Leichte Akzentverschiebungen reichten aus, um für die beiden staatstragenden Schichten, Aristokratie und Bürgertum, in gleichem Maße attraktiv zu sein. Auch die wichtigsten populären Deutungsmuster des Krieges von 1870/71 waren so konstruiert, daß sie sich gleichzeitig in die bürgerliche wie adelige politische Vorstellungswelt einfügten. An erster Stelle ist hier das Deutungsmuster der Beleidigung des Preußenkönigs in Bad Ems zu nennen. Der französische Botschafter Benedetti habe Wilhelm in der Frage der spanischen Thronkandidatur zu übertriebenen Verzichtserklärungen drängen wollen und dabei auch die Regeln der diplomatischen Etikette flagrant verletzt, behauptete eine tausendfach kolportierte Darstellung[21]. Dieses ehrenrührige Verhalten habe dann eine Dynamik in Gang gesetzt, an deren Ende der Waffengang mit Frankreich stand. Mit dem Krieg sei also eine verletzte Ehre wiederhergestellt worden. Die Frage, welche bzw. wessen Ehre beschädigt worden war, ließ sich dabei in unterschiedlicher Weise beantworten. Für konservative Kreise war es die Ehre des Königs, deren Wahrung zu den vornehmsten Pflichten des Adels gehörte. Der

---

20 Vgl. Detlev Bald, Sozialgeschichte der Rekrutierung des deutschen Offizierkorps von der Reichsgründung bis zur Gegenwart, München 1977, S. 22-25; Heinz Stübig, Das Militär als Bildungsfaktor, in: Handbuch der deutschen Bildungsgeschichte, Bd 3: 1800-1870. Von der Neuordnung Deutschlands bis zur Gründung des Deutschen Reiches. Hrsg. von Karl-Ernst Jeismann und Peter Lundgreen, München 1987, S. 368.

21 Ob die Etikette tatsächlich in dieser Weise verletzt wurde, muß aus heutiger Perspektive bezweifelt werden; hier tendierten die zeitgenössischen Darstellungen sicherlich zu einer griffigen Personalisierung. Daß die französische Regierung mit der Verzichtserklärung, die sie Wilhelm abnötigen wollte, allerdings eine diplomatische Demütigung Preußens beabsichtigte, wird auch von der neuesten Forschung bestätigt. Siehe David Wetzel, A Duel of Giants. Bismarck, Napoleon III. and the Origins of the Franco-Prussian War, Madison, London 2001, S. 95-137.

Adel zog also in den Krieg, um sich für seinen Fürsten in die Bresche zu werfen. Die bürgerliche Öffentlichkeit hingegen setzte die Ehre des Königs mit der Ehre der Nation gleich[22]. Für sie war in der Person Wilhelms ganz Deutschland beleidigt worden. In dem Gefühl, eine gemeinsame Demütigung erlitten zu haben, wurden sich die Menschen zum ersten Mal ihrer neuen kollektiven Identität als Deutsche gewahr. Die Beleidigung durch Frankreich machte die nationale Ehre und damit die Zugehörigkeit zu einem nationalen Verbund erfahrbar. Nicht erst im Krieg, sondern bereits an der Schwelle zum Krieg wurde also die Nation geschaffen. Die militärische Auseinandersetzung mit dem westlichen Nachbarn war dann die erste gemeinsame Tat des erwachten Deutschlands[23]. Daß dabei auch die personale Ehre des Königs wiederhergestellt wurde, war ein wünschenswerter Begleitumstand, aber keineswegs die Hauptsache. Ähnlich war es für den Adel von nachrangiger Bedeutung, aber nicht problematisch, daß sich hinter dem König und seinem Anspruch auf Genugtuung nun die ganze Nation versammelte. Der Topos der Ehrverletzung war in seiner konkreten Ausgestaltung dehnbar genug, um in verschiedener Weise interpretiert werden zu können, aber er schuf doch gleichzeitig eine gemeinsame Plattform, auf der bürgerliche und adelige Interessen miteinander verknüpft werden konnten[24].

Strukturell ähnlich angelegt war ein zweites populäres Interpretationsschema, das in der Deutungskultur des deutsch-französischen Krieges eine vergleichbare Omnipräsenz besaß. Dieses Schema analogisierte den Krieg von 1870/71 mit den Befreiungskriegen. Das Projekt der Befreiungskriege wurde gleichsam mit dem Krieg gegen Napoleon III. fortgesetzt. Wieder war es ein Napoleonide, der Deutschland bedrängte, und wieder griffen die Deutschen zu den Waffen, um den Widersacher vom Thron zu stürzen. Voraussetzung für den Erfolg war in beiden Kriegen ein Bündnis der Fürsten mit der Nation. Dieses Bündnis ließ sich wieder unterschiedlich interpretieren. Das konservative Lager sah die entscheidende Initiative bei den Fürsten, die das Volk mobilisiert hatten. »Der König rief, und alle kamen«, lautete die Parole, die diese Rollenverteilung in der preußischen Geschichtsmythologie griffig umschrieb. Wenn also 1870/71 die Nation über die allgemeine Wehrpflicht in die militärische Anstrengung eingebunden war, folgte sie wieder dem Ruf des Königs, der in der Stunde der Gefahr sein Volk um sich scharte. Die bürgerliche Öffentlichkeit betonte dagegen die Eigenständigkeit des nationalen Mittuns. Wie sich schon 1813 die Nation erhob und der König sich schließlich an ihre Spitze stellte, so war auch der Krieg gegen Napoleon III. wieder ein Anliegen ganz Deutschlands, das endlich auch von den Fürsten aufgegriffen

22 Zur Identifikation des Herrscherhauses mit der Nation siehe auch Manfred Hanisch, Nationalisierung der Dynastien oder Monarchisierung der Nation? Zum Verhältnis von Monarchie und Nation in Deutschland im 19. Jahrhundert, in: Bürgertum, Adel und Monarchie. Wandel der Lebensformen im Zeitalter des bürgerlichen Nationalismus. Hrsg. von Adolf M. Birke und Lothar Kettenacker, München [u.a.] 1989, S. 71-91.

23 Gerade weil der Krieg von 1870/71 die erste gemeinsame Tat der Nation war, konnte er in der Folge im nationalen Gedächtnis einen so herausragenden Platz beanspruchen. Siehe Otto Dann, Nation und Nationalismus in Deutschland: 1770-1990, München 1993, S. 175.

24 Ausführlicher zu diesem Topos Becker, Bilder von Krieg und Nation (wie Anm. 4), S. 295-306.

wurde – schließlich ging es um die nationale Einheit, die 1815 noch verhindert worden war, aber 1870/1871 endlich erkämpft werden konnte. Während die konservative Interpretation das historische Bündnis von 1813 bis 1815 also primär mit einer Initiative der Krone verband, die sich der treuen Gefolgschaft des Volkes versicherte, stellte die bürgerliche Interpretation das Engagement der Nation in den Mittelpunkt. Beide Deutungen markierten aber nur die gegensätzlichen Pole eines gemeinsamen Erklärungsschemas, dessen grundsätzliche Attraktivität für beide Lager außer Frage stand[25].

Im Falle des Bürgertums waren es im übrigen nicht nur die durch Bildung und Besitz privilegierten Meinungsführer, sondern auch die kleinbürgerlichen Schichten, die sich nachhaltig für den kaiserzeitlichen Militarismus öffneten. Diese Gruppen wurden einerseits durch die Vorstellung von Partizipation – und damit von gesellschaftlicher Aufwertung – angesprochen, die für das gesamte Bürgertum von Bedeutung war. Andererseits spielte aber auch traditionelle Königstreue eine wichtige Rolle. Auch diese Emotion wurde durch einen Militarismus ›bedient‹, der damit die Notwendigkeit von Führung deutlich unterstrich. Hinzu kam noch ein weiterer Aspekt, den wiederum die Deutungskultur der Einigungskriege offenbart: Das Militärische hatte hier einen radikalen Imagewechsel erfahren, indem das Soldatenleben von allen Zügen gereinigt worden war, die sich traditionell mit der ›verlotterten‹ Existenz des Landsknechts verbanden. Statt dessen wurde die Armee mit bürgerlichen Tugenden ausstaffiert – Eigenschaften wie Fleiß, Pflichtbewußtsein und Bildung galten als Erfolgsgaranten im siegreichen Krieg[26]. Der Wechsel zur Rolle des Soldaten war also nicht mehr mit einem Bruch in der bürgerlichen Biografie verbunden. Die Soldaten waren in Frankreich Bürger geblieben, und sie blieben es auch, wenn sie sich nach dem Feldzug in Kriegervereinen organisierten, um den militärischen Habitus weiter zu pflegen[27]. Umgekehrt trugen die Kriegervereine diesen Habitus, ebenso wie andere Massenorganisationen mit militärischem Anstrich wie Turner- und Schützenbünde, auch selbst wieder in die Gesellschaft hinein[28]. Dabei wurden keineswegs nur kleinbürgerliche Gruppen erfaßt, auch wenn sie in den genannten Organisationen zweifellos am stärksten vertreten waren[29]. Die Anschlußfähigkeit des Militarismus war geradezu universell, alle sozialen Schichten konnten sich in diesem Modell ›wiederfinden‹, konnten eigene Interessen und Vorstellungen daran knüpfen. Schon seit längerem ist bekannt, wie stark auch

---

25 Auch hierzu mit Details und Quellen Becker, Bilder von Krieg und Nation (wie Anm. 4), S. 306–321.

26 Sogar das adelige Führungspersonal war in dieser Weise verbürgerlicht worden: Moltke galt als ›Professor in Uniform‹ und ›Wissenschaftler des Krieges‹, der König wurde als schlicht und arbeitsam hingestellt.

27 Ähnlich auch Ute Frevert, Das Militär als »Schule der Männlichkeit«. Erwartungen, Angebote, Erfahrungen im 19. Jahrhundert, in: Militär und Gesellschaft (wie Anm. 14), S. 161 und 172.

28 Vgl. Dieter Düding, Die Kriegervereine im wilhelminischen Reich und ihr Beitrag zur Militarisierung der deutschen Gesellschaft, in: Bereit zum Krieg. Kriegsmentalität im wilhelminischen Deutschland 1890–1914. Beiträge zur historischen Friedensforschung. Hrsg. von Jost Dülffer und Karl Holl, Göttingen 1986, S. 99–121.

29 Exemplarisch hierzu Harm-Peer Zimmermann, »Der feste Wall gegen die rote Flut«. Kriegervereine in Schleswig-Holstein 1864–1914, Neumünster 1989, S. 327–344.

die Landbevölkerung und die Arbeiterschaft in den Kriegervereinen vertreten waren[30]. Gerade bei den Unterschichten verband sich mit der Teilhabe an der bewaffneten Macht oft eine deutliche Steigerung des Selbstbewußtseins[31]. Und die Anerkennung von Autorität fiel auch vielen sozialdemokratischen Arbeitern nicht schwer, deren Parteidisziplin und deren Verehrung für den ›Ersatzkaiser Bebel‹ ja fast sprichwörtlich geworden ist[32]. Gleichzeitig gab es in der Sozialdemokratie allerdings auch den Versuch, jenen Militarismus zu bekämpfen, der so zahlreiche Arbeiter, auch von der eigenen Klientel[33], offenkundig in das Fahrwasser des Establishments geraten ließ. Zu diesem Zweck wurde vor allem eine Entmythologisierung der Einigungskriege betrieben[34]. Dafür boten besonders die Lassalle-Feiern, die nach 1870 bewußt gegen den Sedankult angesetzt wurden, eine geeignete Bühne[35]. Das offizielle Geschichtsbild wurde konterkariert, indem man die preußischen, später preußisch-deutschen Siege auf eine Verkettung von glücklichen Zufällen und das Versagen der Gegner zurückführte: Letztlich war derjenige siegreich,

---

30 Im Jahre 1911 stellten diese beiden Gruppen rund ein Drittel der Mitglieder – auch die explizite Stoßrichtung der Kriegervereine gegen die Sozialdemokratie konnte daran nichts ändern. Siehe Thomas Rohkrämer, Der Militarismus der »kleinen Leute«. Die Kriegervereine im Deutschen Kaiserreich 1871-1914, München 1990, S. 34 f. Sicherlich waren für die Attraktivität der Kriegervereine, ähnlich wie für diejenige von Militärparaden, Kaisergeburtstagen etc., auch die elementaren Formen von Geselligkeit verantwortlich, für die Jakob Vogel den Begriff des »Folkloremilitarismus« geprägt hat. Es wäre jedoch ein Mißverständnis, von diesem Begriff eine Unterschätzung der Militärfrömmigkeit der breiten Bevölkerungsmassen abzuleiten, indem diese von der Affinität zu militärischen Ordnungsmodellen gänzlich getrennt würde. Die volkstümlichen Geselligkeitsformen, so hat Vogel betont, sind eher ein populäres Transportmittel für militärische Denkmuster gewesen, als daß sie selbstzweckhaft goutiert worden wären. Siehe Jakob Vogel, Nationen im Gleichschritt. Der Kult der »Nation in Waffen« in Deutschland und Frankreich, 1871-1914, Göttingen 1997, S. 278.

31 So das Ergebnis einer exemplarischen Studie von Robert von Friedeburg, Klassen-, Geschlechter- oder Nationalidentität? Handwerker und Tagelöhner in den Kriegervereinen der neupreußischen Provinz Hessen-Nassau 1890-1914, in: Militär und Gesellschaft (wie Anm. 14), S. 229-244. Dieser Befund wird auch von etlichen Quellen bestätigt, die abgedruckt sind in Untertan in Uniform. Militär und Militarismus im Kaiserreich 1871-1914. Quellen und Dokumente. Hrsg. von Bernd Ulrich, Jakob Vogel und Benjamin Ziemann, Frankfurt a.M. 2001, bes. S. 85-88 und 156-161.

32 Schon während des Krieges von 1870/71 war die Haltung der Arbeitervertreter im Norddeutschen Reichstag ambivalent. Im Juli 1870 stimmten die Lassalleaner für die Kriegskredite, während Bebel und Liebknecht sich der Stimme enthielten. Nach dem 4. September, als Preußen-Deutschland gegen einen republikanisch verfaßten, also vergleichsweise ›fortschrittlicheren‹ Staat kämpfte, sprachen sich beide Gruppen einhellig gegen den Krieg aus. Siehe Heinz Beike, Die deutsche Arbeiterbewegung und der Krieg von 1870/71, Berlin 1957, S. 22-24, 51-55 und 68-73, sowie Andrew Bonnell, Between Internationalism, Nationalism and Particularism: German Social Democrats and the War of 1870/71, in: Australian Journal, 1992, S. 375-385.

33 Vgl. Rohkrämer, Der Militarismus der »kleinen Leute« (wie Anm. 30), S. 55 und 265.

34 Dabei wurde als ›Aufhänger‹ mit Vorliebe das Sedanfest benutzt, jener Gedenktag also, an dem sich das offizielle Bild der Einigungskriege immer wieder manifestierte. Protestaktionen und Gegenveranstaltungen sollten die sozialdemokratische Position zur Geltung bringen. Siehe Wolfgang Hardtwig, Nationsbildung und politische Mentalität. Denkmal und Fest im Kaiserreich, in: ders., Geschichtskultur und Wissenschaft, München 1990, S. 288-290.

35 Vgl. Arno Herzig, Die Lassalle-Feiern in der politischen Festkultur der frühen deutschen Arbeiterbewegung, in: Öffentliche Festkultur. Politische Feste in Deutschland von der Aufklärung bis zum Ersten Weltkrieg. Hrsg. von Dieter Düding, Peter Friedemann und Paul Münch, Reinbek 1988, S. 321-333.

der nicht ganz so viele Fehler wie der Feind gemacht hatte[36]. Militärpolitisch dominierte in der Parteiführung die Auffassung, daß die Kontingentsarmee durch ein Milizsystem zu ersetzen sei[37]. Damit rückte man in eine Position ein, die früher von jener bürgerlichen Opposition gehalten worden war, welche nunmehr an der Struktur der Streitkräfte nichts mehr auszusetzen hatte und nur noch über den Etat oder die Dienstzeit mit der Regierung in Streit geriet. Eine fundamentale Opposition in der Militärfrage, und fundamental meint hier das Bekenntnis zu einem anderen Organisationsmodell der Streitkräfte, wurde nur von der SPD vorgetragen[38]. Sogar die anderen vermeintlichen ›Reichsfeinde‹, die zentrumsnahen Katholiken, stellten in ihrer überragenden Mehrheit das Roonsche Wehrsystem nicht in Frage, nicht einmal in den Jahren, in denen die Wogen des Kulturkampfs hochschlugen[39]. Auch der Mythos der Einigungskriege blieb unangetastet. So wie sich die katholische Öffentlichkeit (von wenigen Ausnahmen abgesehen) schon während des Feldzugs 1870/71 im Konsens mit den Protestanten befand[40], so kündigte sie diese gemeinsame Realitätskonstruktion auch in den Folgejahren nicht auf, vielleicht auch deshalb nicht, um nicht selbst Wasser auf die Mühlen ihrer Gegner zu leiten, die notorisch behaupteten, die Katholiken seien national unzuverlässig. Man unterstütze ja die Nation und all ihre Institutionen, lautete dagegen die Argumentationsstrategie des katholischen Lagers, und diese Unterstützung widerlege alle Vorwürfe von seiten der Regierung oder der Liberalen. Zumindest ist aus den Jahren des

[36] Zur häufigen Diskrepanz zwischen den Auffassungen der Funktionäre und des einfachen Parteivolks grundsätzlich auch Ute Frevert, Das jakobinische Modell: Allgemeine Wehrpflicht und Nationsbildung in Preußen-Deutschland, in: Militär und Gesellschaft (wie Anm. 14), S. 45, sowie Jakob Vogel, Der »Folkloremilitarismus« und seine zeitgenössische Kritik – Deutschland und Frankreich 1871-1914, in: Militarismus in Deutschland (wie Anm. 1), S. 287.

[37] Vgl. Reinhard Höhn, Sozialismus und Heer. Bd 2: Die Auseinandersetzung der Sozialdemokratie mit dem Moltkeschen Heer, Bad Homburg [u.a.] 1959, S. 41-48; Detlef Haritz, Zwischen Miliz und stehendem Heer. Der Milizgedanke in der sozialdemokratischen Militärtheorie 1848 bis 1917, Diss. Berlin 1983, S. 79-85.

[38] Vgl. Werner Conze und Michael Geyer, Artikel Militarismus, in: Geschichtliche Grundbegriffe, Bd 4, Stuttgart 1978, S. 30. Ständiger Gegenstand der Kritik waren darüber hinaus antiquierte Rituale und Verhaltensmuster bei der Armee, die für ihren eigentlichen militärischen Auftrag kontraproduktiv seien. Siehe Bernhard Neff, »Dekorationsmilitarismus«. Die sozialdemokratische Kritik eines vermeintlich nicht kriegsgemäßen Militärwesens (1890-1911), in: Militarismus in Deutschland (wie Anm. 1), S. 128-145.

[39] Die antimilitaristischen Stellungnahmen, die von Dieter Riesenberger gesammelt worden sind, stammten von Außenseitern, teilweise von Ordensgeistlichen, und waren für die Einstellung der katholischen Bevölkerungsmehrheit keineswegs repräsentativ. Siehe Dieter Riesenberger, Katholische Militarismuskritik im Kaiserreich, in: Militarismus in Deutschland (wie Anm. 1), S. 97-114.

[40] Hierzu Frank Becker, Konfessionelle Nationsbilder im Deutschen Kaiserreich, in: Nation und Religion in der deutschen Geschichte. Hrsg. von Heinz-Gerhard Haupt und Dieter Langewiesche, Frankfurt a.M., New York 2001, S. 394 f.; als Mikroanalyse auch Frank Becker, Umkämpfte Erinnerung? Sedantage in Münster und Minden (1870-1895), in: Westfälische Forschungen, 51 (2001), Themenheft »Erinnerungskultur in Westfalen: Die Weitergabe der Vergangenheit«, hrsg. von Clemens Wischermann, S. 211-233, sowie Erich Schneider, Die Reaktion der deutschen Öffentlichkeit auf den Kriegsbeginn. Das Beispiel der Bayerischen Rheinpfalz, in: La Guerre de 1870/71 et ses conséquences. Actes du XXe colloque historique franco-allemand organisé à Paris par l'Institut Historique Allemand en coopération avec le Centre de Recherches Adolphe Thiers, du 10 au 12 octobre 1984 et du 14 au 15 octobre 1985. Ed. par Philippe Levillain et Rainer Riemenschneider, Bonn 1990, S. 110-157.

Kaiserreichs nichts über Formen offenen Widerstands gegen das Militär oder verwandte Einrichtungen bekannt, Formen, die es ja vor der Reichsgründung in katholischen Regionen durchaus gegeben hatte[41]. In der Militärfrage war, einmal abgesehen von primär taktisch motivierten Verweigerungen des Zentrums im Reichstag, eine wirkliche konfessionelle Konfliktlinie nicht zu erkennen[42].

Aus geschlechtergeschichtlicher Perspektive bestand eine wichtige Funktion der Armee sicherlich darin, Leitbilder für Männlichkeit bereitzustellen. Da die Geschlechterrollen jedoch systemisch aufeinander bezogen sind, verband sich dieser Entwurf eines männlichen Habitus notwendig mit einem weiblichen Komplementärentwurf: Geschlechterbilder sind immer Elemente von Geschlechterordnungen. Um die Geschlechterordnung zu rekonstruieren, die der Rekurs auf das Militärische in der Reichsgründungsära nahelegt, ist wieder ein Blick auf die Deutungskultur des Krieges von 1870/71 hilfreich. Frauen tauchen im Umfeld des Krieges nur als Mütter oder Ehefrauen auf, die ihren Söhnen bzw. Männern Feldpostpakete schicken, als Bräute, mit denen empfindsame Briefe gewechselt werden, oder als Krankenschwestern, in deren Fürsorge sich die Verwundeten begeben[43] – es sind dieselben Rollenerwartungen von emotionaler Unterstützung und Versorgung, die für Mädchen und Frauen innerhalb der bürgerlichen Familie galten[44]. Offenkundig wurden diese Muster auf die große Politik übertragen: Die Nation insgesamt war eine Familie, die von den Männern Schutz, von den Frauen hingegen Fürsorge erwartete. Die Geschlechter verließen im Krieg ihre angestammten Rollen nicht, sondern übertrugen sie nur auf einen anderen Handlungsrahmen. Niemand konnte unterstellen, daß die Männer ihre Familien im Stich ließen, um ihre bürgerliche Existenz gegen das ungebundene Leben des Landsknechts einzutauschen, wenn der Einsatz im Krieg gerade bezweckte, die große Familie ›Nation‹ und damit auch die Summe aller einzelnen Familien zu verteidigen. Geriet im Krieg die angestammte Rollenverteilung in Gefahr, wie es auf französischer Seite geschah, wo Frauen als Freischärlerinnen zur Waffe griffen, dann stilisierte der deutsche

41 Vgl. Jonathan Sperber, Popular Catholicism in Nineteenth-Century Germany, Princeton 1984, S. 157. Zur prinzipiell militärfreundlichen Einstellung des politischen Katholizismus auch Stig Förster, Militär und Militarismus im Deutschen Kaiserreich. Versuch einer differenzierten Betrachtung, in: Militarismus in Deutschland (wie Anm. 1), S. 65.

42 In der Regel zeigte sich das Zentrum bei diesen Parlamentskonflikten zudem recht schnell kompromißbereit. Seit der Jahrhundertwende gehörte es zu den Kräften, die die Aufrüstung unterstützten. Siehe Stig Förster, Militär und staatsbürgerliche Partizipation. Die allgemeine Wehrpflicht im Deutschen Kaiserreich 1871-1914, in: Die Wehrpflicht (wie Anm. 11), S. 67 f.

43 Auch der Einsatz in Sanitätswesen und Verwundetenpflege ist kriegswichtig gewesen und würde es in Zukunft, wenn die Bevölkerung immer vollständiger mobilisiert werden müßte, voraussichtlich in noch höherem Maße sein. Die Frauen wurden durch das familiale Muster also keineswegs aus dem Krieg herausdefiniert. Siehe auch Jakob Vogel, Samariter und Schwestern. Geschlechterbilder und -beziehungen im »Deutschen Roten Kreuz« vor dem Ersten Weltkrieg, in: Landsknechte, Soldatenfrauen und Nationalkrieger. Militär, Krieg und Geschlechterordnung im historischen Wandel. Hrsg. von Karen Hagemann und Ralf Pröve, Frankfurt a.M., New York 1998, S. 338.

44 Die Deutungskultur der Einigungskriege schloß hier bruchlos an ein Schema an, das schon in den Befreiungskriegen entwickelt worden war. Siehe Karen Hagemann, »Mannlicher Muth und Teutsche Ehre«. Nation, Militär und Geschlecht zur Zeit der Antinapoleonischen Kriege Preußens, Paderborn 2002, S. 204-393.

Kriegskommentar diese Frauen sofort zu Schreckgespenstern, die alle Greuel eines »enthegten« Krieges verkörperten: letztlich die Auflösung jeder sozialen Ordnung, das Ende der Zivilisation.

Zu einer regelrechten Ikone für das Frauenbild in der Deutungskultur des Krieges von 1870/71 wurde die Preußenkönigin Luise stilisiert. Schon in den Befreiungskriegen hatte der Luisenmythos zur Mobilisierung beigetragen: Die Königin sei in Tilsit von Napoleon gedemütigt worden, hieß es hier, nur die Niederwerfung Frankreichs könne diese Schmach tilgen. Friedrich Wilhelm III. bediente diesen Mythos, indem er das Eiserne Kreuz just am 10. März 1813 stiftete, also den Geburtstag der verstorbenen Königin wählte[45]. Gleichzeitig wurde Luise ausgesprochen bürgerlich dargestellt – ihre Ehe galt schon den Romantikern als Liebesheirat, und die Art und Weise, in der sie die Mutterrolle ausfüllte, folgte den Normen bürgerlicher Familiarität. Die Königin war also nicht nur eine Repräsentantin des Herrscherhauses, sondern auch ein Identifikationsobjekt für die gesamte (bürgerliche) Nation[46]. Am Vorabend des Krieges von 1870/71 wurde dieses Image aufs neue aktiviert. Daß die französische Kriegserklärung ausgerechnet am 19. Juli 1870 in Berlin eintraf, also am 60. Todestag der Königin, leitete Wasser auf die Mühlen der deutschen Mythopoeten. Die Koinzidenz der Ereignisse wurde dramatisch zugespitzt: Der König betete im Charlottenburger Mausoleum am Grab seiner Mutter, während Napoleon III., der Neffe jenes Napoleon, der Luisens frühen Tod verschuldet hatte, ein neues Attentat auf das Haus Hohenzollern und die deutsche Nation vorbereitete. Indem Wilhelm sich gegen diesen Übergriff zur Wehr setzte, kämpfte er auch als treuer Sohn für das Andenken seiner Mutter – indem ganz Deutschland zu den Waffen griff, verteidigte es die Ehre seiner Frauen und Mütter, deren hervorragende Repräsentantin Luise seit vielen Jahrzehnten war.

Die Passivität, die sich aus einer solchen Rollenverteilung ergibt – die Frauen werden beschützt, greifen aber nicht selbst zu den Waffen – darf aber nicht zu dem Fehlschluß verleiten, daß der Militarismus eine rein männliche Domäne gewesen ist. Damit wäre er wieder einseitig der Sphäre des gesellschaftlichen Handelns zugeordnet, ohne daß seine mentale Dimension ausreichend beachtet würde, seine ideengeschichtliche Relevanz als soziales Ordnungsmodell. In diesem Sinne konnten auch Frauen sehr wohl Militaristinnen sein. Forschungen zu den patriotischen Frauenvereinen des Kaiserreichs haben aufgezeigt, wie groß der Raum war, der auch hier der stilisierten Erinnerung an den deutsch-französischen Krieg gegeben wurde[47]. Offensichtlich erkannten auch viele Frauen in den militärischen Formen

[45] Vgl. Wulf Wülfing, Die heilige Luise von Preußen. Zur Mythisierung einer Figur der Geschichte in der deutschen Literatur des 19. Jahrhunderts, in: Bewegung und Stillstand in Metaphern und Mythen. Fallstudien zum Verhältnis von elementarem Wissen und Literatur im 19. Jahrhundert. Hrsg. von Jürgen Link und Wulf Wülfing, Stuttgart 1984, S. 266. Zum Luisenmythos grundsätzlich auch Rudolf Speth, Königin Luise von Preußen – ein deutscher Nationalmythos im 19. Jahrhundert, in: Mythos Diana. Von der Princess of Wales zur Queen of Hearts. Hrsg. von Sabine Berghahn und Sigrid Koch-Baumgarten, Gießen 1999, S. 265–285.

[46] Hierzu auch Edgar Wolfrum, Geschichte als Waffe. Vom Kaiserreich bis zur Wiedervereinigung, Göttingen 2001, S. 18.

[47] Vgl. Jean H. Quataert, »Damen der besseren und besten Stände«. »Vaterländische Frauenarbeit« in Krieg und Frieden 1864–1890, in: Landsknechte, Soldatenfrauen und Nationalkrieger (wie

ein nachahmenswertes Paradigma für andere Bereiche des gesellschaftlichen Lebens.

Ob der Begriff eines synthetischen Militarismus, der den Gegensatz zwischen rechtem und linkem Militarismus überwand und dadurch eine hohe Anschlußfähigkeit für viele soziale Gruppen im Deutschland der Reichsgründungsära besaß, auch über das Jahr 1890 hinaus die Präsenz des Militärischen in der Gesellschaft angemessen beschreibt, müßten weitere Untersuchungen klären. Möglicherweise ist das Bild der Einigungskriege, das ja ein maßgebliches Leitbild für diesen Militarismus gewesen ist, im späten Kaiserreich verblaßt; neue Erfahrungen mit eigenen oder fremden Kolonialkriegen kamen hinzu, und eine breite Diskussion um den »Zukunftskrieg« sorgte dafür, daß die Vorstellung der jüngst vergangenen Kriege durch Szenarien künftiger militärischer Auseinandersetzungen Konkurrenz erhielt[48]. Gleichzeitig ›fundamentalisierten‹ sozialdarwinistische Theorien den Krieg zum Ausdruck eines existentiellen Kampfes der Völker um Sein oder Nicht-Sein. Seit der Jahrhundertwende spielte auch die Marine und mit ihr der Aspekt der Technologie eine wichtige Rolle – Waffentechnik, in welcher Gestalt auch immer, war in der Deutungskultur des Krieges von 1870/71 noch wenig beachtet worden[49]. Das Ennui-Motiv, das gerade die Bildungsschicht am Vorabend des Ersten Weltkriegs bewegte, verlieh dem Interesse am Krieg noch einmal eine ganz neue Nuance[50]. Und ob die Idee einer totalen Mobilmachung, wie sie seit 1912 etwa vom Deutschen Wehrverein propagiert wurde[51], im Modell des synthetischen Militarismus noch unterzubringen ist, muß ebenso offen bleiben[52]. Die Willfährigkeit jedenfalls, mit der sich Millionen von Wehrpflichtigen im August 1914 nicht den militärischen Autoritäten blind unter-, aber in die militärischen Hierarchien einzuordnen bereit waren, spricht für ein kräftiges Fortwirken der Auffassung, daß Führung und selbstbewußte Teilhabe kein Widerspruch sind.

Anm. 43), S. 270. Ähnlich Jakob Vogel, Stramme Gardisten, temperamentvolle Tirailleurs und anmutige Damen. Geschlechterbilder im deutsch-französischen Kult der »Nation in Waffen«, in: Militär und Gesellschaft (wie Anm. 14), S. 253, sowie neuerdings Ute Frevert, Die kasernierte Nation. Militärdienst und Zivilgesellschaft in Deutschland, München 2001, S. 283 f.

48 Vgl. Henning Franke, Der politisch-militärische Zukunftsroman in Deutschland, 1904-1914. Ein populäres Genre in seinem literarischen Umfeld, Frankfurt a.M. [u.a.] 1985.

49 Diese Beobachtung auch bei Frank Kühlich, Die deutschen Soldaten im Krieg von 1870/71. Eine Darstellung der Situation und der Erfahrungen der deutschen Soldaten im Deutsch-Französischen Krieg, Frankfurt a.M. [u.a.] 1995, S. 16-18.

50 Vgl. Modris Ekstein, Tanz über Gräben. Die Geburt der Moderne und der Erste Weltkrieg, Reinbek 1990, S. 25-41; George L. Mosse, Gefallen für das Vaterland. Nationales Heldentum und namenloses Sterben, Stuttgart 1993, S. 84.

51 Vgl. Thomas Nipperdey, Deutsche Geschichte 1866-1918. Bd 2: Machtstaat vor der Demokratie, 3. Aufl., München 1995, S. 218. Zur Konjunktur dieser Idee nach dem Ersten Weltkrieg neuerdings An der Schwelle zum Totalen Krieg. Die militärische Debatte über den Krieg der Zukunft 1919-1939. Hrsg. von Stig Förster, Paderborn 2002.

52 Hier wäre dann möglicherweise eine Typologie sinnvoll, wie sie Stig Förster für das späte Kaiserreich mit dem Konzept des ›doppelten Militarismus‹ entwickelt hat. Siehe Stig Förster, Der doppelte Militarismus. Die deutsche Heeresrüstungspolitik zwischen Status-Quo-Sicherung und Aggression 1890-1913, Stuttgart 1985, bes. S. 7 f.

Erwin A. Schmidl

Die k.u.k. Armee: integrierendes Element eines zerfallenden Staates?

Dieser Band ist dem »Aufbruch in die Moderne 1860 bis 1890« gewidmet. Zweifellos ist es so, daß Österreich-Ungarn an diesem Aufbruch und seinen Herausforderungen zerbrach. Die alte, dem Zeitalter der Nationalstaaten und Nationalitätenkämpfen nicht mehr entsprechende, weil übernationale Monarchie – das »Reich« eben – war den neuen Ansprüchen nicht gewachsen, wobei es müßig zu spekulieren ist, ob das weniger auf die Führungsschichten als auf den Staat selbst zutreffen mag. Dennoch sollte die Frage gestellt werden, ob die Monarchie in der hier behandelten Periode wirklich bereits eine »zerfallende« war. Denn neben den inneren Spannungen gab es in der Donaumonarchie durchaus Aufbruchsstimmung und Reformen. Es gab wirtschaftliche und kulturelle Entwicklung, verkörpert nicht zuletzt durch die »Epoche der Ringstraße«, wie diese Zeit nach der Wiener Prachtstraße benannt wird. Sie entstand dort, wo bis zur Mitte des 19. Jahrhunderts die alten Stadtmauern die Stadt mittlerweile mehr eingegrenzt als beschützt hatten.

War die kaiserlich-königliche bewaffnete Macht vor diesem Hintergrund ein integrierendes Element? Vermutlich ja, schon deshalb, weil das gemeinsame k.u.k. Heer nach 1867 eine der wenigen gemeinsamen Institutionen der Doppelmonarchie war. Durch die allgemeine Wehrpflicht – 1868 mit einer Präsenzdienstzeit von drei Jahren eingeführt[1] – erfüllte die Armee zusätzlich zur Schule eine wesentliche erzieherische Funktion, auch wenn aus finanziellen Gründen nur ein Viertel der Wehrpflichtigen tatsächlich einrückte. Die Soldaten wurden in diesen drei Jahren (zu denen noch neun Jahre in der Reserve bzw. Landwehr kamen) sicherlich im Sinne staatsbürgerlicher Treue und kaiserlicher Loyalität geprägt.

Den üblichen Stereotypen nach war diese k.u.k. Armee eine geschlossene, bunte, »fesche« Armee, die überdies als tolerant und menschlich vor allem im Vergleich zum deutschen Reichsheer geschildert wurde. Eine Arbeit aus dem Jahr 1935 pries sie als »etwas ganz Besonderes und Einzigartiges, etwas Einmaliges, nie Wiederkeh-

1 Vorformen der allgemeinen Wehrpflicht (»Konskription«) bestanden schon rund hundert Jahre früher, doch waren davon stets nur kleine Teile der Bevölkerung betroffen. Die Bestimmungen des Wehrgesetzes von 1868 führten u.a. zu einer ausgewogeneren Zusammensetzung der Streitkräfte nach Nationalitäten und Berufen.

rendes, diese große, stolze, herrliche öst.-ung. Armee der Vorkriegszeit«[2]! Daran sind zweifellos mehr als nur einige »Körnchen« Wahrheit – aber die ganze Wahrheit ist es nicht.

Eine gewaltige Schwäche im Vergleich zu anderen Armeen ergab sich aus der Organisation: mehr aus politischen Rücksichten denn militärischer Notwendigkeit leistete sich Österreich-Ungarn nach der Schaffung der Doppelmonarchie 1867 den Luxus nicht einer, sondern gleich dreier Streitkräfte: zum gemeinsamen »k.u.k.« Heer kam da die österreichische »k.k.« Landwehr und die ungarische k.u. Honvéd, letztere noch mit dem Anhängsel der kroatischen Landwehr (Domobrani); jeweils natürlich mit eigenen Ministerien und Verwaltungsstrukturen auf allen Ebenen. Zunächst zur Territorialverteidigung gedacht, entwickelten sich die beiden Landwehren bis 1914 zu nahezu vollwertigen Streitkräften, die zwar vielleicht nicht so angesehen, in manchen Belangen aber sogar moderner waren als das gemeinsame k.u.k. Heer. So entstanden Gebirgstruppen ausschließlich in der k.k. Landwehr, und die Ausstattung mit Maschinengewehren war bei den Landwehren besser als im gemeinsamen Heer. Allerdings bestanden die Landwehren fast nur aus Infanterie und Kavallerie; Artillerie, technische Truppen usw. waren (sieht man von Ansätzen ab) weiter »k.u.k.«, ebenso der Generalstab. Etwa ein Zehntel der Wehrpflichtigen diente ihre Präsenzdienstzeit in den Landwehren ab; die Masse der Soldaten wurde erst nach ihrem Präsenzdienst und einer siebenjährigen Reserveverpflichtung im k.u.k. Heer in die Landwehren transferiert.

Ebenfalls getrennt nach »k.k.« und »k.u.« war der Landsturm organisiert, gewissermaßen die zweite Ebene der Territorialverteidigung; er bestand zum großen Teil aus Wehrpflichtigen ohne militärische Erfahrung. Im Ersten Weltkrieg wurden angesichts der schweren Verluste allerdings auch Landsturm-Bataillone und -Brigaden an allen Fronten im Felde eingesetzt.

Der Vollständigkeit halber sei noch die k.u.k. Kriegsmarine genannt, welche für die Küstenverteidigung in der Adria überdimensioniert war und von größeren Aufgaben träumte. Die tragischen Ereignisse der letzten Jahre riefen wieder die »Bosniaken« in Erinnerung: jene Truppenkörper, die im von Österreich-Ungarn verwalteten, bis 1908 aber formal noch zum Osmanischen Reich gehörenden »Okkupationsgebiet« Bosnien-Herzegowina rekrutiert wurden. Auch nach der Annexion 1908 wurde Bosnien-Herzegowina nicht einer der beiden Reichshälften zugeteilt, sondern blieb durch das – gemeinsame – k.u.k. Finanzministerium verwaltet. Daher bildeten die bosnisch-herzegowinischen Truppen auch eine Besonderheit (so gab es dort beispielsweise keine Landwehren), obwohl nach 1908 offenbar eine schrittweise Integration in das k.u.k. Heer einsetzte[3].

Zusätzlich zur eigentümlichen Organisation erschwerte die sprachliche Vielfalt die straffe Führung. Immerhin gab es drei Sprachebenen: Deutsch war allgemein

---

[2] Maximilian Ehnl, Die österreichisch-ungarische Landmacht nach Aufbau, Gliederung, Friedensgarnison, Einteilung und nationaler Zusammensetzung im Sommer 1914, Wien 1935 (= Österreich-Ungarns letzter Krieg, Ergänzungsh. 9), S. 16.

[3] Neben den berühmten »Bosniaken« wurden zunehmend gemischte Truppenkörper aufgestellt, mit Mannschaften aus Bosnien sowie Kroatien, Dalmatien bzw. Siebenbürgen.

Kommandosprache und überdies in der k.u.k. Armee und der k.k. Landwehr auch Dienstsprache; somit erfolgten Befehle und dienstliche Kommunikation grundsätzlich in Deutsch. In der Honvéd bzw. der kroatischen Landwehr galt zwar Deutsch als Kommando-, aber Ungarisch bzw. Kroatisch als Dienstsprache. Für die Verständigung mit den Soldaten aber genügte dies nicht: die k.u.k. Statistiken erfaßten daher auch die »Umgangssprache« der Truppenkörper, jene Sprache, die von wenigstens 20 Prozent der Soldaten des betreffenden Regiments gesprochen wurde[4]. 142 Truppenkörpern (d.h. Regimentern bzw. selbständigen Bataillonen – ein Regiment hatte einen Kriegsstand von ca. 4000, ein Bataillon einen von ca. 1000 Mann) mit einer einheitlichen Sprache standen 163 mit zwei und 24 Truppenkörper mit drei Sprachen gegenüber[5]. So hatte das Infanterieregiment Nr. 10 aus Přzemysl (im Bereich der heutigen polnisch-ukrainischen Grenze) 43 Prozent polnische, 47 Prozent ruthenische (= ukrainische) und 10 Prozent »sonstige« Soldaten, das Infanterieregiment Nr. 66 hingegen aus dem südlich davon gelegenen Ungvár (heute Uzghorod in der Ukraine) 25 Prozent magyarische, 46 Prozent slowakische, 22 Prozent ruthenische und immer noch 7 Prozent »sonstige« Mannschaften.

Für Dienstbetrieb und Verständigung war diese Vielsprachigkeit, zusammen mit der in jeder Weise unterschiedlichen Qualität der Soldaten, sicher ein Problem. In der Praxis bedeutete dies, daß die Unteroffiziere noch mehr als in anderen Armeen eine Schlüsselrolle auch als »Sprachmittler« spielten (wegen ihrer – echten oder vermeintlichen – Sprachkenntnisse sollen übrigens Juden als Unteroffiziere besonders gefragt gewesen sein). In der Friedenszeit war die Vielsprachigkeit allerdings ein geringeres Problem – nicht nur, daß die Unteroffiziere eine wichtige Rolle spielten, war auch den Berufsoffizieren die Kenntnis der jeweiligen Regimentssprache(n) vorgeschrieben. Die Nichtkenntnis der Sprache der Soldaten galt als Beförderungshindernis und wurde auch, wie zahlreiche Personalakten zeigen, durchaus ernst genommen. Im Krieg allerdings, als die Führung auf unterer Ebene zunehmend in den Händen von – sprachlich weniger geübten – Reserveoffizieren lag, war die Kommunikation erschwert. Das Beispiel vom (deutschsprachigen) Reserveoffizier, der sich mit seinen tschechischen Soldaten auf Englisch verständigte – das er in der Schule erlernt hatte, während ein Großteil der Männer einige Jahre als »Gastarbeiter« in den USA verbracht hatte – war kein Einzelfall.

Von der Kommunikation abgesehen, war die ethnische Vielfalt in der Praxis wohl ein geringeres Problem als vielfach behauptet wurde. Gerade im Ersten Weltkrieg zeigte sich die Verläßlichkeit der Mannschaften auch unter den schwierigsten Umständen. Im Zweifelsfall litt die Moral der Truppen weit mehr unter sozialen und vor allem Versorgungsschwierigkeiten als unter den »nationalen« Faktoren – im Großen und Ganzen zeigten die Angehörigen der verschiedenen Volksgruppen bis zuletzt Loyalität und Pflichttreue.

4 Gezählt wurden deutsch, magyarisch, tschechisch, slowakisch, polnisch, ruthenisch (ukrainisch), slowenisch, kroatisch (auch serbisch und bosnisch), rumänisch und italienisch. Vgl. besonders die Übersicht bei Ehnl, Die österreichisch-ungarische Landmacht (wie Anm. 2).

5 Die gelegentlich zu findende Behauptung, man habe in einzelnen Truppenkörpern sogar vier Regimentssprachen gesprochen, läßt sich zumindest für 1914 nicht belegen.

Tatsächlich – und hier treffen einige Klischees sogar zu – war es eine bemerkenswerte Eigenschaft der k.u.k. Armee, sich selbst als »supra-national« zu verstehen. Die Loyalität der Offiziere galt dem Monarchen und der Dynastie, allenfalls noch »dem Reich« bzw. Österreich als Verkörperung der Reichsidee, nicht aber einer der vielen Nationalitäten. Im nationalistisch denkenden späten 19. und frühen 20. Jahrhundert war die k.u.k. Armee damit zweifellos so etwas wie ein Anachronismus[6]. Die nationalen Gefühle wurden nicht vom Offizierkorps getragen, sondern von den Studenten und Akademikern an den Universitäten – und die waren dem Offizierkorps ohnedies mehr als suspekt. Konflikte gab es vor allem durch die als Maturanten und Studenten selbst radikalisierten Einjährig-Freiwilligen und Reserveoffiziere – anders als im Zivilleben aber war es im militärischen Bereich gelegentlich möglich, entsprechendes Verhalten zu erzwingen.

Ein Beispiel möge dies verdeutlichen: entsprechend der unter deutschnationalen Studenten üblichen Vorstellungen wollte um 1890 in Wien ein Reserveoffiziersanwärter der Kavallerie einem jüdischen Kameraden die Satisfaktionsfähigkeit, d.h. die Duellwürdigkeit, absprechen. Daraufhin hielt der Kommandant der Division den angetretenen Kadetten eine Standpauke: wer des Kaisers Rock trägt, ist satisfaktionsfähig – »und sei es auch ein Zulukaffer!« Das Duell wurde befohlen; beide Kontrahenten landeten schließlich im Garnisonsspital[7].

Gerade die Stellung jüdischer Soldaten illustriert diese Einstellung deutlich. Obwohl seit dem Mittelalter nicht zum Waffendienst würdig, wurden Juden in Österreich als dem ersten europäischen Staat seit 1788 zum Militärdienst eingezogen[8]. Um 1900 erreichten sie dann mit 3,9 Prozent der Soldaten fast den jüdischen Anteil an der Gesamtbevölkerung von etwa 4,5 Prozent; später sank ihr Anteil am Militär wieder geringfügig auf rund 3 Prozent knapp vor Kriegsbeginn. Unter den Berufsoffizieren waren Juden nur mit etwa 1 Prozent vertreten, doch gab es mehrere Generale jüdischer Religion. (All diese Angaben gelten für Angehörige der »mosaischen Religion«, nicht für Personen jüdischer Abstammung!) Und unter den Reserveoffizieren betrug ihre Zahl fast ein Fünftel – was etwa ihrem Anteil in Gymnasien und Universitäten entsprach. Obwohl alle späteren Erzählungen, es hätte keinen Antisemitismus in der k.u.k. Armee gegeben, mit Vorsicht zu genießen sind, muß dies doch im Vergleich etwa zu Preußen gesehen werden, wo zwischen 1884 und 1914 kein einziger von mehreren tausend Anwärtern auch nur zum Reserveleutnant ernannt wurde.

Nicht, daß der durchschnittliche k.u.k. Offizier als Philosemit zu charakterisieren wäre: »der Jude« war für ihn jener Händler oder Pfandleiher, der ihm das nötige Geld vorstreckte und in der Folge wegen der Schulden lästig fiel. Aber ein Soldat wurde als solcher akzeptiert, weil er »des Kaisers Rock« trug, ungeachtet seiner Herkunft, Abstammung oder Religion. Übrigens sei an dieser Stelle gleich eine

6 Vgl. dazu v.a. die grundlegende Arbeit von István Deák, Beyond Nationalism: A Social and Political History of the Habsburg Officer Corps, 1848-1918, New York [et al.] 1990; deutsche Übersetzung: Der k.(u.)k. Offizier, Wien, Köln, Weimar 1991.

7 Siegfried Trebitsch, Chronik eines Lebens, Zürich, Stuttgart, Wien 1951, S. 40 f.

8 Erwin A. Schmidl, Juden in der k.(u.).k. Armee = Jews in the Habsburg Armed Forces, 1788-1918, Eisenstadt 1989 (= Studia Judaica Austriaca, Bd 11).

Legende korrigiert: Entgegen dem Klischee, daß Juden vorwiegend bei der Sanität bzw. dem »Train« (Transportwesen) Dienst leisteten bzw. höchstens Militärärzte werden konnten, dienten rund 60-70 Prozent bei der kämpfenden Truppe – und zwar sowohl bei den Mannschaften als auch bei den Offizieren.

Gerade angesichts dieses »supra-nationalen« Selbstverständnisses der k.u.k. Armee bedeutete der Zusammenbruch 1918, mit dem Zerfall der Donaumonarchie, vor allem für Berufsoffiziere das Ende ihres bisherigen Orientierungssystems. Anton Freiherr von Léhar, der Bruder des Komponisten, schilderte diese Heimatlosigkeit eindrucksvoll in einem anonymen Beitrag kurz nach 1918: Er, der in allen Ecken der Monarchie großgeworden war und gedient hatte, dessen Familie aus verschiedenen Teilen des Reiches kam und mehrere Sprachen sprach – er sollte sich jetzt für einen dieser Teilstaaten und damit gegen die übrigen entscheiden?

Bereits erwähnt wurde die besondere Rolle der Unteroffiziere als Mittler zwischen Offizieren und Mannschaften in einer bunt zusammengesetzten Armee wie der österreichisch-ungarischen. Eine Österreich-bewußte Historiographie betonte vielfach das gute Verhältnis zwischen Offizieren und Unteroffizieren. Doch dürfte die Rückschau manches verklären. Leider verfügen wir über nicht allzu viele Zeugnisse aus Soldatenhand (zu den bemerkenswerten Quellen zählt – für die Endzeit der Monarchie – Leo Schusters faszinierender Lebensbericht[9]). Wohl ist es richtig, daß im 18. Jahrhundert Maria Theresia braven Unteroffizieren nach 35jähriger Dienstzeit die Beförderung zum Offizier ermöglicht hatte, in der »liberalen« Ära freilich blieb davon wenig übrig. Und auch im Ersten Weltkrieg erfand man lieber zahlreiche neue Unteroffizierdienstgrade, als daß man einem einzigen Unteroffizier den Leutnantstern verliehen hätte. Der Jagdflieger Julius Arigi etwa erzielte 32 Luftsiege und erhielt fünfmal (!) die Goldene Tapferkeitsmedaille, ohne daß er Offizier wurde. Dies war erst nach 1918 möglich. Die Kluft zwischen Offizieren und Unteroffizieren war vor und im Ersten Weltkrieg in Österreich-Ungarn größer als im Deutschen Reich oder in Westeuropa.

Dies hatte weniger militärische Gründe. Es spiegelte vielmehr Probleme der Gesellschaft wider. Doch braucht wohl nicht ausgeführt zu werden, welche Gefühle es bei einem altgedienten und kriegsbewährten, hochdekorierten Unteroffizier ausgelöst haben mag, einen 18jährigen Reserveoffiziersanwärter mit zweimonatiger Ausbildung »vor die Nase gesetzt« zu bekommen, dessen einzige Qualifikation im Besuch einer Mittelschule bestand. Letztlich verzichtete die k.u.k. Armee damit auf wichtiges Führungspotential. Dies war um so schlimmer, als angesichts der hohen Verluste gerade unter den Berufsoffizieren in den ersten Kriegsmonaten[10] ab 1915 die Führung auf Truppenebene fast durchweg in den Händen von

[9] Leo Schuster, »... Und immer wieder mußten wir einschreiten!« Ein Leben »im Dienste der Ordnung«, hrsg. von Peter Paul Kloß, Wien, Köln, Graz 1986 (= Damit es nicht verlorengeht ..., Bd 8).

[10] Die vom Major (später General der Deutschen Wehrmacht) Dr. Fritz Franek erstellte Übersicht: Die Entwicklung der österreich-ungarischen Wehrmacht in den ersten zwei Kriegsjahren, Wien 1933 (= Österreich-Ungarns letzter Krieg, Ergänzungsh. 5), S. 15, nennt von August 1914 bis Januar 1915 eine Reduzierung der Offiziere von 53 000 auf 25 000 und der Mannschaften von 1 180 000 auf 546 000 (jeweils Kampftruppen). Während die Zahl der Soldaten bis Mitte 1916 wieder annähernd auf den Stand von 1914 gebracht wurde, stieg die Zahl der Offiziere nicht über 36 000.

Reserveoffizieren lag[11]. Und noch ein Punkt soll hier erwähnt werden: fast ein Fünftel der Reserveoffiziere waren jüdischer Religion. Ich könnte mir durchaus vorstellen, daß auch hier, im Kriegserleben dieser Generation, eine von vielen Wurzeln des ausufernden Antisemitismus der Zwischenkriegszeit zu suchen ist. Immerhin waren es kriegsgediente Unteroffiziere des Weltkrieges, die einen wichtigen Teil der politischen Führungsschicht der zwanziger und dreißiger Jahre stellten, gerade in radikalen Parteien wie der NSDAP. Zumindest langfristig hatte die k.u.k. Armee also auch durchaus destabilisierende Eigenschaften!

Im Jahre 2002 lief in einem Internet-Forum für Historiker[12] eine interessante Diskussion über die vermeintlich »mediocre« Performance des k.(u.)k. Militärs. Allerdings stellt sich die Frage, ob es gerechtfertigt ist, wirklich durchweg von einer solchen Mittelmäßigkeit zu sprechen, ob man hier nicht doch nach unterschiedlichen Epochen und Führungsgenerationen differenzieren müßte[13].

In den Kriegen von 1859 gegen Frankreich und das entstehende Italien, 1864 gegen Dänemark und 1866 gegen Italien und Preußen erwies sich die k.k. Armee zweifellos als tapfer (welche Armee des 19. Jahrhunderts war das nicht?), aber oft schlecht geführt. Dazu kamen technische Versäumnisse, die sich durch Tapferkeit eben nicht mehr wettmachen ließen, die aber in ähnlicher Form durchaus auch für andere Armeen zutrafen[14]. Dennoch: die Hoffnung, 1866 das Feuer der preußischen Zündnadelgewehre mit »Hurrah!« unterlaufen zu können, erwies sich als trügerisch. Die Lehren des Krieges 1864 (als das unter hohen Verlusten, dank günstigen Geländes, gelegentlich noch gelungen war) waren ignoriert oder – schlimmer noch – falsch interpretiert worden.

Nach 1866 wurden zum Teil beachtliche Reformen durchgeführt – vom Wehrsystem bis zur Uniform – die sich in kleineren Feldzügen wie etwa der Okkupation von Bosnien-Herzegowina durchaus bewährten. Doch im weiteren Verlauf der langen Friedensperiode bis 1914 kam es wieder zu schweren Versäumnissen, die nicht durchweg dem Unverstand der »Politiker« zugeschrieben werden können.

---

[11] Manche Autoren sprechen gar von einem »Milizheer«, zu dem sich die k.u.k. Armee in den Kriegsjahren entwickelte. Dies war übrigens durchaus eine Gemeinsamkeit mit der russischen Armee. Vgl. dazu nunmehr die hervorragende Zusammenfassung von Rudolf Jeřábek, Das zaristische Vielvölkerheer im Ersten Weltkrieg, in: Bericht über den 22. österreichischen Historikertag in Bregenz, Wien 1998 (= Veröffentlichungen des Verbandes Österreichischer Historiker und Geschichtsvereine, 29), S. 289-297.

[12] In dem zum »H-Net« (= History-Net) gehörigen »HABSBURG-Net«.

[13] Vgl. zur k.(u.)k. Armee im 19. Jahrhundert insbesondere Bertrand Michael Buchmanns Habilitationsschrift: Militär – Diplomatie – Politik: Österreich und Europa von 1815 bis 1835, Frankfurt a.M. 1991 (= Europäische Hochschulschriften, 3/498); sowie Antonio Schmidt-Brentano, Die Armee in Österreich: Militär, Staat und Gesellschaft 1848-1867, Boppard am Rhein 1975 (= Militärgeschichtliche Studien, 20). Bemerkenswert zum Thema Modernisierung und Technisierung: Burkhard Köster, Militär und Eisenbahn in der Habsburgermonarchie 1825-1859, München 1999 (= Militärgeschichtliche Studien, 37). Für die Zeit 1848 bis 1914 vgl. den Band 5: Die bewaffnete Macht in der von der Österreichischen Akademie der Wissenschaften herausgegebenen Reihe: Die Habsburgermonarchie 1848-1918, Wien 1987, insbesondere den Beitrag von Johann Christoph Allmayer-Beck. Von diesem auch: Die k.(u.)k. Armee 1848-1914, München, Gütersloh, Wien 1974; sowie jetzt der Sammelband: Militär, Geschichte und politische Bildung, Wien, Köln, Weimar 2003.

[14] Vgl. dazu vor allem den Beitrag von Dieter Storz in diesem Band.

Sicherlich, die Verantwortung für die mangelnde finanzielle Dotierung der Armee ist bei den Parlamenten zu suchen. So wurden, wie eingangs erwähnt, aufgrund der Budgetnöte nur ein knappes Viertel aller Stellungspflichtigen tatsächlich in die Armee »assentiert« – trotz der seit 1868 geltenden Allgemeinen Wehrpflicht[15]. Der Versuch, 1912 mit dem Wehrgesetz (Einführung der zwei- statt der bis dahin dreijährigen Präsenzdienstzeit, und damit langfristig Erhöhung der Zahl der voll ausgebildeten Reservisten um ein Drittel) die Lage zu verbessern, kam durch den Kriegsausbruch nicht mehr zum Tragen. Damit fehlten 1914 der k.u.k. Armee die notwendigen Reserven für die Aufstellung der benötigten Massenheere; tausende Soldaten wurden ohne ausreichende Ausbildung geopfert.

Die mangelnde Bewaffnung war teils ebenfalls der Politik, teils der nachhinkenden industriellen Struktur der Donaumonarchie zu »verdanken«: mehr als in anderen europäischen Staaten waren Klein- und Mittelbetriebe das Rückgrat der Produktion, auch in der Heeresversorgung – und die Umstellung auf Massenfertigung gelang 1914 nur schleppend. Landsturmbrigaden, die sechs verschiedene überalterte Gewehrtypen hatten, waren etwa in den Karpatenkämpfen 1914/15 keine Seltenheit. Dazu kamen ungenügende Ausrüstung und Uniformierung. Ein k.u.k. General schildert in seinen Memoiren, sein russisches »Gegenüber« habe einmal Gefangene zurückgeschickt mit der Botschaft, es sei eine Schande für Österreich-Ungarn, so schlecht gekleidete und ausgerüstete Männer in den Krieg zu entsenden[16]. Bis 1918 verschlechterte sich die Versorgungslage immer mehr.

Es waren nicht nur der mangelnde politische Weitblick und die fehlende wirtschaftliche Vorbereitung, die sich 1914 bitter rächten. Gerade im Bereich der Taktik wurden zu viele Lehren der neueren Kriege – zuerst des amerikanischen Sezessionskrieges 1861-1865, dann zahlreicher kolonialer Konflikte, später des Amerikanisch-Spanischen Krieges von 1898, des Anglo-Burenkrieges von 1899-1902, des Russisch-Japanischen Krieges 1904/05 und auch der Balkankriege 1912/13 – ignoriert. Die Überlegenheit der Verteidigung über den Angriff, die Bedeutung des Stellungsbaus und der Tarnung, die Überlegenheit der Artillerie und die Wichtigkeit der Aufklärung ebenso wie der Versorgung: zu oft tröstete man sich, gerade der Burenkrieg habe die Bedeutung echter patriotischer Gesinnung gezeigt, und hinsichtlich der Artillerie habe der österreichische Artillerist seit Jahrhunderten

15 Die Zahlen für 1912 nennen 1 092 413 Stellungspflichtige, von denen 18,4 Prozent gar nicht erst zur Stellung erschienen. 627 495 wurden als »untauglich« qualifiziert, 3333 aus anderen Gründen zurückgestellt. Das heißt aber nicht, daß mehr als die Hälfte der Österreicher schwere Gesundheitsschäden aufwies; vielmehr waren die Zahlen der Einberufenen je Jahrgang budgetär vorgegeben. Nur 264 001 Rekruten wurden tatsächlich assentiert: Militärstatistisches Jahrbuch für das Jahr 1912, Wien 1914. Es ist dies der letzte, in einem Exemplar in der Bibliothek des Kriegsarchivs vorhandene Band dieses wichtigen Handbuchs, der – 1914 erschienen – nicht mehr zur Auslieferung gelangt sein dürfte.

16 Robert Trimmel, Nachgelassene Aufzeichnungen (Manuskript im Kriegsarchiv: Nachlass B/385), Teil I, fol. 38. Als junger Hauptmann und Kriegsattaché hatte Trimmel in Südafrika 1899 bis 1900 einen »modernen Krieg« miterlebt, danach aber im k.u.k. Generalstab nicht allzu viele Anhänger für seine Beobachtungen gefunden. 1914 erlitt er aus dem Gefühl, an den gigantischen Verlusten Mitschuld zu tragen, einen Nervenzusammenbruch, von dem er sich erst durch die neue Herausforderung, als »Bettlerbrigadier« eine Landsturmbrigade in den Karpaten zu führen, erholte. Später befehligte Generalmajor Trimmel eine Brigade an der italienischen Front.

bewiesen, daß er durch seine Tapferkeit und Erfahrung die numerische Überlegenheit der Gegner mehr als wettmache[17]. Und überhaupt: in Europa würden stets andere Grundsätze gelten als in Übersee. Selbst dort, wo die Lehren dieser Kriege beachtet wurden, zog man oft falsche Schlüsse: so führte Generalstabschef Franz Conrad von Hötzendorf etwa nach dem Burenkrieg »realistische« Manöver ein – und erwartete dann im Kriege von seinen untrainierten Reservisten über Wochen und Monate ähnliche Leistungen, wie sie durchtrainierte Zwanzigjährige während dreier Manövertage erbracht hatten. Ein russischer Offizier bemerkte dazu, er habe lediglich warten müssen, bis sich die Österreicher zu Tode marschierten[18].

Aus diesen Vorgaben entwickelte sich die k.u.k. Armee während des Ersten Weltkrieges. Insbesondere die Artillerie und technischen Truppen (einschließlich der Luftfahrtruppe) wurden massiv ausgebaut[19]. Die schweren Verluste der ersten Kriegsmonate waren jedoch trotz der späteren Ergänzungen und der immens verbesserten materiellen Ausrüstung bis Kriegsende nicht wirklich aufzuholen, zumal die Versorgungslage auch der Fronttruppen immer prekärer wurde. Um so bemerkenswerter ist, daß es der k.u.k. Armee trotz dieser misslichen Umstände nicht nur 1914 gelang, die russische »Dampfwalze« zum Stehen zu bringen, sondern im zähen Ringen bis 1917 – teils unterstützt durch deutsche Verbände – das Blatt zu wenden und nach dem Frieden von Brest-Litowsk weite Teile Russlands zu besetzen. Die damit verbundenen Hoffnungen einer Stabilisierung der bis dahin schon sehr brüchigen innenpolitischen Lage freilich konnten sich nicht mehr erfüllen[20]. Angesichts der Kriegslage an den anderen Fronten und des Kriegseintritts der USA 1917 gab es Ende 1918 wohl kaum noch eine Alternative.

Wir sollten uns beim Betrachten der k.u.k. Armee vor allzu schnellen Verurteilungen ebenso hüten wie vor leichtfertigen Glorifizierungen. Aber das Element der Über-Nationalität könnte uns gerade heute, angesichts des Auftauchens längst überwunden geglaubter Emotionen, immer noch eine Botschaft sein.

---

17 Vgl. dazu Jay Stone and Erwin A. Schmidl, The Boer War and Military Reforms, Lanham, MD, New York, London 1988 (= War and Society in East Central Europe, vol. 28, Atlantic Studies on Society in Change, 51), bes. S. 308 f.

18 Peter Broucek, Taktische Erkenntnisse aus dem Russisch-japanischen Krieg und deren Beachtung in Österreich-Ungarn, in: Mitteilungen des Österreichischen Staatsarchivs, 30 (1977), S. 191-220. Gerade die russische Armee hatte – auch hier ein Widerspruch zu manchen Klischees – in den Jahren seit 1905 aus der blutigen Niederlage gegen Japan gelernt und präsentierte sich 1914 als moderne, gut bewaffnete und taktisch überlegene Streitmacht, die den k.u.k. Truppen schwere Niederlagen beibrachte. Vor allem die ersten Gefechte waren durchaus von einer chevaleresken Höflichkeit auf beiden Seiten begleitet, die sich beispielsweise in der korrekten Behandlung von Kriegsgefangenen zeigte. (Im weiteren Kriegsverlauf sollte sich dies leider nur zu oft ändern.)

19 Vgl. dazu detailliert: Johann Christoph Allmayer-Beck, Heeresreorganisation vor 50 Jahren: Planungen und Maßnahmen für den Friedensausbau der k.u.k. Wehrmacht nach beendigtem Kriege, in: Österreichische Militärische Zeitschrift, 1967, Sonderh. 2: 1917, S. 18-27.

20 Vgl. dazu die Beiträge in dem von Richard Georg Plaschka und Karlheinz Mack herausgegebenen Sammelband Die Auflösung des Habsburgerreiches: Zusammenbruch und Neuorientierung im Donauraum, Wien 1970 (= Schriftenreihe des Österreichischen Ost- und Südosteuropa-Instituts, 3), vor allem die Beiträge von Karel Pichlík über den militärischen Zusammenbruch (S. 249-265) und von Marian Zgórniak über Polen (S. 297-304).

Jan Kusber

Die russische Armee als innenpolitischer Ordnungsfaktor in der zweiten Hälfte des 19. Jahrhunderts

Die russische Armee als innenpolitischer Ordnungsfaktor – diese Themenformulierung impliziert die Annahme eines umfassenden Einsatzes von Soldaten für nicht eigentlich militärische Zwecke, die sich im Hinblick auf die politische Verfaßtheit des Zarenreiches nachgerade anzubieten scheint. Trifft diese Annahme jedoch zu? Die ungeschmälerte Selbstherrschaft des Zaren, die Autokratie, erschien Zeitgenossen im In- und Ausland als überholt und auch konservativen Kräften nicht mehr als Garant »stabiler Verhältnisse«, wie noch in den Jahren 1848/1849[1]. Die Niederlage im Krimkrieg (1853–1856) trug in Rußland wesentlich dazu bei, die Staats- und Gesellschaftsordnung in Frage zu stellen: Die Bildungsschichten Rußlands verlangten nach politischer Partizipation, die Nationalitäten des Vielvölkerreiches gerieten in dem Maße, in dem der Russifizierungsdruck in den letzten Jahrzehnten des 19. Jahrhunderts zunahm, in Auseinandersetzung mit dem Herrschaftsanspruch des Zaren und seiner Dynastie; die Masse der Bauern und die noch kleine Zahl der Arbeiter artikulierten sozialen Protest, der um so umfangreicher wurde, je näher die Jahrhundertwende rückte. Überall wurden mithin zentrifugale Kräfte unterschiedlicher Art sichtbar. Konnte die Armee als bislang loyale Stütze der Zaren zur Eindämmung dieser Kräfte beitragen?

Der neue Zar Alexander II. setzte im Inneren (zunächst) nicht auf das Militär. Er wählte den Weg unsystematischer, jedoch weitreichender Reformen und eines erweiterten öffentlichen Spielraums der gesellschaftlichen Kräfte, was die allmähliche Transformation der Sozial-, Wirtschafts-, und Gesellschaftsverfassung beschleunigte. Bereits vorhandene Tendenzen der bürokratischen Reform auf verschiedenen Gebieten[2] und die lebhafte Protoindustrialisierung[3] in der Zeit Niko-

---

1 Zur russischen Rolle zwischen Pragmatismus und Intervention in Ostmitteleuropa siehe: Uwe Liszkowski, Rußland und die Revolution von 1848/1849. Prinzipien und Interessen, in: Revolutionen in Ostmitteleuropa 1848/49, hrsg. von Rudolf Jaworski und Robert Luft, München 1996 (= Bad Wiesseer Tagungen des Collegium Carolinum, 18), S. 343–369. Zum Widerhall in Rußland: Martin Schulze Wessel, Städtische und ländliche Öffentlichkeit in Rußland 1848, in: Zeitschrift für Geschichtswissenschaft, 48 (2000), H. 4, S. 293–308.

2 Vgl. W. Bruce Lincoln, In the Vanguard of Reform: Russia's Enlightened Bureaucrats, 1825–1861, DeKalb, Ill. 1982; Rossija v Nikolaevskoe vremja: Nauka, politika, prosveščenija [Russland unter Nikolaj I.: Wissenschaft, Politik, Aufklärung], hrsg. von M.F. Chartanovič [u.a.], Sankt Peterburg 1998 (= Filosofskij vek. Al'manach, 6).

laus I. sollten dabei aufgegriffen werden. Die in den folgenden Jahrzehnten exekutierten Reformakte führten in ihrem Effekt freilich über das Ziel hinaus, das Alexander II. ins Auge gefaßt hatte, als er diesen Prozeß unter dem Eindruck des Krimkriegstraumas einleitete. Der neue Zar hatte die Auffassung vertreten, daß die Selbstherrschaft mit Hilfe einzelner Maßnahmen zumindest in ihrem Kern erhalten werden könne: Die Aufhebung der Leibeigenschaft hatte Innovation aufs Land und Ruhe in die Beziehungen zwischen Landbesitzern und Bauern zu bringen. Lokale Verwaltungsorgane auf dem Land und in den Städten sollten dem chronischen undergovernment des Reiches abhelfen und ein mit dem System verträgliches Maß an politischer Teilhabe gewährleisten; die Justizreform zielte auf eine Gewaltentrennung und Verrechtlichung im Prozeßwesen hin. Mit der Universitätsreform strebte die Regierung danach, die Bildungsschicht Rußlands zu verbreitern und Lern- und Lehrfreiheit (wieder) in ihr Recht zu setzen. Die Militärreformen, ein ganzes Paket von Einzelmaßnahmen schließlich, deren Herzstück die Einführung der Wehrpflicht von 1874 war, sollten effektive und stets einsatzbereite Streitkräfte gewährleisten, die den Anforderungen einer Großmacht genügten und die Scharte des Krimkrieges auszugleichen vermochten[4]. Es handelte sich um einen Staat und eine Gesellschaft im Umbau, die keineswegs abgeschlossen waren, sondern »unterbrochen« wurden, als Alexander II. 1881 das Opfer eines politischen Attentats wurde. Sein Nachfolger Alexander III. brach diesen Prozeß gleichsam ab, ja er versuchte sogar den Rückbau – bis auf einen Sektor: die Industrialisierung, die durch staatliche Initiative immer stärker forciert wurde[5].

Die meisten der beteiligten Kräfte in diesem Prozeß, der im Vergleich zum übrigen Europa vielfach als nachholende Modernisierung des Zarenreichs beschrieben worden ist[6], waren zeitweise bereit, für die Durchsetzung ihrer Partikularinter-

---

3 Das Konzept der Protoindustrialisierung befindet sich für das Russische Reich, insbesondere für die Zeit Nikolaus I. noch immer in der Diskussion. Siehe: Klaus Gestwa, Proto-Industrialisierung in Rußland. Wirtschaft, Herrschaft und Kultur in Ivanovo und Pavlovo 1741-1932, Göttingen 1999 (= Veröffentlichungen des Max-Planck-Instituts für Geschichte, 149).

4 Zu den Reformen im Bereich des Militärs siehe: E. Willis Brooks, Reform in the Russian Army 1856-1861, in: Slavic Review, 43 (1984) 1, S. 63-82; P.A. Zajončkovskij, Voennye reformy 1860-1870 godov Rossii [Militärreformen 1860-1870], Moskva 1952; F.A. Miller, Dmitrii Miliutin and the Reform Era in Russia. Charlotte, N.C. 1968; Dietrich Beyrau, Militär und Gesellschaft im vorrevolutionären Rußland, Köln, Wien 1984 (= Beiträge zur Geschichte Osteuropas, 14), S. 208-276; Bruce W. Menning, Bayonets before Bullets. The Imperial Russian Army, 1861-1914, Bloomington 1992, S. 6-50. Skeptisch in der Beurteilung der Reformen bleibt anhand der Durchführung militärischer Operationen im Balkankrieg 1877/78: John Bushnell, Miliutin and the Balkan War. Military Reforms vs. Military Performance, in: Russia's Great Reforms, 1855-1881, ed. by Ben Eklof [et al.], Bloomington 1994, S. 139-157. Frederick W. Kagan hat jüngst nachzuweisen versucht, daß die »Modernisierung« der russischen Armee unter Nikolaus I. wesentlich weiter fortgeschritten war, als es die Niederlage im Krimkrieg nahelegte. Vgl. Frederick W. Kagan, The Military Reforms of Nicholas I. The Origins of the Modern Russian Army, New York 1999, insbes. S. 237-251.

5 Zur Politik Alexanders III. im Überblick noch immer unverzichtbar: P.A. Zajončkovskij, The Russian Autocracy under Alexander III., Gulf Breeze, Fl. 1976.

6 Zusammenfassung der Diskussion bei: Manfred Hildermeier, Industrialisierung, sozialer Wandel, Rückständigkeit, in: Handbuch der Geschichte Rußlands, Bd 3,1, hrsg. von Manfred Hildermeier [u.a.], Stuttgart 1983, S. 102-108, sowie anhand des Paradigmas der »Zivilgesellschaft«: Gottfried

essen Gewalt einzusetzen: Politische Gruppierungen, wenn sie den Weg des politischen Terrorismus wählten, Bauern und Arbeiter, wenn sie sich davon kurzfristige Linderung ihrer oftmals bescheidenen Verhältnisse versprachen, und auch die Nationalitäten, wenn sie glaubten, mit bewaffnetem Widerstand ihre Eigenständigkeit zurückerhalten oder erlangen zu können. Wo das Angebot der begrenzten Reformen, die am politischen Aufbau des Landes nur wenig Grundlegendes änderten, nicht ausreichte, war die Autokratie ihrerseits bereit, die Ordnung in ihrem Sinne mit Gewalt aufrechtzuerhalten.

Anhand dieser Vorüberlegungen möchte ich in vier Schritten versuchen, eine Antwort auf die Frage zu geben, in welchem Maße die Armee in der zweiten Hälfte des 19. Jahrhunderts ein »Ordnungsfaktor« im Sinne autokratischen Herrschaftsverständnisses war. In einem ersten Schritt soll die Armee, die sich ja selbst in einem Transformations- und Modernisierungsprozeß in taktischer, technischer und personeller Hinsicht befand, in ihrer Gestalt umrissen werden, um zu erörtern, ob sie in der Lage war, organisatorisch die Aufgabe eines Ordnungsfaktors zu erfüllen. Sodann sollen drei mögliche Einsatzfelder problematisiert werden. Dabei wird das Verhältnis zu den Nationalitäten, der mögliche Einsatz der Armee gegen den politischen Terrorismus, schließlich ihr Vorgehen gegen soziale Unruhen zu Sprache kommen.

1. Die Armee des Zarenreiches in der zweiten Hälfte des 19. Jahrhunderts

Innerhalb der Gesellschaft des Zarenreiches schien die Armee auf den ersten Blick das vielleicht stärkste Element der Beharrung zu sein. Dafür spricht zunächst, daß die »aufgeklärten Bürokraten« im Umfeld Alexanders II. ihre Pläne für Militärreformen später in Gesetze gossen als andere Reformprojekte. Im Jahre 1878 belief sich die Größe der Armee auf ca. 31 000 Offiziere und 850 000 Soldaten, zu Beginn des Jahres 1904 auf 41 000 Offiziere und 1 000 000 Soldaten. Bei einer Mobilisierung aller Reservisten konnte die Armee in ihrem Personalbestand verdreifacht werden[7]. Auf dem Papier handelte es sich also um eine beeindruckende Zahl von Bewaffneten, die die Regierung theoretisch zum Polizeidienst hätte heranziehen können. Ein Blick auf das Innenleben der russischen Armee relativiert jedoch den Eindruck, den die Zahlen suggerieren, gab es doch zwei klar voneinander getrennte Bereiche, die dem Geschlossen-Agieren entgegenstanden: die Lebenswelten der Offiziere und die der einfachen Soldaten, die in sich differenziert waren.

Schramm, Rußland oder Wie weit kam die Zivilgesellschaft, in: Europäische Zivilgesellschaft in Ost und West. Begriffe, Geschichte, Chancen, hrsg. von Manfred Hildermeier, Frankfurt a.M. [u.a.] 2000, S. 113-148.

7 Vgl. P.A. Zajončkovskij, Samoderžavie i russkaja armija na rubeže XIX-XX stoletij, 1881-1903 [Autokratie und russische Armee an der Schwelle des 19. zum 20. Jahrhundert], Moskva 1973, S. 125-131.

So waren die Herkunftsmilieus der Offiziere ebenso heterogen wie ihre Ausbildung und ihre Dienstbedingungen[8]. Einen Hauptmann in der Suite des Zaren, der einer der ältesten Adelsfamilien Rußlands entstammte und eine exzellente Erziehung genossen hatte, verband mit einem dienstgradgleichen Offizier, der aus einem klein- oder nichtadeligen Milieu kam und im Wehrdistrikt Odessa oder Turkestan Dienst tat, nicht viel mehr als die Zugehörigkeit zur Armee. Insbesondere der Dienst in der Provinz förderte Frustration und Lustlosigkeit und führte schließlich zum vorzeitigen Abschied einer Vielzahl von Offizieren. Der Beruf des Offiziers wurde in der zweiten Hälfte des 19. Jahrhunderts oftmals nicht als vielversprechende Karriere gesehen, die anzustreben sich lohnte, sondern nicht selten mangels einer anderen Alternative ergriffen.

So prägten nicht die Offiziere der kaiserlichen Suite das Bild des Offiziers in der russischen Armee, nicht die Absolventen der Generalstabsakademie, nicht die Kommandeure der Garderegimenter, nicht die exklusiven Offizierklubs der Hauptstädte. Das Bild des Armeeoffiziers wurde im Bewußtsein der Öffentlichkeit eher von dem in einem Linienregiment der Infanterie dienenden Stabskapitän geprägt, der schlecht ausgebildet war und oftmals dem Alkohol zuneigte. Dabei stieg der Anteil der nichtadeligen Offiziere nach 1900 insgesamt auf immerhin über 40 Prozent an. Ein gemeinsames Identitätsmuster entwickelte sich in der Gruppe der Offiziere jedoch kaum. Eine bindende Klammer war lediglich die zivile Umwelt, die vom Offizierkorps in seiner Gesamtheit als potentielle Gefahr für den eigenen sozialen Status und das eigene Prestige gesehen wurde.

Trotz der Differenzierungen innerhalb des Offizierkorps handelte es sich um einen gegenüber den gemeinen Soldaten weitgehend abgeriegelten Bereich. Zwar konnten auch Bauern im Prinzip die Offizierlaufbahn antreten. Doch zumeist erwies sich die Trennwand zum Offizierkorps als undurchlässig, und zwar in zweifacher Hinsicht: Zum einen gab es keine Aufstiegsmöglichkeiten aus der Mannschafts- und Unteroffizierslaufbahn durch hervorragende Leistungen im Dienst oder ähnliches, zum zweiten bekamen die Soldaten ihre Offiziere kaum zu Gesicht. Das Bemühen vieler Offiziere, einen Stabs- bzw. Innendienstposten in ihren Einheiten, vor allem eine Schreibtischtätigkeit im Gefüge der sogenannten Regimentswirtschaft, zu erhalten, trug neben der sozialen Höherstellung dazu bei, daß dem Offizier eine »Rolle als Außenstehender« zufiel.

Noch im Jahre 1903 sprach General A.N. Kuropatkin in Hinblick auf die bäuerlich geprägten Gemeinen in seinem Tagebuch idealisierend von den »[...] unvergleichlichen Soldaten, loyal zum Vaterland, zum Souverän, tapfer, duldend und

---

[8] Und zum folgenden: H.P. Stein, Der Offizier des russischen Heeres im Zeitabschnitt zwischen Reform und Revolution, in: Forschungen zur Osteuropäischen Geschichte, 13 (1967), S. 346-507; P.A. Zajončkovskij, Oficerskij korpus na rubeže dvuch stoletij (1881-1903 gg.) [Das Offizierkorps an der Schwelle von zwei Jahrhunderten], in: Voenno-istoričeskij Žurnal (1971), S. 39-47; Peter Kenez, A Profile of the Prerevolutionary Officercorps, in: California Slavic Studies, 7 (1973), S. 121-158; Matitahu Mayzel, The Formation of the Russian General Staff, 1880-1917. A Social Study, in: Cahiers du Monde Russe et Soviétique, 16 (1975) 3/4, S. 297-321; John Bushnell, The Tsarist Officer Corps, 1881-1914: Customs, Duties, Inefficiency, in: American Historical Review, 86 (1981), S. 753-780.

anspruchslos«[9]. Diese Eigenschaften schienen den Soldaten auch für den möglichen Polizeidienst zu einem willfährigen Instrument zu machen. Die Frage jedoch, inwieweit der Kriegsminister sich hier eines gängigen Klischees bediente, ist schwer zu beantworten. Die Soldaten waren mit dem bäuerlichen Milieu auch nach ihrer Einberufung eng verbunden[10], und so tauchten als Reaktion auf die Agrarunruhen nach 1890 erste Anzeichen von Unzufriedenheit auch in der Armee auf[11]. Die eingezogenen Soldaten, in ihrer überwiegenden Mehrheit Bauern, dienten nach der Reduktion des Wehrdienstes und der Einführung der allgemeinen Wehrpflicht 1874 zunächst sechs, später drei bis vier Jahre[12]. Eine militärische Ausbildung im engeren Sinne fand in diesen Jahren lediglich in den ersten vier Monaten statt. In den verschiedenen Einheiten in der Provinz wurde das militärische Können dann mit unterschiedlicher, von der Motivation der Kommandeure abhängiger Intensität aufgefrischt. Nur die Sommermonate vor der Ernte standen für Manöver zur Verfügung. In den anderen Monaten des Jahres beschäftigte sich der Soldat damit, für den Unterhalt seines Regiments, d.h. seinen eigenen und den seiner Offiziere, zu sorgen. Das Regiment hatte sich selbst zu versorgen: Es wurde selbst gekocht und gebacken, nach Möglichkeit eigenes Gemüse angebaut und Vieh gehalten, das Regiment produzierte seine eigenen Uniformen und Stiefel[13]. Daneben wurden den Soldaten Handdienste für die Offiziere abverlangt, so daß ca. 40 Prozent der Mannschaften ausschließlich mit nichtmilitärischen Tätigkeiten beschäftigt waren.

Darüber hinaus wurden zahlreiche Soldaten aus dem Regiment nach Abschluß der Manöver in einen mehrwöchigen Urlaub entlassen, um entweder zu Hause auf dem Feld beim Einbringen der Ernte zu helfen oder um sich zur Aufbesserung des mageren Salärs als Saisonarbeiter zu verdingen. Erst zu Beginn des Novembers waren die Personalbestände der Regimenter, die auf 20 Prozent (der regulären Stärke von 1800 Mann, die allerdings ohnehin nur selten erreicht wurde) absinken konnten, wieder erreicht. Die Offiziere betrachteten die Soldaten als Verfügungsmasse, nahmen sie nicht als Angehörige der gleichen Armee wahr, zwischen denen

---

9 Tagebucheintrag Kuropatkins vom 4.1.1903, in: Dnevnik A.N. Kuropatkina, in: Krasnyj Archiv, 22 (1922), S. 19 f.

10 Zur bleibenden Bindung an das bäuerliche Milieu, insbesondere an die Dorfgemeinde, siehe den noch immer instruktiven Aufsatz von: Theodore H. von Laue, Russian Labor between Field and Factory 1892-1903, in: California Slavic Studies, 3 (1964), S. 133-165.

11 Hierzu ausführlich: L.T. Senčakova, Revoljucionnoe dviženie v russkoj armii i flote v konce XIX – načale XX. veka [Die revolutionäre Bewegung in der russischen Armee und Flotte Ende des 19. bis Anfang des 20. Jahrhunderts], Moskva 1972.

12 Und zum folgenden: John S. Curtiss, The Peasant and the Army, in: The Peasant in Nineteenth Century Russia, ed. by Wayne S. Vucinich, Stanford 1968, S. 108-132; B. Kočakov, Social'nyj sostav carskoj armii v period imperializma [Die soziale Zusammensetzung der zarischen Armee in der Epoche des Imperialismus], in: Iz istorii imperializma, hrsg. von M.P. Vjatkin [u.a.], Moskva, Leningrad 1959, S. 347-370. Im Vergleich dazu zur sozialen Zusammensetzung der Flotte: D.A. Garkavenko, Social'nyj sostav matrosov russkogo flota v ėpochu imperializma [Die soziale Zusammensetzung der Matrosen der russischen Flotte zur Zeit des Imperialismus], in: Istorija SSSR, 12 (1968) 5, S. 36-56.

13 Vgl. Peter Gatrell, Government, Industry and Rearmament in Russia, 1900-1914. The Last Argument of Tsarism, Cambridge 1994, S. 45 f.

eine allgemeine Form der Solidarität bestehen könnte[14]. Die Soldaten wiederum betrachteten die Offiziere als potentielle »Gutsherren«, wurde ihnen doch »freiwillige Arbeit« abgefordert, die an die Zeit der Leibeigenschaft erinnerte. Dieses Verhalten wurde allgemein toleriert und stellt sich in einen größeren Kontext: In Rußland war die Korruption eine beständige Begleiterscheinung der Tätigkeit staatlicher Exekutivorgane[15].

Die Form der Regimentsökonomie und der Stationierung – bis zur Jahrhundertwende war erst die Hälfte aller Truppen kaserniert, die übrigen waren in den jeweiligen Garnisonsorten einquartiert – führte dazu, daß die Armee vielfach als Besatzungsmacht im eigenen Lande empfunden wurde, zudem als eine, die mit der nicht selten als feindlich perzipierten Bürokratie kooperierte. Um das Ansehen der Soldaten stand es schlecht. Nicht ohne Grund fand sich an manchem öffentlichen Park in den Städten das Schild »Hunden und Soldaten Zutritt verboten«[16]. Wie ließ sich diese mit sich selbst beschäftigte Armee nun als Ordnungsfaktor nutzen?

2. Die Armee und die Nationalitäten des Zarenreiches

Wenn es stimmt, daß in der zweiten Hälfte des 19. Jahrhunderts die Aufrechterhaltung des Imperiums an sich zum Selbstzweck geworden war, mit dem der unterschiedlich stark ausgebildete Nationalismus der Völker bzw. der unterschiedliche Stand der »nation-building«-Prozesse konfligierte[17], dann kam der Armee eine Schlüsselfunktion für den Zusammenhalt des multinationalen Staatsgebildes zu.

Nationaler Widerstand erforderte den Einsatz des Militärs in einer Größenordnung wie sonst nur in Kriegszeiten. Während des polnischen Aufstands von 1863/64 erfolgte der Einsatz einer 300 000-Mann-Armee, die die Gräben zwischen den russischen Besatzern und den Polen vertiefte[18]. Zugleich wurde seit dem Aufstand durch den Einsatz von polnischen Rekruten fern der Heimat eine Praxis verschärft, die generell in der Armee des Zarenreiches betrieben wurde und die eine Verbindung der Stationierten zu ihrer neuen Umgebung erschwerte. Diese Mischung von Repression und Uniformierung, die sonst in der Nationalitätenpoli-

[14] Jan Kusber, Krieg und Revolution in Rußland. Das Militär im Verhältnis zu Wirtschaft, Autokratie und Gesellschaft, Stuttgart 1997 (= Quellen und Studien zur Geschichte des östlichen Europa, Bd 47), S. 24.

[15] Beyrau, Militär und Gesellschaft (wie Anm. 4), S. 30; Anton I. Denikin, Staraja Armija [Die alte Armee], t. 1, Paris 1929, S. 93.

[16] Orlando Figes, Die Tragödie eines Volkes. Die Epoche der russischen Revolution 1891 bis 1924, Berlin 1998, S. 75.

[17] Vgl. hierzu allgemein: Andreas Kappeler, Rußland als Vielvölkerreich. Entstehung, Geschichte, Zerfall, München 1992, S. 177-229.

[18] Vgl. Robert F. Leslie, Reform and Insurrection in Russian Poland, 1856-1865, London 1963, S. 232-251. Dabei gab es vereinzelt innerhalb der Intelligencija durchaus Verbindungen zwischen Russen und Polen auch innerhalb des Militärs, die im Moment des Aufstandes durch den Loyalitätskonflikt zerbrachen: Vosstanie 1863 g. i russko-pol'skie revoljucionnye svjazy 60-ch godov [Der Aufstand von 1863 und die russisch-polnischen revolutionären Beziehungen der 60er Jahre]. Hrsg.: V.D. Koroljuk und I.S. Miller, Moskva 1960.

tik galt, wurde im Falle der Polen auf das Militär übertragen. Für andere ethnische Eliten des Zarenreiches hatte das funktioniert. Die deutschbaltischen Offiziere waren eine loyale Stütze der Armee und auch georgische und armenische Eliten ließen sich in gemischtnationalen Einheiten einsetzen, wo immer ihr Dienst gefordert wurde[19]. Die allgemeine Wehrpflicht sollte auch hier zur Uniformierung beitragen, vielleicht sogar eine übergeordnete Reichsidentität stiften. Doch die prinzipielle gleichberechtigte Zulassung zum Wehrdienst und auch zur Offizierlaufbahn, die im Gesetz von 1874 über die Wehrpflicht vorgesehen gewesen war, wurde nicht immer umgesetzt. Vielmehr wurde sie bis zum Ende des Zarenreiches durch zahlreiche Ausnahmen ausgehöhlt. Seit den sechziger Jahren des 19. Jahrhunderts wurden nationale Spannungen im alltäglichen Umgang im Zuge eines sich verstärkenden großrussischen Nationalismus der Gesellschaft offensichtlich[20]. Die Verbindungen, die im Vorfeld des Aufstands von 1863 zwischen russischen und polnischen Offizieren offensichtlich wurden, hatten der Militäradministration zu denken gegeben – der Zugang polnischer Untertanen zum Offizierkorps wurde begrenzt[21]. Nach 1888 erfolgten Quotenregelungen auch für die zuvor als loyal geltenden armenischen und deutschbaltischen Offiziere, wenn sie in ihrem Heimatwehrkreis Dienst taten. Generell sorgte ein Schlüssel, nach dem die Einheiten auf der Ebene der Mannschaften und Offiziere nie mehr als ein Viertel nichtrussischer Soldaten umfassen durften, dafür, daß eine großrussische Dominanz gewahrt blieb. Auch hier zeigte sich die Konsequenz der Russifizierungspolitik der letzten Jahrzehnte des 19. Jahrhunderts. Am stärksten traf diese Tendenz die Juden, schien sie den sich verbreitenden Antisemitismus doch auch in der Armee zu fördern[22].

Die ersten regelrecht national motivierten Meutereien in den Mannschaften traten freilich erst nach Ausbruch des Russisch-Japanischen Kriegs im Frühjahr 1904 in Polen auf, als sich unter den Rekruten der Eindruck festsetzte, der Zar lasse die Polen im Fernen Osten für seine imperialen Abenteuer bluten[23]. Das letztlich nicht aufgehende Konzept der Integration durch Uniformierung und Benachteiligung galt jedoch nicht für alle Ethnien des Zarenreiches. Nirgends läßt sich dies besser zeigen als am Beispiel des Militärs. Wie in Polen setzte man in dem nur nominell eroberten Kaukasus nach dem Ende des Krimkriegs eine 150 000-Mann-Armee ein, um die gorcy, die sogenannten Bergvölker, zu befrieden und

[19] Vgl. zur nationalen Verteilung des Offizierkorps der Armee: Dietrich Beyrau, Das russische Imperium und seine Armee, in: Militär und Gesellschaft im 19. und 20. Jahrhundert, hrsg. von Ute Frevert, Stuttgart 1997, S. 119-142, hier: S. 126 f.

[20] Von Andreas Renner herausgearbeitet anhand der »Polnischen« und der »Deutschbaltischen« Frage. Vgl. Andreas Renner, Russischer Nationalismus und Öffentlichkeit im Zarenreich, 1855-1875, Köln, Weimar, Wien 2000 (= Beiträge zur Geschichte Osteuropas, 31); vgl. auch die knappen Bemerkungen bei: Benedict Anderson, Die Erfindung der Nation. Zur Karriere eines folgenreichen Konzepts. Erw. Ausg., Berlin 1998, S. 80 f.

[21] Neben dem Sammelband, Vosstanie 1863 (wie Anm. 18), vgl.: M. Kukiel, Military Aspects of the Polish Insurrection of 1863-4, in: Antemurale, 7/8 (1963), S. 363-396, hier: S. 370.

[22] Vgl. John D. Klier, Imperial Russia's Jewish Question, 1855-1881, Cambridge 1995, S. 342 f.

[23] Vgl. Kusber, Krieg und Revolution (wie Anm. 14), S. 62 f., 71.

deren Freiheitsheld Šamil zu fassen[24]. In den kompensatorisch eroberten Gebieten Zentralasiens, die unmittelbar unter russische Herrschaft gerieten, verwaltete ein Militärgouverneur in enger Absprache mit dem Kriegsministerium die Kolonialgebiete Turkestans. Die so beherrschten islamischen oder teils auch animistischen Ethnien galten jedoch im Gegensatz etwa zu den Polen als inorodcy, Fremdstämmige, und damit als für den Armeedienst nicht heranziehbar. Ein Aufstieg innerhalb der militärischen Hierarchie des Zarenreiches und damit eine Integration über die Herstellung einer Loyalität zum Staat war von vornherein ausgeschlossen. Segregation sollte wie im Falle der pogromverfolgten Juden das probate Mittel sein. Als man erst in der Notlage des Ersten Weltkriegs 1916 auf den Gedanken verfiel, Angehörige der Turkvölker für Hilfsdienste an der Westfront zu mobilisieren, war das Ergebnis als Konsequenz der Kolonialpolitik verheerend. Der losbrechende Kolonialaufstand erforderte mehr Opfer als die Revolutionen ein Jahr später in Petrograd[25].

3. Politischer Terrorismus und das Militär

Eine der größten Herausforderungen, denen sich die Autokratie in der zweiten Hälfte des 19. Jahrhunderts gegenüber sah, war der Terrorismus, der mit dem Ziel der politischen Veränderung vorgenommen wurde. Insbesondere der erweiterte Spielraum, den die Aufhebung der Zensur nach dem Tode Nikolaus' I. bot, wurde genutzt, um revolutionäre Theorien zu rezipieren und Modelle zu konzipieren, die auf die Abschaffung der Selbstherrschaft der Zaren abzielten. Diese Kapitel russischer Ideengeschichte sind wohl bekannt und für den Kontext des Militärs nur insofern von Interesse, als sich manche Reformkräfte im Militär als Teil des Veränderungsprozesses begriffen, der die gesamte Gesellschaft erfassen sollte.

An der Spitze dieser Kräfte stand Kriegsminister Dmitrij Miljutin, der betont hatte, daß die Armee nicht nur eine physische Masse sei, die der Durchführung von Militäroperationen diene, sondern eine Gemeinschaft von Individuen, die mit Intelligenz und Gefühl begabt seien[26]. Steigerung der militärischen Effektivität ging hier mit spätaufklärerischem Gedankengut einher, dessen Prägkraft sich als ein übergeordnetes Element erwies, das alle aufgeklärten Bürokraten des Zarenreiches

---

24 Vgl. Moshe Gammar, Muslim Resistance to the Tsar. Shamil and the Conquest of Chechnia and Dagestan, London 1994, S. 265–295.

25 Etwa 390 000 *inorodcy*, bislang vom Militärdienst befreit, sollten eingezogen werden. Die Rebellion erfaßte schließlich fast ganz Mittelasien und richtete sich gegen russische Kolonisten und die Eisenbahn als Symbol kolonialer Unterdrückung. General A.N. Kuropatkin, dem glücklosen Oberkommandierenden im Russisch-Japanischen Krieg, fiel die Aufgabe zu, den Flächenbrand zu unterdrücken. Siehe hierzu: Edward Dennis Sokol, The Revolt of 1916 in Russian Central Asia. Baltimore 1954; Martha Brill Olcott, The Kazakhs, Stanford 1987, S. 118–127. Andere Aufstände wie der Cholera-Aufstand in Taškent 1892 oder eine wie die von den örtlichen Sufi-Brüderschaften als Heiliger Krieg deklarierte Erhebung in Andišan 1898 behielten lokalen Charakter (Kappeler, Rußland – wie Anm. 17 –, S. 168).

26 Zajončkovskij, Voennye reformy (wie Anm. 4), S. 49 f.

verband[27]. Das Militär ging im Bereich der Elementarbildung teilweise sogar voran, weil hier Lese- und Schreibfähigkeit für eine große Bevölkerungsgruppe forciert werden konnte, während nach den Großen Reformen Alexanders II. die Initiative für Elementarbildung entweder beim Einzelnen oder bei den uneinheitlich agierenden lokalen Selbstverwaltungsorganen, den Zemstva oder den Stadtdumen, lag[28]. Waren es um die Jahrhundertmitte noch etwa 25 Prozent der Soldaten, die Lesefähigkeit besaßen, stieg dieser Prozentsatz bis zur Jahrhundertwende auf 50 Prozent. Diese besser ausgebildeten Soldaten wirkten nach der Rückkehr an ihren Herkunftsort als Multiplikatoren. In der Tat war das Militär in diesem Bereich eine Art »Schule der Nation« und trug damit zur Modernisierung des Zarenreiches auch gesamtgesellschaftlich bei[29].

Hierbei handelte es sich jedoch um einen Nebeneffekt im Sinne der Reformer. Miljutin und seine Helfer hatten zuvorderst die innermilitärische Modernisierung im Sinne, in deren Zuge die Offiziere besser qualifiziert werden müßten, um ihre Untergebenen besser führen zu können. In gewisser Weise verhielten sich der Spielraum, der dabei für die Untergebenen ins Auge gefaßt war, und der Spielraum der Untertanen in dem erweiterten Rahmen des Reformklimas der sechziger Jahre des 19. Jahrhunderts spiegelbildlich zueinander. Zeitschriften und Journale wurden für die einzelnen Waffengattungen gegründet, in denen nicht nur Fragen der militärischen Taktik und technischen Innovation diskutiert wurden, sondern auch Fragen dessen, was man heute als innere Führung bezeichnet. So erstaunt es nur bei oberflächlicher Betrachtung, daß man im Kriegsministerium sogar darauf verfiel, Nikolaj Černyševskij, einen Publizisten mit großer Erfahrung aber mit revolutionärer Gesinnung[30] – sein Roman »Was tun« sollte zur Handlungsanleitung revolutionär-konspirativer Zirkel werden – zum Redakteur des Journals voennyj sbornik zum machen[31]. Der voennyj sbornik sollte, auch als sich die politische Großwetterlage nach 1881 wieder zu wandeln begann, weiterhin ein Journal mit liberaler Ausrichtung bleiben und erfüllte für die Offiziere die Funktion, die der Elementarunterricht für die Soldaten hatte. Mit einer Auflage von zeitweise mehreren tausend Exemplaren trug er dazu bei, dem Offizierkorps den Gedanken der Professionalisierung und des offenen Verhältnisses zur Gesellschaft nahezubringen.

---

27 Zu den Gemeinsamkeiten der Reformer: W. Bruce Lincoln, The Great Reforms: Autocracy, Bureaucracy, and the Politics of Change in Imperial Russia, DeKalb, Ill. 1990.

28 Vgl. Ben Eklof, Russian Peasant Schools: Officialdom, Village Culture and Popular Pedagogy, 1861-1914, Berkeley, Los Angeles 1986; Scott J. Seregny, Russian Teachers and the Peasant Revolution. The Politics of Education in 1905, Bloomington, Indianapolis 1989.

29 Über Lese- und Schreibfähigkeit hinaus sollte den Soldaten auch ein Werte- und Tugendkatalog vermittelt werden, der nicht für Erfüllung des Dienstes, sondern auch für das gesellschaftliche Wirken nach dem Wehrdienst Bedeutung erlangen sollte. Vgl. hierzu jetzt: Werner Benecke, Kopekenliteratur für Rußlands Wehrpflichtige. Die »Soldatskaja Biblioteka« 1896-1917, in: Jahrbücher für Geschichte Osteuropas, N.F., 50 (2002), S. 246-275.

30 Zu seiner Person siehe: William F. Woehrlin, Chernyshevskii. The Man and the Journalist, Cambridge, Mass. 1971.

31 Vgl. John L.H. Keep, Soldiers of the Tsar. Army and Society in Russia 1462-1874, Oxford 1985, S. 356 f.

Aus dem Personalbestand der Redaktion des voennyj sbornik heraus ergaben sich auch Verbindungen in erste reformorientierte Offiziervereinigungen, die auch revolutionäres Gedankengut rezipierten. Diese galten in der Sowjethistoriographie schon wegen ihrer beginnenden gedanklichen Distanz zur Herrschaftsidee der ungeschmälerten Autokratie und ihrer Verbindung zu polnischen Oppositionellen als am Sturz des Zarismus interessiert. An dieser Interpretation blieb aus der Sicht der Autokratie immerhin so viel bestehen: Staatlicherseits galt der Meinungsaustausch über den voennyj sbornik als kontrollierbar, die Offiziervereinigungen hingegen als unerwünscht. Bislang liegen keine Hinweise darauf vor, daß Militärangehörige unter denjenigen Revolutionären waren, die vom Theoretisieren zum Handeln übergingen und nach 1866 eine Reihe von Attentaten auf Zar Alexander durchführten[32]. Man versuchte mit den Polizeikräften und der III. Abteilung der Kanzlei des Zaren, der Geheimpolizei, der Konspirateure habhaft zu werden[33]. Doch gelangen nicht einmal die Versuche der Regierung, das nach 1864 geschaffene liberale Ziviljustizwesen für politische Prozesse zu umgehen. Als bekanntes Beispiel mag hier der Prozeß gegen Vera Zasulič dienen, die auf den Petersburger Generalgouverneur Trepov geschossen hatte und an der staatlicherseits ein Exempel statuiert werden sollte. Der zuständige Richter des Zivilgerichts sprach sie unter dem Applaus des anwesenden Publikums jedoch frei[34]. Die Regierung reagierte mit dem Versuch einer Sondergesetzgebung in der sogenannten »Diktatur der Herzen« des armenischstämmigen Generals Loris-Melikov, dem zur Bewältigung des Terrors kurzfristig eine innenpolitische Machtfülle zuwuchs, die ihresgleichen suchte. Seine Sondergesetzgebung, für die er des Militärs bedurfte, sollte freilich nur eine stabilisierende Maßnahme für weitergehende Konzessionen zur Überbrückung der Gräben innerhalb der Gesellschaft sein[35]. Die in Krisenzeiten praktizierte Ernennung von Generälen für zivile Ämter, denen offensichtlich ein Durchgreifen eher zugetraut wurde als ihren Kollegen, die eine reine Zivilkarriere gemacht hatten, besaß Tradition, wurde aber in dem Maße seltener, in dem der Anteil an Professionalisierung innerhalb der Beamtenschaft wuchs[36].

---

32 Aus der Fülle der Literatur: Abbott Gleason, Young Russia. The Genesis of Russian Radicalism in the 1860s, Chicago, London 1983; Deborah Hardy, Land and Freedom: The Origins of Russian Terrorism, 1876-1879, Westport, Conn. 1987.

33 Diese nach dem Dekabristenaufstand gebildete Geheimpolizei mit ihren Moskauer und Sankt Petersburger Büros war keine flächendeckende Organisation. Dies wurde sie erst mit der Überführung in das Innenministerium nach 1880. Vgl.: Jonathan W. Daly. Autocracy under Siege. Security Police and Opposition in Russia, 1866-1905, DeKalb, Ill. 1998, S. 4-7.

34 Vgl. J. Bergmann, Vera Zasulich, The Shooting of Trepov and the Growth of Political Terrorism in Russia, 1878-1881, in: Terrorism, 4 (1980), S. 25-51.

35 Vgl. I.E. Dronov, Loris-Melikov, M.T., in: Otečestvennaja Istorija. Istorija drevnejšich vremen do 1917 [Vaterländische Geschichte: Die Geschichte des Altertums bis 1917], t. 3, Moskva 2000, S. 396 f.; Werner E. Mosse, Perestroika unter the Tsars, London, New York 1992, S. 69-92.

36 Ein weiteres Beispiel ist der Infanteriegeneral P.S. Vannovskij, der 1899 mit der Unterdrückung von Studentenunruhen beauftragt wurde, und dem nach dem Mord an Bildungsminister N.P. Bogolepov 1901 dessen Amt übertragen wurde. Zum Selbstverständnis General Vannovskijs bei der Niederschlagung der Studentenunruhen um die Jahrhundertwende: [P.S. Vannovskij,] Doklad po povody studenčeskich bezporjadkov [Bericht über die Studentenunruhen], Sankt Peterburg 1907.

Eine grundlegende Veränderung stellte der Mord der Gruppe »Narodnaja volja« (»Volkswille«) an Zar Alexander II. im Jahre 1881 dar[37]. Sein Sohn Alexander III. ließ Loris-Melikov sofort seiner Ämter entbinden und dessen gesamte Reformprojekte stoppen[38]. Aus dem für die Dynastie spürbaren Bedrohungsszenario heraus ließ er die Verordnung über »Maßnahmen zum Schutz der Staatsordnung« vom August 1881 entwickeln, von denen Richard Pipes überspitzt meinte, sie hätten das Zarenreich in einen Polizeistaat verwandelt[39]. De jure wurden hier zwei Formen des Ausnahmezustandes definiert, die »verstärkte Sicherung«, die der jeweilige Gouverneur und der Innenminister im Alleingang über Gouvernements oder Kreise verhängen konnte, und die »außergewöhnliche Sicherung«, deren Genehmigung durch den Zaren und den Staatsrat erfolgte. Entwickelt wurde hier das Szenario eines Belagerungszustands von Innen heraus, und hierfür gewann nun auch das Militär als Ordnungsfaktor an Bedeutung, und zwar in einem ganz speziellen Sinne. Vergehen gegen die Regeln und gesetzlichen Einschränkungen, welche die »außergewöhnliche Sicherung« mit sich brachte, sollten nicht von vermeintlich allzu liberalen Zivilgerichten abgeurteilt werden, sondern von den nach 1867 entstandenen Militärgerichten, insbesondere auf der Ebene der Wehrkreise. Es wurde damit zu einer Praxis zurückgekehrt, die auch in der ersten Hälfte des 19. Jahrhunderts ausgeübt worden war[40]. Die Strafzumessung für revolutionäre Umtriebe, die als Verbrechen gegen den Staat galten, aber auch gegen Kapitalverbrechen, erfolgte nicht anhand der Gesetzgebung, der Soldaten und Offiziere in Friedens-, sondern denen sie in Kriegszeiten unterworfen waren. Es war dieser rechtliche Rahmen, der für zahlreiche Gebiete des Zarenreiches bis zu dessen Ende galt, die Pipes zu seinem harschen Urteil veranlaßt haben. Sieht man sich die Praxis der Militärgerichte an, wie William Fuller dies tat[41], so ergibt sich jedoch ein differenzierteres Bild: Zwar wurden 42 der 73 Prozesse gegen Mitglieder der »Narodnaja volja« und anderer Organisationen bis etwa 1885 vor Militärgerichten geführt, bis zur Revolution von 1905 wurden nach 1885 jedoch nur noch 17 Prozesse mit der Begründung der Verbrechen gegen den Staat vor Militärgerichten angestrengt. Bei der Bekämpfung des politischen Terrorismus spielte das Militär demnach im Bereich der Gerichts-

37 Und zum folgenden: M.I. Chejfec, Vtoraja revoljucionaja situacija v Rossii [Zweite revolutionäre Situation in Rußland], Moskva 1963, S. 192-225.

38 Zum Verhältnis von Alexander III. und Loris-Melikov: Hans Heilbronner, Alexander III. and the Reform Plan of Loris-Melikov, in: Journal of Modern History, 33 (1961), H. 4, S. 384-397.

39 Siehe die Überbetonung dieses Aspekts in: Richard Pipes, Rußland vor der Revolution, München 1974, S. 314-325. Differenzierter hierzu: Jonathan W. Daly, On the Significance of Emergency Legislation in Russia, in: Slavic Review, 54 (1994), S. 602-629.

40 Vgl. John P. Le Donne, The Administration of Military Justice under Nicholas I, in: Cahiers du Monde Russe et Sovétique, 13 (1972), S. 180-191.

41 Vgl. William F. Fuller, Civil-Military Conflict in Imperial Russia, 1881-1914, Princeton 1985, S. 111-119.

barkeit nicht die ihm zugedachte Rolle[42]. Der revolutionären Bewegung ließ sich auch in der Zeit Alexanders III. mit Hilfe der Armee nicht beikommen[43].

4. Der Einsatz der Armee gegen soziale Unruhen

Der Einsatz von Militär gegen soziale Unruhen war wohl das Feld, auf dem die Truppen am kontinuierlichsten aus ihren Quartieren gerufen wurden. Zwar kam es im 19. Jahrhundert nicht mehr zu solchen Massenaufständen, wie sie im 17. und 18. Jahrhundert auftraten, und die, wie der Pugačevaufstand 1773-1775, nur unter Einsatz von nahezu hunderttausend Soldaten regulärer Truppen niedergeworfen werden konnten[44], doch Einsatzbedarf bestand weiterhin. Mit verschiedenen Konzepten versuchte man, die Truppen nun auf dem Lande so zu dislozieren, daß die bloße Präsenz zur Einschüchterung präsumtiver Unruhestifter ausreichte. So wurde mit den Militärkolonien in der Zeit Alexanders I. eine Art Wehr- und Siedlungsbauerntum geschaffen[45], das ebenso untauglich wie unlustig war, diesen Aspekt der ihm zugedachten Funktion zu erfüllen. Und die Hauptfunktion der 1811 gegründeten »Inneren Garde« war bis in die Zeit Nikolaus I. hinein, die Polizeikräfte auf dem Lande zu unterstützen. Die »Innere Garde« wuchs bis zur Jahrhundertmitte auf etwa 145 000 Mann an und operierte von 56 Stützpunkten aus. Immerhin standen 1853, dem ersten Jahr des Krimkriegs und daher freilich nicht ganz typisch, nahezu die Hälfte der Provinzen im europäischen Rußland unter der Kontrolle eines Militärgouverneurs oder unter Kriegsrecht[46].

Im Zuge der Großen Reformen Alexanders II. wurde die »Innere Garde« aufgelöst, wiewohl der Bedarf an Ordnungskräften im transitorischen Moment der Aufhebung der Leibeigenschaft groß war. Nach dem Manifest über die Bauernbefreiung 1861 mußten die Truppen gegen Bauern vorgehen, welche glaubten, Land und Gutsbesitzerhäuser gingen unverzüglich in ihren Besitz über[47]. Die Reformer um Kriegsminister Miljutin konnten den Einsatz als Polizeitruppe nicht rundweg ablehnen. Die seit 1864 geschaffenen insgesamt 15 Wehrkreise dienten in diesem

[42] So schon: Evgeni Lampert, Sons against Fathers: Studies in Russian Radicalism and Revolution, Oxford 1965, S. 47.

[43] Hierzu ausführlich: Norman M. Naimark, Terrorists and Social Democrats: The Russian Revolutionary Movement unter Alexander III., Cambridge, Mass. 1983; Derek Offord, The Russian Revolutionary Movement in the 1880s, Cambridge, Mass. 1986.

[44] Vgl. Paul Avrich, Russian Rebels 1600-1800, 2. ed., New York, London 1976.

[45] Vgl. Richard Pipes, The Russian Military Colonies, 1810-1831, in: Ders., Russia Observed. Collected Essays on Russian and Soviet History, Boulder, Colo. 1989, S. 83-101.

[46] Vgl. Keep, Soldier's of the Tsar (wie Anm. 31), S. 314 f. Siehe ausführlich auch: John S. Curtiss, The Russian Army under Nicholas I., 1825-1855, Durham 1965.

[47] Vgl. O pravitel'stvennych merach dlja poddavlenija narodnych volnenijach v period otmeny krepostnogo prava [Über Regierungsmaßnahmen zur Eindämmung von Volksunruhen zur Zeit der Abschaffung der Leibeigenschaft], hrsg. von P.A. Zajončkovskij, in: Istoričeskij Archiv (1957) 1, S. 151-193; Dietrich Beyrau, Agrarstruktur und Bauernprotest: Zu den Bedingungen der russischen Bauernbefreiung von 1861, in: Vierteljahresschrift für Sozial- und Wirtschaftsgeschichte, 64 (1977), H. 2, S. 179-236.

Sinne nicht nur der schnelleren Aushebung von Truppen und zur Beschleunigung der Mobilisierung, sondern auch der gleichmäßigeren Verteilung der Garnisonen im Reich. Da es eine reine »Innere Garde« nicht mehr gab, wurde nun unterschieden zwischen den »Feldtruppen«, die ausschließlich gegen den äußeren Feind eingesetzt werden sollten, und den »lokalen Truppen«, die eine Mischung aus Landpolizeitruppe und Miliz darstellten[48]. Der Minister hatte erreichen wollen, daß möglichst wenig auf die besser bewaffneten und ausgebildeten »Feldtruppen« zurückgegriffen würde. Jedoch wurden Gouverneure und Stadtkommandanten, selbst Kreispolizeichefs in die Lage versetzt, Soldaten jeder Kategorie anzufordern. Die verbindliche rechtliche Grundlage hierfür wurden die »Regeln betreffs der Anforderung von Truppen zur Unterstützung der zivilen Gewalt« aus dem Jahre 1877, die bis 1906, also über die erste russische Revolution hinaus, in Kraft blieben[49]. Die Soldaten wurden zur Banditen- und Gefangenenverfolgung herangezogen, gegen Schmuggler eingesetzt und bei Bauern- und Arbeiterunruhen, teilweise auch im Vorfeld angefordert. Soldaten bewachten nicht nur ihre eigene Infrastruktur, sondern sie konnten auch zum Schutz von Gefängnissen und Verbanntenlagern, sowie zur Abschirmung von zivilen Gebäuden beordert werden.

In welchem Maße zivile Behörden von den Möglichkeiten der »Regeln« von 1877 Gebrauch machten, ist schwer abzuschätzen, da zivile und militärische Statistiken unterschiedlich geführt, und auch innerhalb des Hauptstabes der Armee über die Jahre hinweg ungleichmäßig Daten erhoben wurden. Daher ist das von William Fuller aufbereitete Datenmaterial besonders hilfreich[50]: Im Zarenreich, insbesondere in den Gouvernements- und Kreisstädten, existierten etwa 13 500 sogenannte Gardeposten, davon etwa 4500 ausschließlich zum Schutz ziviler Objekte. Diese Posten lagen zu einem Großteil im außereuropäischen Rußland und glichen hier die fehlende Polizeidichte aus. Im europäischen Reichsteil war die Polizeidichte erheblich größer. Insbesondere in den Hauptstädten Sankt Petersburg und Moskau reichte die Zahl der zivilen Polizeikräfte, die im Verhältnis zur Bevölkerung über der in London und Paris lag, bis etwa 1890 aus, um möglichen Arbeiterprotest schnell zu unterdrücken[51]. Auf dem Land hingegen wurden Kompanien und ganze Hundertschaften im Zeitraum von 1880 bis 1895 in den Provinzen jährlich in bis zu 135 Fällen angefordert, wobei die höchsten Zahlen im Jahr 1891 erreicht wurden, als es aufgrund von Mißernten zu einer Situation kam, die den Revolutionär Parvus Helphand veranlassen sollte, einen politischen Reisebericht unter dem Titel »Das hungernde Russland« zu verfassen[52].

---

48 Vgl. Zajončkovskij, Voennye reformy (wie Anm. 4), S. 84, 87, 99.

49 Vgl. Fuller, Military-Civil Conflict (wie Anm. 41), S. 79.

50 Und zum folgenden: Ebd., S. 81–93.

51 Dies galt bis um 1890 allerdings nur für die Metropolen. Danach machte sich allerorts, gerade auch vor dem Hintergrund der Industrialisierung, ein Mangel an Polizeikräften bemerkbar. 1897 gab es, alle Typen zusammengenommen, knapp über 100 000 Polizisten; zur gleichen Zeit waren es beispielsweise in Frankreich etwa 142 000. Vgl. Daly, Autocracy under Siege (wie Anm. 33), S. 9.

52 Zu dieser Hungerkrise vgl.: Richard G. Robbins, Famine in Russia 1891–1892. The Imperial Russian Government responds to a Crisis, New York, London 1975.

Bis zur Jahrhundertwende stand also das Niederwerfen von Agrarunruhen im Vordergrund, die unterschiedliche Ausprägungen annahmen und ihrerseits eine differenzierte Reaktion der bewaffneten Staatsmacht hervorriefen: Wenn Bauern sich weigerten, staatlichen Anordnungen zu folgen, Abgaben verweigerten oder die Arbeit niederlegten, genügte in den meisten Fällen das Erscheinen einiger Infanterie- oder Kavalleriesoldaten, um sie zur Aufgabe ihres Widerstandes zu bewegen[53]. Ein Fall wie derjenige der Bauern im Dorf Dolžik in der Provinz Char'kov, die sich 1889 weigerten, Richter für ein lokales Gericht zu wählen, das der Landeshauptmann[54] durchsetzen wollte, gehörte schon zu den größeren Vorkommnissen. Das 10. Armeekorps wurde aufgefordert, zwei Hundertschaften Kosaken zu entsenden, um die mit Forken und Schußwaffen agierenden Bauern zur Räson zu bringen. Als die Reiter nicht ausreichten, um die Ordnung wiederherzustellen, wurden weitere 400 Mann Infanterie abgeordnet. Es kam zu Schußwechseln mit Verletzten und Toten[55].

William Fuller hat ermittelt, daß in den Jahren 1887 bis 1890 das Militär in 15 bis 20 Prozent der als Bauernunruhen klassifizierten Formen von Widerständigkeit zur Hilfe gerufen wurde. Nach der Jahrhundertwende manifestierte sich die Unruhe in allen Schichten der Gesellschaft immer deutlicher. So waren in den Jahren 1902/1903 ein Drittel der Infanterie und zwei Drittel der Kavallerie der im europäischen Rußland stationierten Soldaten zur Bekämpfung von Unruhen eingesetzt[56]. Die Gewalttätigkeit des Widerstands nahm dabei insbesondere bei den häufig ausbrechenden Arbeiterstreiks deutlich zu.

Dabei wurde in der Regierungsspitze der Militäreinsatz im Inneren durchaus unterschiedlich bewertet[57]. Nicht nur die Frage, wer die Kosten für die wachsende Zahl der Anforderungen übernähme, wurde zum Streitpunkt. Der Einsatz wurde vielmehr auch grundsätzlich diskutiert. Schenkt man den Aufzeichnungen Kriegsminister Kuropatkins Glauben, so kam es aus verschiedenen Motiven zu Unzufriedenheit mit dem Vorgehen der entsandten Truppen. Klagte Finanzminister Sergej Ju. Witte 1902, die Truppen hätten Unruhen in Rostov am Don nicht energisch

---

53 So etwa General I. Gurko in seinem Bericht über den Wehrkreis Warschau. [I.V. Gurko,] Varšavskij voennyj okrug pod komandoj generalad'juntanta generala ot kavelerii I.V. Gurko, 1883-1893 [Der Warschauer Militärbezirk unter dem Befehl des Generaladjutanten General der Kavallerie I.V. Gurko], Varšava 1893, S. 43.

54 Der Landeshauptmann war eine unter Alexander III. geschaffene Institution, die als zentral eingesetzter Arm des Staates auf dem Lande agieren und der gesellschaftlichen Selbstorganisation in den Zemstva entgegenwirken sollte. Siehe: Figes, Tragödie (wie Anm. 16), S. 70 f.

55 Vgl. Krest'janskoe dviženie v Rossii v 1890-1900 gg. Sbornik dokumentov [Die Bauernbewegung in Rußland 1890-1900. Dokumentenband]. Hrsg. von A.V. Šapkarin, Moskva 1959, S. 102-107.

56 Vgl. V.A. Petrov, Carskaja Armija v bor'be s massovym revoljucionnym dviženiem v načale XX v. [Die zaristische Armee im Kampf gegen die revolutionäre Massenbewegung Anfang des 20. Jahrhunderts], in: Istoričeskie zapiski [Historische Aufzeichnungen], 34 (1950), S. 312-332; Zajončkovskij, Samoderžavie i russkaja armija (wie Anm. 7), S. 34 f.; A.P. Korelin, S.V. Tjutjukin, Revoljucionnaja situacija načala XX v. v Rossii [Die revolutionäre Situation Anfang des 20. Jahrhunderts], in: Voprosy Istorii [Fragen zur Geschichte], 55 (1980) 10, S. 3-24, hier: S. 17.

57 Und zum folgenden: Fuller, Military Civil-Conflict (wie Anm. 41), S. 93-111.

genug niedergeschlagen[58], so beschwerte sich Innenminister Vjačeslav von Plehve 1903 darüber, daß die Härte, mit der die Einsätze durchgeführt worden waren, die Unruhen geschürt hätte. Solche Vorwürfe wies Kuropatkin mit dem Hinweis zurück, es wäre am besten, wenn man die Armee nicht in Situationen brächte, in der sie auf die Bevölkerung schießen müsse[59]. Hier wurde angedeutet, daß die Armee durch den selbstverursachten Reformstau der Regierung und die Unfähigkeit der zivilen Administration in die Rolle des Prügelknaben geraten war.

Der Einsatz des Militärs im Inneren in der zweiten Hälfte des 19. Jahrhunderts bis zum Ausbruch der Revolution von 1905 wurde auch in der Regierung immer kontrovers diskutiert und zeigt eine spannungsgeladene Verbindung zwischen dem Militär und allen sozialen Schichten der Gesellschaft. Soldaten, ob Mannschaften oder Offiziere, empfanden sich in ihrem Militärdienst um die Jahrhundertwende nicht mehr als abgekoppelten Teil der Gesellschaft, sondern als ihr zugehörig. Insofern wurde es nach der Jahrhundertwende für den Zaren immer problematischer, auf die Armee als Ordnungsfaktor zu rekurrieren.

5. Zusammenfassung

War die russische Armee der zweiten Hälfte des 19. Jahrhunderts ein Ordnungsfaktor? Die Antwort muß differenziert ausfallen: Sie leistete wenig und konnte wenig leisten bei der Bekämpfung des politischen Terrorismus. Der revolutionären Terrororganisation »Narodnaja volja« gelang ein tödlicher Anschlag auf den Zaren Alexander II., und nach der Jahrhundertwende führten die Sozialrevolutionäre eine Reihe spektakulärer Attentate auf Minister und Gouverneure durch, ohne daß Kriegsrecht, Militärgerichte oder Armee irgend etwas hätten bewirken können, um dies zu verhindern. Vielmehr wuchs im Militär schon vor der Revolution von 1905 in den Mannschaftsdienstgraden und unteren Offiziersgraden die Distanz zum Regime. Diese wurde um so größer, je mehr der Soldat – im Falle seines Einsatzes gegen soziale Unruhen – in ein Milieu kam, das ihm aus seiner Lebenswelt vertraut war und er die Motive der jeweiligen Erhebung nachvollziehen und vielleicht sogar billigen konnte. Die Diskussion im Offizierkorps über die Notwendigkeit solcher Polizeieinsätze war eine Reaktion auf den Unmut der Mannschaften. Außerhalb jeder Diskussion stand hingegen die Aufgabe des Militärs für den Zusammenhalt des Imperiums an sich – sei es, daß der Dienst an entlegenen Orten von den Mannschaften als schicksalhaftes Ereignis hingenommen wurde, sei es, daß die Offiziere an ihre Aufgabe für den Erhalt imperialer Größe glaubten. Die russische Armee trug im Hinblick auf Volksbildung[60], technische Innovation und wirtschaft-

[58] Tagebucheintrag Kuropatkins vom 8.12.1902, in: Dnevnik A.N. Kuropatkina (wie Anm. 9), S. 13 f.

[59] Tagebucheintrag Kuropatkins vom 8.3.1903, ebd., S. 52 f.

[60] Zur Entwicklung im Überblick: A.G. Rašin, Gramotnost' i narodnoe obrazovanie v Rossii v XIX i načale XX veka [Alphabetisierung und Volksbildung in Rußland im 19. und Anfang des 20. Jahrhunderts], in: Istoričeskie zapiski, 37 (1951), S. 28–80.

liche Entwicklung nicht wenig zur »Modernisierung« des Zarenreiches bei[61]. Dennoch bleibt umstritten, ob durch die Militärreformen Miljutins in dem sich verändernden gesellschaftlichen Umfeld eine Entwicklung einsetzte, die Elise Kimerling-Wirtschafter für den gemeinen Soldaten als »from Peasant to Soldier« beschrieben hat. Insbesondere John Bushnell hat die Auffassung vertreten, daß der Soldat bis zum Ersten Weltkrieg ein »Bauer in Uniform« blieb[62]. Die Diskussion dauert an, doch läßt sich festhalten, daß die Armee kein Ort war, in den die »Moderne« einzog, welche im Zarenreich von den Bildungseliten rezipiert und gelebt wurde. Dies hatte sie mit anderen Armeen Europas sicher gemein. Sie blieb gesamtgesellschaftlich ein Ort der »teilweisen Modernisierung«. Sie war aber zugleich nur ein vermeintlicher Ordnungsfaktor, der im Kalkül der Zaren als verläßlich galt, solange die wirkliche Herausforderung fehlte. Diese stellte sich 1904 mit dem Krieg gegen Japan und 1905 in der ersten russischen Revolution[63]. Es zeigte sich, daß diese Säule der Autokratie nicht nur Mühe hatte, eine wie auch immer verstandene Ordnung zu bewahren, sondern daß sie schlichtweg selbst einzustürzen drohte.

---

61 Dies gilt vor allem für die Armee als Wirtschaftsfaktor im Zuge der technischen Modernisierung und Aufrüstung insbesondere seit den achtziger Jahren des 19. Jahrhunderts. Siehe hierzu: L.G. Beskrovnyj, Armija i flot Rossii v načale XX v. Očerki voenno-ėkonomičeskogo potenciala [Russische Armee und Flotte Anfang des 20. Jahrhunderts. Studien zum militärökonomischen Potential], Moskva 1986, S. 225 f.; ders., Russkaja armija i flot v XIX veke. Voenno-ėkonomičeskij potencial [Russische Armee und Flotte im 19. Jahrhundert. Militärökonomisches Potential], Moskva 1973, S. 482-484; Joseph Bradley, Guns for the Tsar. American Technology and the Small Arms Industry in Nineteenth Century Russia, DeKalb, Ill. 1990; Peter Brown, The Problematics of Armory Modernization in Late Imperial Russia, in: Russian History, 21 (1994) 1, S. 65-81, sowie Gatrell, Government (wie Anm. 13).

62 Elise Kimerling-Wirtschafter, From Serf to Russian Soldier, Princeton, New Jersey 1990; John Bushnell, Peasants in Uniform: The Tsarist Army as a Peasant Society, in: Journal of Social History, 13 (1979/80), S. 565-576.

63 Hierzu John Bushnell, Mutiny amid Repression Russian Soldiers in the Revolution of 1905-1906, Bloomington 1985; Kusber, Krieg und Revolution (wie Anm. 14), sowie ders., Aufbruch, Umbruch, Zusammenbruch: Wahrnehmungen der russischen Revolutionen von 1905 und 1917 am Beispiel der Soldaten, in: Zeitenwenden. Umbrüche in afrikanischen und asiatischen Gesellschaften, hrsg. von Sven Sellmer und Horst Brinkhaus, Hamburg 2002 (= Asien und Afrika, 4), S. 233-255.

Jörg Nagler

Militär und Gesellschaft in den USA 1860 bis 1890

Das Sujet dieses Aufsatzes ist so umfassend, daß es zuvor einer thematischen Eingrenzung bedarf. Im Kontext mit dieser Themenstellung interessiert mich besonders die in dieser Zeitphase augenscheinliche Diskrepanz zwischen einer sich rapide verändernden Gesellschaft in Richtung Modernität einerseits und andererseits der offensichtlichen Stagnation, wenn nicht gar Reduktion der gesellschaftlichen Bedeutung von Militär. Der Amerikanische Bürgerkrieg bot eine Ausnahme, er war allerdings ein von selbstmobilisierten Bürgersoldaten ausgeführter Konflikt und wurde weniger von einer professionellen Armee getragen.

Das Thema der zivilmilitärischen Beziehungen ist ein Aspekt nationaler Sicherheitspolitik. Die militärischen Institutionen einer Nation werden durch zwei Kräftefelder geformt: zum einen durch eine funktionale militärische Notwendigkeit, hervorgerufen z.B. durch eine externe Bedrohung, zum anderen durch ein gesellschaftliches Kräftepotential, das durch die dominanten sozialen Faktoren, Ideologien und Institutionen geprägt wird. Die Interaktion dieser beiden Bereiche ist der Kernpunkt der zivilmilitärischen Beziehungen[1], deren potentieller Konfliktgrad wiederum bestimmt wird durch die Intensität der Sicherheitsbedürfnisse sowie Charakter und Stärke der jeweiligen gesellschaftlichen Wertvorstellungen[2]. Aufgrund ihrer exzeptionellen geostrategischen Lage, existierte für die Vereinigten Staaten zwischen 1814 und 1941 keine ernsthafte externe Bedrohung, die die nationale Sicherheitspolitik bestimmte. Es überwog noch immer die gesellschaftliche Diskussion darüber, welchen Einfluß militärische Institutionen auf die politische Kultur des Landes besitzen.

Wechselseitige Perzeptionen seitens der Gesellschaft und des Militärs, das Verhältnis zwischen politischen, wirtschaftlichen und kulturellen Führungskräften und ihrem militärischen Pendant, dem Offizierkorps, prägen dabei die Sicherheitspolitik. Allerdings meine ich, daß die gesamtgesellschaftliche Perzeption des Militärs

---

1 Zu einer strukturellen Theorie zivil-militärischer Beziehungen siehe Michael C. Desch, Civilian Control of the Military: The Changing Security Environment, Baltimore, MD 1999. Siehe dazu auch die kritische Rezension von Quentin E. Hodgson »Who's Holding the Guns? Is there a Grand Theory of Civil-Military Relations: A Structuralist Takes a Stab«, in: School of Advanced International Studies Review, 20 (2000), S. 237-240.

2 Vgl. Samuel P. Huntington, The Soldier and the State: The Theory and Politics of Civil-Military Relations, New York 1957, S. 1 f.

gerade in partizipatorisch angelegten Gesellschaften wie den USA von hoher Relevanz ist. Hier ergibt sich auch die zentrale Frage, wie das Militär gesellschaftliche Entwicklungen wahrnimmt.

Innerhalb der drei Dekaden von 1860 bis 1890 vollzogen sich in den USA entscheidende gesellschaftliche Veränderungsprozesse, die den Aufbruch des Landes in die Moderne exemplifizieren. Die Dynamik der Industrialisierung war an der starken Zunahme der gesamten Arbeiterschaft und an der dramatischen Transformation von einer Agrar- zur Industrienation sowie der Produktivität pro Kopf ablesbar[3]. Das Pro-Kopf-Einkommen stieg von 1860 bis 1890 um 150 Prozent, allerdings erhöhten sich die Reallöhne erst ab 1880 merklich. In diesem Jahr waren sie eher vergleichbar mit denen von 1860. Die demographischen Entwicklungen waren ebenfalls beachtenswert: im genannten Zeitraum verdoppelte sich die amerikanische Bevölkerung von rund 31 Millionen im Jahr 1860 auf 63 Millionen 1890, was einer Steigerungsrate von 25 Prozent pro Dekade entsprach. Ein Drittel davon waren Immigranten. Allein in der letzten Dekade strömten über fünf Millionen in das Land, ein Phänomen, das zu vehementen Debatten über die Zukunft der nationalen Identität führte und auf die Suche nach einer »Leitkultur«, wie man heute sagen würde, einem Ordnungsprinzip, das die Nation zusammenhalten würde[4]. Der Urbanisierungsprozeß in den drei Dekaden nahm infolge der Industrialisierung an Geschwindigkeit zu: Lebte 1860 nur jeder fünfte Amerikaner in einer Stadt, so war es 1890 bereits jeder dritte. Auch die erhebliche Verbesserung der Infrastruktur reflektierte den Modernisierungsgrad: 1869 wurde die transkontinentale Eisenbahnverbindung fertiggestellt. Die Kommunikationsstrukturen, zuvor bereits durch den Telegraphen verbessert, wurden durch den verstärkten Einsatz des Telephons ab 1876 revolutioniert. Beide Elemente der Modernisierung, Infrastruktur- und Kommunikationsverbesserung, hatten Konsequenzen für militärische Überlegungen und Strategien.

Wenn wir von amerikanischer Gesellschaft in diesem Zeitraum sprechen, so muß die starke regionale und soziale Differenzierung im Hinblick auf Modernisierung berücksichtigt werden. Während der industrialisierte Nordosten des Landes diese Entwicklung am stärksten exemplifizierte, war der amerikanische Süden – wie auch der Mittlere und Ferne Westen – nach wie vor primär agrarisch geprägt.

Zum überwiegenden Teil waren die Blicke der Nation noch nach innen gerichtet – vorrangig galt es, das Trauma des nationalen Bürgerkriegsdramas zu überwinden und die territoriale Expansion bis zum Pazifik voranzutreiben. In militärischer Hinsicht schloß das auch die Befriedung und Vertreibung der dort ansässigen indianischen Ureinwohner in Reservate ein. Mit Ausnahme der 1867 erfolgten Aufnahme Alaskas als Bundesstaat, der im selben Jahr vorgenommenen Annexion der Midwayinseln sowie der 1878 vollzogenen Etablierung einer Marinestation auf den

[3] Zu diesem Transformationsprozeß siehe Daniel T. Rodgers, The Work Ethic in Industrial America, 1850-1920, New York 1978; Olivier Zunz, Making America Corporate, 1870-1920, New York 1990; Paul A.C. Koistinen, Mobilizing for War: The Political Economy of American Warfare, 1865-1919, Lawrence, KS 1997, S. 15-18.

[4] Nach wie vor behandelt das Standardwerk von Robert H. Wiebe, The Search for Order, 1877-1920, New York 1967 unter diesem Gesichtspunkt das Thema am ausführlichsten.

Samoainseln empfand und agierte man in dieser Phase »landeinwärts«. Weitergreifende Expansionsbestrebungen im pazifischen Raum (Hawaii) und im westindischen (Kuba, Virgin Islands und die Dominikanische Republik) wurden zwar diskutiert, fanden aber keinen Eingang in den öffentlichen Diskurs und wurden im Kongreß abgelehnt[5].

Erst *nach* 1890 vollzog sich in der Außenpolitik und den generellen nationalen Interessen ein merklicher Wandel, der mit dem Etikett »Neuer Imperialismus« bezeichnet werden kann. In dieser Phase, die zeitgleich mit Alfred T. Mahans Werk The Influence of Sea Power Upon History eingeleitet wurde, kam es dann auch zu einer eindeutigen gesellschaftlichen Aufwertung von Armee und Marine.

Angesichts des rapiden Modernisierungsprozesses unmittelbar nach dem Bürgerkrieg stellt sich auch die Frage nach Funktion und Entwicklung von amerikanischer Armee und Marine in der darauffolgenden Phase; eine Frage, die Modernität und Militär damit in einen grundsätzlichen analytischen Zusammenhang stellen will.

Wenn Modernisierung eine elementare Veränderung der Gesellschaft, einschließlich einer rapiden ökonomischen Entwicklung, Urbanisierung, Industrialisierung sowie der Schaffung einer integrierten nationalen wirtschaftlichen und politischen Struktur bedeutet, dann erfüllten die USA diese Kriterien in dieser Zeit genau. Generell gehören zu einem umfassenden Modernisierungsprozeß die Ausbreitung marktorientierter kapitalistischer Wirtschaftsbeziehungen wie auch mentale Entwicklungen, die kontinuierlichen sozialen Wandel als natürlich und wünschenswert erachten. Hierbei manifestieren sich allerdings – wie vielleicht typisch für Modernität schlechthin – paradoxe Entwicklungen: einerseits werden Stimmen laut, die die nostalgische Flucht in das Gestern propagieren, als Werte von Gemeinschaft noch stärker betont wurden; andererseits melden sich Apologeten des raschen Wandels zu Wort, welche die Tugenden einer dynamischen Gesellschaft preisen. Dieser Konflikt zwischen Tradition und Moderne bestimmte – wie wir sehen werden – auch die gesellschaftliche Diskussion um Funktion und Entwicklung des Militärs in den Vereinigten Staaten[6].

Modernisierung im politischen Bereich betrifft drei Komplexe, die im europäischen Kontext chronologisch eine Zentralisierung der Staatsmacht, bürokratische Spezialisierung und politische Partizipation umfaßten. In den USA hingegen verlief diese Reihenfolge eher umgekehrt. Dabei wird in der Historiographie immer wieder betont, daß die dort frühe breite politische Partizipation die Entwicklung spezialisierter und politisch isolierter Bürokratien – als Voraussetzungen für eine starke Zentralregierung – eher behindert habe[7]. Dazu kommt sicherlich die generelle,

[5] Vgl. Walter LaFeber, The American Search for Opportunity, 1865–1913, New York 1993, S. 15–18.

[6] Vgl. Eric Foner, Politics and Ideology in the Age of the Civil War, New York 1980, S. 20; Richard Franklin Bensel, Yankee Leviathan. The Origins of Central State Authority in America 1859–1877, New York 1990, S. 5. Generell zu dieser Thematik siehe Shmuel Noah Eisenstadt, Modernization: Protest and Change, Englewood Cliffs, NJ 1966.

[7] Vgl. Samuel P. Huntington, Political Order in Changing Societies, New Haven, CT 1968, S. 93–139; Stephen Skowronek, Building a New American State: The Expansion of National

tief verankerte amerikanische Skepsis gegenüber staatlicher Macht, inhärent verbunden mit der negativen Auffassung des wohlgemerkt professionellen Militärs als Verkörperung dergleichen.

Modernisierungsprozesse bestimmten im Grunde die Geschichte der Vereinigten Staaten von Beginn an, ein Phänomen, das sich sowohl auf politische, wirtschaftliche als auch kulturelle Dimensionen bezog. Allerdings vollzogen sie sich nicht linear, sondern waren Fluktuationen unterworfen, deren Ursachen in wirtschaftliche und politische Prozesse eingebunden waren.

Eine epochale Zäsur stellte dabei der Amerikanische Bürgerkrieg dar. Im globalen Kontext zeigt er einen der vielen Konflikte des 19. Jahrhunderts auf, in denen industrialisierte Regionen und Nationen erfolgreich weniger entwickelte, meist agrarisch geprägte Gesellschaften durchdrangen und damit zu deren sozioökonomischem Fortschritt beitrugen. Dieser vierjährige Verschleißkrieg – in einigen Zügen bereits als »total« zu bezeichnen – beendete die nationale Krise und führte zu einer nationalen Zementierung, welche die Grundlage für das rapide Wachstum und die Modernisierung der USA nach 1865 schuf. Wohlgemerkt ist damit noch nicht der Charakter des Bürgerkrieges im Hinblick auf die weitere ökonomische Entwicklung des Landes definiert, d.h., ob er die Industrialisierung gefördert hatte oder nicht. Unabhängig von der Beantwortung dieser Frage band der regionale Konflikt jedoch nicht mehr Ressourcen wirtschaftlicher, politischer und intellektueller Art, sondern versetzte eine geeinte Nation in die Lage, gemeinsam nach vorn zu blicken.

Welche Auswirkungen hatte dieser Konflikt nun auf die gesellschaftliche Wahrnehmung und Funktion des Militärs und auf Diskussionen um seine Zukunft? Angesichts der Modernisierungsentwicklungen und der Erfahrungen des konzertierten Vorgehens von Politik, Wirtschaft und Militär im Amerikanischen Bürgerkrieg, verbunden mit zentralistischen Strukturen, läge es nahe, für die Nachkriegsphase a priori das Entstehen eines militärisch-industriellen Komplexes in Verbindung mit dem Ausbau von Militär und Marine zu vermuten. Allerdings herrschte bis vor kurzem ein Konsens in der Historiographie der Militär- und Gesellschaftshistoriker darüber, daß hinsichtlich der materiellen Ausstattung und gleichfalls der gesellschaftlichen Wahrnehmung und Akzeptanz diese Phase als »Dunkles Zeitalter« der amerikanischen Armee und Marine bezeichnet werden könne.

Zunächst sollen nun die Faktoren erörtert werden, die zu einer derartigen negativen Wahrnehmung und damit auch mangelnden politischen Akzeptanz der Armee in der hier vorgestellten Zeitphase führten.

Mit der für die Vereinigten Staaten so charakteristischen Art wurde nach dem Bürgerkrieg rapide demobilisiert, ebenso wie es zu Beginn zur raschen Mobilisie-

Administrative Capacities, 1877–1920, New York 1982, S. 6–8, 39 f. Die allgemeine Literaturproduktion zu Modernisierungstheorien und Modernität ist erheblich. Hier nur als Einstieg für den deutschsprachigen Bereich Peter Wehling, Die Moderne als Sozialmythos. Zur Kritik sozialwissenschaftlicher Modernisierungstheorien, Frankfurt a.M. 1992; Klaus Wahl, Die Modernisierungsfalle. Gesellschaft, Selbstbewußtsein und Gewalt, Frankfurt a.M. 1989 und Hans-Ulrich Wehler, Modernisierungstheorie und Geschichte, Göttingen 1975.

rung gekommen war. In physischer wie auch psychischer Hinsicht symbolisierte das Militär die Wunden des Krieges, und in einem kolossalen kollektiven Verdrängungsprozeß wurde versucht, diese Wunden zu heilen. Der Krieg hatte dabei jegliche vorher existierende Romantik an seiner Wahrnehmung zerstört. Das Bild einer heroischen Schlacht, die eine kleine Schar von Männern siegreich entschieden hatte, war abgelöst worden von den Eindrücken verheerender Gemetzel bei Gettysburg, Chickamauga und Cold Harbor, von der Bombardierung der Städte, von festgefahrenen Feldzügen mit überfüllten Lazaretten und Kriegsversehrten sowie Grabenkämpfen, die später an Bilder des Ersten Weltkrieges erinnern sollten: All dies war nunmehr im kollektiven Bewußtsein verankert. Lektionen aus dem totalen Charakter dieses Kriegs wurden nicht gezogen[8]. Ein Grund dafür war, daß diese Lektionen in letzter Konsequenz rätselhaft und zu pessimistisch waren. Krieg war Horror und konnte in Zukunft nur noch schrecklicher werden. Es schien, als bestünde die einzige Alternative darin, entweder das preußische Beispiel zu adaptieren, d.h. die ganze Gesellschaft so zu organisieren, als könne der nächste Krieg schon morgen ausbrechen[9], oder aber an den wirtschaftlichen Fortschritt als Friedensgarant zu glauben. Eindeutig entschied sich die Nation – basierend auf Traditionen, die bereits auf Thomas Jefferson zurückgingen – gegen Militarismus und für Industrialismus. Die einzige neue, eindeutig militärisch ausgerichtete Institution war ein Jahr nach Beendigung des Bürgerkrieges mit der Gründung der Grand Army of the Republic (GAR) eingeführt worden. Deren jährliche Veteranentreffen waren jedoch von einer Mischung aus Nostalgie, Politik und Lobbyistentätigkeit geprägt und fest in alten amerikanischen Traditionen verwurzelt. Immerhin betrug die Mitgliederzahl der GAR in den 1880er Jahren mehr als 400 000.

Mit dem »Vergoldeten Zeitalter« des sogenannten Gilded Age, also der amerikanischen Variante der Gründerzeit, wandte sich die Nation nun mehrheitlich dem wirtschaftlichen Prinzip zu, wobei auch hier die Skepsis vor Zentralismus zu einem Laissez-faire führte, das den Kräften freien Lauf ließ. In diesem Kontext wird immer wieder von einem amerikanischen »Exzeptionalismus« gesprochen, der sich auf zwei Entwicklungen bezieht: den dezentralen Charakter dieses Verlaufs mit relativ wenig staatlicher Reglementierung sowie dementsprechend auf das Fehlen eines Bürokratieapparates, der in anderen Ländern mit der Schaffung eines mächtigen, leviathanartigen Zentralstaates und häufig der Einschränkung von Bürgerrechten einherging. Die kapitalistische Laissez-faire-Marktwirtschaft konnte sich relativ frei entfalten, ohne dabei in nennenswerte Gegensätze zur Politik zu geraten. Sicherlich nahmen die Interessenkonflikte zwischen Kapital und Arbeit an Härte und Frequenz zu, jedoch kam es nicht zur Herausbildung einer im europäischen Verständnis definierten Klassengesellschaft[10].

---

8 Siehe zu der Frage des Totalen Krieges in bezug auf den Amerikanischen Bürgerkrieg: On the Road to Total War: The American Civil War and the German Wars of Unification, 1861–1871, ed. by Stig Förster and Jörg Nagler, New York 1997.

9 Vgl. Marcus Cunliffe, Soldiers and Civilians. The Martial Spirit in America, 1775–1865, Boston 1968, S. 434.

10 Siehe zum American Exceptionalism und dessen komparativer Dimension Seymour Martin Lipset, American Exceptionalism: a double-edged sword, New York 1996, S. 32–35.

Eine Militarisierung der Gesellschaft und damit die Einführung eines Ordnungsprinzips erschienen angesichts dieser Entwicklung unnötig. Die Vereinigten Staaten erlebten nach Beendigung des Bürgerkriegs also keinen Transformationsprozeß in Richtung eines neuen militärischen Elements.

Welche militärstrategischen Lektionen hinterließ der Bürgerkrieg nun für die Ausgestaltung von Armee und Marine? Es waren relativ wenige, abgesehen davon, daß die Schlachten dieses Krieges zum Gegenstand intensiver Analysen in den Militärakademien wurden, wie in West Point und Annapolis, im Naval College von Newport und dem 1881 von Ex-General William T. Sherman in Leavenworth, Kansas, geschaffenen Command and Army Staff College. Die Nation und ihre militärische Führung sahen in diesem Krieg nicht das antizipatorische Element zukünftiger Kriege. Fundamentale Beobachtungen, wie diejenigen von Konföderierten-General Edward Porter Alexander, wurden erstaunlicherweise nicht in die Grundstrategie der Armee aufgenommen: Nach Alexanders Analysen hatte der Verschleißkrieg demonstriert, daß das defensive Element durch die neuen technologischen Möglichkeiten bei allen zukünftigen Kriegen Vorrang vor einer Offensive haben sollte. Ein Gegner mußte bei seinen materiellen Ressourcen getroffen werden und ein Krieg so lange anhalten, bis die Moral des Gegners zusammenbrach: ein Kalkül, das im Bürgerkrieg 1864 auf Seiten der Südstaaten beinahe aufgegangen wäre[11].

Wenn überhaupt über zukünftige Kriege nachgedacht wurde, stand bei strategischen Konzepten statt dessen die Betonung des offensiven Elements im Vordergrund, das eine militärische Entscheidung herbeiführen sollte. Generell überwog ohnehin die Vorstellung, sich für den Frieden und nicht den Kriegsfall vorzubereiten; auf der Tagesordnung standen Küstensicherung, Verwaltung der westlichen Territorien sowie Marinepräsenz auf den Meeren, um »Flagge zu zeigen«[12].

Für einige hatte der Bürgerkrieg jedoch ein Element eingeführt, das vor diesem Konflikt gefehlt hatte: ein Ordnungsprinzip durch militärische Ausbildung[13]. Als der Krieg vorüber war, wurde ein Teil dieser Stimmung mit übernommen. Tugenden wie Disziplin, die Entschlossenheit zur Verteidigung eines Prinzips, Kameradschaft, Stoizimus und Ritterlichkeit wurden propagiert. Die relative Gesetzlosigkeit der sozial turbulenten 1870er und 1880er Jahre als Folge der rapiden Industrialisierung, welche soziale Dislokation hervorrief, war für viele Konservative Anlaß, nostalgisch an den Krieg zurückzudenken, als die Union Hunderttausende von Soldaten unter Waffen hatte und Autoritäten gefragt und respektiert waren; soziale Devianz wurde konsequent mit entsprechenden Strafen geahndet. Veteranenorganisationen wie die Grand Army of the Republic propagierten den Staatsdienst und zentralistische Strukturen[14]. Dies waren aber wohlgemerkt eher Minoritätenstimmen.

---

11 Vgl. Fighting for the Confederacy: The Personal Recollections of General Edward Porter Alexander, ed. by Gary Gallagher, Chapel Hill, NC 1989, S. 415.

12 Vgl. David Trask, »Military Imagination in the United States, 1815-1917«, in: Anticipating Total War. The German and American Experiences, 1871-1914, ed. by Manfred F. Boemeke, Roger Chickering and Stig Förster, New York 1999, S. 333 f.

13 Vgl. Cunliffe, Soldiers and Civilians (wie Anm. 9), S. 429.

14 Vgl. ebd.

Betrachtet man das empirische Datenmaterial, so ist man zunächst geneigt, sich dieser Einschätzung vom »Dunklen Zeitalter« des Militärs anzuschließen. Die Bundesausgaben für die Armee wurden nach dem Bürgerkrieg kontinuierlich gesenkt: von der Maximalsumme über eine Milliarde Dollar während des Bürgerkrieges bis 1880 zum Niedrigstand von 29 Millionen[15].

Bundesausgaben für Armee und Marine
(in Millionen US-Dollar)

	Bundeshaushalt	Armee	Marine	Gesamt
1860	63	16 (25,4%)	11 (17,4%)	27 (42,8%)
1865	1297	1031 (79,5%)	122 (9,4%)	1153 (88,9%)
1870	309	57 (18,4%)	21 (6,8%)	78 (25,2%)
1875	274	41 (15,0%)	21 (7,6%)	62 (22,6%)
1880	267	38 (14,2%)	13 (4,9%)	51 (19,1%)
1885	260	42 (16,1%)	16 (6,1%)	58 (22,2%)
1890	318	44 (13,8%)	22 (6,9%)	66 (20,7%)

Quelle: Historical Statistics of the United States Colonial Times to 1970, 2 vols., Washington, D.C. 1975, vol. 2, S. 1114.

Die durchschnittliche Größe der Armee in der Nachkriegszeit bis 1890 betrug lediglich 25 000; nach dem Krieg überwog die Vorstellung, daß die Nation kein großes stehendes Heer brauche, da im Krieg bewiesen worden war, daß Zivilisten sich angesichts einer nationalen Bedrohung schnell zu einem Bürgerheer zusammenfinden würden[16].

Im Rahmen der für die USA typischen hektischen Demobilisierung nach Beendigung von Kriegen wurde die Zahl der aktiven Nordstaatensoldaten zwischen Mai und Jahresende 1865 von einer Million auf etwa 200 000 gesenkt; ein Jahr später waren es nur noch 11 000, und als der ehemalige Bürgerkriegsgeneral Präsident Ulyses Grant 1870 die Aufstockung der regulären Armee auf 80 000 forderte, waren weder der Kongreß noch der Kriegsminister willens, dies zu unterstützen. Man einigte sich auf 54 000; allerdings standen dann lediglich 40 000 Soldaten zur Verfügung, als der Kongreß seine Rekonstruktionspolitik im Süden umsetzen wollte. Zur Besatzung der Südstaaten und der dortigen Kontrolle über die Umsetzung der Rekonstruktionsmaßnahmen waren letztlich sogar nur 19 000 Soldaten verfügbar[17] – der Rest war mit der Sicherung der frontier im Westen beschäftigt. So existierten in der Rekonstruktionsphase eigentlich zwei Armeen: eine als Besatzungsarmee in den Südstaaten stationierte und vom Kongreß überwachte sowie eine von der Exe-

[15] Vgl. Huntington, The Soldier and the State (wie Anm. 2), S. 228.

[16] Siehe zur Einführung der Entwicklung der amerikanischen Armee nach 1865 die ausgezeichnete Bibliographie von Joseph G. Dawson III, The Late 19th Century U.S. Army, 1865-1898. A Research Guide, Westport, CT 1990.

[17] Vgl. Russell F. Weigley, History of the United States Army, New York 1967, S. 262.

kutive gelenkte, welche die üblichen Aufgaben zu »Friedenszeiten« übernahm, wie beispielsweise die Sicherung der frontier im Fernen Westen, wo in Wirklichkeit nach wie vor eine Art Kriegszustand mit den Indianern herrschte.

Einen großen Stellenwert innerhalb der bald negativ besetzten gesellschaftlichen Wahrnehmung der Armee besaß ihre Funktion als ausführendes Organ der nordstaatlichen Besatzungspolitik im Süden; in der Tat war ja die Armee zum hauptsächlichen Instrument der Rekonstruktionspolitik des Kongresses gemacht worden. Der dortige soziale Transformationsprozeß sollte so sichergestellt, wenn nicht gar erst ausgelöst werden, und hierin lag das eigentliche Problem. Um die Umsetzung der Verfassungsänderungen wie die Gewährung des Bürger- und Wahlrechtes für befreite Sklaven zu implementieren, bedurfte es im Süden einer großen Anzahl von Truppen. Zusätzlich kam es dort zum Einsatz von schwarzen Einheiten (aus dieser Region), was angesichts des immer noch virulenten Rassismus' zu erheblichen Spannungen und Gewaltausschreitungen führte. Unter anderem wurde aufgrund der Präsenz schwarzer Besatzungssoldaten der Ku-Klux-Klan gegründet[18].

Die allgemein überwiegend negative Wahrnehmung der Armee wurde primär zwar eindeutig durch die Südstaaten geprägt, aber auch im Norden existierte nach wie vor ein Rassismus. Dessen Träger sahen nicht ein, daß die Sklavenemanzipation implementiert und dazu kostenintensives Militär eingesetzt werden sollte.

Der zweite Faktor, der bis 1890 zu einer negativen Beurteilung der Armee führte, war deren bereits angesprochenes Engagement in den Indianerkriegen an der westlichen frontier, seit jeher ihr eigentliches traditionelles Betätigungsfeld – mit Ausnahme des Mexikanisch-Amerikanischen Kriegs von 1846-1848. Viele Mitglieder des Offizierkorps hatten ihre ersten Erfahrungen in den Indianerkriegen gemacht, wie z.B. William T. Sherman[19]. 1865 lebten weniger als 270 000 Indianer im Westen. Obwohl weniger als 100 000 davon als feindlich einzuschätzen waren, stellte diese Zahl doch eine Herausforderung für die etwa 25 000 Bundessoldaten dar, die verstreut von kleinen Forts und anderen Einrichtungen im Westen aus operierten. In der Phase von 1865 bis 1890 kämpfte die Armee in etwa 1000 Auseinandersetzungen gegen Indianer, mit Verlusten von insgesamt etwa genauso vielen Soldaten. George A. Custers Debakel 1876 am Little Big Horn machte dabei etwa ein Viertel der weißen Opfer aus[20]. Eine Zäsur wurde 1890 erreicht, als der Widerstand der Indianer mit dem Massaker am Wounded Knee endgültig gebrochen wurde. Simultan wurde vom Zensusbeamten in Washington das offizielle Ende der frontier deklariert.

Sogar an der frontier war das Image der Armee zwiespältig: einerseits sorgte sie für Arbeitsplätze und Schutz, doch waren nie ausreichend Soldaten zur Stelle, wenn man sie im Falle eines Indianerangriffes benötigte. Außerdem wurde alleror-

---

18 Zum Ku-Klux-Klan siehe Wyn Craig, The Fiery Cross: The Ku Klux Klan in America, New York 1987; Allen W. Trelease, White Terror: The Ku Klux Klan Conspiracy and Southern Reconstruction, New York 1971.

19 Vgl. Robert M. Utley, »Total War on the American Frontier«, in: Anticipating Total War (wie Anm. 12), S. 399-414.

20 Vgl. Edward M. Coffman, The Old Army. A Portrait of the American Army in Peacetime, 1784-1898, New York 1986, S. 254.

ten die Präsenz der vielen Immigranten in der Armee bemängelt. Im industrialisierten Osten hingegen kam die Kritik an der frontier-Armee aus einer anderen Richtung: dort wurde vor allem – und hauptsächlich von Intellektuellen – ihr bekannt brachiales Vorgehen gegenüber den Ureinwohnern kritisiert.

Die rapide Industrialisierung erzeugte erhebliche soziale Spannungen, die sich zwischen Arbeitgebern und einer sich zunehmend organisierenden Arbeiterschaft in Form von zum Teil militant ausgetragenen nationalen Streiks entluden. Signifikanterweise kam es im Kontext des Eisenbahnbaus, dem schnellstwachsenden ökonomischen Sektor, zu den schwersten Arbeitskämpfen, bei denen Präsident Rutherford B. Hayes 1877 sogar – wenn auch eher widerwillig – die Armee einsetzte, um Ruhe und Ordnung wiederherzustellen[21]. Obwohl die Armee eine Befriedung in wenigen Wochen und ohne Blutvergießen erreichte, schrieb Generalmajor Winfield Scott Hancock besorgt an seinen Kollegen John Schofield, daß diese zivilen Arbeitsunruhen seines Erachtens »wiederkehren und [...] urteilend von der Leidenschaftlichkeit [...] die Gesellschaft in ihren Grundfesten« erschüttern würden«[22].

Diese Worte Hancocks sollte sich als nahezu prophetisch erweisen: Zwischen 1877 und 1894 wurde die Armee noch in etwa 300 Arbeitsauseinandersetzungen eingesetzt[23]. Naturgemäß unterschied sich die Wahrnehmung dieser Aktionen je nach Interessenlage: während Arbeitgeber die Armee als unabdingbaren gesellschaftlichen Ordnungsfaktor priesen, war die Kritik seitens der Arbeiterschaft geradezu vehement, wobei die Jeffersonsche Rhetorik der Amerikanischen Revolution aufgegriffen wurde, die eine stehende Armee mit der Gefahr von Tyrannei verbunden hatte[24]. Diese zivilen Unruhen waren eine direkte Folge der Modernisierung, die im Zuge der Industrialisierung die Beziehungen zwischen Arbeitgebern und Arbeiterschaft neu definierte.

Angesichts der drei negativ besetzten Perzeptionskomponenten des Militärs, als Besatzungsarmee in den Südstaaten, kaltblütige Indianermörder im Westen und willige Streikunterdrücker in den östlichen Industrieregionen, nimmt es nicht wunder, daß im Hinblick auf die Entwicklung der Armee und ihre gesellschaftliche Wahrnehmung in der Historiographie von ihrem »Dunklen Zeitalter« gesprochen wird.

Da sich die Armee etwa zur Hälfte aus Neuimmigranten und ferner vielen Afroamerikanern zusammensetzte, führte dieser Umstand angesichts von Nativismus und Rassismus zu einer zusätzlichen negativen Perzeptionskomponente. Angehörige der Mittelklasse oder Oberschicht, zu Offizieren geworden, waren nicht gerade der Stolz der Familie. Soldaten paßten nicht zum Arbeitsethos des Gilded

---

21 Insgesamt wurden 3700 Soldaten im Jahr 1877 eingesetzt; siehe Clayton D. Laurie and Ronald H. Cole, The Role of Federal Military Forces in Domestic Disorders, 1877-1945, Washington, D.C. 1997, S. 3.

22 Zit. ebd.

23 Vgl. Weigley, History of the United States Army (wie Anm. 17), S. 281.

24 Vgl. ebd.

Age. Um es auf einen einfachen Nenner zu bringen: die modernen Helden des Gilded Age waren Industriekapitäne, nicht Armeeoffiziere[25].

Die anti-militärische Haltung in den USA ehrte den Bürgersoldaten, der einen Krieg führte und danach wieder ins Zivilleben zurückkehrte, und weniger den Berufssoldaten[26].

Diese gesamtgesellschaftliche Wahrnehmung schlug sich in der Politik nieder. Der amerikanische Kongreß – und mit ihm seine Wähler – artikulierte (wie vor dem Bürgerkrieg) das alte Mißtrauen dem militärischen Establishment und einer Berufsarmee gegenüber, und so wurde der Anteil des Militärbudgets am Gesamthaushalt des Bundes kontinuierlich heruntergefahren, von knapp 89 Prozent im Jahre 1865 auf knapp 21 Prozent 1890. William T. Sherman, 1869 Ulysses Grant als Generaloberst (General of the Army) gefolgt, war über die Militärpolitik des Kongresses so verbittert, daß er von 1874 bis 1876 sein Hauptquartier im fernen St. Louis aufschlug[27]. Im Januar 1879 beschwerte er sich empört über ein Kongreßgesetz, das die Anzahl der Offiziere in der Armee noch weiter reduzieren sollte. Er kommentierte verbittert: »Die Menschen, die 1865 dem Militär gegenüber so dankbar waren, mißgönnen uns [jetzt] jeden Cent beim Gehalt und jede Unze Brot, die wir essen[28].«

Das Offizierkorps wurde grundsätzlich als eine Kaste für sich angesehen, die sich von der Gesellschaft bewußt isolierte[29]. Hiermit ist ein zentrales Problem innerhalb der zivil-militärischen Beziehungen in dieser Zeitphase angesprochen: ob nämlich das Offizierkorps dieser Jahre isoliert von der Gesellschaft agierte und inwieweit dies möglicherweise ein intentionales Handeln war.

Ausgangspunkt jeglicher Überlegungen über dieses Thema muß Samuel P. Huntingtons klassische Studie über die Stellung des Militärs in der amerikanischen Gesellschaft sein, die in ihrem analytischen Ansatz noch immer grundlegend ist und bis in die Gegenwart nach wie vor kontrovers diskutiert wird[30]. Bezogen auf diese Periode postulierte Huntington eine große Dichotomie zwischen dem professionellen Militär und dessen zivilem Pendant. Er betonte die zentrale Rolle General Shermans bei der Professionalisierung der Armee durch die 1881 erfolgte Etablierung der so einflußreichen und prägenden Militärakademie School of Application for Infantry and Cavalry at Fort Leavenworth[31]. Einen Mitgrund für diese Isolation sah Huntington in den militärischen Aktivitäten der Armee bei den Indianerkriegen an der frontier weitab von urbanen Zentren, wo sie ihren Kontakt zur sozialen Realität und deren Weiterentwicklung nicht halten bzw. wiederherstellen konnte.

Während führende Militärhistoriker der 1950er Jahre die Zeitspanne zwischen dem Ende des Amerikanischen Bürgerkrieges und dem Beginn des Ersten Welt-

25 Vgl. Cunliffe, Soldiers and Civilians (wie Anm. 9), S. 435 f.

26 Vgl. Coffman, The Old Army (wie Anm. 20), S. 400.

27 Vgl. Cunliffe, Soldiers and Civilians (wie Anm. 9), S. 432.

28 Sherman zit. ebd.

29 Vgl. ebd., S. 433.

30 Vgl. Huntington, The Soldier and the State (wie Anm. 2).

31 Vgl. Edward M. Coffmann, »The Long Shadow of the Soldier and the State«, in: The Journal of Military History, 55 (1991), S. 73.

krieges als eine einheitliche Phase der amerikanischen Militärgeschichte ansahen, in der eine »militärische Manager-Revolution« (Managerial Revolution) stattgefunden habe[32], unterteilte Huntington diese Zeitspanne in zwei Phasen: 1865-1890 und 1890-1917. In der letzteren sei dann die Kluft zwischen Militär und Zivil durch eine Gruppe ziviler Führungspersönlichkeiten überbrückt worden, wie zum Beispiel Theodore Roosevelt, Elihu Root, Henry Cabot Lodge und Leonard Wood. Diese Personen bildeten nach Huntington die erste soziale Gruppe, deren politische Philosophie mehr oder weniger bewußt Elemente einer militärischen Ethik in ihre Politik inkorporierte[33].

Seit den 1980er Jahren wurde Huntingtons These von der Isoliertheit der Militärführung vom Rest der Gesellschaft allerdings zunehmend bezweifelt. Der amerikanische Historiker Jerry M. Cooper z.B. konnte 1980 in seinem Werk über die Rolle des Militärs während der Hochphase der Streikbewegungen von 1877 bis 1900 nachweisen, daß gerade die Involvierung in die Arbeitskämpfe das Militär aus der Isolation herausgeführt und mit sozialen Gruppen in Berührung gebracht habe, insbesondere mit Industriellen und konservativen Politikern, die dessen Aufgaben befürworteten und mit denen das Offizierkorps gemeinsame gesellschaftliche Wertvorstellungen teilte. In bezug auf die zunehmende Professionalisierung und Spezialisierung sah das Militär ähnliche Tendenzen im korporativen Kapitalismus und dessen Management, aber auch bei der politischen Führung. Gemeinsam war diesen Kreisen auch der Glaube an ein Ordnungsprinzip, das durch die Armee und eine sie unterstützende Politik hergestellt werden sollte[34]. In der Tat war das relativ kleine Offizierkorps eine konservativ geschlossene Kaste. Der Zugang war schwierig und der Aufstieg langsam. Es existierte eine starke personelle Kontinuität: Offiziere, die im jungen Alter bereits 1860 Positionen innehatten, waren mit größter Wahrscheinlichkeit auch noch 1890 im Dienst.

Obwohl eine eingehende prosopographische Untersuchung über das amerikanische Offizierkorps vor dem Ersten Weltkrieg noch aussteht, kann aufgrund der vorhandenen Biographien festgestellt werden, daß die Offiziere zwar nicht konservativer waren als die sie umgebende Gesellschaft, bei ihnen aber eine grundsätzliche Ablehnung von Individualismus, Liberalismus, Kommerzialismus, Politik und Massendemokratie überwog[35].

Jüngere Arbeiten konnten dann den mittlerweile als allgemeinen Konsens etablierten Umstand herausarbeiten, daß Offiziere durchaus nicht oft isoliert vom Rest der Gesellschaft lebten: Ein großer Teil von ihnen diente im urbanen industrialisierten Osten der USA, oft an der Atlantikküste. Die meisten verbrachten sogar ihre ganze oder einen großen Teil ihrer Karriere in dieser Region, die den Modernisierungsprozeß am stärksten exemplifizierte. Sogar die Offiziere im We-

32 Siehe zum Beispiel Walter Millis, Arms and Men: A Study of American Military History, New York 1956, S. 141; Coffman, »The Long Shadow« (wie Anm. 31), S. 74.

33 Vgl. ebd.

34 Siehe dazu Laurie/Cole, The Role of Federal Military Forces (wie Anm. 21), S. 22-29; Jerry M. Cooper, The Army and Civil Disorder: Federal Military Intervention in Labor Disputes, 1877-1900, Westport, CT 1980, S. 82, 247; Coffman, The Old Army (wie Anm. 20), S. 403.

35 Vgl. Laurie/Cole, The Role of Federal Military Forces (wie Anm. 21), S. 23.

sten waren vorwiegend in der Nähe von urbanen Ansiedlungen tätig; zwei Drittel der Offiziere in Kalifornien lebten z.B. in der Nähe San Franciscos[36]. Es existierte ein reger Austausch mit den urbanen zivilen Eliten, wenngleich meist auf die konservative Mittel- und Oberschicht dieser Städte begrenzt. Aufgrund ihrer Herkunft dominierte ein nordeuropäisch-protestantischer Hintergrund fortgeschrittener Generation, d.h. sie waren bereits »amerika-geboren«. Die Zivilisten, mit denen sie Kontakt hatten, gehörten fast ausschließlich einflußreichen politischen, wirtschaftlichen und intellektuellen Kreisen an; so zählte z.B. Bürgerkriegsgeneral John M. Schofield solch einflußreiche Persönlichkeiten wie den Kaufhausgründer Marshall Field und den Eisenbahnmagnaten George Pullman zu seinen Freunden[37].

Nach wie vor wird die kontroverse These Huntingtons diskutiert, daß die Phase zwischen Bürgerkriegsende und 1890 – von Militärhistorikern allgemein als »Dark Ages« des amerikanischen Militärs und als Stagnationsperiode der Flotte bezeichnet – aufgrund der geringen Bedeutung und relativen Isolierung des Militärs innerhalb der Gesellschaft zugleich eine Zeitspanne war, in der sich organisch Strukturen entwickeln konnten, die zu einem hohen Maß an Professionalisierung des Militärs beitrugen. Seine Hypothese gipfelt sogar in der Auffassung, daß kein anderer Zeitraum der amerikanischen Geschichte einen solch entscheidenden Einfluß auf die Ausrichtung des militärischen Professionalismus und den Charakter des militärischen Geistes in den USA besessen habe und die gesellschaftliche Isolierung geradezu eine Vorbedingung dafür gewesen sei[38].

Diese zunächst augenscheinliche Dichotomie zwischen der Huntingtonschen These von der gesellschaftlichen Isolierung des Offizierkorps als sine qua non für die Entwicklung des militärischen Professionalismus und den neueren Forschungsergebnissen eines nachweisbaren Austausches sowie der Verständigung zwischen Offizieren und zivilen Führungseliten läßt sich bei genauerer Analyse auflösen. Sicherlich ist es richtig, daß zwischen 1865 und 1890 die Professionalisierung des Militärs aufgrund eingehender militärtheoretischer Studien und der Etablierung wichtiger Militärakademien in aller Ruhe vorangetrieben wurde, vor allem vom Bürgerkriegsgeneral William T. Sherman und Brevet Major General Emory Upton. Durch die relative Bedeutungslosigkeit der Armee war diese in der Tat eher in der Lage, über langfristige Strukturen nachzudenken, zumal sie dabei weniger minutiös von der Exekutive überwacht wurde. Gerade dadurch, daß Offiziere nicht gesellschaftlich isoliert waren – und hier könnte man Huntingtons These sogar auf den Kopf stellen – waren sie vielmehr imstande, eine Sicherheitspolitik zu entwickeln, die den gesellschaftlichen Gegebenheiten entsprach.

Organisierter Widerstand gegen den Ausbau der Armee existierte in Form der pazifistischen American Peace Society, die aufgrund mangelnder Koordination jedoch kaum Einfluß besaß[39].

---

[36] Vgl. John M. Gates, The Alleged Isolation of United States Army Officers in the Late Nineteenth Century, in: Parameters, 10 (1980), S. 33 f.

[37] Vgl. Laurie/Cole, The Role of Federal Military Forces (wie Anm. 21), S. 24.

[38] Vgl. Huntington, The Soldier and the State (wie Anm. 2), S. 229.

[39] Vgl. Mark Russell Shulman, Navalism and the Emergence of American Sea Power 1882-1893, Annapolis, MD 1995, S. 142.

Die amerikanische Flotte fristete – grundsätzlich ähnlich wie die Armee – im »Dunklen Zeitalter« nach 1865 zunächst eine Art Schattendasein, wobei die Seeblockade der Nordstaatenflotte während des Bürgerkriegs lange negativ in der Erinnerung der Südstaatler verblieb und deren Wahrnehmung prägte. Das führte zu politischen Konsequenzen, als Südstaatenpolitiker wieder in den Kongreß einzogen. Anders jedoch als der Armee gelang es der Marine Anfang der 1880er Jahre, sich allmählich von diesem gesellschaftlichen Negativimage zu befreien. Gegen Ende des Bürgerkriegs war sie aufgrund der massiven Mobilisierung eine der stärksten der Welt. Wie im Falle des Heeres jedoch wurde die Flotte aufgrund der raschen Demobilisierung so stark reduziert – von 700 auf 165 Schiffe –, daß sie Anfang der 1880er Jahre weltweit nur noch auf Platz 12 rangierte[40].

In der Historiographie herrscht mittlerweile ein Konsens darüber vor, daß die Ursprünge des amerikanischen militärisch-industriellen Komplexes, der im Kalten Krieg zur eigentlichen Entfaltung kommen sollte, in den 1880er Jahren liegen und zwar im Kontext der Modernisierung und des Ausbaus der Flotte[41]. Mehrere Faktoren kamen zur Ermöglichung dieses Phänomens zusammen:

Der im Vergoldeten Zeitalter dominierende Kommerzialismus, d.h. die Erschließung des enormen Binnenmarktes und das Bemühen, die Handelsbeziehungen mit Europa und den heute als Dritte Welt bezeichneten Ländern zu maximieren, bedurfte einer – wenn auch nur moderaten – Flotte. Als der zentrale politische Akteur in Zeiten einer schwachen Exekutive lehnte der Kongreß wiederholt Anträge von Personen oder Personengruppen auf Flottenerweiterung ab. Er betrachtete mit Argwohn deren Bestrebungen zur Errichtung von Kolonien im Pazifik oder in der Karibik, die eine derartige Erweiterung unumgänglich gemacht hätten[42]. Kongreß und Nation hatten in dieser Zeitspanne kein Interesse daran, die amerikanische Flotte mit denjenigen europäischer Nationen zu vergleichen[43]. Voraussetzung für eine strukturierte, wohldurchdachte Flottenpolitik war ein Professionalisierungsprozeß, der schon vor dem Bürgerkrieg begonnen hatte und in den 1870er und 1880er Jahren durch die Etablierung von zentralen Institutionen wie dem U.S. Naval Institute (1873 gegründet), dem Office of Naval Intelligence (1882 gegründet) und dem Naval War College (1884 gegründet) reaktiviert wurde.

Die Veröffentlichungen des Naval Institute in Annapolis, die Proceedings, wurden zu einem wichtigen Sprachrohr der Befürworter einer stärkeren Flotte. Zentrale Figur dieser Bemühungen wurde Konteradmiral Stephen B. Luce[44], der auch

[40] Vgl. Paul A.C. Koistinen, Mobilizing for War (wie Anm. 3), S. 20.

[41] Siehe zu diesem Themenbereich Benjamin F. Cooling, Gray Steel and Blue Water Navy: The Formative Years of America's Military-Industrial Complex, 1881–1917, Hamden, CT 1979; Ben Baack and Edward John Ray, Special Interests and the Nineteenth-Century Roots of the U.S. Military-Industrial Complex, in: Research in Economic History, 11 (1988), S. 153–169; Kurt Hackemer, The U.S. Navy and the Origins of the Military-Industrial Complex, 1847–1883, Annapolis, ML 2001.

[42] Vgl. Koistinen, Mobilizing for War (wie Anm. 3), S. 21.

[43] Vergleicht man allerdings die Marineausgaben der Bundesregierung vor und nach dem Bürgerkrieg, so fällt auf, daß Washington immerhin doppelt so viel in die Flotte investierte wie vor 1861. Siehe ebd., S. 22.

[44] Vgl. ebd., S. 23.

das Naval War College ins Leben gerufen hatte und als »Vater der modernen amerikanischen Marine« angesehen wird. Durch Lobbyistentätigkeit gelang es ihm, politische Beziehungen u.a. zu Theodore Roosevelt und den wichtigen Mitgliedern des Naval Affairs Committee beider Häuser des Kongresses herzustellen. Es war im übrigen Luce, der Alfred Thayer Mahan zum Mitglied der Fakultät des Naval War College berufen und zu dessen Präsidenten ernannt hatte. Durch Heirat war Luce außerdem entfernt mit dem späteren einflußreichen Senator Henry Cabot Lodge – dem zukünftigen Widersacher Woodrow Wilsons – verwandt; eine Verbindung, die er dazu benutzte, die Beziehungen zu Theodore Roosevelt auszubauen.

Das Jahr 1881 markiert in mehrfacher Hinsicht den Beginn einer neuen Marine in den USA. In diesem Jahr wurde der erste als kompetent zu bezeichnende Marineminister nach dem Bürgerkrieg berufen, William H. Hunt, der sich nachhaltig für die dann erfolgende Modernisierung der Flotte einsetzte. Diese kann in zwei Phasen eingeteilt werden: die erste von 1881 bis 1889 (also der uns heute interessierende Zeitraum) sowie eine folgende bis in das 20. Jahrhundert hinein.

In den 1880er Jahren nahm die zuvor rapide Geschwindigkeit der Industrialisierung ab; gleichzeitig verringerte sich auch das Trauma des Bürgerkrieges, und die Nation schien jetzt eher bereit zu sein, Geld und Zeit in die Flotte zu investieren, wenn dies nötig werden sollte[45]. Die Finanzierung stellte im übrigen kein Problem dar, da die Bundesregierung tatsächlich eher mit dem Problem zu kämpfen hatte, wie es ihren Haushaltsüberschuß ausgeben sollte. Die 1873 aufgrund der Konfrontation mit Spanien hinsichtlich revolutionärer Unruhen auf Kuba ausgebrochene Kriegsangst hatte eindrucksvoll demonstriert, daß die amerikanische Flotte nicht einmal in der Lage war, ihre Funktion in Heimatgewässern adäquat wahrzunehmen. Diese Unfähigkeit zeigte sich ebenfalls, als 1879 Chile Peru und Bolivien angriff und der Versuch von amerikanischer Seite, diesen Konflikt vorzeitig zu beenden, kläglich scheiterte. Die chilenische Flotte war der amerikanischen technologisch weit überlegen[46].

Als Hunt 1881 Minister wurde, war die Flotte aufgrund ihres Zustandes mittlerweile Objekt nationalen und internationalen Spotts geworden. Zu diesem Zeitpunkt bestand sie aus 140 Schiffen, von denen nur 17 eine Eisenkonstruktion besaßen und lediglich 52 überhaupt einsatzfähig waren – und kein einziges modernen Gegebenheiten entsprach. Hunt und der republikanische Präsident Chester A. Arthur entfalteten intensive Lobbyaktivitäten, um den Kongreß für ein Flottenmodernisierungsprogramm zu begeistern. Gleichzeitig – und dies scheint mir von hoher Relevanz – begann Hunter mit der Erziehung und Umorientierung der Marineoffiziere, die Zivilisten und der politischen Führung gegenüber eher skeptisch eingestellt waren, und vermittelte ihnen die Notwendigkeit, diese Skepsis aufzugeben sowie die Einsicht, zur Durchsetzung ihrer Interessen mit dem Kongreß zu kooperieren. Die erfolgte Umorientierung zahlte sich aus: Erstmals seit dem Bürgerkrieg befürwortete der Kongreß 1883 ein Programm, das vorsah, moderne Kriegsschiffe aus Stahl zu bauen, die dem technologischen Standard der Zeit ent-

[45] Vgl. ebd., S. 26.
[46] Vgl. Hackemer, The U.S. Navy (wie Anm. 41), S. 125.

sprachen[47]. Diese vier Schiffe, wenngleich noch primär zum Küstenschutz konzipiert, waren der Beginn des kontinuierlichen Ausbaus der amerikanischen Flotte, die daraufhin im internationalen Vergleich vom zwölften Platz 1881 auf den zweiten (nach Großbritannien) im frühen 20. Jahrhundert aufrückte[48]. Es gilt hier zu betonen, daß sich damit 1881/82 in der amerikanischen Geschichte die erste militärische Aufrüstung in Friedenszeiten vollzog, in deren Verlauf eine neue Flotte geschaffen wurde, die wiederum langfristig die nationale Rolle der USA in der Weltpolitik verändern sollte. Der Grundstein dafür wurde in der Dekade 1882-1892 gelegt.

Zu den verbliebenen 1880er Jahren läßt sich anhand der Verhandlungen im Kongreß und seinen Marineauschüssen bzw. -komitees ablesen, daß der bewilligte Bau mehrerer Schlachtschiffe die Entwicklung in Richtung offensiver Orientierung exemplifiziert. Dieses Phänomen kann auf das Wechselspiel nationaler und transnationaler Faktoren zurückgeführt werden. Amerikanische navalistische Politiker, allen voran Theodore Roosevelt, sprachen von der Verpflichtung nationaler Größe und verwiesen dabei gleichzeitig auf geopolitische globale Veränderungen, insbesondere das Entstehen neuer Großmächte wie z.B. Deutschland und Japan, beides Länder, die dabei waren, ihre Flotten aufzubauen.

So unterstützten Republikaner und Demokraten im Kongreß den Aufbau einer Flotte zur Stärkung der nationalen Sicherheit, wobei ihr Augenmerk mehr auf innenpolitische Belange gerichtet war und weniger auf die Formulierung einer Langzeitstrategie, die auf den neuen geostrategischen Realitäten und internationaler Bedrohung basierte[49]. Es existierte lediglich ein politischer Konsens über die Vergrößerung der Flotte, nicht aber über deren Zielrichtung. Angesichts der parteipolitischen Auseinandersetzungen, welche die verschiedenen regionalen und sozialen Interessen reflektierten, setzte sich der Bau von Schlachtschiffen durch, die offensichtlich dem Wähler näherzubringen waren als defensiv angelegte Kriegsschiffe[50]. Oft waren allerdings Manipulation und Täuschung notwendig, um den Bau dieser Schiffe erfolgreich umzusetzen, und danach wiederum geschürte Kriegsangst, imaginierte Feinde und statistische Tricks, zusammen mit Appellen an Nationalismus, Patriotismus und Bürgerpflicht, um die Legislative von der Notwendigkeit einer offensiven Flotte zu überzeugen.

Hier sind auch die Genese und Präfiguration eines amerikanischen Navalismus zu suchen, der in einflußreichen gesellschaftlichen Kreisen zur Propagierung einer imperialen Flotte führte[51]. Diese Navalisten waren Teil einer größeren Bewegung der politischen Kultur des späten 19. Jahrhunderts. Sie exemplifizierten eine Rebel-

---

47 Vgl. ebd., S. 126.

48 Vgl. Koistinen, Mobilizing for War (wie Anm. 3), S. 28.

49 Vgl. Shulman, Navalism (wie Anm. 39), S. 119.

50 Vgl. ebd.

51 Siehe zum amerikanischen Navalismus Peter Karsten, The Naval Aristocracy: The Golden Age of Annapolis and the Emergence of Modern American Navalism, New York 1972; Shulman, Navalism (wie Anm. 39); Lance C. Buhl, Maintaining ›An American Navy‹, 1865-1889, in: In Peace and War: Interpretations of American Naval History, 1775-1984, 2. rev. ed., Westport, CT 1984, S. 145-173.

lion der Elite gegen die Traditionen eines agrarisch geprägten Jeffersonschen Nationalethos'. Navalisten wie Theodore Roosevelt, James Russell Soley and Alfred Thayer Mahan erblickten in Amerika die große Hoffnung der Welt – und waren damit, mit anderen Worten, getragen vom alten Missionsgedanken, der allerdings in der nationalen Krise des Bürgerkrieges und der darauffolgenden Reconstruction in Vergessenheit geraten war. Navalisten postulierten eine Flotte, die das »nationale Schicksal« erfüllen sollte, und optierten mit dieser Begründung ab 1890 für eine offensive Flotte. Sie setzten für ihre Ziele neue Foren der Kommunikation ein, mobilisierten dabei sogar die intellektuelle Kultur und trugen damit erheblich dazu bei, daß die USA sehr schnell zur Großmacht wurden[52].

Für das Entstehen eines militärisch-industriellen Komplexes in dieser Zeit sind folgende Punkte besonders relevant: Der Bau einer neuen Flotte machte die Kooperation zwischen Regierungsvertretern, Marineoffizieren und Industriellen erforderlich, was die Barrieren zwischen privatem und öffentlichem Sektor, zwischen zivilen und militärischen Institutionen erodieren ließ. Die nationalen Institutionen waren größere, modernere und komplexere Einheiten als je zuvor in der amerikanischen Geschichte. Der Prozeß, sie nun in Beziehung zueinander zu setzen – die Bundesbürokratie, die Marine und die korporativen Strukturen – ist in den 1880er Jahren während des Gilded Age in Gang gesetzt worden[53]. Die Kooperationsteams, die auch aufgrund des bereits auf hohem Niveau angesiedelten technologischen Standards zustandegekommen waren, wurden zu einer permanenten Einrichtung. Tendenzen dieser Art begannen in dem von uns behandelten Zeitraum zunächst noch auf der defensiven Seite; eine Dynamisierung dieses Kooperationsprozesses wurde erst erreicht, als die Flotte zu einem offensiven Instrument werden sollte. Dieser Prozeß setzte in seiner vollen Dynamik erst nach 1890 ein.

Anders als die Armee wurde die Marine ab 1882 gesellschaftlich zunehmend als eine positive Institution perzipiert. Als Teil des Bemühens um Professionalisierung und Modernisierung ging es den Navalisten darum, sich von dem bisher existierenden eher negativen Image zu befreien, das auch durch Inkompetenz und Korruption in der Nachkriegszeit gefördert worden war. Navalisten – Offiziere und Zivilisten – sahen die Notwendigkeit, die Marine im nationalen Diskurs wieder als ein Symbol des Heroischen zu etablieren. Allerdings wurden diese Bemühungen in der Frühphase des amerikanischen Navalismus weder koordiniert noch von einer sich als Navalisten bezeichnenden Gruppe ausgeführt. Sie erfolgten von seiten der Marine wie auch von ziviler Seite und wurden über die verschiedenen Medien wie Presse, Literatur, Ausstellungen, Expeditionen sowie Militärgesellschaften transportiert[54]. Da die Bevölkerung der Vereinigten Staaten eine hohe Lese- und Schreibfähigkeit besaß, wurde versucht, den Navalismus über vielgelesene Zeitschriften und Zeitungen zu verbreiten, wobei das heroische Element betont wurde. Jugendzeitschriften widmeten sich diesem Thema erst gegen Ende der 1880er Jahre.

52 Vgl. Shulman, Navalism (wie Anm. 39), S. 2.
53 Vgl. Koistinen, Mobilizing for War (wie Anm. 3), S. 56.
54 Vgl. Shulman, Navalism (wie Anm. 39), S. 46.

Die amerikanische politische Kultur machte eine Popularisierung der Institution Marine unabdingbar, sollten diese Bemühungen im demokratischen Prozeß nachhaltigen Erfolg haben. Nach wie vor blieb allerdings die tiefsitzende amerikanischen Skepsis gegenüber dem Berufsmilitär eine Hürde. Hier kollidierten also sozusagen zwei Archetypen der politischen Kultur: einerseits die Jeffersonsche Tradition des Anti-Militarismus, andererseits die Begeisterung für Größe und Heroismus[55]. Obwohl der Flotte, insbesondere der offensiv angelegten, kein basisdemokratisches Verlangen zugrundelag, determinierte ein komplexes Geflecht von kulturellem Verhandeln zwischen elitären und nichtelitären Kreisen die Form des Vorgehens. Während Eliten versuchten, ihre Ideen des von ihnen vertretenen Navalismus verständlich zu machen, zeigte der Rest der Bevölkerung selektive Vorlieben bei dem, was er zu akzeptieren bereit war. Das Resultat war eine nicht »ausbalancierte« Flotte, die einerseits in den Schlachtschiffen die populären Elemente von Größe und Heroismus verkörperte, andererseits jedoch traditionelle, aber weniger spektakuläre Marineaufgaben wie den Schutz der Küstengewässer und Handelsschiffe eher vernachlässigte.

In den späten 1870er und den 1880er Jahren, die ein höheres Maß an Sentimentalität erzeugten, wurde wieder – gereinigt vom »Ballast realistischer Darstellungen« – heldenhafter Seeschlachten gedacht. Dies ging einher mit einer Verblassung der Erinnerungen an die Auswirkungen der Nordstaaten-Seeblockade und den Auseinandersetzungen beider amerikanischer Flotten[56].

Am sichtbarsten wurde diese »gereinigte« Version in den Monumenten und Statuen, die nach dem Bürgerkrieg zu Ehren der Marine errichtet wurden. Das 1877 in Washington direkt vor dem Kapitol errichtete Navy Monument – später dann umgetauft in »Peace Monument« – ist ein eindrucksvolles Beispiel dafür. Gänzlich aus Marmor gearbeitet, stellt diese Gedenkstätte eine fast 14 Meter hohe Figur dar, die Amerika symbolisiert und, sich an Clios Schulter anlehnend, den Verlust ihrer tapferen Söhne beklagt; Mars und Neptun sind ebenfalls präsent. Zur Einweihung des Soldiers and Sailors Monument 1887 in New Haven fuhr als Teil der Zeremonie die ganze Nordatlantische Flotte in den Hafen ein. Ähnliche Monumente dekorierten bald viele Städte der Nation[57]. Sogar, wenn die Flotte nicht im Zentrum der Denkmäler stand, gelang es Luce, der Bevölkerung immer wieder deren Präsenz vor Augen zu halten. So beorderte er 1886 die Nordatlantikflotte zur Einweihung der Freiheitsstatue im New Yorker Hafen, um die Seemacht zu feiern, die Amerika befreit hatte. Als zusätzlichen »Showeffekt« ließ er die Flotte den Hudson hinauflaufen.

Marinemusik trug zur feierlichen Atmosphäre bei diesen nationalen Eröffnungs- und Gedenkfeiern bei. Zwischen 1880 und 1891 wurde die Musik John Philip Sousas und seiner Marinekorpband zur Hauptattraktion der Marine. Sousa

55 Vgl. ebd., S. 47.
56 Vgl. ebd., S. 50.
57 Vgl. ebd., S. 51.

präsentierte die gewachsene navale Begeisterung der Nation und wurde zum populärsten Komponisten der 1880er und 1890er Jahre[58].

Der Marine gelang es nach Ende des Bürgerkriegs, sich relativ rasch und nachhaltig von bestehenden allgemein negativen gesellschaftlichen Wahrnehmungen des Militärs zu befreien. Sie war indessen auch nicht den vier vorgenannten Umständen ausgesetzt, die das Ansehen der Armee so schwierig gestalteten: der Besatzung des Südens, der Involvierung in die Indianerkonflikte, dem Einsatz bei großangelegten Arbeitskämpfen sowie der starken Präsenz neuer Immigranten. Mit ihrem großen Erfolg im Spanisch-Amerikanischen Krieg von 1898 sowohl im Pazifik als auch in der Karibik und der damit verbundenen Bewältigung der amerikanischen »ersten Kuba-Krise«, in der nebenbei auch der spätere Präsident Teddy Roosevelt mit seinen »Rough Riders« zu Ruhm gelangte, konnte sie ihr positives Image langfristig zementieren, während der Armee – teilweise aus den genannten Gründen – zunächst noch ein anderes Schicksal vorbehalten war.

58 Vgl. ebd., S. 52.

Junichiro Shoji

Die Beziehung zwischen Politik und Militärwesen im japanischen Modernisierungsprozeß des 19. Jahrhunderts

Nachdem Japan durch die Ankunft der »schwarzen Schiffe« zur Öffnung nach außen gezwungen worden war, ging 1868 durch die Meiji-Restauration die Regierungsgewalt von der Edo-Schôgunatsregierung auf die neue Regierung über. Diese besaß keine eigene Verteidigungsmacht, sondern war gezwungen, aus genau denjenigen Soldaten der feudalen Lehen, die zuvor die Schôgunatsregierung gestürzt hatten, eine Armee zu rekrutieren.

Dennoch konnte Japan etwa 40 Jahre später den Krieg gegen die Großmacht Rußland gewinnen und begann nach weiteren 40 Jahren im Pazifischen Ozean einen weiteren gegen die Allianz der Amerikaner und Engländer. Zu Kriegsbeginn zählte das Heer mehr als zwei Millionen Soldaten, und die Marine verfügte über 254 Kriegsschiffe mit einer Tonnage von 1,06 Millionen – bis der Krieg mit der Kapitulation Japans endete.

Die Aufstellung eines modernen Heeres ist ein wichtiges Element der erfolgreichen Modernisierung eines Staates und für Japan hatte diese Aufgabe besondere Bedeutung, war es doch durch die Waffengewalt der »schwarzen Schiffe« von den westlichen Ländern zur Öffnung gezwungen worden.

Daß gerade Japan der Kolonialisierung entgehen und den Weg zum modernen Staat antreten konnte, obwohl auch andere ostasiatische Länder fast zur gleichen Zeit einem Druck von außen ausgesetzt waren, dafür werden verschiedene Gründe angegeben. Neben den geographischen Voraussetzungen des Inselstaates Japan gab es auch noch Unterschiede in der Art und Weise, in welcher dieser Zwang erfolgte. Dabei sind folgende Faktoren zu berücksichtigen.

Erstens: Während China zentralistisch von einem Kaiser regiert wurde, basierte die Regierungsform in Japan auf dem Bakuhan-System, einem völlig unterschiedlich aufgebauten feudalistischen System. Die Tokugawa-Schôgunatsregierung als größter Daimyô (Lehensherr) kontrollierte zwar alle anderen Daimyô, diese besaßen jedoch ihre eigenen feudalen Lehen und waren vom Schôgunat unabhängig. In China standen, um auf die Krise reagieren zu können, nur zwei mögliche Wege zur Verfügung: entweder Verstärkung der Machtbefugnisse des Kaisers oder Durchführung einer institutionellen Reform innerhalb des Systems. In Japan war, im Gegensatz zu China, die politische Macht geteilt: Der Tennô, der seit fast 700 Jahren auf die Staatspolitik keinen Einfluß genommen hatte, befand sich in Kyôto und besaß nominelle Wertschätzung, aber keine politische Macht. Indem die feudalen

Lehensherren, die das Schôgunat stürzen wollten, den Tennô anstelle des Schôguns als alternative Autorität aufstellten, gelang es der neuen Regierung, durch sie ihre Legitimität zu erlangen. Aus diesem Grund konnte der Versuch, das Tokugawa-Schôgunat zu stürzen, als Bewegung zur »Verehrung des Tennôs« gewertet werden. Im Gegensatz zu China, wo das alte System durch die Krise noch gestärkt wurde, waren nun in Japan die Voraussetzungen dafür gegeben, das traditionelle System von Grund auf zu reformieren.

Zweitens: Die Träger der Reaktion auf den Druck von außen waren in China die Beamten. Sie gehörten zur privilegierten Klasse des Landes und schätzten unter dem Einfluß des Konfuzianismus die Bedeutung der Wissenschaften höher ein als die des Militärs; gleichzeitig waren sie von der Überlegenheit ihrer eigenen Zivilisation überzeugt und vertraten eine sinozentrische Haltung. Da sie die Bewohner der westlichen Welt als kulturell minderwertige »Barbaren« betrachteten, entstand unter den Chinesen das Bewußtsein einer Krise nur in abgeschwächter Form. Im Unterschied dazu reagierten in Japan die Samurai (Ritter), die als Experten in militärischen Angelegenheiten gelten konnten, stark auf den Druck von außen. Sie erkannten die militärische Überlegenheit des Westens, schätzten ihre eigene Schwäche richtig ein und konnten schnelle Maßnahmen treffen, um die Unabhängigkeit Japans zu bewahren. Es waren schließlich die feudalen Lehensherren abgelegener Gegenden wie Chôshû und Satsuma, unter ihnen vor allem untergeordnete Samurai, die die Meiji-Restauration trugen. Sie hatten schon einmal mit ihren altmodischen Waffen die westlichen Kriegsschiffe zum Kampf herausgefordert und bei dieser Feuertaufe die bittere Erfahrung einer Niederlage gemacht, die sie nicht wiederholen wollten.

Dieser Beitrag soll einen Überblick über die Aufstellung und Entwicklung der kaiserlichen Streitkräfte (Heer und Marine) Japans und die Beziehung zwischen Politik und Militärwesen geben und dabei den Schwerpunkt auf die Bedeutung des Tennôs und der Samurai legen, die für die Wahrung der oben erwähnten Unabhängigkeit eine wichtige Rolle spielten. Dabei wird auch auf Deutschland (Preußen) hingewiesen, das einen wichtigen Beitrag zur Modernisierung der japanischen Armee leistete. Zugleich soll die Modernisierung des Militärs in beiden Ländern verglichen werden.

Überwindung des Feudalismus – Auflösung des Samurai-Standes

In der Mitte des 16. Jahrhunderts waren die ersten Gewehre von Portugal nach Japan gebracht worden. Die anschließend durch die Isolationspolitik des Edo-Schôgunats in Japan folgende Friedenszeit von nahezu 250 Jahren sicherte zu dieser Zeit das Bestehen des privilegierten Standes der Samurai dank der Trennung der vier Stände: Samurai, Bauern, Handwerker und Händler. Folglich war auch keine kriegsbedingte Entwicklung neuer, revolutionärer Waffen notwendig.

Den Beginn der Meiji-Restauration bildete der Sturz der früheren Schôgunatsregierung durch die im alten System militärisch und wirtschaftlich mächtigen feudalen Lehensherren. Nach der Entmachtung des Schôgunats versuchte die neue Regierung, Japan durch die Auflösung des alten Systems von Grund auf zu reformieren und in einen modernen zentralistischen Staat umzuwandeln. Im Mittelpunkt dieser Umgestaltung stand – als Folge der Errichtung einer Streitmacht – die Auflösung des Samurai-Standes und aller feudalen Lehen.

Im Boshin-Krieg war die Armee zum Sturz der Tokugawa-Regierung aus mehreren feudalen Lehensherren – hauptsächlich aus den Provinzen Satsuma und Chôshû – zusammengesetzt, da die neue Regierung anfangs keine eigene Streitmacht besaß. Im Februar 1871 wurden etwa 10 000 »Soldaten unter unmittelbarer Kontrolle der Regierung« zusammengefaßt, die aus Satsuma, Chôshû und Tosa gestellt wurden. Sie bildeten die Basis für eine reguläre Armee. Anschließend beschlagnahmte die neue Regierung Burgen, Waffen und Munition in ganz Japan und errichtete darüber hinaus in Tôkiô, Ôsaka, Kumamoto und Sendai vier Garnisonen als stehendes Heer, um sich auf die Niederschlagung eventueller Aufstände in den Provinzen vorzubereiten. So wurden die militärischen Einheiten der einzelnen feudalen Lehen zerstreut und prinzipiell demontiert.

Unterstützt von diesen militärischen Kräften wurde schließlich im Juli 1871 die Abschaffung des Feudalsystems und die Errichtung von Präfekturen energisch vorangetrieben. Die Kerntruppe des Heeres der neuen Regierung bestand jedoch noch aus den freiwilligen Samurai der alten feudalen Lehen (was etwa den Berufsheeren in Europa entspricht). Da diese Soldaten das feudalistische Bewußtsein noch nicht vollständig abgelegt hatten und damit eine gegen die Regierung gerichtete Tendenz aufwiesen, war dieses Heer von einer modernen Armee noch weit entfernt. Wenn diese Soldaten auch die Rebellion von Bauern niederschlagen konnten, war andererseits doch zu befürchten, daß sie in einem Aufstand der Samurai, also ihrem eigenen Stand gegenüber, aus Befangenheit vor entschlossenen Maßnahmen zurückschrecken könnten.

Nach Abschaffung des Feudalsystems und der Errichtung von Präfekturen mußte anstelle der alten feudalen Lehen die neue Regierung die Besoldung der Samurai-Soldaten übernehmen. Um die schweren finanziellen Lasten zu verringern und gleichzeitig die dadurch aufgebrachten Mittel zur Modernisierung der Armee zu verwenden, wurde es nötig, die allgemeine Wehrpflicht einzuführen.

Im Januar 1873 wurden die den Wehrdienst betreffenden Gesetze und Verordnungen erlassen und damit der politische Plan deklariert, unter dem Grundsatz der Gleichheit der vier Stände eine militärische Streitmacht auf der Basis des allgemeinen Volkes zu gründen. Für die entsprechenden Gesetze und Verordnungen nahm man die Wehrpflicht in den europäischen Ländern, vor allem die aus dem ganzen Volk rekrutierte Armee Preußens, welche den Krieg gegen Frankreich überlegen gewonnen hatte, als Modell.

Zu diesem Zeitpunkt bedeuteten die Samurai mehr Schaden als Nutzen. Sie stellten für die neue Regierung eine Bedrohung dar, weshalb diese sich dafür entschied, den Samurai-Stand abzuschaffen und ein Gesetz zur Aberkennung des Privilegs, ein Schwert tragen zu dürfen, zu erlassen. Den Samurai verbot man aber nicht nur das Tragen des Schwertes als Symbol ihres Standes, man stellte auch die Auszahlung ihres Soldes ein.

Damit wurde zunächst das feudalistische System der Gewaltenteilung durch die Errichtung der neuen Präfekturen demontiert und schließlich auch der Stand der Samurai abgeschafft.

Aber auch in der Bevölkerung traf die allgemeine Wehrpflicht auf großen Widerstand. Sie wurde vom Volk als schwere Bürde empfunden und als »harte Steuerlast« kritisiert. Der Widerstand war um so größer, als es in Japan seit der Mitte des 16. Jahrhunderts den Bauern streng verboten war, Waffen zu besitzen und sich das allgemeine Volk, der Tradition entsprechend, mit militärischen Angelegenheiten nicht befaßte. Die Wehrpflicht bedeutete vor allem für die Bauern – der größten Gruppe der nun wehrpflichtigen Bevölkerung – eine besondere Last, weil anfangs Beamte, Studenten und Begüterte vom Militärdienst befreit wurden. Gelegentlich kam es zu Wehrdienstverweigerung, Fahnenflucht und sogar Rebellion.

Nach diesen Erfahrungen wurden die entsprechenden Gesetze und Verordnungen von der Regierung mehrmals revidiert, so daß verschiedene Befreiungen vom Wehrdienst zurückgenommen und 1889 schließlich die allgemeine Wehrpflicht eingeführt wurde. Grundsätzlich waren nun alle männlichen Staatsbürger verpflichtet, Militärdienst zu leisten.

Es liegt auf der Hand, daß die Samurai das neue Gesetz der Wehrpflicht für alle Staatsbürger am vehementesten ablehnten. Sie verloren nicht nur ihre wirtschaftliche Grundlage, sondern fühlten sich durch das Verbot, ein Schwert zu tragen, auch in ihrer Standesehre abgewertet. Sie leisteten heftigen Widerstand und engagierten sich häufig in Protestbewegungen gegen die Regierung. Wenn es jedoch galt, aufrührerischen Aktionen zu begegnen, hatte der Gouverneur wenig Vertrauen in die neu rekrutierte Armee und griff tatsächlich auf die ehemaligen Samurai der alten feudalen Lehen zurück.

Der Südwest-Krieg des Jahres 1877 führte zu einer drastischen Änderung dieser Situation: Es gelang der neu rekrutierten Armee, die sich zum größten Teil aus Bauern zusammensetzte, das angeblich stärkste Samurai-Heer von Satsuma zu besiegen. Damit wurde auf dem Schlachtfeld bewiesen, daß das neue Heer der Samurai-Armee gleichwertig, vielleicht sogar überlegen war, und die Zweifel an seiner Durchschlagskraft waren beseitigt.

Hier ist noch anzumerken, daß im Südwest-Krieg mit 7000 Gefallenen viermal mehr Verluste zu beklagen waren als im Japanisch-Chinesischen Krieg; es handelt sich also um den größten Bürgerkrieg in der Geschichte des modernen Japan.

Mit dem Ende des Südwest-Krieges hatten jedenfalls die Samurai ihre gesellschaftliche Bedeutung als feudaler Stand verloren, und mit der Einführung der allgemeinen Wehrpflicht gelang es der neuen Regierung, eine moderne Armee zu gründen und diese zentralistisch zu kontrollieren.

Im folgenden soll die Situation in Japan und Deutschland verglichen werden, da sich in diesen beiden Ländern fast zur gleichen Zeit ein Modernisierungsprozeß vollzog. Träger der Reform waren hier wie dort die im alten System einflußreichen

Mächte. Während in Japan eine Allianz mehrerer feudaler Lehen wie Satsuma und Chôshû die Hegemonie übernahm, war es in Deutschland allein Preußen.

Die Prozeßbildung des modernen Staates ist in Deutschland und Japan unterschiedlich verlaufen: Man könnte behaupten, Deutschland sei sozusagen durch Expansion Preußens entstanden, Japan hingegen wurde durch Selbstauflösung der Lehen Satsuma und Chôshû zu einem modernen Staat. Denn die Abschaffung der feudalen Lehen und die Errichtung der Präfekturen betrafen auch Satsuma und Chôshû.

Wenn durch den Südwest-Krieg auch das gesamte Japan militärisch vereinigt wurde, entstanden doch einige neue Probleme. Eines davon betraf die militärische Disziplin.

Die Soldaten dieser Zeit hielten einerseits hartnäckig am früheren feudalen Bewußtsein fest, andererseits fehlten ihnen Pflichtbewußtsein und Standesethik: Es mehrten sich verbrecherische Ausschreitungen. Darüber hinaus gediehen – in der Einflußsphäre der »Bewegung für Freiheit und Demokratie« – politisches Selbstbewußtsein und eine regierungsfeindliche Haltung auch innerhalb der Armee. So kam es 1878 sogar zum Aufstand der Artillerie der kaiserlichen Leibgarde. Geplant war eine Besetzung des kaiserlichen Palastes, um eine direkte Petition an den Tennô zu richten.

Zur Zeit der Samurai war das Verhältnis zwischen Herrscher und Untergebenem durch den Standesunterschied im Bushido (Rittertum) begründet; nun mußte dieses feudale Bewußtsein ausgemerzt werden und an seine Stelle der Kampfgeist einer disziplinierten Armee treten.

In diesem Zusammenhang wurde 1882 das Kaiserliche Militäredikt erlassen, worin vermerkt wurde, daß die Armee nun dem Tennô als ihrem Generalissimus direkt unterstellt war. Darauf basierend wurden als Handlungsnormen fünf Tugenden angegeben: Loyalität, Höflichkeit, Tapferkeit, Treue und Schlichtheit. Somit trat das Verhältnis zwischen Tennô und Soldat an die Stelle des Verhältnisses zwischen Feudalherr und Samurai: die Loyalität dem Tennô gegenüber begründete den Gehorsam (des Soldaten). Gleichzeitig wurden im Kaiserlichen Militäredikt die Soldaten vor politischem Engagement gewarnt: »Der Soldat soll sich weder von der öffentlichen Meinung irreführen lassen noch an der Politik beteiligen, sondern mit ganzer Kraft das Seinige tun, also die ihm auferlegten Pflichten erfüllen.«

Anfangs war im Edikt die Apotheose des Tennôs nicht intendiert; es handelt sich um eine später erweiterte Deutung. Die Behauptung, die japanische Armee sei nicht modernisiert gewesen, kann daher nicht von ihrer Loyalität dem Tennô gegenüber abgeleitet werden, denn die Übertragung der Loyalität von einem Feudalherrn auf den absoluten Monarchen war ein auch in Europa häufig zu beobachtendes geschichtliches Phänomen.

Die »Armee des Tennôs« – Autonomie der obersten Kommandogewalt

Mit der Festlegung der militärischen Disziplin wurde die Autonomie der obersten Kommandogewalt zur institutionellen Stütze der Armee. Bevor ich auf diese Autonomie näher eingehe, werde ich die Machtbefugnisse des Tennôs in der Meiji-Verfassung als Voraussetzung dafür erläutern.

In der Meiji-Verfassung sind beide Aspekte der Herrschaft des Tennôs, seine Stellung als absoluter und seine Funktion als konstitutioneller Monarch nebeneinander festgehalten. Ursprünglich gab es gravierende Unterschiede zwischen dem japanischen Tennô und den Monarchen in Europa, Preußen eingeschlossen. Es war der preußische König, der nach der Vereinigung Deutschlands die Position des Deutschen Kaisers einnahm, weil er die Macht sowohl in politischer als auch in militärischer Hinsicht besaß. Im Gegensatz dazu gab es in Japan keinen Monarchen in derart mächtiger Position. Man könnte fragen, warum in Japan nicht einer der Feudalherren von Satsuma oder Chôshû, die das Tokugawa-Schôgunat gestürzt hatten, anstelle des Tennôs an die Macht gekommen ist. In Japan war die politische Autorität traditionell von der geistigen Autorität getrennt. Der Tennô galt aufgrund von Abstammung und Charisma als Repräsentant der geistigen Autorität und besaß daher, eine einzige Zeitepoche ausgenommen, keine direkte Macht. (Gerade diese Tatsache ermöglichte den Fortbestand des Tennôs als Institution.) Andererseits benutzte die neue Regierung den Tennô als Symbol, um ihre Berechtigung zu belegen.

Um die Legitimität der Regierung zu sichern, eine moderne Armee zu gründen und dadurch die Integration des Staates zu fördern, mußten die führenden Politiker der Meiji-Zeit die absolute Stellung des Tennôs betonen. Zu diesem Zweck wurde in der Verfassung festgeschrieben, daß der Tennô Inhaber der gesamten Staatsgewalt, Träger der Souveränität und gleichzeitig Oberbefehlshaber von Heer und Marine ist und formell höchste Regierungsgewalt sowohl in Staatsangelegenheiten als auch in bezug auf die Kommandogewalt besitzt.

Darüber hinaus wurde bei jeder Gelegenheit betont, daß die japanische Armee vom Tennô persönlich geführt werde, also »die Armee des Tennôs« sei. Repräsentative Beispiele dafür waren Truppeninspektionszeremonien und Manöver, bei denen der Tennô formell gekleidet, also in Militäruniform, erschien. Außerdem wurde versucht, ein Image des Tennôs als Krieger aufzubauen, der sich mit Hingabe dem Reiten oder der Kriegskunst widmet. Mit dieser Nachahmung der europäischen Monarchen wollte man zeigen, daß der Tennô persönlich die Armee anführt. Dies ist ein Aspekt der Position des Tennôs, seiner Stellung als absoluter Monarch.

Nach der Festlegung der absoluten Stellung des Tennôs wurde die Theorie entwickelt, daß er die in der Verfassung bestimmte höchste Regierungsgewalt aus freien Stücken nur in begrenztem Ausmaß ausübe. Dies weist auf den anderen Aspekt, auf die Position des Tennôs als die eines konstitutionellen Monarchen hin. Obwohl der Tennô gemäß der Verfassung höchste Regierungsgewalt besitzt, soll er diese den jeweiligen Organen überlassen und sich im Konkreten nicht mit Politik beschäftigen. Die Regierungsverantwortung wurde daher vom jeweiligen Organ getragen. Die folgende Episode macht in anschaulicher Weise den Unterschied zwischen dem japanischen Tennô und dem preußischen Kaiser deutlich: Ein damals in Deutschland stationierter Diplomat fragte den Meiji-Tennô: »Kaiser Wilhelm I. hat alle Macht in der Hand. Warum überläßt Seine Majestät die Politik den Untertanen?« Darauf soll der Tennô geantwortet haben: »In Japan gehen die Uhren eben anders!«

Von der Gründung der Armee an hatte man, beeinflußt vom französischen Militärwesen, militärische Administration (Organisation und Instandhaltung der Armee) und militärische Kommandogewalt (Führung und Einsatz der Armee) vereinigt, das heißt, der Oberbefehl über das Militär war zur Gänze dem Kriegs- und dem Marineminister übertragen und wurde nach politischer Beratung mit dem Premierminister in Kraft gesetzt. Andererseits lag sowohl im Boshin-Krieg als auch im Südwest-Krieg die Kommandogewalt der Armee nicht in der Hand des Premierministers, sondern ausschließlich beim Generalgouverneur, einem zivilen Staatsbeamten (der für gewöhnlich ein Mitglied der kaiserlichen Familie war). In Kriegszeiten wurde die Autonomie der obersten Kommandogewalt jedoch faktisch anerkannt.

Obwohl die Regierungsarmee den Südwest-Krieg für sich entschieden hatte, waren zwei große Probleme noch nicht gelöst: ein ungeordnetes Stabsystem und Mängel im Mobilisierungssystem. Aus diesen Gründen ging man dazu über, die Autonomie der obersten Kommandogewalt auch auf Friedenszeiten auszudehnen, um damit das System für den militärischen Ernstfall handlungsfähig zu machen und es schließlich ausdrücklich zu institutionalisieren. Neben den oben erläuterten militärischen Gründen hatte die Autonomie der obersten Kommandogewalt außerdem auch den Zweck, die politische Neutralität der Armee sicherzustellen. Man wollte verhindern, daß Nicht-Fachleute, Politiker oder Vertreter der damals aktiven »Bewegung für Demokratie und Freiheit« in militärischen Oberbefehls-Angelegenheiten intervenieren und Einfluß auf die Armee nehmen könnten. Eine Einmischung der Armee in die Politik war mit der Autonomie der obersten Kommandogewalt zunächst nicht beabsichtigt.

So wurde 1878 der Generalstab des Kriegsministeriums selbständig und mit der Meiji-Verfassung 1899 die Autonomie der obersten Kommandogewalt, einschließlich der über die Marine, festgesetzt. Die Ausübung der höchsten Regierungsgewalt in Form der Kommandogewalt erfolgte nun ohne Beteiligung des Staatsministers durch Beratung der Generalstabschefs von Heer und Marine (mit dem Tennô). Unter direkter Herrschaft des Tennôs wurde ein dualistisches System verwirklicht: Nicht nur militärische Administration und militärische Kommandogewalt an sich, sondern auch deren ehemals gemeinsame Organe wurden voneinander getrennt.

Es war Katsura Tarô (1848–1913; Armee-General und Premierminister), der diese Tendenz vorantrieb. Er hatte in Deutschland studiert und sah das Militärwesen Deutschlands als Vorbild für Japan. Die größte Bedeutung maß er der Autonomie der obersten Kommandogewalt bei.

Das japanische Militärwesen wurde am Anfang der Meiji-Restauration beim Heer nach französischem, bei der Marine nach englischem Vorbild einheitlich organisiert. Als jedoch Deutschland 1871 Frankreich besiegt hatte, schwenkte das Heer allmählich auf das preußische Modell um. An der Spitze dieser Umstellung stand Katsura, von dem 1885 Major Jakob Meckel (1842-1906), ein Schüler Helmuth von Moltkes, berufen wurde. Meckel übte im Laufe seines dreijährigen Aufenthaltes in Japan nicht nur auf die militärische Ausbildung, also auf die Militärakademie, sondern auch auf die militärische Organisation und Heeresführung großen Einfluß aus.

Die Autonomie der obersten Kommandogewalt in Japan war im Vergleich zum Vorbild Deutschland in allen Einzelheiten konsequenter. In bezug auf deren Umfang wurde häufig die Frage diskutiert, wer befugt sei, Entscheidungen über Angelegenheiten der Organisation und Truppenstärke zu treffen: die militärische Administration oder die militärische Kommandogewalt? In Preußen wurde bei Entscheidungen, zumindest in bezug auf die Organisation, eine Gegenzeichnung des Armee- und des Marineministers, also die Zustimmung des Kabinetts verlangt. Dies reflektiert die damalige Tendenz einer immer stärker werdenden Beteiligung der militärischen Administration an der militärischen Kommandogewalt. In Japan hingegen konnten Armee- und Marineminister bei Entschlüssen über Organisation und Truppenstärke – sofern die Angelegenheiten mit der militärischen Kommandogewalt in enger Verbindung standen – ohne Rücksprache mit dem Kabinett direkt dem Tennô Bericht erstatten und seine Genehmigung erhalten, wobei eine Gegenzeichnung des Kabinetts nicht verlangt wurde. Der Umfang der obersten Kommandogewalt war (in Japan) also äußerst breit angelegt.

Was die oberste Kommandogewalt betrifft, waren Japan und Europa völlig gegensätzlich ausgerichtet. In Europa galt es als selbstverständlich, daß der Kaiser die oberste Kommandogewalt besaß, weil er, wie zum Beispiel Friedrich der Große, ein Fachmann für militärische Angelegenheiten war. Die absolute Macht des Kaisers wurde allmählich von Regierung und Parlament begrenzt, bis schließlich nur die höchste Kommandogewalt über Militär und Diplomatie übrigblieb. Im Gegensatz dazu war der Tennô traditionell ein Repräsentant der geistigen Autorität, sozusagen ein Zivilist, also militärischer »Laie«. Eine von ihm wahrgenommene oberste direkte Kommandogewalt hätte genaugenommen aus diesem Grund eine Gefahr für die Armee darstellen können. Deshalb mußte das Militär vor der Intervention des Tennôs bewahrt werden. Die Autonomie der obersten Kommandogewalt hatte also die Aufgabe, die Armee nicht nur vor der Regierung, den Politikern und dem Parlament, sondern auch vor dem Tennô als militärischem »Laien« zu schützen, indem diese Regelung das direkte Kommando des Tennôs über die Armee unmöglich machte.

Auf jeden Fall standen durch die Festlegung der Autonomie der obersten Kommandogewalt Premierminister, Kriegsminister und Generalstabschef nicht in vertikaler (hierarchischer), sondern in horizontaler (gleichberechtigter) Beziehung zueinander, so daß einer Handlung nicht der Befehl von oben, sondern die Regulierung und Beratung auf gleicher Ebene zugrundelag. Es gab jedoch keine Vorgangsweise, mit der ein dort durch gegensätzliche Meinungen entstandener Konflikt hätte gelöst werden können. Es waren die Kräfte der Hanbatsu, die – wie im folgenden erläutert wird – diese Integrationsfunktion in der Meiji-Periode erfüllt haben.

Politik durch Hanbatsu – eine Tradition der ehemaligen Samurai als Regulierungsfunktion

Das entscheidende Charakteristikum der Position von Militär und Politik in der Meiji-Periode war, daß die Politik konsequent unter der Führung der Hanbatsu betrieben wurde.

Die Hanbatsu sind hauptsächlich durch ihre Herkunft zu Gruppierungen aus Satsuma und Chôshû miteinander verbunden; sie sind es auch, die das Tokugawa-Schôgunat besiegt hatten. In der neuen Regierung besaßen sie wichtige Posten. Verantwortungsvolle Positionen im Heer waren vor allem von Chôshû, jene in der Marine von Satsuma besetzt, was zur Bezeichnung »Heer von Chô, Marine von Satsu« führte. Sie stammten aus untergeordneten Samurai-Familien und waren Initiatoren des Sturzes des Tokugawa-Schôgunats und Träger der Meiji-Restauration. Im Gegensatz dazu wurden die europäischen Revolutionen vom Bürgertum vorangetrieben.

In Japan herrschte aufgrund der Isolationspolitik in der Edo-Zeit eine Periode des Friedens, dennoch erlebte die neue Regierung am Ende des Tokugawa-Schôgunats die Realität militärischer Aktionen: den mehr als zehn Jahre andauernden Boshin-Krieg (Bürgerkrieg), der zum Sturz des Tokugawa-Schôgunats führte, und anschließend die bitteren Kämpfe gegen westliche Mächte.

Allerdings waren die Samurai nicht nur Militäreliten, sondern in Zeiten des Feudalsystems auch Eliten in Politik und Kultur. Aufgewachsen in einer Zeit, da Politik und Militär noch nicht getrennt waren, hatten sie nach der Meiji-Restauration in den ihnen entsprechenden Bereichen des Militärs, der Diplomatie und der Innenpolitik, wichtige Funktionen übernommen. Dabei zeigten einerseits die politischen Führer Verständnis für die Rolle des Militärs und konnten in politische Entscheidungen militärische Überlegungen mit einbeziehen, andererseits waren die Verantwortlichen des Militärs politisch gebildet und konnten Funktionen und Grenzen der Streitkräfte richtig einschätzen und den Primat der Politik sichern.

Die Hanbatsu wiesen auf Grund ihrer Herkunft und der damit verbundenen Denkweise, durch ihre Erfahrungen und Wertvorstellungen einen hohen Grad an Homogenität auf und bildeten eine Gruppe, die über militärisches und ziviles Bewußtsein gleichermaßen verfügte. Zwar traten häufig Spannungen im Verhältnis zwischen Politik und Militär auf und die Beziehung zwischen beiden war stets Veränderungen ausgesetzt, doch wurde durch die Homogenität der Hanbatsu und durch ihre (zwischen Militär und Politik) noch nicht differenzierte Berufsfunktion das Spannungsverhältnis zwischen diesen beiden Machtfaktoren wesentlich entschärft und schließlich der Vorrang der Politik über das Militär aufrechterhalten.

Die Hanbatsu traten zunächst auch außerhalb des Militärs in Erscheinung, verschwanden jedoch mit der Spezialisierung der Berufsfunktion in der zweiten Hälfte der Meiji-Ära schnell aus dem Blickfeld der Öffentlichkeit. Eine Ausnahme bildete das Militär, und dafür könnte man zwei Gründe angeben. Erstens: In der Armee wird vor allem Loyalität und Hingabe verlangt. Zweitens: Die verdienstvollen Taten der Hanbatsu im großen Bürgerkrieg, dem Boshin-Krieg, konnten in Friedenszeiten nur schwer übertroffen werden.

Unter Führung der Hanbatsu wurden sowohl der Japanisch-Chinesische Krieg (1894/95) als auch der Japanisch-Russische Krieg (1904/05) geführt. Im Krieg gegen China waren Staatsbeamte wie Premierminister (Itô Hirobumi) und Außenminister, im Japanisch-Russischen Krieg Premierminister, Außenminister und Finanzminister im Kaiserlichen Hauptquartier anwesend, um Politik und militärische Strategie zu koordinieren und gelegentlich zu militärischen Operationen aktiv das Wort zu ergreifen. Das Kaiserliche Hauptquartier stellte das höchste Oberbefehlsorgan dar, das im Kriegsfall dem Tennô direkt unterstellt war und sich nach der ursprünglichen Regelung aus Generalität und Admiralität zusammensetzte. Dennoch wurden auf kaiserlichen Befehl die Staatsbeamten zugelassen, um die enge Verbindung der Regierung mit dem Oberkommando aufrecht zu erhalten. (Später wurde auf ihre Anwesenheit verzichtet.)

Aufgrund dieser Regelung entwickelte sich eine harmonische Beziehung zwischen Politik und Militär, besonders zwischen Diplomatie und Militär. Im Japanisch-Russischen Krieg zum Beispiel wurde zu einem günstigen Zeitpunkt eine Auslandsanleihe zur Aufbringung der Kriegskosten aufgelegt und damit ein erfolgreicher Abschluß der Unternehmung gefördert. Während die militärische Operation von der Diplomatie aktiv unterstützt und gleichzeitig durch Vermittlung der USA ein frühzeitiger Friedensschluß angestrebt wurde, beurteilte andererseits das Militär auch die Möglichkeiten einer Fortsetzung des Krieges rational und gelassen und kooperierte mit der Diplomatie, ohne sich strikt an die Friedensbedingungen zu halten. Man erreichte daher einen günstigen Friedensschluß, bevor der Kriegsverlauf eine für Japan nachteilige Wendung nehmen konnte. Da die Regierung, wenn sie direkte politische Einflußnahme für notwendig hielt, ihre Anliegen dem Kommando gegenüber durchsetzte und das Kommando diese Vorgabe akzeptierte, wurden Politik und Kriegsstrategie geschickt koordiniert und letztendlich die Kriegsführung der politischen Kontrolle untergeordnet.

Mit anderen Worten bedeutete der Vorrang der Politik vor dem Militär zu dieser Zeit den Vorrang der Hanbatsu vor dem Militär. So hat etwa Samuel P. Huntington in bezug auf die Beziehung zwischen diesen Kräften seine Theorie vom Gesichtspunkt der Professionalität aus entwickelt, eine Theorie, mit der er versucht, das Militär am Kriterium der beruflichen Spezialisierung zu messen, also am Grad der Weiterentwicklung seiner Eigenständigkeit. Er unterscheidet innerhalb der zivilen Kontrolle (civilian control) über das Militär das Modell der subjektivierten und das der objektivierten Kontrolle. Mit »subjektivierter Kontrolle« bezeichnet er den Fall, daß politisches und militärisches Subjekt eine Einheit bilden, wie etwa bei den Adeligen des europäischen Mittelalters, die unter einem König nicht nur die politische, sondern auch gleichzeitig die militärische Macht besaßen. Im Gegensatz dazu wird bei der »objektivierten Kontrolle« das als Berufsgruppe spezialisierte, eigenständige Militär von der Politik kontrolliert. Der letztere Fall setzt natürlich eine deutliche Abgrenzung zwischen den für die Politik Verantwortlichen und den Entscheidungsträgern des Militärs voraus.

Nach der Klassifizierung Huntingtons entspricht der Vorrang der Politik durch die Kontrolle der Hanbatsu in der Meiji-Periode eher dem Modell der subjektivierten Kontrolle. Obwohl sich die Armee als Organisation in einem Prozeß der Spezialisierung befand, war sie von der Politik noch nicht getrennt, sondern durch die Hanbatsu mit ihr verquickt.

Im Unterschied zur Rolle Preußens in Deutschland war der Einfluß der Hanbatsu jedoch weniger bedeutend. Es handelte sich vorwiegend um Gruppen, die durch ihren Herkunftsort verbunden waren, und die Lehen von Satsuma oder Chôshû nahmen in der Meiji-Regierung keine besonderen Positionen ein. Außerdem lag es nicht in ihrer Absicht, ihre Herkunftsorte zu begünstigen.

Darüber hinaus herrschte innerhalb der Hanbatsu kein fester Zusammenhalt, und diverse Unstimmigkeiten zwischen einzelnen Gruppen oder politischen Führungspersönlichkeiten beeinflußten Politik und Militär. In einer Krise kam jedoch die Homogenität ihres Standes und ihre Erfahrung zum Tragen, und in diesen Situationen gelang es den Initiatoren der Meiji-Restauration, aufgrund ihres Verantwortungsbewußtseins im nationalen Interesse eine gewisse Einheit aufrechtzuerhalten.

Man könnte also sagen, daß die Hanbatsu in bezug auf die Konsolidierung der Staatspolitik Japans in der Meiji-Ära durch die Kontrolle der Armee (durch Satsuma und Chôshû) und als politische Führungskräfte eine wichtige Funktion erfüllten.

Die Anführer der Hanbatsu wurden später genrô genannt. Zu den genrô (Berater des Kaisers) zählten ältere führende Staatsmänner aus Satsuma und Chôshû, die sich Verdienste um die Meiji-Restauration erworben hatten. Sie waren im Kreis von Tennô, Kabinett und Militär substantiell an den wichtigsten Angelegenheiten der Staatspolitik beteiligt. Aufgrund ihrer Autorität und ihrer besonderen Erfahrung in Politik und Militär erfüllten sie eine hochgradige Vereinigungsfunktion. Es handelte sich dabei sozusagen um ein zusätzliches Organ, das in der Verfassung nicht vorgesehen war.

* * *

Als Gründe dafür, daß in der Meiji-Zeit eine Übereinstimmung zwischen Politik und Militär hergestellt und dadurch ein moderner Staat gegründet werden konnte, sind zwei Punkte anzugeben: die Autorität des Tennôs und die aus dem Stand der Samurai stammenden Hanbatsu, die diese Autorität substantiell unterstützten. Über das Ziel, die Unabhängigkeit dem Druck von außen gegenüber aufrecht zu erhalten, herrschte im Grunde Übereinstimmung.

Diese Situation änderte sich jedoch anläßlich des Krieges gegen Rußland grundlegend. Als Folge des Sieges im Japanisch-Russischen Krieg wurde der soziale Status der Soldaten erheblich aufgewertet, und sie entwickelten sich zu einer eigenständigen professionellen Gruppe. Nach dem Japanisch-Russischen Krieg wurden die in der Schule für Offiziersanwärter der Armee ausgebildeten Offiziere zum Rückgrat der Armee. Andererseits machten die politischen Parteien ihren Einfluß geltend, und es gelang ihnen immer wieder, die Regierungsmacht an sich zu reißen. Dies führte zu einer Spaltung zwischen den Verantwortlichen der Politik und denen des Militärs sowie in der Folge zu einer Polarisierung zwischen Politik und Militär. In einer solchen Situation konnten früher die Hanbatsu und aus ihnen die genrô eine Vermittlerfunktion erfüllen, doch sie verloren allmählich an Einfluß, ihre Ära ging zu Ende.

Die erste Konfrontation zwischen Politik und Militär wird in der Auseinandersetzung um die »Strategie der kaiserlichen Reichsverteidigung« deutlich. Durch den Sieg im Japanisch-Russischen Krieg waren nun die seit der Meiji-Restauration angestrebten Ziele – Aufbau eines modernen Staates und Aufrechterhaltung der Unabhängigkeit – erreicht, und es bestand keine unmittelbare Gefahr eines Angriffs von außen. Daher wurde die zukünftige Ausrichtung der Verteidigungspolitik in Frage gestellt und damit problematisch.

Unter diesen schwierigen Bedingungen einer Umbruchsituation wurde die »Strategie der kaiserlichen Reichsverteidigung« mit dem Zweck ausgearbeitet, die Diskrepanz zwischen Politik und Militär zu überbrücken. Dieser Versuch hatte jedoch in Wirklichkeit zur Folge, daß das einflußreicher gewordene Militär die Regierung dazu zwang, auf Grund einer offensiven Strategie zur Verteidigung der Interessen Japans einer Aufrüstung gegenüber China zuzustimmen. Abweichend von der ursprünglichen Intention der »Strategie der kaiserlichen Reichsverteidigung« erhielten die Militärangelegenheiten Priorität, und schließlich mußte die Staatspolitik der Verteidigungsstrategie folgen.

Darüber hinaus herrschte auch innerhalb des Militärs keine Übereinstimmung in bezug auf die Einschätzung eines potentiellen Feindes. Das Heer betrachtete Rußland als erstrangigen Feind, die Marine Amerika. Dadurch wurde nicht nur das anfängliche Hauptziel einer einheitlichen Verteidigungsstrategie verfehlt, es kam auch zu einer Konfrontation zwischen Heer und Marine, die in bezug auf die Zuteilung von Budgetmitteln in Konkurrenz zueinander traten. Auch daran wird deutlich, daß der Einfluß der Hanbatsu an Bedeutung verloren hatte. Hier kann man erkennen, wie sich das Militär als politische Macht formte und Heer und Marine sich zu unabhängigen Spezialistengruppen entwickelten.

Schließlich brachte die Polarisierung von Oberbefehl und Staatsangelegenheiten – oder (eher) die Intervention der Armee in die Staatspolitik – Unstimmigkeiten zwischen Heer und Marine mit sich. Die Trennung von militärischer Administration und militärischer Kommandogewalt verursachte Uneinigkeit und Chaos innerhalb der Staatspolitik und führte Japan schließlich in den katastrophalen Krieg im Pazifik. (Probleme in der Beziehung zwischen Politik und Militär, die hauptsächlich in der Autonomie der obersten Kommandogewalt begründet waren, wurden in der

Meiji-Zeit von den Hanbatsu geregelt, später jedoch erkannte man den von ihnen verursachten Schaden. Aus diesem Grund sollte man in der Geschichte der Beziehung zwischen Politik und Militär seit der Meiji-Restauration nicht nur die Bedrohung durch militärische Gewalt wahrnehmen, sondern auch erkennen, daß es Bedingungen für eine Intervention der Streitkräfte bereits seit der Aufstellung des Militärs in der Meiji-Restauration gegeben hatte.

Wie man oft von »Aufschwung in Meiji, Verwirrung in Taishô und altes Übel in Shôwa« spricht, ist auch nicht zu leugnen, daß der Keim für die Niederlage in der Shôwa-Periode schon im Aufschwung in der Meiji-Periode lag. Aber die Institution der Autonomie der obersten Kommandogewalt an sich wurde eigentlich nicht mit der Absicht einer Intervention des Militärs in die Politik eingeführt, sondern eher in der Hoffnung, die politische Neutralität des Militärs zu sichern und sogar darüber hinaus eine Einmischung des Militärs in die Politik zu verhindern. Diese Institution wurde jedoch bald zu einem System, das die politische Intervention unterstützte. Dieser Wandel hat – zusammen mit der anfangs nicht beabsichtigten Apotheose des Tennôs als Generalissimus und der Verabsolutierung der »Armee des Tennôs« – schließlich nicht nur die Auflösung des Militärs selbst, sondern auch den Zusammenbruch Japans gefördert. Dies bedeutete für Japan eine Ironie der Geschichte und eine Tragödie.

Literaturverzeichnis

Crowley, James, From Closed Door to Empire: The Formation of the Meiji Military Establishment, in: Modern Japanese Leadership. Ed. by Bernard Siberman and H. Harootonian, Tucson, Ariz. 1966

Drea, Edward, In the Army Barracks of Imperial Japan, in: Armed Forces and Society, 15 (1989)

Eto Shinkichi, Kindai Chugoku Seiji-shi Kenkyu [Zeitgenössische Forschungen zur Politikgeschichte Chinas], Tokyo 1968

Fukushima Shingo, Nihon no Kindai-ka to Guntai [Japans Modernisierung und das Militär], in: Senshu-Hogaku Ronshu [Senshu Juristische Zeitschrift], 1 (1966)

Hacket, Rodger, The Military: Japan, in: Political Modernization of Japan and Turkey. Ed. by Robert Ward and Dankwart Rustow, Princeton, N.J. 1964

Hagiwara Nobutoshi, What Japan Means to the Twentieth Century, in: Experiencing the Twentieth Century. Ed. by Hagiwara Nobutoshi [et al.], Tokyo 1985

Huntington, Samuel, The Soldier and the State: The Theory and Politics of Civil-Military Relations, Cambridge, Mass. 1957

Ikei Masaru, Kindai Nihon niokeru Gunbu no Seijiteki Chii [Die politische Position des Militärs in Japans Moderne. Veränderungen in Militär und Truppe], in: Hendoki niokeru Gunbu to Guntai [Militär und Truppe in Umwälzung]. Hrsg.: Uchiyama Masakuma, Tokyo 1968

Kitaoka Shin'ichi, Kindai Nihon Gunji-shi Saiko: Seiji to Gunji no Byorigaku [Betrachtung der modernen japanischen Militärgeschichte aus anderer Sicht.

Krankheitslehre der Beziehungen zwischen Politik und Militär], in: Kikan asuteion [Vierteiljahrs-asuteion], 21 (1991)
Kitaoka Shin'ichi, The Army as a Bureaucracy: Japanese Militarism Revisited, in: The Journal of Military History, 57 (1993)
Mochida Yukio, Futatsu no Kindai: Nihon to Doitsu wa do chigauka [Zwei Arten von Moderne: Inwiefern unterschieden sich Japan und Deutschland?], Tokyo 1988
Nakamura Yoshihisa and Tobe Ryoichi, The Imperial Japanese Army and Politics, in: Armed Forces and Society, 14 (1988)
Shiba Ryotaro, Kono Kuni no Katachi 1 [Die Gestalt Japans, Bd 1], Tokyo 1990
Tobe Ryoichi, Nihon no Kindai 9: Gyakusetsu no Guntai [Japans Moderne, Bd 9: Das widersprüchliche Militär], Tokyo 1998

III.

Militär und technologischer Wandel

Bernd Jürgen Wendt

Einführende Bemerkungen

Kriege haben ihren Charakter in den letzten zwei Jahrhunderten technologisch und damit auch taktisch, strategisch und operativ dramatisch gewandelt. So unterscheidet der britische Militärhistoriker Michael Howard[1] treffend zwischen den »Kriegen der Revolutionäre« im Anschluß an die Französische Revolution und die napoleonischen Feldzüge bis zum Wiener Kongress, den sich anschließenden »Kriegen der Nationen« mit ersten Einflüssen moderner Technik besonders in der Marinerüstung zwischen 1815 und dem Beginn des Ersten Weltkriegs 1914, dann im 20. Jahrhundert bis 1945 den »Kriegen der Techniker« und schließlich ab 1945 dem »nuklearen Zeitalter« bis heute. Freilich gesteht Howard Überschneidungen und Überlappungen in der Kriegs-Typologie zu. So erscheint es bei den Ergebnissen dieser Tagung notwendig, den Beginn der »Kriege der Techniker« schon in die zweite Hälfte des 19. Jahrhunderts vorzuverlegen. Ähnliche Einschnitte wie Howard setzt Michael Geyer[2]. Er grenzt die Jahrzehnte zwischen 1860 und 1916 als »Rüstungspolitik im Umbruch« gegen die »Herrschaft der Kriegsmaschinen« von 1916 bis 1945 ab.

»Krieg der Nationen« und »rüstungspolitischer Umbruch« – unter diesen beiden zentralen thematischen Stichworten erscheinen – freilich zeitlich stärker eingegrenzt – das Tagungsthema im allgemeinen und die 3. Sektion »Militär und technologischer Wandel« im besonderen eingeordnet in die jüngere Kriegsgeschichte auf dem epochalen Weg in die Moderne.

Naturgemäß können in vier Beiträgen nicht alle Dimensionen des komplexen Verhältnisses von Militär und technologischen Umbrüchen erschöpfend ausgeleuchtet werden. Immerhin aber können in den Beiträgen ihre oft dramatischen Auswirkungen sowohl auf land- (Storz, Kronenbitter) als auch auf seegestützte Systeme und Strategien (Lambert, Hackemer) ebenso vergleichend verfolgt werden wie ihre nationalspezifischen Ausformungen in Preußen/Deutschland (Storz), Österreich-Ungarn (Kronenbitter), Großbritannien (Lambert) und den USA (Hackemer).

Der in den Beiträgen thematisierte Aufbruch in die technische Moderne innerhalb von ein bis zwei Generationen war auch im Kriegshandwerk – stets im un-

---

1 Vgl. Michael Howard, Der Krieg in der europäischen Geschichte. Vom Ritterheer zur Atomstreitmacht, München 1981 (= Beck'sche Schwarze Reihe, Bd 233).

2 Vgl. Michael Geyer, Deutsche Rüstungspolitik 1860-1980, Frankfurt a.M. 1984 (= Edition Suhrkamp, N.F., Bd 246).

auflöslichen Kontext mit dem zivilen Fortschritt – oft atemberaubend. Er mußte von den militärischen Eliten erst einmal mental verarbeitet, in die überkommenen und oft bürokratisch eingefahrenen Gleise strategischen, taktischen und operativen Denkens und Planens eingepaßt und hier zukunftsweisend umgesetzt werden. Um es bildlich auszudrücken: Die Wege führten im Heer von der vorn geladenen Steinschloßmuskete (Vorderlader) zum Hinterlader mit gezogenem Stahlrohr und zum Repetiergewehr, von der Pferde- zur Dampfkraft (Eisenbahnen), in der Marine, die sehr viel innovationsfreudiger und den Erfordernissen moderner Rüstung gegenüber sehr viel aufgeschlossener war, vom Holzrumpf zum gepanzerten Eisenkörper und zum Stahlschiff, vom Segel zum dampfgetriebenen Antrieb, von der optischen Telegrafie zum Unterwassertelegrafiekabel.

So hat denn die technisch-industrielle Revolution nicht nur das Gesicht Europas und der USA in wenigen Jahrzehnten gründlich umgestaltet, sondern nach Howard auch in der Kriegskunst in folgenden Richtungen tiefgreifende Umwälzungen ausgelöst: 1. im Verkehrs- und Eisenbahnbereich, 2. in der Waffentechnik mit einer dramatischen Verstärkung ihrer Feuer- und Zerstörungskraft, 3. im Kommunikations- und Nachrichtenwesen und 4. bei dem Wandel zum modernen Massenheer der allgemeinen Wehrpflicht. Letzterer ist nicht Thema der 3. Sektion.

Eine vergleichende Betrachtung sowohl der beiden Waffengattungen als auch der nationalen Rüstungsprozesse und technologischen Innovationen setzt gemeinsame Leitfragen voraus. Deshalb soll einleitend der Versuch gemacht werden, aus den Beiträgen solche Leitperspektiven vorzustellen und zugleich auch technologische Entwicklungslinien in die Moderne knapp einzubeziehen, die keine oder kaum Berücksichtigung finden. Dies geschieht in dem Bewußtsein, daß es jedem Autor unbenommen war, entsprechend seinem Thema eigene Schwerpunkte und Akzente zu setzen.

Eine durchgängig zentrale Frage ist die nach dem komplexen und nicht spannungsfreien Beziehungsgeflecht zwischen Militär, dem Stand der Rüstungstechnologie, staatlichen Entscheidungsinstanzen, der Privatwirtschaft und nationalen ökonomischen und finanziellen Ressourcen als Bedingungsrahmen für die Umsetzung technologischer Innovationen in die Massenproduktion von Rüstungsgütern. Damit verbinden sich drei weitere Leitfragen: Woher kamen in der Rüstungstechnologie die Innovationsschübe in die Moderne und wieweit wurde dabei die Wissenschaft im Dienste von Aufrüstung und Kriegführung instrumentalisiert? Wieweit erwiesen sich in diesem Modernisierungsprozeß die militärischen Eliten als lern- und anpassungsfähig und -willig gegenüber den technischen Herausforderungen oder wieweit wirkte sich ihr Bestreben, am bewährten Hergebrachten festzuhalten, fortschrittshemmend aus? Welche Rolle spielte der Krieg, spielten internationale Bedrohungen und Verwicklungen eines Staates als Motor der Modernisierung? Ins Blickfeld rücken die Autoren hier vor allem den Amerikanischen Bürgerkrieg 1861–1865, die österreichische Niederlage bei Königgrätz 1866 und den Deutsch-Französischen Krieg 1870/71. Eine weitere Leitperspektive sind die weitreichenden Rückwirkungen des rüstungstechnischen Fortschritts auf das taktische, strategische und operative Denken und Planen zu Lande und auf den Meeren sowie auf das Anforderungsprofil des modernen Truppenführers.

1. Die Revolution der Waffentechnik. Storz und Kronenbitter beschäftigen sich, ersterer aus der Sicht des Siegers von Königgrätz, letzter aus der des Verlierers, mit einer Revolution in der Waffentechnologie, die weitreichende Auswirkungen nicht nur auf das Kriegshandwerk gehabt hat: gemeint ist das 1835 von Nikolaus von Dreyse zuerst vorgestellte und dann in den 1840er Jahren vorerst nur im preußischen Heer eingeführte von hinten zu ladende Zündnadelgewehr, der Hinterlader. Hinterlader und Repetiergewehre, Neuerungen in der Artillerie mit der Einführung des von Alfred Krupp entwickelten Gußstahl-Hinterladergeschützes nach 1866 und die Entwicklung neuer hochexplosiver Zündstoffe ermöglichten eine höhere Feuerkraft, Feuergeschwindigkeit und Feuerdichte, eine größere Reichweite und Treffsicherheit. Durch die Artillerie konnte die eigene Infanterie außerhalb der Reichweite des Feindes gehalten werden. Eine hohe Feuerdichte in gut ausgebauten Stellungen durch eine mit modernen Waffen ausgerüstete Infanterie konnte den geschlossenen Frontalangriff des Gegners so verlustreich und kostspielig werden lassen, daß sich taktisch und operativ entweder die weiträumige Umfassung oder der Übergang zur »zerstreuten Ordnung« (Storz) und zum Tirailleurkampf anboten. Konsequenzen aus der Revolution der Waffentechnologie waren die Auflösung des massiven Schlachtkörpers und die Aufwertung der kleinen, beweglichen Kompaniekolonne mit geringerer Zielfläche. Das bedeutete aber zugleich auch die Aufwertung des Hauptmannes als Kompanieführer und die Ausbildung der Unterführer und Soldaten zur taktischen Selbständigkeit im Gefecht. Die »Auftragstaktik« warf bereits ihren Schatten voraus. Freilich war damit auch die Einheitlichkeit der Gefechtsführung bedroht.

Während Österreicher und Franzosen in der neuen Waffentechnologie bald nachzogen, ließ sich die preußisch-deutsche Armee nach 1866 im Gegensatz zu Frankreich nach Geyer[3] nur langsam und zögernd auf die materialintensive und industrielle Rüstung und auf eine konsequente Ausnutzung des an sich vorhandenen technologischen Potentials und Know-hows ein. Sie setzte mehr auf die personal- als auf die materialintensive Rüstung, so daß sie erst gegen Ende der 1880er Jahre Schritt für Schritt Anschluß an den technischen Stand der materiellen Rüstung fand. Es fehlte hier wohl eher an den Finanzmitteln als an der Lernbereitschaft des Offizierkorps.

Kronenbitter setzt die Akzente anders. Nach Königgrätz stellte sich für die Wiener »Hinterladungs-Gewehr-Kommission« umgehend die wichtige Aufgabe, waffentechnisch mit Preußen gleichzuziehen. Die rasche Einführung des Hinterladers nach der Niederlage erzwang nicht nur den entscheidenden Schritt zur Massenproduktion, sondern auch einen modernisierenden Umbruch in der Rüstungsindustrie. Statt einer Zersplitterung des Marktes und einer Bevorzugung staatlicher Heereswerkstätten schlug jetzt die Stunde des effizienten privaten Rüstungsmonopolisten und seiner engen Kooperation mit Staat und Militär: Es war die Stunde Josef Werndls mit seinen Erfahrungen aus dem Amerikanischen Bürgerkrieg und

[3] Vgl. ebd., S. 32 f.

seiner schnell expandierenden Rüstungsschmiede im oberösterreichischen Steyr. Die Marine, rüstungstechnischen Modernisierungen gegenüber in allen Staaten wesentlich aufgeschlossener als das Heer, setzte mit ihren Aufträgen für eine moderne Schiffsartillerie auf den Monopolisten Skoda in Pilsen.

Die sich mit den revolutionären Umwälzungen in der Waffentechnologie anbahnende und immer intensiver entwickelnde Symbiose zwischen Militär und Privatwirtschaft war freilich, wie ein vergleichender Blick auf die USA (Hackemer) und Großbritannien (Lambert) zeigt, keine ungebrochene Erfolgsgeschichte, sondern von erheblichen Spannungen, Konflikten und gegenseitigem Mißtrauen durchzogen. Hier schälen sich schon am Anfang der waffentechnischen Revolution in den Beiträgen vor allem zwei – durchaus modern anmutende – Probleme heraus. Erstens galt es für den Staat bei seinen Rüstungsvorlagen angesichts parlamentarischer Budgetkontrolle stets, zwischen sicherheitspolitischen Erfordernissen einerseits und den begrenzten finanziellen Ressourcen andererseits zu lavieren und die Kosten bei den privaten Rüstungslieferanten scharf zu kontrollieren, gegebenenfalls auch zu drücken. Zweitens begrüßte die Privatwirtschaft in Zeiten konjunktureller Flaute durchaus staatliche Aufträge, wehrte sich aber auch gegen eine zu einseitige produktionstechnische Anbindung an solche Aufträge. Denn mit öffentlichen Haushaltsmitteln konnte angesichts der Budgetgewalt der Parlamente nicht immer langfristig und kontinuierlich gerechnet werden. Eine allzu ausschließliche privatwirtschaftliche Ausrichtung auf Rüstungskonjunkturen barg stets die Gefahr in sich, wichtige Segmente auf den nationalen und internationalen kommerziellen Märkten zu verlieren. Rechtzeitige produktionstechnische Diversifizierung auch im zivilen Sektor und Waffenexporte erschienen schon damals als willkommene Auswege aus diesem Dilemma.

Besonders eingehend widmet sich Hackemer im Zeichen der modernen Marinerevolution mit ihrem gesteigerten Bedarf an hochentwickelten Technologien etwa bei gepanzerten Schiffskörpern und Stahlschiffen, bei der Entwicklung der Dampftechnik und der Schiffsantriebsanlagen, der immer enger werdenden Zusammenarbeit zwischen Big Business und Militär am Beispiel der US Navy. Sein Beitrag weist damit weit voraus ins 20. Jahrhundert auf den »Militärisch-Industriellen Komplex« (MIK), wie er sich dann im Kontext der beiden Weltkriege herausbilden sollte.

In einem steten Wechselspiel zeigt Hackemer die mannigfachen Modernisierungsimpulse, die von den Marineaufträgen und den rüstungstechnischen Neuerungen in die Privatwirtschaft und in den Handelsschiffbau vermittelt wurden und auch von hier aus wieder auf den militärischen Sektor zurückstrahlten. Panzerplatten, Eisenrümpfe und Stahlkonstruktionen erforderten eine vertrauensvolle Zusammenarbeit zwischen Marine- und zivilen Ingenieuren etwa in der Fertigungstechnik und Erprobung neuer belastbarer Legierungen. Unter dem Zwang zu kostengünstigen und knappen Kalkulationen setzte die Kriegsmarine als Auftraggeber eine Standardisierung der Ausschreibungen, der Auftragsvergabe und der Kalkulationen mit Hilfe vorgedruckter Vertragsformulare, die Festlegung bestimmter Leistungsnormen, Kontrollen zur Qualitätssicherung sowie verbindliche Terminvereinbarungen mit Strafgeldern für die Überschreitung der Auslieferungstermine durch, kurz: Sie revolutionierte nicht nur den Schiffbau, sondern auch das Konstruktionsbüro, die Verwaltung und das Rechnungswesen auf den privaten Werften mit weitreichenden Folgen auch für den Bau von Handelsschiffen.

2. Die Verkehrs- und Eisenbahnrevolution. Sie wird in den Beiträgen nur am Rande gestreift, obwohl die Eisenbahnaufmärsche, beginnend im Französisch-Österreichischen Krieg 1859, dann im Amerikanischen Bürgerkrieg, im Preußisch-Österreichischen und im Deutsch-Französischen Krieg eine erhebliche strategische Rolle gespielt haben. Auch in Österreich-Ungarn zeigte der Staat, wie Kronenbitter ausführt, schon früh strategisches Interesse am Ausbau des Eisenbahnnetzes und begann in den 1870er Jahren auf Druck der Armeeführung mit der Verstaatlichung der Bahnen.

Mit der strategischen Einbeziehung des Eisenbahnnetzes in die Kriegsvorbereitungen, den Aufmarsch und die Kriegführung war eine wesentlich höhere Mobilität der Truppen und eine erhebliche Verkürzung der Mobilmachungs- und Aufmarschzeit gegenüber früher mit tiefgreifenden Konsequenzen auch für die strategischen Planungen der Generalstäbe gegeben. So beruhte etwa der Schlieffen-Plan von 1905 zur Abwendung eines Zweifrontenkrieges auf der (falschen) Annahme eines sehr viel langsameren Ausbaus der mit französischem Kapital finanzierten russischen Westbahnen, so daß die russischen Armeen 1914 zur großen Überraschung der militärischen Führung in Berlin sehr viel früher als erwartet an der deutschen Ostgrenze aufmarschierten, zumindest aber bevor Frankreich niedergezwungen war. Mit der Erhöhung des Überraschungs- und Bedrohungsmomentes mußten die Sicherheitsfragen in den Generalstäben neu durchdacht und zuständige Spezialabteilungen eingerichtet werden. Per Eisenbahn konnten die Truppen relativ schnell und ausgeruht ohne Transportverschleiß an die Front gebracht, mit Waffen, Nachschub und Lebensmitteln versorgt, also die volkswirtschaftlichen Ressourcen umfassender für den Krieg mobilisiert werden, als dies früher mit der mühsamen Magazinierung des Nachschubs möglich gewesen war. Die Errichtung einer leistungsfähigen preußischen Eisenbahnabteilung war eine wichtige logistische Voraussetzung für die effektive Nutzung der Schiene im Deutsch-Französischen Krieg.

3. Die Kommunikations- oder Nachrichtenrevolution. Sie rückte den Krieg jetzt unmittelbarer an die Zivilbevölkerung heran und brachte ihn – um sich der modernen Mediensprache zu bedienen – gleichsam in die Wohnzimmer. Das Interesse der Bevölkerung an militärischen Dingen wuchs in dem Maße, wie der elektrische Telegraf eine rasche Informationsübermittlung zwischen den Korrespondenten und ihren Zeitungsredaktionen ermöglichte und so etwas wie eine Öffentlichkeit des Krieges herstellte. Zum erstenmal geschah dies für die britische Bevölkerung im Krimkrieg.

Geradezu als ein Paradebeispiel für die Umwälzungen der Marinerevolution in einem engen Zusammenhang mit dem technisch-wissenschaftlichen Fortschritt erscheint bei Lambert der Modernisierungsschub bei der Royal Navy innerhalb von wenigen Jahrzehnten in der zweiten Hälfte des 19. und am Beginn des

20. Jahrhunderts. Grundlage und Ausdruck dieser Marinerevolution waren Panzerschiffe mit starker Feuerkraft und weitreichenden schweren Geschützen und vor allem ein globales Netz von Unterwassertelegrafiekabeln. Es war nach Lambert viel weniger der weltweite Territorialbesitz, der den britischen Weltmachtanspruch begründete, als ein dichtes Beziehungsgefüge zwischen Royal Navy, dem Dienstleistungsgeschäft der City in Handel, Finanzen und Versicherungen, Kapitalexporten nach Übersee und einer Monopolstellung in der Weltschiffahrt. Demgegenüber zeigte sich aber schon früh, daß die weltweiten Verpflichtungen und die nationalen Ressourcen des Inselstaates zu ihrer Absicherung in steigendem Maße auseinanderklafften. Nach dem Ersten Weltkrieg und dann verstärkt im Vorfeld des Zweiten Weltkrieges und nach 1945 ist es üblich geworden, angesichts dieses Widerspruchs zwischen globalen machtpolitischen Ansprüchen und offenkundigen wirtschaftlich-finanziellen Schwächen und Defiziten von einer ständigen Überspannung oder Überforderung der britischen Kräfte (over-extension oder over-commitment) zu sprechen. Hier bot sich das weltweite Telegrafenkabelnetz als zeitweiliger Ausweg aus dem imperialen Dilemma an.

Grundvoraussetzung des britischen Weltmachtanspruches war die technische und logistische Fähigkeit des Inselstaates, an jedem Punkt der Welt rasch, flexibel und wirkungsvoll mit Hilfe der Royal Navy als eine Art »Weltpolizei«, »Speerspitze« der globalen Strategie oder auch »Versicherungsprämie« für die bestehende Ordnung »Flagge zu zeigen«, Kontrolle auszuüben, Handel, Schiffahrt und Märkte zu sichern und gegebenenfalls auch Rivalen einzuschüchtern. Angesichts der ständigen Bemühungen des Schatzamtes, die Staatsquote niedrig und die steuerliche Belastung der Bevölkerung gering zu halten, proklamierte Gladstone die globale Strategie der »Fliegenden Geschwader« oder auch die von London aus zentral an die Peripherie gesteuerte »Expeditions-Strategie«. Aller Kritik aus der Forschung zum Trotz besteht Lambert darauf, daß die Militärs im Zusammenwirken mit der Handelsschiffahrt, staatlichen Stellen, der City, der Londoner Handelskammer und der Werftindustrie durchaus so etwas wie eine in sich geschlossene und den Aufgaben optimal angepaßte globale Flottenstrategie entwickelt haben. Die – stets auch kommerziell genutzten – Nachrichtenkabel waren aber nur eine Komponente dieser seegestützten Strategie. Dazu kamen rings um den Globus befestigte Marinestützpunkte von Halifax über die Bermudas, Gibraltar, Aden, Singapur, Hongkong bis Sydney, von den Falklandinseln bis Kapstadt. Sie waren ebenfalls als Ergebnis der technologischen Marinerevolution für militärische und zivile Zwecke mit modernsten Dockanlagen, mit Trocken- und Schwimmdocks ausgerüstet, um unterwegs die Bunkerung mit Kohle, Verproviantierungen, Reparaturen und regelmäßige Überholungen der technisch doch gegenüber früher sehr viel anfälligeren modernen Schiffsmaschinen und Armierungen sicherzustellen, ohne die »Fliegenden Geschwader« jeweils zu zwingen, die sehr zeitaufwendige Rückfahrt in die Heimathäfen anzutreten. Lambert betont freilich, daß die britische Weltmachtstellung an einer Stelle verwundbar war und daß hier die Aufgaben einer starken Home Fleet lagen: in Europa und im besonderen an der Gegenküste mit der Rhein- und Scheldemündung. So war es für London durchaus folgerichtig, in dem Augenblick, als um die Jahrhundertwende mit dem Deutschen Reich ein ernsthafter Konkurrent auf der weltpolitischen Bühne seine Ansprüche anmeldete und diese auch mit einer forcierten Seerüstung dokumentierte, sich zur Verteidigung der imperialen Stärke nach Bundesgenossen umzusehen und die politische Selbstisolierung gegenüber dem europäischen Kontinent aufzugeben.

Immerhin – so das Fazit von Lambert – gelang es Großbritannien im 19. Jahrhundert, die Gewinne aus seinem technischen Vorsprung und seiner wirtschaftlichen Macht zu maximieren und imperiale Größe mit einer angemessenen globalen Strategie und zu vergleichsweise erträglichen Kosten zu verteidigen. Dabei lag für das Inselreich der Schwerpunkt eindeutig bei der seegestützten Strategie im Gegensatz zu den landgestützten Systemen der Kontinentalstaaten.

Dieter Storz

Modernes Infanteriegewehr und taktische Reform in Deutschland in der Mitte des 19. Jahrhunderts

»Wer nicht hören will, muß fühlen«: Unter diesem Motto veröffentlichte die in Darmstadt erscheinende »Allgemeine Militär-Zeitung« im August 1866 einen Aufsatz aus Anlaß der spektakulären preußischen Siege auf den Schlachtfeldern Böhmens[1]. Dort war die Taktik der Österreicher, den mit schnellfeuernden Hinterladungsgewehren bewaffneten Gegner durch rasche Bajonettangriffe über den Haufen zu rennen, unter schweren Verlusten gescheitert. Der Beitrag sollte zeigen, daß der Streit zwischen Feuer- und Stoßtaktik in der Fachwelt »in ihrem ganzen Umfange schon längst eine wissenschaftliche Lösung gefunden hat, welche mit diesen neuesten Thatsachen leider nur zu genau in allen Einzelheiten übereinstimmt[2].« Zu diesem Zweck druckte das Blatt einen Text Wilhelm von Plönnies' neu ab[3], der im Vorjahr erschienen war und die Vorzüge des Hinterladungsgewehres dargestellt hatte[4]. Plönnies war eine international bekannte Autorität auf dem Gebiet der Kriegshandfeuerwaffen[5], wo seit mehreren Jahrzehnten, wie bei anderen technischen Erzeugnissen auch, eine rasante Entwicklung durchgemacht wurde. Produkte des Industriezeitalters wie Eisenbahn, Telegraf, gezogene und von hinten zu ladende Gewehre und Geschütze bewirkten eine fundamentale Wandlung der materiellen Kriegsmittel[6], die sich bis dahin über Jahrhunderte hinweg nur langsam, von den Zeitgenossen fast unbemerkt, verändert hatten. Noch Karl von Clausewitz hatte geschrieben, daß »bei der Einfachheit und inneren Notwendigkeit, zu der alles gediehen ist«, »kein neues großes Hilfsmittel« zu erwarten sei[7]. Dieser Zustand änderte sich wenige Jahre, nachdem der General diese Worte zu Papier gebracht hatte, grundlegend. Fortan konnten Taktik und Strategie nicht mehr absolut, sondern nur noch im Zusammenhang mit dem jeweiligen Stand der technischen Entwicklung bedacht werden. Die Integration neuer Waffen in das taktische Gefüge

1 Vgl. Das Zündnadelgewehr, in: Allgemeine Militär-Zeitung (AMZ), 41 (1866), S. 253 f., 259-261.

2 Ebd., S. 254.

3 Vgl. ebd., S. 259-261.

4 Vgl. Wilhelm von Plönnies, Das Zündnadelgewehr. Beiträge zur Kritik der Hinterladungswaffe, Darmstadt, Leipzig 1865, S. 139 ff.

5 Zu Plönnies: Wilhelm von Plönnies, in: Beihefte zum Militär-Wochenblatt (MWBl) 1889, S. 53-100.

6 Zum deutschen Beispiel besonders Dennis E. Showalter, Railroads and rifles, Connecticut 1975.

7 Karl von Clausewitz, Vom Kriege, 19. Aufl., Bonn 1980, S. 621.

und dessen eventuelle Anpassung wurden zu einer der wichtigsten Aufgaben militärischer Eliten überhaupt.

Als Kern des Heeres galt seit Jahrhunderten die Infanterie. In den Revolutionskriegen hatte man nicht nur ihre absolute Zahl erheblich vermehrt, sondern auch ihren Anteil am Heer. Die Reiterei dagegen war nach 1815 im Verhältnis nur noch halb so stark wie im Siebenjährigen Krieg[8]. Auch darin nahm das Fußvolk eine Sonderstellung ein, daß es im Gegensatz zu Kavallerie und Artillerie zur selbständigen Durchführung eines Gefechtes befähigt war. Seit dem ausgehenden 17. Jahrhundert führte die Infanterie eine Einheitswaffe, nämlich die Steinschloßflinte mit Bajonett. Die Gewehre des beginnenden 19. Jahrhunderts unterschieden sich untereinander und von ihren Vorgängermodellen nur in geringen Abweichungen der Maße und der Durchbildung einiger konstruktiver Details, nicht aber in ihrer Leistungsfähigkeit und Handhabung. Die praktische Reichweite der primitiven Kugelschleudern betrug gerade einmal 200 Schritt, also 150 Meter[9]. Mit aufgepflanztem Bajonett konnte man das Gewehr auch als Spieß einsetzen. Viele sahen darin die eigentliche Bestimmung der Waffe.

Die Infanterietaktik, wie sie sich in der Zeit Napoleons gebildet hatte, war ganz auf dieses Gewehr abgestellt. Im Angriff entwickelten die Fußtruppen einen kleinen Teil ihrer Gesamtstärke als Schützen – Tirailleurs oder Plänkler genannt –, die den Feind bedrängen und das ihnen folgende Gros schützen sollten. Den Schützen folgten im Abstand von 100 bis 150 Metern kompakte Unterstützungen, die »Soutiens«. Sie hatten die Aufgabe, Verluste der Schützenlinie zu ersetzen, sich überraschend auf schwache Punkte der feindlichen Tirailleurlinie zu stürzen oder der eigenen bei Verlegenheiten, die ihr von Infanterie oder Reiterei bereitet werden konnten, beizustehen. Die geringe wirksame Schußweite des Infanteriegewehres erlaubte es, diese »Soutiens« einigermaßen geschützt vor dem feindlichen Infanteriefeuer aufzustellen, aber doch so nahe, daß sie bei überraschend auftretenden Notlagen ihrer Plänkler rasch zur Hand waren. Das war der Kampf in »geöffneter« oder »zerstreuter« Ordnung, das »Tirailleurgefecht«. Die Entscheidung erwartete man aber nicht von diesen Vortruppen, sondern von dem wieder etwas weiter hinten stehenden Gros, das in »geschlossener« Ordnung kämpfen sollte. Es setzte sich aus kompakten Bataillonskolonnen zusammen, dem harten Kern der Schlachtordnung, die beim entscheidungssuchenden Angriff in die erste Linie vorrücken, Salvenfeuer abgeben und dann mit dem Bajonett den Feind in die Flucht schlagen sollten[10].

---

8 Vgl. Wilhelm Rüstow, Geschichte der Infanterie, Bd 2, Gotha 1858, S. 336.

9 Als natürliches Längenmaß war die Schrittlänge nicht eindeutig festgelegt. Meist verstand man in Deutschland unter einem Schritt den zehntausendsten Teil einer deutschen Meile, also 0,75 Meter.

10 Vgl. Volkmar Regling, Grundzüge der militärischen Kriegführung zur Zeit des Absolutismus und im 19. Jahrhundert, München 1979 (= Handbuch zur deutschen Militärgeschichte 1648–1939, T. IX), S. 202 ff.; Herbert Schwarz, Gefechtsformen der Infanterie in Europa durch 800 Jahre, München 1977, S. 369 ff.

Die große Bedeutung, die dem Bajonett zukam, wird nicht nur von der geringen Wirkweite des Gewehres her verständlich, sondern auch von dessen Witterungsempfindlichkeit. Zur Schußauslösung mußte das Schloß offene Funken schlagen, und das war bei Regen, einer in Mitteleuropa nicht eben seltenen Witterung, schwierig. Deshalb erfolgte in den dreißiger Jahren als erste nennenswerte technische Innovation seit mehreren Generationen die Umrüstung der Schußwaffen vom Stein- auf das Perkussionsschloß, das bei jedem Wetter einen zuverlässigen Schuß ermöglichte[11]. Ein kleiner Wermutstropfen war dabei, daß das Zündmittel, das Zündhütchen, mit der Patrone zwar zu einem Gebinde vereint werden konnte, aber doch ein separates Teil blieb. Deshalb erreichte die Feuergeschwindigkeit einer Perkussionswaffe nicht ganz die der herkömmlichen Steinschloßflinte. Wenn es gelang, eine echte Einheitspatrone mit einer entsprechenden Zündvorrichtung herzustellen, konnte man diesen Übelstand, der mit der neuen Technik zusammenhing und gerade wegen seiner Geringfügigkeit den Militärs aufgefallen sein dürfte, beseitigen. Ein Thüringer Büchsenmacher, Nikolaus von Dreyse, entwickelte ein solches Gewehr, bei dem das Zündmittel fest mit der Patrone verbunden war und von einem federgetriebenen Stift, der Zündnadel, aktiviert wurde. Dreyse gelang es, eine Reihe preußischer Offiziere für sein Produkt zu interessieren, ohne deren Unterstützung er sicher nicht dessen Einführung in der Armee erreicht hätte. Selbstverständlich lud man die neue Waffe von vorn. Die Gefahr der Selbstauslösung der bezünderten Patrone beim Laden durch die Mündung vermochte Dreyse allerdings nicht zuverlässig auszuschalten. Das galt vor allem für Büchsen, also Präzisionswaffen mit gezogenen Läufen. Hier nun verfiel Dreyse auf den Gedanken, das Gewehr für Rückladung einzurichten, was jenes Problem ein für allemal aus der Welt schaffte[12]. In dieser Form wurde die mit Zügen versehene und von Dreyse zunächst »Scharfschützengewehr« genannte Waffe[13] 1840 für die preußische Armee bestellt. Die Entwicklung und Einführung eines Hinterladergewehres mit gezogenem Lauf war also ursprünglich gar nicht beabsichtigt gewesen und hatte sich im Zug der Arbeit an einem weit weniger ambitionierten Projekt ergeben. In einer Audienz beim Prinzen Wilhelm soll Major Priem, einer der Förderer Dreyses, gesagt haben: »Königliche Hoheit, 60 000 mit diesem Gewehre bewaffnete Mann unter Führung eines talentvollen Generals und Se. Majestät der König werden bestimmen können, wo Preußens Grenze gehen soll[14].« Die Authentizität dieses Ausspruchs ist umstritten[15]. Der Satz impliziert die einheitliche Ausstattung eines etwa zwei Armeekorps starken, geschlossen operierenden Truppenkörpers. Von der Vorstellung aber, Großverbände einheitlich mit dem neuen Gewehr aus-

11 Vgl. Reinhold Günther, Allgemeine Geschichte der Handfeuerwaffen, Leipzig 1909, S. 19 ff.

12 Vgl. Heinrich von Löbell, Des Zündnadelgewehrs Geschichte und Konkurrenten, Berlin 1867, S. 24 f.

13 Vgl. ebd., S. 27.

14 Vgl. ebd., S. 30.

15 Vgl. Günter Thiede, Der lange Weg vom Vorderlader- zum Hinterladersystem, in: Das Zündnadelgewehr. Eine militärische Revolution im 19. Jahrhundert, bearb. von Rolf Wirtgen [u.a.], Herford, Bonn 1991, S. 13-49, S. 45.

zurüsten, war man noch weit entfernt. Zwar lautete der erste Auftrag, den Dreyse erhielt, tatsächlich auf die Anfertigung von 60 000 Gewehren, doch sollten sie nur den Füsilierbataillonen gegeben werden[16]; das waren die dritten Bataillone der preußischen Infanterieregimenter, die besonders für den kleinen Krieg und das Schützengefecht bestimmt waren. Dahin kam es auch, aber erst 1848, im Zug der Revolution. Produktion und Lagerung der »leichtes Perkussionsgewehr« genannten Waffen erfolgten bis dahin unter strenger Geheimhaltung, ein Geheimnis, das der Sturm aufs Berliner Zeughaus lüftete[17]. Das Interesse an der neuen Waffe war natürlich groß. Die Bayern etwa verschafften sich eine genaue Kenntnis des Gewehres, als 1849 ein preußischer Zündnadelsoldat in ein bayerisches Hospital eingeliefert wurde. Es gelang, die in Verwahrung genommene Waffe zu zerlegen, exakt zu vermessen und schließlich nachzubauen. Versuche, inzwischen auch mit einem originalen preußischen Zündnadelgewehr unternommen, führten die bayerische Gewehrfabrik 1855 allerdings zu dem Ergebnis, »daß der Erfinder dieser Konstruktion die Anforderungen nicht gekannt hat, welche an ein Militärgewehr gestellt werden müssen«[18]. Das war damals eine weit verbreitete Auffassung. Schließlich hatte die gesamteuropäische Waffenentwicklung seit den vierziger Jahren eine ganz andere Richtung genommen als in Preußen. Dort hatte man mit dem Übergang zum Rückladungssystem einen völligen Systembruch vollzogen, während die Hauptströmung dahin ging, die Leistung des bestehenden Systems zu steigern. Seit den zwanziger Jahren arbeitete man daran, den Vorteil der glattläufigen Infanteriegewehre, nämlich die rasche Ladefähigkeit, mit dem von gezogenen Büchsen, also einer verhältnismäßig hohen Treffgenauigkeit, zu vereinen. Die herkömmliche Jägerbüchse wurde mit Pflasterkugeln geladen, also mit Geschossen, die in ein Leder- oder Stoffläppchen gewickelt waren, um den Drall der Züge aufzunehmen. Der dazu erforderliche stramme Sitz des Geschosses im Lauf verlangsamte zwangsläufig den Ladevorgang, so daß derartige Waffen nur an Sonderformationen ausgegeben wurden, aber nie als Einheitsbewaffnung der Infanterie in Frage kamen. Zu groß war die Gefahr, daß eine so bewaffnete Truppe von entschlossener Kavallerie oder rasch vorrückenden Infanteriekolonnen über den Haufen gerannt wurde, bevor sie ihre abgeschossenen Gewehre nachladen konnte. In Frankreich schuf man unter Ausnutzung der Verformbarkeit des verhältnismäßig weichen Geschoßbleis Vorderladergewehre mit gezogenem Lauf, die sich so rasch laden ließen wie glattläufige Musketen. Man lernte, daß ein längliches, in Flugrichtung zugespitztes Geschoß bessere ballistische Leistungen erzielte als die traditionelle Rundkugel[19], Leistungen, die sich durch eine Verkleinerung der Laufweite abermals

---

16 Vgl. Klaus Hilbert, Die Gewehrfabrik Sömmerda, in: Das Zündnadelgewehr (wie Anm. 15), S. 75-79, hier: S. 76.

17 Vgl. Hartmut Kölling, 1848: Das Geheimnis kommt ans Licht, in: Das Zündnadelgewehr (wie Anm. 15), S. 81 f.

18 Hans Reckendorf, Die bayerischen Handfeuerwaffen 1800-1875, Dortmund 1998, S. 190 f.

19 Vgl. Gunther, Allgemeine Geschichte (wie Anm. 11), S. 39 ff., Cäsar Rüstow, Die Kriegshandfeuerwaffen. Eine genaue Darstellung ihrer Einrichtung in den europäischen Armeen, ihrer Anfertigung, ihres Gebrauchs und ihrer allmäligen Entwickelung, Bd 2, Berlin 1864, S. 211.

steigern ließen, so daß sie die der herkömmlichen Präzisionswaffe, der Pflasterbüchse, weit übertrafen, übrigens auch die des Zündnadelgewehres.

Während dieses Gewehr im geheimen entwickelt und produziert worden war, vollzog sich die Vervollkommnung des Vorderladergewehres im Licht der Öffentlichkeit. In zahllosen Aufsätzen und Broschüren erörterte man detailbesessen die neuen Waffen. Mehr als zehn Jahre, nachdem Preußen einen Hinterlader eingeführt hatte, erreichte so der Vorderlader, versehen mit einem gezogenen Lauf, seine höchste Entwicklungsstufe. In den fünfziger Jahren gelangten solche Gewehre bei allen europäischen Armeen zur Einführung, und zwar nicht nur als Ersatz für die alten Büchsen der Jäger und Schützen, sondern als Standardwaffe der Linieninfanterie[20], die damit erstmals eine wirkliche Präzisionswaffe erhielt. Allerdings war man noch weit davon entfernt, deren ballistisches Leistungspotential voll auszunutzen. Plönnies klagte, daß

> »die Mehrzahl Schüsse in einem dunkelen Drang zur Selbstverteidigung selbst ohne das oberflächlichste Zielen abgegeben [wird]. Die Einschüchterung des Gegners durch den Knall scheint häufig die unklare Absicht solcher Schützen zu sein. [...] diejenigen aber, welche Distanzen schätzen, Visiere stellen und auf bestimmte feindliche Objekte zielen, sind eben so kostbare als seltene Kriegsleute[21].«

Oft war das Stellen der Visiere aber schon deshalb nicht möglich, weil die Waffen nur Standkimmen besaßen, was zeigt, daß sich die Vorstellungen vom Feuerkampf der Infanterie noch nicht an die neuen ballistischen Möglichkeiten angepaßt hatten. Frankreich und Österreich gaben der Masse ihrer Infanteriegewehre zunächst nur ein einfaches Standvisier, was die Schußweite, auf der die Infanterie ein gezieltes Feuer abgeben konnte, begrenzte[22]. Das Visier des österreichischen Gewehres war auf 300 Schritt eingestellt, also eine Entfernung, die nur wenig über die Distanz hinausging, die schon zur Zeit glattläufiger Gewehre als die größte galt, die noch ein wirksames Feuer ermöglichte. Auf größere Entfernungen bedurften auch Gewehre mit gezogenen Läufen eines verstellbaren Visiers, um der Waffe die aufgrund der zunehmend gekrümmten Flugbahn für jede Entfernung nötige Erhöhung erteilen zu können. Einen Federaufsatz, der das Einstellen der Entfernung bis 900 Schritt zuließ, gab es in der österreichischen Armee bei sonst identischem Gewehr nur für Unteroffiziere und Schützen[23], also für eine Minderheit der Infanterie.

Das Zündnadelgewehr war zu diesem Zeitpunkt schon lange enttarnt, und später erschien es als ein »Wunder«, daß das preußische Vorbild ohne Nachah-

---

20 Mitte der vierziger Jahre besaßen nur fünf Prozent der Infanteristen Gewehre mit gezogenen Läufen, zehn Jahre später waren es schon 25 Prozent, und bald sollte das glattläufige Gewehr vollkommen aus der Infanteriebewaffnung verschwinden. Das gezogene Gewehr als Hauptwaffe der Infanterie, in: AMZ, 31 (1856), Sp. 197-200, 211-216, 232-236, 246-249, hier: Sp. 198.

21 Wilhelm von Plönnies, Neue Studien über die gezogene Feuerwaffe, Darmstadt 1861, S. 260.

22 Vgl. Rüstow, Kriegshandfeuerwaffen (wie Anm. 19), S. 224.

23 Vgl. Anton Dolleczek, Monographie der k.u.k. blanken und Handfeuer-Waffen, Kriegsmusik, Fahnen und Standarten seit Einrichtung des stehenden Heeres bis zur Gegenwart, unveränd. Nachdr. der Ausg. Wien 1896, Graz 1970, S. 97.

mung blieb[24]. Dieses Gewehr wirkte durch sein besonderes Leistungsvermögen auf den Großteil der Fachwelt zunächst allerdings weniger attraktiv als vielmehr verstörend. Es bedrohte die überkommenen Strukturen weit mehr als der gezogene Vorderlader. Und es bot Lösungen für Probleme, die viele noch gar nicht als solche erkannten. Die Armeen bevorzugten damals und noch für lange Zeit begrenzte Innovationen, die sich organisch an das Vorhandene anschlossen.

Auch wirtschaftliche Fragen spielten eine wichtige Rolle. Es galt, einen der »Hauptgrundsätze tüchtiger Verwaltung« zu befolgen, nämlich »bei wesentlicher Veränderung des Materials langsam fortzuschreiten, die größte Vorsicht zu üben und das Vorhandene nach Möglichkeit zu benutzen«, wie ein Anhänger des Vorderladers seinerzeit schrieb[25]. Gut erhaltene glattläufige Vorderladergewehre ließen sich mit geringem Aufwand für das neue System einrichten. Das Miniégewehr[26] war billiger als das Zündnadelgewehr und unterschied sich in der Handhabung nicht von umgeänderten Gewehren, was die Ausbildung vereinfachte.

Über die Möglichkeiten und Perspektiven der neuen Waffen entwickelte sich in den fünfziger Jahren ein reger öffentlicher Diskurs in Fachzeitschriften und selbständigen Publikationen. Das Empfinden, man müsse sich mit dem technischen Fortschritt und seinen Folgen für die Kriegführung intensiv befassen, »damit uns die Praxis nicht wie ein Element entgegentrete, in welchem wir uns erst durch kostspielige Experimente zurechtfinden lernen müssen«[27], war weit verbreitet. Im Mittelpunkt der Diskussion stand die Frage, wie sich die gestiegene Reichweite der modernen Waffen auf das Gefecht, genauer gesagt auf das Angriffsgefecht, auswirken würde. »Daß die Verteidigung leichter sei als der Angriff«, galt schon in der Zeit glattläufiger Gewehre[28], nun aber verschoben sich die Gewichte weiter zugunsten der taktischen Defensive, »indem der Angreifer ein größeres vom wirksamen Feuer des Vertheidigers bestrichenes Feld zu durchlaufen hat, ehe die Entscheidung des Kampfes durch die blanke Waffe herbeigeführt werden kann[29].« Die Frage, wie dieser Raum zu durchschreiten sei, bestimmte bis zum Ausbruch des Ersten Weltkrieges die taktische Diskussion, wobei die Hauptargumente, die in wechselnder Gewichtung bis 1914 verwendet wurden, schon in den fünfziger Jahren auftauchten. Die einen setzten auf die moralischen Kräfte und hielten den Er-

---

[24] Vgl. Plönnies (wie Anm. 5), S. 69.

[25] Bemerkungen über das Miniégewehr, in: AMZ, 31 (1856), Sp. 310-313, 328-331, hier: Sp. 313.

[26] Dieses Gewehr hat seinen Namen von Claude Etienne Minié, einem französischen Offizier, der 1849 ein unterkalibriges Geschoß entwickelte, das im Boden einen konisch geformten Treibspiegel aus hartem Material enthielt, welcher beim Schuß in das Bleiprojektil getrieben wurde. Dadurch weitete sich dieses auf und trat in die Züge des Laufes. Später ließ man diesen Treibspiegel weg, was bei hohlem Geschoßboden die gleiche Wirkung ergab. Die meisten Vorderlader der letzten Generation verwendeten solche Geschosse, weshalb der Begriff »Miniégewehr« auch synonym für die ganze Waffengattung verwendet wird.

[27] Aphoristische Bemerkungen über den Einfluß der Bewaffnung der Infanterie mit dem Zündnadelgewehre auf das Verhältnis der drei Hauptwaffen zueinander und auf den Charakter der Gefechte, in: AMZ, 24 (1849), Sp. 477-480, 485-488, hier: Sp. 488.

[28] Clausewitz, Vom Kriege (wie Anm. 7), S. 615.

[29] Welchen Einfluß wird die verbesserte Schußwaffe auf die Taktik der Infanterie ausüben?, in: AMZ, 28 (1853), Sp. 220-223, hier: Sp. 221.

folg der Angriffsbewegung für eine »Sache des heroischen Geistes, der den Angreifer beseelt«[30]. Wenn man den Spielraum für die heroische Entschlossenheit des Angreifers nicht allzu sehr beschränke, habe man darin »ungleich mehr Bürgschaften für den Sieg, als der besser bewaffnete und schießende Gegner«[31]. Solche Vorstellungen waren besonders für Kavalleristen attraktiv, die schon 1855 lesen mußten, »daß die Glanzzeit dieser Waffe vorüber und daß ihr Wert nur noch mehr ein secundärer geworden sei«[32]. Dagegen appellierten die Reiter wie noch 1914 an »die moralischen Potenzen, die sich jeder Berechnung entziehen«, behaupteten, daß Verbesserungen der Bewaffnung auf die Taktik einer ganzen Truppengattung »niemals« von erheblichem Einfluß sein würden und hielten so »die taktische Wirksamkeit der Reiterei für alle Zeiten gesichert«[33]. Zahlreich waren aber auch die Stimmen derer, die taktische Reformen forderten. »Ein rücksichtsloses, brutales Draufgehen« werde »nur zur Niederlage führen«[34]: Auch bei überlegenen Kräften werde ein Frontalangriff oft unmöglich sein[35]. Zwar konnte man versuchen, durch eine Art Manövertaktik den Feind »zum Verlassen der innehabenden Stellung« zu nötigen[36] oder den Angriff auf Flanke oder Rücken seiner Position richten[37], doch mußte man weiterhin mit Frontalgefechten rechnen. Hier galt es zu überprüfen, ob die herkömmlichen taktischen Verfahren gegen präzise schießende Fernwaffen noch durchführbar waren und wie sie gegebenenfalls zu verändern seien.

Die Reformpartei erwartete, daß die Feuerwaffe eine immer größere Rolle spielen, das Gefecht in zerstreuter Ordnung »fortan die gewöhnlichste Form des Gefechts sein und vorzugsweise zur Anwendung kommen« werde[38]. Davon, das Gefecht in geschlossener Ordnung aufgeben zu wollen, war man aber noch weit entfernt, zumal man sich die eigentliche Gefechtsentscheidung nach wie vor nur durch einen raschen Vorstoß kompakter Massen vorstellen konnte: »das bloße Feuergefecht, so mörderisch es auch sei, entscheidet doch am Ende nicht, und die Entscheidung in letzter Instanz wird immer der blanken Waffe zufallen, die erst vollendet, was jenes eingeleitet hat[39].« Allerdings sollten die taktischen Körper in der geschlossenen Ordnung verkleinert werden, damit sie eine geringere Zielfläche

---

30 Betrachtungen über die allgemeine Bewaffnung der Infanterie mit gezogenen Gewehren, in: AMZ, 31 (1856), Sp. 260-265, 280-285, hier: Sp. 283.

31 Ebd., Sp. 281.

32 Militärische Betrachtungen in Beziehung zur Gegenwart, in: AMZ, 30 (1855), Sp. 54-59, 73-76, hier: Sp. 73.

33 Welcher Zukunft geht die Reiterei entgegen?, in: AMZ, 30 (1855), Sp. 133-137, 181-185, 197-202, hier: Sp. 135 f.

34 Militärische Betrachtungen (wie Anm. 32), Sp. 75.

35 Über den Einfluß des vervollkommneten Feuergewehres der Infanterie auf die Kriegführung der Zukunft, in: AMZ, 30 (1855), Sp. 656-661, hier: Sp. 658.

36 Vgl. ebd.

37 Vgl. Heinrich von Brandt, Grundzüge der Taktik der drei Waffen Infanterie, Kavallerie und Artillerie. Nach den neuesten Erfahrungen und mit besonderer Rücksicht auf die Verbesserung und Vervollkommnung der Feuerwaffen, 3., ganz umgearb. Aufl., Berlin 1854, S. IX.

38 Ebd., S. 145.

39 Welchen Einfluß wird die verbesserte Schußwaffe auf die Taktik der Infanterie ausüben? (wie Anm. 29), Sp. 222; Rüstow, Kriegshandfeuerwaffen (wie Anm. 19), S. 218 f.

boten und Geländevorteile besser ausnutzen konnten. In der Kompaniekolonne glaubte man eine Form gefunden zu haben, die sowohl einen raschen Übergang zur zerstreuten Ordnung als auch die Vereinigung zu dichten Sturmkolonnen zuließ[40]. Solche Auffassungen blieben nicht unwidersprochen. Gegner der »neuen – zur Zeit noch imaginären – Feuertheorie«[41] verwiesen auf die starke Rauchentwicklung der Schwarzpulverwaffen, die ein anhaltendes Feuergefecht unmöglich mache. Den Sieg werde der davontragen, der sich auf einem verqualmten Schlachtfeld zum Bajonettangriff entschließe und diesen entschlossen durchführe[42]. Die Frage war, ob sich solche Angriffe mit einem in Kompaniekolonnen aufgelösten Treffen führen ließen. Die Anhänger der Kompaniekolonne verwiesen darauf, daß diese Formation eine bisher brach liegende, »einem toten Capital zu vergleichend[e]« Ebene der militärischen Hierarchie in Tätigkeit setze, nämlich die der Kompanieführer[43]. In der Bataillonskolonne nur eine Art Unteraufseher des Bataillonskommandeurs, höre der Hauptmann in der Kompaniekolonne auf, »ein Automat zu sein; er ist nun ein wirklicher Haupt-Mann«[44]. Den »Schwärmer[n] für das System der Companiecolonnen«[45] hielten deren Gegner die Kriegserfahrung vor, die zeige, daß der Erfolg von der Tätigkeit möglichst großer Schlachtkörper abhänge:

> »Eine solche, eine dem Tone einer einzigen sonoren Stimme noch erreichbare Masse von 800-1000 Mann wird der gemeinsame Körper für den Willen einer einzigen tapferen Seele sein. [...] Zu solch' kräftigem Stoße sind die kleinen Colonnen zu schwach und die Vielköpfigkeit der Befehlsgebung wird sich fühlbar machen da, wo der Moment mit Blitzesschnelle erfaßt werden muß[46].«

Der Streit darum, ob die Kompanie oder das Bataillon die taktische Einheit bilden sollte, besaß durchaus grundsätzlichen Charakter: Die moderne Feuerwirkung verlangte danach, die großen taktischen Körper zu verkleinern und dafür ihre Zahl zu vermehren. Dies erschwerte aber die einheitliche Leitung des Gefechts, das in unkoordinierte Teilkämpfe zu zerfallen drohte. Diese beiden Probleme, die Versammlung einer wirksamen Zahl von Kämpfern in geeigneten Formen und das Aufrechterhalten der Kontrolle über das Gefecht, bestimmten die militärische Diskussion ununterbrochen von den 1850er Jahren bis zum Ersten Weltkrieg.

---

40 Über den Einfluß der verbesserten Handfeuerwaffen auf die Infanterietaktik und einige darauf bezügliche Verhältnisse, in: AMZ, 29 (1854), Sp. 3-7, 10-16, 19-24, 28-32, hier: Sp. 19; zur reglementarischen Einführung der Kompaniekolonne in Preußen vgl. Stephan Leistenschneider, Auftragstaktik im preußisch-deutschen Heer 1871 bis 1914, Hamburg, Berlin, Bonn 2002, S. 38 f.

41 Das verbesserte Feuergewehr der Infanterie und die Grundformen der Infanterietaktik, in: AMZ, 27 (1852), Sp. 1004-1008, 1012-1016, 1020-1024, hier: Sp. 1005.

42 Vgl. ebd., Sp. 1023 f.

43 Vgl. Über den Einfluß der verbesserten Handfeuerwaffen (wie Anm. 40), Sp. 20.

44 Die Companiecolonne als Grundlage der Infanterietaktik, in: AMZ, 38 (1863), S. 339-341, hier: S. 341.

45 Die Schwächen der Formation in Companiecolonnen, in: AMZ, 38 (1863), S. 291 f., 300-302, hier: S. 291.

46 Ebd., S. 301; ähnlich Rüstow, Geschichte der Infanterie (wie Anm. 8), S. 354 ff.

Wilhelm Rüstow erwartete die Entscheidung der offenen Kontroversen vom »glückliche[n] Feldherr[n]«[47], also vom Ernstgebrauch der neuen Waffen auf dem Schlachtfeld. Tatsächlich konnte man in den fünfziger und sechziger Jahren eine Reihe glücklicher und unglücklicher Feldherrn beobachten, deren Wirken zu allerlei Betrachtungen Anlaß bot. Es sollte sich jedoch zeigen, daß die Antworten, die sich aus der Praxis ableiten ließen, auch nicht eindeutig waren: Das Geschehene blieb offen für Interpretationen, und so mußte man weiterhin »scharfe theoretische Spekulation« betreiben, um »einseitige Schlüsse« zu vermeiden[48].

Neu war an den Kriegen nach 1850, daß zum ersten Mal seit Jahrhunderten qualitative Unterschiede in der Bewaffnung bestimmenden Einfluß auf das Kampfgeschehen nahmen. Ungleichheiten zwischen den gegnerischen Parteien wechselten zwischen Krimkrieg und Deutsch-Französischem Krieg so rasch wie nie zuvor. Technische Rückstände, die sich als nachteilig erwiesen hatten, wurden ausgeglichen, was wieder eine neue, veränderte Lage schuf und empfangene Lehren relativierte. Nicht nur bereits geschehene, sondern auch zu erwartende Innovationen erschwerten die Analyse.

Im Krimkrieg versuchte die russische Armee, durchweg noch mit glattläufigen Gewehren ausgerüstet, den teilweise schon mit gezogenen Gewehren bewaffneten Gegner mit massiven Sturmkolonnen zu überrennen. Doch trotz größter Opferbereitschaft gelang es nicht, die dünnen, aber feuerkräftigen Linien der Alliierten zu zerreißen. Auf der Krim, so schien es, hatte das Feuer seine Überlegenheit über das Bajonett gezeigt: »nicht mehr die brutale Anwendung maschinenartiger Massen, sondern [...] mit Intelligenz geführte, gewandte und im Schießen und Treffen geübte Soldaten« würden in Zukunft zum Sieg führen[49]. Klar war aber auch, daß in Zukunft beide Seiten gezogene Waffen verwenden würden, was einen Anhänger konventioneller stoßtaktischer Verfahren zu dem Einwand veranlaßte, daß bei ausgeglichenen Bewaffnungsverhältnissen »die Vorzüglichkeit der Waffe gar nicht mehr in Betracht« kommen könne[50].

1859 standen in Oberitalien wieder zwei europäische Großmächte gegeneinander. Wenn es auf die Güte der Infanteriebewaffnung angekommen wäre, hätte Österreich diesen Krieg gewinnen müssen, denn das kleinkalibrige, gezogene Lorenzgewehr war nicht nur der glatten Perkussionsmuskete überlegen, mit der die Masse der französischen Armee noch ausgestattet war, sondern auch den gezogenen Gewehren des Gegners, da Frankreich bei diesen das große Kaliber der alten Steinschloßflinte beibehalten hatte. Die Österreicher aber hatten es unterlassen,

47 Wilhelm Rüstow, Über den Einfluß der neuen Feuerwaffen auf die Taktik im Allgemeinen und die Organisation und Ausbildung der Infanterie im Speziellen, Berlin 1857, S. 13.

48 Vgl. Eine Betrachtung über den Werth von »Schnellfeuer, rasanter Flugbahn und Fleckschießen« in ihrem resp. Verhältnis zueinander und zur Taktik, in: MWBl, 54 (1869), S. 349-351, 356-359, 364-366, 372-375, 380-384, hier: S. 350.

49 Vgl. Militärische Betrachtungen (wie Anm. 32), Sp. 56.

50 Vgl. Betrachtungen über die allgemeine Bewaffnung der Infanterie (wie Anm. 30), Sp. 283.

ihre Infanterie im Schießen angemessen auszubilden[51], und so gelang es den Franzosen, die vom zerstreuten Gefecht einen weit lebhafteren Gebrauch machten als ihr Gegner, die Feuerüberlegenheit zu gewinnen. Mit energischen Bajonettangriffen in Bataillonskolonnen überwanden sie schließlich die Österreicher, die ihre Bataillone in drei Kolonnen aufgeteilt hatten, ohne aber ihr Zusammenwirken zu organisieren, so daß die Franzosen am Punkt des tatsächlichen Zusammenstoßes stets in Übermacht auftreten konnten[52]. Der »conservativen Partei« gaben diese Ereignisse, sehr zum Ärger der Feuertaktiker, »eine glänzende Genugtuung [...], indem das Bajonet, der alte Spiess, mit neuen Lorbeeren umwunden wurde. Eine Unterschätzung des Feuereffects hat seitdem wieder vielfach Platz gegriffen[53].« Man traute nun wieder »einer jeden Truppe die Bravheit zu, dass sie sich unbeirrt durch das Feuer des Feindes mit dem Bayonnett auf ihn stürzen werde«[54]. Die Anhänger stoßtaktischer Verfahren wischten die Lehren des Krimkrieges mit dem Hinweis auf »Localumstände« beiseite[55]:

> »Die Truppe, in der jeder einzelne Soldat denkt, daß sein Bajonett unwiderstehlich sei, diese Truppe wird wirklich unwiderstehlich sein. Und wenn sie bei ihren Angriffen auch Feuerverluste erleidet, der Sieg gleicht das wieder aus[56].«

Solche Stimmen reflektierte Engels, der 1860 in England schrieb, daß man wieder einzusehen beginne, daß Männer und nicht Gewehre Schlachten gewönnen[57]. Die gekrümmte Flugbahn der Geschosse gezogener Gewehre verlange nach äußerst präzisen Entfernungsangaben. Bereits ein Irrtum um zehn oder zwanzig Yards führe zu einem Fehlschuß; solche Irrtümer seien aber bei Entfernungen von mehr als 400 Yards unvermeidlich, die Treffaussichten entsprechend gering. Die verbleibende Entfernung zum Gegner überwinde man am besten mit einem energischen Bajonettangriff[58]. Die preußische Armee wäre, meinte er, schweren Niederlagen entgegengegangen, wenn ihre Führer bei der »närrischen Ansicht« verharrt hätten,

---

51 Vgl. Anton von Mollinary, Sechsundvierzig Jahre im österreichisch-ungarischen Heere 1833-1879, Bd 2, Zürich 1905, S. 7; eine Ausnahme machte die österreichische Jägertruppe, die den Franzosen erhebliche Offizierverluste zufügte, Rüstow, Kriegshandfeuerwaffen (wie Anm. 19), S. 243.

52 Vgl. Heinrich Friedjung, Der Kampf um die Vorherrschaft in Deutschland, 5. Aufl., Bd 1, Stuttgart, Berlin 1901, S. 359 ff.

53 Plönnies, Neue Studien (wie Anm. 21), S. 259.

54 Rüstow, Kriegshandfeuerwaffen (wie Anm. 19), S. 219.

55 Vgl. Militärische Betrachtungen über einige Erfahrungen des letzten Feldzuges und einige Zustände deutscher Truppen, 2. Aufl., Darmstadt 1860, S. 84.

56 Ebd., S. 86.

57 Vgl. Friedrich Engels, The history of the rifle [1860], in: Karl Marx und Friedrich Engels, Gesamtausgabe (MEGA), hrsg. vom Institut für Marxismus-Leninismus beim ZK der KPdSU/Institut für Marxismus-Leninismus beim ZK der SED, Erste Abteilung: Werke, Artikel, Entwürfe, Bd 18, Oktober 1859 bis Dezember 1860, Berlin 1984, S. 577-601, hier: S. 595.

58 Vgl. Friedrich Engels, On rifled cannon [1860], in: Ebd., S. 401-411, hier: S. 406; auch sonst findet man immer wieder die Meinung, der Angreifer müsse rasch mit der blanken Waffe vordringen, um den Aufenthalt im wirksamen feindlichen Feuer abzukürzen. Rüstow, Über den Einfluß der neuen Feuerwaffen (wie Anm. 47), S. 34; Prinz Friedrich Karl von Preußen. Denkwürdigkeiten aus seinem Leben, hrsg. von Wolfgang Foerster, Bd 1, Stuttgart, Leipzig 1910, S. 175 [1855].

gegen das Zündnadelgewehr seien keine erfolgreichen Bajonettangriffe mehr möglich[59]. Die Preußen ließen sich allerdings nicht beirren und hielten »an der in einem langen, aber gedanken- und thätigkeitsvollen Frieden gewonnenen Theorie« fest[60], während sich die österreichische Armee kompromißlos einer aufs Bajonett fixierten Stoßtaktik verschrieb. Belehrt durch eine bittere Niederlage klagte ein österreichischer Generalstabsoffizier 1867 über die Unvernunft einer Taktik, bei der ein Bataillon im Angriff von seinen 1000 Soldaten ganze 180 Mann zum Feuergefecht in zerstreuter Ordnung entwickelte, während die übrigen 820 geschlossen zusammengehalten wurden,

> »trotzdem dieselben mit weittragenden Feuer-Waffen versehen sind, [und] doch nur eigentlich da sind, um von dem Kolben Gebrauch zu machen, welchen Zweck sie auch wohl dann erfüllen würden, wenn sie mit mittelalterlichen Lanzen ausgerüstet wären[61].«

Bis zum Deutschen Krieg verbanden sich mit dieser Fechtweise jedoch die größten Hoffnungen. Noch im Sommer 1866 erschien in der Allgemeinen Militär-Zeitung eine Aufsatzreihe unter dem Titel »Wer wird Sieger sein?« Der Verfasser versuchte nachzuweisen, »daß die moralische Wirkung des kühnen Drauflosgehens die Wirkung auch der technisch vollkommensten Waffe übertrifft, also auch im Schnellfeuer der Jetztzeit der Erfolg dem muthvollen Vordringen gehört[62].« Gefechtsbeispiele aus den Feldzügen von 1806 und 1859 führten ihn zu dem Schluß,

> »daß mit dem wachsenden Grade der Gefährlichkeit der Feuerwaffen sich bisher stets auch das Bedürfniß einer größeren Beweglichkeit oder mit anderen Worten die Wichtigkeit der blanken Waffe steigerte, deren Anwendung, und wenn auch nur als Drohmittel, daher in Zukunft um so häufiger vorkommen wird, je besser die Bewaffnung des gegenüberstehenden Gegners, und je mehr es also geboten erscheint, den Feuerbereich rasch zu durchschreiten. Jede Truppe zieht es unbedingt vor, sobald als möglich zum Handgefechte zu gelangen und hierdurch die Entscheidung herbeizuführen, als sich lange einer verheerenden Feuerwirkung preiszugeben.«

Im »Vorwärts« fand der Autor daher die Antwort auf die Leitfrage seiner Darstellung[63], deren letzte Folge am 21. Juli erschien, also über zwei Wochen nach der Schlacht von Königgrätz! Übrigens hatte auch Helmuth Graf von Moltke selbst eine aggressive, auf die blanke Waffe setzende Taktik des Gegners erwartet, allerdings nicht wegen der genuinen Überlegenheit dieser Kampfweise, sondern weil er darin einen Weg sah, auf dem die Österreicher ihren waffentechnischen Nachteil ausgleichen konnten: Das Miniégewehr, »obschon durch seine Konstruktion auf das Feuergefecht angewiesen«, müsse dieses dennoch den schnell feuernden preußischen Zündnadelschützen gegenüber meiden und werde daher »sein Heil im Bajonett-Kampf suchen«. Allerdings glaubte Moltke, der Gegner werde dafür be-

---

59 Vgl. Engels, The history of the rifle (wie Anm. 57), S. 594.

60 Vgl. Eine Betrachtung über den Werth von Schnellfeuer (wie Anm. 48), S. 349.

61 Carl Morawetz, Rückblicke auf unsere Taktik auf dem nördlichen Kriegsschauplatze 1866 – nebst einigen Andeutungen zu Änderungen unserer taktischen Grundformen, in: Österreichische Militärische Zeitschrift (ÖMZ), 7 (1867), 3. Bd, S. 319–326, hier: S. 322.

62 Wer wird Sieger sein?, in: AMZ, 41 (1866), S. 185–187, 194 f., 202 f., 211, 221–223, 231 f., hier: S. 186.

63 Vgl. ebd., S. 231 f.

decktes Terrain aufsuchen, weil Sturmläufe über offenes Gelände keine Erfolgsaussichten hätten. Er berechnete, daß angreifende Infanterie über eine Entfernung von 500 Schritt bis zur Stellung des Verteidigers 16 Salven aus Hinterladungsgewehren überstehen müßte[64]. Auch Plönnies, der die Ereignisse auf dem dänischen Kriegsschauplatz sorgfältig beobachtet hatte[65], warnte eindringlich: »ein wirkliches scharfes Schnellfeuer überwindet man nicht mit dem Bajonett: auch den kühnsten Sturmlauf hemmt das tödtliche Blei[66].«

In der Diskussion der fünfziger Jahre hatte der Streit darüber, ob dem Vorder- oder dem Hinterlader der Vorzug zu geben sei, eine geringere Rolle gespielt als der, ob und wenn ja welchen Einfluß die neuen Waffen an sich auf das Gefecht der Zukunft nehmen würden. Die Überzeugung, daß das »Miniégewehr eine Kriegsfeuerwaffe in ihrer höchsten Vollendung«[67] sei, teilten jedenfalls die meisten, was ja schon die tatsächlichen Rüstungsentscheidungen dieses Jahrzehnts zeigen. Das Hauptargument gegen den Hinterlader war neben der vermeintlichen Kompliziertheit und Empfindlichkeit des Zündnadelgewehrs die Furcht vor allzu raschem Munitionsverbrauch[68]. 1852 erschien in Berlin die Schrift eines »alten Schützen«, der die neue Waffe angesichts ihrer Feuergeschwindigkeit »vielleicht mehr schädlich als nützlich« fand[69] und deshalb empfahl, das Gewehr nur für Sonderaufgaben zu verwenden[70]. Der schon mehrfach erwähnte Wilhelm von Plönnies konzentrierte seine Aufmerksamkeit noch 1861 auf das Präzisionsgewehr an sich[71], und Präzisionswaffen waren Miniégewehr und Zündnadelgewehr gleichermaßen. Drei Jahre später aber sah er im preußischen Hinterlader,

> »wenn auch noch mit mancher kleinen Unvollkommenheit behaftet, doch unbestritten die vollendetste und bewährteste Verwirklichung eines Gedankens [...], der sich von der höchsten Entwicklung unserer Feuertaktik durchaus nicht trennen lässt[72].«

Spätestens seit dem Deutsch-Dänischen Krieg war es dann weniger ein Erkenntnis- als ein Umsetzungsproblem, das die Armeen am Vorderlader festhalten ließ: »Werth und Material des vorhandenen, meist neu angeschafften Materials stehen jedenfalls der Neuerung weit mehr im Wege, als irgend ein taktisches oder technisches Bedenken[73].« Österreich und Bayern setzten 1865 Kommissionen ein, die für

64 Vgl. Allerhöchste Verordnungen über die höheren Truppenübungen, Berlin 1861, S. 33.

65 Vgl. Wilhelm von Plönnies, Neue Studien über die gezogene Feuerwaffe der Infanterie. Supplement-Band: Das Zündnadel-Gewehr, Darmstadt, Leipzig 1865, S. 140 f.

66 Ebd., S. 7.

67 Welcher Zukunft geht die Reiterei entgegen (wie Anm. 33), Sp. 183.

68 Diese Befürchtung hatte auch Generalleutnant Braun, Generalinspekteur der Gewehrfabriken Preußens, veranlaßt, sich der Einführung des Zündnadelgewehres zu widersetzen. Vgl. Thiede, Der lange Weg (wie Anm. 15), S. 38.

69 Vgl. Das Preußische Zündnadel-Gewehr, seine Bestimmung und Bedeutung, Berlin 1852, S. 8 f.

70 Vgl. ebd., S. 13 ff.

71 Vgl. Plönnies, Neue Studien (wie Anm. 21).

72 Wilhelm von Plönnies, Neue Studien über die gezogene Feuerwaffe der Infanterie, Bd 2, Darmstadt, Leipzig 1864, S. 269.

73 Plönnies, Neue Studien über die gezogene Feuerwaffe (wie Anm. 65), S. 20; als Hessen nach dem Deutsch-Dänischen Krieg in Württemberg anfragte, ob man dort eine Umrüstung auf Hinterladerwaffen beabsichtigte, antwortete das dortige Kriegsministerium, daß dies wohl in nicht zu fer-

ihre jeweiligen Armeen ein geeignetes Hinterladermodell auswählen sollten[74]. Während die bayerische Armee allerdings ihre Taktik mit Rücksicht auf die in Dänemark gezeigte enorme Feuerkraft im defensiven Sinn umstellte[75], setzte die österreichische Armee weiterhin auf Stoßtaktik[76]. Der 1862 verfügte Ersatz der veralteten Standkimmen durch verstellbare Visiere[77] blieb in der österreichischen Armee daher ohne Folgen für Kampfverfahren und Schießausbildung[78]. In Bayern dagegen begriff man, welche Bedeutung dieser Dienstzweig durch die allgemeine Einführung von Präzisionswaffen gewann, schuf 1859 eine neue Schießvorschrift und vermehrte die Übungsmunition erheblich[79].

Der böhmische Feldzug machte den Kontroversen um Feuer- oder Stoßtaktik ein Ende. Im Besitz eines schnell feuernden Hinterladergewehres erkannte man nun eine »militärische Existenzfrage«[80], und so brach ein beispielloser Gewehrboom aus. Vorhandene Miniégewehre baute man zu Hinterladern um und entwikkelte gleichzeitig neue Hinterladergewehre von kleinerem Kaliber, aber gesteigerter ballistischer Leistungsfähigkeit. Die Befürchtung, die Schützen würden ihre Munition zu schnell verbrauchen, bestand zwar weiterhin, doch wurde die höchstmögliche Feuergeschwindigkeit jetzt zu einem wichtigen Qualitätsmerkmal eines Infanteriegewehres: »fast blickt es durch, als ob der Ausgang künftiger Kriege an den 6, 8, 10 oder 12 Schuß per Minute hängen müßte[81].« Mit der preußischen Überlegenheit in der Infanteriebewaffnung, die das Land seit Jahrzehnten weithin unbegriffen besessen hatte, war es jedenfalls vorbei. Frankreich, das die Entwicklung eines Hinterladegewehres seit Jahren ohne besonderen Nachdruck betrieben hatte, führte acht Wochen nach dem Tag von Sadowa ein neues Gewehr ein, dessen Modell natürlich schon vorgelegen hatte. So weit wir sehen, beeinflußte die Qualität

ner Zukunft geschehen werde, einem baldigen Vollzug dieses Schrittes allerdings die mit großen Kosten vollzogene Ausstattung mit konventionellen Waffen entgegenstehe. Hans Reckendorf, Die Württembergischen Handwaffen 1806 bis 1870, Berlin, Bonn, Herford 1993, S. 116.

74 Vgl. Erich Gabriel, Die Hand- und Faustfeuerwaffen der Habsburgischen Heere, Wien 1990, S. 102 f.; Reckendorf, Die bayerischen Handfeuerwaffen (wie Anm. 18), S. 195 ff.

75 Vgl. Eugen von Frauenholz, Die Heerführung des Feldmarschalls Prinzen Carl von Bayern im Feldzug von 1866, München 1925 (= Darstellungen aus der Bayerischen Kriegs- und Heeresgeschichte, Heft 25), S. 21 f.; Frauenholz spricht übrigens von einer »entschiedene[n] Überschätzung des Einflusses der besseren Bewaffnung«.

76 Dabei fehlte es in Österreich nicht an Stimmen, welche auf die 1864 unter Beweis gestellte Leistungsfähigkeit des Zündnadelgewehres hinwiesen: Die Waffenwirkung in den preussischen Gefechten im Feldzuge 1864, bis nach der Erstürmung der Düppeler Schanzen, in: ÖMZ, 5 (1864), Bd 4, S. 126-132; Mollinary, Sechsundvierzig Jahre (wie Anm. 51), S. 100, 140; vgl. auch Manfried Rauchensteiner, Zum »operativen Denken in Österreich« 1814-1914, in: ÖMZ, 12 (1974), S. 121-127, 207-210, 285-291, 379-384, 473-478, ÖMZ, 13 (1975), S. 46-53, hier: S. 380 f.

77 Vgl. Dolleczek, Monographie (wie Anm. 23), S. 97.

78 Mollinary, Sechsundvierzig Jahre (wie Anm. 51), S. 7.

79 Zu Bayern vgl. Oskar Bezzel, Geschichte des Königlich Bayerischen Heeres von 1825 mit 1866, München 1931 (= Geschichte des Bayerischen Heeres. Im Anschluß an einen früheren dienstlichen Auftrag herausgegeben vom Bayerischen Kriegsarchiv, 7. Bd), S. 117 f.

80 Vgl. Das Zündnadelgewehr (wie Anm. 1), S. 253.

81 Das österreichische Werndl-Gewehr und der Werth der großen Feuergeschwindigkeit, in: MWBl, 53 (1868), S. 688-690, hier: S. 689.

der Bewaffnung jetzt erstmals ernsthaft das politische Kalkül. Otto von Bismarck rechnete auch deshalb mit einem friedlichen Ausgang der Luxemburgkrise, weil er wußte, daß Frankreich das neu eingeführte Gewehr erst noch produzieren mußte und daher einstweilen auf seinen völlig veralteten Vorderlader angewiesen war, an einem Krieg also kein Interesse haben konnte. Dagegen wollte die Kriegspartei unter Moltke den aus ihrer Sicht ohnehin unvermeidlichen Krieg möglichst rasch herbeiführen, solange der preußische Vorsprung in der Infanteriebewaffnung noch bestand[82].

Die Frage, wie der Infanterieangriff zu führen sei, wurde durch den allgemeinen Übergang zu schnell feuernden Hinterladern noch drängender. Besonders vorteilhaft schien es, das Gefecht so anzulegen, daß der Gegner die Rolle des Angreifers übernahm, um ihn dann, nachdem er durch das Abwehrfeuer bereits schwer gelitten hatte, im Gegenangriff vollends zu überwältigen. Moltke hatte schon 1865 vorgeschlagen, Defensivstellungen von so offensiver strategischer Natur aufzusuchen, »daß der Gegner genöthigt ist uns in denselben anzugreifen«[83]. Diese Auffassung wurde auch sonst in der Fachpublizistik vertreten[84]. Und in der Defensive war eben alles leichter als im Angriff: »Auf 100 oder selbst 50 Schritt ein ruhiges: ›Legt an‹ [...] und dann ›Feuer‹ – das muss doch einen glänzenden Erfolg haben [...] Dann, wenn sie drüben purzeln, dass es eine Freude ist: ›Tambour‹ und ›vorwärts marsch‹ und den Nachstoss gegeben und dann nachgeschossen[85].« 1866 hatten die Österreicher den Preußen durch das von ihnen gewählte taktische Verfahren diese vorteilhafte Position mehrmals verschafft. Die Annahme lag aber nahe, daß von »einem absoluten Gelingen dieses Bestrebens« nicht die Rede werde sein können, »um so weniger, als sich dieselbe Absicht im Verfahren beider Theile [...] geltend machen wird«[86]. Das Beispiel der Armee Ludwig Benedeks mußte auf den Willen, von vornherein die Rolle des taktischen Angreifers zu übernehmen, mäßigend wirken. Zudem war in fast jedem Krieg zumindest eine Seite an einer raschen Entscheidung interessiert, und die ließ sich, da mochten die Vorteile der Verteidigung noch so deutlich hervortreten, eben nur angriffsweise erreichen. 1870 gerieten die Deutschen in diese Lage.

Die Schlachten des Jahres 1866 führten nicht nur zur schlagartigen Einführung von Hinterladegewehren in allen Armeen, die solche noch nicht besaßen – und das waren alle außer der preußischen –, sondern intensivierten auch die Auseinander-

---

82 Vgl. Max Leyh, Die bayerische Heeresreform unter Ludwig II. 1866-1870, München 1923, in: Darstellungen aus der Bayerischen Kriegs- und Heeresgeschichte, Heft 23, S. 7-96, hier: S. 43, 45.

83 Helmuth von Moltke, Bemerkungen vom Jahre 1865 über den Einfluss der verbesserten Feuerwaffen auf die Taktik, in: Moltkes Militärische Werke. Teil 2, Die Thätigkeit als Chef des Generalstabes der Armee im Frieden, Berlin 1900 (= Moltkes Taktisch-strategische Aufsätze aus den Jahren 1857 bis 1871), S. 43-65, hier: S. 56; der Aufsatz erschien anonym in der Beilage zum Heft 27 des MWBl für den 8.7.1865.

84 Vgl. Hinterlader gegen Hinterlader. Ein anderes Bild!, in: MWBl, 53 (1868), S. 265-268, 273-275, 283-285, 297-299, hier: S. 274.

85 Rüstow, Kriegshandfeuerwaffen (wie Anm. 19), S. 223.

86 Offensive oder Defensive, in: MWBl, 53 (1868), S. 592-593, 600-603, 607-610, hier: S. 608.

setzung mit der gestiegenen Feuerkraft in der Militärpublizistik. Nunmehr konnte es als gesichert gelten, »daß ›bei gleicher Bewaffnung und Ausbildung Frontalangriffe künftig unendlich mörderischer werden müssen‹«[87]. In den Mittelpunkt des Gefechts rückte jetzt der Feuerkampf, auf den alle taktischen Formen abgestimmt werden mußten. Der Bajonettstoß der geschlossenen Massen trat dagegen in den Hintergrund, schien seinen Gefechtswert zu verlieren. Massen taugten nur noch zur Bewegung außerhalb der feindlichen Feuerwirkung und dienten als »Reservoirs, aus welchen die agirenden Kräfte entnommen werden«[88]. Moltke zog aus den Erfahrungen des Jahres 1866 den Schluß, daß Bataillonskolonnen in Zukunft nicht mehr verwendet werden könnten[89]. Die »Verordnungen für die höheren Truppenführer« vom Jahr 1869 bestimmten die Kompaniekolonne zur Hauptgefechtsform der Infanterie, weil sie »eine von den gegenwärtigen Verhältnissen geforderte ausgedehnte und einfache Anwendung des zerstreuten Gefechts« begünstige[90]. Er brachte dabei auch einen Gesichtspunkt ins Spiel, den viele als Bedrohung sahen, andere und auch er jedoch als Chance begriffen, nämlich die Aktivierung einer niedrigeren Ebene der militärischen Hierarchie zur Gefechtsleitung. Die Kompanieführer sollten jetzt als Führer der untersten selbständig handlungsfähigen taktischen Einheit an die Stelle der Bataillonskommandeure treten: »Bei der im Offizierkorps weit verbreiteten Intelligenz darf davon der beste Erfolg erwartet werden[91].« Die Forderung, den Unterführern größeren Spielraum zu geben, wurde auch in der Militärpublizistik immer häufiger vertreten. Die vom schnell feuernden Hinterladergewehr erzwungenen taktischen Formen steigerten »die Ansprüche an die Selbständigkeit und Einsicht der Subalternoffiziere, ja Unteroffiziere in hohem Grade«[92]. Plönnies, der diese Entwicklung bedauerte, weil sie die Einheitlichkeit der Gefechtshandlung bedrohte, sah trotzdem keine Alternative, und er erwartete daher, daß der Charakter des modernen Gefechts »denn auch mit allen Stärken und Schwächen ein ganz besonders jugendlicher« sei[93]. Diesen Gesichtspunkt stellte Theodor Robert May besonders heraus, der 1869 seine damals viel beachteten »Taktischen Rückblicke auf 1866« veröffentlichte[94]. Die Schrift erschien anonym, denn der Verfasser vertrat seine Position mit weniger Zurückhaltung, als es sonst in der übrigens recht offen geführten Diskussion üblich war. Der Stabsoffizier, also der Offizier vom Major aufwärts, sei von langen Jahren »des täglich nörgelnden

87 Hinterlader gegen Hinterlader (wie Anm. 84), S. 267.

88 Offensive oder Defensive (wie Anm. 86), S. 601.

89 Vgl. Helmuth von Moltke, Memoire an Seine Majestät den König vom 25. Juli 1868 über die bei der Bearbeitung des Feldzuges 1866 hervorgetretenen Erfahrungen, in: Moltkes Militärische Werke. Teil 2: Die Thätigkeit als Chef des Generalstabes der Armee im Frieden, Berlin 1900 (= Moltkes Taktisch-strategische Aufsätze aus den Jahren 1857 bis 1871), S. 73–164, hier: S. 94.

90 Vgl. Helmuth von Moltke, Aus den Verordnungen für die höheren Truppenführer vom 24. Juni 1869, in: Ebd., S. 163–215, hier: S. 197 f.

91 Ebd., S. 198.

92 Hinterlader gegen Hinterlader (wie Anm. 84), S. 273; Eine Betrachtung über den Werth von Schnellfeuer (wie Anm. 48), S. 380.

93 Vgl. Das Zündnadelgewehr (wie Anm. 1), S. 35.

94 Vgl. Theodor Robert May, Taktische Rückblicke auf 1866, Berlin 1869.

Dienstes, der zahllosen Inspicirungen« zermürbt: »Er hat Rheumatismus und Kinder bekommen. Der kecke Sinn ist fort.« In den Hauptleuten dagegen sah er »das im Verhältniß tüchtigste Material der gesammten Armee«, waren sie doch, zwischen dreißig und vierzig Jahren stehend, in einem Alter, »in welchem meist der Körper noch allen Anforderungen des Geistes gehorchen kann und dieser Geist, nachdem er alles jugendlich Unreife überwunden hat, noch Elasticität genug besitzt, um thatenfreudig und ehrgeizig sein zu können.« Während der ältere Offizier schon anfange, »seine Pension zu berechnen«, belebe den jüngeren noch der Ehrgeiz, »dieser erste und einzige Hebel aller großen, kriegerischen Erfolge«[95].

Die neuen Waffen beeinflußten aber nicht nur die taktische Leitung des Gefechtes, sondern verlangten auch nach einer neuen Ausbildung des einfachen Soldaten: Der Mann dürfe nicht mehr so ausgebildet werden, »daß er ein hübsches Stück für die Maschine der geschlossenen Ordnung werde, damit man bei Paraden glänzen [!], sondern in seiner Individualität, damit er sich in dem Schwärmgefecht und als Tirailleur recht gut zu benehmen weiß[96].« Solche Forderungen kollidierten allerdings mit einer seit Generationen eingefahrenen Ausbildungspraxis, die dazu führte, daß Vorgesetzte nicht nach der Leistung ihrer Truppe im Schützengefecht beurteilt wurden, sondern nach der Tüchtigkeit im Linienexerzieren: »Der Rekrut wird wie vor 50 Jahren nur als Exercir-Maschine ausgebildet[97].« Klagen wie diese aus dem Jahr 1857 zogen sich noch viele Jahre durch die Militärliteratur. Ein bayerischer Offizier, der 1872 schrieb, die preußische Armee bilde den »einzelnen Infanteristen und Cavalleristen bis zur taktischen Selbständigkeit«[98] aus, idealisierte sicher die tatsächlichen Verhältnisse, wenn sich diese auch gewiß positiv von den tristen Zuständen in der bayerischen Armee vor 1866 unterschieden[99]. Es waren aber nicht nur kulturelle Prägungen des Militärapparates, die einer Individualisierung von Taktik und Ausbildung entgegenstanden, sondern immer wieder die Befürchtung, der taktische Zusammenhang könne verloren gehen[100]. Daraus, daß der Einzelne bei ausgedehnter Anwendung des Plänklergefechts mehr sich selbst überlassen blieb, ergaben sich wieder Impulse für eine intensivere Disziplinie-

95 Ebd., S. 13 f.; das haben sicher nicht alle gern gelesen, und gewiß war es nicht unklug, wenn der Verfasser die Generale ausdrücklich von dieser Regel ausnahm, seien doch unter ihnen die »mürbe gemachten Charaktere zum großen Theil schon ausgefallen. Es bleiben meist entweder solche, deren äußere Verhältnisse ihnen den ganzen Durchgangsprozeß leicht gemacht haben und welche deshalb in die erreichte Generalscharge die geistigen Kräfte ungeschwächt mitbringen, welche ihnen die Natur überhaupt verliehen hat, oder solche, welche den festen Halt in sich selbst gefunden haben«, ebd., S. 15.

96 Noch einmal das Hinterladungsgewehr in taktischer Beziehung, in: AMZ, 43 (1868), S. 307-309, S. 315-317, hier: S. 316; so auch Brandt, Grundzüge der Taktik (wie Anm. 37), S. 141.

97 Rüstow, Über den Einfluß der neuen Feuerwaffen (wie Anm. 47), S. 47.

98 Die Stellung der Bayerischen Armee zum Deutschen Reichs-Heer, in: AMZ, 47 (1872), S. 305-308, 393 f., hier: S. 307.

99 Dazu Wolf D. Gruner, Das Bayerische Heer 1825 bis 1864, Boppard 1971.

100 Erwiderung auf den Aufsatz in Nr. 39 und 40 der AMZ: »Noch einmal das Hinterladungsgewehr in taktischer Beziehung«, in: AMZ, 43 (1868), S. 411-413.

rung[101]. Auf diese Weise gelang es der preußischen Armee, die Gefahr des raschen Munitionsverbrauches zu bannen. Moltke konnte 1869 mit Befriedigung feststellen, daß keine Armee »bis jetzt in dieser Beziehung zu der Fertigkeit unserer Schützen herangebildet [ist], welche angelernt werden, jede Patrone als ein Kleinod zu betrachten, welches nicht umsonst wegzugeben ist[102].« 1866 verbrauchten die preußischen Fußtruppen in Böhmen ganze sechs Patronen pro Mann[103]. Auf dem westlichen Kriegsschauplatz war es am 10. Juli im Rahmen der gewaltsamen Überquerung der Fränkischen Saale durch die preußische Mainarmee zu einem längeren stehenden Feuergefecht zwischen bayerischen und preußischen Truppen gekommen. Dabei feuerten die Bayern mit ihren Vorderladern viermal so schnell wie die zur sparsamen Feuerabgabe erzogene preußische Infanterie[104].

Geländegewandtheit trat an die Stelle absoluter taktischer Formen[105]. Man erwartete, daß der Kampf der Zukunft »einen wesentlich topographischen Charakter«[106] annehmen werde. Hatten Benedeks Instruktionen für die k.k. Nordarmee den Preußen noch vorgeworfen, sie würden »kleinlich« nach Deckung suchen[107], empfahl man das »Niederlegen« nunmehr auch für geschlossene Formationen[108]. Das moderne Gefecht verlangte »die Ausbeutung auch des kleinsten Terrainvorteils«[109]. Viele Soldaten empfanden zwar einen »moralisch anstössigen und unbequemen Charakter« solchen Verhaltens, das dem überkommenen ostentativheroischen Verhalten auf dem Schlachtfeld widersprach, doch hoffte Plönnies, dies durch ausgiebige Übung und zweckmäßige Ausrüstung[110] des Soldaten überwinden zu können[111]. Disziplinierung sollte die Gefahr bannen, »daß mancher Soldat das Aufstehen vergessen resp. auf spätere Zeit verschieben dürfte«[112]. Aus den Erfahrungen des Amerikanischen Bürgerkriegs schloß man bereits auf die Notwendigkeit einer allgemeinen Ausstattung der Infanteristen mit persönlichem Schanzzeug[113], wenn auch zunächst nur zur Geländeverstärkung im Rahmen der Verteidigung.

---

101 Vgl. Über den Einfluß der verbesserten Handfeuerwaffen auf die Infanterietaktik (wie Anm. 40), Sp. 31.

102 Moltke, Aus den Verordnungen für die höheren Truppenführer, (wie Anm. 90), S. 196.

103 Vgl. Das Zündnadelgewehr und die preußischen Erfolge, in: AMZ, 41 (1866), S. 366 f., hier: S. 366; die preußische Mainarmee mußte sich gegen die Süddeutschen mehr anstrengen: Dort verbrauchte der Infanterist durchschnittlich elf Patronen, ebd.

104 Vgl. Aus dem Brückengefecht von Kissingen. Statistisches und Taktisches, in: AMZ, 50 (1875), S. 115-117, 123-126, hier: S. 117.

105 Vgl. Hinterlader gegen Hinterlader. Ein Wort über Infanterietaktik, in: MWBl, 53 (1868), S. 160-164, hier: S. 164.

106 Eine Betrachtung über den Werth von Schnellfeuer (wie Anm. 48), S. 380.

107 Vgl. Taktische und Dienst-Instructionen für die k.k. Nordarmee. Herausgegeben im Mai 1866, von Feldzeugmeister Ritter von Benedek, in: ÖMZ, 7 (1866), 3. Bd, S. 234-250, hier: S. 235.

108 Vgl. Hinterlader gegen Hinterlader (wie Anm. 84), S. 273, 283 f.

109 Eine Betrachtung über den Werth von Schnellfeuer (wie Anm. 48), S. 365.

110 Vorderlader ließen sich nur im Stehen bedienen, so daß die Ausrüstung des Soldaten, sofern sie überhaupt zweckmäßig gestaltet war, den Bedürfnissen des stehenden Schützen entsprach.

111 Vgl. Plönnies, Neue Studien (wie Anm. 72), S. 55.

112 Hinterlader gegen Hinterlader (wie Anm. 84), S. 283 f.

113 Vgl. Der Infanteriespaten, in: AMZ, 43 (1868), S. 260 f.

Auflichtung der Gefechtsformationen und Deckungsstreben verbesserten den passiven Schutz des Angreifers, allein vermochten sie es aber nicht, die Krise des Angriffsgefechts zu beheben, zumal sich der Verteidiger dieser Mittel ebenfalls bedienen konnte, und das im höheren Grad, da er zur Erreichung des Gefechtszwecks seine Position nicht verlassen mußte. Hier brachte die Militärliteratur wieder die Artillerie ins Spiel. Deren Wirkung gegenüber Fußsoldaten beruhte seit jeher auf der größeren Tragweite ihrer Waffen. Diesen Vorsprung verlor sie vorübergehend an die Infanterie, nachdem diese allgemein fernhin treffende Präzionsgewehre angenommen hatte. Dadurch gerieten die glattläufigen Feldgeschütze in die Reichweite der Gewehre, was gravierende Folgen für ihre Verwendungsmöglichkeiten haben mußte. Durch Einführung gezogenen Geschützmaterials gelang es der Artillerie, sich gegenüber der Infanterie wieder ins alte Verhältnis zu setzen. Nachdem die blanke Waffe als traditionelles Mittel der Schlachtentscheidung ihre Bedeutung eingebüßt hatte, suchten die Taktiker seit dem Krimkrieg das »Schwergewicht des Kampfes im Zerstörungsact«, den sie auf die Feuerwaffen gründeten[114]: »Wer von nun an durch das Feuer seinem Feinde den meisten Abbruch zu thun vermag, der entscheidet den Kampf[115].« Daraus ergaben sich Impulse für eine Intensivierung der infanteristischen Schießausbildung und das Streben nach umfassender artilleristischer Kraftentfaltung, um der angreifenden Infanterie den Weg zu bahnen[116], also jene Remedia, die bis 1914 und darüber hinaus die taktische Diskussion bestimmten.

Die Militärpublizistik der Jahre nach 1866 zeigt insgesamt ein hohes Maß an Problembewußtsein und Reformbereitschaft, in der sich das Empfinden ausdrückte, daß durch die Einführung des Hinterladungsgewehres die überkommene Taktik »einen Stoß erhalten [hat], der ihr bis in's Leben gegangen ist«[117]. In dieser Diskussion spielten die Rangklassen der Hauptleute und Majore eine wichtige Rolle, die so einen erheblichen Einfluß auf die Reform des Heeres gewannen[118]. Einen traditionell eingestellten Schreiber hatte dies schon 1852 veranlaßt zu fragen, »welchen Militärgrad die unermüdlichen Verfechter dieser Reformen gegenwärtig bekleiden«[119], und er sprach zuversichtlich die Hoffnung aus,

> »daß dieselben Antragsteller diese angeblichen Verbesserungen wieder rückgängig zu machen suchen, oder doch gewiß nicht bevorworten werden, sobald sie – noch einige

---

114 Vgl. Otto Maresch, Waffenlehre für Offiziere aller Waffen, 2. Aufl., Wien 1880, S. 335.

115 Noch einmal das Hinterladungsgewehr in taktischer Beziehung (wie Anm. 96), S. 308.

116 Vgl. Eine Betrachtung über den Werth von Schnellfeuer (wie Anm. 48), S. 365, 380; Hinterlader gegen Hinterlader (wie Anm. 84), S. 284 f.

117 Gedanken über den Einfluß der Hinterlader auf die Taktik der Infanterie, in: AMZ, 31 (1868), S. 243 f., hier: S. 243.

118 Vgl. Joachim Hoffmann, Wandlungen im Kriegsbild der preußischen Armee zur Zeit der nationalen Einigungskriege, in: MGM, 1 (1968), S. 5-33, hier: S. 33.

119 Das verbesserte Feuergewehr der Infanterie (wie Anm. 41), Sp. 1005 f.; die Veröffentlichungen in Zeitschriften geschahen fast durchweg anonym.

Rangstufen mehr hinter sich haben; denn das, was ihnen jetzt Vortheil bringt[120], wird ihnen nachher zum Nachtheil gereichen[121].«

Ähnlich verhielt es sich in der preußischen Armee zwischen den Kriegen. Schrieb 1868 Plönnies voller Anerkennung, daß die Preußen es 1866 verstanden hätten, unter Ausnutzung der Flexibilität ihres Reglements eine neue Taktik zu entwikkeln[122], deren zentrales Element die Bildung dichter Schützenlinien gewesen sei, empfanden die Preußen insofern wenig Genugtuung: Einmal losgelassen, seien alle in das Kampfgewühl der vorderen Linien geratenen Truppen aus der Hand ihrer Führer geraten. Deshalb trat man in den Friedensjahren dem, was Plönnies so imponiert hatte, also der weitgehenden Bildung starker Schützenschwärme, entgegen:

»Man wollte den aus seinen Ufern getretenen Strom wieder in sein altes Bette zwingen. [...] Die Stimmen, welche auf Grund der Kriegserfahrungen auf Abänderung unserer reglementarischen Fechtweise stellten, wurden zum Theil in offiziöser Weise bekämpft und begann die Meinung in militairischen Kreisen dahin zu neigen, daß der Auflösung des Feuergefechtes durch vermehrte Kolonnendisziplin entgegengewirkt werden müsse[123].«

Man kann in der Fechtweise, die die preußische Armee nach 1866 übte, einen Kompromiß sehen zwischen den Vertretern des Reformflügels, die bereit waren, eine weitgehende Auflösung der taktischen Ordnung alten Stils zu akzeptieren, weil es im modernen Feuer eben nicht mehr anders ging, und den eher traditionell eingestellten Offizieren, die in der Hierarchie weiter oben standen und glaubten, durch Festhalten gewisser Elemente des überkommenen Gefechts in geschlossener Ordnung die Einheit der Kampfhandlung bewahren zu müssen. So zog die deutsche Infanterie »mit einem gewissen zwiespältigen Wesen, einer Doppeltaktik« in den Krieg von 1870[124].

Zum ersten Mal kämpften jetzt Armeen gegeneinander, die beide genau treffende, schnell feuernde Rückladungsgewehre besaßen, die den Schützen große Freiheit in der Stellungswahl gaben. Obwohl man sich mit dieser Eventualität seit Jahren befaßt hatte, erwies sich der Eindruck des Hinterladerfeuers, dem sich beide Parteien erstmals ausgesetzt sahen, wie ein preußischer Infanterieoffizier sechs Jahre nach dem Krieg mit schöner Zurückhaltung schrieb, als ein

»außerordentlicher, die neue und trotz aller vorhergegangenen Voraussetzungen unvermuthete Physiognomie des Kampfes [als] eine sehr überraschende. Die fast immer auf dem Boden liegenden Schützenlinien entzogen sich dem Blick oft der Art, daß man nur am Pulverdampf die Stellung des Feindes zu erkennen vermochte, dennoch aber

120 Nämlich die Freisetzung der Kompanien als selbständig handlungsfähige taktische Körper.

121 Das verbesserte Feuergewehr der Infanterie (wie Anm. 41), Sp. 1006.

122 Wilhelm von Plönnies, Taktische Briefe, in: AMZ, 42 (1867), S. 379-381, 43 (1868), S. 27-29, 34-38, hier: S. 28.

123 Vorschläge, in welcher Weise die Verluste der Infanterie im feindlichen Feuer zu vermindern sind, in: MWBl, 58 (1873), S. 774-779, hier: S. 774.

124 Vgl. Albert von Boguslawski, Die Entwickelung der Taktik seit dem Kriege von 1870/71, Bd 1, Berlin, Leipzig 1877, S. 2.

durch sein Feuer aufs Empfindlichste belästigt wurde; nicht vorstürmende Kolonnen, nur lange Feuerlinien, aufgelöste Massen boten sich dem Auge dar[125].«

Was die Kolonnentaktik eben hatte vermeiden wollen, den Zusammenbruch der Ordnung, führte das Feuer gewaltsam herbei[126]. Wo die Kolonnen aber blieben, weil »die Disciplin gegen die Ereignisse kämpfen wollte, da mußten Hunderte diesen Zwiespalt mit ihrem Herzblut bezahlen[127].«

Wenn die Truppe auch einerseits von der Gefechtswirklichkeit überrascht wurde, so bildeten die scheinbar neuen Phänomene doch andererseits eine natürliche Verlängerung der Vorkriegserwartungen. Ein sächsischer Offizier, der 1871 schrieb, daß sich nach »mehr oder weniger bitteren Erfahrungen« die Ansicht durchgesetzt habe, Infanterie könne nur noch über offenes Gelände angreifen, wenn dieses die gedeckte Annäherung an die Verteidigungsstellung zulasse und die Artillerie den Angriff vorbereiten und begleiten könne, bemerkte daher ganz richtig, daß diese Einsicht »natürlich billiger zu haben« gewesen wäre[128].

Die Gefechte und Schlachten wurden, ohne daß die Führung dies beabsichtigt hätte, »zu großartigen Tirailleurkämpfen, in welchen ganze Brigaden und Divisionen aufgelöst wurden«[129]. Daran, in solcher Formation zu kämpfen, waren weder Truppe noch Leitung gewöhnt. Auch nach siegreichen Gefechten geriet die Infanterie daher in einen Zustand weitgehender Desorganisation[130]. Zur Hauptaufgabe moderner Taktik wurde jetzt wohl oder übel die »Leitung der aufgelösten Massen«[131]. Die Bewaffnungsfrage schien beantwortet und gab zu wesentlichen Kontroversen keinen Anlaß mehr. Bis etwa 1875 beschafften alle Streitkräfte Rückladungsgewehre für Metallpatronen, die sich zwar in vielen konstruktiven Elementen unterschieden, von denen das wichtigste das Verschlußsystem war, in einem Punkt aber große Ähnlichkeit besaßen, nämlich der ballistischen Leistung, die dem des französischen Chassepotgewehres entsprach. Die militärische Tagesliteratur konnte ihre Aufmerksamkeit nunmehr ganz der taktischen Seite widmen[132]. Dabei ging die Entwicklung nicht nur im Deutschen Reich, sondern auch in anderen Ländern dahin, der unteren Führung besondere Aufmerksamkeit zu widmen[133], womit man einem bereits gebahnten Weg folgte. Die Frage, wie dabei der Zusammenhang der Gefechtshandlung zu wahren sei, führte in Deutschland zur Entwicklung eines später als »Auftragstaktik« populär gewordenen Führungsverfahrens, das den Ge-

[125] Ebd., S. 39.

[126] Zur Fechtweise im Krieg von 1870/71 vgl. Frank Kühlich, Die deutschen Soldaten im Krieg von 1870/71, Frankfurt a.M. 1995, S. 343 ff.

[127] Die Verluste der Infanterie in dem letzten Kriege, in: AMZ, 48 (1873), S. 203-206, 211-214, 219-223, hier: S. 220.

[128] Militärische Betrachtungen über den deutsch-französischen Krieg 1870-1871, in: AMZ, 46 (1871), S. 155-157, 164-166, 171-174, hier: S. 165.

[129] Taktik der Infanterie, in: Jahresberichte über die Veränderungen und Fortschritte im Militairwesen, hrsg. von Heinrich von Löbell, 1 (1874), S. 457-480, hier: S. 458.

[130] Vgl. Boguslawski, Die Entwickelung der Taktik (wie Anm. 124), S. 38.

[131] Albert von Boguslawski, Die Entwickelung der Taktik seit dem Kriege von 1870/71, Bd 2, Berlin, Leipzig 1878, S. 55.

[132] Vgl. Taktik der Infanterie (wie Anm. 129), S. 462.

[133] Vgl. Boguslawski, Die Entwickelung der Taktik (wie Anm. 124), S. 49.

fechtsteil des Exerzierreglements für die Infanterie von 1888 prägte. Dieses Reglement, das an die Stelle des bis dahin mit geringen Änderungen gültigen von 1847 trat[134], entstand unter maßgeblichem Einfluß des Generals Sigismund von Schlichting[135], in dem seine Gegner, die an festen Gefechtsformen festhalten wollten, einen »Organisator der Anarchie«[136] sahen. Daß die aufgelöste Ordnung, der »Schwarm«, künftig die eigentliche Kampfform der Infanterie sein werde, die geschlossene Ordnung als Gefechtsformation keine Rolle mehr spielen werde, legte erst dieses Reglement verbindlich fest, galt aber faktisch bereits seit dem Krieg von 1870/71. Als »wunde[n] Punkt der jetzigen Taktik« bezeichnete es 1878 ein preußischer Bataillonskommandeur, daß sie es »physischen und moralischen Schwächlingen [...] leichter als früher ermöglicht, sich den Gefahren des Gefechts zu entziehen«[137]. Daraus ergaben sich wieder Impulse für eine sorgfältige Einzelausbildung des Soldaten, die ihn zum selbständigen Handeln befähigen[138], aber gleichzeitig in die neuen Gefechtsformen »wieder den alten Geist der Disciplin und Ordnung«[139] einpflanzen sollte: »das Ideal einer gesunden Plänklertaktik kann wohl niemals die absolute Selbständigkeit des einzelnen Mannes, – es muss [...] vielmehr die Selbstthätigkeit Aller in der Richtung Eines Willens sein[140].« In diesem Zusammenhang unterließen es die Verfasser nicht, immer wieder auf den erzieherischen Wert der dreijährigen Dienstzeit hinzuweisen, deren »Vortrefflichkeit« nun auch dem »eingefleischtesten Gegner [...] zu Gemüthe gegangen« sei[141]. Nur den stramm gedrillten Soldaten glaubte man in die Freiheit des Schützengefechts entlassen zu können.

Wenn es dem Verteidiger gelang, die abstoßende Wirkung moderner Waffen voll auszunutzen, bot sich schon 1871 eine Perspektive, die auf den Weltkrieg vorauswies: Der Angreifer müßte seine Stärke dann in der Entwicklung einer starken Artilleriemasse sehen und »den Vertheidiger gleich einer zu belagernden Festung [...] behandeln«[142]. Sieben Jahre später, im Russisch-Türkischen Krieg, trugen die Feldschlachten bereits weitgehend den Charakter von Stellungskämpfen. Boguslawski sah in der gesteigerten Wirkung der Feuerwaffen den Hauptgrund für die

[134] Zur Geschichte der preußischen Reglements vgl. William Balck, Zur Geschichte unserer Exerziervorschriften, in: Jahrbücher für die deutsche Armee und Marine, (1906), Bd 1, S. 387-414.

[135] Dazu vgl. Leistenschneider, Auftragstaktik (wie Anm. 40), S. 69 ff.

[136] Rudolph von Caemmerer, Die Entwicklung der strategischen Wissenschaft im 19. Jahrhundert, Berlin 1904, S. 207.

[137] Boguslawski, Die Entwickelung der Taktik (wie Anm. 131), S. 5.

[138] Vgl. Die deutsche Infanterie, Artillerie und Cavallerie im Gefecht und außerhalb des Gefechts 1870/71, in: AMZ, 48 (1873), S. 9-11, 18-20, 25-28, 33 f., 41-44, 121-123, 129-132, 137-139, hier: S. 19.

[139] Boguslawski, Die Entwickelung der Taktik (wie Anm. 131), S. 55.

[140] Carl Ritter von Hoffmann, Die Feuer-Disciplin, Wien 1872, S. 15.

[141] Vgl. Militärische Betrachtungen über den deutsch-französischen Krieg (wie Anm. 128), S. 156; Die Stellung der Bayerischen Armee zum Deutschen Reichs-Heer (wie Anm. 98), S. 307; Aus dem Brückengefecht von Kissingen (wie Anm. 104), S. 123 f.

[142] Einige Bemerkungen über die deutsche und französische Kriegführung, in: AMZ, 45 (1870), S. 403 f.; Boguslawski, Die Entwickelung der Taktik (wie Anm. 131), S. 92 f., 143.

häufige Anwendung von Feldbefestigungen[143] und sagte voraus, daß solche Anlagen auch auf europäischen Kriegsschauplätzen einen integrierenden Teil der Taktik bilden würden. Die Gegenmittel, die er empfahl, beschrieben den Weg, den Theorie und Praxis bis 1914 nahmen: Beweglich gemachte Belagerungsparks, also schwere Artillerie, sollten die Erdwerke zerstören, gegen die sich die Feldartillerie als ohnmächtig erwiesen hatte[144]. Durch rasche Bewegungen, so hoffte er, würde es dem Angreifer allerdings gelingen, das Festlaufen der Operationen im Stellungskrieg zu verhindern[145]. Immerhin: »Die Kriegskunst auf ihrer Höhe wendet alle erlaubten Mittel an. Auch Friedrich der Große verschmähte nicht ein Bunzelwitz[146]. Mögen wir es nie nötig haben[147]!« Um den gefürchteten Frontalangriff zu vermeiden, erstrebten die Deutschen grundsätzlich die Überflügelung des Gegners[148]. Frontalangriffe ohne Flankenangriff schienen nicht mehr gerechtfertigt[149]. Das Streben nach breiter Entwicklung und Umfassung des Gegners bestimmte die deutsche Infanterietaktik bis in den Weltkrieg.

Die Einführung des von hinten zu ladenden Präzisionsgewehres bedeutete für die Infanterie weit mehr als einen bloßen Gerätewechsel. Aufgrund der enorm gestiegenen Feuerkraft war es nicht länger möglich, die Kontrolle im Gefecht in herkömmlicher Weise auf den physischen Zusammenhalt der Truppe zu gründen. Die notwendige Auflösung der Schlachtkörper zwang dazu, wesentliche Leitungsaufgaben nach unten abzugeben.

Die herkömmliche Infanterietaktik sah in der Infanterie vor allem kompakte Formationen von Bajonettträgern, die mit grob gezieltem Massenfeuer auf kurzen Entfernungen danach strebten, zum Gebrauch der blanken Waffe zu gelangen. Diese Nahkämpfer wurden jetzt zu Präzisionsschützen. Über den Gefechtserfolg entschied fortan ein langwieriger Feuerkampf, in dem die Soldaten versuchen mußten, sich den Blicken des Gegners nach Möglichkeit zu entziehen. Dadurch gerieten sie aber auch ihren Vorgesetzten aus den Augen. Diese neue Fechtweise erzwang ein größeres Maß von Selbsttätigkeit des Einzelnen, was auch den Ausbildungsbetrieb verändern mußte. Die Armeen wurden nicht nur in ihren hohen Stäben, sondern auch auf der elementartaktischen Ebene sachlicher und rationeller. Damit folgten sie der allgemeinen kulturellen Bewegung ihres Jahrhunderts.

Ausschlaggebend für den Erfolg wurde fortan die Lernfähigkeit. Wer bei sonst einigermaßen ähnlichen äußeren Voraussetzungen besser hörte, mußte weniger fühlen. In diesem Sinn war die preußische Armee in der Mitte des 19. Jahrhunderts den anderen voraus.

---

143 Vgl. Albert von Boguslawski, Die Entwickelung der Taktik seit dem Kriege von 1871, Bd 3, Berlin, Leipzig 1878, S. 196.

144 Vgl. ebd., S. 197.

145 Vgl. ebd., S. 198.

146 Im Sommer 1761 bezog Friedrich der Große bei Bunzelwitz in Schlesien ein befestigtes Feldlager, weil er nicht hoffen konnte, die überlegenen Heere Österreichs und Rußlands in offener Feldschlacht zu schlagen.

147 Boguslawski, Die Entwickelung der Taktik (wie Anm. 143), S. 202.

148 Vgl. Die deutsche und die französische Kriegskunst, in: AMZ, 45 (1870), S. 323 f.

149 Vgl. Über die Infanterie-Taktik der Gegenwart, in: AMZ, 49 (1874), S. 172-173, 179-182, hier: S. 172.

Günther Kronenbitter

Armeerüstung und wirtschaftliche Entwicklung in Österreich(-Ungarn) 1860 bis 1890

Die Niederlage von Königgrätz war ein Tiefpunkt in der Geschichte der kaiserlichen Armee. In den Tagen nach der verlorenen Schlacht, als noch erforderlich schien, sich für eine Fortsetzung des Krieges zu rüsten, begannen in Wien hektische Bemühungen, Österreichs Truppen eine Waffe in die Hand zu geben, die dem preußischen Zündnadelgewehr Paroli bieten konnte. Jahrelang war die Entwicklung von Hinterladergewehren im Ausland beobachtet worden, und der Militärattaché Österreichs in Berlin hatte auf die Vorzüge des Systems Dreyse oft genug hingewiesen. Die Überzeugung, mit dem Lorenz-Gewehr M. 1854 eine besonders gute, zielgenaue Feuerwaffe zu besitzen, und die taktische Doktrin, die nach Solferino am französischen Beispiel gewonnen worden war, ließ den Verantwortlichen in Wien eine Umrüstung auf Hinterladersysteme als nicht besonders dringlich erscheinen. Nun, unter dem Schock der Niederlage, mußte es ganz schnell gehen. So läßt sich aus den Akten des zuständigen Artillerie-Komitees rekonstruieren, unter welchem Zeitdruck das Hinterladersystem Lindner mit einer passenden Munition serienreif gemacht und die Fertigung buchstäblich aus dem Boden gestampft werden sollte. Die enorme Zersplitterung der Produktionskapazitäten in den Händen der zahlreichen kleineren Waffen- und Munitionshersteller wird dabei deutlich. Nicht zuletzt zeigen die Vorgänge im Juli 1866 auch, wie private Rüstungsfabrikanten und Militär zueinander standen. Das Artillerie-Komitee hegte die Vorstellung, auf »der grünen Wiese« ein sogenanntes »Noth-Laboratorium«, eine Fertigungsanlage mit 1000 Arbeitern, 200 Pressen und zahlreichen weiteren Maschinen improvisieren zu können und wunderte sich darüber, daß Wiens Unternehmer nicht bereit waren, ihre Kapazitäten für ein solches Projekt zu opfern[1].

Zur Fertigung für die Armee waren die privaten Rüstungsbetriebe jedoch gerne bereit, und wichtige Unternehmer der Branche spielten eine zentrale Rolle in den Kommissionen, die über eine neue Feuerwaffe für Österreichs Armee entschieden. Ab September 1866 war dies vor allem die »Hinterladungs-Gewehr-Kommission«, in der Wiens größter privater Gewehrhersteller, Fruwirth, vertreten war. Die Kommission hatte den Auftrag, einerseits für die rasche Umwandlung des Lorenz-Gewehrs ein geeignetes System auszuwählen, andererseits aber auch über ein ganz

1 Österreichisches Staatsarchiv, Abteilung Kriegsarchiv (KA), KM CK 1866 32-23/4.

neues, modernes Gewehrsystem zu entscheiden, das mit einer Einheitspatrone aus Metall und mit kleinerem Kaliber ausgestattet sein sollte. Der Auftrag zum Umbau der Lorenz-Gewehre mit dem Klappenverschluß des Wiener Büchsenmachers Franz Wänzl wurde noch in der bis dahin üblichen Weise auf eine ganze Reihe von Herstellern verteilt. Die Einführung des Hinterladergewehrs aber sollte sich in Österreich-Ungarn als entscheidender Schritt im Aufbau einer Massenproduktion von Rüstungsgütern in Privatunternehmen erweisen.

Wie anderswo in Europa, so hatten auch in der Habsburgermonarchie staatliche Werkstätten und Manufakturen Waffen in großer Stückzahl hergestellt, nicht zuletzt auch deshalb, weil sich private Unternehmer den starken Nachfrageschwankungen teilweise nicht gewachsen zeigten[2]. In Wien gab es daher eine staatliche Gewehrfabrik, daneben aber auch zahlreiche Privatbetriebe, die u.a. für das Militär arbeiteten. 1866 belieferten rund 40 Wiener Produzenten die kaiserlich-königliche Armee mit Gewehren, daneben gab es noch bedeutende Waffenerzeuger im angrenzenden Niederösterreich, in Prag und Nordböhmen, in Südkärnten und im oberösterreichischen Steyr. Nicht überall wurden komplette Feuerwaffen hergestellt, sondern vielfach nur Gewehrteile, die dann vor allem in der staatlichen Gewehrfabrik zusammengebaut wurden, so beispielsweise in Steyr. Die Fragmentierung des Marktes bedeutete so lange kein ernsthaftes Problem, als eine Massenproduktion auf der Grundlage von baugleichen Teilen technisch noch nicht möglich schien. Die zwar arbeitsteilig organisierte, im Kern aber noch handwerkliche Herstellung erlaubte es nicht nur einer Vielzahl kleinerer Betriebe, von Rüstungsaufträgen zu profitieren, sondern ermöglichte auch eine relativ flexible Reaktion auf die enormen Schwankungen beim Auftragseingang. Die einzelnen Betriebe konnten bei Ausbleiben von staatlichen Aufträgen in die Herstellung von Jagdwaffen ausweichen oder Eisenteile für Geräte und Fuhrwerke erzeugen. Die Vorgabe von verbindlichen Konstruktionsnormen 1854, als das gezogene Vorderladergewehr mit Kompressionsspitzgeschoß und Kapselschloß nach dem System des ehemaligen Artillerie-Oberwerkführers Josef Ritter von Lorenz eingeführt wurde, bedeutete einen ersten, wichtigen Schritt zur Standardisierung, der aber noch von vielen Herstellern mitvollzogen werden konnte. Die Neubewaffnung mit Lorenz-Gewehren brachte den privaten Gewehrherstellern in Wien und Ferlach sowie den Teileproduzenten in Steyr zahlreiche Aufträge.

Von der zersplitterten Struktur der Waffenbranche, dem zögerlichen Experimentieren mit einer Vielzahl von Hinterladersystemen und dem gescheiterten Versuch, eine Massenfertigung von Gewehren und Munition zu improvisieren, entwickelte sich die Rüstungswirtschaft der Habsburgermonarchie nach Königgrätz entscheidend weiter. Zumindest auf dem Gebiet der Gewehre, ihrer Technik wie ihrer Produktion, gelang es Österreich-Ungarn nach 1866 mit der internationalen Entwicklung Schritt zu halten. Verbunden war die Weltgeltung der Gewehrerzeugung der Habsburgermonarchie vor allem mit einem Namen: Josef Werndl. Werndl hatte den Entwicklungsstand der Gewehrherstellung in der Wiener Firma

2 Vgl. hier und im folgenden: Fritz H. Baer, Die Erzeugung der Handfeuerwaffen in Österreich im 19. Jahrhundert am Beispiel der Fa. Werndl in Steyr, Ms., KA Bibliothek, Sign. Br. 4875.

Fruwirth kennengelernt, wußte aber auch aus eigener Anschauung, daß in den USA neue Produktionsweisen eingeführt und im Bürgerkrieg mit großem Erfolg zur Massenfertigung von Feuerwaffen genutzt wurden. Er verwandelte den ererbten Betrieb in Steyr in eine moderne Fabrik und versuchte seit 1866, bei der Herstellung von Hinterladergewehren entscheidend mitzuwirken. Am Umbau der Lorenz-Gewehre wurde Werndl beteiligt, der Durchbruch seiner Firma zum dominierenden Gewehrhersteller Österreich-Ungarns kam aber mit der Entscheidung der Hinterladungs-Gewehr-Kommission, das von Werndl und seinem Werkmeister Karl Holub konstruierte Hinterladesystem für das neue Gewehr der Fußtruppen auszuwählen. Der gefährlichste Mitbewerber für Werndls Konstruktion war der Wiener Industrielle Edward Paget mit dem von ihm vorgelegten System Remington, das aber als weniger robust eingeschätzt wurde. Günstiger Preis und die schnelle Lieferung einer großen Stückzahl an baugleichen Waffen standen für die Militärbehörden nun eindeutig im Vordergrund, und Werndl verfügte durch den Ausbau der Maschinenausstattung seiner Fabrik über die größten Produktionskapazitäten. Von der Leistungsfähigkeit des Betriebs überzeugte sich die Kommission durch eine maschinelle Probeerzeugung und Ende 1867 erhielt Werndl den Auftrag für 250 000 Gewehre[3].

Dieser Auftrag wurde zum Ausgangspunkt einer erfolgreichen Monopolbildung. Die kleineren Waffenhersteller der Habsburgermonarchie wurden rasch aus dem Markt für Militärgewehre gedrängt; teilweise kaufte Werndl die Konkurrenten auf, schloß die Betriebe und verlegte die Maschinen nach Steyr; auch Fruwirth fiel diesem Konzentrationsprozeß zum Opfer. Um den Auftrag für die Ausrüstung der ungarischen Honvéd nicht an einen Mitbewerber aus der Schweiz zu verlieren, unterwarf sich Werndl der Logik der ungarischen Strukturpolitik und errichtete ein Werk in Budapest, das allerdings nach wenigen Jahren wieder geschlossen wurde. Das Unternehmen festigte seine dominierende Position auf dem inländischen Markt mit der Erzeugung der verbesserten Werndl-Gewehre M. 73 und M. 77. Als in der ersten Hälfte der 1880er Jahre auch in Österreich-Ungarn ein Repetiergewehr entwickelt wurde, war es erneut die Waffenfabrik in Steyr, die zusammen mit dem Eisenbahn-Ingenieur Ferdinand Mannlicher eine Musterwaffe konstruierte, welche die zuständige Militärkommission überzeugte. Das System Mannlicher wurde 1886 eingeführt, 1888 durch die Kaliberverkleinerung von 11 auf 8 mm modifiziert und ab 1896 durch das Mannlichergewehr M. 1895 abgelöst. Es sicherte damit dem oberösterreichischen Unternehmen einen großen Inlandsmarkt. Mit der Akquisition der Aufträge für die österreichisch-ungarische Armee stand Werndl aber auch der internationale Markt offen. Es gelang ihm, sowohl durch den Export eigener Konstruktionen als auch durch Lizenzfertigung für die Armeen anderer Staaten, das weitere Wachstum seines Unternehmens zu sichern. Aufträge wie der zur Lieferung von 460 000 Gewehren des Modells Mauser M. 71 nach Preußen Mitte der 1870er Jahre oder von 435 000 Mannlicher Repetiergewehren M. 93 vom

[3] Vgl. hier und im folgenden: Anton Dolleczek, Monographie der k.u.k. österr.-ung. blanken und Handfeuer-Waffen, unveränd. Nachdr. der Ausg. Wien 1896, Graz 1970; Erich Gabriel, Die Hand- und Faustfeuerwaffen der habsburgischen Heere, Wien 1990.

Kaliber 6,5 mm an Rumänien demonstrierten die Leistungsfähigkeit der Waffenfabrik in Steyr. Die Exporte waren ein Weg, Nachfrageschwankungen im Inland aufzufangen, Diversifizierung – theoretisch zumindest – ein anderer. Die Fabrik in Steyr blieb jedoch fast ausschließlich abhängig vom Waffengeschäft, und erlebte eine Absatzkrise, nachdem die Einführung von Hinterladergewehren für Metallpatronen weitgehend abgeschlossen worden war. Erst das Geschäft mit den neu eingeführten Repetiergewehren führte in der zweiten Hälfte der 1880er Jahre das Unternehmen zu neuen Umsatz- und Gewinnrekorden. Nach der Umrüstung auf rauchschwaches Pulver brach 1897/98 der Gewinn ein und erreichte erst unmittelbar vor dem Ersten Weltkrieg wieder das Niveau der Jahre 1889 bis 1891.

Bei der Gewehrproduktion verfügte Österreich-Ungarn mit dem von Werndl aufgebauten Unternehmen über einen Betrieb, der es mit der internationalen Konkurrenz durchaus aufnehmen konnte. Hier war es gelungen, durch den Export von annähernd der Hälfte der erzeugten Waffen Kapazitäten zu stabilisieren, die durch das stark schwankende Volumen der Inlandsaufträge gefährdet worden wären. Neben den Entwicklungsschüben der internationalen Waffentechnik und der sicherheitspolitischen Lage spielte bei den Rüstungsmaßnahmen stets die Situation der Staatsfinanzen eine maßgebliche Rolle, und so bildete sich unter den militärischen Entscheidungsträgern eine rüstungspolitische Maxime heraus: Nicht zu früh in eine neue Waffentechnik zu investieren, deren Einführung hohe Kosten verursachen würde, wenn nicht die Armeen der Nachbarstaaten einen entscheidenden Vorsprung zu erzielen drohten. Die rasche Abfolge von Neuerungen bei Gewehren und Geschützen, aber auch bei der zugehörigen Munition sorgte dafür, daß durch das Militär systematisch Neuentwicklungen initiiert, erprobt und vorangetrieben wurden; die Beobachtung von Innovationen im Ausland zählte zu den zentralen Aufgaben der Militärattachés. Die begrenzten finanziellen Ressourcen mahnten zur Vorsicht. Zu spät in eine neue Waffe zu investieren, war jedoch ebenfalls gefährlich. Am Beispiel des Repetiergewehrs läßt sich zeigen, daß der Aufbau einer leistungsfähigen Waffenindustrie und die Perfektionierung des Versuchswesens geradezu als Chance begriffen wurden, mit der Einführung neuer Modelle so lange zu warten, bis die Entwicklung im Ausland dazu zwang. Seit Beginn der 1870er Jahre wurden in Österreich-Ungarn Repetiergewehre konstruiert und erprobt. Es war ein Mitarbeiter des 1869 gegründeten, für Rüstungsinnovationen zuständigen »Technischen und administrativen Militär-Komités«, dem es gelang, ein einsatztaugliches Modell zu schaffen. Das nach seinem Erfinder benannte System Kropatschek wurde in Steyr für Repetiergewehre verwendet, die nach Frankreich und Portugal geliefert wurden. Bei Truppenversuchen fand das Repetiergewehr System Kropatschek auch in der k.u.k. Armee großen Anklang, aber das Reichskriegsministerium stellte sich auf den Standpunkt, daß weitere Verbesserungen nötig und möglich seien, ganz abgesehen davon, daß die lange Erfahrung mit Repetiergewehren, ihrer Technik wie ihrer Herstellung, es Österreich-Ungarn erlauben würde, schneller als andere Staaten die neue Waffe einzuführen[4]. Als Deutschland und Frankreich mit der Einführung vorangingen, fiel die Entschei-

[4] KA, MKSM 1881 4-3/1.

dung für das System Mannlicher rasch, aber dem Zwang zu weiteren Innovationen entging man dadurch nicht, folgte doch schon bald die Einführung des sogenannten »rauchschwachen Pulvers«.

Um dieses Pulver in der Habsburgermonarchie herstellen zu können, mußte eine neue Fabrik errichtet werden. Es war die Aktiengesellschaft Dynamit Nobel, die in Kooperation mit der Armee das Gewehrkornpulver M. 90 entwickelte und in ihrem Betrieb in Pozsony (Preßburg) herstellte. Die Heeresverwaltung drängte darauf, eine eigene Fabrikationsanlage aufzubauen, um nicht in Abhängigkeit eines privaten Anbieters zu geraten und, wie man in der Armee selbst formulierte, »um den Preis für das neue Pulver regeln zu können.« Dieses Druckmittel gegenüber Dynamit Nobel kam aber nicht ohne die enge Zusammenarbeit mit dem argwöhnisch beäugten Privatunternehmen aus: in der staatlichen Fabrik in Blumau am Rande des Steinfeldes wurde das rauchschwache Gewehrpulver aus Nitrozellulose gefertigt, das von Dynamit Nobel in einer eigens zu diesem Zweck neben den staatlichen Produktionsstätten errichteten Anlage hergestellt wurde[5]. Die Skepsis gegenüber privaten Produzenten, die sich hier äußerte, spielte auch eine entscheidende Rolle auf dem Gebiet der Artillerierüstung.

Noch im Italienfeldzug 1859 war die österreichische Feldartillerie mit glatten Vorderladern ausgerüstet. Die Kämpfe in Oberitalien bewiesen, daß dieses Geschützmaterial den französischen Kanonen im Hinblick auf die Reichweite sowie der Geschoßstreuung eklatant unterlegen war. Nun machte sich auch die österreichische Armee daran, neue Feldkanonen einzuführen, die, ähnlich wie das System La Hitte, eine Drallstabilisierung des Geschoßflugs bewirken sollten. Zuständig für die Entwicklung einer solchen Kanone war zum einen der General-Artillerie-Direktor Franz Ritter von Hauslab, zum anderen das Artillerie-Komitee, die erst nach den üblichen Kämpfen um Kompetenzgrenzen zu einer gedeihlichen Zusammenarbeit fanden. Der Leiter des Artillerie-Komitees, Wilhelm Freiherr Lenk von Wolfsberg, setzte ganz auf die Nutzung der Schießbaumwolle – er scheiterte damit, als ein schweres Explosionsunglück zum Verbot aller weiteren Versuche führte. Speziell Hauslab wurde angekreidet, daß er zu lange eine Eigenentwicklung anstrebte, anstatt von vornherein die Erprobung und Übernahme des französischen Systems in den Vordergrund der Versuchsreihen zu rücken. Hauslab andererseits war stolz darauf, in kürzester Zeit die staatliche Geschützerzeugung im Wiener Arsenal deutlich modernisiert zu haben. Das Resultat der Bemühungen zeigte mit der Feldkanone M. 63 zwar immer noch einen Vorderlader, aber mit drallstabilisiertem Geschoßflug. Ein erstes gezogenes Hinterladermodell wurde nach einer preußischen Konstruktion als M. 61 für die Festungsartillerie hergestellt[6].

---

5 KA, MS-TIWK 76.

6 Vgl. hier und im folgenden: Anton Dolleczek, Geschichte der Österreichischen Artillerie von den frühesten Zeiten bis zur Gegenwart, Nachdr. der Ausg. Wien 1887, Graz 1973; Wilhelm Plas, Das Geschützmaterial der österreichischen Feld- und Belagerungsartillerie in den Jahren von 1858 bis 1938, KA, B/534:3; Artur Reutter Edler von Vallone, Bronze und Stahl als Rohrmaterial der Geschütze Österreich-Ungarns, in: Wehrtechnische Monatshefte, 41 (1937), S. 549-559.

Nach dem Krieg von 1871 war auch in der Habsburgermonarchie klar, daß ein neues Feldgeschütz, und zwar ein gezogener Hinterlader mit größerer Schußweite, gebraucht wurde. Da weder Eisen noch Bronze für die Herstellung der entsprechenden Rohre geeignet waren, lag es nahe, auf Kanonengußstahl der Firma Krupp zurückzugreifen. Das »Technische und administrative Militärkomité« unter Arthur Graf Bylandt-Rheidt, dem späteren Reichskriegsminister, stellte sich auf den Standpunkt, daß die einheimische Hüttenindustrie nicht in der Lage sei, hochwertigen Gußstahl herzustellen, nur Krupp könne die erforderliche Qualität liefern. Der Kommandant der »Artilleriezeugsfabrik« im Wiener Arsenal, Franz von Uchatius, stellte sich entschieden gegen diese Kaufempfehlung. Er bot als Alternative ein neues, von ihm entwickeltes Verfahren zur Herstellung einer besonders belastbaren Bronze an, die unter dem Namen »Stahlbronze« bekannt wurde. Uchatius vermochte sich aus Gründen, die auch die neueste Studie zu diesem Thema von Helmut Neuhold nicht vollständig klären kann, mit seinem Vorschlag durchsetzen. Im Rückblick erscheint die Festlegung auf Bronze als Material für die Rohre der Feldgeschütze 1875 als Anachronismus und als Beleg für die Rückständigkeit des österreichisch-ungarischen Militärs. Man sollte dabei jedoch im Auge behalten, daß gerade damals auch in Preußen noch einmal die »Bronzezeit« angebrochen war. Hier wie dort spielte zweifellos der Wunsch, die staatliche Geschützproduktion zu retten, eine entscheidende Rolle. Das Selbsterhaltungsinteresse der Organisation kam hier zum Tragen, im Falle der Habsburgermonarchie allerdings verstärkt durch die Furcht davor, nicht nur von Privatunternehmern, sondern darüber hinaus sogar von ausländischen Lieferanten abhängig zu werden. Und schließlich durfte Uchatius für sich in Anspruch nehmen, billiger zu sein als Krupp – ein Argument, das gewissermaßen dauernde Gültigkeit beanspruchen konnte, denn die Möglichkeit, ältere Geschützrohre wieder als Schmelzmasse zu nutzen, trug dazu bei, daß in Österreich-Ungarn die »Bronzezeit« bis ins 20. Jahrhundert dauern sollte[7].

Damit untergrub die Heeresverwaltung jedoch die Entwicklungschancen der heimischen Privatindustrie und behinderte, anders als im Fall der Gewehrproduktion, für längere Zeit die Schaffung entsprechender Kapazitäten. Es blieb der Marine überlassen, durch Aufträge an private Unternehmen die Grundlagen einer modernen Artillerierüstung in Österreich-Ungarn zu schaffen: Die Firma Skoda in Pilsen fand so Zugang zum Rüstungsgeschäft und verfügte schon über Erfahrung in der Herstellung von Marinegeschützen, als sie schließlich auch von der Armee Aufträge erhielt. Daß der Staat sich aus der Geschützproduktion zurückziehen solle, um die Entfaltung einer leistungsfähigeren Privatindustrie zu ermöglichen, das forderte unmittelbar vor Königgrätz der österreichische Handelsminister Bernhard Freiherr von Wüllersdorf-Urbair. In seinem Schreiben an Kriegsminister Karl Ritter von Franck entfaltete er, nur wenige Tage vor der Schlacht von Königgrätz,

7 Vgl. Erich Kurzel-Runtscheiner, Franz Freiherr von Uchatius, in: Blätter für Geschichte der Technik, 1937, H. 4, S. 40–65; Helmut Neuhold, Konkurrenz für Krupp. Das Leben und Sterben des Franz Freiherrn von Uchatius, Diss. phil. Wien 2001. Vgl. auch: Franz Ritter von Uchatius, Stahlbronze, Wien 1874.

marktwirtschaftlich-liberale Kritik an Staatsbetrieben in Bereichen, in denen Innovationskraft das Entscheidende sei:

> »Wo regelmäßig bezahlte Angestellte, deren Zukunft gesichert ist, die nicht ärmer und reicher werden können, zu wirken haben, da können wohl Monopolzwecke verfolgt werden, aber die Entwicklung ihrer geistigen Fähigkeiten ist gelähmt, der Kastengeist mit seinen den Staat bedrohenden Grundsätzen ist ins Leben gerufen und die Talente sind großenteils unterdrückt, weil es für die Betreffenden bequemer ist, die alten Wege zu betreten, als [...] Mühe und Verantwortlichkeit auf sich zu laden, welche Studien und Erörterungen voraussetzen, denen aus dem Wege zu gehen bequemer ist[8].«

Das Kriegsministerium verwahrte sich gegen den Vorwurf, die Privatindustrie nicht mit Aufträgen zu bedenken, konstatierte aber auch, daß die »allgemeine Hebung« der Unternehmen nicht »in sein Ressort« falle. Es sei außerdem sehr zu beklagen, daß sich beispielweise im Unterschied zu England in Österreich Industrielle kaum selbst und mit eigenen Mittel für rüstungstechnische Innovationen engagierten[9]. Die Argumente beider Seiten waren durchaus stichhaltig und sollten es bis 1890 auch bleiben: Die Armee betrieb ihre Rüstungspolitik häufig ohne eine angemessene Berücksichtigung der Auswirkungen auf die private Waffenindustrie, mutete ihr zu, die extremen Nachfrageschwankungen durch Exporte auszugleichen oder drängte sie, wie bei der Geschützerzeugung, auch längerfristig auf Nebenaufträge ab. Andererseits fehlte der k.u.k. Armee bis ins 20. Jahrhundert die aktive Unterstützung durch engagierte Unternehmer. Dazu kamen noch finanzpolitische Rahmenbedingungen, die großzügigen staatlichen Rüstungsprojekten im Wege standen. Letzten Endes hatte beides seine Wurzeln in der wirtschaftlichen Situation.

Daß die Habsburgermonarchie in der zweiten Hälfte des 19. Jahrhunderts im Prozeß der Industrialisierung West- und Mitteleuropas hinter England, Frankreich oder Deutschland zurücklag, ist hinlänglich bekannt. Statt, wie üblich, die Produktionsziffern für Eisen und Stahl oder den Verbrauch an Kohle in absoluten Zahlen oder pro Kopf der Bevölkerung auszubreiten, die diesen Rückstand belegen, ist es sinnvoller, darauf aufmerksam zu machen, daß sich das Urteil über die ökonomische Entwicklung der Donaumonarchie in der neueren wirtschaftshistorischen Forschung weniger harsch ausnimmt[10]: Deutschland, nicht Österreich-Ungarn erscheint eher als der dramatische Sonderfall des Industrialisierungsprozesses auf dem europäischen Kontinent. Dennoch bleiben einige Problemlagen der Wirtschafts- und Finanzentwicklung des Habsburgerreichs, welche die Landrüstung Österreich-Ungarns grundsätzlich beeinflußten. Da war zum einen die konjunkturelle Entwicklung, mit dem Börsenkrach von 1873 als einschneidender Zäsur, die 1867 eine, dank der Kriege 1859 und 1866 besonders kurze Boomphase beendete. Die Wirtschaft der Habsburgermonarchie wuchs Ende der 1870er Jahre nur ganz

8 Wüllersdorf an Franck, 20.6.1866, KA, KM CK 1866 49-3/2.

9 Franck an Wüllersdorf, Entwurf, 27.6.1866, KA, KM CK 1866 49-3/2.

10 Vgl. David F. Good, Der wirtschaftliche Aufstieg des Habsburgerreiches 1750-1914, Wien, Köln, Graz 1986 (= Forschungen zur Geschichte des Donauraumes, Bd 7); John Komlos, Die Habsburgermonarchie als Zollunion. Die Wirtschaftsentwicklung Österreich-Ungarns im 19. Jahrhundert, Wien 1986.

langsam aus der Depression heraus. Das belastete die Staatshaushalte und erzwang gerade in der Zeit der Neubewaffnung der Feldartillerie besondere Sparsamkeit. Der Crash von 1873 brachte zudem die Nachfrage nach Industrieprodukten, vom Roheisen bis zur Maschine, zeitweise zum Erliegen und behinderte die Entwicklung der Rüstungswirtschaft auf mittlere Sicht[11]. Langfristig lag die Bedeutung des Gründerkrachs für die rüstungsindustriellen Kapazitäten der Habsburgermonarchie nicht zuletzt darin, daß sich der Finanzmarkt tiefgreifend wandelte: In- und ausländische Anleger verließen fluchtartig den Aktienmarkt, und die Beschaffung von Kapital zur Gründung neuer Unternehmen oder zur Erweiterung von Produktionsanlagen wurde deutlich schwieriger. Das Bankwesen Österreich-Ungarns, das durch Neugründungen französischer und englischer Investoren belebt worden war, entwickelte sich schließlich immer stärker zu einer »geschlossenen Veranstaltung«, die nach den Traditionen der Wiener Finanzelite des Vormärz bei ihren Geldanlagen vorsichtig zu Werke ging und das Geschäft mit Staatsanleihen risikoreicheren Investitionen vorzog[12].

Zwar bildeten sich rund um die führenden Bankinstitute Industriegruppen, in denen auch die Eisen- und Maschinenindustrie ihren Platz hatte, die wirklichen Stars unter den Unternehmen der Donaumonarchie bildeten aber international wettbewerbsfähige Branchen, allen voran die Zuckererzeugung. Welchen Verlust an unternehmerischem Engagement der Rückzug ausländischer Kapitalgeber bedeuten konnte, zeigt sich beim Vergleich der zurückhaltenden Politik des Bankhauses Rothschild, etwa beim Ausbau der Witkowitzer Bergbau- und Eisenhütten-Gewerkschaft im mährischen Industrierevier mit den Aktivitäten des 1869 gegründeten Wiener Bankvereins, eines Ablegers der mit französischem Kapital errichteten Bodencredit-Anstalt. Der Wiener Bankverein stellte das Kapital zur Expansion von Werndls Unternehmen, das zur AG »Oesterreichische Waffenfabriks-Gesellschaft Steyr« wurde. Unter der Leitung des französischen Bankiers Eugène Bontoux betrieb die neugegründete »Länderbank« Anfang der 1880er Jahre in der »Oesterreichisch-Alpine Montangesellschaft« die Konsolidierung der österreichischen Eisenindustrie im Alpenraum[13].

---

11 Vgl. Scott Eddie, Economic Policy and Economic Developement in Austria-Hungary, 1867-1913, in: The Cambridge Economic History of Europe, vol. 8: The Industrial Economies: The Developement of Economic and Social Policies. Ed. by Peter Mathias and Sidney Pollard, Cambridge 1989, S. 814-885; Roman Sandgruber, Ökonomie und Politik. Österreichische Wirtschaftsgeschichte vom Mittelalter bis zur Gegenwart, Wien 1995 (= Österreichische Geschichte), S. 233-313.

12 Vgl. Eduard März, Österreichische Industrie- und Bankpolitik in der Zeit Franz Josephs I. am Beispiel der k.k. priv. Österreichischen Credit-Anstalt für Handel und Gewerbe, Wien 1968; Bernard Michel, Banques et banquiers en Autriche au début du 20e siècle, Paris 1976; György Kövér, The Austro-Hungarian Banking System, in: International Banking, 1870-1914. Ed. by Rondo Cameron and V.I. Bovykin, New York 1991, S. 319-344; Günther Kronenbitter, Banking and Politics in Austria-Hungary, in: Modern Banking in the Balkans and West-European Capital in the Nineteenth and Twentieth Centuries. Ed. by Kostas P. Kostis, Aldershot 1999 (= Studies in Banking History), S. 178-185.

13 Vgl. Bernard Michel, Zur Gründung der Länderbank. Planung und Einsatz französischen Kapitals im Donauraum (1880 bis 1882), in: Österreichische Osthefte, 28 (1986), S. 440-451.

Selten blieb in Österreich wie in Ungarn – im Vergleich zur Entwicklung in Westeuropa und Deutschland – die Schaffung großer Industriebetriebe durch einzelne Unternehmer bzw. Unternehmerfamilien und ihre Expansion mit Hilfe von Anlegern oder Kreditgebern. Die Schwäche des frühneuzeitlichen Verlagssystems wird in der wirtschaftshistorischen Forschung als mögliche Erklärung dafür genannt, daß Risikokapital, welches sonst oft aus Handels- und Verlagsgewinnen stammte, nicht in ausreichendem Maß für den Aufbau von Industriebetrieben bereit stand. Abgesehen von kurzen Phasen spekulativer Höhenflüge, gab es relativ wenig Investoren, die ihr Geld in den industriellen Aufbau steckten[14]. Während der letzten Jahrzehnte des 19. Jahrhunderts wurde diese Tendenz noch dadurch verstärkt, daß die Gewinne von Aktiengesellschaften in Österreich um ein Vielfaches höher besteuert wurden als in England oder Deutschland. Im Land Joseph Schumpeters war der dynamische Unternehmer eben in erster Linie ein theoretisches Konstrukt[15].

Für den Staat war es schwer, durch gezielte Impulse gegenzusteuern in einer Zeit, in der die Staatsquote niedrig und die Akzeptanz regulierender Eingriffe des Staates in das Wirtschaftsleben relativ gering war. Während in Österreich bis Ende der 1870er Jahre eine klassisch-liberale Wirtschaftspolitik favorisiert wurde, setzte die ungarische Regierung in starkem Maß auf die Förderung der um 1860 noch kaum entwickelten heimischen Industrie. Neben einer entsprechenden Regelung der Transporttarife zählte hierzu auch die Errichtung staatlicher Großbetriebe in Schlüsselindustrien, z.B. der Bau des Stahlwerks in Diosgyör. Am stärksten machte sich der Einfluß des Staates auf die industrielle Entwicklung beim Eisenbahnbau bemerkbar. Die ersten Eisenbahnlinien waren im Vormärz, kaum später als in Frankreich, Belgien oder dem restlichen Deutschland entstanden, auf Grund der mageren Renditen stockte der Bau neuer Bahnen jedoch schon Anfang der 1840er Jahre. Der Staat versuchte diese Lücke zu füllen, allerdings nur mit mäßigem Erfolg. Trotz neuer, von der öffentlichen Hand errichteter Strecken blieb der Ausbau des Eisenbahnnetzes hinter der Entwicklung in den west- und mitteleuropäischen Staaten zurück. Ab 1854 wurde eine dramatische Kehrtwendung versucht: In einer Art Anpassung an das übliche Muster des Eisenbahnausbaus in Europa, als Beitrag zur Sanierung des Staatshaushalts und zur Aktivierung von Privatkapital für den raschen Ausbau des Eisenbahnnetzes, setzte die Wirtschaftspolitik des Neoabsolutismus auf die Rückkehr zum System der Privatbahnen. An der Zurückhaltung potentieller Investoren hatte sich grundsätzlich nicht allzuviel geändert, und es bedurfte daher neben Steuerbegünstigungen und Subventionen der staatlichen Garantie einer Mindestrendite, um die Gründung neuer Eisenbahngesellschaften zu erreichen. Zwar gelang es auf diesem Weg, bis zum Konjunktureinbruch 1857 und dann erneut ab 1867, das Bahnnetz sehr stark auszubauen, aber es war doch

14 Vgl. Richard L. Rudolph, Banking and Industrialization in Austria-Hungary: The Role of Banks in the Industrialization of the Czech Crownlands, 1873–1914, Cambridge 1976.

15 Vgl. hier und im folgenden: Die Groß-Industrie Oesterreichs. Festgabe zum glorreichen fünfzigjährigen Regierungsjubiläum Seiner Majestät des Kaisers Franz Josef I, 5 Bde, Wien 1898; Die Habsburgermonarchie 1848–1918. Bd 1: Die wirtschaftliche Entwicklung. Hrsg. von Adam Wandruszka und Peter Urbanitsch, Wien 1973.

wieder der Steuerzahler, der in massiver Form zur Kasse gebeten wurde, sobald die Depression von 1873 das Transportgeschäft erfaßt hatte. 1876 beliefen sich in Österreich die Garantieleistungen an die Bahngesellschaften auf fast 6 Prozent der gesamten Staatsausgaben, ohne der öffentlichen Hand neues Sachvermögen zufließen zu lassen oder wenigstens die Steuerung und Koordination der Bau- und Tarifpolitik der Unternehmen durch den Staat zu ermöglichen. Wie in Ungarn, wo seit dem Ausgleich von 1867 der Staat direkt in Verkehrswege investiert hatte, so wurde auch in Österreich ab 1877 mit der Verstaatlichung von Bahnen begonnen; vor dem Ersten Weltkrieg waren die Schienenwege und der Bahnbetrieb in der Habsburgermonarchie zum weitaus überwiegenden Teil in der Hand der Staatsbahnen. Trotz des rasanten Ausbaus der Beförderungskapazitäten blieb das Eisenbahnwesen in Ungarn, aber auch in Österreich hinter dem anderer Industriestaaten zurück.

Durch die Studie von Burkhard Köster ist inzwischen belegt, daß die österreichische Armeeführung sehr früh und systematisch den Ausbau des Bahnnetzes gefordert und mitgestaltet hat[16]. Die Verstaatlichung der Bahnen seit den 1870er Jahren eröffneten der Militärkanzlei des Kaisers und dem Generalstab die Möglichkeit, die beiden Regierungen und nicht mehr private Anleger überzeugen zu müssen. Auf Initiative des Generalstabschefs Friedrich Freiherrn Beck-Rzikowsky wurde in den 1880er Jahren der Ausbau der Bahnverbindung nach und innerhalb von Galizien in großem Stil vorangetrieben, in einer Zeit der konjunkturellen Wiederbelebung wie der sicherheitspolitischen Bedrohungsszenarien[17]. Im Unterschied zu den Beschaffungsprogrammen für neue Waffen und Munition oder für den Ausbau von Festungen gingen diese Rüstungsmaßnahmen nicht in den Haushalt des Reichskriegsministeriums ein. Der größte Teil der Rüstungsausgaben im zeitgenössischen, weiten Sinn des Wortes entfiel auf Bezahlung, Verpflegung und Unterbringung der Truppen – einschließlich der Pferde[18]. Bis 1889 hat Österreich-Ungarn auf eine Vergrößerung des Rekrutenkontingents verzichtet, und bei dem damals leicht erhöhten Stand sollte es bis kurz vor dem Ersten Weltkrieg bleiben[19]. Wie Manfred Reinschedl gezeigt hat, waren die Jahre nach 1890 keineswegs eine Periode des Rüstungsstillstands, aber trotzdem büßte die k.u.k. Armee bis 1914 im Vergleich zu anderen Streitkräften an Kampfkraft ein[20]. Die Hauptursache dafür war die Blockade von Rüstungsmaßnahmen, die zum Zankapfel zwischen Wien

---

16 Vgl. Burkhard Köster, Militär und Eisenbahn in der Habsburgermonarchie 1825-1859, München 1999 (= Militärgeschichtliche Studien, Bd 37).

17 Vgl. dazu: Scott Lackey, The Rebirth of the Habsburg Army. Friedrich Beck and the Rise of the General Staff, Westport, London 1995.

18 Vgl. Rainer von Kesslitz, Die Lasten der militärischen Rüstungen Österreich-Ungarns in neuester Zeit (1868-1912), KA, Ms. Allg. Nr. 54.

19 Vgl. Alfred von Wittich, Die Rüstungen Österreich-Ungarns von 1866 bis 1914, in: Berliner Monatshefte, 10 (1932), S. 861-879.

20 Vgl. Manfred Reinschedl, Die Aufrüstung der Habsburgermonarchie von 1880 bis 1914 im internationalen Vergleich, Frankfurt a.M. 2001 (= Beiträge zur neueren Geschichte Österreichs, Bd 16). Vgl. auch David G. Herrmann, The Arming of Europe and the Making of the First World War, Princeton, New Jersey 1996 und David Stevenson, Armaments and the Coming of War: Europe, 1904-1914, Oxford 1996.

und Budapest wurde. Diese Entwicklung setzte in den späten 1880er Jahren ein, wirkte sich aber erst Anfang des 20. Jahrhunderts im militärischen Kräftevergleich aus[21]. Für die strategische Situation und die wirtschaftlichen Möglichkeiten verfügte Österreich-Ungarn 1890 über einen adäquaten Rüstungsstand, trotz der Eigenheiten und Unzulänglichkeiten der staatlichen und privaten Waffenproduzenten. Mit den Worten des Generalstabschefs aus seinem Jahresbericht für 1889 kann allerdings behauptet werden, daß die Bedeutung von Waffentechnik und Rüstungsprojekten im politischen Raum nicht absolut gesetzt werden darf. Beck schrieb:

> »Der friedliche und beruhigende Schein, welcher momentan die allgemeinen Verhältnisse der Staaten umgibt, ist wohl nur die Folge eines rein militärischen Umstandes – nämlich der Durchführung der Bewaffnung mit Repetiergewehren und des Überganges zum rauchlosen Pulver.«

Er fügte jedoch mit Blick auf Rußland und die Krisen der späten 1880er Jahre hinzu:

> »Uns selbst hätten die in Rede stehenden Rücksichten für sich allein in den letzten Jahren gewiß nicht abgehalten, nötigen Falles zu den Waffen zu greifen[22].«

---

21 Vgl. Rudolf Kiszling, Die Entwicklung der österreichisch-ungarischen Wehrmacht seit der Annexionskrise 1908, in: Berliner Monatshefte, 12 (1934), S. 735–749; Günther Kronenbitter, »Krieg im Frieden«. Die Führung der k.u.k. Armee und die Großmachtpolitik Österreich-Ungarns 1906 bis 1914, München 2003 (= Studien zur Internationalen Geschichte).

22 Beck, Über Zukunftskriege, 1889, KA, B/2:244.

Andrew Lambert

Wirtschaftliche Macht, technologischer Vorsprung und imperiale Stärke: Großbritannien als einzigartige globale Macht 1860 bis 1890

Zwischen 1860 und 1890 dehnte Großbritannien formell und informell sein Empire und seine Handelsbeziehungen erheblich aus, ohne sich jedoch in einen Krieg mit einer anderen Großmacht einzulassen. Obwohl es in diesem Zeitraum eine Revolution in der Kriegs-, Kommunikations- und Transporttechnik gab, sowie tiefgreifende Veränderungen im europäischen Staatensystem, sicherte Großbritannien seine Interessen lediglich mit niedrigen und sinkenden Verteidigungsausgaben ab. Diese Umstände spiegeln ebenso eine schlüssige Antwort wider auf Probleme, mit denen der Staat in seinem Inneren konfrontiert war, wie die Entwicklung wichtiger Fähigkeiten zur Bewältigung von Herausforderungen aus vielen Teil der Welt. In diesem Beitrag wird die Entwicklung einer globalen britischen Strategie zwischen 1860 und 1890 untersucht, die maßgeblich durch die expandierenden und sich wandelnden Handelsbeziehungen, die neuen Technologien bei Eisen, Dampf und Telekommunikation und das riesige Ausmaß der potentiellen Verteidigungsanstrengungen[1] beeinflußt wurde.

Die britische Wirtschaft zwischen 1860 und 1890

Bis 1860 hatte die britische Wirtschaft die Anpassung an die »Freihandels«-Politik vollzogen, die auf die Aufhebung der Getreidezölle- und der Navigationsakte in den 1840er Jahren folgte. Mögliche negative Auswirkungen wurden weitgehend durch die ungeheure Expansion der Weltwirtschaft kaschiert. Diese hatte eine Verzehnfachung des Handels zwischen 1850 und 1910 zur Folge, und die Einführung eiserner Dampfschiffe machte die Verluste durch das Ende der Navigationsakte mehr als wett. Der von Goldfunden in Amerika und Australien ausgelöste Wachstumsimpuls, die Fähigkeit, durch Eisenbahnen Kontinente für den Handel zu erschließen, und sinkende Frachtraten im Fernhandel hielten diese Expansion in

[1] Dieser Aufsatz ist Teil einer weitreichenden Neubewertung der britischen Strategie zwischen 1815 und 1914.

Gang. Großbritanniens Anteil an diesem expandierenden Welthandel war relativ stabil, zum Teil, weil sein riesiges Empire sichere Märkte bereitstellte und sehr wichtige Rohstoffe lieferte, als amerikanische und europäische Märkte konkurrenzfähiger wurden, aber auch aufgrund von Zollschranken.

Das Empire war ein wertvolles Teil der Wirtschaft, es war jedoch nie dominant und machte in den meisten Bereichen etwa 25 Prozent des Marktes aus. Der dynamischste Sektor der britischen Wirtschaft war der Export von Kapital, 1890 nahezu 100 Millionen Pfund pro Jahr, wovon ein Großteil außerhalb des Empires investiert wurde. Dieser Sektor war eng mit den Finanzdienstleistungen und den Systemen zur Unterstützung des Handels der Londoner City verbunden, deren Bedeutung im Finanzwesen und im Handel sich durch die britische Führungsposition in der Weltschiffahrt und den damit zusammenhängenden Dienstleistungen ausdrückte. Bis 1900 hatte Großbritannien über zwei Milliarden Pfund im Ausland investiert, um mit den daraus gewonnenen Einnahmen das Bilanzdefizit bei Industriewaren und Nahrungsmitteln auszugleichen[2].

Das englische Pfund und der Freihandel hielten das Welthandelssystem in Bewegung[3]. In dieser Zeit des »Gentleman-Kapitalismus« gelang es der Londoner City und ihren Finanzdiensten, die Wirtschaft zu beherrschen. Die Bindungen zwischen der City und den Regierungen wurden dabei immer enger. Während sich die Bedeutung der Landwirtschaft allmählich verringerte und die Industrieproduktion weiterhin provinziell blieb, wurde die City durch den von ihr erzeugten Wohlstand einflußreich und eine wichtige Quelle für die Staatseinnahmen. Im Gegenzug wurde manche Regierung darauf aufmerksam, daß die führende Rolle des englischen Pfunds und der City im Welthandel eine kostengünstige Regierungsform, niedrige Steuern, ausgeglichene Haushalte, einen Goldstandard und jene Sicherheit widerspiegelte, welche die Royal Navy dem Handel und den weltweiten Investitionen gewährte. Um diese Qualitäten zu erhalten, versuchten spätere Regierungen, den nationalen Wohlstand durch Zahlung von Verteidigungsausgaben zu stützen. Damit steuerten sie einen schwierigen Kurs zwischen dem Eingehen von Risiken und einer Überbeanspruchung nationaler Ressourcen. Im August 1857 verteidigte der Erste Seelord, der Liberale Sir Charles Wood, ein ehemaliger Schatzkanzler, den Truppenabbau nach dem Krimkrieg gegen königliche Kritik, indem er auf die einzigartige Durchhaltefähigkeit der britischen Wirtschaft verwies. Während Rußland und Frankreich durch den zwei Jahre dauernden Krieg vollständig erschöpft wären, sei Großbritannien »bereitwilliger und besser in der Lage, den Krieg fortzusetzen als zu seinem Beginn«[4]. Die meisten liberalen Ökonomen waren der Auffassung, daß dieses Durchhaltevermögen aus niedrigen Steuern und Ausgaben in Friedenszeiten resultierte. Diese Orthodoxie sollte durch Gladstone noch gesteigert werden.

---

2 Die Standarddarstellung dieser Entwicklung ist: Peter J. Cain and Antony G. Hopkins, British Imperialism: Innovation and Expansion, 1688-1914, London 1993. Vgl. insbes. S. 125-177.

3 Vgl. Peter J. Cain, Economics and Empire: The Metropolitan Context, in: The Oxford History of the British Empire, vol. 3: The Nineteenth Century, ed. by Andrew Porter, Oxford 1999, insbes. S. 42-50.

4 Wood-Memorandum vom August 1857: Royal Archives E 49 f. 30.

Der größte politische Nutzen wirtschaftlichen Erfolgs war eine Folge der Beendigung politischer Auseinandersetzungen in der Mitte des Jahrhunderts, so wie es die Befürworter des »Freihandels« stets behauptet hatten. Begrenzte politische Reformen, Wohlstand und Möglichkeiten zur Emigration entschärften die Unruhen in den 1840er Jahren[5]. Während des gesamten Jahrhunderts war die aggressive Expansion des Handels in Gebiete außerhalb des Empires eine Hauptaufgabe der Regierung, vor allem für Lord Palmerston, den Außenminister und Premierminister der Liberalen (1830 bis 1841, 1846 bis 1851, 1855 bis 1858, 1859 bis 1865). Die Antwort auf wirtschaftliche Not im Inland war für Palmerston eine ehrgeizige Außenpolitik, um neue Märkte zu eröffnen[6]. Nach dem Zweiten Reformgesetz von 1867 beherrschten innenpolitische und wirtschaftliche Probleme die britische Politik; sie lösten die der Außenpolitik und Verteidigung ab. Die dominierende Persönlichkeit dieser Zeit, William Gladstone, der Schatzkanzler (1852 bis 1855, 1859 bis 1866) und Premierminister der Liberalen (1868 bis 1874, 1879 bis 1885, 1892 bis 1894), vertrat einen weniger interventionistischen Standpunkt. Mit der Zuversicht, daß sich der britische Handel stets durchsetzen würde und die britische Macht als gegeben voraussetzend, stand er zu einer Zeit an der Staatsspitze, als sehr niedrige Verteidigungsausgaben ein geringes staatliches Engagement widerspiegelten[7]. Mit geringer Wertschätzung für das Empire und Ignoranz, wenn es um Befürchtungen in bezug auf die Verteidigung der Kolonien ging, kürzte er sowohl den Verteidigungshaushalt als auch den Anteil für die Kolonien an diesem Haushalt. Allerdings hatte Gladstones Finanzpolitik einen deutlichen Rückgang der Kosten für die Tilgung der Nationalschuld, dem Erbe aus früheren Kriegen, zur Folge. Er konnte sie von 41 Prozent der Staatsausgaben im Jahr 1860 auf 27 Prozent im Jahr 1890 kürzen[8].

Die Konservativen unter Benjamin Disraeli waren in ihrem Denken weniger ökonomisch ausgerichtet und bekannten sich Mitte der 1870er Jahre offener zum Imperialismus, aber beide Männer – Disraeli wie Gladstone – sahen ihre Außenpolitik durch ökonomische Probleme beeinflußt, vor allem durch den Erwerb der Suez-Kanal-Aktien 1875 und die Besetzung Ägyptens im Jahr 1882[9]. 1888 schwenkte die City zu einer unionistischen/konservativen Einstellung um[10] und zollte den

5 Vgl. Albert H. Imlah, Economic Elements of the Pax Britannica, Cambridge, Mass. 1958, S. 186-188.

6 Vgl. M. Lynn, British Policy, Trade, and Informal Empire in the Mid-Nineteenth Century, in: The Oxford History (wie Anm. 3), S. 101-121; John Y. Wong, Deadly Dreams: Opium, Imperialism and the »Arrow« War (1856-1860) in China, Cambridge 1998, S. 470-478, argumentiert, daß der britische Imperialismus komplex war und ökonomische Schlüsselelemente einschloß, bei denen Palmerston eine Führungsrolle spielte.

7 Vgl. Cain/Hopkins, British Imperialism (wie Anm. 1), S. 204 f.

8 Vgl. Niall Ferguson, The World's Banker: The History of the House of Rothschild, London 1998, S. 819.

9 Vgl. David Kynaston, The City of London, vol. 1: A World of its Own, 1815-1890, London 1994, S. 335-340; Ferguson, The World's Banker (wie Anm. 8), S. 817-826. Was Verbindungen zwischen der Regierung und dem Finanzsektor sowie die kriegerische Haltung der City im Hinblick auf die Absicherung von Investitionen betrifft, vgl. Cain/Hopkins, British Imperialism (wie Anm. 2), S. 206-208.

10 Vgl. Ferguson, The World's Banker (wie Anm. 8), S. 853.

Konservativen größte Anerkennung durch Unterstützung einer Umwandlung der Nationalschuld, indem die Zinsen auf ein Kapital von 500 Millionen Pfund um 0,5 Prozent gesenkt wurden. Darin zeigte sich das Vertrauen auf Frieden und Stabilität. Niall Ferguson hat es so ausgedrückt: »Die Viktorianer schienen das Empire erreicht zu haben, ohne sich zu übernehmen[11].« Dieser Optimismus sollte nicht anhalten, doch war die Schuldenumwandlung von 1888 ein Höhepunkt imperialer Macht.

Die Finanzelite wußte, daß die britische Wirtschaft nur dann blühen konnte, wenn die Welt dem Handel, und die Seewege, über die Güter und Dienstleistungen ausgetauscht wurden, für die britische Schiffahrt offenstanden. In diesem Zusammenhang gewinnt »die Verteidigung des Empires« eine ganz andere Bedeutung. Der Welthandel war die Basis der britischen Macht, und die Absicherung dieses Handels anstelle des Britischen Empires war der Auftrag der Royal Navy. Daß der Handel teilweise auch mit dem Empire stattfand, machte es komplizierter, stellte aber nicht die Grundlagen in Frage[12]. Das Empire trug zur Stabilisierung des internationalen Londoner Kapitalmarktes bei, war aber kein Objekt zum Verteidigen. Im Grunde konnte Großbritannien nicht ohne Welthandel existieren, und dies sicherte den Erfolg der Londoner Finanzwelt, als sie am Anfang des 20. Jahrhunderts durch industrielle und protektionistische Interessen herausgefordert wurde[13].

Europa stellte aus strategischer, nicht aus ökonomischer Sicht die einzige Bedrohung der Wirtschaftsmacht Großbritannien dar. Die britischen Kapitalexporte in die europäische Wirtschaft waren von 50 Prozent im Jahr 1854 auf nur noch 5 Prozent im Jahr 1900 gefallen[14] und der Handel wies die gleiche Entwicklung auf, wenn auch nicht so ausgeprägt. Insgesamt mußten hier Einbußen hingenommen werden, wobei jedoch die übrige Welt den Nachfragerückgang auffing. Somit konnte die britische Wirtschaft bis 1914 einen starken Zuwachs verzeichnen. Solange Europa stabil war, waren auch die britischen Interessen sicher. Die Kriege von 1864, 1866 und 1870/71 bedrohten keine lebenswichtigen strategischen oder kommerziellen Belange, auch wenn diese den Kriegführenden, vor allem die Beachtung der Unabhängigkeit Belgiens im Jahr 1870, deutlich vor Augen geführt wurden. Das alles war für Großbritannien kein Grund einzugreifen. Nur die Bedrohung durch eine potentielle Vorherrschaft in der Rhein/Schelde Region hätte Großbritannien zum Handeln gezwungen. Das war jedoch erst nach 1890 der Fall.

Da Großbritannien keine konkreten Interessen hatte, denen durch Teilnahme an einem europäischen Krieg in diesem Zeitraum gedient gewesen wäre, benutzte

11 John H. Clapham, The Bank of England, vol. 1, Cambridge 1944, S. 318; Ferguson, The World's Banker (wie Anm. 8), S. 863.

12 Vgl. The Oxford History (wie Anm. 3). Die Bedeutung von nicht zum Empire gehörenden Gebieten, des Kapitalexports und des Welthandels für die Aufrechterhaltung der britischen Macht werden in diesem Band erörtert. Es gibt Kapitel über Gebiete, die nie einen Teil des formellen Empires bildeten.

13 Dies betrifft vor allem die Zolltarifreform- und Präferenzzollbewegung zugunsten des Empires von Joseph Chamberlain in den Jahren 1904 bis 1906.

14 Vgl. Ferguson, The World's Banker (wie Anm. 8), S. 680.

es die »Freihandels«-Ideologie, um seine allmächtige Flotte eher als »Weltpolizisten« statt als Speerspitze einer nationalen Strategie einzusetzen. Dieses Handeln, gefördert durch zeitgenössische Publizisten, wirkt auch heute noch irritierend. Und doch war die Verbindung zwischen Handel und Macht eindeutig: 1850 deckte der Einfuhrzoll auf chinesischen Tee mehr als die Ausgaben für die Royal Navy und auch 1857 war es noch mehr als die Hälfte davon[15]. Im Vergleich dazu leisteten die Kolonien, die sich selbst verwalteten, nur einen sehr geringen Beitrag. Großbritannien gab jährlich 1,14 Pfund pro Kopf für die Verteidigung aus, die Kolonien hingegen nur zwölf Pence, was in einem Fall 37 Prozent im anderen drei bis vier Prozent der Regierungsausgaben ausmachte[16]. Pessimistische Zukunftsprognosen in den Kolonien, die häufig mit Schutzzöllen gegen britische Waren einhergingen, beeindruckten die britische Regierung nicht, und so blieben die Verteidigungsausgaben bis 1889 niedrig, zumal es weder in Europa noch in der restlichen Welt zu einer ernsthaften Bedrohung des Empires kam[17].

Verteidigungsausgaben 1860-1890 (in Millionen Pfund Sterling)

	Gesamteinnahmen	Gesamtausgaben	Verteidigungsausgaben	Marineanteil am Haushalt (in %)
1860	70,1	69,6	24,9	15,5
1870	73,7	67,1	21,5	13,9
1880	73,3	81,5	25,2	12,3
1890	94,6	90,6	26,3*	16,8**

* Vgl. Brian R. Mitchell and Phyllis Deane, Abstract of British Historical Statistics, Cambridge 1962.
** Vgl. Beeler, British Naval Policy (wie Anm. 102), S. 58.

Krieg bedrohte das britische System auf dreierlei Arten: Erstens hätte er den Zugang zu Märkten verringert und damit die zugrundeliegende ökonomische Stärke in Frage gestellt, die die Grundlage der britischen Macht bildete. Zweitens hätte er zu höheren Staatsausgaben und Steuern geführt und damit Großbritannien für Anleger weniger attraktiv gemacht und schließlich hätte er wieder grundlegende Fragen der bestehenden Gesellschaftsordnung aufgeworfen, wie während des Krimkriegs (1854 bis 1856), als die Mittelklasse eine stärkere Beteiligung an der Regierung verlangt hatte. Als daher der Zugang Großbritanniens zu Märkten in Frage gestellt wurde, drängte die Londoner City auf einen größeren Ausbau der Marine als eine Art »Versicherungsprämie« für die bestehende Ordnung. Die 1882 als Interessenverband der Finanzwirtschaft gegründete Londoner Handelskammer überzeugte die konservative Regierung zwischen 1886 und 1892 davon, daß ihre gemeinsamen Interessen einen besonderen Schutz der Marine erforderten. 1889, nur ein Jahr nach der Umwandlung der Nationalschuld, brachte die Regierung den Naval Defence Act ein, der – wie Premierminister Lord Salisbury vor der Londoner Han-

15 Vgl. Wong, Deadly Dreams (wie Anm. 6), S. 350-355.
16 Vgl. Cain/Hopkins, British Imperialism (wie Anm. 2), S. 239.
17 Vgl. Ferguson, The World's Banker (wie Anm. 8), S. 812.

delskammer erklärte – den Handel schützen sollte[18]. Es war daher nicht erstaunlich, daß sich die City von den Liberalen abwandte, auch wenn sich das imperialistische Streben durch anhaltendes Investieren in Gebiete außerhalb des formalen Empires in Maßen hielt. Die Wirtschaftsinteressen, die Schutz benötigten, waren global ausgerichtet, sie waren nicht allein auf das Empire beschränkt. Die einzig wirksame Verteidigung bestand in einer maritimen Vorherrschaft, die eher durch Rüstungswettläufe als durch einen Krieg abgesichert wurde.

Allerdings sollte die 1889 beginnende Verstärkung der Marine nicht als negative, defensive Reaktion gesehen werden. Unter der Führung einer erneuerten Royal Navy sicherte sich Großbritannien die Kontrolle über Gold und Diamanten aus Südafrika sowie eine verbesserte Kontrolle über nicht zum Empire gehörende Märkte wie Südamerika[19]. Großbritannien erkannte die Notwendigkeit, Handel und Investitionen unter Umständen durch Krieg zu schützen, aber wirtschaftliche, soziale und politische Rücksichten machten diesen zum allerletzten Mittel der Politik. Statt dessen nutzte Großbritannien seine finanzielle Macht diplomatisch zur Sicherung von Märkten und zum Aufbau der Seemacht. Zur Abschreckung anderer Großmächte, nicht zur Verteidigung auswärtiger Vermögenswerte des Empires, wurde die Royal Navy auf hohem Niveau gehalten. Die nach dem Naval Defence Act gebaute Flotte sollte Gefechte in europäischen Gewässern gewinnen, nicht die Kolonien überwachen. Das Empire würde weiterhin – in welcher Form auch immer – durch Wahrung von Frieden und Stabilität in Europa abgesichert.

Falls ein Krieg ausbräche, sollten die gegnerischen Flotten in ihren Heimathäfen blockiert oder im Gefecht vernichtet werden. Nur im äußersten Fall wären Schiffe in die fernen Winkel der Welt entsandt worden, wozu ausschließlich Großbritannien schnell und effektiv die Möglichkeit gehabt hätte.

Ein Großteil der Infrastruktur, die die ökonomische Vorherrschaft der Londoner City unterstützte und erweiterte, diente auch zur Aufrechterhaltung globaler Macht. Zwischen 1860 und 1890 wurde die Welt durch in London zusammenlaufende, in britischem Eigentum befindliche, von Briten verlegte und betriebene Unterwasserkabel regelrecht umschlungen. Diese Kabel schufen neue Geschäftsarten, sie internationalisierten die Finanzwelt und verstärkten dabei die führende Rolle Londons[20]. 1890 beherrschte die City als Zentrum »einer expandierenden, durch verzögerungsfreie Nachrichtenverbindungen vernetzten Weltwirtschaft« die britische Wirtschaft und sorgte dafür, daß die Regierungen ihre Bedeutung verstanden und unterstützten[21].

Die treibende Kraft des Welthandels, das weitgehend von Briten gebaute Dampfschiff aus Eisen, hing vom Kabel ab, sei es durch Informationen über den Markt, durch die Lieferungen britischer Kohle für den Antrieb oder Exportgarantien. Zusammen mit dem Londoner Versicherungs- und Schiffahrtsmarkt versetzten diese Mittel Großbritannien in die Lage, den Kabelverkehr und die Schiffsbewe-

---

18 Vgl. Kynaston, The City of London (wie Anm. 9), S. 377 f.

19 Vgl. Cain/Hopkins, British Imperialism (wie Anm. 2), S. 315.

20 Vgl. Kynaston, The City of London (wie Anm. 9), S. 175, 226, 258, 260, 306, 348 f.

21 Vgl. ebd., Zitat S. 400, vgl. S. 430–436, was die Baring-Krise von 1890 betrifft.

gungen feindlicher Mächte zu überwachen. Die enge Beziehung zwischen ökonomischer Aktivität und imperialer Strategie schränkte die Rolle der Regierung ein, ebenso wie die Ausgaben zur Bereitstellung wichtiger Infrastruktur für die Unterstützung von Kabelgesellschaften, die Verteidigung von Häfen zur Bekohlung und das gelegentliche Vorantreiben bestimmter Projekte wie der »roten« Kabeltrassen. Die Hauptlast wurde von privaten Investoren getragen.

Technologischer Vorteil

Die erstaunliche Entwicklung der Militärtechnik und verwandter Technologien zwischen 1860 und 1890 änderte die Beziehung zwischen land- und seegestützter Strategie zum Vorteil Großbritanniens grundlegend. Die Fähigkeiten zur Machtprojektion, die ökonomische Hebelwirkung und die Kommunikationsgeschwindigkeit seegestützter Systeme wurden alle durch Technologie verbessert. Zwischen 1840 und 1860 verwandelten dampfgetriebene Kriegsschiffe, schwere Geschütze und Explosivgeschosse, eiserne Schiffskörper und Panzerungen die strategische Beziehung zwischen Land und Meer[22]. Dampfschiffe konnten bestehende Küstenverteidigungsanlagen passieren, die zur Abwehr von Segelschiffen gebaut waren, während gepanzerte Feuerkraft und weitreichende Geschütze Festungen oder die hinter ihnen liegenden Arsenale und Städte zerstörten. Dampfgetriebene Handelsschiffe machten es möglich, immer größere Expeditionsverbände zu transportieren und über See zu versorgen[23]. Landgestützte Systeme waren schon aufgrund des bloßen Umfangs der Verteidigungsaufgabe dieser sich steigernden Fähigkeit, Macht zur Geltung zu bringen, nicht gewachsen. Es war ökonomisch unmöglich, feste Verteidigungsanlagen an der gesamten Küste Rußlands, Frankreichs oder der Vereinigten Staaten gegen die britische Seemacht zu errichten. Im Gegensatz dazu erhöhte die Fähigkeit der Briten, ihre beweglichen Kräfte zu sammeln und sie an irgendeinem Ort der Welt einzusetzen, ihre Abschreckungswirkung erheblich und begrenzte ihre Kosten.

Diese verbesserte Fähigkeit war sorgfältig entwickelt worden. Großbritannien erbrachte in den 1840er Jahren Pionierleistungen bei vielen Schlüsseltechnologien und deren offensichtlich weniger kriegsbezogenen Nebenprodukten, um eine französische Herausforderung seiner Seeherrschaft abzuwehren. Als der Krimkrieg im März 1854 ausbrach, übertrugen britische Planer die Pläne für einen Angriff auf Cherbourg einfach auf russische Arsenale[24]. Sobald die massive private Schiff- und Maschinenbauindustrie Großbritanniens darauf ausgerichtet war, eine neue Flottille

22 Vgl. Steam, Steel and Shellfire: The Steam Warship, 1815-1890, ed. by Andrew D. Lambert, London 1991, gibt eine umfassende Analyse dieser Entwicklungen.

23 Der Krimkrieg (1854-1856) und der Amerikanische Bürgerkrieg (1861-1865) waren die Hauptdemonstrationen dieser Machtverstärkung. Vgl. Andrew D. Lambert, The British response to the construction of Cherbourg, 1840-1850. A study in strategy, technology and infrastructure. 7. Anglo-French Naval History Conference, Greenwich, April 2001.

24 Vgl. Andrew D. Lambert, The Crimean War: British Grand Strategy against Russia, 1815-1856, Manchester 1990, S. 73 f.

zu bauen, wurden die Pläne zur Führung eines Küstenkriegs angewandt. In einer zweitägigen Beschießung wurde die Schiffswerft bei Sweaborg durch Fernfeuer ohne den Verlust auch nur eines einzigen Mannes zerstört[25]. Spätere britische Pläne zum Angriff auf Kronstadt und St. Petersburg mit einem viel größeren Verband, darunter auch Panzerschiffe, brachten Rußland 1856 dazu, um Frieden nachzusuchen. Auch auf andere Mächte verfehlte die Lektion ihre Wirkung nicht, die für Kronstadt gebauten Schiffe wurden 1856 am Sankt-Georgs-Tag (dem 23. April) bei Spithead vorgeführt. In der Times hieß es dazu:

> »Ein neues System der Seekriegführung ist geschaffen worden [...] Wir verfügen jetzt über die Mittel, um wirklich einen Angriffskrieg führen zu können, nicht nur gegen Flotten, sondern auch gegen Häfen, Festungen und Flüsse, nicht einfach dadurch, daß wir Blockaden errichten, sondern auch dadurch, daß wir in das Land eindringen und den Seekrieg mitten in dessen Zentrum tragen[26].«

Die Vorführung zeigte dem versammelten diplomatischen Korps, daß die Cherbourg-Strategie ebensogut an einem anderen Ort angewandt werden konnte. Unter den wichtigeren Beispielen sind die »Trent-Krise« von 1861[27], drohende kriegerische Auseinandersetzungen mit Rußland 1878 und 1885 und die »Faschoda-Krise« von 1898 zu nennen. Bei jeder dieser Gelegenheiten schreckte die Androhung eines Angriffs auf einen großen Marinestützpunkt, eine Festung oder eine Stadt feindselige Handlungen gegenüber britischen Interessen weit unterhalb der Kriegsschwelle ab.

Diese positiven Entwicklungen wurden von Historikern, die sich mit der Geschichte britischer Macht beschäftigt haben, nicht zur Kenntnis genommen. Unter Anwendung eines Niedergangsmodells[28] argumentieren sie, daß Großbritannien durch einen ernsthaften Angriff auf seine Schiffahrt bis zur Unterwerfung hätte ausgehungert werden können. Dieses Argument läßt sich angesichts der führenden Rolle Großbritanniens in der Weltschiffahrt, bei Kohle, auf den Versicherungsmärkten und bei Nachrichtenverbindungen nicht aufrechterhalten. Die Bedrohung wurde eher vermindert statt erhöht. Einer zehnfachen Zunahme des Welthandels zwischen 1860 und 1900 entsprach ein nahezu identisches Wachstum bei der jährlichen Tonnage des Schiffsverkehrs[29]. Außerdem verdrängte die zunehmende Leistungsfähigkeit der Schiffsdampfmaschinen[30] die wichtigsten Tätigkeiten auf den

[25] Vgl. Andrew D. Lambert, Under the Heel of Britannia: The Bombardment of Sweaborg, August 1855, in: Seapower Ashore, ed. by Peter Hore, London 2001.

[26] Leitartikel vom 24.4.1856, in: Andrew D. Lambert and Stephen Badsey, The War Correspondents: The Crimean War, Gloucester 1994, S. 304 f.

[27] Vgl. Andrew D. Lambert, Winning without fighting: British Grand Strategy and its application to the United States, 1815-1865, Michael Handel Memorial Conference, US Naval War College, Nov. 2001.

[28] Hinsichtlich einer Erörterung dieser These vgl. Andrew D. Lambert, The Royal Navy, 1856-1914: Deterrence and the Strategy of World Power, in: Navies and Global Defence: Theories and Strategy, ed. by Keith Neilson and Elizabeth J. Errington, Westport, Conn. 1995, S. 69-92, insbes. S. 71-74.

[29] Die pro Seemeile im Jahr beförderten Tonnen, nicht die Größe des Schiffsbestands, wären hier der Schlüsselindikator. Dampfschiffe machen mehr Fahrten als Segelschiffe, und schnellere Schiffe mehr als langsame.

[30] Vgl. Denis Griffiths, Steam at Sea: Two Centuries of Steam-Powered Ships, London 1997.

Segelschiffen und kanalisierte die Schiffahrt auf eng definierten Routen. Das Argument, diese Entwicklungen schadeten Großbritannien, war logisch falsch. Seine Wiederholung in der heutigen Zeit erfordert eine unkritische Übernahme der bewußt schwarzseherisch vorgebrachten Argumentation der Londoner City und des Marinenachrichtendienstes Ende 1880, einzig und allein zur Steigerung des Marineetats[31].

Tatsächlich nahm die Bedrohung für die Seeschiffahrt ab. Um wirkungsvoll operieren zu können, waren die Kriegsschiffe auf den Zugang zu Hauptstützpunkten angewiesen. Ihre komplizierten Hochleistungsmaschinen erforderten eine umfangreiche sachkundige Wartung[32]. Geschwindigkeit und Reichweite wurden durch Unterwasserbewuchs beeinflußt, der nur in einem Trockendock entfernt werden konnte. Ohne einen geschützten Ankerplatz konnten Kriegsschiffe nicht einmal Kohle an Bord nehmen, und 1890 war für die Seestreitkräfte kein Verlaß mehr auf Segelschiffe. Nur Großbritannien verfügte über ein globales Netz von Marinestützpunkten und Handelshäfen, von denen aus gut gewartete, mit Kohle versorgte Kreuzer auslaufen konnten, um eine Bedrohung abzuwehren. Die Gegner Großbritanniens hatten nur wenige Stützpunkte außerhalb ihres Staatsgebiets, und keiner kam an die Größe und Qualität der britischen heran. Jeder Angriff in diesem Zeitraum auf den britischen Seehandel, der schon durch die Abschaffung des Kaperkrieges gelähmt war, wäre nur von kurzer Dauer und unwirksam gewesen[33].

Marineplaner erkannten Großbritanniens Macht, die Schiffahrt eines jeden Widersachers zum Erliegen zu bringen, mit schwerwiegenden Folgen für dessen Fähigkeit zur Kriegführung. Die Wirtschaftsblockade war ein Hauptthema in den neuen Marineschriften, die 1890 zu erscheinen begannen[34]. Großbritannien hatte immer schon seine Seemacht dazu genutzt, das Wirtschaftsleben seiner Rivalen zu schwächen, aber die Wirksamkeit von Blockaden war durch die Entwicklung der Marinetechnik zwischen 1860 und 1890 erheblich verbessert worden.

Es war weniger die Größe als die effektive Leistung der britischen Streitkräfte, die zunahm, aber der Schlüssel für die wirksame Nutzung zur Sicherung britischer Interessen war eine verbesserte Kontrolle (das moderne Konzept netzwerkzentrierter Kriegführung). Nach 1815 wandte Großbritannien erhebliche finanzielle und technische Mittel auf für die Bereitstellung überlegener weitreichender Nachrichtenverbindungen, und übernahm dadurch eine führende Rolle bei der Entwicklung von Ozeandampfern und Unterwassertelegrafenkabeln. Zwar waren diese Entwicklungen im wesentlichen kommerzieller Art, aber sie wurden durch den Einsatz staatlicher Mittel unterstützt, gelenkt und beeinflußt. In jedem Stadium

31 Vgl. R. Mullins, »Sharpening the Trident« 1889, Diss. London 2000.

32 Am Ende einer Atlantiküberquerung mit dreiviertel Maschinenleistung durch einen Kreuzer mit Dreifachexpansionsmaschine hätte ein Werftaufenthalt und eine wochenlange Instandsetzung gestanden.

33 Was die rechtlichen und strategischen Fragen betrifft, vgl. Andrew D. Lambert, Great Britain and Maritime Law from the Declaration of Paris to the era of Total War, Konferenzvortrag, im August 2001 in Oslo gehalten. Das Scheitern des deutschen Kreuzerkrieges im Jahr 1914 ist lehrreich.

34 Vgl. Alfred T. Mahan, The Influence of Sea Power upon the French Revolution and Empire, Boston 1892 ist das aufschlußreichste Werk.

wurden Geschwindigkeit und Zuverlässigkeit erhöht durch die Fähigkeit, vom Mittelpunkt aus Randgebiete zu kontrollieren und, was noch wichtiger war, vom Zentrum bzw. von den Randgebieten aus Einsatzkräfte zu senden, um bedrohte Regionen zu unterstützen. Auf diese Weise wurde das formelle und informelle Empire zu einer einzigen strategischen Einheit zusammengeschweißt[35]. Verbesserte Nachrichtenverbindungen waren für Großbritannien besonders nützlich, weil es allein in der Lage war, die Informationen zur Verlegung seiner Kräfte in der ganzen Welt zu nutzen. Einem Feind konnte es solche Nachrichtenverbindungen auch verwehren. Da Großbritannien die Meere und nahezu alle Unterwasserkabel sowie die Kabellegeschiffe kontrollierte, konnten feindliche Kabel gekappt oder anderweitig genutzt werden[36].

Das Unterwassertelegrafenkabel kam in den 1840er Jahren auf und weckte sofort das Interesse der Marine. Zum ersten Mal eingesetzt, um 1851 Dover und Calais miteinander zu verbinden, schuf es eine neue Art globaler Stärke. Leistungsfähige Nachrichtenverbindungen verbesserten die zentrale Kontrolle, indem sie den lokalen Handlungsspielraum verringerten und es gestatteten, Einsatzkräfte zur Verstärkung in jede bedrohte Region zu entsenden. Nordamerika wurde 1867, Indien 1870, Australien und Japan 1872, Brasilien 1873 und die übrige Welt bald danach angeschlossen. Die Verbindungen zwischen der Haupttelegrafengesellschaft, der Eastern und der Regierung waren eng[37], und in Krisenzeiten, vor allem während der Besetzung Ägyptens 1882, tat die Gesellschaft mehr als was von einem Handelsunternehmen erwartet werden konnte[38].

Der Zulu-Krieg von 1878 war einer der ersten bedeutenden Konflikte, bei denen strategische Nachrichtenverbindungen zum Verlegen von Einheiten dienten, dabei wurde ein neues Kabel von Aden nach Durban gelegt zur Verbesserung der zentralen Kontrolle[39]. Das Empire wurde nun als eine Einheit, nicht mehr als eine Anzahl geographisch und intellektuell unterschiedlicher Gebiete verteidigt. 1899 dauerte es nur zwei Monate, um für den Krieg in Südafrika 3000 Meilen Kabel von den Kapverdischen Inseln bis nach Kapstadt zu verlegen[40]. Für die Franzosen war das Kabelnetz ein wichtigerer Bestandteil der Macht Großbritanniens als die Marine, was kaum verwundert[41].

---

35 Als Beispiel kleinerer Stützpunkte des Empires vgl.: Sandra J. Earle, A Question of Defence: The Story of Green Hill Fort, Thursday Island, Queensland 1993. Dieses Fort schützte den Hauptschiffahrtsweg und den Kohlenbunker in der Torres-Straße. Es wurde von Queensland gebaut, während die Regierung des Empires Geschütze bereitstellte.

36 Vgl. Daniel R. Headrick, The Invisible Weapon: Telecommunications and International Politics, 1851-1945, New York 1991; Paul M. Kennedy, Imperial Cable Communications and Strategy, 1870-1914, in: English Historical Review, 86 (1971), S. 728-752.

37 Was Verbindungen zwischen Lord Stanley, dem späteren 15th Earl of Derby, und dem Vorstandsvorsitzenden von Easter, Sir John Pender, betrifft, vgl. Disraeli, Derby and the Conservative Party: The Political Journal of Lord Stanley, 1849-1869, ed. by John Vincent, Hassocks 1978, S. 222, und The Derby Diaries, 1869-1878, ed. by John Vincent, London 1995, S. 117.

38 Vgl. Hugh Barty-King, Girdle Round the Earth: The Story of Cable and Wireless, London 1979, S. 73 f. Eastern Telegraph war einer der Bestandteile der modernen Gesellschaft.

39 Vgl. ebd., S. 69 f. und Kennedy, Imperial Cable (wie Anm. 36), S. 741.

40 Vgl. Barty-King, Girdle (wie Anm. 38), S. 126.

41 Vgl. Kennedy, Imperial Cable (wie Anm. 36), S. 748.

Allerdings hing die wirksame Ausnutzung dieser epochalen Entwicklungen in der Schiffs-, Waffen- und Nachrichtentechnik von einem relativ unbeachteten Element in der gesamten Verteidigungsinfrastruktur des Empires ab: dem Trockendock. Es war der Angelpunkt, um den herum sich die Strategie des Britischen Empires zwischen 1860 und 1890 wandelte und das grundlegende Erfordernis für länger andauernde lokale Operationen. Trockendocks wurden entwickelt, als Schiffe zu groß wurden, um für Reparaturen an Land gebracht zu werden; sie hatten sich im 17. Jahrhundert in größere Steinbauten mit schwenkbaren Toren verwandelt[42]. Zwar waren solche Docks kostspielig, aber sie trugen auch in unschätzbarer Weise zur Leistungssteigerung bei. Sie unterstützten die Einführung einer Blockadestrategie durch die Engländer in den 1690er Jahren, während der Bau von Docks in Bombay Mitte des 18. Jahrhunderts Großbritannien die Herrschaft über den Indischen Ozean verschaffte[43]. Aber die große Zeit des Trockendocks begann erst im Zeitalter der Dampfmaschine. Dampfschiffe mit Schraubenantrieb mußten häufig eingedockt werden, um ihre Schiffskörper zu reinigen, und bis Ende der 1860er Jahre, um ihre sehr wichtigen Wellenstopfbuchsen instand zu halten. Diese Arbeit war nur in einem Trockendock möglich. Der Bau von Docks mit ausreichender Wassertiefe an der Dockschwelle und der notwendigen Breite war schwierig und kostspielig. Eignete sich das Areal geologisch nicht, war ein massiver Unterbau zur Unterstützung des Mauerwerks erforderlich. Dieses mußte stark genug sein, um dem Gewicht von Wasser und Schiff standhalten und dem Aufwärtsdruck des Grundwassers widerstehen zu können. Das Entwerfen und Bauen von Docks waren Aufgaben für Spezialisten, auf die sich große britische Bauunternehmen festgelegt hatten[44].

Solche Bauten waren allerdings nicht ohne Vorläufer. Der wichtigste Faktor in der Herausbildung englischer Seeherrschaft im 18. Jahrhundert war der kontinuierliche Einsatz von Kapital für die Schaffung und Ausdehnung von Marinestützpunkten sowohl im Heimatland als auch im gesamten Empire. Nur Flotten mit örtlichen Stützpunkten für Versorgung, Reparatur und das Konzentrieren von Schiffen konnten die Herrschaft über wichtige Seegebiete aufrechterhalten. Stützpunkte waren teuer, aber auch von unschätzbarem Wert. Zwischen 1815 und 1860 wurden neue Stützpunkte angelegt, um den wachsenden Bedarf an Unterstützung durch Seestreitkräfte seitens des aggressiven und expansionistischen britischen Handelssektors decken zu können. Dazu gehörten die Falkland-Inseln, Aden, Hongkong und Sydney. Bestehende Stützpunkte in Malta, Gibraltar, Bermuda und Halifax wurden verbessert, Einrichtungen in Esquimalt, Singapur und Kapstadt

---

42 Vgl. Brian Dietz, Dikes, Dockheads and Gates: English Docks and Sea power in the Sixteenth and Seventeenth Centuries, in: Mariner's Mirror, 88 (Mai 2002), S. 144-154.

43 Vgl. Michael Duffy, Devon and the Naval Strategy of the French Wars, 1689-1815, in: The New Maritime History of Devon, vol. 1, London 1992, S. 182-184; Andrew D. Lambert, Strategy, Policy and Shipbuilding: The Bombay Dockyard, the Indian Navy and Imperial Security in Eastern Seas, 1784-1869, in: The Worlds of the East India Company, ed. by H. V. Bowen, Margarette Lincoln and Nigel Rigby, Woodbridge 2002, S. 137-152, insbes. S. 150 f.

44 Vgl. Charles Colson, Notes on Docks and Dock Construction, London 1894. Colson war Assistant Director of Works der Admiralität.

blieben weiterhin nutzbar wie Marinedepots in ausländischen Häfen, in Rio, Valparaiso, Callao und Hawaii. Die für wirtschaftliche Aktivitäten benötigten Geschwader trieben die Erweiterung der Stützpunkte voran, waren durch die Höhe der anfallenden Kosten jedoch auch eingeschränkt und ein geplanter neuer Stützpunkt im Indischen Ozean bei Trincomalee wurde nicht gebaut, als sich Großbritanniens östlichste wirtschaftliche Interessen in die chinesischen Gewässer verlagerten[45].

Durch technischen Wandel, kommerziellen Druck und strategische Notwendigkeiten wurde zwischen 1860 und 1890 die Ausweitung von Dockanlagen vorangetrieben. Trockendocks ermöglichten es der Royal Navy, Geschwader zu jedem Ort der Welt zu entsenden und sie dort bereitzuhalten. Sie waren lebenswichtig für den wirksamen Einsatz von Einheiten der Seestreitkräfte. In Gebieten mit überragendem strategischen Bedarf, wo wirtschaftliche Aktivitäten zur Unterstützung nicht ausreichten, wurden Docks in Festungen des Empires gebaut. An anderen Orten regte die Royal Navy den Bau kommerziell betriebener Docks an und leistete dabei staatliche Finanzunterstützung, um sicherzustellen, daß sie auch für Kriegsschiffe angelegt waren und ihnen Vorrang einräumten. Nach der Zeit einer zielgerichteten Politik folgten nun eher willkürliche Ausbauten an den äußeren Grenzen des Empires.

Die Entstehung staatlicher Docks beschränkte sich vor 1860 auf die britischen Inseln und Malta. Zwar war 1812 in Malta ein Dock in Betrieb genommen worden, aber erst 1840, nach der Krise in Syrien und dem drohenden Krieg mit Frankreich wurde ein neues Dock in Auftrag gegeben. Es wurde 1848 in Betrieb genommen. Die Gesamtkosten von 111 000 Pfund gingen zu Lasten der Regierung. 1857 mußte das Dock erweitert werden, um die längsten Schiffe aufnehmen zu können, war aber noch immer zu flach für größere Dampfer oder die Panzerschiffe, die in den 1860er Jahren folgten. 1857 wurde die Telegrafieverbindung hergestellt. Ein zweites Dock wurde zwischen 1866 und 1871 mit Kosten von 150 000 Pfund gebaut, zwei weitere von 1890 bis 1892 und 1899, als die Schlachtschiffe tiefer und breiter wurden[46]. Mit dem Bau eines größeren Stützpunkts in Gibraltar stand um die Jahrhundertwende eine weitere Dockanlage an einem wichtigen Punkt zur Verfügung[47].

Außerhalb der europäischen Gewässer war die Verteidigung britischer Interessen eher eine Frage von Handel und Nachrichtenverbindungen als eine Frage des Territoriums. Zur Kontrolle der Weltmeere erforderte es eine starke Royal Navy. Britische Territorien und Märkte waren immer durch Blockade oder Vernichtung feindlicher Flottenverbände in europäischen Gewässern geschützt worden. Jede Bedrohung außerhalb europäischer Gewässer wurde begrenzt. Folglich konnte die Entwicklung von Dockanlagen zielgerichteter vorangetrieben werden. Die Docks der East India Company in Bombay waren die ersten derartigen Bauten außerhalb

[45] Vgl. Gerald S. Graham, Great Britain in the Indian Ocean: A Study of Maritime Enterprise, 1810-1850, Oxford 1967, S. 305-328.

[46] Vgl. Joseph Bonnici and Michael Casser, The Malta Grand Harbour and its Dockyard, Malta 1994, S. 38-122.

[47] Vgl. Lord Brassey, The Naval Annual 1886, Portsmouth 1886, S. 100.

Europas, die ein Modell für staatliches und kommerzielles Zusammenwirken abgaben, das im nächsten Jahrhundert entwickelt werden sollte. Das erste neue Dock wurde gemeinsam durch Staats- und Privatkapital in Australien gebaut. Sydney war in den 1830er Jahren ein wichtiger Marinestützpunkt geworden, weil es eine umfangreiche Handelsschiffahrt unterstützte[48]. Dort standen Proviant und ein Marinedepot bereits zur Verfügung[49], aber die Royal Navy hatte nicht die Absicht, ein Dock anzulegen. 1845 trug die Verwaltung der Stadt vor, ein zur Aufnahme von Kriegsschiffen geeignetes Dock für die Kolonie und das Empire wäre von großem Vorteil. Trotz der anfänglichen Weigerung der Admiralität, finanzielle Unterstützung zu leisten, wurde das Projekt vorangetrieben. 1847 revidierte die Admiralität ihren Standpunkt, wobei sie erhebliche finanzielle Mittel unter der Voraussetzung anbot, daß das Dock »eine große Fregatte oder einen Dampfer« aufnehmen könnte und Kriegsschiffe Vorrang erhielten. Das Dock nahm seinen Betrieb schließlich im September 1857 auf und das erste eingedockte Schiff war ein Kriegsschiff[50]. Der gewachsene wirtschaftliche Bedarf hatte in Sydney eine maritime Infrastruktur geschaffen, die ein Geschwader der Royal Navy unterstützen konnte, welches dann zum Schutz des Handels aufgestellt wurde.

Der Beitrag des Docks zur Verteidigung Australiens lag auf der Hand. Es erhöhte die Leistungsfähigkeit der Einheiten der Royal Navy, indem es sie in die Lage versetzte, sich wirkungsvoll und schneller als jede feindliche Streitmacht in der Region neu auszurüsten und Reparaturen durchzuführen. Aber einerlei, wie nützlich Sydney als Marinestützpunkt auch war, es war zunächst einmal und vor allem ein blühender Handelshafen, der in einer Kolonie mit einer eigenen Regierung lag. Folglich bestand keine Notwendigkeit für die Regierung des Empires in London, die Gesamtkosten für das Dock aufzubringen.

Dem Beispiel Sydneys folgte Hongkong Anfang der 1860er Jahre, weil die bestehende Anlage bei Whampoa »unzureichend« und unsicher war[51]. Das Dock von Whampoa in der Nähe von Kanton war gebaut worden, um P&O-Linienschiffe mit Schiffskörpern aus Eisen einzudocken. Nachdem es 1855 seinen Betrieb aufgenommen hatte, wurde es kurz danach während des Zweiten Opiumkriegs zerstört. Dies veranlaßte die Admiralität, die Kaufleute von Hongkong zum Bau eines Docks auf der Insel zu drängen. Das geschah schnell und nahm seinen Betrieb Mitte der 1860er Jahre auf. Ein weiteres Dock, welches für größere Fregatten geeignet war, ging 1862 in Betrieb. 1867 folgte ein noch größeres Dock mit ausreichender Wassertiefe für Schlachtschiffe. Die Admiralität und der Oberbefehlshaber, Sir James Hope, waren an dem Vorhaben erheblich beteiligt, indem sie ein Darlehen von 5000 Pfund für jeden Fuß an Tiefe anboten, welcher über der Dockschwelle unter 21 Fuß bis zu 24 Fuß lag. Mit der Wiedereröffnung von Whampoa

[48] Vgl. John Bach, A Maritime History of Australia, Sydney 1976, insbes. Kapitel II und XII, was Dock-, Unterstützungseinrichtungen und örtliche Kohlelieferungen betrifft.

[49] Vgl. John Bach, The Australia Station: A History of the Royal Navy in the South-West Pacific, 1821-1913, Kensington, NSW 1986, S. 199.

[50] Vgl. John C. Jeremy, Cockatoo Island: Sydney's Historic Dockyard, Sydney 1998, S. 7-10.

[51] Bericht eines Select Committee zu Dock- und Hafenbeckenanlagen, die für Reparaturen an Schiffen Ihrer Majestät zur Verfügung stehen. House of Commons 1864, vol. 8, S. 45.

und dem Bau weiteren Docks bei Kowloon und dem japanischen Marinestützpunkt in Yokohama waren 1875 die verfügbaren Dockanlagen in den chinesischen Gewässern mehr als ausreichend[52]. Singapur nahm 1859 ein, und 1890 ein zweites Trockendock in Betrieb[53].

1864 setzte das Unterhaus einen Ausschuß zur Untersuchung von Plänen der Admiralität ein, die Dockkapazität in Portsmouth und in den anderen britischen Docks zu erhöhen, aber innerhalb von zwei Monaten wurde der Auftrag erweitert auf Dockanlagen in Malta und allen ausländischen Stützpunkten. Die Zusammensetzung des Ausschusses, darunter zwei frühere Erste Lords der Admiralität, zwei politische Staatssekretäre und ein Marineoffizier sowie Mitglieder, die politische und technische Interessen repräsentierten, deuteten auf eine Beteiligung der Admiralität auf hohem Niveau und eine vorbereitete Tagesordnung hin. Der amtierende Staatssekretär, Captain Lord Clarence Paget, hatte den Vorsitz. Nur einige wenige Experten der Marine wurden aufgerufen, allerdings gehörten die drei politischen Hauptentscheidungsträger dazu, der Erste Lord der Admiralität, der Duke of Somerset, der Erste Seelord, Admiral Sir Frederick Grey, und der Leiter der Finanzabteilung der Royal Navy, Sir Robert Spencer Robinson. Der Bericht war innerhalb von zwei Monaten fertig[54].

Somerset brachte die Ansicht der Admiralität wie folgt zum Ausdruck:

> »Es wäre ein Vorteil, wenn man bei Bedarf ein Dock anlaufen könnte; diese Schwierigkeit ließe sich vielleicht dadurch überwinden, zusätzliche Plätze bei einigen kommerziell betriebenen Docks zu bekommen.«

Dahinter stand die Absicht, einen zentralen Punkt für eine strategische Zusammenfassung der Kräfte bereitzustellen. Hierfür bevorzugte er den Bau eines Docks auf einer verteidigungsfähigen Insel und nannte Bermuda[55]. Vizeadmiral Sir Michael Seymour, der zuvor das Kommando in China innehatte, hielt es für »sehr ratsam«, dem Beispiel Hongkongs zu folgen, um sicherzustellen, daß der Royal Navy in Regionen »wie China und Australien« private Docks zur Verfügung ständen[56]. Grey empfahl das Subventionsverfahren wie im Falle Hongkongs und berichtete, daß Projekte in Kapstadt, Vancouver und den Falklandinseln erwogen würden. Er bevorzugte Bermuda als Dock in amerikanischen Gewässern, da Halifax jedes Jahr vier Monate lang vereist sei. Robinson stimmte mit dieser neuen Ausrichtung der Politik überein und betonte, daß »sich die Royal Navy wirtschaftlicher als heute betreiben ließe, wenn es in bestimmten ausländischen Stützpunkten Docks gäbe«[57]. Um dieses Ziel zu erreichen, äußerten er und Grey, daß die neuen Großkampfschiffe der Bellerophon-Klasse kürzer seien als die Schiffe der jetzigen Warrior-Klasse, wodurch sich die Zahl verfügbarer Docks erhöhen würde und die Kosten für den Umbau der bereits gebauten verringern[58].

---

52 Vgl. Austin Coates, Whampoa: Ships on the Shore, Hongkong 1980, S. 7-85.

53 Vgl. Singapore. Portrait of a Port: 1819-1984, Singapur 1984.

54 Vgl. Journals of the House of Commons 1864, S. 87, 91, 94, 161, 203, 222, 324, 428.

55 Vgl. 1864 Select Committee 2nd Report, Evidence, S. 43.

56 Vgl. ebd., S. 45.

57 Vgl. ebd., S. 163.

58 Vgl. ebd., S. 164.

Konteradmiral Richards, der Direktor der Marineseewarte, legte eine Übersicht bestehender Dockanlagen vor. Es waren 37 in Großbritannien, wovon allerdings nur neun für die größten Schiffe geeignet waren; 18, aus der Ära der Segelschiffe stammend, waren für moderne schwere Schiffe zu kurz. Zum Dock in Malta und fünf kleinen in Bombay kamen 20 weitere kommerziell betriebene Docks auf kolonialem Territorium, von denen allerdings nur zwei, das Fitzroy-Dock in Sydney und das geplante Hope-Dock in Hongkong, wirklich für eine Nutzung durch die Marine geeignet waren. Sie wurden als einzige subventioniert. Von den anderen Docks konnte keines ein Schiff aufnehmen, das größer war als eine voll für den Einsatz auf See beladene Korvette[59].

Der Ausschuß war bestürzt über das Fehlen eines geeigneten Docks in Nord- und Südamerika; Admiral Milne hatte zu einem Bau in Bermuda, dem »Schlüssel« zu den Vereinigten Staaten[60], geraten, während Admiral Seymour Halifax bevorzugte, aber der Ausschuß einigte sich auf den Standpunkt von Grey, Milne und Somerset. Admiral Hope, der das Dockabkommen in Hongkong ausgehandelt hatte, befand sich nunmehr in Westindien mit dem Auftrag, über Bermuda zu berichten. Der Ausschuß forderte ein Dock für größere Schiffe. Ansonsten gab er sich damit zufrieden, das Modell von Hongkong zu übertragen, das den Dockeigentümern ein Darlehen auf der Basis eines festen Geldbetrags anbot für jeden Fuß unterhalb der Wassertiefe von 21 Fuß bis maximal 24 Fuß über der hergestellten Dockschwelle. Die zusätzliche Tiefe von vier Fuß war »von allergrößter Bedeutung« für Großbritannien und erforderte »große Ausgaben [...] um die Stellung der Marine dieses Landes zu wahren.«

Infolge der Umrüstung der Royal Navy zu einer »Steam Navy« (Dampfschiffmarine) waren größere Investitionen in Docks nahezu unvermeidlich geworden. Früher war es üblich, Schiffe bei Reparaturbedarf in Kielholwerften zu bringen, aber diese Verlegenheitslösung wird bei Dampfschiffen nicht mehr angewandt, weil ihre Maschinenanlagen bei diesem Verfahren Schaden nähmen, und folglich müssen sie bei Stützpunkten, die über keine Docks ausreichender Größe verfügen, ins Heimatland zurückgeschickt werden, wenn ihr Rumpf entweder gereinigt oder repariert werden muß. Bei Abwesenheit von ihren Stützpunkten sind die Kosten für Löhne, Proviant, Kohlen und Verschleiß ein Totalverlust, und dieser Verlust würde sich bei Schiffen aus Eisen ständig wiederholen, denn es ist notwendig, sie allein zum Zwecke der Reinigung ihrer Rümpfe während der normalen Dauer eines Einsatzes mindestens vier- oder fünfmal einzudocken.

Zum Ausgleich der Kosten schlug der Ausschuß vor, die kleineren Heimatdocks von Deptford, Woolwich und Pembroke zu verkaufen, um die Finanzierung zu sichern[61]. Die ersten beiden wurden 1868 von der Regierung Gladstone geschlossen, als diese das neue strategische Konzept übernahm. Ohne größeren Verzug wurden neue Docks in Portsmouth und Malta finanziert, während der Vorschlag zum Angebot von Darlehen für geeignete Docks in britischen Besitzungen

59 Vgl. ebd., 1st Report, S. 57.
60 Vgl. ebd., 2nd Report, S. 14.
61 Vgl. ebd., S. VII.

1865 Gesetz wurde. Verfaßt in der Admiralität von Captain Lord Clarence Paget, Lord Hugh Childers und deren Mitarbeitern, wurden per Gesetz über die Bank von England 300 000 Pfund zur Verfügung gestellt. Für jedes Dock wurde dabei ein durch eine vorrangige Hypothek abgesichertes Darlehen von bis zu 20 000 Pfund mit einer Laufzeit von 21 Jahren bei vier Prozent Zinsen gewährt[62]. Dieses Gesetz und die vom »Dock Committee« angemahnten Arbeiten sollten die Eckpfeiler der neuen Strategie des Empires bilden.

Die Empfehlung zum Bau eines Docks in Bermuda wurde von der Regierung angenommen, Vorstöße in bezug auf Halifax, Singapur und Vancouver sollten im Laufe der Zeit ebenfalls von Erfolg gekrönt sein. Mitte der 1880er Jahre hatte sich die Lage bei den Dockanlagen des Britischen Empires verbessert, als die Seewarte damit begann, eine umfassende Liste aller Docks und Hafenbecken herauszugeben[63]. Die Architekten dieser Politik, Paget und Childers, behandelten Dockanlagen als integralen Bestandteil der neuen Empire-Strategie. Docks waren sowohl die Basis der Verteidigung vor Ort als auch ein Bindeglied im Empire-System.

Außerhalb europäischer Gewässer stand die Erweiterung von Dockanlagen in enger Verbindung mit dem Seehandel, der Schutz erforderte. Als der Befehlshaber der Nordamerika-Station 1852 den Bau eines Trockendocks in Halifax vorschlug, hob er hervor, daß der kommerzielle Sektor einen Großteil der Kosten tragen würde, und nannte die Cunard-Reederei als eine Hauptunterstützerin[64]. 1864, während noch immer wirtschaftliche Interessen lobend erwähnt wurden[65], geschah nichts. Die Nachfrage seitens der Marine hätte ein mit staatlichen Mitteln gebautes Dock nicht gerechtfertigt, und der kommerzielle Sektor wollte die Kosten zu diesem Zeitpunkt nicht übernehmen. Als das Graving Dock in Halifax 1889 seinen Betrieb schließlich aufnahm, war es ein kommerzielles Projekt, allerdings gefördert durch eine Subvention der Admiralität von 10 000 Dollar pro Jahr[66]. In der Zwischenzeit erwarb die Nordamerikanische Station ein Empire-Dock in Bermuda, wo die strategische Bedeutung der Insel viel größer war als der kommerzielle Bedarf eines Docks. Außerdem war ein konventionelles Bauwerk aufgrund der örtlichen geologischen Gegebenheiten unmöglich[67]. In einem kühnen Schritt übernahm die Admiralität eine neue Technologie direkt vom Zeichenbrett. 1869 wurde ein Schwimmdock aus Eisen von zwei der größten Schlachtschiffe der damaligen Zeit nach Bermuda geschleppt. Diese innovative Technologie versetzte die Royal Navy in die Lage, Panzerschiffe in der Neuen Welt einzusetzen; allerdings wurden solche Schiffe nur selten entsandt. Mit dem Bau des ersten mastlosen Großkampfschiffs, HMS

---

[62] Ein Gesetz zur Bewilligung von Darlehen zur Unterstützung des Baus von Docks in britischen Besitzungen. 5. Juli 1865. 28 & 29 Vict. 1865, Kap. CVI.

[63] Vgl. Arthur Havergal, Dock Book, containing dimensions of the Wet and Dry Docks, Patent Slips & c. of the world etc., London 1886, mit jährlichen Korrekturen bis 1890.

[64] Vgl. Admiral Sir G. Seymour (Oberbefehlshaber Nordamerika) an den Duke of Northumberland (Erster Lord der Admiralität), 3.11.18: Northumberland MSS. Alnwick Castle E4 f. 407.

[65] Vgl. Captain J.C.D. Hay, Bericht von 1864, S. 167. Hay war Kommandant des Stützpunkts gewesen.

[66] Vgl. Marilyn G. Smith, The King's Yard: An Illustrated History of the Halifax Dockyard, Halifax 1985, S. 12.

[67] Bezüglich eines kurzen Überblicks über frühere Dockprojekte vgl. http://Bermuda-online.org. rnd.htmp.5.

Devastation, das von gut ausgebauten Stützpunkten aus operieren sollte, wurde 1869 begonnen. Die durch diese neue Kombination von Schwimmdock und Panzerschiff entstandene Bedrohung blieb genaueren Beobachtern in den Vereinigten Staaten nicht verborgen[68].

In anderen Bereichen erlaubte das relativ niedrige Bedrohungsniveau der Regierung, abzuwarten, bis kommerzielle Notwendigkeiten ein privates Dock erforderten. Kapstadt war typisch dafür. Hier begann die Entwicklung kommerzieller Hafeneinrichtungen in großem Umfang 1854 kurz nach der Errichtung einer repräsentativen Regierung. Von Anfang an drängte die Admiralität auf ein großes Trokkendock, aber es wurde erst 1876 begonnen und 1882 fertiggestellt[69]. Ein derartig langsamer Fortschritt spiegelte das Fehlen eines Konflikts auf See wider und die spürbare Ablehnung des Schatzamtes zur Übernahme der Gesamtkosten. Neuseeland wünschte ebenfalls die Stationierung von Marineeinheiten, also baute es zwischen 1884 und 1888 ein sehr großes Dock in Auckland. Das Dock in Verbindung mit dem Angebot von Land und Einrichtungen in der Nähe machten die Stadt für die Royal Navy attraktiv[70]. Das Trockendock in Esquimalt, British-Columbia/Kanada, nahm 1887 seinen Betrieb auf im Verbund mit örtlichen Kohlelieferungen und transkontinentalen Schienen- und Kabelverbindungen, um Großbritanniens Vorherrschaft in diesem abgelegenen, aber keineswegs unwichtigen Winkel der Welt sicherzustellen. Begonnen von British-Columbia mit Unterstützung der Regierung in London, die gemäß dem Colonial Docks (Loans) Act von 1865 geleistet wurde, wurde das Dock von der kanadischen Bundesregierung als Teil der Kanadischen Union fertiggestellt[71].

Als Admiral Sir John Fisher von »Fünf strategische[n], den Globus absperrenden Schlüsseln!« sprach, waren das Dover, Gibraltar, das Kap, Alexandria und Singapur[72]. Er hätte noch Bermuda hinzufügen können, aber das Bild war korrekt. Diese Stützpunkte hatten entweder größere Dockanlagen oder lagen ganz in deren Nähe, sie verfügten über Telegrafenkabelanschluß, waren verteidigungsfähig und stellten in den Händen einer überlegenen Marine weltweite Macht sicher.

Stärke des Empires

Die Entwicklung von Nachrichtenverbindungen und Dockanlagen des Empires wurde durch eine klare Strategie gelenkt und entsprach somit den wesentlichen Interessen britischer Staatsmänner. Diese britische Strategie wurde seit 1815 ständig überprüft und blieb im wesentlichen wirtschaftlich, nicht territorial ausgerich-

---

68 Vgl. John Ericssons zeitgenössische Meinung, angeführt in: Stanley Sandler, The Emergence of the Modern Capital Ship, Newark, Del. 1979, S. 243.

69 Vgl. Peter Newall, Cape Town Harbour: 1652 to the Present, Kapstadt 1993, S. 8-15.

70 Vgl. Ian McGibbon, The Path to Gallipoli: Defending New Zealand, 1840-1915, Auckland 1991, S. 66 f.; John Ross, The White Ensign in early New Zealand, Wellington 1967, S. 96 f.

71 Vgl. Barry M. Gough, The Royal Navy on the Northwest Coast of North America 1810-1914, Vancouver 1971, S. 224-27.

72 Vgl. Paul M. Kennedy, The Rise and Fall of British Naval Mastery, London 1976, S. 206.

tet. 1815 hatte Großbritannien an Holland und Frankreich wertvolle Kolonien zurückgegeben, aber wichtige Marinestützpunkte behalten. Neue Gebiete waren lediglich von Nutzen, um den Handel oder strategische Häfen zu sichern. Großbritannien hatte die Fähigkeit gezeigt, größere Staaten mit mächtigen Armeen in langen Abnutzungskriegen zu bekämpfen und dabei Seemacht zur Abwendung einer Niederlage und zur Stärkung der Staatsfinanzen einzusetzen. Das Hauptproblem blieben Stabilität und Frieden in Europa. Wenn dies sichergestellt werden konnte, waren Bedrohungen ferner Besitzungen des Empires unerheblich. Folglich wurde der größte Teil der britischen Streitmacht in europäischen Gewässern stationiert, um im Falle eines Krieges feindliche Seestreitkräfte zu blockieren oder zu vernichten. Es war unwahrscheinlich, daß französische oder russische Kriegsschiffe das Empire angreifen würden, wenn ihre eigenen Küsten einem Angriff ausgesetzt wären.

Bis Ende der 1850er Jahre blieb die Strategie zur Verteidigung des Empires im wesentlichen unverändert, wie sehr auch die politischen und wirtschaftlichen Aspekte des Problems erörtert worden waren. Örtliche Garnisonen und in Übersee stationierte Seestreitkräfte waren weitgehend eigenständig, wobei sie eng mit den Gouverneuren der Kolonien zusammenarbeiteten, und sie waren selten in der Lage, die Regierung in London zu konsultieren, bevor sie handelten. Zwar hatten die drei großen politischen Richtungen Großbritanniens, die Konservativen, die Liberalen und die Radikalen, unterschiedliche Auffassungen vom Umfang der in den Kolonien zu stationierenden Truppen, aber sie waren sich darin einig, daß britische Streitkräfte nicht für interne Sicherheitsaufgaben eingesetzt werden sollten. Der Umfang der in den Kolonien stationierten Armee ging daher seit 1815 durchweg zurück. 1846 brachte Earl Grey, Kriegs- und Kolonialminister zugleich, eine gewisse Logik in das System. Er begann mit der Übergabe der Forts und Kasernen in New South Wales/Australien an die Kolonie und mit dem Abzug britischer Truppen. Er konzentrierte auch die in Kanada stationierten Truppen in zwei größeren Festungen in Quebec und Halifax[73]. Die Bewährung innerer Autonomie hatte auch die Übernahme der Verantwortung für innere Sicherheit zur Folge. Äußere Sicherheit blieb hingegen eine Angelegenheit der Marine, auch wenn örtliche Stützpunkte und Versorgungsgüter eine wichtige Rolle spielten.

Die zentrale Rolle von Dockanlagen in der Strategie des Empires wird deutlich, wenn man sie mit der Bereitstellung von Küstenverteidigungsanlagen vergleicht. Feste Verteidigungsanlagen wurden für Marinestützpunkte und Häfen, nicht für Land errichtet. Der Umfang der Küstenverteidigung entsprach dem Ausmaß der von der Verwaltung vor Ort empfundenen Bedrohung und dem Ausmaß an Unterstützung, die seitens der Regierung des Empires zur Verfügung stand[74]. Unzureichende Küstenverteidigungsanlagen für Orte und Häfen drohten Einheiten der

[73] Vgl. William C.B. Tunstall, Imperial Defence 1815-1870, in: The Cambridge History of the British Empire, vol. 2: 1783-1870, Cambridge 1940, S. 806-812.

[74] Für Australien vgl.: R.K. Peacock, Early Coast Defences in Australia, 1787-1901, Dept. of Defence MS. Australian War Memorial, Canberra; Maurice Austin, The Army in Australia, 1840-50, Canberra 1979, S. 150-173.

Royal Navy im Falle eines Krieges zu binden, was ihre Mobilität und strategische Flexibilität unwirksam machte. In der Admiralität war man der Auffassung, daß die Handelsflotten des Empires durch die Royal Navy verteidigt werden sollten, die Kolonialbehörden jedoch für Kolonialhäfen verantwortlich seien. Als 1856 der Provinz New South Wales in Australien innere Autonomie gewährt wurde, erwartete die Regierung in London, daß die Kolonie selbst zur eigenen Sicherheit beitragen würde[75], indem sie für internen Polizeischutz und die Verteidigung des Hafens sorgte, um den örtlichen Stützpunkt der Royal Navy zu schützen.

Der Krimkrieg erinnerte die Kolonien nicht nur an die Notwendigkeit zur Verteidigung, sondern er hatte auch tiefgreifende Veränderungen für Material, Taktik und Strategie zur Folge. Das zwang die britische Regierung zur Überprüfung der nationalen Strategie[76]. Die von Frankreich ausgehende Bedrohung in Form von Panzerschiffen, Offensiven gegen die Küste und einer Invasion von Cherbourg aus zwangen die Regierung, die Flotte neu zu verteilen und die Verteidigungspolitik des Empires zu überdenken. Andere Überlegungen waren wirtschaftlicher Art. Neue Programme zum Bau von Festungen beschränkten sich auf die größeren Dockanlagen und auf Alderney, das ein wirksames Gegengewicht zu Cherbourg darstellte, während eine neue Panzerschiffflotte und die mächtige, für den Angriff auf die russischen Küsten gebaute Flotte die französische Herausforderung abwies. Allerdings zwangen ihre Kosten die Regierung zur Untersuchung anderer Aspekte bei den Verteidigungsausgaben.

Es war Königin Victoria, die die Admiralität auf die Notwendigkeit einer globalen Strategie hinwies. Von dem beunruhigt, was sie bei einem Besuch Cherbourgs im April 1858 gesehen hatte, verlangte sie von ihren Marineberatern, über die Aufgaben der Marine im Falle eines Krieges mit Frankreich unterrichtet zu werden. Der Dritte Seelord, Konteradmiral Sir Alexander Milne, betonte die vorrangige Sicherung der Vorherrschaft in europäischen Gewässern und das Ergreifen der Initiative gegenüber den französischen Häfen. Milne legt auch Zahlen vor für die auf Stützpunkte im Ausland zu stationierenden Einheiten, gab aber zu, daß die Marine einfach zu klein sei, um derartige Kräfte zu erübrigen[77]. Der Vierte Seelord Captain James Drummond ging noch weiter:

> »Unsere ausgedehnten Kolonien würden sich im Krieg als eine Schwachstelle erweisen. Sie *müssen* berücksichtigt werden, *nachdem unsere Maßnahmen zur Verteidigung des Mutterlandes* in ausreichendem Umfang getroffen wurden; und es erhebt sich die Frage, inwieweit die Kolonien unabhängig sein könnten und zu ihrer eigenen Verteidigung beitragen, indem sie Soldaten ausheben und ihre Häfen verstärken.
>
> Wir sollten auch unsere diversen Bunkerstationen im Ausland berücksichtigen und den Schutz, der notwendig ist, um sie bereit zu halten[78].«

Die Admiralität betonte, daß die Verteidigung der Kolonien in erster Linie die Marine betreffe und ein weltweites Problem sei, das nicht durch lokale Erwägungen behindert werden sollte. Wenn also die Kolonien ihre eigenen Seestreitkräfte

75 Vgl. Bach, The Australia Station (wie Anm. 49), S. 177.
76 Vgl. Lambert, Crimean War (wie Anm. 24).
77 Vgl. Milne-Memo vom April 1858, MLN 142/2: Milne MSS National Maritime Museum.
78 Drummond-Memo, April 1858: MLN 142/2.

wollten, sollten sie nach dem Willen der Admiralität Schiffe zur örtlichen Verteidigung erwerben und sich an den Kosten von Empire-Geschwadern beteiligen[79]. Nach Überprüfung der Streitkräfte in australischen Gewässern betonte die Admiralität 1859, daß dies eine Frage für das Kabinett sei[80]. Zudem sei das Geschwader nicht nur notwendig, um für die Verteidigung der Kolonie zu sorgen, sondern auch, um im Falle eines Krieges Schiffen mit wertvoller Ladung auf dem Weg in die Heimat entweder um das Kap der guten Hoffnung oder um Kap Horn zeitweiligen Geleitschutz zu geben.

Während die Admiralität bereit war, mehr Schiffe zu entsenden, »sobald für ausreichenden Schutz des Mutterlandes gesorgt ist«[81], wurde dieses ausreichende Niveau nie erreicht. Der Stützpunkt hatte sich auf wenige kleine Schiffe verlassen, bevor die Entdeckung von Gold Anfang der 1850er Jahre die Bedeutung der Schiffsverbindungen mit Australien erhöhte. Trotzdem rechnete die Admiralität mit einem Angriff im Atlantik. Indessen wurde im März 1859 mit der Schaffung einer vergrößerten und selbständigen australischen Station in Sydney sowohl der erhöhten Bedrohung als auch der Fähigkeit der Kolonien Rechnung getragen, eine derartige Streitkraft zu unterstützen[82]. 1861 konnte eine voll im Eigentum der Kolonie befindliche, von ihr betriebene und bezahlte »Royal Colonial Navy of Victoria« örtliche Polizeiaufgaben wahrnehmen. Damit verringerte sich der Bedarf an Einheiten des Empires im Frieden. Örtliche Befestigungsanlagen bedeuten, daß der örtliche Befehlshaber im Krieg die Initiative in der zuversichtlichen Annahme ergreifen könnte, daß »die Haupthäfen des Stützpunkts vor dem Angriff auch nur eines einzigen Schiffes sicher wären«.

> »In Anbetracht der riesigen Zahl von Anträgen, die zum Schutz der Kolonien Großbritanniens im Falle eines Krieges mit einer Großen Seemacht an die Admiralität gerichtet würde, sind wir der Ansicht, daß der einfache Plan, jede Kolonie darin zu bestärken, sich in erheblichem Maße auf ihre eigenen Seeverteidigungsmittel zu verlassen, von Großbritannien beschlossen werden muß[83].«

In dieser Stellungnahme der Admiralität kam eine neue und bereits zuvor beschlossene Empire-Strategie zum Ausdruck, welche die führende Rolle der Royal Navy bei der Verteidigung der Kolonien gegen eine äußere Bedrohung und beim Schutz ihrer Schiffahrt vor feindlichen Kreuzern anerkannte. Es sollte den Kolonien überlassen bleiben, ihre eigenen örtlichen Verteidigungskräfte aufzubauen.

Die neue Politik ging zurück auf eine Initiative des Kriegsministers, General Peel, einem Konservativen. 1859 bildete er einen interministeriellen Ausschuß zur Festlegung allgemeiner Grundsätze zur Verteidigung der Kolonien. Die aus Mitgliedern des Schatzamtes sowie des Kriegs- und des Kolonialministeriums beste-

---

79 Vgl. Donald C. Gordon, The Dominion Partnership in Imperial Defense, 1870-1914, Baltimore 1965, S. 7-9.

80 Vgl. Colonial Office – Admiralty vom 25.4.1859: Milne-Protokoll vom 28.4.1859 und Antwort vom 30.6.1859, ADM 1/5721.

81 Milne-Memo vom 20.6.1859, dazu: George L. Macandie, The Genesis of the Royal Australian Navy, Sydney 1949, S. 14 f.

82 Vgl. Macandie, Genesis (wie Anm. 81), S. 14.

83 Admiralty an das Colonial Office vom 26.12.1861: ADM-Entwurf 13/47 von Captain Paget.

hende Gruppe stellte fest, daß es diesbezüglich keine Grundsätze und auch kaum systematisches Vorgehen, sondern über viele Jahre nur Ad-hoc-Entscheidungen gegeben hatte. Sie empfahl, zwischen Empire- und Kolonial-Stützpunkten zu unterscheiden. Erstere – Malta, Gibraltar und Bermuda – wurden wegen eines Vorteils für das Empire und nicht wegen regionaler wirtschaftlicher Vorteile unterhalten. Letztere, die wohlhabend waren und sich selbst verwalteten, sollten dazu aufgefordert werden, zu den Kosten lokaler Verteidigung beizutragen, wobei die Gesamtverteidigung durch die englische Vorherrschaft zur See gegeben sei[84]. Der Bericht wurde im März 1860 durch die neue liberale Regierung veröffentlicht und gab Anlaß zu weiteren Erörterungen. Im folgenden Jahr beantragte Arthur Mills, ein an Kolonialfragen interessierter Abgeordneter der Liberalen, die Bildung eines Ausschusses des Unterhauses, der sich mit der Kolonialverteidigung und ihren Kosten befassen sollte. Obwohl er selbst nicht einverstanden war, erlaubte Premierminister Palmerston dem Ausschuß, seine Arbeit aufzunehmen, wobei er Gladstones Interesse als Schatzkanzler anerkannte. Dem parteiübergreifenden Ausschuß gehörten drei Kabinettminister, mehrere Kolonial- und Finanzexperten und einige vielversprechende junge Abgeordnete an.

Der wichtigste Beitrag kam von Gladstone. Er hatte sich bereits auf einen langen und letztlich erfolglosen Kampf mit Palmerston und dem Ersten Lord der Admiralität, dem Duke of Somerset, eingelassen, um das beispiellos hohe Ausgabenniveau für die Marine im Frieden, das erforderlich war, um der Herausforderung durch die französische Marine begegnen zu können, zu begrenzen. Mit Unterstützung und Ideen von Paget, Childers und dem radikalen Flügel der Partei wollte Gladstone Einsparungen bei abgelegenen Stützpunkten als Ausgleich für erhöhte Ausgaben in der Heimat erreichen[85]. Er führte vor dem Ausschuß aus, die Kolonien trügen nicht annähernd zu den Kosten für ihre Verteidigung bei, und, schlimmer noch, würden ihren Beitrag nicht einmal rechtzeitig leisten[86]. Er verlangte daher einen radikalen Wandel der Vorstellungen über die Empire-Strategie:

> »Ich glaube, daß der Wandel enorm ist, und daß unser gegenwärtiges System auf einem Zustand und auf einer Verfassung des Empires im Verhältnis zu anderen Mächten basiert, der vollständig verschwunden ist. In früheren Zeiten waren unsere Nachrichtenverbindungen zu unseren Kolonien selten, langsam und unsicher, und es wäre in der Tat sehr gefährlich gewesen, auf das Prinzip ihrer Unterstützung vom Zentrum aus zu bauen; jetzt hingegen sind die Nachrichtenverbindungen mit der Welt im allgemeinen konstant, schnell und sicher, und England ist allein das Zentrum dieser Nachrichtenverbindungen. Wir haben enorme Vorteile bei ihrer Unterstützung nach dem Grundsatz, die Masse der Kräfte in der Heimat zu halten und sie nur nach Bedarf bereitzustellen[87].«

Im Bericht des Mills-Ausschusses wird festgestellt, daß die Strategie der Empire-Verteidigung durch die Küstenkriegführung mit Panzerschiffen und die Entwick-

---

84 Vgl. Tunstall, Imperial Defence (wie Anm. 73), S. 828.

85 Vgl. Gladstone – Somerset vom 18.12.1860: Somerset MSS, Buckinghamshire Record Office 2A/14/13.

86 Vgl. Richard Shannon, Gladstone, vol. 1: 1809–1865, London 1982, S. 433.

87 Gladstone-Aussage vom 6.6.1861: PP 1861, vol. XIII Select Committee zu Militärausgaben in den Kolonien (Mills), S. 263.

lung zuverlässiger globaler Nachrichtenverbindungen tiefgreifend beeinflußt wurde. Trotz intensiver Bemühungen von General Burgoyne, dem Generalinspekteur für das Festungswesen, kritisierte der Ausschuß den Bau von Festungen, die im Krieg nicht besetzt werden könnten, als wirkungslos »für Standorte, deren Verteidigung hauptsächlich von der Vorherrschaft auf See abhängt«. Damit waren vor allem Westindien und die fernen Besitzungen der Krone gemeint[88]. Gladstone hob weiter hervor: »Unsere Vormachtstellung auf See ist für unsere Existenz, ich meine, für unsere gegenwärtige Stellung in der Welt, absolut wichtig. England wäre nicht länger England, wenn es sie verlöre.« Deshalb drängte er auf die Reduzierung aller ausländischen Garnisonen außer Malta und Gibraltar[89].

Die Schlußfolgerungen des Ausschusses mögen etwas mehrdeutig erscheinen:

> »die moderne Kriegführung hat die Tendenz, Schläge gegen das Zentrum einer feindlichen Macht zu führen; und daher ist es wünschenswert, die zur Verteidigung des Vereinigten Königreichs erforderlichen Truppen so weit wie möglich zu konzentrieren, und hauptsächlich auf die Vormachtstellung auf See zur Sicherung der fernen Gebiete des Empires gegen einen Angriff aus dem Ausland zu bauen[90].«

Allerdings war die »defensive« Form dieses Resümees irreführend. Die Regierung in London beabsichtigte vielmehr, die britische Seemacht konzentriert gegen das »Herz einer feindlichen Macht« einzusetzen, um entweder einen Angriff zu verhindern oder um einen Aggressor zur Rückgabe von erobertem Gebiet zu zwingen. Jede zentral operierende Seestreitkraft würde zwangsläufig die konzentrierte militärische Gewalt miteinbeziehen. Eine derartige Strategie konnte jedoch nicht offen verkündet werden, denn die Mehrheit der Liberalen im Unterhaus schloß einen beachtlichen und lautstarken Anteil Radikaler ein, die für die Abschaffung aller Kolonien plädierten und sich allen Militärausgaben widersetzten, die nicht rein »defensiv« waren. Folglich wurden Einheiten zur Verteidigung bevorzugt, welche die Radikalen für kostengünstiger hielten als Befestigungen[91]. Bevor auf diesen Bericht reagiert werden konnte, gerieten die von ihm behandelten Fragen durch die »Trent-Krise« vom Dezember 1861 in den Mittelpunkt des Interesses.

Durch Verlegung der Kräfte vom Zentrum an die bedrohte Peripherie, durch Einsatz von Telegraphen und Postdampfschiffen, konnte die »Trent-Krise« erfolgreich gelöst werden, wodurch auch die Arbeit des Mills-Ausschusses erfolgreich bestätigt wurde[92]. Gerade als die »Trent-Krise« ausklang, reagierte die Admiralität auf ein weiteres Ersuchen Australiens nach Verteidigung zur See, indem es beantragte, das Kolonialministerium möge ein Gesetz zur Aufstellung von Seestreit-

---

88 Vgl. Schlußbericht von Mills: ebd., S. VII.

89 Vgl. Gladstone (wie Anm. 87), S. 260.

90 Tunstall, Imperial Defence (wie Anm. 73), S. 832; Gordon, Dominion Partnership (wie Anm. 79), S. 10–23.

91 Vgl. Andrew D. Lambert, Politics, Technology and Policy-making: Palmerstone, Gladstone and the management of the Ironclad Naval Race, 1859–1865, in: The Northern Mariner, 8 (Juli 1998), S. 27.

92 Was Einzelheiten betrifft, vgl.: Andrew D. Lambert, Winning without fighting: British Grand Strategy and its application to the United States, 1815–1865 und Australia, the »Trent Crisis« of 1861 and the strategy of Imperial Defence, in: Southern Trident: Strategy, History and the rise of Australian Naval Power, ed. by David Stevens and John Reeve, Crows Nest, NSW 2001, S. 99–118.

kräften der Kolonien verfassen. Die Admiralität wollte die Ressourcen der Kolonien im Falle eines Krieges mit »einer großen Streitmacht« mobilisieren, statt ihnen zu erlauben, sich einfach auf die Empire-Regierung zu verlassen. Die Hauptaufgabe für koloniale Einheiten sollte darin bestehen, Häfen und Küstenstädte vor einem Angriff zu schützen. Diese Abwehrkräfte sollten an bestimmten Orten in Australien und Kanada bereitgestellt werden. Seestreitkräfte der Kolonien würden »erhebliche Einsparungen bei unseren Ausgaben mit sich bringen« und von diesen aus Eigeninteresse und Nationalstolz unterhalten. Sie würden nicht die Rolle des Empires beim Schutz des Handels übernehmen, sollten aber die Angst bei jedem Kriegsgerücht verhindern. Schließlich gelte:

> »Es scheint eine vernünftige Politik zu sein, daß sie allmählich lernen, sich selbst zu schützen, und auch zu sehen, was das kostet. Dies würde aber wahrscheinlich nicht den Zeitpunkt beschleunigen, von dem an sie gerne die gesamte Last schultern würden[93].«

Das Kolonialministerium ging davon aus, daß ein einzelner feindlicher Kreuzer vor australischen Häfen auftauchen könnte, aber gegen ihn sollten örtliche Abwehrmaßnahmen ausreichen. London drängte die regionalen Behörden dazu, für ihre eigene Verteidigung zu sorgen[94].

Während der nächsten vier Jahre hielten gelegentliche Alarmrufe die Frage der australischen Verteidigung am Leben[95]. Zur gleichen Zeit versuchten die Empire- und Kolonialbehörden, die Forderungen von Regierung, örtlicher Verteidigung und Sicherheit des Empires in Einklang zu bringen[96]. Der Colonial Naval Defence Act von 1865 gestattete den Kolonien, ihre jeweils eigene Marine zu schaffen, aber aus Furcht, daß diese örtlichen Seestreitkräfte einen internationalen Zwischenfall auslösen könnten, durften sie sich nur in kolonialen Gewässern bewegen[97]. Dies deckte sich mit den Zielen der Admiralität, die sichere und gut ausgestattete Häfen forderte, von denen aus Empire-Geschwader operieren konnten. Zu dieser Zeit nahm der Seehandel Australiens rapide zu, so daß sich Einrichtungen, welche die Royal Navy unterstützen konnten, ohne Empire-Einmischung entwickelten. Nach 1861 machten Hafenverteidigungsanlagen in Melbourne, Sydney, Newcastle, Hobart, Adelaide und Fremantle diese zu sicheren Stützpunkten. Melbourne hatte bald ein Trockendock und ein kampfkräftiges Küstenpanzerschiff, womit Port Philip Bay zu einem sicheren Hafen wurde[98]. Diese Entwicklungen ließen das in dem jeweiligen Stützpunkt beheimatete Empire-Geschwader viel kampfstärker werden als irgendeine mögliche Bedrohung. Ursächlich dafür war nicht die Überlegenheit hinsichtlich der Zahl oder der Kampfkraft, sondern daß sich die britischen Schiffe auf sichere Häfen, Kohlen und andere Marineversorgungsgüter, potentielle Rekruten, lebenswichtige Trockendocks, technische Unterstützung und die besten

---

93 Colonial Office an Admiralty vom 16.1.1862: Marineministeriumsprotokoll von Romaine: ADM 1/5797.

94 Vgl. D.H. Johnson, Volunteers at Heart: The Queensland Defence Forces, 1860-1901, St. Lucia, Queensland 1975, S. 33.

95 Vgl. ebd., S. 43-45.

96 Vgl. Gordon, The Dominion Partnership (wie Anm. 79), gibt eine ausführliche Darstellung des Zeitraums ab 1860.

97 Vgl. Macandie, Genesis (wie Anm. 81), S. 12 und S. 21.

98 Vgl. Bach, The Australia Station (wie Anm. 49), S. 179-181.

Nachrichtenverbindungen in der Region stützen konnten. Das Aufkommen des Telegrafenkabels im Jahr 1872 verstärkte nur die schon lange bestehende Überlegenheit britischer Nachrichtenverbindungen.

Nach 1861 ging die britische Strategie der vergangenen 60 Jahre von sowohl an Land als auch auf See stationierten Streitkräften über zu den vom Mills-Ausschuß befürworteten beweglichen, zentral geführten Einheiten. Bei geeigneten örtlichen Einrichtungen und guten Nachrichtenverbindungen konnten in Übersee stationierte Einheiten auf die Wahrnehmung kolonialer Polizeiaufgaben beschränkt werden. 1868, nach Gladstones Ernennung zum Premierminister wurde die Strategie, nur im Bedarfsfall ein Geschwader zu entsenden, endgültig beschlossen. Die ursprüngliche Idee dazu und ein Großteil der Einzelheiten stammten von seinem langjährigen Verbündeten, dem Ersten Lord der Admiralität und »Quasi-Radikalen«, Paget. Als einziger unter den Radikalen hatte Paget die Stellung inne, einen solchen strategischen Wandel vorzuschlagen, und er nutzte diese, um nach 1859 seine Politik zu entwickeln[99]. Nachdem sie Ende 1864 vom »Dock Ausschuß« gebilligt worden war, erneuerte Gladstone seine Forderung nach einer Strategie der »Fliegenden Geschwader«. Paget und Childers, der zivile Lord, halfen, diese Forderung mit finanziellen Argumenten zu begründen[100]. Palmerston leistete weiterhin entschlossen Widerstand dagegen, und als Paget zugab, sie hinge von zukünftigen Verbesserungen ab, lehnte das Kabinett Gladstones Vorschlag ab[101]. Doch binnen Monaten hatte der »Colonial Dock (Loan) Act« von Paget und Childers die Grundlagen für die neue Strategie geschaffen, wohingegen mit Palmerstons Tod im Oktober das letzte ernsthafte Hindernis entfiel. Während Lord Russells kurzer Amtszeit als Premierminister von 1865 bis 1866 blieb Somerset in der Admiralität, um Gladstones Pläne zu vereiteln. Jedoch gab es für ihn keinen Platz in Gladstones Ministerriege von 1868.

Die Strategie der »Fliegenden Geschwader« wurde 1867 von Childers, Gladstones treuem Statthalter und zuvor australischem Politiker im Unterhaus zur offiziellen Politik der Liberalen erklärt. Als Gladstone im Dezember 1868 seine Regierung bildete, wurde Childers Erster Lord der Admiralität. Innerhalb weniger Wochen hatte die Admiralität mit dem Außenminister die Reduzierung von Geschwadern im Ausland geregelt[102]. In der Stärke der Garnisonen spiegelten sich örtliche Aufgaben nicht aber eine mögliche strategische Bedrohung wider. Childers faßte seine Arbeit so zusammen:

---

[99] Vgl. Gladstone-Memorandum zur Marinepolitik vom 18.12.1860: Somerset MSS Buckingham Record Office 2A/14/13. Die Details und spezifischen Vorschläge deuten darauf hin, daß dieses Schriftstück von Paget inspiriert oder verfaßt war.

[100] Vgl. Gladstone an Somerset am 13.12.1864: Add. 44,304f203; Gladstone an Paget am 22. und 26.12.1864: Add. 44,408f188 und 196; Paget an Gladstone am 25.12.1864: ebd. f 192.

[101] Vgl. Paget-Memo für Gladstone vom 1.1.1865: Add. 44,601 f1; The Gladstone Diaries 1.1.1865-31.1.1865, ed. by Henry G.C. Matthew; Paget an Gladstone am 9.1.1865: Add. 44,409 f28; Palmerston an Queen Victoria am 20.1.1865: The Letters of Queen Victoria, 2nd Series, vol. 1: 1862-1869, ed. by George Buckle, London 1926, S. 248 f.

[102] Vgl. John F. Beeler, British Naval Policy in the Gladstone – Disraeli Era, 1866-1880, Stanford 1997,S. 35-37 und Tabelle 1.

»Die Verkleinerung des ständig in fernen Gewässern unterhaltenen Verbands wird uns in die Lage versetzen, ein Kreuzergeschwader von Fregatten und Korvetten zu entsenden, um die Stützpunkte von Zeit zu Zeit anzulaufen, und wir erwarten, daß diese Politik für die Marine von großem Nutzen ist[103].«

Das erste »Fliegende Geschwader« von vier Fregatten und zwei Korvetten traf im November 1869 in Melbourne ein. Es fuhr weiter nach Sydney und Hobart, bevor es die Tasman-See überquerte[104]. Dies war der stärkste, jemals in der Region gesehene Flottenverband. 1878 und 1885 wurde ein möglicher Krieg mit Rußland durch das Zusammenziehen einer Flotte bei Spithead zur Machtdemonstration, nicht durch die örtlichen Verteidigungskräfte des Britischen Empires, verhindert[105]. Während die Russen Angst um Sankt Petersburg hatten, waren Sydney und Melbourne sicher.

Die »Trent-Krise« zeigte, daß Großbritannien in Kanada keine Streitkräfte zum Kampf gegen die US-Armee stationieren konnte. Es mußte auf Abschreckung bauen. Sein weltweites Empire konnte nicht durch örtliche Verteidigungsanlagen gegen einen schweren Angriff gesichert werden. Dies war eine Frage grundlegender Vernunft und politischer Zweckmäßigkeit. Großbritannien wollte nicht für eine örtliche Verteidigung auf hohem Niveau zahlen, ebensowenig seine Kolonien. Die einzige Strategie, die reale Macht, globale Reichweite und relativ geringen Kostenaufwand miteinander verband, gründete sich auf die Angriffsstärke der Royal Navy. Während des gesamten 19. Jahrhunderts hatte die Royal Navy die Macht, jede feindliche Marine zu vernichten. Damit sicherte sie britische Interessen und gab der Flotte Freiraum für weitere Angriffe, darunter Wirtschaftsblockaden, Besetzung ausländischer oder weit entfernter Gebiete als diplomatische Verhandlungsobjekte und Angriffe auf größere Städte. Die britische Doktrin sah einen Krieg mit begrenztem Einsatz von Menschen und Geld vor, bei sparsamem Umgang mit Ressourcen und Machtmitteln für weitere 20 Jahre. Obwohl mit dieser Strategie keine Großmacht vernichtet werden konnte, würde sie jedoch deren militärische und wirtschaftliche Ressourcen erschöpfen und letzten Endes ihren politischen Willen brechen. Mit Seemacht konnte Großbritannien einen Feind an seinem schwächsten oder empfindlichsten Punkt angreifen statt einen Angriff einfach an dem Punkt abzuwehren, wo er die Grenze des Empires überschritt. Die Beherrschung des globalen Fernmeldeverkehrs und die Entwicklung geeigneter Stützpunkteinrichtungen, insbesondere von Trockendocks, stellte sicher, daß ein Seeangriffsverband vom Zentrum des Empires unter Abstützung auf die globale Kette von Stützpunkten entsandt werden konnte, um gegenüber jedem Widersacher in jedem Operationsgebiet Macht zu demonstrieren. Daß dies zwischen 1861 und 1914 nicht geschehen mußte, zeigt den Erfolg einer zentral gelenkten Abschreckung bei der Verminderung der Bedrohung für das Empire.

---

[103] Childers' Briefentwurf an Earl Clarendon, den Außenminister, vom 23.1.1869, in: British-Naval Documents 1204-1960, ed. by John B. Hattendorf [et al.], Aldershot 1993, S. 593-595.

[104] Vgl. Fred Egerton, Admiral of the Fleet Sir Geoffrey Phipps Hornby, Edinburgh 1896, S. 145-150.

[105] Vgl. Andrew D. Lambert, Great Britain and the Baltic, 1809-1890, in: In Quest of Trade and Security: The Baltic in Power Politics, ed. by Göran Rystad, Klaus-Richard Böhme and Wilhelm M. Carlgren, vol. 1: 1500-1890, Lund 1994, S. 297-334.

Schlußfolgerung

Weil die Briten ihre strategische Kerndoktrin im Zeitraum von 1815 bis 1914 nie schriftlich niedergelegt haben, argumentierten viele Historiker, es habe keine Strategie gegeben. Dies ist nicht richtig: Bei der Verfolgung ihrer wirtschaftlichen Angelegenheiten entwickelten die Briten eine Seestrategie, in der Seemacht eng mit der ökonomischen Aktivität verbunden war, der sie diente. Das System wurde ständig ausgebaut, um neue Technologien zu nutzen und um sich ändernden politischen Realitäten Rechnung zu tragen. Zwischen 1856 und 1868 wandelte sich die Strategie von auf Stützpunkten stationierten Kräften zu einer zentral gesteuerten »Expeditions«-Strategie. Die Kombination aus britischen Telegrafenverbindungen, britischer Kohle und britischen Trockendocks umschlang den Globus und versetzte ein relativ kleines Land mit geringen Verteidigungsausgaben in die Lage, die Welt trotz der Ausbreitung imperialer und informeller Handelsinteressen zu kontrollieren. Als die Spannungen in Europa zunahmen, die zum Teil ihre Ursachen in Rivalitäten um die nichteuropäische Welt hatten, reagierten die Briten, indem sie die Verteidigungsausgaben erhöhten, ihr Kabelnetz verbesserten, neue Docks bauten und ihre Einheiten verlegten. Die grundlegende strategische Beweglichkeit von Seemacht zeigt, daß die Neigung vieler Historiker, aus der Verlegung von Schiffen und Geschwadern von der Peripherie ins Zentrum, wichtige, negative Schlußfolgerungen zu ziehen, voreilig ist. Die Hauptmerkmale der Empire-Strategie waren ortsfeste Anlagen: Nachrichtenverbindungen, Docks und Befestigungen.

Die Hauptbedrohung für Großbritanniens einzigartige und höchst vorteilhafte Lage ging von dem einen Bereich aus, den es nicht kontrollieren konnte, dem Kontinent Europa. Allerdings konnte Großbritannien selbst hier erheblichen Einfluß ausüben, weil seine Ziele im wesentlichen defensiv waren: die Aufrechterhaltung eines ungefähren Gleichgewichts, bei dem nicht eine Macht allein den westlichen Kontinent beherrschte, und bei dem die hauptsächlichen Aufmarschgebiete für eine Invasion an Rhein und Schelde in den Händen einer kleinen Macht, Holland, und des neutralen Belgiens blieben. Jede Bedrohung dieser Lage, vor allem die 1870 vom Krieg zwischen Frankreich und Preußen ausgehende, ließ die Briten schnell und wirkungsvoll handeln. Es muß in diesem Zusammenhang hervorgehoben werden, daß die britische Politik in Europa sorgfältig berechnet war.

1890 war Großbritanniens 25jährige Epoche unbestrittener imperialer Vorherrschaft vorüber. Die wachsenden Volkswirtschaften der USA und Deutschlands und die imperiale Expansion Frankreichs und Rußlands erhöhten unerbittlich die Risiken und zwangen Großbritannien, seine Verteidigungsausgaben anzuheben, die Grundlage seiner Strategie zu überprüfen und innerhalb von kaum mehr als einem Jahrzehnt Bündnisse und Ententen mit anderen Großmächten zu akzeptieren. Das war jedoch Zukunft; noch 1890 konnte Großbritannien zurückblicken auf 25 Jahre preisgünstiger Sicherheit, wirksamer Verteidigung des Empire und globaler Macht auf der Grundlage vernünftiger Strategie, wenig aufwendiger Verwaltung und Maximierung technologischer Möglichkeiten.

Kurt Hackemer

Marinetechnologie und wirtschaftlicher Aufschwung in den Vereinigten Staaten von Amerika 1860 bis 1890

Im 19. Jahrhundert schritt die Entwicklung der Waffentechnik rasch voran. Kriege, die noch am Anfang des Säkulums mit Steinschloßmusketen, Glattrohr-Vorderladern und Linienschiffen in Holzbauweise entschieden worden waren, wurden gegen sein Ende mit magazinbestückten Langwaffen, Hinterladern mit gezogenen Rohren aus Stahl und Panzerschiffen mit Dampfantrieb ausgetragen. Die Technik, die seit Jahrzehnten in ihrer Entwicklung stagniert hatte, änderte sich jetzt so schnell, daß neue Waffensysteme bereits innerhalb von Monaten oder wenigen Jahren veraltet sein konnten. Zunehmend hochentwickelte Waffen verlangten zu ihrer Herstellung eine in gleichem Maße hochentwickelte Wirtschaft, wobei eindeutig die Länder im Vorteil waren, denen es am ehesten gelang, neue wirtschaftliche Infrastrukturen mit militärischen Einrichtungen zu koppeln.

In den Vereinigten Staaten ging die Marine viel engere Bindungen zur amerikanischen Industrie ein als das Heer. Der Grund hierfür war in erster Linie der Bedarf dieser Teilstreitkraft an hochentwickelter Technologie – aufgrund ihres Auftrags sowohl im Frieden als auch im Krieg. Das Heer befaßte sich gelegentlich mit moderner Technologie, bekam die nötigen Haushaltsmittel im allgemeinen jedoch nur für Kriegszwecke bewilligt. Im Frieden mußte es sich mit den vorhandenen Beständen zufriedengeben, mit einem schmalen Budget auskommen und mit einer apathischen Regierung vorliebnehmen. Auf der anderen Seite konnte die amerikanische Marine das ganze 19. Jahrhundert hindurch ihren Bedarf dank ihrer symbiotischen Beziehung zur nationalen Schiffahrt und aufgrund ihres Auftrags, den amerikanischen Handel weltweit zu schützen, generell begründen. In den 50er Jahren des 19. Jahrhunderts erkannte sie, daß der gangbarste Weg zum Erreichen einiger ihrer Ziele hinsichtlich der Nutzung moderner Technologie darin bestand, zu lernen, mit der Privatwirtschaft zusammenzuarbeiten. Auch wenn diese Kooperation sich selten einfach gestaltete, insbesondere angesichts der großen Herausforderungen durch den Bürgerkrieg, wurde die neue Beziehung mit der Zeit immer enger. In den 1880er und 1890er Jahren konnte die Marine dann die technisch anspruchsvolle Aufgabe der Stahlerzeugung an private Unternehmen herantragen und realistisch davon ausgehen, die erforderlichen Schiffskörper in Stahlbauweise und mit moderner Panzerung wie gewünscht und in ausreichender Zahl zu erhalten. Die verstärkte Einbindung privater Firmen durch die Marine zur Deckung ihres technologischen Bedarfs war langfristig nicht nur für bestimmte Industriezweige, sondern auch für die Wirtschaft im allgemeinen von Vorteil. Auf diese Weise wurde die Innovation forciert und in Jahren schleppenden Wirtschaftswachstums für Stabilität gesorgt.

Die Geschichte der im 19. Jahrhundert aufgenommenen Beziehungen zwischen der amerikanischen Marine der Vereinigten Staaten und der heimischen Industrie nahm ihren Anfang bereits einige Zeit vor Ausbruch des Amerikanischen Bürgerkriegs. Die Marine, interessiert daran, die Dampftechnik schon in den 30er Jahren für ihre Kriegsschiffe zu nutzen, sah sich außerstande, diese Technik aus eigener Anstrengung effizient einzuführen. Deshalb wandte sie sich hilfesuchend an die Privatwirtschaft. Allerdings war klar, daß diese nicht alle Probleme der Marine alleine lösen konnte. Die Dampftechnik, die dem Antrieb moderner Kriegsschiffe diente, war in ständigem Wandel begriffen, Innovationen, mit denen selbst aus Sicht erfahrener Schiffstechnikoffiziere schwerlich Schritt zu halten war. Bisher existierte kein allgemein anerkannter Entwurf für Dampfantriebsanlagen; jede Schiffsmaschine war ein Unikat, zugeschnitten auf die baulichen Besonderheiten eines ganz bestimmten Schiffes. Schiffstechniker unter sich hätten wohl bei den wesentlichen Komponenten eine Einigung treffen können, doch jedes Schiff hatte seine besonderen Eigenheiten. Wollte man wie die Schiffstechniker vorgehen, waren Fehler und Fehleinschätzungen praktisch vorprogrammiert, wie es ja auch bei den von der Marine allein gebauten drei Dampfschiffen, namentlich der »Allegheny«, der »Princeton« und der »San Jacinto«, der Fall gewesen ist – ein gescheiterter Versuch, der Ende der 40er und Anfang der 50er Jahre in allen Einzelheiten an die Öffentlichkeit gedrungen war. In einem 1853 verfaßten internen Bericht wurde die Marine im Zusammenhang mit Bau und Unterhaltung dieser drei Schiffe wegen schlechter Planung, unprofessioneller Ausführung und Verschwendung öffentlicher Mittel zur Rechenschaft gezogen[1].

Selbst als die so Gescholtene sich an die Brust schlug und Zerknirschung zeigte, schmiedete sie doch Pläne, die Einführung der Dampftechnik in der Flotte zu beschleunigen. Zu diesem Zweck machte sie sich die vorherrschende politische Stimmung zunutze, welche die regionale Expansion im karibischen Raum, die Durchsetzung der Manifest-Destiny-Doktrin und eine dynamischere Außenpolitik begünstigte, die offen den republikanischen Strömungen in Europa zugeneigt war[2].

---

1 Vgl. Frank M. Bennett, The Steam Navy of the United States. A History of the Growth of the Steam Vessel of War in the U.S. Navy, and of the Naval Engineer Corps, Nachdr. der Ausg. Pittsburgh 1896, Westport, CT 1972, S. 54 f., 74, 110–122; U.S., Congress, House, Annual Report of the Secretary of the Navy, 1851, House Ex. Doc. 2, 32nd Congress, 1st session, 1851, S. 76–149; United States Steamers, in: Journal of the Franklin Institute, 57 (March 1854), S. 186 f.; Max R. Williams, Secretary William A. Graham, Naval Administrator 1850–1852, North Carolina Historical Review, 48 (Winter 1971), S. 62–64; U.S. Congress, House, Report of a Board of Engineers as to the Causes of Failure of Certain Steamers of the United States Navy, House Misc. Doc. 2, 33rd Cong., 1st sess., 1853, S. 1–8.

2 Vgl. C. Stanley Urban, The Ideology of Southern Imperialism: New Orleans and the Caribbean, 1845–1860, in: Louisiana Historical Quarterly, 39 (January 1956), S. 53 f.; Robert E. May, The Southern Dream of a Caribbean Empire, 1854–1861, Baton Rouge 1973, S. 10–16; Frederick Merk, Manifest Destiny and Mission in American History: A Reinterpretation, New York 1963, S. 31, 33; Merle E. Curti, Young America, in: American Historical Review, 32 (October 1926), S. 34 f.; Larry Gara, The Presidency of Franklin Pierce, Lawrence 1991, S. 26–29, 35.

Marineminister James C. Dobbin brachte in seinem Jahresbericht vom Dezember 1853 Argumente vor für den Ausbau der Flotte mit dampfgetriebenen Schiffen. Er machte klar, daß die Marine nicht darauf hoffen konnte, in absehbarer Zeit mit Amerikas europäischen Rivalen gleichzuziehen und schlug den Bau von sechs Schraubendampfern vor. Die dampfgetriebenen Fregatten würden jeweils mit 50 Geschützen bestückt und damit jedem seegehenden Kriegsschiff mit Dampfantrieb ebenbürtig sein. Nach einer erbitterten, aber kurzen Auseinandersetzung am 6. April 1854 bewilligte der Kongreß drei Millionen Dollar für den Bau dieser Schiffe[3].

Doch nach wie vor stieß die Marine auf ernstzunehmende Hindernisse. Sie hatte nicht nur das vom Kongreß auferlegte Gebot der Wirtschaftlichkeit bei gleichzeitiger Effizienz einzuhalten, sondern auf Ministeriumsebene auch die jüngsten technischen Fehlschläge sowie die schlechte Auftragsplanung und -lenkung für die Dampfantriebsanlagen zu verkraften. Marineeigene Einrichtungen verfügten nicht über die erforderlichen Kapazitäten, was bedeutete, daß die Antriebsanlagen für die Fregatten von unabhängigen Vertragsfirmen gebaut werden würden. Marineminister Dobbin, der den Bau der Antriebsanlagen durch die Marine selbst vorgezogen hätte, erklärte sich peinlich berührt davon, »daß Regierungen [bei Bauvorhaben] so ganz und gar von privaten Unternehmen abhängen«. Die einzige für den Bau von Schiffsantriebsanlagen in Frage kommende Einrichtung der Marine war die Washington Navy Yard, wenn auch nur in begrenztem Umfang. Deshalb sah der Minister keine andere Möglichkeit als sich an private Unternehmen an der Ostküste zu wenden, um den Bedarf der Marine an Schiffsantriebsanlagen zu decken[4].

Marineminister Dobbin nahm die Gelegenheit wahr, die Beziehungen der Marine zur amerikanischen Industrie näher zu definieren; eine Kombination aus Leistungsgarantien, Anleihen und Zahlungsbedingungen sollte erstmals bei der Ausschreibung für die Antriebsanlagen der Fregatten spezifiziert werden. Erfolgreich baute die Privatindustrie die Antriebsanlagen für fünf der sechs Fregatten und die Marine stellte 1860 sogar fest, daß die fünf privatwirtschaftlich gebauten Antriebsanlagen bisher ebenso leistungsfähig waren wie die von der Regierung in Eigenverantwortung gebaute sechste Anlage – ohne wesentlich höheren Kostenaufwand. Dies hatte zur Folge, daß Leistungsgarantien bei allen nachfolgenden Auftragsvergaben für Antriebsanlagen gang und gäbe waren. Größere Bedeutung hatte aller-

---

3 Vgl. U.S. Congress, Senate, Annual Report of the Secretary of the Navy, 1853, Senate Ex. Doc. 1, 33rd Cong., 1st sess., 1853, S. 307-311; Harold Hance Sprout and Margaret Sprout, The Rise of American Naval Power, 1776-1918, Princeton 1939, S. 141-143; Congressional Globe, vol. 28, p. 1, S. 455, 465 f.; ebd., p. 2, S. 847, 856.

4 Vgl. James C. Dobbin to John Lenthall, 10.6.1854, Naval Records Collection of the Office of Naval Records and Library, Entry 13, Letters to Bureaus of the Navy Department, September 1842 to November 1886, Record Group 45, M480, National Archives (NA), Washington, D.C.; Secretary of the Navy James C. Dobbin to S.P. Houston, Chairman of the Committee of Ways and Means, 18.12.1854, Naval Records Collection of the Office of Naval Records and Library, Entry 32, Letters from Bureaus of the Navy Department, September 1842 to Dezember 1885, Record Group 45, M518, NA. Siehe Joseph Smith, Chief of the Bureau of Yards and Docks to Dobbin, 24.11.1854, ebd.: Kostenvoranschlag für die Fertigstellung der notwendigen Einrichtungen auf den einzelnen Marinewerften. Für eine genauere Untersuchung siehe auch U.S., Congress, House: Estimates, Additional, From Bureau of Yards and Docks, House Misc. Doc. 19, 33rd Cong., 2nd sess., 1855.

dings der Umstand, daß die Marine aus dieser Erfahrung den naheliegenden Schluß zog, sie könnte von einer engeren Anbindung an die wachsende industrielle Infrastruktur an der Atlantikküste nur profitieren. Als ihr 1857 vom Kongreß der Bau von fünf dampfgetriebenen Sloops bewilligt wurde, entschied die Marine bezeichnenderweise, daß ein Rumpf von der New York City Schiffswerft Jacob Westervelt gebaut werden sollte. Zum ersten Mal in mehr als vier Jahrzehnten ließ sie den Rumpf eines Kriegsschiffes nicht auf eigener Werft von eigenen Arbeitern anfertigen[5].

Die Marine erkannte die wachsende Bedeutung der Privatindustrie auch in anderer Hinsicht. Der 1854 vergebene Auftrag zum Bau der Fregatten verlangte von den Auftragnehmern, die Finanzierung der Anfangskosten zu einem großen Teil selbst zu übernehmen, aber nur wenige Vertragsfirmen waren dazu in der Lage. Um dennoch eine stärkere Beteiligung der Auftragnehmer zu erreichen, änderte die Marine ihre Vertragsbedingungen dahingehend, daß Baukosten immer häufiger zurückerstattet wurden. Unmittelbar darauf nahm die Zahl der privatwirtschaftlichen Unternehmen, die an einer Zusammenarbeit interessiert waren, zu; als der Kongreß 1858 acht weitere Sloop-Dampfer genehmigte, unterbreiteten 14 Vertragsfirmen 47 Vorschläge für sieben mögliche Antriebsanlagen. Durch Anpassung der Zahlungsmodalitäten stellte die Marine ihr Engagement beim Ausbau der Beziehungen zur zivilen Industrie deutlich unter Beweis. Zwar hätte sie die Antriebsanlagen für alle ihre Schiffe gern auf marineeigenen Werften gebaut, doch aus praktischen Erwägungen war dies nahezu unmöglich. Die erwähnte Änderung der Vertragsbedingungen, von denen die Marine bis zum Amerikanischen Bürgerkrieg profitierte, spiegelte eine neue Realität wider, die nach engerer Zusammenarbeit zwischen Marine und amerikanischer Geschäftswelt in einer Zeit zunehmender technischer Modernisierung verlangte[6].

Im Rückblick wirkte sich die wachsende Beteiligung der amerikanischen Industrie an diesem Schiffbauprozeß vor dem Bürgerkrieg nur unwesentlich auf die Wirtschaft aus. Zwischen 1854 und 1859 bauten private Vertragsfirmen lediglich 15 Antriebsanlagen und einen Schiffskörper für die Marine. Für Letztere waren diese Zahlen zwar von Bedeutung, doch verblaßten sie im Vergleich zur Gesamtleistung der Nation im Schiffbausektor. So befuhren beispielsweise bis 1860 mehr als 3500 Dampfer (selbstredend mit Rumpf und Antriebsanlage) Amerikas Wasserwege, zwischen 1855 und 1859 bauten amerikanische Werften 1564 Schiffe für den Seeverkehr. Dennoch wurden mit zunehmend praktizierter Auftragsvergabe die ersten wichtigen Kontakte zwischen der Marine und einer etablierten Gruppe

---

[5] Vgl. Steam Machinery for United States Steam Frigates, National Daily Intelligencer, 8.7.1854, 4; U.S., Congress, Senate, Report of the Secretary of the Navy, Upon Various Subjects Pertaining to the Naval Establishment, Senate Ex. Doc. 4, 36th Cong., 2nd sess., 1861; Bennett, The Steam Navy of the United States (wie Anm. 1), S. 154; Steam War Sloops, in: Journal of the Franklin Institute, 65 (1858), S. 355.

[6] Vgl. Contract for Machinery &c of the Lancaster, Sloop of War, Naval Records Collection of the Office of Naval Records and Library, Entry 143, Contracts for Transportation of Mail and for Manufacture of Parts of Ships, April 1847-October 1860, Record Group 45, NA; U.S., Congress, House, Naval Contracts and Expenditures, House Rpt. 184, 35th Cong., 2nd sess., 1859, Appendix, S. 264 f., 284.

von Vertragsfirmen an der industriell aufstrebenden Ostküste der Vereinigten Staaten aufgenommen. Bei genauerem Hinsehen werden auch andere sich langsam abzeichnende Vorteile erkennbar. Vor dem Bürgerkrieg wurde an der Schnittstelle zwischen militärisch und zivil genutzter Marinetechnologie durch Versuche mit Dampfantriebsanlagen viel Pionierarbeit geleistet. Da die Grundlagen der Technik in dieser in stetem Wandel begriffenen Zeit nach wie vor existierten, wirkte sich der technische Fortschritt auf diesem Gebiet für beide Bereiche vorteilhaft aus. Der einzige wesentliche Unterschied zwischen zivil und militärisch genutzten Antriebsanlagen war formal, nicht funktional. Schiffstechniker der Marine achteten zwar ganz besonders darauf, Maschinen und Kessel so zu installieren, daß sie bestmöglich vor gegnerischem Feuer geschützt waren, doch unterschied sich zur damaligen Zeit die Technik einer zivil genutzten Schiffsantriebsanlage im Kern nur unwesentlich von ihrem militärischen Pendant. Tatsächlich war es nicht ungewöhnlich, daß Schiffstechnikoffiziere der amerikanischen Marine (die ohnehin aus dem zivilen Sektor kamen) Patente vorlegten, die damals auf zivile wie militärische Schiffsantriebsanlagen gleichermaßen breite Anwendung fanden. In dieser Hinsicht wirkte sich der starke Wunsch der Marine nach modernen, auf der Basis vertraglich zugesicherter spezifischer Garantien erprobten Schiffsantriebsanlagen seriell auf alle Bereiche der Wirtschaft aus, die sowohl im Transportwesen als auch im industriellen Gewerbe zunehmend auf Dampfkraft als Energieform setzte[7].

Der Ausbruch des Bürgerkriegs im Frühjahr 1861 führte in aufsehenerregender Weise zu einem verstärkten Zusammenwirken von Marine und privater Unter-

---

7 Vgl. Louis C. Hunter, Heavy Industry Before 1860, in: The Growth of the American Economy: An Introduction to the Economic History of the United States. Ed. by Harold F. Williamson, New York 1944, S. 217 f.; William T. Hogan, Economic History of the Iron and Steel Industry in the United States. 5 vols., Lexington, MA 1971, vol. 1, S. 140. Als ein Beispiel für die zweifache Nutzung von Technologie hatte der Schiffstechniker Daniel B. Martin sich den Entwurf für einen Kessel patentieren lassen, der auf Kriegs- wie auch auf Handelsschiffen in großer Zahl Verwendung fand. Mehrere Konstruktionsentwürfe für die 1858 bewilligten Sloop-Dampfer (an deren Bewertung Martin beteiligt war) griffen auf seinen Dampfkessel zurück. Indessen kam ein Untersuchungsausschuß im Kongreß zu dem Ergebnis, »daß die [...]« von der Marine getroffene Wahl »[...] politisch in keiner Weise beeinflußt worden war [...]« und daß die einzelnen Vertragsabschlüsse »[...] sorgfältig, unparteiisch und unter strikter Einhaltung der Bestimmungen mit dem alleinigen Ziel erfolgten, die gesetzlichen Vorgaben zum Bau dieser Schiffe unter Wahrung größtmöglicher Kosteneffizienz buchstabengetreu zu erfüllen.« Siehe Naval Contracts and Expenditures, Report, S. 47, 52. Das will nicht heißen, daß der Marine nicht doch unlautere Absichten unterstellt werden konnten. In den 1850er Jahren wurden mehrere größere Untersuchungsausschüsse eingesetzt, die sich allerdings in erster Linie mit Lieferverträgen und Werftpersonal betreffenden Fragen befaßten, die in den Zuständigkeitsbereich ziviler Verwaltung fielen; die Dampftechnik kam nicht zur Sprache. Handelte es sich um Technologie, unterließ die Marine tunlichst alle Aktivitäten, die den Anschein des Unkorrekten hätten erwecken können, was erkennen läßt, welche Bedeutung Marineoffiziere der neuen Technik und natürlich der Flotte beimaßen. Zu Beispielen für Untersuchungsverfahren im Nichttechnikbereich siehe U.S., Congress, House, Number of Persons Employed in the Several Navy Yards, House Ex. Doc. 70, 35th Cong., 2nd sess., 1859; U.S., Congress, House, Naval Contracts and Expenditures, House Report 184, 35th Cong., 2nd sess., 1859. Zu den Überlegungen einiger Marineoffiziere, diesen Mißbrauch außerhalb des Technikbereichs zu korrigieren, siehe U.S., Congress, House, Reports of the Board of Officers Ordered to Examine into the Condition of the Navy Yards, House Ex. Doc. 34, 36th Cong., 1st sess., 1860.

nehmerschaft, was zur Folge hatte, daß erstere in das Wirtschaftsleben des Landes eingebunden wurde. Diese Entwicklung spiegelte eine allgemeine Tendenz in einem Krieg wider, in dem die wirtschaftliche Produktion seinen Ausgang beeinflußte. Wie Paul Koistinen hervorhebt, »waren die Unionsstaaten dank ihrer starken wirtschaftlichen Überlegenheit in der Region zu jedem Zeitpunkt in dieser Auseinandersetzung bei weitem im Vorteil«. Also kam es für die Marine darauf an, die Wirtschaftskraft des Nordens bestmöglich zu nutzen, denn der Umfang der zu bewältigenden Aufgaben war entmutigend. Mit nur 42 in Dienst gestellten Schiffen (und davon lediglich etwa ein Dutzend in amerikanischen Gewässern) mußte die Marine 3549 englische Meilen Küstenlinie und über 180 schiffbare Häfen und Meeresarme blockieren. Und in den nächsten drei Monaten hätte sie auf zunehmend ernstzunehmende Gerüchte über Panzerschiffe der Konföderierten reagieren müssen, indem sie die Anfertigung eigener gepanzerter Kriegsschiffe in Auftrag gab. Zur Erfüllung dieser Aufgaben war nicht nur der Bau neuer Kriegsschiffe und Antriebsanlagen in großem Umfang erforderlich, sondern auch eine ständige Weiterentwicklung der Technologie von Konstruktion und Bau gepanzerter Schiffe. Mit dieser Vorgehensweise versuchte die Marine, das große Schiffbau- und Industriepotential der Unionsstaaten in vollem Umfang zu nutzen, was gelegentlich mit Mühen verbunden war und nicht nur wirtschaftliche Möglichkeiten, sondern auch Schwierigkeiten mit sich brachte; dieser Prozeß verlief mit einer gewissen Konstanz von 1861 bis 1865[8].

Im Laufe des Krieges erweiterte und festigte die Marine ihre Beziehungen zur Privatindustrie, häufig zum Nutzen beider Seiten. Während des Bürgerkriegs arbeitete sie mit nahezu jeder wichtigen Schiffswerft und jedem im Norden angesiedelten Maschinenbauunternehmen von Bedeutung eng zusammen, und in vielen Fällen war es die erste derartige Beziehung. Schließlich wurde die Zusammenarbeit auch auf viele kleine bzw. neugegründete Unternehmen ausgeweitet. Doch führten allein der Umfang an vergebenen Bauaufträgen, die Anzahl der beteiligten Firmen und die fehlenden Möglichkeiten der Marine, jede Vertragsfirma so wie vor dem Krieg unter ihre unmittelbare Aufsicht zu stellen, in verstärktem Maße zum Abschluß von Standardverträgen. Zwar kam es zwischen der Marine und ihren privatwirtschaftlichen Vertragspartnern zu erheblichen Meinungsverschiedenheiten, aber bis zum Ende des Krieges unterhielten sie zumindest enge Beziehungen zueinander und wußten um die potentiellen Risiken aber auch die Gewinne im Zusammenhang mit kriegsbedingten Vertragsabschlüssen. Diese Beziehungen, die, wie es den Anschein hatte, zuweilen die reinste Tortur waren, sollten sich nachhaltig auswirken auf die Verhältnisse nach dem Krieg[9].

Mit den ersten in Serienfertigung gebauten Schiffen der Kriegsmarine, den berühmten »90-Tage-Kanonenbooten«, trat ein Wandel ein, der für das standardi-

[8] Vgl. Paul A.C. Koistinen, Beating Plowshares into Swords: The Political Economy of American Warfare, 1606–1865, Lawrence, KS 1996, S. 102, 173; Richard S. West, Jr., Mr. Lincoln's Navy, New York 1957, S. 44 f.; James M. McPherson, Battle Cry of Freedom: The Civil War Era, New York 1988, S. 313.

[9] Vgl. Koistinen, Beating Plowshares into Swords (wie Anm. 8), S. 173.

sierte Auftragsvergabeverfahren bezeichnend war: Es fanden zunehmend vorgedruckte Vertragsdokumente für den Bau von Rumpf und Maschinenanlage Verwendung, in die lediglich überwiegend grundlegende veränderliche Angaben eingetragen wurden. Diese Verträge basierten auf den jüngst gemachten Erfahrungen vor dem Krieg, wobei viel vom Wortlaut und nicht wenige der Bedingungen aus den Verträgen der Jahre 1857 und 1858 über den Bau der Sloops einflossen. Allerdings enthielten die neuen Verträge zwei wichtige Zusätze, die auf Qualitätssicherung und finanziellen Anreiz für die Vertragsfirmen abzielten: Die Einhaltung der Qualität wurde, theoretisch, durch Aufnahme einer Klausel gesichert, nach der Vertragsfirmen zur Übernahme von Kosten für Instandsetzungsarbeiten an Teilen verpflichtet waren, die innerhalb einer festgesetzten Frist nach Abschluß der Erprobungen in See aufgrund mangelhafter Ausführung bzw. fehlerhafter Werkstoffe ausfielen. Der zweite Vertragszusatz war ein Indiz für die Dringlichkeit des Kriegsschiffbaus in unbefriedeten Zeiten. Der Marine fehlten nicht nur Schiffe, sie brauchte diese auch so schnell wie möglich. Einen Spielraum für die Vertragsfirmen gab es in den 1850er Jahren nicht, insbesondere nicht im extrem spannungsgeladenen ersten Kriegsjahr, als jede Aktion förmlich nach Konsequenzen »roch« und die operative Planung von den vorhandenen Ressourcen abhing. Da der Bedarf an Kriegsschiffen so dringend war, nahm die Marine das Sofortprogramm der 90-Tage-Kanonenboote zum Anlaß, gegebenenfalls Vertragsstrafen für das Überschreiten der vereinbarten Auslieferungsfrist zu verhängen[10].

In den Verträgen über den Bau von Rumpf und Maschinenanlage dieser frühen Kanonenboote war genau festgelegt, innerhalb welcher Frist ein Privatunternehmen seinen Verpflichtungen nachzukommen hatte, wobei der Vertrag über den Bau der Schiffskörper zusätzlich eine genaue Terminangabe über die Fertigstellung enthielt. Der Vertrag über den Bau der Maschinenanlagen schloß den Passus einer vom Gesamtkaufpreis abzuziehenden Vertragsstrafe in Höhe von 200 Dollar für jeden Tag, um den die Vertragsfirma den Fertigstellungstermin überschritt, ein. Zwar hatte es den Anschein, als garantierten die Verträge über den Bau der Schiffskörper mehr Flexibilität (die Höhe der pro Tag Terminüberschreitung anfallenden Vertragsstrafe konnte nachträglich entsprechend eingesetzt werden), tatsächlich jedoch wurden sie noch enger ausgelegt und enthielten eine einzelne Klausel, die es der Marine erlaubte, jeden Schiffskörper, der nicht termingerecht

10 Vgl. Aroostook hull contract, Records of the Bureau of Construction and Repair, Entry 235, Contracts for Construction of Naval Vessels, 1861-1864, Record Group 19, NA; Huron machinery contract, Records of the Bureau of Construction and Repair, Entry 39, Contracts and Specifications for a Screw Gunboat, 1861, Record Group 19, NA. Als Beispiel dafür, wie dringend der Bedarf an Kanonenbooten war, mag die Ungeduld gelten, mit der Samuel Francis DuPont, der im Herbst 1861 die gemeinsame Expedition gegen Port Royal befehligte, auf die »drei oder vier Kanonenboote, die, so will ich doch hoffen, rechtzeitig fertiggestellt werden« wartete. Er betrachtete diese Boote als wichtigen Bestandteil einer »Streitkraft, die darauf ausgerichtet ist, der Wucht des ersten Angriffs von den Forts standzuhalten«, denn ihr geringer Tiefgang konnte entscheidend sein in einem Operationsgebiet, das für seine Untiefen und Riffe bekannt war. Samuel Francis DuPont to Gideon Welles, 18.9.1861, U.S. Navy Department, Official Records of the Union and Confederate Navies in the War of the Rebellion, 30 vols., Washington 1894-1922, series I, vol. 12, S. 209.

fertiggestellt worden war, zu beschlagnahmen und auf Kosten der säumigen Vertragsfirma fertigbauen zu lassen. Auf der anderen Seite sorgte die Marine, wohl wissend, daß das Zuckerbrot attraktiver ist als die Peitsche, auch für positive Anreize. Der Vertragsvordruck enthielt keine Angaben über den vertraglich festgelegten Gesamtpreis; dieser wurde vielmehr von Fall zu Fall eingetragen. Wie sich herausstellte, wurden für den Bau der Schiffskörper und Antriebsanlagen ganz unterschiedliche Kosten vertraglich festgelegt, wobei Firmen, die den frühestmöglichen Fertigstellungstermin garantierten, in den Genuß einer höheren Vertragssumme kamen. In den meisten Fällen war die Praxis der finanziellen Anreize erfolgreich, so daß die ersten Kanonenboote noch vor dem festgelegten Termin oder zumindest nahezu pünktlich fertiggestellt waren. Die übrigen Boote der Klasse wurden in der Mehrzahl ebenfalls rechtzeitig ausgeliefert, lediglich fünf der insgesamt 23 wesentlich später als geplant. Es war auch von Vorteil, daß die meisten Vertragsfirmen bereits früher mit der Marine geschäftlich in Beziehung gestanden hatten. Beide Seiten wußten, was sie voneinander erwarten konnten[11]. Als ihr bewußt wurde, daß sie ein brauchbares Instrument gefunden hatte, den Bau traditioneller dampfgetriebener Kriegsschiffe termingerecht fertig zu bauen, begann die Marine, für alle nachfolgenden Vertragsabschlüsse Vordrucke mit ähnlichen Bedingungen zu verwenden[12].

Die neuen Vertragvordrucke waren mehr als nur Ausdruck bloßen Wunschdenkens im Marineministerium; für die Dauer des Krieges wurden sie generell für alle Arten des Kriegsschiffbaus verwendet. Beispielsweise zählt der Historiker und Marineingenieur Frank M. Bennett 76 Schiffe auf, deren Bau 1862 von der Marine in Auftrag gegeben wurde. Die Antriebsanlagen von mindestens 38 dieser Schiffe wurden gemäß den Bedingungen eines dieser neuen Vertragsvordrucke gebaut. Gleichzeitig verwendete die Marine ähnliche Vertragsformulare für den Bau ganzer Kriegsschiffsklassen einschließlich der neuen Monitore der »Canonicus«-Klasse, die im September 1862 in Auftrag gegeben worden waren, sowie der allgegenwärtigen Kanonenboote in Holzbauweise und mit Dampfantrieb, die bald überall präsent zu sein schienen[13]. Im weiteren Verlauf des Krieges erhöhte die

---

11 Vgl. Aroostook hull contract, RG 19, Entry 235; Huron machinery contract, RG 19, Entry 39; Alexander Laing, American Ships, New York 1971, S. 325–327; Barbara B. Tomblin, From Sail to Steam: The Development of Steam Technology in the United States Navy, 1838–1865, Ph.D. Diss., Rutgers University 1988, S. 263–364.

12 Zu Beispielen für diese Verträge siehe Juniata machinery contract, Records of U.S. General Accounting Office, Records of the Accounting Officers of the Department of the Treasury, Entry 232, Naval Contracts, May 1795-October 1893, Record Group 217, NA; Cimarron contract, RG 19, Entry 235; Blank contract in Naval Records Collection of the Office of Naval Records and Library, Entry 155, Contracts for Manufacture of Machinery for Vessels, August-December 1862, Record Group 45, NA.

13 Zu einer Auflistung von in Auftrag gegebenen Kriegsschiffen siehe Bennett, The Steam Navy of the United States (wie Anm. 1), Anhang B. Die 38 Verträge finden sich in RG 45, Entry 155. Die tatsächliche Anzahl der Verträge mag höher gewesen sein, aber diese 38 sind als einzige erhalten geblieben. Die Harlan & Hollingsworth Company, die am Bau des Monitors Saugus der Canonicus-Klasse beteiligt war, verwies in einem Schreiben an Gideon Welles auf »[...] die vorgedruckten Verträge«. Siehe hierzu Harlan & Hollingsworth Company to Gideon Welles, 10.3.1863, Records of the Bureau of Ships, Entry 70, Letters and Telegrams Received from Contractors, January

Marine die Anzahl ihrer Vertragsfirmen ganz beträchtlich. Erst im September 1864 berichtete das Army and Navy Journal, daß »sich die größten Schwierigkeiten beim Herstellen der Einsatzbereitschaft der zahlreichen in den letzten drei Jahren gebauten Kriegsschiffe aus dem Mangel an erforderlichen Maschinisten und Maschinenwerkstätten ergaben«. Regierungseigene Werften bauten 71 der 192 während des Krieges in Auftrag gegebenen Schiffskörper, doch aufgrund des dringenden Bedarfs an Kriegsschiffen waren schließlich 56 verschiedene Privatunternehmen mit dem Bau der verbleibenden 121 Rümpfe befaßt. Die Defizite der marineeigenen Werften waren noch offenkundiger, als die moderne Technik ins Spiel kam. Von den 199 im Verlauf des Krieges in Auftrag gegebenen Dampfantriebsanlagen bauten die Marinewerften lediglich sechs. Für den Bau der übrigen Anlagen stellten 64 verschiedene Firmen die erforderlichen Einrichtungen und das technische Wissen zur Verfügung. Die auf diese Weise drastisch ausgeweitete Zusammenarbeit zwischen der Regierung und der Privatindustrie vertiefte die aufkommenden Wirtschaftsbeziehungen und ließ beträchtliche Summen an Bundesmitteln in die Wirtschaft der Unionsstaaten fließen, wozu auch die kriegsbedingte Auftragsvergabepraxis zu einem großen Teil beitrug[14].

Das Erkennen der Notwendigkeit einer engeren Beziehung zwischen Kriegsmarine und Industrie sowie die Vergabe von Aufträgen war eine Sache, das Umsetzen in die Praxis eine andere. Inflationsdruck und Rohstoffverknappung setzten die aufkeimenden Beziehungen zwischen Marine und Industrie einer starken Zerreißprobe aus und zwangen erstere, das Auftragsvergabeverfahren ständig anzupassen und verständlicher zu machen. Die rapide wachsende Anzahl von Schiffskörpern und Antriebsanlagen, deren Bau 1861 und Anfang 1862 in Auftrag gegeben wurde, führte zu allen erdenklichen Verzögerungen mit dem Ergebnis, daß die Marine zunehmend Schwierigkeiten hatte, eine termingerechte Auslieferung gemäß Vereinbarung zu erhalten. Vertragsfirmen, die nicht wegen Terminüberschreitung laut Vertragsklausel bestraft werden wollten, suchten, um eine Erklärung für die nicht termingerechte Auslieferung von Rumpf bzw. Antriebsanlage bemüht, die Schuld bei allen anderen, nur nicht bei sich selbst. Insbesondere zwei Klagen tauchten in ihrem Schriftverkehr mit dem Marineministerium immer wieder auf. Zum einen fanden sie die Schuldigen in unzuverlässigen Unterauftragnehmern, die sich übernommen hatten oder nicht in der Lage gewesen waren, in erster Linie ihren Verpflichtungen nachzukommen und die erforderlichen Teile einer Antriebsanlage oder eines Schiffskörpers rechtzeitig zu liefern. Zum anderen warfen sie diesen Zulieferfirmen die Auslieferung von Substandardprodukten vor, die entweder zurückgegeben oder ausgesondert und ausgetauscht werden mußten. Die Hauptauftragnehmer, das versteht sich von selbst, waren in den seltensten Fällen zu tadeln.

Die Marine begann diese Problematik mit einem 1862 abgefaßten Vertragsvordruck über den Bau einer Antriebsanlage zu bearbeiten. Viele Vertragsfirmen wa-

1864-December 1868, Record Group 19, NA. Die Verträge zur Canonicus-Klasse finden sich in RG 19, Entry 235.

14 Vgl. Various Naval Matters, in: Army and Navy Journal, 24.9.1864, S. 77. Diese Angaben sind Bennett, The Steam Navy of the United States (wie Anm. 1), Anhang B entnommen.

ren durch die kriegsbedingten Anstrengungen einfach überfordert; sie hatten optimistische Ansprüche erhoben, die zu erfüllen aufgrund der Umstände fast unmöglich war. Durch alle früheren Verträge über den Bau von Schiffskörpern und Antriebsanlagen waren die Privatfirmen an die strikte Einhaltung der Lieferfristen gebunden. In dem Bemühen, angesichts chaotischer Verhältnisse zugunsten der Vertragsfirmen zu entscheiden, enthielten manche Verträge eine Klausel, der zufolge termingerecht geliefert werden mußte, »es sei denn, ein Regierungserlaß oder [vom Vertragsnehmer] nicht beeinflußbare Umstände stehen dem entgegen«. Viele Vertragsfirmen versuchten zur Rechtfertigung von Verzögerungen, ungeachtet deren wahrer Ursache, sich auf diese Schlußklausel zu berufen. Die neueren Verträge über den Bau von Schiffsantriebsanlagen waren da sehr viel eindeutiger und besagten im Wortlaut:

> »[...] wobei als vereinbart gilt, daß unter ›durch die im Vertragstext genannten Vertragsparteien nicht beeinflußbare Umstände‹ durch Brand oder Wasser verursachte Schäden an den Anlagen auf dem Gelände der im Vertragstext genannten Vertragsparteien oder beim Einbau an Bord entstandene Schäden zu verstehen sind; Verzögerungen, die durch Personen verursacht werden, welche die im Vertragstext genannten Parteien aus ihren Beständen oder mit Werkstoffen versorgen, oder Verzögerungen, die auf den Wegfall von aus welchen Gründen auch immer ausgesonderten Gußteilen oder Schmiedeteilen zurückzuführen sind, fallen nicht unter den Passus ›durch die im Vertragstext genannten Vertragsparteien nicht beeinflußbare Umstände‹[15].«

Diese Klärung fand sicher Anklang bei den Bürokraten in der Marine, doch die tatsächlichen wirtschaftlichen Engpässe der Privatunternehmen, welche angesichts einer aufkeimenden Wirtschaft in den ungewissen Zeiten des Krieges versuchten, ihre Verträge zu erfüllen, konnten damit nicht einmal teilweise in angemessener Form angesprochen werden. Diese restriktiven Vertragsbedingungen würden nach dem Krieg als Grundlage für jahrzehntelange Schadensersatzansprüche dienen.

Die Schwierigkeiten in den engeren wirtschaftlichen Beziehungen zwischen Kriegsmarine und Privatindustrie spitzten sich noch zu, als die Marine den Bau von Panzerschiffen in Angriff nahm. Zwar hatten sowohl Frankreich als auch Großbritannien Ende der 1850er Jahre ehrgeizige Bauprogramme begonnen, um ihre veralteten Schiffe in Holzbauweise durch gepanzerte Schiffe zu ersetzen, ihre Fähigkeiten unter Beweis stellen sollten diese neuartigen Schiffe aber erst im Amerikanischen Bürgerkrieg, und zwar durch ständige (wenn auch nicht immer erfolgreiche) Verbesserung von Konstruktion, Einsatz und Taktik[16]. Und der Krieg verlangte eine beträchtliche Anzahl dieser Schiffe, die in ihrer Eigenschaft als Erprobungsmuster und mit ihrer unorthodoxen Bauweise für die Kriegsmarine und ihre Vertragspartner neue Probleme aller erdenklichen Art schufen. Gepanzerte Kriegsschiffe verlangten nicht nur die Anwendung moderner Metallverarbeitungsverfahren in großem Umfang, sondern auch wesentliche Änderungen in der Konstruktion. Die Notwendigkeit der Einführung moderner Fertigungsverfahren macht die Schwäche der technischen Infrastruktur der amerikanischen Wirtschaft vor dem

15 Blank contract RG 45, Entry 155, NA.

16 Vgl. James Phinney Baxter, The Introduction of the Ironclad Warship, Cambridge 1933; Nachdr., Hamden, CT 1968, S. 1-210; Peter Padfield, Guns at Sea, New York 1974, S. 168-170.

Krieg deutlich, denn diese war eher auf die relativ einfachen zivilen Bedürfnisse als auf die militärische Forderung nach einer umfassenden Verbesserung der damaligen Roheisenerzeugung ausgerichtet. Erschwerend kam hinzu, daß kriegsbedingt der Entwurf und Bau dieser Schiffe sowie die Herstellung ihrer Einsatzbereitschaft möglichst schnell erfolgen mußten. Das nachdrückliche Tempo, das den Vertragsablauf prägte, verschärfte die Probleme beim Aufbau neuer Beziehungen und bei der Eisenverarbeitung in einer Weise, wie sie die amerikanische Industrie vor dem Krieg nicht gekannt hatte.

Als die Marine dazu überging, nicht mehr den Bau einzelner Panzerschiffe, sondern den ganzer Klassen gepanzerter Kriegsschiffe in Auftrag zu geben, führte sie nicht nur die Verwendung der gleichen Vordrucke ein, wie sie für Verträge über Kriegsschiffe in konventionellerer Bauweise üblich waren, sondern sie leitete auch eine Umstrukturierung ihrer Verwaltung ein, um die Zusammenarbeit mit der Privatindustrie effizienter zu gestalten. Die Zunahme von Verträgen mit Firmen, die alle an der Ostküste ansässig waren, führte zur Einrichtung einer Dienststelle in New York City, die eigens mit der Überwachung von mit Privatunternehmen geschlossenen Verträgen über den Bau von Kriegsschiffen und deren Antriebsanlagen beauftragt wurde. Offiziell stand ihr zwar Rear Admiral Francis H. Gregory vor, doch geleitet wurde diese »Aufsichtsbehörde« von Chief Engineer Alban C. Stimers, der sich dort mit der Zeit sein eigenes Reich schuf. Dank der von Stimers ausgeübten Kontrollfunktion baute die Marine feste und dauerhafte Beziehungen zu den meisten führenden Schiffbauunternehmen im Land auf. Dabei stützte sie sich auf Regeln und Bestimmungen, die generell auf alle Vertragsfirmen angewendet wurden. Zwar gab es nach wie vor einen intensiven Schriftverkehr mit jedem einzelnen Unternehmen, doch gleichzeitig wurden die Vertragsfirmen in ihrer Gesamtheit als kollektive Gruppe behandelt, mit dem Ziel, »Regeln aufzustellen [...], nach denen generell verfahren werden sollte«. In Rundschreiben wurden Vorgaben festgelegt und einheitliche Beschlüsse weitergegeben. Eine ähnliche Stelle entstand in St. Louis, die allerdings, wie William Roberts betont, »niemals den Einfluß der New Yorker Einrichtung erlangte«[17].

Die neun Monitore der »Canonicus«-Klasse, deren Bau Ende Sommer 1862 bewilligt und in Auftrag gegeben worden war, machten zweierlei mehr als deutlich: Erstens sind diese Verträge ein typisches Beispiel für die wirtschaftlichen Risiken, die Auftragnehmer eingehen, wenn sie sich im Krieg vertraglich zum Bau von Schiffen und Antriebsanlagen verpflichten. Zweitens liegt es nahe, daß bürokratische Lösungen wie vom Aufsichtsamt nicht dafür entschädigen konnten, daß die

[17] Die detaillierteste Beschreibung der »Aufsichtsbehörde« findet sich bei Williams H. Roberts, Civil War Ironclads: The U.S. Navy and Industrial Mobilization, Baltimore 2002, insbes. Kapitel 4, 7 und 10. Siehe auch Charles Paullin, Paullin's History of Naval Administration, 1775-1911, Annapolis 1968, S. 265; Edward W. Sloan, Benjamin Franklin Isherwood, Naval Engineer: The Years as Engineer in Chief, 1861-1869, Annapolis 1965, S. 66 f. Die Rundschreiben befinden sich in Records of the Bureau of Ships, Records of the Office of General Superintendence of Ironclads, Entry 1254, Circular Letters Sent to Contractors, June 1863-July 1864, March-June 1865, Record Group 19, NA. Stimers wurde aus einem von ihm selbst versandten Rundschreiben vom 31.8.1863 zitiert. Das Zitat von Roberts stammt aus Civil War Ironclads, S. 31.

Kapazität der Nordstaatenindustrie noch nicht ausreichte, den Bedarf der Marine an moderner Panzerung zu decken. Durch die warnenden Beispiele aus der Folgezeit sollten viele Unternehmen hinsichtlich der Auftragsvergabe durch das Militär alle Illusionen verlieren.

Als die Marine für den Bau der »Canonicus«-Monitore geeignete Vertragsfirmen suchte, stellte sie fest, daß die meisten der von ihr bevorzugten Unternehmen an der Ostküste mit der Erfüllung früherer Verträge voll ausgelastet waren, insbesondere jene, die den Bau der Monitore der »Passaic«-Klasse übernommen hatten. Angesichts des offenkundigen Bedarfs an gepanzerten Kriegsschiffen vergab sie mehrere diesbezügliche Aufträge an Unternehmen, die nie zuvor Schiffe dieser Art für die Marine gebaut hatten. Und nicht nur das, sie waren auch noch tief im Landesinneren, westlich der Allegheny Mountains am Ohio angesiedelt. Ihr Standort (der die Lieferung von Schlüsselkomponenten problematisch machte) und mangelnde Erfahrung hatten zur Folge, daß in entsprechenden Klauseln festgesetzte Vertragsstrafen in einem Maße verhängt wurden, wie es weder die Marine noch die Vertragsfirmen vorhergesehen hatten. Das Problem wurde zusätzlich dadurch verschärft, daß die Konstruktionspläne für die »Passaic« noch nicht fertiggestellt waren, als die Aufträge vergeben wurden. Dadurch war diesen Unternehmen jede Chance für einen guten Start genommen. Sie kochten vor Wut und lagen der Marine ständig in den Ohren aus Angst, sie könnten Opfer einer Vertragsstrafe wegen Terminüberschreitung werden, was für jeden Tag, um den sich die Auslieferung verzögerte, einen Abzug von $ 500 bedeutete. Obwohl Marineminister Gideon Welles zu ihrer Beruhigung alle vertraglich vereinbarten Termine um zwei Wochen verlängerte, dauerte es noch eine weitere Woche, bis die Konstruktionspläne ausgehändigt wurden. Doch selbst dann mußten die Vertragsfirmen wiederholt Entwurfsänderungen hinnehmen, die von Stimers' Aufsichtsbehörde diktiert wurden.

Letzten Endes verursachten die ständigen Änderungen und die mangelnde Erfahrung der Vertragsfirmen eine bedenkliche Verzögerung in der Auslieferung aller Panzerschiffe der »Canonicus«-Klasse. Ein Jahr nach dem vertraglich festgelegten Termin waren nur die ersten vier, d.h. alle an der Ostküste gebauten Schiffe für den Stapellauf nahezu fertiggestellt, bis Kriegsende sollten nur fünf dieser Klasse in Dienst gestellt werden. Die anderen vier, die alle im Landesinnern gebaut wurden, erlebten keinen Einsatz im Gefecht mehr. Bereits im August 1863 hatte die Marine inoffiziell beschlossen, die Vertragsfirmen nicht zu bestrafen. Einfach formuliert: Das System versagte, weil das Auftragsvergabeverfahren der Marine nicht die damaligen wirtschaftlichen Verhältnisse berücksichtigte. Was die flachgehenden Monitore der »Casco«-Klasse, Nachfolger der Boote der »Canonicus«-Klasse und ebenfalls an der Ostküste bzw. weiter im Landesinneren gebaut, angeht, so herrschte ein ähnliches Chaos. Stimers' Aufsichtsbehörde änderte einen Konstruktionsentwurf von John Ericsson in wesentlichen Teilen und kodifizierte diese Änderungen später in einer 92 Seiten langen Spezifikation, die ein Werftarbeiter verächtlich als »Stimers' Gebetbuch« bezeichnete. Vertragsfirmen wagten es nicht, von dieser Spezifikation abzuweichen, die letztlich von ihnen verlangte, viel kompliziertere Kriegsschiffe zu bauen, als sie jemals erwartet hatten. Auch war für viele das Verfahren relativ neu, so daß eine Infragestellung ihrerseits der aus Stimers' Dienststelle kommenden Vorschriften als weniger wahrscheinlich galt. Als alles gesagt und getan war, erhielt die Marine gepanzerte Schiffe, die den Erwartungen nicht entsprachen und wesentlich mehr kosteten, als ursprünglich geplant[18].

Welche Firmen die Marine bei der Auftragsvergabe bevorzugte, richtete sich danach, wie gut diese in der Lage waren, das kriegsbedingte Chaos in der Wirtschaft in den Griff zu bekommen und die in Auftrag gegebenen Kriegsschiffe mitsamt ihrer Antriebsanlagen pünktlich auszuliefern. Firmen an der Ostküste mit gewöhnlich weiter entwickelter technischer Ausrüstung, die wirtschaftlich gefestigt waren und die größte Erfahrung hatten, waren entschieden die Favoriten des Ministeriums. Dennoch konnte die Marine nicht so wählerisch sein, wie sie es unter den gegebenen Umständen gern gewollt hätte, wo Vertragsfirmen ein wertvolles Gut waren, das zu nutzen, unabhängig vom Standort, so häufig wie möglich geschehen sollte. Je länger also der Krieg dauerte, desto mehr war die Marine gezwungen, sich kleinerer, weniger etablierter Unternehmen zu bedienen, um ihren Bedarf an Neubauten – Antriebsanlagen wie Schiffskörper und Panzerschiffe – zu decken. Dies wurde auch vom stellvertretenden Marineminister Gustavus Fox anläßlich der Erörterung der »Canonicus«-Verträge so gesehen, als er im August 1862 zu Stimers sagte, »jeder Laden, hier oder am Ohio-River, der in der Lage ist, die Arbeit zu erledigen, soll [einen Auftrag] bekommen.« Stimers hatte Fox vorgeschlagen, diese Aufträge nach Angebotsaufforderung zu vergeben, doch auch wenn Fox für Stimers' Wunsch, auf bewährte Unternehmen zurückzugreifen, Verständnis zeigte, so belehrte er den Leiter der Aufsichtsbehörde dennoch, daß er laut Gesetz zur Ausschreibung verpflichtet sei. Zunächst war dieses Vorgehen auch erfolgreich, und zwar sowohl an der Ostküste als auch im Landesinnern, doch mit der Zeit erwiesen sich die Kontakte der Marine zu den Firmen an der Atlantikküste bei weitem als wertvoller. Viele der Unternehmen westlich der Allegheny Mountains, mit denen die Marine zusammenarbeitete, überlebten nach 1865 nicht lange. Firmen, die unmittelbar nach Kriegsende aus dem Kriegsschiffbaugeschäft ausstiegen, taten dies häufig mit der Begründung, daß die Regierungsverträge ein inakzeptables Risiko bargen, weil sie in wirtschaftlich ohnehin unsicheren Zeiten die Möglichkeit empfindlicher Vertragsstrafen finanzieller Art nicht ausschlossen. Stimers lag richtig, aber die kriegsbedingten Forderungen zwangen die Marine, auch mit anderen Firmen einen Versuch zu wagen. Wenn dabei etwas herauskam, dann die Bestätigung

---

18 Vgl. Canonicus contract, RG 19, Entry 235, NA; Roberts, Civil War Ironclads (wie Anm. 17), S. 45-49, 64 f., 105, 140 f.; Donald L. Canney, The Old Steam Navy, vol. 2: The Ironclads, 1842-1885, Annapolis 1993, S. 84 f.; Navy Department, Monitors of the U.S. Navy, S. 20-23. Zu den Schwierigkeiten der Marine, genügend Firmen an der Ostküste zu finden, die in der Lage waren, zusätzliche Aufträge zu übernehmen, siehe Tomblin, From Sail to Steam (wie Anm. 11), S. 303-306. Zu Beispielen für die ins Detail gehenden und von Stimers' Dienststelle geforderten Konstruktionsänderungen siehe U.S., Congress, Senate, Relief for Additional Cost and Expense Beyond the Contract Price for the Construction of Naval Vessels and Machinery, Senate Rept. 130, 38th Cong., 2nd sess., 1865; Light Draught Monitors, in: U.S. Congress, Report of the Joint Committee on the Conduct of the War, Washington 1865, 94, 31; Tomblin, From Sail to Steam (wie Anm. 11), S. 326-330; William C. Church, The Life of John Ericsson, vol. 2, [London] 1890, S. 23-28.

dessen, was viele Offiziere vermutlich geahnt hatten: Etablierte Unternehmen waren zuverlässiger und würden das auch in Zukunft sein[19].

Beziehungen sind nicht immer herzlich, dies galt mit Sicherheit auch für die Marine und ihre Vertragspartner, insbesondere im Hinblick auf die Unklarheiten im Zusammenhang mit dem vertraglich festgelegten Preis als Folge der in den letzten Kriegsjahren vergebenen Aufträge und der häufig daraus resultierenden Vertragsstrafen. Gelegentlich kam es zu Streitigkeiten. Konstruktionsänderungen nach Vertragsunterzeichnung sowie Verzögerungen, welche die Werften nicht zu verantworten hatten, in Verbindung mit einer inflationären Wirtschaft und dem strikten Einhalten ihrer neuen Richtlinien durch die Marine, wann immer dies möglich war, lösten Verwirrung darüber aus, wieviel mehr Geld, wenn überhaupt, die Regierung den einzelnen Auftragnehmern schuldete. Aus ihrer Sicht war diese Frage entscheidend, da viele der Unternehmen mit nur einer geringen oder gar keiner Sicherheitsmarge arbeiteten. Die erbitterten Auseinandersetzungen, an deren Ende schließlich die Beilegung der Meinungsverschiedenheiten stand, zogen sich über Jahre hin, manchmal bis ins 20. Jahrhundert. Als die Marine sich stur stellte, ließen die geschädigten Vertragsfirmen die politischen »Muskeln« spielen. Auch wenn nicht alle mit dem Ergebnis zufrieden waren, so empfahl doch der Marineausschuß des Senats in einer nach dem Krieg durchgeführten Untersuchung, einige Unternehmen für entgangene Einnahmen und inflationsbedingte Kosten, »verursacht durch Verzögerungen und Maßnahmen von Seiten der Regierung«, zumindest teilweise zu entschädigen. Weitere Ansprüche wurden in den nachfolgenden Jahrzehnten anerkannt. Diese im Krieg gemachten Erfahrungen lassen vermuten, daß die wirtschaftlichen Vorteile aus den mit der Marine geschlossenen Verträgen erst zu einem späteren Zeitpunkt, und dann in vollem Umfang, zu Buche schlugen. Ein kleiner Kern von Unternehmen mit Sitz an der Ostküste florierte während des Krieges und nutzte seine Gewinne, um in den Nachkriegsjahren ständig zu expandieren; allerdings stellten diese Unternehmen eine Minderheit dar. Welche Impulse die Wirtschaft aus den von der Marine vergebenen Aufträgen tatsächlich erhielt, wurde erst nach weiteren zwei Jahrzehnten spürbar[20].

Mit dem Ende des Bürgerkriegs und dem Ausbleiben der für den Krieg zusätzlich bereitgestellten Mittel kamen die mageren Jahre für die Marine. Die Amerika-

---

19 Vgl. Tomblin, From Sail to Steam (wie Anm. 11), S. 353-356; Donald L. Canney, Lincoln's Navy: The Ships, Men and Organization, 1861-65, London 1998, S. 31; Fox an Stimers, 13.8.1862, zit. in Roberts, Civil War Ironclads (wie Anm. 17), S. 46. Die weiter westlich angesiedelten Schiffswerften hielten den Bau von Panzerschiffen für nicht profitabel genug. Wenn sie den Krieg überlebten, wandten sie sich anderen Zielen zu. Ebd., S. 182-193.

20 Zum Thema Entschädigung in den Nachkriegsjahren siehe ebd., S. 193-197; Gideon Welles, Diary, ed. by Howard K. Beale, assisted by Alan W. Brownsword, 3 vols., New York 1960, vol. 2, S. 201, 207; Relief for Additional Cost and Expense Beyond the Contract Price for the Construction of Naval Vessels and Machinery, U.S., Congress, Senate, Record of a Board of Navy Officers Appointed to Inquire into and Determine How Much the Vessels-of-War and Steam Machinery Contracted for by the Department in the Years 1862 and 1863 Cost the Contractors Over and Above the Contract Price and Allowance for Extra Work, Senate Ex. Doc. 18, 39th Cong., 1st sess., 1866; U.S. Congress, House, Investigation of the Navy Department, House Rpt. 80, 42nd Cong., 2nd sess., 1872, S. 19 f.

ner verloren das Interesse an der Flotte und verlangten lediglich deren traditionellen Einsatz für den Küstenschutz und den Schutz der Handelsschiffahrt. Da beide Aufgaben von Panzerschiffen beziehungsweise herkömmlichen Kreuzern wahrgenommen werden konnten, war die Marine an technologischen Neuerungen nicht mehr sonderlich interessiert; auch die Zusammenarbeit mit der Privatwirtschaft (und damit der Einfluß der Marine auf die Großindustrie) ging dramatisch zurück. Nach dem Krieg wurden nur wenige Verträge abgeschlossen, die lediglich den Bau von Antriebsanlagen, nie den ganzer Kriegsschiffe zum Gegenstand hatten. Als dem Ausbau der Flotte keine nationale Priorität mehr eingeräumt wurde, verloren die Vereinigten Staaten rasch ihre Stellung als eine der weltweit überlegenen Seemächte und fanden sich in einer unbedeutenden Rolle auf gleicher Stufe mit den größeren südamerikanischen und den kleineren europäischen Staaten wieder. Zwar nahm die amerikanische Flotte die ihr zugewiesenen Aufgaben mehr als zufriedenstellend wahr, doch von den europäischen Beobachtern wurde sie nicht länger ernstgenommen; dies ging sogar so weit, daß sie in den veröffentlichten Übersichten über die Flotten der Welt nicht mehr erwähnt wurde[21].

Anfang der 1880er Jahre befand sich der amerikanische Kongreß in einem besonderen Dilemma, als das Finanzministerium aufgrund hoher Steuereinnahmen überschüssige Mittel in der Staatskasse hatte. Da er nicht geneigt war, erneut an dem politisch heiklen Thema Steuern zu rühren und die Gelder zweckentfremdet zu verwenden, beschloß der Kongreß, die Mittel zur Sanierung der schwachen Landesverteidigungskräfte auszugeben. Zwei beratende Ausschüsse der Marine (bekannt als Erster (First Advisory Board) und Zweiter Beratungsausschuß (Second Advisory Board) gaben Empfehlungen zu Verbesserungen in der Flotte. Nach gründlicher Erwägung und im Vertrauen auf die politische Lage bewilligte der Kongreß im März 1883 1,3 Millionen US $ für den Bau der ersten Stahlschiffe in der Geschichte der Marine, namentlich drei Stahlkreuzer und ein Aviso, die (nach den Initialen ihrer Namen) so genannten ABCD-Schiffe[22].

Diese Maßnahme machte sich nicht nur für die Marine bezahlt, sie brachte auch Vorteile für die Privatindustrie wie für ihren maritimen Auftraggeber durch die

---

21 Vgl. James L. Abrahamson, America Arms for a New Century: The Making of a Great Military Power, New York 1981, S. 9-15; Stephen Howarth, To Shining Sea: A History of the United States Navy, 1775-1991, New York 1991, S. 215-223; Apt, »Mahan's Forbears«, S. 91. Zu den starken Kürzungen im Marineetat nach dem Krieg siehe: U.S., Congress, House, Letter from the Secretary of the Navy Transmitting Revised Estimates of Appropriations for that Department for the Ensuing Fiscal Year, House Ex. Doc. 111, 40th Cong., 2nd sess., 1868. Die Zusammenarbeit zwischen Marine und Privatindustrie lief zwar auf Sparflamme, konnte jedoch, wie im Fall John Roach und dem Bau der Antriebsanlage für die Tennessee Anfang der 1870er Jahre, immer noch zu heftigem Meinungsstreit führen. Zu weiteren Einzelheiten siehe Leonard A. Swann, Jr., John Roach, Maritime Entrepreneur: The Years as Naval Contractor, 1862-1886, Annapolis 1965, S. 125-138.

22 Die Bezeichnung »ABCD-Schiffe« bezieht sich auf die Kreuzer »Atlanta«, »Boston« und »Chicago« und den Aviso »Dolphin«. Zum Mehrheitsbericht des First Advisory Board siehe: U.S., Congress, House, Construction of Vessels of War for the Navy, House Rpt. 653, 47th Cong., 1st sess., 1881. Zum Minoritätsbericht siehe U.S., Congress, House, Condition of the Navy, House Ex. Doc. 30, 47th Cong., 1st sess., 1881. Zum Bericht des Second Advisory Board siehe U.S., Congress, Senate, Report of the Naval Advisory Board, Senate Ex. Doc 74, 47th Cong., 2nd sess., 1883.

bindende Vorgabe, für den Bau der Schiffe ausschließlich *heimischen* Stahl zu verwenden. Die amerikanische Stahlindustrie, deren Fertigungsverfahren nicht dem hohen technischen Stand ihrer europäischen Konkurrenten entsprach, hatte gute Chancen, öffentliche Mittel zur Modernisierung ihrer Anlagen und zur Einführung neuer Fertigungsverfahren zu erhalten (was auf eine Subventionierung hinauslief). Die von der heimischen Stahlindustrie für zivile Zwecke gefertigten Produkte verlangten in der Mehrzahl keinen aufwendigen Herstellungsprozeß. Ohne die parlamentarische Auflage gab es wenig Anreiz für die Industrie, die modernen Fertigungsverfahren in großem Maßstab einzuführen. Die Marine sah in der Vorgabe einen wichtigen Schritt in Richtung einer Beschaffung von strategisch wichtigem Material aus heimischen Quellen. Zur damaligen Zeit existierten in den Vereinigten Staaten nur wenige entwicklungsfähige und geeignete Stahlerzeuger, so daß die Marine zur Deckung ihres Verteidigungsbedarfs unter Umständen auf ausländische Lieferanten angewiesen war. Es lag auf der Hand, daß dieser Umstand weder von der Regierung noch von der Marine hingenommen werden konnte; allerdings war er Anlaß für die Forderung nach heimischem Stahl. Hinzu kamen pragmatische Überlegungen. Die marineeigenen Werften, die den Hauptanteil der Schiffsneubauten und Instandsetzungsarbeiten seit dem Ende des Bürgerkriegs übernommen hatten, waren weithin bekannt als Nutznießer öffentlich bewilligter Mittel. Das rief den tiefen Unwillen vieler Marineoffiziere hervor. Die Regelung brachte zwar wichtige politische Vorteile und ließ mit Sicherheit viel Geld in die lokale Wirtschaft fließen, doch für den Bau neuer, technisch hochentwickelter Kriegsschiffe war sie wenig geeignet. Tatsächlich waren die meisten Werften mit der Grundüberholung veralteter Schiffe aus der Bürgerkriegsära befaßt, die Dollarbeträge verschlang, welche weit über den ursprünglichen Baukosten lagen. Dies trug zweifellos mit dazu bei, daß die Marine ihre neuen drei Stahlkreuzer und den Aviso anderswo bauen lassen wollte[23].

Der Bau von Kriegsschiffen aus Stahl stellte eine neue Herausforderung dar, doch begab sich die Marine in gewisser Weise auf vertrautes Terrain. Tatsächlich war das Problem nicht die neue Bauweise der Kriegsschiffe, sondern die bestmögliche Nutzung der Ressourcen der heimischen Industrie bei der Einführung einer weiteren neuen Technologie in die amerikanische Flotte. Damit sah sich die Marine vor die gleiche Herausforderung gestellt wie in den 1850er und 1860er Jahren, als sie erfolgreich das Problem der Dampfantriebsanlage beziehungsweise der gepanzerten Kriegsschiffe löste. Lediglich die Art der Technologie hatte sich geändert. Obwohl sie sich ausdrücklich für den Fertigungsprozeß von Kriegsschiffen in Stahlbauweise interessierte, wußte die Marine doch genau, wo sie ansetzen mußte und wie das Auftragsvergabeverfahren gestaltet werden sollte. Ende Juni stellte das Marineministerium eine »Auflistung von Firmen zusammen, denen vorgedruckte

---

[23] Vgl. Abrahamson, America Arms for a New Century (wie Anm. 21), S. 139; Mark Russell Shulman, Navalism and the Emergence of American Sea Power, 1882–1893, Annapolis 1995, S. 34–36. Das Problem der Korruption bei Marinewerften war nicht neu. Zu einem Beispiel aus der Vorkriegszeit siehe Kurt Hackemer, Patronage and Administrative Structure at the Brooklyn Navy Yard in the 1850s, in: Journal of Political and Military Sociology, 22 (Winter 1995), S. 251–270.

Vertragsentwürfe über den Bau eines dampfgetriebenen Kreuzers mit einer Verdrängung von mehr als 4500 t zugesandt wurden«. Die Vordrucke gingen an Ward, Stanton & Company in Newburgh, New York; John Roach, Morgan Iron Works in New York City; die Quintard Iron Works in New York City; die Pusey and Jones Company in Wilmington, Delaware; die Penn Works in Philadelphia; William Cramp and Sons Ship and Engine Building Company in Philadelphia; Harrison Loring in Boston; die Harlan and Hollingsworth Company in Wilmington; die Union Iron Works in San Francisco; die Atlantic Works in East Boston; C.H. Delamater and Company aus New York City; und an H.A. Ramsay and Company in Baltimore.

Das Marineministerium wählte die meisten dieser Unternehmen aus dem einfachen Grund aus, weil ihm bereits einiges über sie bekannt war. Neun der zwölf Werften hatten während des Bürgerkriegs entweder Schiffskörper oder Antriebsanlagen für die Marine gebaut und waren daher mit dem Auftragsvergabeverfahren und der von der Marine geforderten Systemkontrolle vertraut. Ein zehntes Unternehmen hatte im Jahre 1858 eine Reihe von Antriebsanlagen für den maritimen Auftraggeber gebaut. Dennoch verloren einige dieser Unternehmen den Mut angesichts der Herausforderung, den Bau von Kriegsschiffen aus Stahl in Angriff zu nehmen. Manche schieden fast umgehend aus dem Rennen aus und wurden durch andere Werften ersetzt, die auf die öffentliche Ausschreibung reagiert hatten. Letztlich gaben nur acht Unternehmen ein Angebot ab. Immerhin, sechs von ihnen hatten bereits zuvor Verträge mit der Marine geschlossen und dabei entsprechende Erfahrungen gemacht. Bei der Angebotseröffnung stellte sich heraus, daß John Roachs Morgan Iron Works für jedes der vier Schiffe das günstigste Angebot abgegeben hatte. Dementsprechend erhielt Roach den Zuschlag für alle vier Aufträge[24].

John Roach und die Morgan Iron Works brachten in die Verträge über den Bau der ersten Kriegsschiffe aus Stahl eine Fülle von Erfahrungen ein. Auch wenn der Bau der amerikanischen (ABCD-)Kriegsschiffe »Atlanta«, »Boston«, »Chicago« und »Dolphin« von nicht wenigen Meinungsverschiedenheiten begleitet war, der Werft der Auftrag für die drei Kreuzer letzten Endes entzogen und die Schiffe auf marineeigenen Werften fertiggestellt wurden, so war das beauftragte Unternehmen dank seiner Erfahrungen aus der Zusammenarbeit mit der Regierung in früheren Jahren doch eine ausgezeichnete Wahl. Roach selbst, während des Bürgerkriegs bei den Etna Works tätig, war damals Hauptauftragnehmer für den Bau der Antriebsanlage der »Peoria«, »Dunderberg«, »Neshaminy«, »Java«, »Ontario« und »Keosauqua«, ferner Unterauftragnehmer für die Antriebsanlage der »Galatea«, »Glaucus«,

24 Vgl. Naval Records Collection of the Office of Naval Records and Library, Entry 200, Correspondence Concerning Construction of New Vessels (»Memoranda Concerning Construction of New Vessels«), April 1882-January 1888, Record Group 45, NA; Benjamin F. Cooling, Gray Steel and Blue Water Navy, Hamden, Conn. 1979, S. 37-39. Die angegebene Zahl von Firmen mit Erfahrungen aus früheren Marineaufträgen fußt auf Informationen aus Bennett, The Steam Navy of the United States (wie Anm. 1), Anhang B. Von den zwölf aufgeführten Unternehmen hatten weder Ward, Stanton & Company noch H.A. Ramsay & Company Erfahrung mit früheren Marineaufträgen. Von den acht Firmen, die ein Angebot zum ABCD-Projekt abgegeben hatten, galt das gleiche für Theodore Allen und Anthony Blaisdell aus St. Louis und H.A. Ramsay & Company.

»Neptune«, »Nereus«, »Pequot« und »Somerset«. Nach dem Krieg baute er die Antriebsanlagen für die »Tennessee« und die »Ranger« sowie den Rumpf und die Antriebsanlage der grundüberholten »Alert«, »Huron«, »Miantonomoh« und der »Puritan«. Für die Morgan Iron Works kam hinzu, daß sie die Antriebsanlage der noch aus der Vorkriegsära stammenden »Seminole« sowie der im Krieg fertiggestellten »Chippewa«, »Katahdin«, »Kineo«, »Mahaska«, »Tioga«, »Wachusett«, »Ascutney«, »Chenango«, »Onondaga«, »Ammonoosuc« und der »Idaho« gebaut hatten[25].

Leider, und zum Nachteil von Roach, nahm das Auftragsvergabeverfahren 1885 unversehens und in beunruhigender, bisher nicht gekannter Weise neue Züge an: die der Vetternwirtschaft. Aufgrund der hohen Dollarbeträge im Zusammenhang mit Verträgen über den Bau von Schiffen und deren Antriebsanlagen war die Marine in den vergangenen Jahren sehr vorsichtig vorgegangen, um jeden Anschein von Unkorrektheit zu vermeiden. Umfangreiche vom Kongreß in den Jahren 1859 und 1872 durchgeführte Untersuchungen zeigten zwar einige Unregelmäßigkeiten auf, entlasteten die Marine jedoch generell vom Vorwurf, unrechtmäßig gehandelt zu haben. Dennoch brachte die neue Cleveland-Regierung, mit der erstmals seit dem Ende des Krieges Demokraten ins Amt gewählt worden waren, einige politisch gefärbte Themenschwerpunkte im Zusammenhang mit dem Vertrag zur Sprache, wodurch sich Roach vor das Problem gestellt sah, für bereits fertiggestellte Arbeiten den entsprechenden finanziellen Gegenwert auch zu erhalten.

William C. Whitney, der neue Marineminister, war entschlossen, den Sumpf der Korruption und Einflußnahme, wie man ihn bei größeren Vorhaben seines Ministeriums aus den Regierungsjahren der Republikaner kannte, trocken zu legen. Roach wurde zu einer willkommenen Zielscheibe für Whitneys Zorn, weil der an seine Werft vergebene Auftrag über den Bau der Antriebsanlage für die »Tennessee« wichtiger Gegenstand der im Jahre 1872 durchgeführten Untersuchung war. Der Minister verweigerte die Abnahme der »Dolphin« vor der abschließenden Überprüfung der Vereinbarung, wodurch dem Auftragnehmer die Zahlung des letzten Teilbetrags vorenthalten wurde, einer Summe, die Roach benötigte, um den Bau der »Atlanta«, der »Boston« und der »Chicago« voranzutreiben, wenn er den Fertigstellungstermin einhalten wollte. Das Schicksal seiner Werft wurde in die Hände eines Gremiums gelegt, das sich aus zwei von Whitney »handverlesenen« Marineoffizieren und einem zivilen Schiffsingenieur zusammensetzte. Alle waren loyale Demokraten und hatten Verbindung zum Minister. Während Roach auf das vorgefaßte Prüfungsergebnis des Gremiums wartete, erschöpften sich seine Kapitalreserven, die Werft wurde unter Zwangsverwaltung gestellt und er verlor die Bauaufträge für die drei Kreuzer. Diese wurden von der Marine selbst fertiggestellt, und zwar auf Roachs Werft. Letzten Endes wurde John Roach durch Vetternwirtschaft bei der Auftragsvergabe aus dem Schiffbaugeschäft gedrängt. Unternehmen, die in der Folgezeit nach dem Desaster der Roach-Werft Verträge mit der Regierung abschlossen, taten dies mit einigem Unbehagen und verlangten Sicherungs-

[25] Vgl. Bennett, The Steam Navy of the United States (wie Anm. 1), Anhang B; Swann, John Roach (wie Anm. 21), S. 19–21.

klauseln (die sie auch erhielten) zum Schutz gegen Unwägbarkeiten im Vertragsverlauf, aber immerhin, sie setzten ihre Zusammenarbeit mit der Marine fort[26].

Ungeachtet ihrer Befürchtungen und mit dem abschreckenden Beispiel von John Roach vor Augen erkannten die großen Industrieunternehmen, welch Riesengewinne ihnen in Aussicht stehen würden, wenn sie mit der Regierung zusammenarbeiteten, insbesondere jetzt, da den Aufgaben der Marine bei der Landesverteidigung Priorität eingeräumt wurde und die Flotte durch den Bau neuer Kriegsschiffe einen enormen Zuwachs erhielt. Diese Kriegsschiffe waren in technischer Hinsicht komplizierter als ihre Vorgänger. Anders als die ABCD-Schiffe (drei nichtgepanzerte Kreuzer und ein Aviso) würden diese neuen Schiffe eine Panzerung aus gehärteten Stahlplatten erhalten, deren Fertigung weitaus schwieriger war als die sämtlicher damaliger Erzeugnisse der Stahlindustrie. Nun liegt die Frage nahe, welche Beweggründe die amerikanische Industrie über den Patriotismus hinaus dazu veranlaßt haben könnten, die Herausforderung anzunehmen. In vielerlei Hinsicht war der unmittelbar entscheidende Faktor folgender: Zwar hatten sie in Zeiten allgemeinen wirtschaftlichen Wohlstands die Zusammenarbeit mit der Regierung nicht unbedingt nötig, doch setzten manche Unternehmen, wie Carnegie Steel, Midvale Steel und Bethlehem Steel, auf Regierungsverträge, um die periodischen Wirtschaftskrisen überstehen zu können, von denen die damalige Epoche geprägt war. Darüber war sich Andrew Carnegie mit Sicherheit klargeworden, als er im Jahre 1890 angesichts eines nachgebenden Marktes für Stahlschienen, die den Hauptanteil seiner Fertigung ausmachten, seine ursprüngliche Weigerung, Panzerplatten herzustellen, noch einmal überdenken mußte.

Zur gleichen Zeit erkannte die Regierung den Wert einer lebensfähigen heimischen Rüstungsindustrie und bot den stahlverarbeitenden Unternehmen gelegentlich attraktive Anreize, so zum Beispiel im Jahre 1887, als Marineminister Whitney Bethlehem Steel einen Fertigungsvertrag über Panzerungen in Aussicht stellte, der nicht nur die Produktionskosten, sondern auch die Kosten für die erforderliche Stahlschmiede abdeckte. Diese Subvention war besonders aus dem Grunde von Bedeutung, als die Herstellung von Panzerplatten bei weitem größere und schwerere Anlagen erforderlich machte, als zur damaligen Zeit in der Stahlindustrie üblich. Anreize dieser Art hatten eine dauerhafte Wirkung, denn die betroffenen Unternehmen nutzten die für die Herstellung von Rüstungsgütern entwickelten Technologien auch in anderen Bereichen ihres Industrieimperiums. Die verbesserten Fertigungsanlagen und das größer gewordene Know-how schlugen sich in der kommerziellen Produktion nieder. Mit anderen Worten, die Beziehung war für beide Seiten von Nutzen. Nach Frank Cooling »ergab sich daraus in dem Augenblick zwangsläufig ein Wachstum der Rüstungsindustrie, als die industrielle Kapazität Amerikas und die Forderung nach Sicherheit in den Köpfen der politischen Verantwortungsträger wie auch der Unternehmer gleichbedeutend wurden«. So-

26 Vgl. U.S. Congress, Senate, Letter From the Secretary of the Navy, Transmitting, in Response to Senate Resolution of March 5, 1886, Information Relative to the Chicago, Boston, Atlanta, and Dolphin. Senate Ex. Doc. 153, 49th Cong., 1st sess., 1886, S. 23; Swann, John Roach (wie Anm. 21), S. 209-234; Cooling, Gray Steel and Blue Water Navy (wie Anm. 24), S. 71-84.

wohl die Marine als auch die Industrie profitierten von der erneut gewachsenen Zusammenarbeit[27].

Diese Beziehung ging weit über den reinen Bau von gepanzerten Kriegsschiffen aus Stahl mit modernen Hinterlader-Rohrwaffen hinaus und hatte sehr viel größere Auswirkungen als nur die Vergabe umfangreicher Aufträge an einige wenige Schlüsselunternehmen. Die entscheidende Unterstützung für die Rüstungsvorhaben der Marine wurde von der Sorge um den Schutz des Handels in Amerika und das gesteigerte amerikanische Engagement in internationale Angelegenheiten aber auch von Fragen der Landesverteidigung getragen. Parlamentarier rechtfertigten und unterstützten die aufkeimenden Beziehungen zwischen Marine und Industrie in dem Augenblick, als es aufgrund deren mittelbarer wie unmittelbarer, in erster Linie wirtschaftlicher Vorteile für ihre jeweiligen Wahlbezirke zweckdienlich war. So hatten beispielsweise die Demokraten in den frühen Jahren der Wiederaufrüstungsdebatte zwar die Mehrheit im Repräsentantenhaus, aber sie stellten nicht den Präsidenten und sie unternahmen alles in ihrer Macht stehende, die Republikaner in ihrem Bemühen um Bewilligung der entsprechenden Mittel zu hindern. Sobald sie jedoch nicht nur über die Mehrheit verfügten, sondern auch noch einen Präsidenten aus ihren Reihen vorweisen konnten, verloren sie keine Zeit bei der Mittelbewilligung und der Auftragsvergabe. Als sich die Mehrheitsverhältnisse im Kongreß jedoch wieder zugunsten der Republikaner verschoben, befürworteten diese konsequent eine Politik, die wirtschaftliche Autarkie förderte, was als wesentlich für das Wohl der Nation angesehen wurde. Der Bau amerikanischer Kriegsschiffe aus heimischen Werkstoffen paßte wunderbar in ihre Vorstellung von einem wirtschaftlich gesunden Land. Aus der Sicht des Kongresses betraf dies nicht allein die Stahlindustrie. Mit der amerikanischen Schiffbauindustrie ging es seit dem Bürgerkrieg beständig abwärts, da britische Frachter an die Stelle einer ehemals starken amerikanischen Handelsflotte getreten waren. Während das durch Handelsstörer der Konföderierten verursachte Streichen der Flagge mit Sicherheit zu dieser Veränderung beigetragen hatte, war in den Vereinigten Staaten der Schiffbau nach dem Bürgerkrieg zunehmend kostspieliger geworden. Vergleichbare Schiffe konnten in Großbritannien für drei Viertel der für ein amerikanisches Schiff veranschlagten Summe gebaut werden. Viele sahen im Eingreifen der Regierung durch direkte oder indirekte Subventionen eine mögliche Lösung dieses Problems. Das beim Bau von Kriegsschiffen mit Stahlrumpf gewonnene Know-how könnte, so wurde vermutet, auch Impulse für den zivilen Schiffbau liefern. Dies dürfte sich auch in anderer Hinsicht auszahlen: eine gesunde Wirtschaft würde gleichzeitig für soziale und politische Stabilität sorgen[28].

---

27 Vgl. Walter R. Herrick, Jr., The American Naval Revolution, Baton Rouge 1966, S. 164 f.; Peter Temin, Iron and Steel in Nineteenth-Century America: An Economic Inquiry, Cambridge 1964, S. 228 f.; Paul A.C. Koistinen, Mobilizing for Modern War: The Political Economy of American Warfare, 1865–1919, Lawrence 1997, S. 30; Cooling, Gray Steel and Blue Water Navy (wie Anm. 24), S. 109.

28 Vgl. Ben Baack and Edward Ray, The Political Economy of the Origins of the Military-Industrial Complex in the United States, in: Journal of Economic History, 45 (1985), S. 369; Lance C. Buhl, Maintaining »An American Navy«, 1865–1889, in: In Peace and War: Interpretations of Ameri-

Die stahlverarbeitende Großindustrie, der diese ganzheitliche Betrachtungsweise eher fehlte, nutzte die Gunst der Stunde, um in jeder erdenklichen Weise Gewinne gewaltigen Ausmaßes aus den Regierungsverträgen herauszuholen. In einem Fall kämpfte eine kleine Gruppe von Stahlunternehmen um die Beherrschung des weltweiten Marktes für Nickel, einem wichtigen Rohstoff bei der Herstellung von Panzerplatten aus gehärtetem Stahl. In den 1890er Jahren schlossen sich mehrere Großunternehmen zu jeweils einem Konzern zusammen, um den Nickelmarkt zu kontrollieren. Der in Europa ansässige übernahm früh die Führung und beherrschte nicht nur den Markt für das begehrte Erz, sondern besaß auch die erforderlichen Patente für die Verarbeitung. Der zweite Konzern entstand in den Vereinigten Staaten als Reaktion auf das europäische Monopol; er tat es den Europäern gleich und baute seine Stellung nach ihrem Vorbild aus, bis vergleichbare Panzerungen amerikanischer Provenienz billiger in der Produktion waren als französische oder britische. Nachdem sie gelernt hatten, sich gegenüber der internationalen Konkurrenz zu behaupten, übernahmen die heimischen Stahlproduzenten schließlich die Führung. Bei Schlüsselobjekten half die Marine dadurch aus, daß sie Offiziere mit besonderer Fachrichtung zur Wahrnehmung bestimmter Aufgaben bei Hauptauftragnehmern freistellte; bestes Beispiel hierfür waren Anfang der 90er Jahre Carnegie Steel und Bethlehem Iron. Die Industrie wandte das neuerworbene Know-how auf andere Aspekte der Wirtschaft an, ein Vorzug, der, wie manche ins Feld führen, angesichts des Vorwurfs der Gewinnsucht überwiegt. Die Marktbeherrschung aus einer Monopolstellung heraus hat vielleicht mit dazu beigetragen, den wirtschaftlichen Reifungsprozeß der Vereinigten Staaten als Industriemacht zu beschleunigen, namentlich durch Reduzierung des Wettbewerbs. Den Unternehmen wurde dadurch ermöglicht, sich auf den Fertigungsprozeß zu konzentrieren[29].

Um nicht den Eindruck zu erwecken, die Regierung der Vereinigten Staaten und die amerikanische Industrie hätten in dieser Zeit wirtschaftlicher Expansion in einem Verhältnis friedlicher Koexistenz gestanden, sollte auf die wiederkehrenden Spannungen nicht unerheblichen Ausmaßes zwischen den beiden hingewiesen werden. Als die Marine Ende 1880 und Anfang 1890 einen erhöhten Bedarf an Panzerplatten zur Außenhautverstärkung ihrer Schiffe sowie an Waffen und Munition für deren Ausrüstung hatte und entsprechende Aufträge vergab, überzogen die Auftragnehmer aufgrund technischer Schwierigkeiten regelmäßig die vertraglich

can Naval History, 1775-1984, ed. by Kenneth J. Hagan, Westport, Conn. 1984, S. 145-173; William S. Peterson, Congressional Politics: Building the New Navy, 1876-86, in: Armed Forces and Society, 14 (Summer 1988), S. 489-509; Charles W. Calhoun, Political Economy in the Gilded Age: The Republican Party's Industrial Policy, in: Journal of Policy History, 8 (1996), S. 293-296; Hogan, Economic History of the Iron and Steel Industry in the United States (wie Anm. 7), vol. 1, S. 141 f., S. 315 f.

29 Vgl. Johannes R. Lischka, Armor Plate: Nickel and Steel, Monopoly and Profit, in: War, Business, and American Society: Historical Perspectives on the Military-Industrial Complex, ed. by Benjamin Franklin Cooling, Port Washington, NY 1977, S. 43-58; Koistinen, Mobilizing for Modern War (wie Anm. 27), S. 54. Aus Bethlehem Iron wurde erst im Jahre 1899 das bekannte Unternehmen Bethlehem Steel. Siehe John W. Malsberger, Bethlehem Iron Company, in: Encyclopedia of American Business History and Biography: The Iron and Steel Industry in the Nineteenth Century, ed. by Paul F. Paskoff, New York 1989, S. 35.

vereinbarten Fertigstellungstermine (manchmal um Jahre). Anfang der 1890er Jahre gab es eine Reihe aufsehenerregender Fälle, in denen eine Reihe von Unternehmen die Marine mit schadhaften Panzerplatten belieferte, ein Skandal, der noch verschlimmert wurde durch den Versuch, die fehlerbehafteten Produkte in einer Ladung gütegeprüfter Panzerplatten zu verstecken. Die Spannungen wurden im Jahre 1895 publik, als der Kongreß die für die Lieferung der Panzerplatten verlangten Summen überprüfte und dabei herausfand, daß heimische stahlverarbeitende Unternehmen der amerikanischen Marine für eine Tonne Stahlpanzerplatten zwei- bis dreimal so hohe Kosten in Rechnung stellten wie den Regierungen fremder Staaten. Das fortgesetzt aufsässige Verhalten der Stahlindustrie in dieser Angelegenheit und weitere vom Kongreß durchgeführte Untersuchungen hatten die Genehmigung und den Bau einer, letzten Endes glücklosen, marineeigenen, Panzerungen herstellenden Fabrik im Ersten Weltkrieg zur Folge[30].

Trotz einer zuweilen erbittert geführten Debatte kann man mit Gewißheit davon ausgehen, daß Anfang des 20. Jahrhunderts eine erfolgreiche wechselseitige Beziehung zwischen dem Big Business und der US Navy bestand. Dank der neugesetzten nationalen Priorität war eine vergrößerte Marine nicht nur besser für den Küstenschutz, sondern auch für den Schutz der Handelsschiffahrt geeignet; durch die Machtprojektion würde auch die Stahlindustrie gestärkt, was wiederum zur Folge hätte, daß die Außenhautverstärkung der Kriegsschiffe durch qualitativ bessere Panzerplatten gesichert wäre. Die Stahlindustrie ihrerseits profitierte von den mit der Marine geschlossenen Verträgen, die ihnen halfen, die alarmierend häufigen Rezessionen und Krisen der damaligen Zeit zu überstehen. Und da ein einzelner Industriezweig die gesamte Wirtschaft nicht allein stützen konnte, wurde die wachsende Zusammenarbeit zwischen der Regierung und den von ihr ausgewählten Privatunternehmen kurz- wie langfristig über die kleine Gruppierung von Firmen hinaus zu weitverzweigten wirtschaftlichen Beziehungen ausgebaut. Auf kurze Sicht profitierte die Wirtschaft insgesamt von der gesteigerten Effizienz, von neuentwickelten Verfahren und Werkstoffen sowie von der wirtschaftlichen Stabilität, die teilweise durch eine gesunde Stahlindustrie gesichert wurde. Auf lange Sicht entstand durch diese Zusammenarbeit eine wechselseitige Beziehung, die sich letztlich so oder so in dem militärisch-industriellen Komplex nach dem Zweiten Weltkrieg manifestierte. Dieses Phänomen übte, nachdem es vollends Gestalt angenommen hatte, auf die Wirtschaft einen viel stärkeren Einfluß aus, als es bei der aufkeimenden Beziehung zwischen Marine und Industrie gegen Ende des 19. Jahrhunderts der Fall war; dennoch wäre diese Entwicklung ohne jene Veränderungen aus früherer Zeit nicht möglich gewesen. Im Wissen um die Vorgänge, die dazu führten, daß die amerikanische Marine und die Industrie des Landes enge Beziehungen im Rahmen wirtschaftlichen Wachstums aufbauten, liegt vordringlich der Schlüssel zum Verständnis aller in der Folgezeit abgelaufenen Prozesse.

[30] Vgl. Koistinen, Mobilizing for Modern War (wie Anm. 27), S. 33 f.; Cooling, Gray Steel and Blue Water Navy (wie Anm. 24), S. 92 f., 116-119, 122 f., 147-153, 173-176, 203-212.

IV.

Das Militärmuseum als moderner Lernort: Visualisierung von Militärgeschichte

Manfried Rauchensteiner

Einführende Bemerkungen

Am 13. September 2002 war in Hamburg »Museumstag«. Es ging darum, gedanklich drei Museen zu besuchen, die wohl unterschiedlicher nicht sein konnten: Das National Maritime Museum in Greenwich; das Bayerische Armeemuseum in Ingolstadt und das Bürgerkriegs- und Schlachtmuseum Pamplin Historical Park in Petersburg. Mit diesem gedanklichen Rundgang sollte aber nicht versucht werden, konkrete Vergleiche anzustellen oder gar nach Details zu fragen. Es ging darum, einen Museumstyp zu behandeln, der zwar vertraut scheint, aber sicherlich weit mehr Unterscheidungsmerkmale aufweist als die meisten anderen Museen.

Zunächst könnte man jedoch beim Thema »Visualisierung von Militärgeschichte« einmal semantisch ausholen: Es geht um das Sichtbarmachen von Militärgeschichte, folglich also um eine der Darstellungsarten von Geschichte. Und beim ersten Hinsehen möchte man meinen, der Typus Militärmuseum schließt mehr aus als ein. Denn zumindest in einigen europäischen Ländern wird er als Spezies erachtet, die bestimmte Grundkenntnisse oder zumindest Neigungen voraussetzt. Die Orte werden als »Männermuseen« gewertet und manchmal auch regelrecht abgetan. Sie sind für gewöhnlich keine Forschungsstätten für Mentalitätsgeschichte, haben aber durchaus die Qualität, vergangene und gegenwärtige Mentalitäten zu veranschaulichen. Militärgeschichtliche Museen sind gemeinhin keine Kunstmuseen, obwohl sie fallweise einzigartige Kunstschätze beherbergen; sie sind keine Technischen Museen, obwohl bei ihnen die Technik und technische Innovation eine vorrangige Rolle spielen, usw. Die Beispiele, was Militärhistorische Museen sind, wie einzigartig und wie zwitterhaft sie sich darstellen, ließen sich beliebig fortsetzen, doch daß Vielfalt und Unterschiede regieren, scheint vorweg einmal klar. Und daß es Vorurteile und Abneigungen gibt, ebenfalls.

Wir wollen weiter festhalten, daß Militärmuseen dann, wenn sie historische Museen sind, explizit keine Einschränkung erfahren sollten, weil sie ansonsten nur zu leicht zu heereskundlichen Sammlungen abzugleiten drohen oder noch mehr den Spezialisten vorbehalten bleiben, als sie es ohnedies tun, und beides sollte sich verbieten.

Ich sollte aber sehr wohl noch ein wenig provokanter formulieren und gleichzeitig meine Position herausarbeiten: Schlachtmuseen müssen nicht zwingend Militärmuseen sein; Armeemuseen müssen keine Schlacht- und keine historischen Museen sein; militärhistorische Museen müssen keine Schlacht- und keine Armeemuseen sein. Aber – und das scheint mir noch viel bedenkenswerter: Auch und besonders Militärhistorische Museen sind nicht davor gefeit, a-historisch zu sein und jenes bißchen Wahrheit der Geschichte, von dem wir hoffen, daß es nicht nur eine Floskel ist, mit Füßen zu treten. Militärmuseen und Militärhistorische Museen werden jedoch nur zu oft mit wohlfeilen Tummelplätzen persönlicher oder auch nationalstaatlicher Eitelkeiten verwechselt oder gar wegen ihres wunderschönen Rahmens und des einzigartigen Ambientes geschätzt; statt daß man auf die Inhalte schaut!

Doch lassen Sie mich weiter die Semantik des Programms bemühen. Es ist festzuhalten, daß wir uns den Militärmuseen als modernen Lernorten nähern sollen. Auch da gilt es freilich gleich zu fragen, ob wir die Lern- von den Gedächtnisorten abheben sollen und ob wir es können? Geht es in Militärgeschichtlichen und Militärmuseen nur um einen Standardtypus, etwa das begehbare Lehrbuch, die Studiensammlung, den erhobenen Zeigefinger und den Blick in die Büchse der Pandora, oder geht es auch darum, das erkenntnisleitende Interesse zu kanalisieren und das Gelernte in Bildung umzusetzen? – Wir werden Antworten bekommen!

In der Folge sollen drei sehr unterschiedliche Beispiele behandelt werden, Museen, die durchaus nicht nur einer, sondern zumindest drei Traditionen verhaftet sind. Das äußert sich schon in den Titeln.

Das National Maritime Museum in London nach der Wandlung von »oldfashioned« zu modern, ist stolz auf die zeitgemäße Veränderung. Tradition ohne Last; Museum als Zeugnis und als Event: Der britische Weg.

Das Bayerische Armeemuseum ist stolz darauf, etwas sichtbar machen zu können, was ansonsten zu entschwinden droht. Tradition auch als Last; Museum als Zeugnis: Der deutsche Weg.

Das dritte, das Museum in Petersburg, ist stolz auf Unveränderliches. Tradition als Anspruch und Feststellung scheinbar ungebrochener Werte: Der amerikanische Weg.

Aber natürlich ist das nicht alles. Es geht um nationale Traditionen, um spezifische Zugänge zu den einmal als Teil der eigenen, dann der bi- und multilateralen Geschichte zu sehenden Inhalte. Es geht um die Frage des Sichtbarmachens, der Besucherführung, der Besucherforschung. Und in jedem Beitrag wird davon etwas behandelt werden.

Ein grundsätzliches Problem, dem sich alle drei hier präsentierten Museen und die für sie Verantwortlichen zu stellen haben, das aber selbstverständlich auch für andere Museen gilt, nimmt dort seinen Ausgang, wo wir Museen und Ausstellungen nicht als Selbstzweck verstehen, sondern sie an die tagtäglichen Veränderungen anzupassen haben. Es genügt eben schon längst nicht mehr, das Herausragende und Merkwürdige, das Wahre, Schöne und Gute sorgfältig zu drapieren und damit jemanden in ein Museum locken zu wollen. Der Alltag und die Alltagsgeschichte haben schon längst Eingang in die Museen gefunden, damit aber die Probleme der Ausstellungsmacher nur vervielfältigt. Denn wenn sie sich als Historiker gefordert sehen, dann wissen sie nur zu genau, daß sich historische Prozesse nur schwer in dinglichen Manifestationen darstellen, also visualisieren lassen, da Massenphänomene zwar ideelle Spuren hinterlassen, diese aber selten konzis in einer Abfolge von Objekten zu zeigen sind. Zudem ist das »Überleben« dinglicher Relikte von Zufällen abhängig, die eine lineare Darstellung ebenfalls erschweren. Die »überlebenden« Objekte müssen also kontextualisiert und in den Zusammenhang der Geschichte, die man erzählen will, gebracht werden. Dabei kommen aber ganze Denkschulen ins Spiel.

Odo Marquard interpretiert den Prozeß der Musealisierung als Reaktion der Gegenwart auf eine ungewisse und bedrohliche Zukunft[1]. Er plädiert für eine Philosophie der Kompensation, die ein kritikfähiges und unemphatisches »Ja zur modernen Welt«[2] bedeutet. Aufgabe der Museumskunde und der Museologen sei es,

> »Sensibilisierungsgeschichten zu erzählen, in einer farblos gewordenen Welt sozusagen den Sinn für ihre Farbigkeit zu bewahren, zu pflegen, zu wecken, und in einer entzauberten Welt den Sinn für ihre Faszination und ihre faszinierenden Seiten zu kultivieren.«

Dies kann auch als Plädoyer für die Mythisierung bestimmter Aspekte der modernen Welt verstanden werden[3]. Oder auch für das, was einmal anerkennend, dann wieder vernichtend »die große Erzählung« genannt wird.

Hermann Lübbe sieht als Folge des Modernisierungsprozesses das Entstehen zweier Kulturen, die sich unterschiedlich schnell entwickeln: die der Geschichtlichkeit gegenüber indifferente moderne Kultur, die sich schneller entwickelt als die dem Geschichtlichen gegenüber sensible Herkunftskultur. Die moderne Kultur hat die Herkunftskultur nicht abgelöst, sondern überlagert; beide entwickeln sich auseinander, der Alterungsprozeß von Dingen und Traditionen beschleunigt sich, die Menge an Relikten (also an Gegenständen, die aus dem kulturellen und gesellschaftlichen Evolutionsprozeß als funktionslos ausgeschieden wurden) wächst. Der Wunsch, der Fremdheit gegenüber der eigenen Vergangenheit zu begegnen, führt zu Bestrebungen, zu bewahren und zu rekonstruieren. In der Lücke zwischen Herkunfts- und Zukunftskultur wächst unser Interesse an der Vergangenheit und äußert sich im Bedürfnis nach Institutionalisierung in ›Erinnerungsorganen‹, unter anderem den Museen. Parallel zur Fortschrittsdynamik wächst auch das Ausmaß an notwendigen Musealisierungsprozessen[4]. Lübbe deutet also die steigende Anzahl und immer größer werdende Attraktivität von Museen als Symptom eines historischen Fiebers, mit dem die Gegenwart auf den wandlungs- und veränderungsbedingten Vertrautheitsschwund unserer Lebenswelt reagiert. Er sieht die Objekte als Garanten der Erinnerung in einer Zeit politischer und sozialer Bewegung[5].

---

1 Gespräche mit Odo Marquard, geführt von Wilhelm Schmid, in: Süddeutsche Zeitung, 1987, Nr. 215, Feuilleton-Beilage, S. 1.

2 Odo Marquard, Verspätete Moralistik. Bemerkungen zur Unvermeidlichkeit der Geisteswissenschaften, in: Kursbuch 91: Wozu Geisteswissenschaften? Hrsg. von Karl Markus Michel und Tilman Spengler, Berlin 1988, S. 13-35, hier: S. 17.

3 Marquard, Gespräche (wie Anm. 1), S. 1.

4 Vgl. Hermann Lübbe, Der Fortschritt und das Museum. Über den Grund unseres Vergnügens an historischen Gegenständen, London 1982, S. 14.

5 Vgl. Hermann Lübbe, Zeit-Verhältnisse. Zur Kulturphilosophie des Fortschritts, Graz, Wien, Köln 1983, S. 9 f.

Jean Baudrillard, einer der konsequentesten Kritiker des Virtuellen[6], hat den Zusammenhang zwischen zunehmenden Tendenzen zur Musealisierung und der Virtualisierung folgendermaßen analysiert: Die Musealisierung ist ein Mittel der Gesellschaft, um der »Agonie des Realen« zu entgehen. Das Reale droht mehr und mehr zu verschwinden; an seine Stelle treten die Simulation (die Substituierung des Realen durch das Zeichen des Realen, das tatsächlich Symptome des Realen erzeugen kann) und das Hyperreale. Das verifizierbar Reale gibt es zwar noch, aber die Grenzen zur Simulation sind fließend. Die Vortäuschung der Realität verunsichert[7].

Der französische Soziologe Henri Pierre Jeudy ist anders als Baudrillard bei seinen Überlegungen zur Musealisierung nicht von der Verdoppelung sondern von der Zerstörung des Realen ausgegangen, als deren Auswirkung er die Musealisierung sieht. Diese schütze vor der »Bedrohung des Verschwindens der symbolischen Orte eines vergangenen Lebens«[8]. In der zeitlichen Beschleunigung der Moderne und der Zersplitterung von Identitäten in der Postmoderne tritt, so Jeudy, vermehrt der Wunsch nach kollektiver Erinnerung auf, die sich in unserer Art des Umgangs mit kulturellen Zeichen manifestiert. Um historische Ereignisse (bei Jubiläen, Feiern) oder authentische Objekte (in Museen und Ausstellungen) wird – meist entlang eines Fadens von Kollektivmythen – Geschichte inszeniert, aus der Angst der Gesellschaft vor dem Verschwinden und der Zerstörung des Vergangenen.

Die genannten Autoren sind Wortführer der entweder an Realien oder an Virtuellem ausgerichteten Denk- und Ausstellungsschulen. Sie sollten aber nicht kontrapunktisch, sondern additiv gesehen werden. An oberster Stelle steht das Plädoyer für das Reale – die Realien. Ihnen bei- (nicht über-)geordnet sind die Hyperrealien.

Wo sie nicht ausreichen, werden Repliken ausgestellt. Und wo die Sammlung nicht ausreicht, sind die Ausstellungsmacher ans Werk gegangen und beginnen die Inszenierung der Geschichte. Denn Musealisierung hat natürlich nicht dort ihre Grenzen gefunden, wo die Sammlungen vorhanden sind. Viel erfolgreicher scheinen jene z.B. japanischen Ausstellungsfirmen, die weltweit das Beste für ihre großen Kaufhäuser und Banken einkaufen und dort meistens nur wenige Wochen zeigen. Und wo weder die Objekte noch das Anliegen ausreichen, Anlaß oder gedachtes Publikum aber immer noch Hoffnung geben, daß entweder ein Geschäft zu machen ist oder zumindest ein Anliegen – und sei es ein Bildungsanliegen – transportiert werden kann, da wird dann Virtualisierung eingesetzt. In diesen Fällen entscheidet dann vollends nicht mehr die Sammlung, ja nicht einmal primär der Standort über die Musealisierung. Vielmehr bestimmt der Einsatz von finanziellen Mitteln über Sein oder Nichtsein eines Museumsprojekts. Die Inszenierung ersetzt die Realien. Und wenn man dagegen Einwände erhebt, wird man mit dem Verweis

6 Vgl. dazu Jean Baudrillard, Die Illusion und die Virtualität, Bern 1994.
7 Vgl. Jean Baudrillard, Agonie des Realen, Berlin 1978, S. 12.
8 Henri-Pierre Jeudy, Der Komplex der Museophilie, in: Zeitphänomen Musealisierung. Hrsg. von Wolfgang Zacharias, München 1990, S. 115-121, hier: S. 115.

auf den kommerziellen Erfolg und die Unbedarftheit des Publikums regelrecht niedergemacht. Was zählt, ist das »event«.

Ist dergleichen auch schon ein Lernort? Ich meine – nein! Aber lernt man leichter, wenn man Niederschmetterndes, Abstoßendes, Todtrauriges oder auch nur Todlangweiliges vorgesetzt bekommt? Auch: Wohl nein!

Das Museum als Lernort hat sich jeder Menge Herausforderungen zu stellen, die schon vor Jahren so einprägsam und plakativ mit den Worten: »Vitrinenfriedhof«, »Lesetapete« und »Disneyland« bezeichnet worden sind. Wollen wir daher auch anderes fragen: Wieviel Objekte, wieviel Text und wieviel Inszenierung verträgt ein – nun sagen wir eben – Militärmuseum? Wie überwindet man die Barriere von Niederschmetterndem, Abstoßendem, Ruhmheischendem und Todlangweiligem? Wie bringt man das Einzigartige und schon deshalb Wertvolle mit dem Alltäglichen und dem regelrechten »Mist« in Einklang? Wie vertragen sich die bewußt zur Weitergabe bestimmten Stücke mit jenen wertlosen Zufallsfunden, die uns vielleicht ein Rundgang über das Schlachtfeld von Stalingrad beschert? Alles das findet man in Militärmuseen und sollte es ordentlich sichtbar machen und erklären. Aber wie?

Privatsammler, Liebhaber und Narren haben es da leichter. Ihnen ist das wert, was sie freut. Militärmuseen, vornehmlich solche von Rang, tun sich schwerer. Sie sind Hort. Sie sind Lernort und Erinnerungsort. Manchmal, freilich, sind sie auch das, was so bildhaft mit »Müllhalde der Nation« umschrieben worden ist. Aber auch das ist nicht so absurd, wie es zunächst vielleicht klingt, denn natürlich geht es auch darum, in den Museen die Abfälle zu horten und sie auf Wiederverwertbares zu durchstöbern. Das gilt für vieles, nicht zuletzt auch für »abgestorbene Ideologien, vergangene Utopien, tote Begriffe und fossile Ideen«, ein Umstand, der Jean Baudrillard zur Feststellung veranlaßte, daß die geschichtlichen Abfälle (wie wir fast täglich bewiesen bekommen) ein viel ernsteres Problem sind als die industriellen Abfälle der Menschheit oder auch die Kriegsrelikte. Und man muß sich darüber im klaren sein, daß alles, was historisch nicht abgebaut und vernichtet werden kann, wiederaufbereitet wird. »Es ist unglaublich, daß nichts von dem, was man geschichtlich für überholt hält, wirklich verschwunden ist, alles ist da, bereit zur Wiederauferstehung«[9].

Ergänzend zu Baudrillard könnte man hinzufügen, daß sich freilich nichts in identischer Form wiederfindet, daher wird auch seine Feststellung »Wir wollen keinen Ruhm mehr, sondern Identität, keine Illusion, sondern wollen ganz im Gegenteil Beweise anhäufen«[10] zu relativieren sein, denn natürlich wird es auch künftig, und besonders in militärhistorischen Museen, um Illusion und Ruhm gehen. Zwar scheint es, als ob heute Ruhm mißtrauisch macht, geradezu einlädt, daran zu kratzen, ebenso wie wir den Umgang mit Größe verlernt haben, und nicht zuletzt in Deutschland und Österreich historische Chancen aber auch Zwänge nicht mehr erkennen und mißtrauisch alles ablehnen, was auf ein Mehr an – auch historischer – Verantwortung hinausläuft. Aber letztlich kommen wir daran nicht vorbei.

---

9 Jean Baudrillard, Die Illusion des Endes oder der Streik der Ereignisse, Berlin 1994, S. 50.
10 Ebd., S. 41.

Ich will mit einer zusätzlichen Positionsbestimmung zu den Referaten überleiten: Militärhistorische Museen, die häufig Kernstücke oder zumindest wichtige Ergänzung dessen sind, was wir meist in der Gruppe der Nationalmuseen finden, scheinen sich in besonderer Weise zu eignen, um – frei nach Peter Sloterdijk – ganze Bevölkerungen durch eine künstliche Vergangenheitshöhle hindurchzupumpen[11]. Anders und positiver: Nichts gibt rascher und besser Auskunft über das Selbstverständnis eines Landes wie gerade ein militärhistorisches Museum. Es erzählt von der Trias der Macht: dem Machtgewinn, dem Machterhalt und dem Machtverlust, und wie man damit umgeht. Dabei kommt es nicht einmal nur darauf an, was in der Ausstellung enthalten ist, sondern eigentlich mehr noch darauf, was nicht enthalten ist und was weggelassen wird. Einzelereignisse werden um- und anders gedeutet, durch Zurückdrängen oder Überhöhen ein eigentlich recht zuverlässiger Index des Erinnerungsgutes gegeben, und insgesamt eine historische Positionsbestimmung vorgenommen. So wollen wir es auch im folgenden halten und Briten, Bayern und US-Amerikaner zu Wort kommen lassen.

11 Das Zitat stammt aus einem am 7.10.1999 in Wien gehaltenen Vortrag von Thomas Zaunschirm zum Thema »Sinn und Unsinn des Museums«.

Nigel Rigby

Die Darstellung kriegerischer Auseinandersetzungen im National Maritime Museum

Das National Maritime Museum wurde im Jahre 1934 eröffnet. Über seinen Namen war jahrelang heftig debattiert worden. Daß schließlich die Bezeichnung »National Maritime Museum« gewählt wurde, ging auf einen Vorschlag des Schriftstellers Rudyard Kipling zurück, der die Ansicht vertrat, das National Maritime Museum solle an das Werk der großen Forscher erinnern: an die Kartographen, die Wagnisse der Pioniere auf den Weltmeeren, an die Handelsschiffahrt, an die Männer, die gefahrlosere Methoden der Überquerung der Meere ersannen, an die Romantik der großen Übersee-Passagierdampfer, an die vergessenen Mühsale der Trampschiffe und – nicht zuletzt – an die Arbeit der Fischer zu Hause, die in Friedens- und Kriegszeiten ihre Netze auswarfen, im Frieden zur Nahrungsbeschaffung und im Kriege aus Gründen der Sicherheit.

Das Wort »maritim« umfaßt eine Vielfalt von Tätigkeiten auf See und an den Küsten. Kipling schlug es vor in der Meinung, Großbritanniens neuestes nationales Museum sollte ein erheblich breiteres Themenspektrum abdecken als »das Wirken der Britischen Marine (wenngleich dieses keinesfalls vergessen werden sollte)«[1]. Aber es kam ganz anders. Von Beginn an hat sich das Museum auf die Britische Marine konzentriert, insbesondere auf die Zeit der Segelschiffahrt. Andere Aspekte der britischen Schiffahrtsgeschichte wurden praktisch nicht berücksichtigt. Dafür gab es mehrere Gründe: Das Ende des Ersten Weltkrieges lag nicht einmal 20 Jahre zurück, und binnen fünf Jahren nach Eröffnung des Museums brach erneut Krieg aus. So zeigte die Öffentlichkeit zwangsläufig starkes Interesse an den militärischen Angelegenheiten zweier Generationen, deren Angehörige entweder an den Seekriegen beteiligt waren oder sich gut an diese erinnern konnten. Ein Großteil der Museumsbediensteten, vor allem die Kustoden, bestand aus ehemaligen Marineoffizieren. Der erste Direktor des Museums, Sir Geoffrey Callender, war Professor für Marinegeschichte am Royal Naval College gewesen. Außerdem waren einige der in den ersten Jahren des Museums zusammengetragenen und am meisten aufsehenerregenden Kunstwerke und Objekte Produkt des Aufstiegs Großbritanniens zur Seemacht im 18. und 19. Jahrhundert. Ein Museum wird an seinen

---

1 Geoffrey Callender, erster Direktor des National Maritime Museum. Zit. nach: Kevin Littlewood and Beverley Butler, Of Ships and Stars: Maritime Heritage and the Founding of the National Maritime Museum, Greenwich, London 1998, S. 34.

Sammlungen gemessen, und die großartigen Objekte dieser Sammlungen stellen für das National Maritime Museum sowohl seine größte Stärke als auch sein größtes Problem dar.

Nur halb im Scherz war das National Maritime Museum viele Jahre lang als das »Museum für Marineoffiziere« bekannt. Seine Exponate waren an ein Publikum gerichtet, das die Anschauungen und ideologischen Werte des Personals teilte: die Klasse der Offiziere. Das Museum zeigte die Geschichte Großbritanniens und der Meere anhand des technologischen Wandels, einer Ruhmeshalle der großen Seehelden (von denen die meisten, mit Ausnahme von Nelson und Cook, heute mehr oder weniger in Vergessenheit geraten sind), sowie vor allem einer Darstellung kriegerischer Auseinandersetzungen auf See. Dieser Beitrag untersucht einige Formen der Wiedergabe des Seekrieges durch das Museum sowie die Weise, wie das Museum sich einer von uns heute als einschränkend und problematisch empfundenen Darstellung der Geschichte bediente. Abschließend folgt eine kurze Schilderung der Eröffnung neuer Galerien des Museums im Jahre 1999, die den Versuch einer Betrachtung der Schiffahrtsgeschichte aus anderer Sicht darstellten, als auch die Beschreibung der Reaktionen der Öffentlichkeit[2].

Das Gemälde von Nicholas Pocock »The Battle of Frigate Bay« zeigt ein kurzes Gefecht zwischen Teilen der britischen und der französischen Flotte während des Amerikanischen Unabhängigkeitskrieges im Jahre 1782 in der Karibik. Es handelte sich hier nicht um eine der großen Seeschlachten, wie zum Beispiel bei Les Saintes, am Nil und bei Trafalgar, die in den Kriegen zwischen Frankreich und Großbritannien jeweils eine entscheidende Wende herbeiführten, sondern im großen historischen Rahmen gesehen um ein eher unbedeutendes Gefecht. Es war typisch für viele kleinere bewaffnete Konflikte zur See, und ihrer wird, wenn überhaupt, vorwiegend in Schiffahrtsmuseen und von Marinehistorikern gedacht.

Das Gemälde war in den späten 80er Jahren in der Galerie des 18. Jahrhunderts ausgestellt – damals waren die Museumsgalerien chronologisch aufgebaut. Das »Jahrhundert« war in der Tat ein langes 18. Jahrhundert, ein Jahrhundert, das 1688 mit der »Glorreichen Revolution« begann und 1805 mit der Schlacht bei Trafalgar endete, dem Gefecht, das Großbritannien als vorherrschende Seemacht Europas etablierte – in einer Stellung, die es beinahe ein Jahrhundert lang behauptete. Die Galerie des 18. Jahrhunderts skizzierte die Geschichte des Aufstiegs Großbritanniens zur dominierenden Seemacht anhand einer Folge von Seeschlachten. Die Erläuterung zu Pococks Gemälde lautete:

Die Schlacht ist als das »Zurückschlagen der französischen Flotte« bekannt, denn obwohl der französische Kommandant de Grasse versuchte, seinen Ankerplatz mit Gewalt zurückzuerobern, stand Hoods starke und gerade ausgerichtete Linie unerschütterlich, so daß die französische Flotte schwer mitgenommen zu-

2 Ich sollte vielleicht die Gelegenheit wahrnehmen, meine Position in dieser Angelegenheit klarzustellen, denn ich war zu jener Zeit Kustos der Galerie »Trade and Empire«, die für ihre Neuinterpretation des Themas heftig kritisiert wurde. Die vorliegende Abhandlung gibt keineswegs die Ansichten des Museums wieder, und zwar weder im Hinblick auf den Stand der Schiffahrtsgeschichte noch auf die hitzige Debatte, die auf die Eröffnung der neuen Galerien folgte, sondern einzig und allein meine Meinung.

Nicholas Pocock, The Battle of Frigate Bay, 26 January 1782
© National Maritime Museum, London, BHC0436

rückgeschlagen wurde. Pococks klare und kluge Rekonstruktion der Schlacht ist typisch für seine analytische Malweise; seine Wiedergabe der Schiffe, insbesondere des französischen Zweideckers im Vordergrund (der das Gefecht abbricht) ist ebenso sicher und meisterhaft, wie die der besten seiner älteren Zeitgenossen – von Brooking und Cleveley bis hin zu Dominic Serres.

Die Beschriftung umfaßt drei wesentliche Elemente: zunächst eine kurze Darstellung der Schlacht in der Frigate Bay, in welcher der Ablauf des Geschehens und der Ausgang der Schlacht klar und prägnant zusammengefaßt werden; anschließend wird das Gemälde im Hinblick auf seine historische Genauigkeit bewertet, und zum Schluß wird die Stellung des Künstlers im Kanon der Marinemaler des 18. Jahrhunderts angedeutet.

Die Erläuterung bezieht sich vor allem auf die Kampfhandlung selbst, was typisch für den sogenannten »taktischen Ansatz« der Marinegeschichte ist. Sie hält sich eng an die Beschreibung der militärischen Abläufe und schließt übergreifende strategische, historische oder kulturelle Zusammenhänge aus. Auf diese Weise hielt das Museum an einer Form der Marinegeschichte fest, die viele Historiker der 80er Jahre im wissenschaftlichen Sinne bereits als veraltet angesehen hätten[3]. Warum

[3] Der berühmte Historiker Nicholas A.M. Rodger behauptete 1986 in seiner Darstellung der georgianischen Marine: The Wooden World: An Anatomy of the Georgian Navy, London 1986, daß »es längst nicht mehr der Wahrheit entspricht, daß Marinegeschichte einzig und allein als zusammenhanglose Aneinanderreihung von Schlachten oder Feldzügen geschrieben wird, die allenfalls auf der Ebene der Gesamtstrategie einen Bezug zur Geschichte der Nation haben« (S. 11). »The Wooden World« selbst ist ein vollkommenes Beispiel für die neuen Denkansätze, da die Sozial- und Kulturgeschichte der Marine des 18. Jahrhunderts laufend an der britischen und sogar der europäischen Gesellschaft gemessen wird. Bezeichnenderweise zollt Rodger den anderen Histori-

aber zwei europäische Großmächte 3000 Meilen entfernt von Europa diese Schlacht vor der Küste einer unbekannten kleinen Westindischen Insel ausfochten, wird beispielsweise weder gefragt noch erklärt. Eine Antwort auf diese Frage ist zum Teil durch die Tatsache gegeben, daß der Zucker, der durch Sklavenarbeit auf den Westindischen Inseln produziert wurde, einen wichtigen Beitrag zur britischen Wirtschaft leistete. Wissenschaftler wie Richard Harding[4] und Michael Duffy haben unlängst deutlich gemacht, daß die Seestrategie der Britischen Marine im 18. Jahrhundert zunehmend durch die Notwendigkeit beeinflußt wurde, die Inseln und insbesondere den einträglichen transatlantischen Handel zu schützen. Diese Einsichten sind insbesondere im Fall der Aufstellung für die Schlacht bei Trafalgar relevant, bei der Nelson die französische Flotte kreuz und quer über den Atlantik trieb. Nelson machte sich weniger Sorgen um eine mögliche französische Invasion Südenglands – so die traditionelle Interpretation der britischen und französischen strategischen Bewegungen im Jahre 1805 – als um die Verwundbarkeit der britischen Zuckerrohrinseln in der Karibik. Die Antwort auf diese bestimmte, nicht gestellte Frage zu Pococks Gemälde »The Battle of Frigate Bay« führt in die Bereiche des Handels, der Sklaverei, des Sklavenhandels und der weniger romantischen Aspekte der Marinegeschichte.

Der Schwerpunkt des »taktischen Ansatzes« der Marinegeschichte liegt auf Schlachten und den daran beteiligten führenden Persönlichkeiten; übergeordnete Zusammenhänge wie die Geschichte des britischen Empire werden kaum behandelt, da sie nur in wenigen Fällen als der Marinegeschichte zugehörig angesehen worden sind. Die Galerie des 18. Jahrhunderts diente in erster Linie dem Zweck, den Krieg auf See im 18. Jahrhundert in eine einzige kontinuierliche Schilderung des Aufstiegs Großbritanniens zur führenden Seemacht einzuordnen – eine Geschichte, die mit der Schlacht bei Trafalgar im Jahre 1805 ihren Höhepunkt erreichte. Dies führt zu dem Zirkelschluß, daß die im Laufe dieses Jahrhunderts stattgefundenen einzelnen Kampfhandlungen zwangsläufig zum endgültigen Sieg geführt hätten, der ja das einzige Thema der gezeigten Exponate ist. Derartige Argumentationen drehen sich jedoch im Kreis und fördern keine differenzierte Analyse der britischen Seemacht. Statt dessen werden mehrere nationalistische Erläuterungen gegeben: Erstens waren die britischen Admirale ihren Gegenspielern in taktischer Hinsicht überlegen; zweitens verfügten die britischen Kapitäne über größeres seemännisches Geschick und setzten ihre Schiffe wirksamer ein als ihre Gegner, und schließlich waren die Briten vortreffliche Seefahrer trotz der Tatsache, daß viele von ihnen zum Dienst gepreßt wurden. Letzteres läßt zwangsläufig auf die überlegenen Führungsqualitäten der britischen Offiziere schließen. Unabhängig davon, ob dies die wahren Gründe für die Etablierung Großbritanniens als dominierende Seemacht in Europa sind, besteht ein Effekt aus dieser Art von Geschichtsdarstellung darin, daß sich die Marine mit ihrem eigenen professionellen

---

kern, die Wegbereiter der »neuen« Geschichte sind, reichlich Anerkennung, er ist jedoch möglicherweise zu optimistisch im Hinblick auf den damaligen Stand der Marinegeschichte.

[4] Vgl. Richard Harding, in: Journal for Maritime Research, September 2002, www.jmr.nmm.ac.uk.

Verhaltenskodex selbst glorifiziert, der nach eigenen Moralvorstellungen geformt und von der Außenwelt scheinbar losgelöst ist.

Pococks Gemälde wurde offensichtlich für die Galerie ausgesucht, weil es gerade diese Schlacht zeigte. Als themenorientiertes Museum neigten wir dazu, Gemälde eher aufgrund ihrer Funktion als historisches Anschauungsmaterial als wegen ihres ästhetischen Eigenwerts zu verwenden, und haben sie traditionell im Hinblick darauf interpretiert, was sie zeigen und nicht wie sie es zeigen. Dies gilt auch für andere Arten von Objekten, wie beispielsweise Schwerter, Uniformen, Gedenkgläser und -porzellan, die nur dann ausgestellt wurden, wenn sie einen Bezug zu Schlachten hatten. Das Admiral Hood nach der Schlacht als Auszeichnung überreichte Schwert wurde in dieser Galerie tatsächlich nicht ausgestellt; wenn dies jedoch der Fall gewesen wäre, wäre die Tatsache, daß es ihm von dankbaren Zukkerrohrpflanzern der Westindischen Inseln übergeben wurde, unwichtig erschienen, ebenso wie viele andere mögliche Arten der Interpretation dieses Objekts. Der »taktische Ansatz« greift zu kurz, da für ihn ausschließlich Schlachten für die Auswahl der Objekte ausschlaggebend sind und ihnen Bedeutung verleihen. Obwohl die Schlachten erläutert und gewürdigt werden, wird kein tieferes Verständnis für das Ausmaß der maritimen Kultur vermittelt, es wird nicht gezeigt, in welch vielfältiger Weise Großbritannien von der See abhängig war und wie diese Abhängigkeit das Land geformt hat.

Pococks Gemälde wurde jedoch auch als Beispiel für »gute Kunst« in der Galerie ausgestellt: Es stellte eine Phase in der Entwicklung der Marinemalerei dar – mit ihren Anfängen in England ausgehend von den zugewanderten niederländischen Malern van der Velde d.Ä. und d.J., über ihre Blütezeit im 18. Jahrhundert bis hin zu den Werken der Kriegsmaler im Zweiten Weltkrieg. Pocock rangiert im Erläuterungstext gleich nach den großen »Meistern« der Marinemalerei Brooking, Cleveley und Dominic Serres. Dies zeigt den Einfluß der Kunsthistoriker, und man muß auch anerkennen, daß es neben im Museum tätigen Marinehistorikern stets Fachleute gab, deren Ansichten die herrschende Voreingenommenheit des Museums mildern, ändern und manchmal herausfordern konnten. Die heutige Generation der Kunsthistoriker würde dazu neigen, Pococks Gemälde eher als eine konstruierte Würdigung eines Sieges auf See zu sehen. Sie wäre am gesamten Spektrum der kulturellen Themen rund um das Gemälde und das Genre der Marinemalerei interessiert, unter anderem am Herstellungsprozeß, am Aufbau der nationalen Identität und an der Darstellung des Krieges auf See. Ebenso darf der Einfluß der Kunsthistoriker in den 80er Jahren jedoch auch nicht überbewertet werden, und im Erläuterungstext zu Pococks Gemälde »The Battle of Frigate Bay« wird das Gemälde in erster Linie deshalb hoch eingeschätzt, weil es einen Augenblick einer Schlacht genau und gekonnt darstellt.

Die Beschreibung enthält zwar eine genaue Darstellung der Schlacht und des Gemäldes, sie gibt aber nur einen Teil der Wahrheit wieder, die sich jedoch meiner Ansicht nach als die ganze Wahrheit ausgibt. Die Erläuterungen sind in einem objektiven und selbstsicheren Ton gehalten. Im National Maritime Museum vermitteln sie allein schon deshalb Autorität, weil das Museum als nationaler Sachverständiger der britischen Schiffahrtsgeschichte fungiert. Die Texte nehmen allerdings durch ihre sachkundige taktische und ästhetische Erklärung und Auslegung weitere Autorität für sich in Anspruch: Die Schlacht lief in dieser Form ab, das Gemälde ist eine gute Darstellung der Schlacht, der Maler ist diesem oder jenem Künstler nahezu ebenbürtig usw. Obschon präzise, beruhen diese Analysen doch auf Auswahlentscheidungen, die das Thema auf enge und selbstbezogene Weise definieren. Museen wahren ihre Autorität als Vermittler und Berater der kulturellen Bedeutung und nationalen Identität mittels einer Aura der Unparteilichkeit, einer Objektivität und eines Desinteresses an Fragen im Hinblick auf Rasse, Macht oder Geschlecht[5]. Schaut man sich die Sprache des Erläuterungstextes etwas genauer an, so zeigt sich, daß die scheinbar objektive Ausdrucksweise trügt, da sie den Ablauf des Geschehens in der Sprache der sexuellen Potenz erläutert. Die Schlachtlinie des britischen Admirals ist »stark, gerade ausgerichtet« und »unerschütterlich«: Sein Handeln ist entschlossen und männlich, das des Admirals de Grasse hingegen naiv, zaghaft und weibisch: nachdem er »herausgelockt« worden ist, »versucht« er den Ankerplatz wieder zu erobern und wird »schwer mitgenommen zurückgeschlagen«. Während der Text nur eine unparteiische und objektive Wahrheit zu enthalten scheint, gibt er tatsächlich beides wieder: die Aussage und den Nutzen des Gemäldes. Die Beschriftung, das Gemälde selbst und das Museum unterstützen sich dadurch wechselseitig in der Verherrlichung britischer Seemacht, Männlichkeit und nationaler Identität.

Die Art, in der das Museum seine Objekte präsentierte, folgte im wesentlichen derjenigen, in welcher die Marinegeschichte in volkstümlichen und traditionellen Geschichtsdarstellungen der Britischen Marine, geschrieben während des 19. und des 20. Jahrhunderts, erzählt wurde. Die großen Pendants zum Museum in der Prosaliteratur waren die von C.S. Forester zwischen 1939 und 1962 geschriebenen Romane um Hornblower. Wie auch das Museum befaßten sie sich mit dem 18. Jahrhundert, sie erschienen jedoch etwa zeitgleich mit dem Zweiten Weltkrieg und dem anhaltenden Niedergang Großbritanniens als weltweit dominierender Seemacht. Charakteristisch sowohl für das Museum als auch für die Hornblower-Romane ist vielleicht eine nostalgische Sehnsucht nach einem verlorengegangenen goldenen Zeitalter der Seeherrschaft. Beide tragen den Zweiten Weltkrieg durch stark romantisierte Darstellungen der Vergangenheit aus. Sie sind im Grunde genommen Nationalerzählungen: Die episodenhaft strukturierten Geschichtsdarstellungen sowohl des Museums als auch der Hornblower-Romane springen von Schlacht zu Schlacht und haben letztendlich ihren Ursprung in der einfachen, aber eindrucksvollen Struktur epischer Dichtungen wie beispielsweise »Odyssee«, »Ilias« oder »Beowulf«, welche die Werte der Nation oder eines Volksstammes deutlich

5 Vgl. Stuart Hall, Whose Heritage? Un-settling the »The Heritage«, Re-imagining the Post-nation, in: Third Text, 49 (Winter 1999/2000), S. 3–13, hier: S. 4. Hall vertritt überzeugend die Meinung, daß den Museen immer schon eine, wie er es nennt, »symbolische Macht« zugeschrieben wurde, »Wissen [...] zu ordnen, indem sie Interpretationsschemas und eine wissenschaftliche Betrachtungsweise vorgeben und die Autorität der fachlichen Kompetenz für sich beanspruchen.«

machen, und zwar durch die Beschreibung des ewigen Konflikts zwischen »Gut« und »Böse«.

Der Kulturhistoriker Stuart Hall hat kürzlich darauf hingewiesen, daß der Nationalstaat nicht nur eine politische und geographische Einheit, sondern auch eine »in der Vorstellung existierende Gemeinschaft« ist, die durch Überlieferungen zusammengeschweißt wird, durch diese gemeinsamen Vorstellungen davon, was Nation bedeutet und was sie vertritt. Halls Ansicht nach hängt die nationale Identität »von den kulturellen Bedeutungen ab, die jedes Mitglied individuell in die umfassendere nationale Geschichte einbinden«. Museen und Galerien spielen in diesem Prozeß eine wichtige Rolle; sie sind Teil eines impliziten staatlichen Bildungssystems – welches Althusser den ideologischen Staatsapparat nennt –, das seine moralische und geistige Führung durch Rechtfertigung und Verbreitung dieser kollektiven Ideen der Nation geltend macht. Die Sammlungen und Ausstellungen des National Maritime Museum propagierten und befürworteten eine extrem nationalistische Interpretation der Geschichte Großbritanniens und der See; diese Interpretation wurde nicht angefochten, da sie die vorherrschenden nationalen Ideologien dieser Zeit widerspiegelte. Nationale Identität ist jedoch, so betont Hall, kein Monolith. Sie verändert sich mit der Zusammensetzung der Gesellschaft, und wenn Museen sich nicht zu aufwendigen bedeutungslosen Einrichtungen entwikkeln, sondern ihre maßgebende Stellung als Sachverständiger der nationalen Geschichte beibehalten wollen, müssen sie auf soziale, kulturelle und politische Veränderungen reagieren[6].

Bei der Wiedereröffnung des National Maritime Museum im Anschluß an ein großes und kostspieliges Umbauvorhaben im Jahre 1999 (für das der National Heritage Lottery Fund größtenteils die Mittel zur Verfügung stellte) war die aufsehenerregende neue Architektur des Museums mit dem Versuch verbunden, die Schiffahrtsgeschichte auf eine andere Art darzustellen und ein größeres und repräsentativeres Publikum für sie zu interessieren. Dies war nicht ganz uneigennützig. Seit Beginn der 50er Jahre hat sich die Zusammensetzung der britischen Gesellschaft angesichts der großen Anzahl von Einwanderern aus den alten Kolonien und dem Empire, die sich in Großbritannien niederließen, verändert. In der Zeit, in der das Museum »traditionelle« Marinegeschichte präsentierte, ging die Zahl der Museumsbesucher rapide zurück. Eigene Nachforschungen ergaben, daß der größte Teil der Besucher weiß, männlich und über 50 Jahre alt war und im allgemeinen einen Bezug zur Seefahrt hatte. Da in Großbritannien immer weniger Menschen direkt von der See leben, war dies kein Markt mit Wachstumspotential. Hinzu kommt, daß nationale Museen in Großbritannien aufgrund ihrer Finanzierungsvereinbarungen jetzt verpflichtet sind, ihre Sammlungen und Themen einem möglichst großen Publikum zugänglich zu machen. Museumsbesuche sind eine Familienangelegenheit oder sollten es sein, und wir hatten die Aufgabe, unsere Themenstellung für alle Familienmitglieder, unabhängig von Rasse, Alter, sozialer Klasse oder Geschlecht interessant zu machen.

---

6 Hall, Whose Heritage (wie Anm. 5).

Die elf neuen Galerien waren in mancher Hinsicht eine Rückkehr zu Kiplings ursprünglichem Gedanken eines Museums, das ein umfassendes Bild der Geschichte Großbritanniens und seiner Beziehung zur See liefert. Es wurde weitgehend auf chronologische Darstellungen des Aufstiegs Großbritanniens zur Seemacht verzichtet und der Technologie sowie den Schlachten wurde relativ wenig Raum gegeben, Themen, für die sich die Menschen laut der Nachforschungen nicht direkt interessierten. Die neuen Galerien versuchten, sich stärker Themen und Problemen zu widmen, die das Interesse eines modernen Publikums auf sich ziehen würden. Zum ersten Mal in der Geschichte des Museums wurde eine Galerie für Marinekunst eröffnet, in der dieses Genre analysiert wurde. Die Galerie behandelte ein komplexes Thema und richtete sich im großen und ganzen an eine gebildete bzw. kundige Zielgruppe. Am anderen Ende des intellektuellen Spektrums fand sich eine Galerie zum Thema Auswanderung, die zwar kaum Begründungen dafür bot, die unterschiedlichen Erfahrungen der Auswanderung nach und aus Großbritannien über See jedoch darstellte. Eine der bemerkenswertesten Galerien war diejenige, die sich mit dem Seetransport von Pflanzen befaßte; in dieser Galerie sollte dargelegt werden, wie sich die Gärten und die Landschaft Großbritanniens – die heutzutage für viele den Eindruck des typisch Britischen vermitteln – durch die Einfuhr von Pflanzen aus dem Ausland grundlegend verändert haben. Die Geschichte des Gartenbaus ist, sowohl für Frauen als auch für Männer, ein immerwährendes, allgemein beliebtes Thema in Großbritannien, und die Galerie stellte einen interessanten Versuch dar zu zeigen, wie die Schiffahrtsgeschichte das Aussehen des modernen Großbritanniens auf ungeahnte Art und Weise beeinflußt hat. Darüber hinaus traf das Museum mit der Eröffnung einer Galerie über die Meeresumwelt und eine ganze Reihe aktueller Themen wie die Erwärmung der Erdatmosphäre, die Regelung der Hochseeschiffahrt und die Verschmutzung der Meere genau den Nerv der Zeit. Schließlich ordnete die Galerie »Trade and Empire« die Ausweitung der Marine- und Handelsschiffahrt Großbritanniens in den Kontext des Empires ein, wobei einige der Themen hervorgehoben wurden, die ich im Zusammenhang mit der Interpretation von Pococks Gemälde »The Battle of Frigate Bay« angesprochen habe.

Es wurde angedeutet, daß der taktische Ansatz der Marinegeschichte den Zusammenhang mit dem Empire nicht berücksichtigt hat. Obwohl das Thema des Empires vor der Eröffnung der Galerie »Trade and Empire« niemals direkt angesprochen wurde, waren Wertvorstellungen des Empires in vielen Sammlungen des Museums enthalten und in praktisch jeder Ausstellung zur Marinegeschichte unbewußt verherrlicht und bekräftigt. Eine überzeugende Darstellung der Beziehung zwischen Nation, Empire und Britischer Marine gegen Ende des 19. Jahrhunderts findet sich in William Laird Clowes' maßgeblicher Arbeit zur Geschichte der Britischen Marine »The Royal Navy« (1897):

> »Reichtum, Wohlstand und Friede dieser Inseln sowie des Empires sind im wesentlichen, durch die göttliche Vorsehung bestimmt, abhängig von der Britischen Marine [...]

> Kein einsichtiger und unvoreingenommener Brite hegt Zweifel an der Wahrheit dieser Behauptung[7].«

Die Britische Marine, so führte Clowes fort, diente dem Schutz des Empires und war »verantwortlich für die Aufrechterhaltung sicherer Verbindungswege« auf hoher See; sie war die Streitmacht der Weltdemokratie, die »auch Einfluß auf den Fortschritt der Zivilisation im Allgemeinen hatte«. Sie stellte Ordnung auf hoher See her, denn »es gab keinen mächtigeren Faktor bei der Unterdrückung der Piraterie und [...] der Abschaffung des Sklavenhandels«. Die Britische Marine war nach seiner Vorstellung sowohl ein integraler Bestandteil der Zivilisierungsmission, die die spätviktorianische Empire-Ideologie dominierte, als auch eine eindrucksvolle Metapher für diese Mission. Sie war »die Idee allein«, die das Empire rechtfertigte, wie Marlow, eine Figur aus Joseph Conrads Roman »Herz der Finsternis« (1901), es in einem berühmt gewordenen Ausspruch formulierte. »Diese Wahrheit«, so behauptete Clowes, »war allen weitgehend bekannt und wurde [...] von jedermann anerkannt«. Die grundlegende Schilderung der Britischen Marine als Bringer von Frieden und Freiheit war eine Überlieferung, eine Art, sich an geschichtliche Ereignisse zu erinnern, die in der Gesellschaft große Anerkennung fand und dazu verhalf, dieser Gesellschaft Bedeutung und Integrität zu verleihen.

Im Grunde genommen stellte die Galerie »Trade and Empire« diese humanistische Interpretation der Britischen Marine (und des Empire) als eine ausschließlich Gutes bewirkende Macht in Frage. Beispielsweise lenkte sie die Aufmerksamkeit auf die Rolle der Britischen Marine bei der Unterstützung und dem Schutz des Opiumhandels in China. Interessanterweise waren die meisten Besucher der Galerie vor ihrem Besuch der Meinung, daß die Opiumkriege Mitte des 19. Jahrhunderts geführt worden waren, um die Chinesen vom Opiumschmuggel abzuhalten und nicht, wie es wirklich der Fall war, um die britischen Interessen bei einem lukrativen Handel zu schützen. Darüber hinaus wurde versucht zu zeigen, daß britische Marineoffiziere das Opium mit gemischten Gefühlen betrachteten, indem sie ein Manuskript ausstellten, aus dem hervorging, daß ein Marineoffizier entlassen worden war, weil er das Anhalten und Durchsuchen von im britischen Besitz befindlichen Opiumschiffen vorsätzlich behindert hatte. Eine Abteilung der Galerie war dem Sklavenhandel gewidmet und gab Aufschluß über wirtschaftliche Gründe der Schlachten, wie der Schlacht in der Frigate Bay. Sie veranschaulichte, daß Marineoffiziere im 18. Jahrhundert dem Handel größtenteils gleichgültig gegenüberstanden – einige wurden nach ihrer Entlassung aus der Britischen Marine Kapitäne von Sklavenschiffen oder arbeiteten auf diesen Schiffen. Ein großes Tableau zeigte eine elegant gekleidete Frau des 18. Jahrhunderts, die in ihrem Salon beim Tee verweilt, und weiter unten im Bild ragt ein schwarzer Arm in Handfesseln aus dem stilisierten Gitterrost eines Schiffes. Der Erläuterungstext lenkte die Aufmerksamkeit auf die Tatsache, daß der Sklavenhandel ein Aspekt eines weltweiten Handels war, der Europa, Asien, Afrika und Amerika durch einen komplizierten Tauschhandel von Tee, Textilien, Silber, Industriegütern und menschlicher Fracht

---

7 William Laird Clowes, The Royal Navy: A History from the Earliest Times to the Present, vol. 1, London 1897, S. V.

»The Price of Tea – Trade and Empire«
© National Maritime Museum, London, E0061-1-4

zusammenbrachte. Zudem erläuterte der Text, daß sich die Haltung gegenüber dem Sklavenhandel gegen Ende des 18. Jahrhunderts rasch änderte: In Großbritannien, das dem Sklavenhandel bestenfalls gleichgültig gegenüberstand, reifte der Gedanke, die Sklaverei passe nicht recht zu den aufkommenden humanitären Idealen. Schriftstücke gaben Zeugnis von der aufrichtig empfundenen Abscheu, welche Marineoffiziere beim Entern gekaperter Sklavenschiffe empfanden, und verdeutlichten somit, wie schnell sich die Wertvorstellungen einer Gesellschaft ändern können.

Das Tableau sollte schockieren, es stellte jedoch auch ein Mittel dar, eine andere Sichtweise der nationalen Geschichte zu dramatisieren. Eine Dramatisierung im Umfeld eines Museums bringt zwangsläufig Probleme mit sich, die Darstellung verlieh jedoch einer Ideologie Ausdruck, die im krassen Gegensatz zu denen der

Objekte selbst stand. Es ist unter Umständen eine schwierige Aufgabe, Distanz zwischen der Institution selbst und den in ihren Sammlungen vertretenen ideologischen Werten zu schaffen, insbesondere bei Diskussionen über möglicherweise gefühlsbetonte Themen wie Sklaverei, Krieg oder das Empire. Durch Dramatisierung kann eine Zielgruppe dazu bewegt werden, Geschichte »gegen den Strich« zu lesen und so alternative Wege zum Verständnis eines Objekts aufzuzeigen.

Die Reaktion der Öffentlichkeit auf die Galerien war unterschiedlich, doch die Galerie »Trade and Empire« zog ein beträchtliches Interesse der Presse auf sich. Die erste öffentliche Kritik erschien am 3. April 1999 in der »Daily Mail«. Ein Artikel, verfaßt von dem auf die Geschichte des Empires spezialisierten Historiker Lawrence James mit dem Titel »Wir haben keine Helden mehr«, wies eindringlich darauf hin, daß »die Wiedereröffnung unseres besten Museums zu Propagandazwecken genutzt wurde, damit wir uns der Vergangenheit unseres Landes schämen«, wo sie doch als »eine Gelegenheit« hätte betrachtet werden sollen, »unsere maritime Größe zu feiern«. Nach einer merkwürdigen Verzögerung von vier Monaten wurde ein Brief von Michael Charlton, einem weithin bekannten Fernsehjournalisten und Historiker, unter der Überschrift »Eine bedauerliche Tendenz, sich für das Empire zu entschuldigen« im »Daily Telegraph« veröffentlicht:

> »Sir – Der Blick eines jeden auf das Empire und den Gedanken des Empires hat sich im Laufe der Generationen gewandelt. Es ist jedoch enttäuschend zu sehen, daß ausgerechnet das National Maritime Museum dem Besucher keinerlei Orientierungshilfen an die Hand gibt.
>
> Die Galerie ›Trade and Empire‹ verbreitet eine apologetische Stimmung. Ein Tableau in Lebensgröße zeigt eine Gastgeberin des georgianischen Zeitalters, die mit Zucker gesüßten Tee zu sich nimmt. Zu ihren Füßen ragt ein schwarzer Arm eines Qualen ausstehenden Menschen in Handfesseln aus einem Sklavenschiff. Der Sklavenhandel wird an anderer Stelle thematisiert; hier gibt es jedoch keinen angemessenen Hinweis, daß Großbritannien fünfzig Jahre vor Amerika die Sklaverei abschaffte oder daß das Empire eine weitere universale Errungenschaft zurückließ – die Freiheit der Meere.«

Am 18. August wurden im »Daily Telegraph« unter der Überschrift »Die ›Empire‹-Galerie ist ein Schandfleck« weitere sieben Beschwerdebriefe abgedruckt. Das Museum wandte sich an den »Daily Telegraph« und protestierte, er sei voreingenommen, da er nur Briefe abdrucke, in denen sich Beschwerden über die Galerie fanden. Es erhielt lediglich die Antwort, dies sei exakt das, was die eingegangene Post widerspiegele, denn es sei kein einziger Brief eingetroffen, in dem die Galerie positiv aufgenommen worden sei. Am darauffolgenden Wochenende erschien in der »Mail on Sunday« cin doppelseitiger Artikel mit dem Titel »War das Empire so schlecht? Eines der führenden Museen stellt unsere glorreiche koloniale Vergangenheit entweder als eine grausame Farce oder als eine Litanei der Schmach dar«. Abgefaßt wurde dieser Artikel von Tom Pocock (durch eine seltsame Fügung ein Nachkomme des Künstlers Nicholas Pocock), einem angesehenen Historiker und Autor des Werks »Battle for Empire« (1998).

Fairerweise gilt es einzuräumen, daß sich die allgemeine Feindseligkeit, mit der Stammbesucher auf die Erweiterung reagierten, hauptsächlich auf die Galerie »Trade and Empire« bezog. In den Beschwerden ging es in erster Linie um drei Themen: So stellte die Galerie nach Meinung dieser Besucher erstens die Geschichte nur teilweise oder verzerrt dar, wobei die negativen und gewaltsamen Aspekte der Schiffahrtsgeschichte (und der Geschichte des Empires) in den Vordergrund gestellt wurden, während das Gute unberücksichtigt blieb oder in den Hintergrund rückte; zweitens hatte man den Eindruck, die Galerie verspotte die Seehelden Großbritanniens aus alten Zeiten, und drittens war man der Ansicht, daß sie sich eine apologetische »politisch korrekte« Darstellung zur Aufgabe gemacht hatte, welche Schuld- und Schamgefühle im Hinblick auf das britische Empire erzeugte; das jedoch sei, um Michael Charlton frei zu zitieren, im großen und ganzen gerecht und human gewesen und habe der gesamten Welt Demokratie, Frieden und Rechtsstaatlichkeit gebracht.

Ebenso muß eingeräumt werden, daß die Galerie »Trade and Empire« (und folglich auch die anderen neuen Galerien des Museums) möglicherweise relativ unbeachtet geblieben wäre, wenn sie sich auf die Britische Marine konzentriert und keine Verbindung zwischen ihr und dem Empire hergestellt hätte. Das britische Empire als Thema kann zweifellos auf beiden »Seiten« starke Emotionen hervorrufen, während die Britische Marine meistens nur dann auf den Titelseiten der Zeitungen erwähnt wird, wenn ein glückloser Kapitän sein Schiff auf Grund setzt. Unter diesem Gesichtspunkt war die Galerie »Trade and Empire« ein Erfolg, denn sie verlieh der Schiffahrtsgeschichte Bedeutung für ein weit größeres Publikum und machte sie zum Gegenstand von Diskussionen. Zwar wurden die neuen Galerien von unseren traditionsbewußten Besuchern heftig kritisiert, die Besucherzahlen stiegen jedoch unmittelbar nach Eröffnung des neuen Museums, und sie steigen immernoch. Es ist zwar schwierig, den prozentualen Anstieg zu schätzen, der sich dabei auf die neuen Ansätze in der Darstellung der Schiffahrtsgeschichte zurückführen läßt – denn die Regierung führte im Zeitraum eines Jahres freien Eintritt für ihre Nationalmuseen und -galerien ein, wodurch sich die Besucherzahlen unmittelbar verdoppelten –, aber es ist offensichtlich, daß die unterschiedlichsten Menschen großes Interesse an unserer Arbeit zeigen. Die Galerie »Trade and Empire« wurde aufgrund der öffentlichen Kritik umgestaltet; sie erhebt jedoch weiterhin den Anspruch, eine Schiffahrtsgeschichte darzustellen, die versucht, einige traditionelle Werte zu hinterfragen und das Thema Besuchern mit schwarzer Hautfarbe, aus dem asiatischen Raum und den ehemaligen Kolonien zu erschließen. Im Jahre 2002 erwarb das Museum eine seltene Sammlung von Objekten, die in einem Bezug zur Sklaverei und zum Sklavenhandel stehen. Es ist unwahrscheinlich, daß vor zehn Jahren auch nur versucht worden wäre, diese bedeutende Sammlung zu erwerben, da dies nur am Rande unseres Interessengebietes gelegen hätte, aber inzwischen wird sie als eine Sammlung anerkannt, die unseren Forschungs- und Ausstellungszielen in hohem Maße Rechnung trägt.

Museen, ursprünglich im 19. Jahrhundert konzipiert, sollten dem Zwecke der Bildung dienen. Dieses Ideal ging bisweilen verloren, doch das National Maritime Museum ist mittlerweile sowohl im Hinblick auf intellektuelle als auch materielle Aspekte besser ausgestattet, um den Bildungsprozeß auf eine weit umfassendere

Art und Weise zu unterstützen. Zwar ließe sich darüber streiten, ob von dem ursprünglichen Wunsch, Besuchern ein reichhaltigeres maritimes Wissen zu vermitteln, etwas verlorengegangen ist. Mit Ausnahme der Galerie »Trade and Empire« tauchten in den neuen Ausstellungen kriegerische Auseinandersetzungen praktisch gar nicht auf, und die Darstellung des Krieges auf See blieb zwei bereits vorhandenen Galerien der frühen 90er Jahre vorbehalten: »Seapower« und »Nelson«, wobei die erste jetzt geräumt worden ist, um Platz für eine Ausstellung über Königin Elisabeth I. zu schaffen.

Die Gründe für solch eine Überkompensation der früheren Ansätze des Museums in der Darstellung der Schiffahrtsgeschichte mögen bewundernswürdig, ja vielleicht unvermeidbar gewesen sein, doch bergen die langfristigeren Auswirkungen Gefahren. Ebenso wie von den Vorgängern wurde bei der Interpretation des Themas eine Auswahl getroffen, und die neuen Galerien sind nicht »objektiver« als die alten. Es ist einfach so, daß sich die individuellen Wertvorstellungen und die unserer Gesellschaft geändert haben. Krieg mag zur Zeit kein gängiges Thema sein, doch brauchen wir ihm nicht verschämt auszuweichen, da wir etwas über den Krieg lernen können und sollten: Er bringt sowohl das Gute als auch das Schlechte im Menschen zum Vorschein; Krieg kann gleichermaßen inspirieren wie deprimieren. Das bedeutet nicht, daß Krieg wieder verherrlicht und sich der Blick allein auf vergangene Schlachten beschränken sollte, daß militärische Helden gedankenlos aufgewertet oder zum auftrumpfenden Nationalismus zurückgekehrt werden sollte, aber es besteht sicher die Pflicht, viele der Fragen zu untersuchen, die sich im Zusammenhang mit Krieg stellen. Soweit das National Maritime Museum betroffen ist, kommt die eigentliche Bewährungsprobe für die Entschlossenheit, neue Ansätze in der Darstellung der Schiffahrtsgeschichte beizubehalten und weiterzuentwikkeln, mit der Zweihundertjahrfeier der Schlacht bei Trafalgar im Jahre 2005 darauf zu. Wie dargelegt, wird dieses Jubiläum mit einer besonderen kulturellen und nationalen Bürde behaftet sein, so daß ein großer Erwartungsdruck auf dem Museum lastet, sowohl die Schlacht als auch den Tod des Helden Horatio Nelson in maßgebender und verantwortungsvoller Weise darzustellen. In den meisten der mehr als 70 Jahre seit Bestehen des Museums wurde die Schlacht bei Trafalgar als das entscheidende Gefecht auf See dargestellt. Vermutlich verfügt das National Maritime Museum über die weltweit größte und beste Sammlung über die Ära Nelson, und eine Nelson-Galerie ist immer das Kernstück der ständigen Museumsausstellungen gewesen. Es ist eine heikle Gratwanderung, die einzelnen Zusammenhänge und übergreifenden Folgen der Schlacht und die Darstellung der Schlacht selbst ausgewogen zu behandeln. Wie das gelingen kann, wird Thema einer späteren Abhandlung sein.

Ernst Aichner

Die Visualisierung von Militärgeschichte am Beispiel des Bayerischen Armeemuseums

Es scheint das besondere Schicksal von Militärmuseen zu sein, daß sie in Gebäuden untergebracht sind, die nicht für Museumszwecke gebaut wurden. Hier läßt sich ein weiter Bogen von Kopenhagen über Delft und Brüssel bis nach Paris spannen, um nur einige Beispiele aus der engeren Nachbarschaft zu nennen. Nicht anders ist es beim Bayerischen Armeemuseum, das 1972 im Neuen Schloß in Ingolstadt wiedereröffnet wurde, nachdem sein altes Domizil in München den Fliegerbomben des Zweiten Weltkrieges zum Opfer gefallen war. Ich beklage mich auch nicht – an dem Prinzip, denkmalgeschützten Gebäuden eine neue Nutzung zu geben, kann gerade heute in einer Zeit finanzieller Schwäche der öffentlichen Hand nicht gerüttelt werden. Auch haben die Altbauten in der Regel bedeutende Vorteile, sie haben dicke Mauern, ein gutes Raumklima und geringe Temperaturschwankungen, so daß auf eine teure Klimatisierung verzichtet werden kann. Dazu kommt, daß moderne Museumsbauten oft nur »Architektendenkmäler« sind, die auf museale Interessen wenig Rücksicht nehmen. Wenn ich die teilweise noch immer reiche Verwendung von Glas sehe, was in der Regel die Klimatisierung erzwingt, dann frage ich mich, warum man einen Architekten auswählt, der zu dem doch breiten Konsens in der Gesellschaft über die Einsparung von Energie keine Beziehung findet.

Mir scheint es weit günstiger, fensterlose Räume unterschiedlichster Größe aus einem gut isolierenden Material zusammenzustecken, wie bei einem Baukastensystem. Über das Ganze dann ein einfaches Schutzdach und man hätte geradezu die Idealsituation, besonders für ein historisches Museum, welches dreidimensionale Objekte unterschiedlichster Größe auszustellen hat. Dies bleibt Utopie und ist auf die kaum zu durchbrechende Phalanx von Politikern, Feuilletonredakteuren, Architektenverbänden und die Kollegen Kunsthistoriker zurückzuführen, die aus den unterschiedlichsten Motiven das »Architektendenkmal« verteidigen. Das jüngste Beispiel ist der Neubau des Imperial War Museums in Manchester: In der von mir zu übersehenden Presse wurde fast ausschließlich über das Gebäude und den Architekten, hingegen fast gar nichts über den Inhalt geschrieben!

Warum spreche ich zum Thema »Visualisierung« so lange über Gebäude? Die Antwort ist einfach: Wer über Visualisierung eines bestimmten Themas nachdenkt, muß sich zunächst Klarheit darüber verschaffen, welche Möglichkeiten ihm das zur Verfügung stehende Gebäude einräumt. Hier kann sich der Denkmalschutz zur

Fessel, die Innenarchitektur zur Crux entwickeln! Ich habe die Kollegen in Rastatt nie beneidet, wenn sie barocke Prunkräume zu gestalten hatten, auch nicht die Kollegen am Heeresgeschichtlichen Museum in Wien mit seinen riesigen Sälen, doch hat auch das Bayerische Armeemuseum mit seinen gotischen Räumen nicht wenige Probleme.

Die Objekte und die Besucher

Neben einem geeigneten Gebäude ist es von allergrößter Bedeutung, eine gute Sammlung zu haben und zu den Hauptaufgaben eines Museums gehört es, dem Bürger die Betrachtung von zeitgenössischen Originalobjekten zu ermöglichen sowie ihn über bestimmte Wissensgebiete zu informieren.

Kann man die Sammlungen im Neuen Schloß als überdurchschnittlich gut bezeichnen, so ist hier dennoch von einem Provisorium zu sprechen, weil erst noch die Renovierung des Zeughauses durchgeführt werden muß. Ich konzentriere mich daher auf die Abteilung »Erster Weltkrieg«, nicht zuletzt deshalb, weil in diesem Bereich die Qualität unserer Sammlung in Deutschland Spitze ist. Und dies, obwohl wir einmalige Objekte im Zweiten Weltkrieg verloren haben, wie einen der wenigen Doppeldecker, welche die Ausführung des Vertrages von Versailles überlebten.

Nicht nachvollziehbar ist für mich die gelegentlich gehörte Meinung, Originale seien für eine Ausstellung gar nicht so wichtig und man könne durchaus mit dem Foto dokumentieren. Dem halte ich entgegen, daß kein Museum eine ideale Sammlung hat und man ohnehin oft genug nur eine Abbildung bieten kann. Gerade deswegen sollte man, wo immer möglich, Originale zeigen. Ausstellungen, die überwiegend oder ausschließlich aus »Flachware« bestehen, haben nur noch an außerordentlich günstig gelegenen Orten eine reale Chance auf Erfolg. Der Besucher neigt ohnehin dazu alles anzufassen, was natürlich der große Kummer der Museen ist. Deshalb versuchen wir, diesem Wunsch gelegentlich entgegenzukommen: In der Abteilung »Erster Weltkrieg« darf der Besucher einen Rucksack aufheben, um eine Vorstellung von dem Gewicht zu bekommen, welches ein deutscher Infanterist zu tragen hatte, oder man kann einen Stahlhelm aufsetzen, um festzustellen, daß dieser nicht gerade leicht war.

Schaffen Gebäude und die vorhandenen Objekte wichtigste Voraussetzungen für die Gestaltung, so ist noch eine dritte »Kardinalfrage« für den Erfolg des Unternehmens wichtig: »Für wen machen wir das Museum«? Primär sicher nicht für den Historiker und nicht für den Militaria-Sammler, obwohl wir unsere treuesten »Kunden« bestimmt nicht übersehen. Zielgruppe ist der/die Interessierte an Geschichte, ganz gleich welchen Bildungsgrad die Person hat. Dies erfordert vor allem eine klare Sprache bei den Erläuterungen und Verzicht auf Fremdwörter, die sich dem Besucher ohne Lexikon nicht erschließen. Sollte es sich um unvermeidbare feststehende Begriffe handeln, so müßten sie unmittelbar danach übersetzt oder verständlich gemacht werden. Hält man sich daran, so muß dies keinesfalls zu einer »Geschichte light« führen.

Die letzte Frage, die in diesem Zusammenhang zu stellen ist: »Was kann das Museum und was kann es nicht?« Das Museum kann dokumentieren, aber kann – selbst mit modernsten Hilfsmitteln – dem Besucher nicht die grundlegende Erfahrung eines Krieges, die Bedrohung der eigenen Existenz, vermitteln. Der Besucher erfährt etwas über einen millionenfachen Tod, aber er weiß, daß er persönlich nicht bedroht ist. Ich fand es eine gute Idee des Imperial War Museums in London, einen Luftschutzkeller nachzubauen und alle kriegstypischen Realitäten zu simulieren bis hin zum vibrierenden Fußboden. Ich erlebte aber, daß hier Besucher lachten und johlten wie in einer Geisterbahn. Einen ähnlichen Eindruck gewann ich im Schützengraben des Ersten Weltkrieges im selben Hause, bei dem Schlachtenlärm zu hören war und sogar Gerüche eingeleitet wurden. Auch hier Reaktionen von Besuchern, die alles eher komisch fanden. Daher herrscht in unserem Schützengraben des Ersten Weltkriegs Stille. Ich erinnerte mich an Erzählungen meines Großvaters, worin er berichtete, daß es oft an der Front ganz still war. Die Soldaten empfanden das als besonders beängstigend, weil es – meist zurecht – als »Ruhe vor dem Sturm« gedeutet wurde. Zahlreiche Reaktionen von Besuchern zeigen mir auch, daß die im Graben herrschende Stille durchaus als bedrückend empfunden wird.

Die Abteilung Erster Weltkrieg im Reduit Tilly

Unsere neueste Abteilung ist in dem zentralen Werk des ehemaligen Brückenkopfes der Festung Ingolstadt untergebracht; die Fassade des Reduits hat kein geringerer als Leo von Klenze gestaltet. Die dicken Mauern gewähren uns ähnliche Vorteile wie beim Neuen Schloß.

Der Haupteingang liegt in der östlichen Flankenbatterie, in welcher die Entwicklung von 1870 bis 1914 dargestellt wird. Dies allerdings nur knapp, weil eine umfassende Geschichte des 19. Jahrhunderts in etwa fünf bis acht Jahren in dem zum Komplex des Neuen Schlosses gehörenden Zeughaus angeboten werden soll. Schon das erste Ensemble, dem der Besucher begegnet, zeigt, daß wir mit einem heiligen Grundsatz des Kunstmuseums brechen: In das Monumentalgemälde von Theodor Rocholl, den Ritt des Königs von Preußen und seines Kanzlers über das Schlachtfeld von Sedan darstellend, ragen der künftige Reichsadler und die Wappen der Länder hinein (Abb. 1). Damit unterstreichen wir, daß dieses Bild, auf dessen propagandistische Bestimmung wir hinweisen, für uns nicht als Kunstwerk, sondern als Illustration von Bedeutung ist. Direkt davor haben wir sogar ein Plakat gestellt, welches wir erst wenige Monate vor Eröffnung der Abteilung erwerben konnten (Abb. 2). Der Inhalt des mir bis zu jenem Zeitpunkt unbekannten Gedichtes des einstmals sehr populären und heute nahezu unbekannten Dichters Victor von Scheffel war für mich sensationell:

Abb. 1: Bruch mit herkömmlicher Ausstellungstradition: Bestandteile des Ensembles ragen in das Gemälde hinein

Stosst an: Ein Hoch dem deutschen Reich!
An Kühnheit reich, dem Adler gleich
Mög's täglich neu sich stärken.
Doch Gott behüt's vor Klassenhass
und Rassenhass und Massenhass
und derlei Teufelswerken!

Man möchte glauben, der Dichter hat in die Zukunft sehen können.

Neu in dieser Abteilung ist, daß wir die Militärgeschichte in die allgemeine Geschichte einbetten, soweit letztere zum Verständnis der militärischen Ereignisse im allgemeinen wie im besonderen notwendig erscheint.

Weitere Schwerpunkte im Bereich der Vorgeschichte des Ersten Weltkrieges sind die Pflege der Tradition sowie die Militärtechnik. Im Zentrum steht ein bayerisches Feldgeschütz M/1896, welches sehr schnell den Zusatz a. A. (= alter Art) erhielt, weil ein Jahr später Frankreich eine Feldkanone mit Rohrrücklauf einführte. Die Geschütze der deutschen Feldartillerie mußten nun nachträglich mit Rohrrücklauf ausgestattet werden. Ein gutes Beispiel für die Beschleunigung des Rüstungswettlaufs.

Wie geht ein Bayerisches Armeemuseum mit dem Ersten Weltkrieg um? Jeder Fachmann, der die Abteilung besucht, wird einen bestimmten bayerischen Charakter nicht übersehen können, er müßte aber einräumen, daß dem Besucher keine einseitige Darstellung und auf keinen Fall ein »bavarozentrisches Weltbild« präsentiert wird: Auf die Darstellung der Marneschlacht oder der Schlacht bei Tannenberg kann nicht verzichtet werden, nur weil keine bayerischen Truppen beteiligt waren!

Abb. 2: Fast möchte man glauben, Victor von Scheffel hat in die Zukunft geblickt

Abb. 3: Bayerische Flieger vor der Klagemauer in Jerusalem

Wenn wir aber – stellvertretend für den Einsatz der Truppen außerhalb Europas – die in Palästina stationierten bayerischen Flieger vor der Klagemauer in Jerusalem zeigen, dann ist dies keine Verfälschung (Abb. 3).

Zur Systematik sei noch betont, daß wir uns strikt an die Chronologie halten. Ich höre gelegentlich immer wieder den Gedanken, die kulturgeschichtlichen Museen sollten eine Neugliederung nach Themenkreisen anstreben. Eine derartige Forderung lehne ich in aller Entschiedenheit ab, weil sie nur denjenigen begünstigen würde, der über ein überdurchschnittliches historisches Wissen verfügt. Wir haben aber einen Bildungsauftrag und müssen nicht zuletzt an die Besucher mit geringerer Schulbildung denken. Hier können wir unserem Auftrag nur gerecht werden, wenn wir uns an die richtige zeitliche Abfolge halten. Allerdings blenden wir immer wieder Sonderthemen ein, die uns wichtig erscheinen. So beispielsweise das Thema »Eisernes Kreuz« mit uns heute teilweise lächerlich erscheinenden Objekten. Dennoch sind diese Zeugnisse einer Entwicklung, welche das Eiserne Kreuz zum nationalen Symbol machte, wie es uns heute auf den Fahnen, Gefechtsfahrzeugen und Flugzeugen der Bundeswehr entgegentritt.

Wir haben ausschließlich zeitgenössische Fotos oder Pläne als Vorlage für bestimmte Einbauten herangezogen, wie bei der Gestaltung eines Geschützunterstandes oder des Eingangstores zu einem Soldatenfriedhof (Abb. 4). Wurde im Grabenkrieg auch in erster Linie Erde bewegt, so benötigte man doch sehr viel Holz und Wellblech. Diese Materialien haben wir als wichtige Gestal-

Abb. 4: Nach einem Originalfoto wurde der Eingang zu einem Feldfriedhof nachgebaut

Abb. 5: Ein mittelalterliches Waffenarsenal wurde im Grabenkrieg wieder aktiviert

tungselemente herangezogen, wie etwa beim Thema Nahkampfwaffen (Abb. 5), Tankabwehr oder Kriegsgefangene.

Eine wesentliche Erkenntnis der Bayerischen Landesgartenschau 1992 in Ingolstadt war, daß der Blick nach draußen den Besucher in erheblichem Maße ablenken kann. Wir haben daher die Fenster meist völlig abgedeckt, wie etwa beim »Kriegswahrzeichen« der Stadt Neuburg/Donau, welches über drei Meter hoch ist. Andere Wände, wie etwa »Die Frau im Krieg« (Abb. 6) oder »Brennessel als Baumwollersatz« (Abb. 7) sind vom Fenster abgerückt. Der Besucher könnte durchaus dahintertreten und den Hof betrachten. Allerdings zeigt die Erfahrung, daß die Masse der Besucher dies gar nicht will.

Militärmuseen weisen größere Lücken auf als etwa Militärarchive. Es hing immer davon ab, ob konsequent gesammelt wurde, doch gerade in Deutschland wurden im Zweiten Weltkrieg auch viele Objekte vernichtet. Darüber hinaus ist man am Museum immer auf die Mithilfe von »Kamerad Zufall« angewiesen, was ich an einem besonderen Beispiel erläutern möchte. Ich wäre nie auf die Idee gekommen, nach einem Porträt von Philipp Scheidemann zu suchen, da doch nahezu alle Parteigebäude und -büros

Abb. 6: Der Arbeitskräftemangel während des Krieges öffnete Frauen den Zugang zu Berufen, die sie vor dem Krieg nicht ausüben konnten

der Sozialdemokratischen Partei 1933 zerstört oder verwüstet wurden. Als dann völlig unvermutet eine Büste des Mannes angeboten wurde, der 1918 die Republik ausgerufen hat, haben wir uns gegen alle Mitbewerber durchgesetzt (Abb. 8).

Wichtig ist, auch den Soldaten der Gegenseite darzustellen. Dies hat in unserem Haus eine lange Tradition und hier war das Bayerische Armeemuseum auch in der Zwischenkriegszeit anderen Häusern voraus: Wir sind bei dieser Art der Dokumentation Vorreiter gewesen.

Durch die vom Versailler Vertrag geforderte Vernichtungsaktion sind originale Großgeräte sehr selten geworden. Ein Transportwagen muß heute schon als ein sehr seltenes Objekt bewertet werden. Auch Modelle aus der Zeit gibt es nur wenige, weil während des Ersten Weltkrieges alle Bemühungen auf die Bedürfnisse der Front gerichtet waren. Hatte man in Friedenszeiten die Lehrlinge schöne Modelle anfertigen lassen, so wurde dies nun durch die Truppe unterbunden, die Waffen und Munition forderte. Die Kombination von Modellen mit einem Originalfahrzeug bringt keine falschen Assoziationen hervor und kann daher als gelungen betrachtet werden (Abb. 9). Auf die Verwendung von Zinnfiguren-Dioramen ist aber bewußt verzichtet worden, weil sie – gerade für das Thema Erster Weltkrieg – zu spielerisch wirken.

Wichtig war auch die Erkenntnis aus früheren Sonderausstellungen, daß die Darstellung von Einzelpersönlichkeiten den heutigen Besucher nicht allzu sehr interessiert. Wir haben uns daher auf wenige Personen wie Paul von Hindenburg und Erich Ludendorff konzentriert. Der bei uns ausgestellte Rock des Prinzen Leopold von Bayern könnte jener gewesen sein, der bei der Unterzeichnung des Waffenstillstandsvertrages mit Rußland getragen wurde. Auf der Gegenseite werden nur Ferdinand Foch und Henri Philippe Pétain hervorgehoben, letzterer für die Verteidigung von Verdun, aber auch deshalb, weil der Besu-

Abb. 7: Der mißlungene Versuch, aus Brennesseln einen gleichwertigen Ersatzstoff für Baumwolle zu gewinnen

Abb. 8: Die Republik wird ausgerufen

Abb. 9: Ein originales Motorrad und Modelle informieren über die Motorisierung der deutschen Truppen

Abb. 10: Johann Pöllners Zeichnungen sind wichtige Quellen für eine »Geschichte von unten«

cher ihm in unserer künftigen Abteilung »Zweiter Weltkrieg« noch einmal begegnen wird!

Wichtig ist ferner, daß der Besucher gelegentlich auf etwas stößt, was er nicht erwartet hätte oder was ihn zum Schmunzeln bringt. So ist das an sich ernste Thema Prostitution bestimmt für die Mehrzahl der Besucher eine Überraschung. Ich bin aber sicher, die meisten können sich ein Lächeln nicht verkneifen, wenn sie sehen, was der spitze Stift eines Heinrich Zille zu diesem Thema festgehalten hat.

Ganz bewußt sammeln wir auch Zeichnungen oder Gemälde von Soldaten, die keine ausgebildeten Künstler waren, wie etwa Johann Pöllner, der uns ein ungeschminktes Bild von der Front vermittelt. Wenn wir sein »Großkampf-Klosett« (Abb. 10) betrachten, werden wir uns der hygienischen Probleme des Grabenkrieges bewußt und wir betrachten seine Zeichnungen als unseren wichtigsten Bestand aus dem Ersten Weltkrieges für eine »Geschichte von unten«.

Gestaltung und Präsentation

Daß ein Militärmuseum Waffen, Uniformen oder militärische Ausrüstungs- und Gebrauchsgegenstände präsentiert, ist normal; ich möchte nicht ausführlich darauf eingehen. Ich halte es aber für eminent wichtig, auch – wo immer es notwendig erscheint – die Waffenwirkung zu dokumentieren wie etwa durch Abbildung eines zerfetzten britischen Soldaten beim Thema Handgranaten. Auch die Bedeutung der Abteilung »Erster Weltkrieg« beruht darauf, dem Besucher herausragende Einzelstükke zeigen zu können. Solche sind dem Bayerischen Armeemuseum schon während und unmittelbar nach dem Ersten Weltkrieg übertragen worden, auf jeden Fall zu einer Zeit, als die Schenker noch Einzelheiten über das Objekt berichten konnten und dieses somit vor dem Rückfall in die totale oder teilweise Anonymität bewahrt wurde.

Ein wohl einmaliges Objekt ist ein Ballonkorb, der an die gefährlichen Aufgaben der Luftschiffer erinnert. Beutestücke, die – ich gebrauche einen altmodischen Begriff – »mit stürmender Hand« genommen wurden, sind feste Bestandteile eines Militärmuseums. Glücklicherweise waren die hier gezeigten französischen Feldzeichen bei Kriegsende noch im Besitz der bayerischen Regimenter, welche sie erbeutet hatten und so konnten sie nicht unter die gezielten Rückgabeforderungen fallen, die aufgrund des Versailler Vertrages an das Bayerische Armeemuseum gestellt wurden. Von höchster historischer Bedeutung sind auch Fahnen aus dem frühesten Stadium der russischen Revolution, die ebenfalls von bayerischen Einheiten erbeutet worden waren (Abb. 11).

Abb. 11: Große Seltenheiten sind Fahnen von Roten Garden aus dem frühesten Stadium der russischen Revolution

Abb. 12: Von hohem dokumentarischen Wert: Der militärische Nachlaß von Franz Marc

Abb. 13: Die Religion im Kriege, rechts der Uniformrock von Pater Rupert Mayer

Glücklicherweise konnten in den letzten Jahrzehnten noch Objekte von höchster Qualität erworben werden. Als die Nachricht durch die Presse ging, holländische Taucher hätten unweit der Insel Terschelling das Wrack des auf eine Mine gelaufenen U-Bootes UB-61 entdeckt und die Kanone geborgen, da stellte ein holländischer Kollege die Verbindung zu dem Tauchteam her. Die Kanone wurde gekauft und steht nun im Mittelpunkt des Ensembles »Uneingeschränkter U-Boot-Krieg«. Es ist für ein Museum immer ein Glücksfall, wenn man nicht allgemein bezeichnen muß »Marinekanone« oder »U-Boot-Kanone«, sondern eine ganz bestimmte Kanone vorhanden ist!

Wie viele mögliche Nobelpreisträger in einem Krieg gefallen sind, darüber kann man nur spekulieren. Es gibt aber meßbare Verluste, wie den Tod von Franz Marc, der als Leutnant eines Münchener Artillerieregimentes vor Verdun fiel. Der Nachlaßverwalter schenkte uns die militärische Hinterlassenschaft des höchst bedeutenden Malers, was für unser Haus ein großes Ereignis war (Abb. 12).

Zu den wichtigen Leihgaben zähle ich eine Uniform, welche Professor Friedrich Schwerd, der Konstrukteur des deutschen Stahlhelmes, getragen hat. Gerade, wenn ich den heutigen Helm vieler NATO-Staaten betrachte, wird deutlich, daß der Schwerdsche Entwurf eine geniale Konstruktion war.

Da von uns Religion im Krieg immer thematisiert wurde, kam es zu Nachforschungen über Pater Rupert Mayer, den sicher bedeutendsten Feldgeistlichen der Königlich Bayerischen Armee. Wir entdeckten in seiner ehemaligen Pfarrei eine Uniform aus seinem Besitz, die bereits aufgetrennt war, weil man daraus vermutlich Reliquien gewinnen wollte. Es gelang, den Jesuitenorden zu überzeugen, daß dies der falsche Weg sei, dem Pater ein Andenken zu bewahren. So wurde der Rock in den Werkstätten des Bayerischen Armeemuseums wieder hergestellt und ist nun ein Ausstellungsobjekt, auf das wir außerordentlich stolz sind (Abb. 13). Pater Rupert Mayer wurde – sicher nicht zuletzt wegen seines im Dritten Reich bewiesenen Mutes – vom Papst seliggesprochen. Wahrscheinlich wird der furchtlose Jesuit in 20 bis 30 Jahren zu den Heiligen der katholischen Kirche zählen. Er wäre der erste Heilige, der in der Königlich Bayerischen Armee gedient hätte –

Abb. 14: Ein sägerauher Rahmen schmälert den Wert eines Kunstwerkes nicht (Hans von Hayek, Soldatengräber am Schloß Beaurains bei Arras)

welch anderes Kontingent der »Alten Armee« könnte eine vergleichbare Persönlichkeit aufweisen?

Das Bild

Die Abteilung »Erster Weltkrieg« sollte ein Bild von einem Ereignis zeigen, das heute niemand mehr aus eigenem Erleben kennt. Auf unsere Erfahrungen mit dem Thema »Schützengraben« habe ich bereits verwiesen. So ist das Gemälde (theoretisch auch die Graphik, wenn es hier nicht konservatorische Probleme gäbe) nach wie vor ein wichtiges Hilfsmittel. Goldrahmen paßten nicht in mein Konzept und irgendwann fiel mir ein, daß das Gemälde »Douaumont« von Paul Segieth vor über 30 Jahren in München noch einen anderen Rahmen hatte. Glücklicherweise wird an einem Museum nichts so schnell entsorgt, und so war der schlichte Originalrahmen schnell gefunden. Dem Künstler – der die Schlacht bei Verdun als Angehöriger eines bayerischen Infanterie-Regimentes mitgemacht hat – war bewußt, daß ein prunkvoller Rahmen dem ernsten Charakter seines Werkes nicht entsprechen würde.

Abb. 15: Selbst die geringsten Möglichkeiten ...

Fortan gab es für die meisten Gemälde nur einen sägerauhen Rahmen (Abb. 14), weil wir die meist zeitgenössischen Darstellungen primär als Dokumente und nicht als Kunstwerke betrachten. Ich bin mir bewußt, daß Kunsthistoriker dies als »Degradierung« betrachten können, obwohl die Qualität eines Kunstwerkes durch einen einfachen Rahmen keineswegs leidet. Wir haben uns aber auch nicht gescheut, Gemälde wie Kulissen zu verwenden und ich bin nach wie vor der Überzeugung, dies schadet einem bedeutenden Werk nicht.

Plakate und Maueranschläge sind unverzichtbare Elemente der Visualisierung. Wir wissen aus langjähriger Erfahrung, daß insbesondere Jugendliche auf das Plakat »anspringen«. Als zwei besonders für Schüler geeignete Beispiele möchte ich die Plakate über das Sammeln von Windeln und von Obstkernen nennen. In einer Zeit, da Windeln nach einmaligem Gebrauch entsorgt werden, gibt dies zu denken und auch die Frage wie lange man wohl braucht, um 1000 Kilogramm Obstkerne zu sammeln (Abb. 15). Besser kann man die schlechte Versorgungslage Deutschlands in diesem Krieg nicht verdeutlichen.

Von hoher Bedeutung ist für mich das Plakat

»Dies tat ich für Dich.
Was tust Du für mich?«

Die Primäraussage ist deutlich: Hier der verwundete Frontsoldat, der seine Pflicht erfüllt hat und dort die streikenden Arbeiter, die damit gegen ihre

Abb. 16: Ein während des Ersten Weltkrieges verbreitetes Plakat kann als Vorläufer der späteren »Dolchstoß«-Legende gelten

Pflichten verstoßen. Für mich steht fest, daß man hier bereits die Wurzeln der künftigen »Dolchstoßlegende« finden kann (Abb. 16). Das vielleicht wichtigste Plakat ist die Erklärung der Parteiführer des Reichstags über die Sicherheit der Kriegsanleihen (Abb. 17). Es illustriert zunächst einmal das Thema »Kriegsfinanzierung«, doch weist es weit darüber hinaus: Die Unfähigkeit der Weimarer Republik, diese Schulden zurückzuzahlen, brachte den radikalen Kräften Zulauf.

Für die bayerische Geschichte ist die Proklamation Kurt Eisners von allerhöchster Bedeutung, ist es doch das Ende einer über 700jährigen Herrschaft des Hauses Wittelsbach (Abb. 18).

Propaganda sollte als solche klar ersichtlich gemacht werden, weil der normale Museumsbesucher dies heute nicht mehr unbedingt erkennen kann. Ein hervorragendes Beispiel für die Verfälschung der Fotografie kann hier ebenfalls gezeigt werden. Das Originalbild zeigt deutsche Kavallerieoffiziere, die sich – wahrscheinlich nach einer reitsportlichen Veranstaltung – stolz mit ihren Preisen ablichten lassen. Die Aufnahme erschien während des Krieges in einer russischen Zeitung, wobei dort der Hintergrund wegretuschiert wurde und nunmehr »deutsche Offiziere beim Plündern« festgehalten waren (Abb. 19). Beim Thema »Krieg der Kulturen« wird deutlich, daß eine deutsche Lichtgestalt das »Gewürm« der Entente sicher im Griff hat.

Gerade für Schüler und Wehrpflichtige der Bundeswehr ist das bewegte Bild ein Teil ihres Lebens. Wir haben nicht nur deswegen vier Filme produziert. Es wurden

Abb. 17: Gebrochene Versprechungen – die Kriegsanleihen konnten nach Kriegsende nicht zurückgezahlt werden

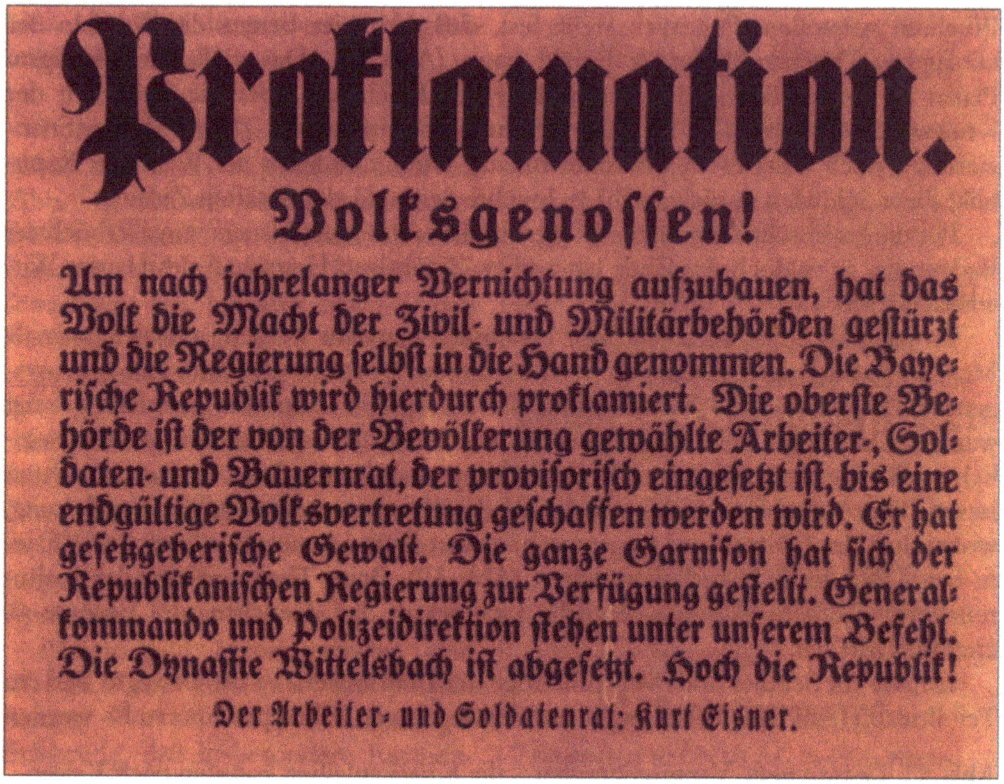

Proklamation.

Volksgenossen!

Um nach jahrelanger Vernichtung aufzubauen, hat das Volk die Macht der Zivil- und Militärbehörden gestürzt und die Regierung selbst in die Hand genommen. Die Bayerische Republik wird hierdurch proklamiert. Die oberste Behörde ist der von der Bevölkerung gewählte Arbeiter-, Soldaten- und Bauernrat, der provisorisch eingesetzt ist, bis eine endgültige Volksvertretung geschaffen werden wird. Er hat gesetzgeberische Gewalt. Die ganze Garnison hat sich der Republikanischen Regierung zur Verfügung gestellt. Generalkommando und Polizeidirektion stehen unter unserem Befehl. Die Dynastie Wittelsbach ist abgesetzt. Hoch die Republik!

Der Arbeiter- und Soldatenrat: Kurt Eisner.

Abb. 18: Revolution in Bayern

keine Kosten gescheut und nur Profis verpflichtet. Beispiel: Es gibt Museen, die Videos in eigener Regie herstellen, wobei ich bei den mir bekannten Filmen immer merkte, daß die Sprecher Laien waren. Gegenbeispiel: Wir haben einen Sprecher des Bayerischen Rundfunks unter Vertrag genommen und glauben, das Ergebnis rechtfertigt den weitaus höheren Kostenaufwand.

Ein weiteres wichtiges Element der Visualisierung ist die Karikatur. Sie vermag bestimmte Dinge auf einen Punkt zu bringen, wenn beispielsweise der Wahlbayer Olaf Gulbransson einem Hauptmann bei der Verabschiedung seiner Reservisten folgende Worte in den Mund legt:

> »... und dann müsst ihr bedenken, als Zivilisten seid ihr hergekommen und als Menschen geht ihr fort!« (Abb. 20)

Ich bin der festen Überzeugung, daß dies damals keine Einzelmeinung war.

Eine Entdeckung war für mich die Karikatur eines englischen Zeichners, den wir leider noch nicht bestimmen konnten. Er stellte noch vor dem Ersten Weltkrieg den Balkan als einen siedenden und brodelnden Kessel dar, auf dessen Dekkel die fünf Großmächte mit sorgenvollen Mienen sitzen und hoffen, sie können die Explosion verhindern.

Wir gehen nicht darauf ein, daß der sonst so kritische »Simplicissimus« bei Ausbruch des Krieges auf die nationale Linie einschwenkte; für den heutigen Besucher ist es völlig uninteressant. Wir zeigen aber die berühmte Karikatur von

Abb. 19: Bilderfälschung

Th. Th. Heine, bei der sich zwei bereits tote Politiker im Himmel die Hand geben, die sich im Leben bestimmt nie die Hand reichten: Bismarck und Bebel (Abb. 21). Es ist die Zeit des »Burgfriedens«, in der wohl die meisten Deutschen das Kaiserwort akzeptierten: Ich kenne keine Parteien mehr, ich kenne nur Deutsche!

Das wichtigste Element bei der Darstellung des Ersten Weltkrieges sind die Fotos. Hier gibt es sogenannte »Klassiker«, auf die bei der Darstellung des Weltkrieges nicht verzichtet werden kann, wie etwa die Begeisterung bei Kriegsausbruch, die sinkende »Blücher«, der Abtransport der Leichen (Abb. 22), oder die durch Gas erblindeten Soldaten. Besonders erschütternd ist für mich das berühmte Foto eines jungen Infanteristen aus der Spätphase des Krieges. Das schmale Gesicht dokumentiert die schlechte Ernährung und das Foto kann auch die schlechte Qualität des Mantels nicht kaschieren.

Abb. 20: Karikatur von Olaf Gulbransson: Ein Mensch wird man nur durch den Militärdienst

Abb. 21: »Burgfrieden« – nationale Einheit in Deutschland bei Kriegsausbruch

Die Abteilung zeichnet sich aber auch durch den Einsatz von Fotos aus, die selten oder noch nie veröffentlicht wurden. Das Einschmelzen von Glocken ist ein höchst wichtiger Beleg für den Rohstoffmangel der Mittelmächte. Nachdem auf diesem Bild ausschließlich Soldaten beteiligt sind, gehe ich davon aus, daß die Abnahme in einem besetzten Gebiet stattfand. Nach meinen bisherigen Erfahrungen wurden in der Heimat bei derartigen Arbeiten nur zivile Arbeitskräfte verwendet.

Nahezu ausnahmslos aus einem Privatarchiv kamen Aufnahmen, welche zeigen, wie die Truppe im Etappenbereich versuchte, durch »Ackerbau und Viehzucht« die Versorgung mit Lebensmitteln zu verbessern.

Ein Ensemble, das erkennbar Wirkung auf Schüler ausübt, haben wir um den Begriff »Langemarck« aufgebaut (Abb. 23). Die »Kinder in Uniform« treten dem Besucher in Lebensgröße entgegen, denn durch das Gewehr haben wir einen Maßstab. Allerdings geben wir auch den Hinweis, daß derartige Kinder in der Regel nicht eingezogen wurden, daß sich viele Jugendliche aus Patriotismus freiwillig meldeten und oft genug noch ihr Alter fälschten, weil sie unbedingt als Soldat in den Krieg ziehen wollten.

Schließlich muß gerade ein Militärmuseum dem Besucher gute Landkarten präsentieren. Solche aus Atlanten abzufotografieren halte ich für einen Notbehelf, der nur zu rechtfertigen ist, wenn wirklich kein Geld da ist. Ein Geschichtsatlas ist primär für ein intensives Studium konzipiert, dagegen soll

Abb. 22: Opfer der Materialschlacht

Abb. 23: Langemarck – Mythos: Kinder in Uniform

im Museum der Inhalt einer Karte möglichst schnell erfaßt werden können und sich daher auf das Wesentliche beschränken (Abb. 24).

Wenn es beispielsweise um die territorialen Verluste des Deutschen Reiches geht, so ist die Karte kombiniert mit Reproduktionen von zeitgenössischen Postkarten und Plakaten, die schon vor der Unterschrift unter den Vertrag von Versailles gegen die Abtrennungen agitierten. Dieses Ensemble ist dann die Überleitung zur künftigen Abteilung »Zweiter Weltkrieg«, die zeigen wird, daß der Versuch, die Ergebnisse des Vertrages von Versailles zu revidieren, Deutschland in die zweite Katastrophe dieses Jahrhunderts führte.

Völlig neue Wege beschritten wir bei einer Darstellung der Gegend nördlich von Arras. Hier wurde ein spezieller Kunststoff verwendet, der die Karte, die fast den gesamten Fußboden dieser Kasematte bedeckt, für den Interessenten begehbar macht und er alles genau betrachten kann. Hinge eine Karte dieser Größe an der Wand, könnte der Besucher ohne Hilfsmittel im oberen Bereich nichts mehr lesen. Da wir oft auf die Meinung stoßen, es sei immer nur ein Graben gewesen, ist diese starke Vergrößerung notwendig. Sie zeigt, daß es richtige Grabensysteme waren, die hier beispielsweise zwischen der Schweizer Grenze und der Nordsee entstanden und für die Entstehung bedurfte es einer riesigen Zahl von Arbeitskräften.

Eine letzte Aufgabe, die ich für sehr wichtig halte, ist eine klare Umsetzung von Ereignissen oder Entwicklungen in grafische Schaubilder. Bei einem Beispiel

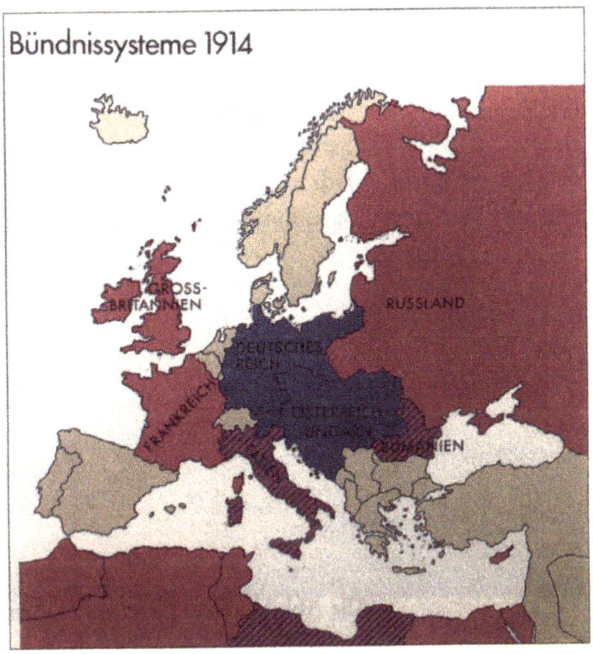

Abb. 24: Klare und überschaubare Karten sind ein wichtiges Hilfsmittel

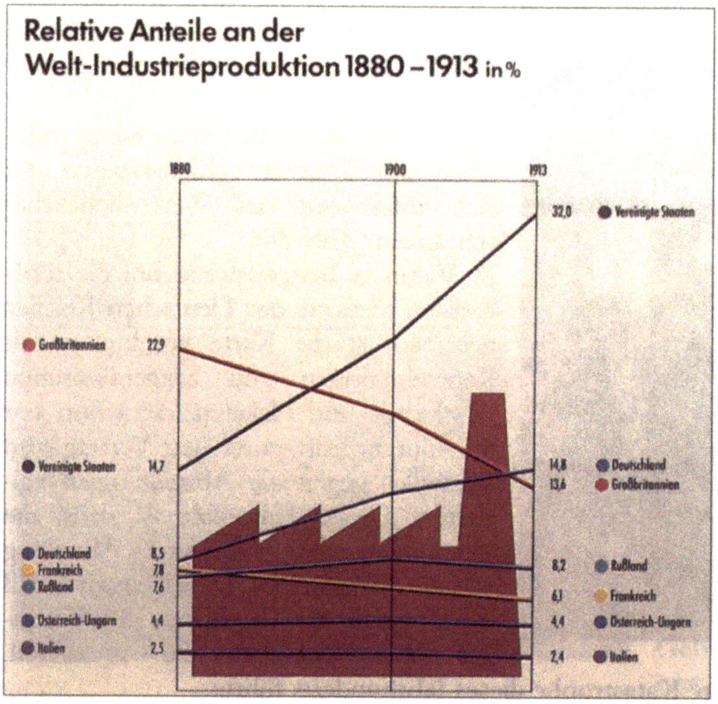

Abb. 25: Deutlich erkennt der Besucher den überragenden Anteil der Vereinigten Staaten an der Weltindustrieproduktion

wollten wir verdeutlichen, wie sehr der Kriegseintritt Englands die Entente stärkte. Für die wichtigste Grafik diese Art in der ganzen Abteilung halte ich aber die Entwicklung der Industrieproduktion vor dem Krieg (Abb. 25). Bei einer großen Anzahl von Besuchern stelle ich immer wieder Unkenntnis darüber fest, daß die Vereinigten Staaten von Amerika schon damals stärker als die beiden nachfolgenden Nationen (Deutschland und England) zusammen waren! Spätestens seit dem Kriegseintritt der USA konnte die Entente auf den russischen Bundesgenossen leicht verzichten, der zwar starke Kräfte der Mittelmächte gebunden hatte, aber doch auch mit Kriegsmaterial unterstützt werden mußte.

Der Ausblick am Ende dieser Dauerausstellung macht deutlich, daß der Erste Weltkrieg die »Urkatastrophe« des 20. Jahrhunderts war und über Deutschland noch Schlimmeres hereinbrechen sollte. Ein positiver Akzent sollte aber doch gesetzt werden: Die historische Begegnung von Staatspräsident Mitterand und Bundeskanzler Kohl auf dem Schlachtfeld von Verdun macht deutlich, bei gutem Willen der Beteiligten kann auch eine »Erbfeindschaft« ihr Ende haben.

– Alle Abbildungen: Bayerisches Armeemuseum, Ingolstadt –

A. Wilson Greene

Die Entscheidungsschlacht von Petersburg: Das Zusammenspiel von Militärgeschichte und Museumspädagogik an einem historischen Ort

»Im Amerikanischen Bürgerkrieg gab es keinen Feldzug, der mit der Belagerung von Petersburg vergleichbar gewesen wäre«, so Noah Andre Trudeau, Autor der fundiertesten Darstellung dieses militärgeschichtlichen Ereignisses.

> »Keine andere amerikanische Stadt war jemals einer länger andauernden Militäraktion ausgesetzt. Zur Verteidigung Petersburgs wurden mehr Gefechte geführt und mehr Soldaten geopfert, als dies bei den namentlich bekannteren Hochburgen des Südens – Richmond, Atlanta und Vicksburg – der Fall gewesen ist.«

Der Feldzug zur Eroberung Petersburgs in Virginia – dem vorletzten großen Aufeinandertreffen der beiden bedeutendsten militärischen Führer des amerikanischen Bürgerkriegs, Robert E. Lee und Ulysses S. Grant – erstreckte sich über einen Zeitraum von 272 Tagen, vom 15. Juni 1864 bis zum 3. April 1865. In seinem Verlauf trafen die Armeen der Union und der Konföderierten in 79 größeren Schlachten und zahllosen kleineren Gefechten aufeinander. Grants acht aufeinander abgestimmte, gegen die zweitgrößte Stadt Virginias vorgetragenen Offensiven hinter-

Stellung vor Petersburg

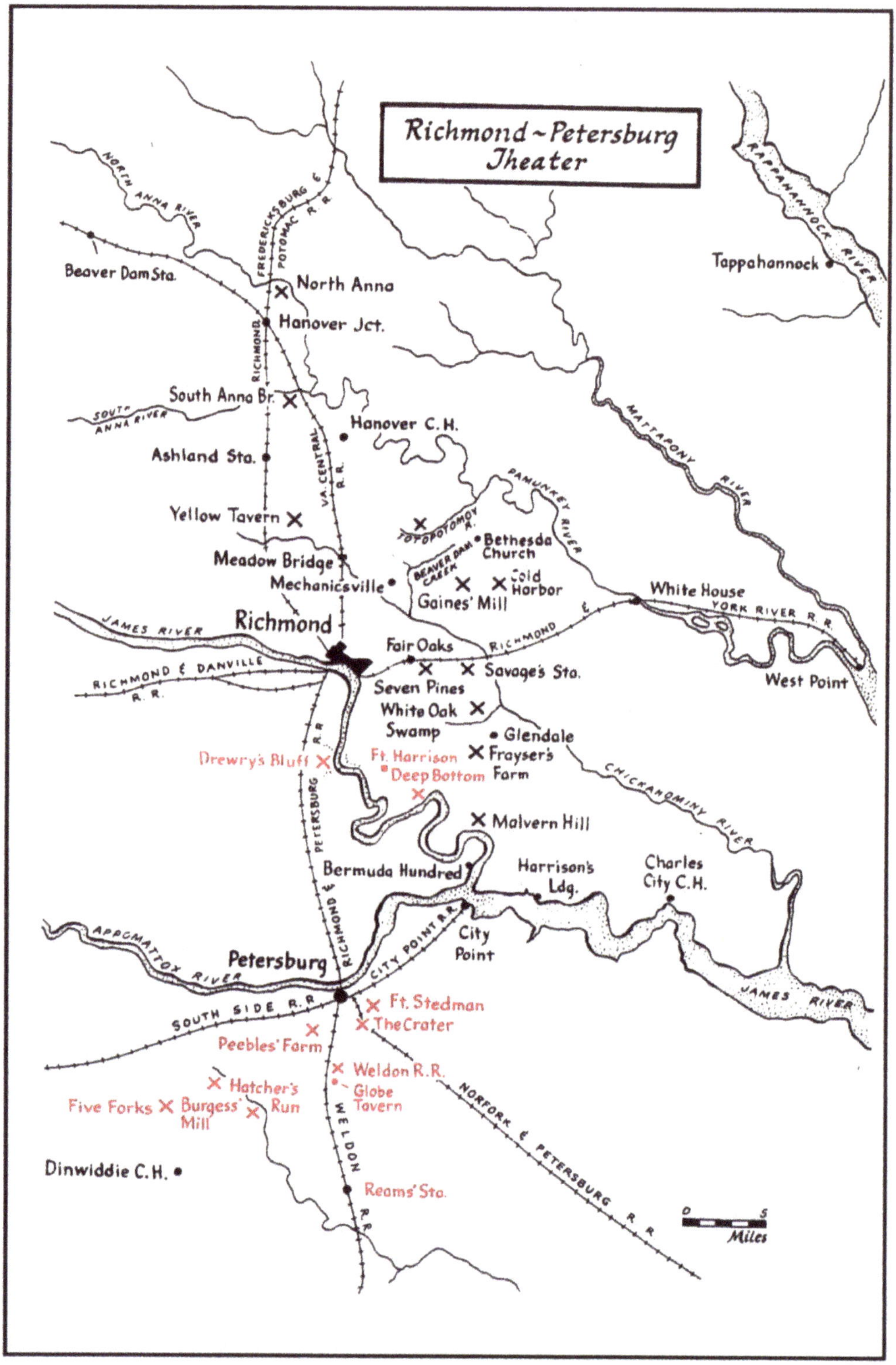

Die Schlacht von Richmond und Petersburg

Eingangsmonument
Pamplin Historical Park

ließen auf den Schlachtfeldern nahezu 70 000 Opfer und als sich Petersburg den Bundestruppen schließlich ergab, umspannten die Frontlinien die schwer gezeichnete Stadt auf einer Länge von fast 75 Kilometern.

Petersburg zog deshalb soviel Aufmerksamkeit auf sich, weil der Stadt bei der Sicherung des Nachschubs für die Hauptstadt der Konföderierten eine Schlüsselrolle zufiel. So führten alle bis auf eine der noch bestehenden, Richmond mit konföderiertem Gebiet verbindenden Eisenbahnlinien durch Petersburg. Mit seinem schonungslos geführten Feldzug vom Mai und Juni 1864 hatte General Grant gehofft, Lees Armee in Nord-Virginia entscheidend schwächen zu können; statt dessen aber trieb er diese hinter die nahezu uneinnehmbaren Verteidigungswälle von Petersburg und Richmond zurück. Nur widerstrebend entschloß sich der Oberbefehlshaber der Unionstruppen daraufhin zu einem Vorgehen, welches darauf abzielte, Lee in ost-westlicher Richtung in einer Reihe blutiger Flankengefechte von seinem Nachschub abzuschneiden. Zwar erkannte Lee die von dieser Strategie ausgehende Gefahr, doch war er, infolge des politischen Vorrangs, den es dem Schutz der Hauptstadt der Konföderierten einzuräumen galt, stärker an seine Petersburger Stellungen gebunden als Grant. Nachdem dann, nach der am 2. April 1865 südöstlich der Stadt geführten Entscheidungsschlacht, Petersburg gefallen war, konnte auch Richmond nicht mehr gehalten werden, und so hatte Lee binnen Wochenfrist nicht nur seine Armee, sondern auch den Anspruch der Konföderierten auf Unabhängigkeit aufgeben müssen.

Der Feldzug zur Eroberung Petersburgs fand auf einer Fläche von 460 km^2 statt, die sich östlich, südlich und westlich um die Stadt erstreckte. Lediglich ein winziger Bruchteil dieser Fläche konnte der Nachwelt bis heute zu Studienzwecken erhalten werden. So nehmen etwa die vom United States National Park Service unterhaltenen unzusammenhängenden Teilflächen des Petersburg National Battlefield eine Fläche von lediglich etwa 984 Hektar ein. Kleinere Teilflächen des historischen Petersburger Schlachtfeldes gehören Naturschutzorganisationen. Sie sind so gut wie unerschlossen und für die Öffentlichkeit nicht zugänglich. Nicht in dieses Muster fügt sich Pamplin Historical Park ein, eine privat betriebene Einrichtung, die etwa 60 Prozent der Fläche des Schlachtfeldes verwaltet, auf dem die Unionstruppen am 2. April 1865 ihren entscheidenden Sieg errangen.

Die Familie Pamplin, direkte Nachfahren der vormaligen Eigentümer des heute unter dem Namen Pamplin Historical Park firmierenden Geländes, machten ihr Vermögen mit dem Holzhandel und hatten entscheidenden Anteil an der prestigeträchtigen Ausrichtung der Sponsortätigkeit dieser Branche auf den Bildungssektor.

Zentrales Museums- und Verwaltungsgebäude

Im Jahre 1992 begann die Familie Pamplin mit dem Erwerb von Land, das sich ursprünglich im Besitz ihrer Tabak anbauenden Vorfahren befunden hatte und auf dem sich die in den letzten Tagen der Schlacht eroberten Befestigungsanlagen der Konföderierten in hervorragendem Zustand erhalten haben. Bis zum Jahre 1999 hatte sich dieser Grunderwerb auf 169 Hektar summiert. Auch hatte die Familie auf dem Gelände bis zu diesem Zeitpunkt bereits vier Museen errichtet, vier historische Bauten restaurieren lassen und ein Kleinod geschaffen, das vielen als das schönste, die Geschichte des Amerikanischen Bürgerkriegs thematisierende Freilichtmuseum der Vereinigten Staaten gilt.

Als Herzstück von Pamplin Historical Park kann das National Museum of the Civil War Soldier gelten, ein 7600 m² umfassender, mit modernster Technik ausgestatteter Museumsbau, in dem Besuchern typische Kriegserfahrungen gemeiner Soldaten beider Seiten vermittelt werden. Darüber hinaus gewährt Tudor Hall Plantation, das restaurierte Anwesen der Pamplin-Ahnen, einen Einblick in die vor dem Bürgerkrieg in den Südstaaten herrschenden Lebensbedingungen. Das besondere Augenmerk wird hier auf die Frauen und Männer gelegt, die in den Jahrzehnten vor dem Bürgerkrieg im Sklavenhandel treibenden Süden lebten; die versklavten Amerikaner afrikanischer Herkunft sind hier eingeschlossen. Der Park behandelt das Thema der Sklaverei mit seltener Offenheit und Freimütigkeit in zwei eigens hierfür reservierten Ausstellungsräumen.

Der Rest des Parks aber ist ganz der Entscheidungsschlacht vom 2. April 1865 gewidmet, in deren Verlauf die 14 000 Mann starken Kräfte der Union unter der Führung von Generalmajor Horatio G. Wright auf einer Breite von etwa 1,6 km angriffen. Der Angriff hatte somit größere Ausmaße als der berühmteste Frontalangriff im Amerikanischen Bürgerkrieg, der sogenannte Picket-Pettigrew-Sturmangriff vor Gettysburg am 3. Juli 1863. Auf einer Länge von 1060 m ist in Pamplin Historical Park ein zusammenhängender Teilabschnitt der an jenem Tag angegrif-

Überwucherter Schützengraben

fenen Frontlinie der Konföderierten original erhalten sowie der größte Teil des Schußfeldes, das es seinerzeit für die Nordstaatler bei ihrem Angriff im frühen Morgengrauen zu überwinden galt. Ferner gibt es auf dem Gelände Reste der von den Wachtposten der Konföderierten genutzten Stellungen und Einrichtungen zu sehen, zwei zur Erzielung von Geländeüberflutungen vom Militär angelegte Erdwälle, Geschützstände sowie zum Überwintern eingerichtete Unterkünfte und Behelfshütten der Truppen South Carolinas, welche sechs Monate lang die Stellung hielten. Ihr Oberkommandierender, Brigadegeneral Samuel McGowan, nutzte Tudor Hall bis wenige Tage vor dem entscheidenden Angriff als militärisches Hauptquartier. Die Parkverwaltung hat dieses aus dem 18. Jahrhundert stammende Gebäude erst kürzlich vollständig renovieren lassen. Es wurde auch von General Grant im Anschluß an die Schlacht für die Dauer von 24 Stunden als Feldhauptquartier genutzt.

Der Umfang, in dem der ursprüngliche Charakter des Schlachtfeldes erhalten werden konnte, ist bemerkenswert. Sieht man einmal von einigen, in den 30er Jahren mit Bohlen angelegten, in die Befestigungswälle geschlagenen Fußwegen ab, so weist das Gelände nur sehr wenige topographische Veränderungen auf, die aus späteren Zeiten stammen. Was sich allerdings im Lauf der Jahre grundlegend verändert hat, ist der Bewuchs. So war das im Jahre 1865 noch offene und wüstenähnliche Terrain bei seinem Erwerb durch die Parkgesellschaft in den 90er Jahren dicht bewaldet.

Wir, die Verantwortlichen von Pamplin Historical Park, verstehen uns als Treuhänder dieser ehrwürdigen Stätte und stellen deren Verwaltung ganz in den Dienst der Bewahrung der noch erhaltenen Zeugnisse, welche dieser historischen Epoche entstammen. Vorrangig haben wir aber einen Bildungsauftrag zu erfüllen. Und so zielen unsere finanziellen Entscheidungen auch eher auf eine ständige Verbesserung unserer Lehrtätigkeit ab, als auf den Erwerb zusätzlichen historisch interessanten Geländes.

Wie alle Verwalter historischer Gedenkstätten, die ihr Wissen darüber vermitteln wollen, sind auch wir bestrebt, eine möglichst enge Verbindung zwischen dem uns zur Bewahrung Anvertrauten und einem Spektrum didaktischer Möglichkeiten herzustellen, um so ein großes und vielfältiges Publikum anzusprechen. Die grundsätzliche Unvereinbarkeit der Ziele »Bewahrung« und »Belehrung« zu behaupten, hat in der Denkmalpflege bekanntlich Tradition. Zwar leugnen auch wir diese Dichotomie nicht, doch glauben wir, daß sie uns nicht daran hindern sollte, diesen Ort zusammen mit seinem historischen Inventar zu nutzen, um unseren Besuchern

Wissen und Anregung zu vermitteln. Mehr noch: Wir glauben, daß dies ganz entscheidend zur dauerhaften Sensibilisierung der Öffentlichkeit für die Belange der Denkmalpflege beitragen kann.

Von dieser Prämisse ausgehend sind wir davon überzeugt, daß jede Form der Denkmalpflege ihren Ausgangspunkt im Bildungsauftrag hat. Was man nicht zu achten gelernt hat, wird man auch nicht erhalten wollen; und achten kann man nur das, was man kennt. So meinen wir auch, daß die Verwaltungen historischer Stätten und Freilichtmuseen – zumindest in Nordamerika – künftig mehr Mühen und Mittel zur Erfüllung ihres Bildungsauftrags aufwenden sollten, als dies bislang der Fall ist. Denn nur ein Publikum – so unsere Überzeugung –, das diese Stätten um Wissen bereichert wieder verläßt, wird auch bereit sein, mehr Engagement und letztlich auch mehr finanzielle Opfer für deren Erhalt aufzubringen.

Im übrigen wissen wir natürlich auch, daß unser Schlachtfeld keinesfalls selbsterklärend sein kann. Anders als ein Naturwunder, dessen spezifischer Reiz sich einem Betrachter – zumindest auf emotionaler und ästhetischer Ebene – auch ohne nähere Erläuterungen zu erschließen vermag, ist der besondere Charakter einer historischen Stätte – zumal eines Schlachtfeldes – oftmals nicht von vornherein ersichtlich. Was dem Besucher auf den ersten Blick lediglich als beschaulicher Landstrich erscheinen kann, bedarf schon des Tätigwerdens einer vermittelnden Instanz – in der Regel einer Museums- oder Parkverwaltung –, um in seiner wahren Bedeutung gewürdigt zu werden. So ist der historische Ort zwar Ausgangspunkt unseres Wirkens, als solcher aber stumm. Unsere Aufgabe ist es, ihm eine Stimme zu verleihen.

Bildet das historische Schlachtfeld gleichsam das Fundament unseres Bemühens um Wissensvermittlung, so stellen technisches Inventar und Programmangebot, mit dem wir unser Publikum in Bann zu schlagen versuchen, gewissermaßen die tragenden Säulen dieses Gebäudes dar. Pamplin Historical Park verfügt über eine große Palette an technischen Möglichkeiten, um seinen Gästen ein Schlachtfeld von historisch herausragendem Rang nahezubringen; ein Schlachtfeld, das in seiner Weitläufigkeit auch leicht unüberschaubar werden kann.

Das Informationszentrum von Pamplin Historical Park dient als Anlaufstelle für all jene Besucher, die den Wert eines solchen Angebots zu schätzen wissen. Das Gebäude, in welchem es untergebracht ist, verfügt über eine Nutzfläche von 2200 m². Es weist eine markante Fassade auf, die der in unmittelbarer Nachbarschaft erhaltenen Festungsanlage der Konföderierten nachempfunden ist und beherbergt eine Vielzahl Exponate, welche die damalige Zeit illustrieren. Kernstück ist dabei eine auf zeitgenössischen Objekten basierende Dauerausstellung mit dem Titel »Niederschlagung der Rebellion«.

Sie umfaßt 60 sorgfältig ausgewählte, in konkretem Zusammenhang mit der Schlacht stehende Ausstellungsstücke, darunter in Unterständen aufgefundene Gebrauchsgegenstände, Uniformen und Uniformreste beider Seiten sowie mehrere Feldstandarten von Siegern und Besiegten. Zusammen mit dem Schlachtfeld selbst, versetzt diese traditionelle Form der Ausstellung unsere Besucher unmittelbar in die Zeit vor 138 Jahren zurück. Kulturelle Gegenstände sind für ein Museum un-

Informationszentrum

verzichtbar und legitimieren dieses gewissermaßen. Sie sind das Kriterium, das ein Museum von einer bloßen Besucher- oder Bildungseinrichtung unterscheidet. Auch wenn wir folglich auf diese Objekte angewiesen sind, so reichen sie doch für sich genommen noch nicht aus, um unserem Bildungsauftrag in vollem Umfang nachzukommen.

So wichtig und anschaulich Präsentationen von Sammlungen auch sein mögen, für einen Besucher, der die gezeigten Exponate historisch nicht einzuordnen weiß, bleiben sie zumeist nichtssagend. Um hier Abhilfe zu schaffen, bieten wir zwei aufwendig gestaltete audio-visuelle Vorführungen an. Gerade bei der Darstellung von Truppenbewegungen in Raum und Zeit bietet die moderne Informationstechnologie hervorragende Möglichkeiten. So kann der Besucher auf Knopfdruck ein mit einem synchronen Kommentar unterlegtes Programm mit kartographischen Darstellungen abrufen, das ihm hilft, die Entscheidungsschlacht im Gesamtkontext des Feldzugs zur Eroberung Petersburgs zu sehen. Auch erklärt das Programm, weshalb gerade Petersburg ins Visier der Armeen geriet, von welchen militärischen Überlegungen die Konföderierten bei der Errichtung ihrer heute noch zu besichtigenden Festungsanlagen ausgegangen waren und was der Angriff konkret bewirkte. Die Dauer dieser Vorführung beträgt knapp fünf Minuten.

Im Breakthrough Theater, einem speziell der Entscheidungsschlacht gewidmeten, mit Surround-Sound ausgestatteten Vorführraum, veranschaulicht ein 13minütiges Computerprogramm in grafischer Form und ergänzt durch zeitgenössische Abbildungen und Fotografien die Truppenbewegungen der beteiligten Armeen. Begleitet wird das Ganze von einem mit Geräuscheffekten unterlegten, in verschiedenen Sprachen abrufbaren Vortrag. Im Mittelpunkt dieser audiovisuellen Darbietung steht der eigentliche Ablauf der Schlacht, und hier insbesondere die Rolle, welche die heute noch erhaltenen Geländemerkmale, einschließlich der noch vorhandenen konföderierten Stellungen, gespielt haben. Sie können von interessierten

Blick in die Dauerausstellung

Darstellung des Schlachtverlaufs

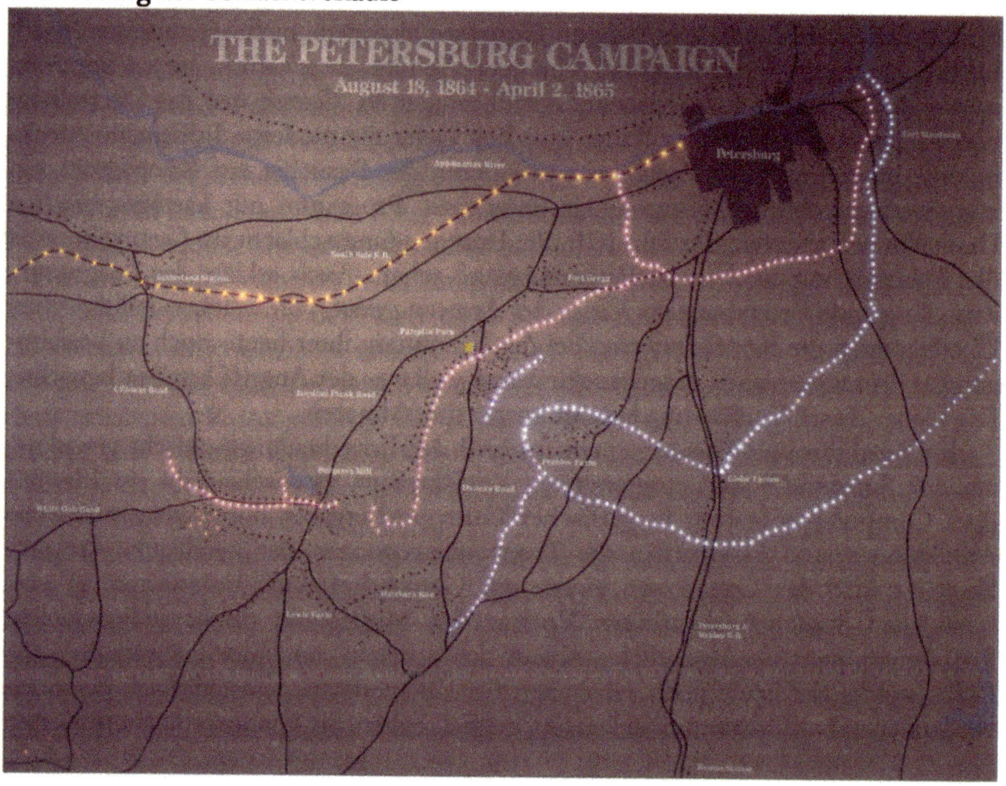

Filmvorführung

Besuchern anschließend besichtigt werden. Mit der nachdrücklichen Aufforderung, von dieser Möglichkeit der Besichtigung auch Gebrauch zu machen, schließt die Vorführung.

Das Battlefield Center enthält ferner mehrere, mit interaktiver Software bestückte Computer, die es den Besuchern erlauben, die Beschreibung acht weiterer, im Verlauf des Kampfs um Petersburg geschlagener Schlachten anzuwählen. Darüber hinaus kann auf fünf Vorträge sowie auf mehrere, das beim Besuch erworbene Wissen in spielerischer Form abfragende Ratespiele zugegriffen werden. Jüngste Errungenschaft des Battlefield Centers ist eine überdimensionale, in den 30er Jahren für den nahegelegenen National Military Park gefertigte Reliefkarte des Petersburger Feldzugs. Sie ist didaktisches Hilfsmittel und Kulturobjekt in einem.

Besucher, die sich zu einer Besichtigung des Schlachtfeldes entschließen, haben die Wahl zwischen drei, durch das Gelände führenden, behindertenfreundlichen Routen. Diese unterscheiden sich in erster Linie durch die Länge der jeweils zurückzulegenden Wegstrecke, die von 630 m bis zu 2,5 km reicht. Entsprechend liegt der zeitliche Aufwand zwischen 20 Minuten und etwa einer Stunde. Unterwegs in großer Zahl plazierte, mit Text- und Schautafeln versehene Exponate, sowie die Möglichkeit, stets auch akustische Zusatzinformationen abrufen zu können, erlauben eine Erkundung auf eigene Faust. Selbstverständlich steht den Besuchern aber auch die Teilnahme an den vom Museumspersonal täglich angebotenen Führungen frei. Sie dauern eine Dreiviertelstunde und ihre Häufigkeit orientiert

Reliefkarte des Schlachtfeldes

Führung im Gelände

sich an den aktuellen Besucherzahlen sowie dem gerade laufenden Programmangebot.

Schließlich bietet das Museum auch eine Vielzahl von Publikationen an, die zusätzliche Informationen zu dem Feldzug und der Entscheidungsschlacht von Petersburg enthalten. Darunter sind zahlreiche Broschüren über weitere historische Sehenswürdigkeiten der näheren Umgebung, erschwingliche, mit reichlich Bildmaterial versehene Buchveröffentlichungen zur Geschichte der Schlacht sowie eine 500 Seiten starke, alle Aspekte und Folgen der Entscheidungsschlacht abhandelnde Monographie.

Mit Leben erfüllt und untereinander vernetzt werden all diese Elemente aber einzig und allein von unseren Besuchern. Was deren Zusammensetzung und Beweggründe angeht, so unterscheiden wir uns nicht von den meisten anderen vergleichbaren Einrichtungen. Das Spektrum reicht hier vom zufällig vorbeischauenden, sich auf der Durchreise befindenden Touristen, bis zum über gründliches Fachwissen verfügenden Militärhistoriker oder Berufsoffizier. Alljährlich im Frühjahr und Herbst machen zudem Zehntausende von Schülern und Studenten in Pamplin Historical Park Station und zunehmend setzen deren Lehrer in uns die Erwartung, daß wir dem an staatlichen Schulen für das Fach »Geschichte« eingeführten Lernzielkatalog – den sogenannten Virginia Standards of Learning – Rechnung tragen. Häufig haben diese Lehrkräfte fest umrissene Stoffpläne. Wir versuchen dann, diesen mit einem möglichst optimal darauf abgestimmten Besichtigungsprogramm im Rahmen unserer Möglichkeiten gerecht zu werden.

Fragt man unsere Besucher, so bekunden die meisten ein großes Interesse am Amerikanischen Bürgerkrieg. Immer wieder aber stößt man auch auf eine ganz besonders gut informierte Klientel: Ist der Park doch gleichfalls Anlaufstelle für Geschichtsbegeisterte aus allen Teilen des Landes, die sich in Gruppen und Traditionsvereinen mit so klangvollen Namen wie Civil War Round Tables oder Sons of Confederate Veterans zusammengeschlossen haben, sowie beliebter Programmpunkt in einschlägigen, von privaten Veranstaltern angebotenen Rundreisen. Welch eine Herausforderung für uns, wenn Berufssoldaten, Fünftkläßler und Senioren ein und dasselbe Schlachtfeld besichtigen wollen! Aber gerade dies, die Verschmelzung von historischer Stätte und Programmangebot zu einer Angebotspalette, die unter-

Schautafel

schiedlichste Besuchererwartungen abzudecken vermag, sieht Pamplin Historical Park als seine eigentliche Aufgabe an. Welche Wege wir bei der Bewältigung dieses schwierigen Auftrags im einzelnen beschreiten, will ich im folgenden näher erläutern.

Wer mit der Verwaltung historischer Gedenkstätten erfolgreich einen Bildungsauftrag erfüllen will, muß zunächst einmal seine Ziele klar definieren. Man mag dies als selbstverständlich empfinden, doch wie vielen Verwaltungen historischer Gedenkstätten und Freilichtmuseen bereitet offenbar schon die Benennung ihrer zen-

Besuchergruppen

tralen Inhalte und Attraktionen Probleme. Ein häufig anzutreffender wahlloser Einsatz didaktischer Medien und eine oftmals verwirrende Programmgestaltung sind dann das Ergebnis.

Unserer Auffassung nach hat das, was wir an Bildungsarbeit leisten wollen, natürlich von konkreten inhaltlichen Vorgaben auszugehen. Allerdings gilt es, diese so flexibel zu handhaben, daß sie jeder Art von Publikum gerecht werden können. In Pamplin Historical Park haben wir es nun einmal mit ganz unterschiedlichen Kategorien von Besuchern zu tun. Da gibt es welche, die sind unendlich aufnahmefähig, motiviert und darauf aus, sich kein noch so kleines Detail der Schlacht entgehen zu lassen. Zahlreicher sind die Gäste, bei denen die Neugier das Engagement überwiegt. Diese Menschen gilt es zunächst davon zu überzeugen, daß die Informationen, die wir ihnen mitzuteilen haben, auch des Behaltens wert sind. Am anderen Ende des Spektrums findet man schließlich jene, die nur Zerstreuung suchen, oder mit ihrem Besuch lediglich einem Tip von Bekannten oder Kollegen folgten. Sie alle sehen sich mit identischen Schwierigkeiten konfrontiert: seien es die Witterungsbedingungen, das jeweilige körperliche Leistungsvermögen oder die knappe Zeit, die ihnen zur Verfügung steht. Jeder einzelne aber ist für unser Personal einer, dessen »Wissenshunger« es zu stillen gilt und der insoweit unsere ganze Aufmerksamkeit verdient.

Selbstverständlich wird bei einem solch divergierenden Besucherprofil der angebotene Wissensstoff eine gewisse Progression aufweisen müssen; unsere didaktische Zielsetzung wird sich stets an Motivationsgrad, Interesse, körperlichen Voraussetzungen und verfügbarer Zeit unsere Besucher zu orientieren haben. So wird man Sonntagsausflüglern im Verlauf einer zweistündigen Kurzvisite unmöglich die gleiche Menge an Wissen vermitteln können, wie einer dem Civil War Round Table angehörenden Besuchergruppe im Verlauf eines ganztägigen Besuchs.

Auch unser der Wissensvermittlung dienendes technisches Inventar trägt diesem abgestuften Vorgehen Rechnung, wobei dies oftmals gar keinen großen Aufwand erfordert. So verwenden wir etwa zur Beschriftung unserer Exponate auf den Routen unterschiedlich große Schriftgrößen, die dem jeweiligen Stellenwert der Information entsprechen. Basiswissen erscheint in größerer Schrift als Zitate, Bildunterschriften oder sonstige Zusatzinformationen. Und auch bei der Routenwahl selbst kann sich der Besucher, dem Grad seines Interesses entsprechend, zwischen drei unterschiedlich gestalteten Wegen entscheiden. Selbst die auf unseren interaktiven Computern abrufbaren Rateprogramme unterscheiden zwischen Anfänger-, Aufbau- und Fortgeschrittenenstufe. Der Zweck dieses Vorgehens liegt auf der

Interaktive Computerstation

Hand: In Übereinstimmung mit der uns gestellten Aufgabe soll sich jeder Besucher sein ganz individuelles Besucherprogramm zusammenstellen können.

Für welches Angebot sich unsere Besucher auch entscheiden, in jedem Fall müssen sie das Wissen mitnehmen, daß sich in der Schlacht vom 2. April 1865 das Schicksal von Petersburg und Richmond entschied und daß die Preisgabe dieser beiden Städte und die Zerschlagung der Armee der Konföderierten das Ende des Amerikanischen Bürgerkriegs markierte. Jeder sollte verstehen, daß dieses Ereignis für einen historischen Wendepunkt steht und exakt an dieser Stelle stattfand. Wenn uns auch nur ein Gast wieder verläßt, ohne sich – vor dem Hintergrund des Gesehenen – der Bedeutung dieser Schlacht bewußt geworden zu sein, dann sind wir unserer Verantwortung für die Bewahrung dieses historischen Erbes nicht gerecht geworden.

Natürlich steht es historisch besonders interessierten, nicht unter Zeitdruck stehenden Besuchern, die zudem über die erforderliche körperliche Verfassung verfügen, frei, noch tiefer in die Historie der Schlacht einzutauchen. Wer mehr wissen möchte, etwa über die maßgeblichen strategischen Überlegungen, die Entscheidungsträger beider Seiten, über Einstellungen und Selbstverständnis der Soldaten, die hier gekämpft haben oder über den Ablauf der Schlacht im einzelnen, der findet hierzu reichlich Gelegenheit. Zu all diesen Themen haben wir Zusammenfassungen erarbeitet, welche die wesentlichen Punkte enthalten und auf die unterschiedlichen Niveaus zugeschnitten sind. Dank der uns zur Verfügung stehenden Exponate können wir unseren Besuchern sogar den soldatischen Alltag nahebringen und die Lebensbedingungen, die seinerzeit im Vorfeld der Sezession in den Südstaaten herrschten.

Selbstverständlich steht es jedem frei, das umfangreiche Bildungsangebot auch auf eigene Faust zu nutzen. Ohnehin gehen wir davon aus, daß ein Besucher auf ganz unterschiedliche Weise Zugang zu unserem Angebot erlangen kann und wir von unseren »Studenten« keinesfalls eine gezielte Vorbereitung erwarten dürfen. Das hindert uns aber nicht daran, ihnen geeignete Routen durch den Park vorzuschlagen, auf denen sie, ihren ganz persönlichen Bedürfnissen entsprechend, nur in Umrissen oder im Detail einen Gesamteindruck des Schlachtfeldes vermittelt bekommen. Auf dem Breakthrough Battlefield – dem eigentlichen Ort der Entscheidungsschlacht – kämen dafür etwa folgende Programmpunkte in Betracht: Besuch des Battlefield Centers mit seinem audio-visuellen Programmangebot, Aufenthalt im Breakthrough Theater, Besichtigung von Objekten und Diorama; Teilnahme an einer Führung sowie abschließende Erkundung des Geländes im Alleingang auf

Interaktives Element

»Paßt!«

einem der zur Wahl stehenden Rundwege. Wer als Besucher die gut drei Stunden aufzubringen bereit ist, um ein solches Programm zu absolvieren – und nicht wenige tun dies tatsächlich –, der wird am Ende einen vollständigen Überblick über unser Angebot erlangt haben und sich ein fundierteres Bild über die an diesem bedeutenden militärhistorischen Ereignis Beteiligten und dessen genauen Ablauf machen können. Wie immer ein Besucher unser Angebot auch inhaltlich und zeitlich kombinieren mag, das Erreichen unserer Bildungsziele und die Vermittlung eines eindrucksvollen Besuchserlebnisses sollten in jedem Fall möglich sein. Ob wir in unserem Bemühen, Wissen zu vermitteln, erfolgreich sind, hängt letztlich weniger von starren Besucherprogrammen als vielmehr von der inhaltlichen Qualität unseres Angebots ab. Unsere Philosophie des Umgangs mit unseren Besuchern läßt diesen einerseits zwar freie Hand, trägt andererseits aber auch dem Umstand Rechnung, daß viele von ihnen ein festes Routenangebot zu schätzen wissen. Anzustreben, ja möglich ist beides.

Bei der Präsentation und Gestaltung unserer Exponate, Unterrichtsmedien und Programme spielt Interaktivität eine wichtige Rolle. Nicht umsonst weisen Erziehungswissenschaftler darauf hin, daß man nur zehn Prozent dessen behält, was man liest, 30 Prozent dessen, was man hört, 50 Prozent dessen, was man sieht, aber 90 Prozent dessen, was man tut. Wo immer möglich, streben wir daher die aktive Einbeziehung unserer Besucher in das Besichtigungsprogramm an. Einige der dabei angewandten Techniken sind vergleichsweise einfach, andere wiederum technisch recht aufwendig. So enthalten etwa Exponate erläuternde Vitrinenbeschriftungen häufig Fragen, deren Antworten abgedeckt sind und vom Besucher erst »aufgedeckt« werden müssen. Und auch beim Zugriff auf die vorhandenen Medien ziehen wir die Eigenaktivität unserer Besucher im Endlosbetrieb laufenden Videos vor. Unsere Computerprogramme sind durchweg interaktiv angelegt und sehr variabel. Anhand von Fragen hat der Besucher ständig die Möglichkeit, zu testen, ob das Gelernte auch »sitzt«. Das zum Battlefield Center gehörende Discovery Tent hält zahlreiche Militaria sowie nach originalen Mustern gefertigte Kleidungsstücke bereit, die unsere jungen Besucher anfassen, ja sogar anziehen dürfen, was Kindern wie fotografierenden Eltern gleichermaßen großen Spaß zu bereiten pflegt. Will der Besucher die Haupt-Besuchergalerie in unserem National Museum besichtigen, so kann er sich dabei eines interaktiven, auf CD verfügbaren Computerprogramms bedienen. Das Programm stellt ihm seinen ganz speziellen »soldatischen Begleiter« zur Seite und erlaubt den freien Zugriff auf 45 verschiedene, eine riesige Menge an Material verarbeitende Themenschwerpunkte. Will sich der Besucher jedoch lediglich einen Überblick verschaffen, so stehen hierfür in jeder Nebengalerie zusätzlich Informationstafeln bereit, auf denen das von uns als »kleinster pädagogischer Nenner« erachtete Basiswissen aufgeführt ist.

Interaktivität beschränkt sich jedoch nicht nur auf die Art des Einsatzes von Medien und Exponaten. So unterweisen wir unsere touristischen Führer auch in Möglichkeiten der aktiven Einbeziehung der Besucher während der Führung. Anhand von Fragebögen versuchen wir, Wissen im Wechselspiel von Frage und Antwort zu vermitteln, so daß die Besucher in die Lage versetzt werden, die unseres Erachtens zentralen Aspekte der Schlacht gewissermaßen selbst zu entdecken. Anstatt die von den Konföderierten angewandte Taktik des gestaffelt vorgetragenen Angriffs nur theoretisch zu erläutern, stellen wir die an der Führung teilnehmenden Besucher in einer entsprechenden Formation auf, um sodann die Vorteile und Beweggründe der von den Unionstruppen im Gegenzug angewandten taktischen Planung anschaulich zu machen. Kinder auf Klassenfahrt erhalten Gelegenheit, die »Stellungen zu stürmen«, wobei wir uns sehr bemühen, den so ganz anderen Umständen Rechnung zu tragen, unter denen die »echten« historischen Vorbilder dies seinerzeit tun mußten. Historisch relevante Nachbildungen der aus damaliger Zeit stammenden Gebrauchsgegenstände, die man auch in die Hand nehmen darf, sowie Fotografien und historische Landkarten in großer Zahl runden das Angebot ab.

»Zur Attacke«

In diesen Rahmen fügt sich auch das historische Breakthrough Battlefield selbst ein: als ein Unterrichtsgegenstand zur – kostengünstigen – Vermittlung historischen Wissens. Entsprechend wurden auch die von uns angelegten, durch das Gelände führenden Routen so gestaltet, daß das historische Ereignis, um das es hier geht, umfassend erfahrbar wird. Wann immer der Besucher an einer Stelle unserer Routen Station macht, sei es, weil es am Wegesrand ein Ausstellungsstück zu betrachten gibt, sei es, weil der die Führung Leitende einen Halt einlegt, stets handelt es sich um einen fest umrissenen Abschnitt in einem in sich geschlossenen Lernpaket. Und so wird auf unseren Routen von Kapitel zu Kapitel gegangen, gleichsam, als lese man in einem Buch. Dies heißt aber auch, daß es nicht unser Ziel sein kann, dem Besucher jeden Meter Befestigungsanlage, jeden noch vorhandenen Wachtturm und jeden einzelnen, von der konföderierten Brigade eingenommenen Frontabschnitt zugänglich zu machen. Zur Vermittlung unseres Anliegens, aber auch, um die Kosten für Bau- und Wartungsarbeiten niedrig zu halten, reicht die Beschränkung auf einige wenige, aber repräsentative Beispiele durchaus. Weshalb sollten wir aus unserem Etat Mittel aufwenden, um dasselbe Wissen zweimal zu vermitteln? Im übrigen wirkt dieses Vorgehen auch dem Verfall historischen Inventars entgegen, der sich dort, wo historische Stätten der Öffentlichkeit frei zugänglich sind, unvermeidlich einzustellen pflegt.

Kein Aspekt in der Pflege historischer Schlachtfelder wird kontroverser diskutiert, als ihr Grad der originalgetreuen Wiederherstellung aus der Zeit des Amerikanischen Bürgerkrieges. Jeder, der hier Verantwortung trägt, wird einerseits grundsätzlich nach möglichst weitgehender Übereinstimmung streben, andererseits aber auch eine Vielzahl dem entgegenstehende Faktoren berücksichtigen müssen. Hier stellen sich dann etwa Fragen wie: Darf man Gebäude abreißen, die erst nach dem historischen Ereignis errichtet wurden, auch wenn diese für künftige Generationen Bedeutung erlangen könnten? Wie verändert die Beseitigung von neu entstandenem Bewuchs das Panorama? Soll ein historisch nicht belegtes Waldstück erhalten oder sogar vergrößert werden, wenn es als Sichtschutz fungiert und den Ausblick auf eine allzu aufdringliche Randbebauung verhindert? Wie verhält man sich, wenn ein Gemeinderat Naturschutz- und Naherholungsaspekte in den Vordergrund stellt und Rodungen ablehnt? Welchen Stellenwert wollen wir dem Komfort unserer Besucher einräumen? Stehen die bei Abholzungen – um die es sich hier zumeist handelt – für Erstbeseitigung und landschaftspflegerischen Folgeaufwand anfallenden Kosten in einer vernünftigen Relation zu den eigentlich verfolgten Zielen?

Das dem Pamplin Historical Park anvertraute historische Terrain ist heute überwiegend bewaldet. Ganz anders 1865: Damals hatte man das Gelände kahlgeschlagen, um Schußfelder zu schaffen, Befestigungsanlagen und Unterkünfte zu errichten und um Brennmaterial zum Kochen und Heizen zur Verfügung zu haben. Wollte man dem von der Theorie geforderten Anspruch auf Originaltreue gerecht werden, so müßten auch wir heute einen Kahlschlag durchführen und das gesamte Schlachtfeld wieder in Acker- und Weideland – oder noch realistischer – in eine von der Erosion bedrohte Schlamm- und Staubwüste zurückverwandeln.

Stellungen vor Petersburg

Genau dies hat der National Park Service auf einigen der von ihm unterhaltenen Teilflächen des Petersburger Schlachtfeldes auch getan. Glücklicherweise ist unser Teil des Schlachtfeldes im großen und ganzen relativ gut einsehbar und als private Einrichtung sind wir auch nicht verpflichtet, auf militärgeschichtlich nicht bewanderte Naturfreunde Rücksicht nehmen zu müssen.

Vor die Frage gestellt, wie wir die Bodenbedeckung gestalten sollen, entschieden wir uns dafür, der militärgeschichtlichen Wissensvermittlung Vorrang einzuräumen. Welche Merkmale des Schlachtfeldes – so überlegten wir – bedurften, ausgehend von unserem didaktischen Anliegen, grundsätzlich und bis zu welchem Grad der Wiederherstellung? Hier schien uns bei der Verwaltung von Pamplin Historical Park die Verfolgung der nachstehend beschriebenen vier Strategien sinnvoll:

Den größten Teil des Schlachtfeldes beließen wir in bewaldetem Zustand. Somit entstanden auch keine Kosten für Holzeinschlag und anschließende Pflege der Kahlschlagflächen. Auch sind die Besucher, die sich während der vier Monate unseres extrem heißen Sommers in Virginia auf das Schlachtfeld wagen, für jeden schattenspendenden Baum dankbar. Obendrein verstellen die Bäume an einigen Stellen den Blick auf Gebäude der Parkverwaltung sowie eine in unmittelbarer Nachbarschaft verlaufende Autobahn. Und – hier gehen wir mit den Naturschützern konform – selbstverständlich besitzen Waldflächen auch einen gewissen ästhetischen Reiz (von einer hier ebenfalls gesichteten, offiziell als »bedroht« eingestuften Pflanzenart einmal ganz abgesehen), der Besucher auf ihren Streifzügen durch die Geschichte durchaus zusätzlich zu motivieren vermag.

An zwei Stellen des Geländes allerdings war das genaue Gegenteil der Fall: Hier mußten Wiesen angelegt und daher eine vollständige Entwaldung vorgenommen werden. Ausschlaggebend dafür war unser Bestreben, die Sichtweite zu rekonstruieren, auf der sich Angreifer und Verteidiger am 2. April 1865 gegenüberstanden. Eine dieser beiden zur Veranschaulichung des historischen Szenarios wiederhergestellten Wiesen ist relativ klein: Sie umfaßt lediglich eine Fläche von weniger als 1,2 ha und befindet sich an einer Stelle, die von allen drei zur Wahl stehenden Besichtigungsrouten tangiert wird, und daher auch von keinem Besucher, der das Schlachtfeld besichtigt, übersehen werden kann. Maßgeblich für die Auswahl der zweiten, etwa 3,2 ha großen Kahlschlagfläche waren die dort vorhandenen gut erhaltenen Überreste einer konföderierten Artilleriestellung. Indem wir das damali-

Rekonstruierte Geschützstellung

ge Schußfeld von der Vegetation befreiten, können wir den Besuchern nun das seinerzeit von dieser Stellung ausgehende Artilleriefeuer und damit das Ausmaß des in dieser Phase des Angriffs intensivsten Feuerfeldes drastisch vor Augen führen. Dieser historisch relevante Schauplatz kann auf der mittleren unserer drei Routen ausführlich besichtigt werden, ist daneben aber auch von der dritten – längsten – Route aus einsehbar. Die originalgetreue Wiederherstellung dieses Gefechtsfeldabschnitts macht nicht nur das Ausmaß des damals von den konföderierten Angreifern ungeschützt zu überwindenden Terrains deutlich, sondern führt auch die ungefähre Entfernung vor Augen, auf welche die konföderierte Artillerie ihre fürchterliche Wirkung zu entfalten vermochte. Die detaillierte Beschreibung der im Amerikanischen Bürgerkrieg verwendeten Munition und deren maximale Reichweite ist zwar keines unserer zentralen Lernziele, doch wissen gerade unsere um umfassendere und tiefere Einblicke bemühten Besucher diese Art der Präsentation zu schätzen.

»Selektiver Kahlschlag«, dieses Kürzel steht für unsere dritte landschaftsgestalterische Vorgehensweise. Sie beruht auf der Erkenntnis, daß Wissen mitunter auch durch einen Mittelweg zwischen Belassen im Ist-Zustand und vollständiger originalgetreuer Wiederherstellung erfolgreich vermittelt werden kann. Arthur's Swamp, der gerade in einer Schlucht verlaufende sumpfige Flußlauf, war in der damaligen Schlacht eines der wichtigsten taktischen Geländemerkmale und gab den angreifenden Kräften der Unionstruppen die Richtung vor. Im Jahre 1865 hatte man die Schlucht vollständig abgeholzt, zahllose Baumstümpfe aber stehenlassen. Als wir das Gelände in den 90er Jahren übernahmen, hatte sich die Schlucht in einen einzigen Dschungel verwandelt. Wir entfernten das Unterholz und alle Bäume mit geringem Stammdurchmesser entlang der nordöstlichen, von unseren Rundwegen aus einsehbaren Seite, um den Besuchern dieses wichtige, als Orientierungspunkt dienende Geländemerkmal annähernd so präsentieren zu können, wie es seinerzeit am 2. April 1865 auch den Konföderierten erschienen war.

Zu guter Letzt ist uns auch die Beseitigung sicherheitsgefährdender Bäume ein Anliegen. Unser Personal überwacht und entfernt Bewuchs an den Stellen, an denen er unsere Besucher gefährdet sowie dort, wo Wurzelwerk die Befestigungswälle zu zerstören droht. Zwar kann auf eine gewisse Laub- und Vegetationsbedeckung der Wälle selbst nicht verzichtet werden, und die an der Peripherie wachsenden, einen Schutzschirm über den Wällen bildenden Bäume gewährleisten diese auch, aber jeder kranke oder beschädigte Baum, bei dem die Gefahr besteht, daß er dem nächsten Sturm nicht mehr standhält, wird in der Regel alsbald gefällt und von unserem Personal als Feuerholz reklamiert.

Traditionsverein bei der Übung

Ergänzt wird die Landschaftspflege durch eine sorgsame Überwachung der auf dem Schlachtfeld erlaubten Einrichtungen und Aktivitäten. Was für die meisten militärhistorischen Gedenkstätten zutrifft, gilt auch für uns: Weder ist Pamplin Historical Park Eigentümer des gesamten Schlachtfeldes, noch besteht die Möglichkeit der Unterbringung unserer gesamten Verwaltung auf externem Grund und Boden. Folglich bleibt uns gar nichts anderes übrig, als den uns anvertrauten »geweihten Boden« als den größtmöglichen Teil des Geländes zu verstehen, der nicht für Verwaltungszwecke benötigt wird. Hierunter fällt insbesondere der als »off-limits« eingestufte und nur zu Lehrzwecken zugängliche Bereich, welcher entlang der Befestigungsanlage der Konföderierten verläuft. Generell umfaßt die Liste der zulässigen Veränderungen das Anlegen von mit Kies und Bohlen befestigten Wegen, die Präsentation von Exponaten entlang der Rundwege, das Aufstellen von Geschütznachbauten sowie die Errichtung von Notunterkünften für den Winter, die Originalen nachempfunden sind.

Unser Programmangebot auf dem Gefechtsfeld orientiert sich ebenfalls vorrangig an der Vermittlung militärischen Wissens, wobei wir uns allerdings hier eine gewisse Zurückhaltung auferlegen. So findet lediglich einmal im Jahr auf der größeren unserer beiden Grasflächen ein Schießen mit zeitgenössischen verbundenen Waffen statt. Auf der kleineren Wiese dürfen Schulklassen gelegentlich die »Wälle stürmen«. Und auf den Rundwegen finden täglich Führungen statt. Sonst wird das Gefechtsfeld, von Instandhaltungsarbeiten abgesehen, nicht betreten. Wir hoffen, nach der Errichtung eines abgetrennten Bereichs für Sonderveranstaltungen und eines dazugehörigen Informationszentrums, künftig alle jetzt noch auf dem Schlachtfeld angesiedelten Programmpunkte – die geführten Touren ausgenommen – streichen zu können.

»Begeisterung zu entfachen« – dieser Kunst gilt in Pamplin Historical Park unser ständiges Bemühen. Die Vermittlung des in unserem Lernzielkatalog festgeschriebenen Wissens ist – für sich genommen – sicherlich ein wichtiges Ziel. Doch ungeachtet des Einsatzes modernster Formen interaktiver Wissensvermittlung sehen wir unseren Auftrag nicht als erledigt an, sobald der Besucher uns, um einiges klüger geworden, wieder verlassen hat. Vielmehr meinen wir, daß sich unser Erfolg auch daran messen sollte, ob wir einem Besucher die Einsicht vermitteln konnten, wie historische Ereignisse zu seinem Leben in einem konkreten Bezug stehen. Dies kann ein Anstoß zur Weiterbeschäftigung mit dem Thema sein. Wann immer ein Interessierter in unserem Shop ein Buch erwirbt, in eine Jahreskarte investiert oder, was häufig der Fall ist, uns schriftlich mitteilt, wie sehr ihm der Besuch gefallen hat, ist dies für uns der schönste Lohn unserer Anstrengungen.

Der prägende Einfluß historischer Ereignisse auf das eigene Leben – diese Erkenntnis vermag bei vielen durchaus Begeisterung zu entfachen. Wo immer einer unserer Programmpunkte und eines unserer Exponate die Antwort auf die Frage: »Und was geht mich das an?« schuldig bleibt, haben wir unseren Auftrag nicht erfüllt. Treuhänder militärgeschichtlich bedeutender Stätten zu sein, geht eben über das bloße Wachhalten der Erinnerung oder sich in Details verlierende Darstellungen einsatztaktischer Überlegungen hinaus. Es heißt, dem Besucher den Wert dieses blutigen Teils unserer Geschichte, der auf den Schlachtfeldern der Vergangenheit stattfand, bewußt zu machen. Die Stärke- und Ausrüstungsnachweise des 6. Korps mögen für Spezialisten unter unseren Besuchern interessant sein; der Frage nachzugehen, wie es den Offizieren des Korps gelang, ihre Männer zu einem Sturmangriff über 700 m offenen Geländes gegen die »uneinnehmbarste Festung Nordamerikas« zu bewegen, verspricht tiefergehende Einsichten. Ob es sich um den Blutzoll handelt, den es – konfrontiert mit modernen Waffen – für überholtes taktisches Vorgehen zu entrichten gilt, ob es um den Stellenwert gruppendynamischen Zusammenhalts bei Kampfeinsätzen geht oder die Notwendigkeit sorgfältiger Planung bei der Umsetzung anspruchsvoller Ziele, stets verweist Militärgeschichte gleichnishaft auch auf den zivilen Alltag. Will man etwa die aus Streßeinwirkung resultierende Veränderung menschlichen Verhaltens studieren, so gibt es hierfür kein geeigneteres Probierfeld als das Gefecht. Als Militärhistoriker sollten wir die uns eigenen Möglichkeiten der Wissensvermittlung nicht gering achten. Auch kommt kein noch so guter theoretischer Unterricht, keine noch so ausführliche Monographie der Aura militär-historischer Gedenkstätten, dem erhebenden und ergreifenden Gefühl, auf »geweihtem« Boden zu stehen, gleich.

Wir aber, die wir diese in Ehren zu haltenden Gedenkstätten verwalten, sollten uns der Annahme enthalten, daß deren Wert, für die jetzige wie für künftige Generationen, ein für allemal gegeben sei. Überall auf der Welt kann man auf einst mit Heldenblut getränkte Landstriche stoßen, die längst der Verwahrlosung, der Bebauung oder der Vergessenheit anheimgefallen sind. Die Zeit pflegt nun einmal Bedeutendes verblassen zu lassen. Und schnell setzt kollektives Vergessen ein. Die Knappheit öffentlicher Mittel bewirkt ein übriges. Um sich in dieser Situation behaupten zu können, bleibt Militärmuseen und historischen Gedenkstätten gar keine andere Wahl, als ständig den Nachweis ihrer Existenzberechtigung zu führen.

Wollen wir die Bewahrung unseres militärischen Erbes dauerhaft sicherstellen, so kann dies nur gelingen, wenn die historischen Stätten und Militärmuseen für eine möglichst breite Öffentlichkeit Orte des Lernens und der Besinnung bleiben. Sicherlich muß die Verwaltung dieser Einrichtungen auch dem Wachhalten der Erinnerung an die militärische Vergangenheit verpflichtet sein. Vorrangig aber sollte es darum gehen, Hilfestellung zu leisten bei der Vermittlung eines historischen Bewußtseins, und so dem Eindruck entgegenzuwirken, es handele sich hier um allein für vergangene Generationen relevante, längst abgeschlossene Ereignisse. Der Einsatz zielorientierter Unterrichtstechniken und -einrichtungen – unter Einbeziehung der historischen Stätten selbst – ist hierfür ein Muß. Nur so werden wir unsere Aufgabe erfüllen und unser gemeinsames Erbe auch an künftige Generationen weiterreichen können.

– Alle Abbildungen: Pamplin Historical Park, Petersburg, VA –

Die Autoren

Ernst Aichner, Dr., Bayerisches Armeemuseum, Ingolstadt
Winfried Baumgart, Professor Dr., Johannes-Gutenberg-Universität, Mainz
Frank Becker, Professor Dr., Westfälische Wilhelms-Universität, Münster
Dirk Bönker, Dr., The Johns Hopkins University, Baltimore
Konrad Canis, Professor Dr., Humboldt-Universität, Berlin
Michael Epkenhans, Dr., Otto-von-Bismarck-Stiftung, Friedrichsruh
Stig Förster, Professor Dr., Universität Bern
A. Wilson Greene, Pamplin Historical Park, Petersburg
Gerhard P. Groß, Dr., Oberstleutnant, Militärgeschichtliches Forschungsamt, Potsdam
Frédéric Guelton, Colonel, Service Historique de l'Armée de Terre, Chateau de Vincennes
Kurt H. Hackemer, Professor Dr., University of South Dakota, Vermillion
Lothar Höbelt, Professor Dr., Universität Wien
Nikolaus Katzer, Professor Dr., Universität der Bundeswehr Hamburg
Günther Kronenbitter, Professor Dr., Universität Augsburg
Jan Kusber, Professor Dr., Johannes-Gutenberg-Universität, Mainz
Andrew Lambert, Professor Dr., King's College, London
Jörg Nagler, Professor Dr., Friedrich-Schiller-Universität, Jena
William Philpott, Dr., King's College, London
Manfried Rauchensteiner, Hofrat Professor Dr., Heeresgeschichtliches Museum/ Militärhistorisches Institut, Wien
Nigel Rigby, Dr., National Maritime Museum, London
Erwin A. Schmidl, Dr., Landesverteidigungsakademie/Abteilung für Zeitgeschichte, Wien
Junichiro Shoji, Professor Dr., The National Institute for Defense Studies, Tokio
Dieter Storz, Dr., Bayerisches Armeemuseum, Ingolstadt
Hans-Ulrich Wehler, Professor em. Dr., Universität Bielefeld
Bernd Jürgen Wendt, Professor em. Dr., Universität Hamburg